도덕적 동물

THE MORAL ANIMAL
by Robert Wright

Copyright ⓒ 1994 by Robert Wright
All Rights Reserved.

Korean Translation Copyright ⓒ 2003 by ScienceBooks Co., Ltd.

Korean translation edition is published by arrangement with Pantheon Books,
a division of Random House, Inc. through KCC.

이 책의 한국어판 저작권은 KCC를 통해 Pantheon Books와 독점 계약한 (주)사이언스북스에 있습니다.

저작권법에 의해 한국 내에서 보호를 받는 저작물이므로 무단 전재와 무단 복제를 금합니다.

사이언스 클래식 1

THE MORAL ANIMAL

진화 심리학 으로 들여다본 인간의 본성

로버트 라이트 ❖ 박영준 옮김

도덕적 동물

사이언스
SCIENCE
BOOKS 북스

리사에게

자신이 무슨 일을 하고 있는지도 모르는 채 그는 브랜디 한 모금을 마셨다. 알코올 기운이 혀 속을 맴돌자 그제서야 딸을 기억해 냈다. 빛 속에서 걸어나오는 모습이었다. 익히 알고 있는 샐쭉하고 시무룩한 얼굴. 그는 기도했다. '신이시여, 제발 제 딸을 보호하소서. 저를 저주하소서. 저는 저주받아 마땅한 자이다. 하지만 부디 제 딸만은 영원토록 당신 손으로 보호하소서.' 이런 사랑이야말로 그가 온 세상의 사람들에게 고루 느껴야 할 사랑이었다. 온갖 두려움과 소망을 딸에게 쏟는 것은 부당한 일이었다. 그는 훌쩍거리며 울기 시작했다. 마치 딸이 해변가를 미끄러져 바다 속으로 빠지고 있는데도 정작 자신은 수영하는 법을 도무지 기억해 낼 수 없기라도 하다는 듯이. 그는 생각했다. '이런 감정을 한시도 잊지 않고 세상 사람들에게 느껴야 하는 것은 아닌가.'

─── 그레이엄 그린의 『권력과 영광』에서

차례

머리말 | 다윈은 우리에게 어떤 의미를 갖는가? | 11 |

1부 ❖ 섹스, 로맨스, 사랑

1장 | 다윈 시대의 도래 | 37 |
2장 | 수컷과 암컷 | 59 |
3장 | 남성과 여성 | 93 |
4장 | 결혼 시장 | 149 |
5장 | 다윈의 결혼 | 173 |
6장 | 축복된 결혼 생활을 위한 다윈의 계획 | 201 |

2부 ❖ 사회적 유대

7장 | 가족 | 237 |
8장 | 다윈과 야만인들 | 271 |
9장 | 친구들 | 285 |
10장 | 다윈의 양심 | 313 |

3부 ❖ 사회적 경쟁

11장	다윈의 망설임	339
12장	사회적 지위	349
13장	기만과 자기 기만	387
14장	다윈의 승리	421

4부 ❖ 도덕적 동물

15장	다윈주의자와 프로이트주의자의 냉소주의	457
16장	진화윤리학	477
17장	도덕과 유전자	503
18장	다윈, 종교를 갖다	531

감사의 말	553
FAQ	559
주(註)	573
참고 문헌	619
찾아보기	643
Illustration Credits	653

머리말

다윈은 우리에게 어떤 의미를 갖는가?

『종의 기원(The Origin of Species)』은 인류에 대해서 거의 아무 말도 하고 있지 않다. 그럼에도 불구하고 이 책은 인류의 탄생에 대한 성서적 설명이나, 인간은 동물보다 우월하다는 흡족한 믿음을 심각할 정도로 위협하는 내용을 담고 있다. 다윈의 입장에서 보면, 그와 같은 사실을 증폭시켜서 얻을 수 있는 바는 아무것도 없었다. 그래서 다윈은 『종의 기원』 마지막 장 끝부분을 매우 암시적인 말로 마감한다. 진화 연구를 통해 "인류의 기원과 역사에 대한 조망이 이루어지리라."라는 것이다. 또 같은 단락에서 "먼 미래에는" 인간 심리에 대한 연구가 "새로운 토대에 기초할 것"[1]이라는 다소 과감한 주장을 펼치기도 했다.

사실 다윈이 예측한 대로 상당히 긴 시간이 필요했다. 『종의 기원』이 출간된 지 101년이 흐른 1960년, 역사학자 존 그린(John C. Greene)은 이렇게 평가했다.

> 만약 다윈이 인간만이 지닌 고유한 특징의 기원에 대한 연구가 자신이 『인류의 기원과 성 선택(The Descent of Man)』에서 추정했던 것에서 거의 진전하지 못했다는 사실을 알게 된다면 매우 실망할 것이다. 또한 옥스퍼드 대학교 인류학 연구소의 와이너(J. S. Weiner)가 이 주제에 대해 "진화론을 통해서도 거의 아무런 혜안을 가질 수 없는 대단히 불가해한 주제"라고

했던 평가를 들었더라면 낙담하고 말았을 것이다. …… 그리고 만약 다윈이 인간의 고유한 특징을 문화의 전이에서 찾으려는 요즘의 동향을 전해 들었다면, 혹시 이로 인해 사람과 동물 사이에 절대적인 구분이 가능하다는 진화론 이전의 생각으로 되돌아가는 것은 아닌지 우려했을 것이다.[2]

그러나 그린이 이렇게 말한 지 채 몇 년이 지나지 않아 혁명이 일어나기 시작했다. 1963년과 1974년 사이에 네 명의 생물학자, 즉 윌리엄 해밀턴(William Hamilton), 조지 윌리엄스(George Williams), 로버트 트리버스(Robert Trivers), 존 메이너드 스미스(John Maynard Smith)가 잇달아 새로운 아이디어를 내놓았다. 이 아이디어들은 함께 어우러져 자연 선택설을 보다 세련되고 포괄적인 이론으로 만들었다. 특히 이들은 진화생물학자들이 인간을 포함한 동물의 사회적 행동에 대해 깊은 통찰력을 가질 수 있는 결정적인 계기를 제공했다.

처음에는 이들의 새로운 아이디어가 인간에게 어떻게 적용될 수 있을지 분명하지 않았다. 생물학자들은 개미들의 헌신적 행위를 어느 정도 확신을 가지고 계량화할 수 있었고 새들의 구애 행위를 배후에서 조정하는 원리에 대해서도 설명할 수 있었다. 그러나 인간의 행동에 대해서는, 설사 무엇인가를 말할 수 있다고 하더라도 그저 추측하는 정도에 그쳤다. 1975년에 발간된 에드워드 윌슨(Edward O. Wilson)의 『사회생물학(Sociobiology)』과 그 이듬해 발간된 리처드 도킨스(Richard Dawkins)의 『이기적 유전자(The Selfish Gene)』처럼 새로운 아이디어를 종합해서 공론화 하는 데 결정적인 역할을 담당했던 저서들에서도 인간에 대한 언급은 거의 찾아볼 수 없다. 도킨스는 주제 자체를 회피했고 윌슨도 인간에 대한 논의를 책의 마지막 부분에서 간략하게, 더구나 스스로 추측에 불과하다고 자인하면서 다루었을 뿐이다. 윌슨이 이 주제에 할애한 분량은 전체 575쪽 중 28쪽에 불과하다.

그러나 1970년대 중반 이후 이 주제를 어떻게 다루어야 할 것인지가 보다 분명해졌다. 처음에는 소수의 학자들만이 윌슨이 "새로운 종합"이라고 불렀던 작업을 떠맡는가 싶었다. 그러나 그 숫자가 점차 늘어나기 시작했다. 이들은 특히 사회 과학 분야에 이 방법을 도입하기 시작했다. 이들은 새롭게 개선된 다윈의 이론을 인간에게 적용하기 시작했으며 자신들의 이론을 새로 수집한 자료를 가지고 검증했다. 이런 시도가 봉착할 수밖에 없었던 시행착오도 적지 않았으나 성과 또한 만만치 않았다. 이들은 여전히 자신들을 비주류로 간주하지만, 점차 이들의 지위가 향상되고 있는 것 또한 분명하다. 사실 이들은 자신들이 비주류에 속해 있다는 사실을 즐길 수 있는 여유도 갖게 되었다. 인류학, 심리학, 그리고 정신분석학 분야의 권위 있는 학술지들이 10년 전만 해도 다윈주의에 경도된 급진적인 학술지에나 실릴 법한 논문들을 게재하기 시작했다. 더디나마 새로운 세계관이 형성되고 있는 것이다.

여기에서 '세계관'이란 말은 은유적인 표현이 아니다. 신(新)다윈주의적 종합은 양자역학이나 분자생물학과 마찬가지로 이론과 사실로 무장한 체계적인 과학 이론이다. 굳이 차이점을 찾는다면 신다윈주의적 종합은 양자역학이나 분자생물학과는 달리 우리의 삶을 이해하는 방식과 밀접한 관련이 있다는 점이다. 일단 제대로 파악하기만 하면, 그것은 사회 현실에 대한 우리의 생각을 송두리째 바꾸어 버릴 수도 있다. 더구나 신다윈주의적 종합은 양자역학이나 분자생물학에 비해 이해하기가 훨씬 쉽다.

우리는 새로운 세계관을 통해 세속적인 것에서부터 영적인 것에 이르기까지, 우리에게 의미 있는 거의 모든 문제를 다룰 수 있다. 예를 들어보자. 우선 애정, 사랑, 성에 대해서 다음과 같은 문제를 제기할 수 있다. 과연 사람에게 일부일처제는 적합한 결혼 제도인가? 환경이 일부일처제에 어느 정도의 영향력을 미칠 수 있는가? 우호감이나 적대감과 연관 지어서는 "정당 정치 혹은 정치 일반을 좌우하는 진화론적 논리는 무엇인가?"와 같은 문제를 생각해 볼 수 있다. 이기심, 헌신, 죄의식에 대한 문제도 다룰 수 있다. 도대체 우리에게 항상 죄의식을 갖도록 하는 양심이 자연 선택된 이유는 무엇인가? 과연 양심이 실제로 도덕적 행동을 낳는가? 사회적 지위와 지위 상승 역시 새로운 세계관으로 새롭게 조망될 수 있는 중요한 주제이다. 인간 사회에서 계급은 필연적인 것인가? 우정이나 야망에 있어 남녀가 보이는 차이도 설명 대상에서 예외일 수 없다. 인간은 과연 타고난 성의 굴레에서 벗어날 수 없는가? 인종 차별주의, 배타주의, 전쟁 등도 훌륭한 주제이다. 우리는 왜 그토록 쉽게 수많은 사람들을 동정의 대상에서 배제시키는가? 기만, 자기 기만, 무의식 역시 설명할 수 있다. 과연 지적으로 정직하다는 것이 가능한가? 다양한 정신병리학적 증세들도 마찬가지다. 즉 우울해지고 노이로제에 걸리고 편집광적인 증상을 보이는 것도 '자연스럽다'고 할 수 있는가? 만약 그렇다면 정신병을 당연하다고 보아야 하는가? 형제 간의 애증 관계 역시 간과할 수 없는 문제이다. 왜 그것은 순수한 사랑이 되지 못할까? 아이들에게 정신적인 측면에서 엄청난 영향을 끼칠 수 있는 부모의 역량도 의문의 대상이다. 부모가 마음속 깊이 진정으로 염려하는 것은 무엇인가? 새로운 세계관은 이 밖에도 무수히 많은 문제를 제기하고 그에 더해서 이런 문제들에 답을 제공한다.

소리 없는 혁명

신다원주의 사회 과학자들은 각자의 영역에서 20세기를 지배해 왔던 기존 이론에 대항해 싸우고 있다. 기존 이론에 따르면, 생물학은 사회 과학과 무관하다. 인간은 다른 동물과 달리 적응력이 매우 뛰어난 마음을 가지고 있을 뿐만 아니라 문화로부터 받는 영향 역시 매우 강력하기 때문에 인간이 보이는 행동은 사실상 진화론적 뿌리로부터 단절되어 있다. 따라서 우리를 어떤 한 방향으로 이끄는 인간의 고유한 생물학적 본성이란 존재하지 않는다. 오히려 우리가 하는 일이 우리의 본성을 좌우한다고 볼 수 있다. 현대 사회학의 아버지인 에밀 뒤르캠(Emile Durkheim)은 20세기 초에 인간 본성이란 "사회적 요인에 의해 그 본이 떠지고 변화하는 미결정 상태의 질료에 불과하다."라고 주장했다. 그는 성적인 질투심, 자식에 대한 부모의 사랑, 부모에 대한 자식의 사랑 등과 같이 흔히 인간 본성에 뿌리 깊게 자리 잡은 감정으로 알려진 것들조차, 역사학적으로 볼 때 "전혀 인간 본성에 내재해 있는 것이 아니라는 사실"을 알 수 있다고 주장한다. 그에 따르면, 마음이란 근본적으로 수동적인 것이다. 마음은 사람이 성장함에 따라 문화가 점차 그 내용물을 채워 넣는 그릇과 같다. 설사 마음이 문화에 어떤 한계를 정할 수 있다손 치더라도, 그 한계는 대단히 일반적인 것일 수밖에 없다. 인류학자 로버트 로위(Robert Lowie)도 1917년에 이렇게 말했다. "심리학적 원리를 원용해서 문화 현상을 설명하려는 것은 중력을 통해 건축 양식을 설명하려는 것처럼 불가능한 일이다."[3] 사실 마음의 능력을 옹호할 법한 심리학자들조차 마음을 아무것도 쓰여 있지 않은 석판에 비유해 왔다. 20세기의 대부분을 주도해 왔던 심리학 이론인 행동주의도 사람들은 거의 습관적으로 보상받는 행동을 하고 처벌받는 행동을 하지 않는다는 아이디어에 기초해 있다. 그렇게 함으로써 애초에는 무형이었던 마음에 형태가 주어진다. 스키너(B. F. Skinner)는 1948년에 펴낸 이상주의적 소설 『월든 II(Walden II)』에서 시기심이나 질투심과 같은 반사회적 충동들이 어떻게 엄격하게 긍정과 부정을 강화하는 방법을 통해 제거될 수 있는지를 묘사했다.

이와 같이 인간의 본성을 거의 존재하지 않거나 별 상관이 없는 것으로 보는 견해를 현대의 다윈주의 사회 과학자들은 "공인된 사회 과학 모델"[4]이라고 부른다. 이들 중 많은 수가 대학에서 그렇게 배웠고, 일부는 수년을 그와 같은 견해가 옳은 것으로 생각하고 이에 기초해 연구해 왔다. 그러나 그들은 이 견해의 타당성에 대해 의문을 갖기 시작했고 얼마 지나지 않아 반발하게 되었다.

지금 일어나고 있는 사건은 여러 면에서 토머스 쿤(Thomas Kuhn)이 그의 명저 『과학 혁명의 구조(The Structure of Scientific Revolution)』에서 묘사한 '패러다임의 전환'에 상응하는 현상이다. 대체로 젊은 학자들로 이루어진 집단은 선배들이 수립한 기존의 세계관에 도전했고, 이어서 격렬한 저항에 부딪히면서 어려움을 감내해야 했다. 그러나 결국에는 새로운 세계관이 득세하기 시작했다. 비록 이러한 세대 간의 갈등이 역사상 처음 있는 일은 아니지만 이 경우는 두 가지 아이러니 때문에 더욱 이채롭다.

첫 번째 아이러니는 이 사건이 혁명치고는 거의 밖으로 드러나지 않게 진행되고 있다는 데 있다. 이 혁명에 실제로 동참하고 있는 학자들 중 상당수는 자신이 어떤 특정 학파에 귀속되어 있다고 생각하지 않는다. 그래서 이들의 모임을 알리는 현수막에 등재할 수 있을 만한 공식 명칭도 없다. 따지고 보면 이들도 한때는 공식 명칭을 가지고 있었다. 그것은 윌슨의 적절하고도 유용한 '사회생물학'이었다. 그러나 윌슨의 책은 지나치게 많은 공격을 받았다. 윌슨은 오랫동안 정치적으로 악의에 찬 비난과 희화적인 풍자에 시달렸고 그로 인해 오늘날 '사회생물학'은 일종의 오명이 되고 말았다. 윌슨이 제창한 분야에 종사하면서도 대부분의 학자들은 이제 가능하면 그가 제안한 명칭은 사용하지 않으려고 애쓴다.[5] 간결하나 일관성 있는 일군의 이론을 수용한다는 점에서 연대를 이루면서도 이들이 서로 다른 명칭을 사용하는 이유가 여기에 있다. 예를 들어, 이들은 행동학적 생태주의자(behavioral ecologist), 다윈주의적 인류학자(Darwinian anthropologist), 진화심리학자(evolutionary psychologist), 진화론적 정신분석학자(evolutionary psychiatrist) 등의 명칭을 사용한다. 사람들은 가끔 사회생물학이 어떻게 되었는지 묻곤 한다. 굳이 답하자면, 사회생물학은 사라진 것이 아니라 지하 조직화되었다고 말할 수 있다. 사회생물학은 이제 물밑에서 학계의 정설이 기초해 있는 이론적 토대를 조금씩 잠식해 들어가고 있는 것이다.

두 번째 아이러니 역시 첫 번째 아이러니와 밀접한 관련이 있다. 기존 학자들이 새로운 세계관의 특징이라고 여겼기에 증오하고 두려워한 것들은 사실 새로운 세계관의 특징이 아니다. 처음부터 사회생물학에 대한 비판은 반사적이었다. 윌슨의 책에 대한 비판도 그것 자체에 대한 반응이었다기보다는 과거에 그와 유사한 다윈주의적 분위기를 풍겼던 학자들에 대한 반응이었다. 사실 진화론에 기초해 인간을 이해하고자 했던 것은 어제오늘의 일이 아니다. 문제는 그러한 시도가 오래전부터 있어 왔을 뿐만 아니라 대체로 부정적이었다는 데 있다. 20세기 초에 다윈주의는 정치철학 이론과 뒤섞여 '사회다윈주의(social Darwinism)'라고 알려진 정체불명의 이데올로기를 형성했다. 사회다윈주의는 인종 차별주의자, 파시스트, 자본주의자 중에서도 가장 냉혹한 부류의 손에 남용되었다. 당시 진화론자들은 인간 행동의 유전적 토대에 대해서 매우 단순하기 짝이 없는 아이디어를 만연시켰고, 이로 인해 다윈주의가 정치적으로 오용될 수 있는 여지를 남겼다. 이때부터 '다윈주의' 하면 떠올리게 되는, 학문적으로 조악한 느낌은 많은 학자들과 지식인들로 하여금 다윈주의를 경원시하게 만들었다. 오늘날에도 '다윈주의' 라는 말을 곧 사회다윈주의로 이해하는 사람들이 적지 않다. 신다윈주의적 패러다임에 대해 많은 사람들이 오해하는 것도 이 때문이다.

보이지 않는 일체성

한 가지 예를 들어 보자. 신다윈주의는 계층 간의 갈등을 심화시킨다고 종종 오해를 받아 왔다. 20세기 초까지만 해도 인류학자들은 일부 종족을 아무 거리낌없이 '천하다' 거나 '야만적' 이라고 묘사했다. 아무리 가르쳐봐야 지적으로 넘어설 수 없는 한계가 있다는 것이다. 보통 사람들의 눈에는 이 같은 생각이 히틀러의 종족 우월주의적 교설만큼이나 다원주의적 이론 체계와 잘 어울리는 것처럼 보일 수도 있다. 그러나 오늘날 다원주의 인류학자들은 세계 각처의 인종을 탐구함에 있어 이들 각각의 문화가 보이는 표피적 차이보다는 그것들의 근저에 있는 심층적 일체성에 주목한다. 비록 각각의 문화가 서로 다른 의식과 관습을 펼쳐 보이지만 그 근저에 자리 잡고 있는 가족, 우정, 정치, 구애 행위, 도덕 등의 구조에는 반복적으로 발생하는 규칙성이 존재한다. 다원주의 인류학자들은 인간이 진화하면서 어떻게 디자인되었는지 이해한다면, 이러한 규칙성을 설명할 수 있다고 믿는다. 왜 모든 문화권에서 사람들은 사회적 지위에 대해 (종종 자신이 의식하는 것보다도 더) 염려하는가? 왜 모든 문화권에서 사람들은 다른 사람들에 대해 뒷말하기를 좋아하는가? 더구나 문화권에 상관없이 뒷말거리가 같은 이유는 무엇인가? 왜 모든 문화권에서 남성과 여성은 몇 가지 근본적인 문제에 있어 다른 태도를 보이는가? 왜 어느 곳에서나 사람들은 죄의식을 느끼는가? 왜 사람들은 어느 곳에서나 그럴 만하다고 예견되는 상황에서만 죄의식을 느끼는가? 왜 사람들은 누구나 뿌리 깊은 정의감을 가지고 있는가? 왜 "선행에는 보상이 따라야 한다."와 "눈에는 눈, 이에는 이."와 같은 원칙이 지구 어느 곳에서나 인간의 삶을 지배하는 원칙이 되었는가?

어떤 면에서는 다윈 이후에 인간의 본성에 대해 다시 관심을 갖는 데 그토록 오랜 시간이 걸린 것이 당연할지도 모른다. 오히려 모든 곳에 편재함으로써 그것은 특별히 주목받기 어려웠다. 우리는 감사, 부끄러움, 후회, 자신감, 명예, 보복, 공감, 사랑 등 우리의 삶을 구성하는 기본적인 구성 요소들을 당연시한다. 그것은 숨쉬는 데 필요한 공기나 물체의 중력처럼 우리가 지구 위에서 살아가는 데 있어 통상적이라 여기는 여러 다른 것들을 당연시하는 것과 마찬가지다.[6] 그러나 세상이 반드시 이래야만 하는 것은 아니다. 우리는 위에서 언급한 사회적 특징들이 전혀 존재하지 않는 별천지에서의 삶을 상상할 수 있다. 어떤 민족은 위에서 언급한 특징 중 일부를 느끼는 반면, 또 어떤 민족은 다른 특징을 느끼는 그러한 세상도 상상할 수 있다. 그러나 우리는 그러한 곳에서 살지 않는다. 사람들을 보다 면밀히 조사하면 할수록 모두를 함께 엮어 주는 치밀하고 복잡한 인간 본성의 그물망이 존재한다는 인상을 지울 수 없다. 이 그물이 어떻게 짜여 있는지를 알게 될 때에는 더욱 그러하다.

설사 인종 간의 차이나 개인 간의 차이에 관심을 갖는다 해도, 신다윈주의자들은 대체로 이러한 차이를 유전적인 것으로 설명하려 들지 않는다. 다윈주의 인류학자들에 따르면, 문화적 다양성은 동일한 인간 본성이 매우 다양한 환경에 반응한 결과이다. 이렇게 볼 때 진화론, 예를 들어 왜 어떤 문화에서는 지참금 제도가 있고 어떤 문화에서는 없는지를 설명함으로써 예전에는 설명하기 힘들었던 환경과 문화의 관계를 이해하도록 도울 수 있다. 그리고 사람들이 일반적으로 생각하는 것과 반대로, 진화심리학자들은 20세기 심리학과 정신분석학의 핵심 이론에 동조한다. 즉 이들도 유아기의 사회 환경이 성인이 되었을 때 갖게 되는 심리 상태에 상당한 영향력을 발휘한다는 점에 동감한다. 사실 일부 학자들은 이 주제에 매달려 심리 발달을 지배하는 근본적인 법칙을 발견하기 위해 매진하고 있다. 이들이 다른 심리학자들과 다른 점은 오직 다윈주의적 탐구 방법을 통해서만 그와 같은 법칙을 발견할 수 있다고 확신한다는 점이다. 예컨대, 어린 시절에 겪었던 체험이 성인이 되었을 때에 갖게 되는 자신감 또는 불안감에 어떻게 그리고 얼마만큼 영향을 미치는지 알려면, 우선 왜 이 같은 느낌이 환경에 의해 좌우될 수 있는 것으로 진화되었는지 물어야 한다고 이들은 주장한다.

물론 그렇다고 인간의 행동이 아무렇게나 변할 수 있다고 주장하는 것은 아니다. 진화심리학자들은 대부분 환경적인 요인이 작용하는 경로를 추적하면서 넘어설 수 없는 벽이 있음을 느끼게 된다. 요즈음은 스키너의 행동주의가 배태했던 이상주의적 분위기, 즉 조건화하기에 따라서 인간은 얼마든지 변할 수 있다는 생각이 더 이상 그럴듯하다고 생각되지 않는다. 그러나 인간이 지닌 나쁜 성정이 '본능'이나 '선천적인 충동'에 기초하고 있어 전혀 바꿀 수 없다는 생각도 그럴듯하지 않기는 마찬가지다. 이에 더해 사람들 사이의 심리적 차이가 결국에는 유전적인 차이에서 비롯된다는 생각도 터무니없어 보인다. 물론 어떤 의미에서는 모든 것이 유전자에서 비롯된다. 그렇지 않다면 심리적 발달을 규정하는 법칙이 궁극적으로 존재할 수 있는 곳이 어디겠는가? 그렇다고 심리적 차이가 유전자의 차이에서 기인해야만 하는 것은 아니다. 곧 살펴보겠지만, 진화심리학자들 중 대다수는 각 개인이 심리적으로 드러내는 극적인 차이는 대체로 환경의 차이 때문이라고 믿는다.

진화심리학자들은 인간 종의 근저에 자리 잡고 있는 보다 깊은 일체성을 가려내려 한다. 먼저 인류학자들이 모든 문화에서 반복적으로 나타나는 주제들, 예를 들어 사회적 승인에 대한 갈망이나 죄의식을 느낄 수 있는 감정과 같은 것에 주목한다. 이 같은 보편적인 특성들은, 비유하자면 본성의 상태를 나타내는 계기판들이다. 심리학자들은 우선 사람에 따라 각각의 계기판이 나타내는 수치가 다르다는 사실을 발견한다. 어떤 사람의 '승인에 대한 갈망' 계기판은 (상대적으로) '자신감 있는' 부분을 가리키는 반면, 또 어떤 사람의 계기판은 '대단히 불안한' 부분을 가리키기도 한다. 마찬가지로 어떤 사람의 죄의식 계기판은 낮은 값에 맞추어져 있는 반면, 또 어떤 사람의 계기판은 고통스러울 정도로 높은 값에 맞추어져 있다. 심리학자들이 묻고자 하는 것은 어떻게 해서 각각의 계기판이 서로 다른 수치를 가리키게 되는가 하는 점이다. 개인들 간의 유전적 차이도 한몫 할 것임에 틀림없다. 그러나 범(汎)유전적인 부분이 담당하는 역할이 보다 클 가능성이 높다. 말하자면 인간 종에 고유한 범종적(汎種的) 발달 프로그램이 있어서 그것이 사회 환경으로부터 정보를 흡수하고, 이것에 기초해서 점차 성숙해지는 마음을 적절하게 조절해 나갔을 가능성이 크다. 이상하게 들릴지 몰라도, 앞으로는 유전자 연구에서 환경의 중요성에 대한 인식이 강조될 가능성이 크다.

 결국 인간의 본성은 두 가지 요소에 의해 형성된다. 두 가지 요소는 모두 간과되기 쉽다. 첫 번째 요소는 너무나 널리 퍼져 있어서 당연시될 가능성이 다분하다. 예컨대 죄의식과 같은 것이 이것에 속한다. 두 번째 요소는 사람들이 성장함에 따라 차이를 발생시키는 기능을 담당하는 것으로서, 자연스럽게 드러나지 않는다. 예컨대 죄의식 정도를 조정하는 발달 프로그램 같은 것이 있다. 다시 말해, 인간의 본성은 계기판과 그것을 맞추는 메커니즘으로 구성되어 있으며, 양자 모두가 나름대로 잘 드러나지 않는 이유를 가지고 있다.

 여기에 더해 인간 본성에 대한 연구가 발전하기까지 그토록 오랜 세월이 걸린 또 다른 원인이 있다. 그것은 모든 사람들에게 똑같이 적용되는 진화의 기본 논리가 내적 성찰을 통해서는 명료하게 인식되지 않는다는 사실에 있다. 자연 선택은 우리로 하여금 진정한 자아를 의식하지 못하도록 감추어 놓은 듯하다. 지그문트 프로이트(Sigmund Freud)가 지적했듯이, 우리는 자신의 숨은 동기를 감지하지 못한다. 문제는 이 숨은 동기들이 프로이트가 상상했던 것보다 훨씬 더 지속적이고 완전할 뿐더러 경우에 따라서는 기이하기까지 하다는 데 있다.

다윈주의적 자조(自助)

인류학, 정신분석학, 사회학, 정치학 등과 같은 다양한 행동과학을 언급하겠지만, 이 책에서 중심을 차지하는 것은 '진화심리학'이라 할 수 있다. 아직은 미숙하고 불완전함에도 불구하고 진화심리학은 이미 인간 심리 연구에 있어 이제까지와는 전혀 다른 새로운 이론을 제시하고 있으며, 이미 상당한 정도로 연구가 진척되어 왔다. 진화심리학은 『종의 기원』이 발간된 1859년에는 물론이고 1959년에조차 대답을 기대할 수 없었던 다음과 같은 의문을 제기할 수 있도록 해준다. 자연 선택 이론을 통해 우리 보통 사람들이 얻을 수 있는 바는 무엇인가?

보다 구체적으로, 다윈주의적으로 인간의 본성을 이해한다고 해서 그것이 목적을 이루는 데 특별히 도움이 될 수 있을까? 그보다 먼저, 과연 그것은 우리가 어떤 것을 인생의 목적으로 선택해야 하는지를 말해 줄 수 있을까? 또한 그것은 실현 가능한 목적과 그렇지 않은 목적을 구분하는 데 도움이 될 수 있을까? 그리고 보다 중요하게는 과연 그것이 어떤 목적이 가치 있는 것인지 가늠할 수 있도록 해줄 수 있을까? 다시 말해, 만약 우리가 도덕적으로 느끼는 감정들이 어떤 과정을 거쳐 진화하게 되었는지를 알게 된다면, 그로부터 어떤 느낌은 정당하고 어떤 느낌은 그렇지 않은지를 판단할 수 있을까?

나는 이 모든 의문들에 대해 긍정적으로 답할 수 있다고 본다. 이렇게 말하면 이 분야에 종사하는 사람들 중 상당수가 격분하거나 적어도 불쾌해 할지 모르겠다. 과거에 다원주의가 도덕과 정치 분야에서 저지른 '과오'로 인해 본의 아닌 피해를 입어 왔기 때문에 이들이 과학과 가치의 영역을 별개의 것으로 놓아두고 싶어 하는 것은 당연하다. 그들은 자연 선택으로부터 근본적인 도덕적 가치를 추론할 수 없다고 주장한다. 또 그들은 자연계에 관한 어떤 사실로부터도 그것이 추론될 수 없다고 주장한다. 만약 그러한 추론을 시도한다면, 그것은 곧 철학자들이 '자연주의의 오류(the naturalistic fallacy)'라고 부르는 논리적 오류, 즉 '존재'로부터 '당위'를 이끌어 내려는 우를 범하는 것이라고 지적한다.

옳은 말이다. 자연은 결코 도덕적 문제에 대해 권위를 가질 수 없다. "힘이 곧 정의다."라는 말처럼 자연계에서 암묵적으로 작용하고 있는 '가치'라 할지라도 우리가 그것을 수용할 필연적인 이유는 없다. 그럼에도 불구하고 인간 본성에 대한 생각은 불가피하게 도덕에 대한 이해에 많은 영향을 끼칠 수밖에 없다. 나는 이 책에서 그것이 정당함을 보이고자 한다.

이 책은 일상사에서 발생하는 문제와 무관하지 않기에, 자아 계발에 대한 저서가 지니기 마련인 특징들도 있다. 반면 그렇지 않은 부분도 적지 않다. 이 책의 다음 수백 쪽에서 전개되는 내용이 간절하고 온정 어린 조언으로 가득 차 있는 것은 아니다. 다원주의적 관점을 취한다고 해서 인생이 크게 달라지지는 않을 것이다. 오히려 다원주의적 관점은 우리가 흔히 범하는, 도덕적으로 애매한 행동들의 진상을 적나라하게 들추어 냄으로써 인생을 복잡하게 만들 가능성이 크다. 설사 신다원주의의 패러다임으로부터 몇 개의 산뜻하고 명쾌한 처방을 이끌어 낼 수 있다고 하더라도 그것은 곧 다윈주의가 야기하는 난감하고 심각한 딜레마와 수수께끼에 의해 상쇄되고 말 것이다.

그러나 다윈주의가 들추어 내는 것이 하찮은 것은 아니다. 적어도 이 책을 다 읽고 나서는 그렇게 생각하지 않기를 바란다. 비록 나의 목적 중 하나는 진화심리학을 실제로 적용시킬 수 있는 부분을 발견하는 것이지만, 더 큰 목적은 현대적인 자연 선택 이론이 얼마나 우아하게 우리 의식의 틀을 설명해 내는지 보임으로써 진화심리학의 기본 원리를 소개하는 데 있다. 이 책은 무엇보다 새로운 과학 이론을 선전하기 위해 쓴 것이다. 따라서 정치 철학이나 도덕 철학의 새로운 기초를 제공하는 것은 부차적인 일이다.

사실 나는 이 두 이슈를 분리해서 다루려고 무척이나 고심했다. 인간의 의식에 대해 신다윈주의가 함축하는 일반적 사실과, 내가 신다윈주의가 실천적인 문제에 대해 함축하는 것이라고 생각하는 것은 별개이다. 많은 사람들이 첫 번째 주장, 즉 과학적인 부분은 받아들이면서도 두 번째 주장, 즉 철학적인 부분은 거부할 것이다. 그러나 첫 번째 주장을 받아들이면서 그것이 두 번째 주장과 무관하다고 생각하는 사람은 없을 것이다. 새로운 패러다임이 인간이라는 종을 탐구하기 위해 이제까지 우리가 만들어 낸 도구들 중 가장 탁월한 것이라는 사실을 인정하는 사람이라면, 인간이 처한 곤경을 검토함에 있어서 그 도구를 사용하지 않을 수는 없는 일이다. 인간 종은 바로 인간의 곤경, 그 자체이기 때문이다.

다윈, 스마일스, 밀

1859년에 영국에서는 『종의 기원』 이외에도 후대에 길이 남을 몇 권의 명저가 출간되었다. 언론인 새뮤얼 스마일스(Samuel Smiles)는 당시에 베스트셀러였고 이후에도 그 방면에서 선도적 역할을 한 『자조론(Self-Help)』이라는 책을 저술했다. 그리고 존 스튜어트 밀(John Stuart Mill)의 『자유론(On Liberty)』 또한 그 해에 출간되었다. 돌이켜 보면 이 두 책은 다윈의 책이 지닌 사상사적 의미를 가늠하는 데 있어 긴요한 몇 가지 문제를 훌륭히 드러내 주었다.

『자조론』은 그와 유사한 제목을 가진 오늘날의 책들과 달리 어떻게 하면 자신의 감정에 충실해질 수 있는지, 어떻게 해야 불편한 관계로부터 벗어날 수 있는지, 더 나아가 어떻게 해야 범(汎)우주적인 힘과 조화롭게 교감할 수 있는지 등에 대해 설파하지 않는다. 이와 같은 내용들 때문에 오늘날의 자기 개발서는 어쩐지 자기 만족적 분위기나 경박한 위안감을 조성한다고 비난받는다. 상대적으로 스마일스의 책은 빅토리아 시대의 핵심 덕목을 권고한 책이다. 예를 들어 이 책은 공손함, 정직, 근면, 인내와 같은 덕목을 권유하고, 덕 있는 인간이 되기 위해서는 어떤 상황에서든지 굳건히 자제할 수 있어야 한다고 강조한다. 스마일스는 사람들이 "자신의 능력을 한껏 발휘하고 자기 자신을 극복한다면" 거의 모든 것을 이룰 수 있다고 믿었다. 그러나 그렇게 하기 위해서는 "저속한 탐닉의 유혹에 빠지지 않도록 경계해야 할뿐더러, 육욕에 빠짐으로써 육신을 더럽히거나 굴종적 사유에 빠져 정신을 타락시키지 않아야"[7] 한다고 강조했다.

이와 반대로 『자유론』은 자제와 도덕적인 순응만을 강조했던 빅토리아 시대의 숨막힐 듯한 통제에 대해 강력히 반발하는 내용을 담고 있다.

밀은 기독교가 "관능적인 것을 혐오하도록" 만들었으며 해야 하는 것보다 하지 말아야 하는 것만 지나치게 강조해 왔다고 토로했다. 그는 특히 칼뱅주의자들에 의한 폐해가 크다고 보았다. 칼뱅주의자들은 "인간은 본래부터 부패한 심성을 타고났기에 이를 말살시키고 새로 태어나기 전에는 구원받을 수 없다."라고 설파했기 때문이다. 물론 밀은 인간 본성에 대해 보다 낙관적인 견해를 가지고 있었고 기독교도 그래야 한다고 생각했다.

만약 인간이 지고지순한 신에 의해 창조되었다고 믿는다면, 신이 모든 인간에게 계발할 수 있고 개화할 수 있는 기능을 부여해 주었다고 믿는 것이, 뿌리째 뽑아 버리고 태워 버려야 하는 기능을 부여해 주었다고 믿는 것보다 더 합리적이다. 따라서 신은 자신의 피조물이 그 자체에 잠재적으로 담고 있는 이상적인 상태에 조금이라도 근접하면 할수록 즐거워할 것이며 또한 이해하고, 행위하고, 즐기는 기능 중 어떤 것일지라도 그것이 약간이나마 향상된다면 거기에서 기쁨을 느낄 것이다.[8]

다른 여러 문제와 마찬가지로, 밀은 여기에서도 문제의 핵심을 찌르고 있다. 인간은 본래 악한 존재인가? 그렇다고 믿는 사람들은 새뮤얼 스마일스처럼 도덕적으로 보수적인 입장을 취할 것이다. 그들은 자제나 절제를 강조함으로써 사람들의 마음속에 자리 잡고 있는 수심(獸心)을 길들이고자 노력한다. 반면 그렇게 생각하지 않는 사람들은 밀처럼 도덕적으로 진보적인 입장을 고수한다. 그들은 상당히 관대한 편이다. 비록 아직 태동기에 있지만 진화심리학은 이 논쟁을 해결하는 데 상당한 실마리를 제공한다. 하지만 진화심리학자들의 주장은 한편으로는 고무적이나 다른 한편으로는 불안정하다.

이제 우리는 이타심, 동정심, 이해, 사랑, 양심, 정의감과 같이 사회를 한데 묶어주고 우리로 하여금 스스로 위대하다고 생각하도록 만드는 것들이 모두 굳건한 유전적 토대 위에서 존립한다고 주장할 수 있게 되었다. 이것은 좋은 소식이다. 반면 나쁜 소식은 비록 이러한 것들이 상당 부분 인류 전체에 복을 가져다 주었지만, 그것들이 '종의 번영을 위해' 진화하지 않았다는 사실이다. 더구나 앞으로 그렇게 되리라는 보장도 없다. 오히려 그 반대로 이제 우리는 도덕감이 자기 이익에 따라 발현하거나 스러지고 마는 야비한 융통성을 어떻게 그리고 왜 갖게 되었는지 이해할 수 있게 되었다. 또 왜 우리가 이러한 상태에 대해 선천적으로 무디게 되었는지도 밝혀졌다. 진화심리학에 의하면, 인간은 화려한 윤리적 장구를 갖춘 종이다. 그러나 인간은 이들을 오용하려는 성향을 타고났기 때문에 비극적인 존재이다. 게다가 그러한 오용을 감지하기 어렵도록 만들어졌기에 딱하기 이를 데 없는 존재이다. 이 책의 제목 역시, 이러한 관점에서 보면, 역설적이다.

그렇기에 사회생물학자들이 '이타심의 생물학적 토대'를 그토록 대중적인 차원에서 강조했음에도 불구하고 그리고 그들의 생각이 지닌 학술적인 의미에도 불구하고, 존 스튜어트 밀이 조롱했던 생각, 즉 '원죄'로 대변되는 타락한 인간 본성에 대한 생각은 그렇게 간단하게 무시해 버릴 수 없다. 도덕적으로 보수적인 입장을 신중하게 검토해야 하는 것도 바로 이 때문이다. 사실 나는 빅토리아 시대에 영국을 주도했던 보수적인 규범 중 일부는, 설사 에두른 방식으로 표출되기는 했어도, 20세기를 주도했던 사회 과학이 전제한 인간 본성에 대한 이해 방식보다 더 명확한 이해에 기초했었다고 생각한다. 그리고 지난 10여 년간 일어난 도덕적으로 보수적인 입장의 부흥 중 일부, 특히 성 문제에 관한 입장의 부흥은 상당 기간 동안 부인되었던 진리를 재발견했기 때문에 가능하다고 생각한다.

　만약 현대 다윈주의가 실제로 도덕적으로 보수적인 냄새를 풍긴다고 본다면, 그것이 동시에 정치적으로도 보수적인 냄새를 풍긴다고 말할 수 있을까? 이것은 미묘하고도 중요한 문제이다. 사회다윈주의는 의도적인 호도에서 비롯된 발작이라고 여길 만한 이유가 충분하다. 그러나 인간 본성에 대한 견해와 이데올로기의 관계는 우여곡절로 가득 찬 긴 역사를 가지고 있기 때문에, 인간이 본래 선한가 하는 문제는 그렇게 간단히 치부해 버릴 수 없는 정치적인 함축을 담고 있다. 지난 2세기 간 정치적 '자유주의' 와 '보수주의' 는 이제 본래의 모습을 알아볼 수 없을 정도로 그 의미가 변하긴 했어도, 이 두 입장을 구분해 주는 특징 중 하나는 여전히 남아 있다. 그것은 밀과 같이 정치적으로 자유주의적 입장을 취하는 사람은 보수주의자들보다 인간성에 대해 보다 낙관적인 견해를 가지고 있고 경직되지 않은 도덕적 풍토를 선호하는 경향이 있다는 사실이다.

　그러나 도덕과 정치의 이러한 상관관계가 과연 필연적인지에 대해서는 분명하지 않다. 특히 오늘날과 같은 상황에서는 더욱 그러하다. 만약 신다윈주의적 패러다임이 나름대로 고유한 정치적 함의를 가진다면 (일반적으로 그렇지 않은 것이 사실이지만) 그것은 정치적인 면에서 우파보다는 좌파 쪽에 가깝다. 어떤 면에서는 극단적으로 좌파적 성향을 띤다. (카를 마르크스(Karl Marx)가 살아 있다면 그는 신다윈주의적 패러다임의 상당 부분에 대해 불쾌해 할 것이다. 그러나 일부분에 대해서는 대단히 흡족해 할 것이다.) 더구나 신다윈주의적 패러다임은 정치적 자유주의가 이념으로서의 정합성을 가지기 위해서는 도덕적으로 보수적인 교설을 받아들여야만 하는 이유를 설명해 준다. 그것은 도덕적으로 보수적인 입장이 종종 자유주의적 사회 정책으로부터 실익을 얻을 수 있기 때문이다.

다윈에 대한 다윈주의적 분석

다윈주의적으로 생각하는 것이 어떤 것인지를 보이기 위해 나는 찰스 다윈을 첫 번째 시범 케이스로 삼고자 한다. 그의 생각과 감정과 행동은 진화심리학의 원리가 어떻게 적용될 수 있는지 보여 줄 것이다. 1876년 다윈은 자서전 첫 단락을 이렇게 시작했다. "나는 나 자신에 대한 이후의 얘기를 마치 죽은 사람이 저 세상에서 자기 인생을 되뇌어 보듯 기술하려 한다." 그러고는 으레 그랬듯이 초연한 자세로 "그러나 이러한 작업이 그렇게 어려운 것만도 아니다. 이제 거의 삶을 마감할 때가 되었기 때문이다."[9]라고 덧붙였다. 내 생각에는, 만약 다윈이 오늘날까지 살아 있어 자신의 인생을 신다윈주의적 통찰을 가지고 되돌아볼 수 있다면, 아마도 내가 묘사한 것처럼 기술했을 것이다.

사실 다윈의 삶은 예증 이상의 기능을 한다. 그것은 현대의 보다 세련된 자연 선택 이론이 지닌 설명력을 시험해 볼 수 있는 기회를 제공한다. 다윈이나 나와 같은 진화론 옹호자들은 오래전부터 진화론이 살아 있는 모든 것의 본질을 설명할 수 있을 정도로 강력하다고 주장해 왔다. 만약 우리가 옳다면, 진화론의 관점에서 바라보기만 하면 무작위로 선출한 그 어떤 사람의 인생도 더 명확하게 이해될 수 있어야 한다. 물론 다윈을 선택한 것은 우연이 아니다. 그러나 그는 여전히 시험을 위한 소재일 뿐이다. 나는 이 글을 통해 다윈의 삶과 당시의 시대적 배경, 즉 빅토리아 시대의 영국은 그 다른 어떤 관점보다 다윈주의적으로 해석할 때 더 잘 이해할 수 있다는 사실을 보이고자 한다. 이 점에서 그와 그가 처했던 환경은 다른 모든 유기적 현상과 차이가 없다.

물론 다윈이 여타의 유기적 현상처럼 보이는 것은 아니다. 자연 선택을 생각하면 떠오르는 것들, 즉 무차별적으로 자기 이익만을 추구하는 유전자, 그리고 가장 흉포한 것들의 생존 등은 다윈을 연상할 때 떠올리게 되는 이미지가 아니다. 어떻게 보든 그는 지나칠 정도로 예의가 바르고 인간적인 사람이었다. 물론 주변 사정이 그렇게 할 수 없게 만드는 경우도 있었다. 예컨대, 노예 제도를 비난할 때면 그도 흥분을 감출 수 없었고 말을 학대하는 마부를 목격했을 때는 화를 참을 수 없었다.[10] 그는 젊은 시절부터 품행이 안온했고 결코 잘난 체하지 않았다. 그것은 나중에 명성을 얻고 난 후에도 변하지 않았다. 문예비평가인 레슬리 스티븐(Leslie Stephen)은 "다윈은 내가 만난 저명한 인물 중 가장 매력적인 사람이었다."라고 평했다. "그의 우직함과 친절함은 애처로움을 자아낼 정도였다."라고 그는 덧붙였다.[11] 『자조론』의 마지막 장 제목을 빌려 묘사한다면, 다윈은 '진정한 신사'였던 것이다.

다윈은 『자조론』을 읽었다. 그러나 그럴 필요가 없었다. 이미 쉰한 살이었던 다윈은 인생이 '도덕적 무지와 이기심 그리고 악덕'과의 싸움이라는 스마일스의 격언을 몸소 실천한 인물이었다. 사실 다윈은 무례할 정도로 예의 바른 사람이라는 평판을 들었다. 만약 그가 자조(自助)에 대한 책을 필요했다면, 그것은 20세기 후반에 등장한 종류의 책이었을 것이다. 즉 어떻게 하면 자기 자신에 대해 흡족하게 생각할 수 있는지를 가르쳐 주는 책이나, 어떻게 하면 자기 자신에게 충실할 수 있는지 조언해 줄 수 있는 책이 필요했을 것이다. 다윈의 전기 작가 중 가장 통찰력 있는 사람 중 하나인 존 볼비(John Bowlby)는 다윈이 '지속적인 자기 모멸감'과 '과다한 양심' 때문에 괴로워 했다고 본다. 볼비는 다윈을 이렇게 묘사했다. "물론 다윈의 대표적인 특징이라고 볼 수 있는 가식 없는 태도와 엄격한 도덕성은 존경하지 않을 수 없다. 친족, 친구, 동료 모두가 그를 사랑한 이유 중 하나가 바로 이 점이었지만 불행하게도 다윈은 그러한 성격을 너무 어려서부터 과대하게 발달시켰다."[12]

그에게는 '지나친' 겸양과 도덕성이 있었을 뿐, 야수적인 면이 없었기 때문에 다윈은 우리의 이론을 시험할 대상으로서 더할 나위 없는 가치를 갖는다. 나는 이 책에서 전혀 상관없어 보이는 자연 선택 이론이 어떻게 그의 성격을 설명할 수 있는지 보이고자 한다. 오늘날 지구 위에서 다윈처럼 온화하고 인간적이며 점잖은 사람을 찾는 것은 대단히 어려운 일이다. 그러나 그도 근본적으로는 다른 사람들과 다르지 않다. 찰스 다윈조차 동물이었던 것이다.

1부

섹스, 로맨스, 사랑

1장

다윈 시대의 도래

영국의 아가씨들이 어땠는지 이제는 거의 잊고 말았다.
왠지 천사처럼 착했던 것 같은 느낌만 든다.
—「비글 호에서 보낸 편지」(1835)[1]

19세기에 영국에서 자란 소년들은 성적 쾌락에 빠져들지 않도록 교육을 받았다. 이에 그치지 않고 그들은 성에 대한 관심을 촉발할 수 있는 것들조차 경계하도록 교육받았다. 빅토리아 시대의 의사였던 윌리엄 액턴(William Acton)은 『생식 기관의 기능과 이상(The Functions and Disorders of the Reproductive Organs)』에서 소년들이 '고전 문학 작품'을 읽는 것은 바람직하지 않다고 충고했다.

> 아이들은 이들 작품에서 성적 탐닉이 주는 쾌락을 접하게 된다. 그러나 이들 작품은 그런 쾌락에 동반되기 마련인 대가에 대해서는 가르쳐 주지 않는다. 아이들은 성적 욕구를 통제하는 데에 있어 젊은이들이 감당하기 어려울 정도로 강력한 의지가 요구된다는 사실을 알지 못한다. 즉 성을 탐닉하게 되면, 어린 시절에 저지른 실수를 어른이 되어서 갚아야 한다는 사실, 만약 한 명이 무사할 수 있다면, 열 명이 고통을 당할 수밖에 없다는 사실, 그리고 성행위를 대신하는 비정상적인 행위에는 매우 커다란 위험이 따른다는 사실, 그리고 끝으로 성적 쾌락을 지속적으로 그리고 지나칠 정도로 추구할 경우 궁극적으로는 죽음과 자기 파괴에 이른다는 사실을 알지 못한다.[2]

액턴의 책은 1857년에 출간되었다. 이때는 빅토리아 시대가 한창 물이 오른 때로 그의 책은 그 시대의 도덕적 취향을 반영하고 있다. 그러나 성에 대한 억압이 이때부터 시작된 것은 아니다. 그런 경향은 빅토리아 여왕이 등극한 1837년 이전에도, 그리고 넓은 의미에서 빅토리아 시대로 묶이는 1830년대 이전에도 있었다. 사실 19세기가 시작되자마자 금욕주의를 제창하는 복음주의(the Evangelical Movement)가 세상을 지배하기 시작했다.[3] 『시대의 초상(Portrait of an Age)』에서 영(G. M. Young)이 지적했듯이, 다윈이 태어난 다음 해인 1810년에 영국에서 태어난 소년은 "매사에 있어 상상할 수 없을 정도로 막강한 복음주의적 규율의 통제를 받거나 고무를 받았다." 이런 현상이 성적인 통제에 국한된 것만은 아니었다. 매사가 그러했다. 탐닉 자체를 철저히 경계했다. 영의 표현에 의하면, 소년들은 "세상은 악으로 가득 차 있어 옷차림, 말, 행동거지, 그림, 소설 등이 자칫 잘못되면 타락의 씨앗이 되어 순수하기 짝이 없는 그들의 마음속에 은밀히 숨어들 수 있음"을 배워야 했다.[4] 빅토리아주의를 연구하는 또 다른 학자는 이들의 삶을 "유혹을 물리치고 자아의 욕구를 억제하기 위해 끊임없이 투쟁하는 삶"으로 묘사했다. 즉 이들은 "정교한 자기 통제를 생활화함으로써, 좋은 습관의 토대를 쌓고 자아의 통제력을 획득해야만 했다."[5]

다윈보다 삼 년 연하인 새뮤얼 스마일스가 『자조론』에 담고자 했던 것 역시 이런 빅토리아 정신이었다. 이 책의 상업적 성공이 시사하듯이, 복음주의적 인생관은 그것을 배태했던 감리교에 국한된 것이 아니었다. 그것은 감리교의 울타리를 넘어 영국 국교도(Anglican)와 유일신교도(Unitarian) 가정은 물론이고 심지어는 불가지론자의 가정에까지 파고들었다.[6] 다윈의 가정이 좋은 예이다. 다윈의 가정은 유일신교를 신봉했다. 다윈의 아버지(Robert Waring Darwin)는 자신의 생각을 좀처럼 밖으로

드러내는 법이 없었지만, 비교적 생각이 자유로운 사람이었다. 그럼에도 다윈은 당시의 청교도적 분위기에 빠져 있었다. 이는 그가 지나칠 정도로 양심의 가책을 느꼈다는 사실에서, 그리고 그가 모든 행동을 올바른 수칙에 따라 행했다는 사실에서도 짐작할 수 있다. 신앙심을 버리고도 오랜 시간이 지난 후 다윈은 이렇게 말했다. "생각을 통제해야만 한다고 인식할 때, 그리고 앨프리드 테니슨(Alfred Tennyson)이 말했듯 지난 시간을 그토록 유쾌하게 만들었던 죄악에 대해 마음속 깊이 다시 생각하지 않을 수 있을 때 비로소 도덕의 최고 상태에 도달할 수 있다." 나쁜 행위를 친숙하게 여기는 것은 그것이 무엇이든 간에 그만큼 그 행위를 쉽게 하도록 만든다. 오래전에 마르쿠스 아우렐리우스(Marcus Aurelius)가 말했듯이 "네가 습관적으로 생각하는 것은 곧 네 마음의 모습이 된다. 영혼은 생각에 의해 물들기 때문이다."[7]

오늘날 우리의 관점에서는 다윈의 성장 과정이나 인생이 정상적이었다고 볼 수 없을지 몰라도 당시의 시대적 상황을 고려한다면 그의 삶은 전형적이었다. 그렇지만 그가 엄청난 도덕적 중압감 속에서 살았던 것은 사실이다. 그는 모든 행위가 판단의 대상이 되는 세상에서 살았다. 더구나 그가 살았던 세상은 어떤 문제에 대해서든 해답이 가능한 것처럼, 그것도 절대적으로 옳은 해답이 가능한 것처럼 여겨지던 곳이었다. 물론 가끔씩은 그 해답이 견디기 힘들 때도 많았다. 어쨌든 그 세상은 현재 우리가 살고 있는 세상과는 매우 다른 곳이었고 다윈의 저술은 그러한 변화를 가져오는 데 결정적인 역할을 했다.

영웅 같지 않은 영웅

찰스 다윈은 원래 의사가 될 예정이었다. 다윈의 아버지는 '그가 훌륭한 의사, 즉 환자가 많은 의사가 되리라고' 확신했다. 의사였던 아버지에 대해서 "성공을 하는 데 있어 가장 중요한 요소는 약동하는 자신감이라고 주장했다. 그러나 아버지는 내게서 자신감을 발견할 수 없었고 자신감을 키워 줘야 한다고 확신하게 되었다."라고 다윈은 회상했다. 어쨌든 열여섯 살이 되었을 때 찰스는 형 이래즈머스(Erasmus Alvey Darwin)와 함께 아버지의 명령에 따라 슈루즈베리의 안락한 집을 뒤로 한 채 의학을 공부하기 위해 에든버러 대학으로 떠났다.

다윈은 자신의 소명에 부응하기 위해 노력했으나 목적을 이루는 데는 실패하고 말았다. 에든버러에서 다윈은 마지못해 수업에 응했으며, 될 수 있으면 수술 실습을 회피했다. 아직 클로로포름이 발견되지 않아서인지는 몰라도 다윈은 수술 참관을 좋아하지 않았다. 대신 그는 과외 활동에 많은 시간을 보냈다. 그는 어부와 함께 트롤 그물을 쳐서 굴을 잡은 다음 그것들을 해부했다. 사냥에 심취했을 때는 박제 기술을 배워 사냥감을 보관했다. 그리고 진화를 굳게 믿었던 로버트 그랜트(Robert Grant)라는 해면 전문가와 함께 산책하고 담소하는 것을 즐겼다. 물론 그랜트는 어떻게 해서 진화가 일어나는지를 알지 못했다.

다윈의 아버지는 아들이 직업 때문에 방황하고 있다는 사실을 알아챘다. 그는 "점차 게으른 한량이 되어 가고 있는 내게 매우 진노하셨다. 그가 화를 내는 것은 당연했다. 당시로서는 한량이 될 수밖에 없는 운명을 타고난 것처럼 보였을 것이다."[8]라고 다윈은 회상했다. 그래서 아버지는 찰스를 위해 차선책을 제안했다. 그가 제안한 대안은 성직자였다.

언뜻 보기에 이 제안은 이상하게 생각될 수 있다. 다윈의 아버지는 무신론자였으며 다윈 역시 독실한 신자는 아니었기 때문이다. 더구나 다윈은 동물학에 더 관심이 많은 듯했다. 하지만 다윈의 아버지는 현실적인 사람이었다. 당시에는 동물학과 신학이 동전의 양면과 같았다. 살아 있는 모든 것이 신의 작품이라면, 생명체의 교묘한 디자인을 공부하는 것은 곧 신의 창조적 재능을 연구하는 것과 같았다. 이러한 견해를 설파한 대표적인 사람은 윌리엄 페일리(William Paley)였다. 그는 1802년 『자연 신학: 혹은 자연 현상으로부터 수집된 신성의 존재와 속성에 대한 증거(Natural Theology; or, evidences for the existence and attributes of the Deity, collected from the appearances of nature)』라는 책을 썼다. 이 책에서 페일리는 시계가 시계공의 존재를 함축하는 것과 마찬가지로 주어진 기능을 수행하기에 적합하도록 정교하게 디자인된 유기체로 득실거리는 이 세계는 디자이너를 함축한다고 주장했다.[9] 페일리의 주장은 옳다. 단지 문제가 되는 것은 그 디자이너가 선견지명이 있는 신일 수도 있고 아무 생각도 없는 과정에 불과할 수도 있다는 데 있다.

어쨌든 현실적으로 볼 때 자연 신학은 시골에서 사제로 머물면서 아무런 죄의식 없이 온종일 자연에 대해 연구하고 기술하는 작업에 몰두할 수 있도록 해 줄 수 있었다. 그래서인지 다윈은 사제가 된다는 것에 대해 꽤 우호적인 입장을 취했다. "나는 생각할 시간을 달라고 요청했다. 영국 교회의 교리 모두를 받아들인다고 선포해야 한다는 것이 내키지 않았기 때문이다. 그렇기는 해도 시골의 성직자가 된다는 생각만큼은 좋게 느껴졌다." 다윈은 몇 권의 신학서를 읽었다. 그리고 이렇게 말했다. "그때만 해도 나는 성경에 있는 한마디 한마디가 모두 엄밀한 의미에서 진리였음을 의심하지 않았다. 나는 사도신경을 글자 그대로 받아들여야 한다고 생각했다." 성직자가 되기 위해 다윈은 케임브리지 대학으로 갔다. 그곳에서 그는 페일리의 책을 읽고 "그의 기다란 논증에 매료되고 설득되었다."[10]

그러나 그 같은 상태가 오래가지는 않았다. 케임브리지에서 수학한 직후 다윈은 예기치 않은 계기를 맞게 된다. 비글 호에 박물학자로 탑승

할 기회가 온 것이다. 그 다음은 물론 역사적 사건이 되었다. 다윈이 자연 선택 이론을 생각해 낸 것이 비글 호를 타고 항해 중일 때는 아니었지만, 그는 이때 세계 각처의 야생 생물에 대한 연구를 통해 진화를 확신하게 되었을 뿐만 아니라 진화의 주요 특징들을 인식할 수 있었다. 그가 어떻게 해서 진화가 일어나는지 발견하게 된 것은 5년간에 걸친 비글 호 항해를 마치고 2년이 더 흘렀을 때였다. 이제는 더 이상 성직자가 되려는 생각은 없었다. 마치 미래의 전기 작가에게 암시를 주려는 듯이, 다윈은 비글 호 항해에 그가 아끼는 시집 『실낙원(*Paradise Lost*)』을 갖고 승선했다.[11]

다윈이 영국을 떠나 항해에 나설 때만 해도 150년이 지난 후 사람들이 그에 대해 책을 쓰리라고 생각하게 할 만한 어떤 특별한 조짐도 보이지 않았다. 한 전기 작가는 다윈의 젊은 시절에 대해 이렇게 묘사했다. 일반적인 기준에서 본다면 청년 다윈에게서는 "어떤 천재성의 흔적도 찾아볼 수 없다."[12] 물론 이 같은 주장은 과장된 것일 수 있다. 위대한 사상가의 불우한 어린 시절은 항상 흥미로운 읽을 거리를 제공하기 때문이다. 이 주장이 더 의심을 자아내는 이유는 그것이 주로 자기 자신에 대한 다윈의 평가에 의존하기 때문이다. 이미 언급했듯이 다윈은 자신을 폄하하곤 했다. 다윈은 외국어에 능통하지 못했고, 수학을 배우는 데 애먹었으며 "선생님들과 아버지로부터 지적 능력이 평균에 못 미치는 매우 평범한 소년으로 간주되었다."라고 자평했다. 사실이 그러했는지는 모르는 일이다. 어쩌면 우리는 다윈이 자평한 내용 중 긍정적인 부분에 더 비중을 두어야 할지도 모른다. 그는 "나보다 훨씬 나이가 많고 훨씬 더 높은 지위에 있는" 사람들을 사귀는 재주가 있었다고 말한다. "내가 생각하기에 나는 다른 젊은이들에 비해 조금 나은 어떤 능력을 가지고 있었던 것 같다."[13]라는 것이다.

어쨌든 눈부실 만큼 번쩍이는 지적 능력이 없었다는 사실이 전기 작가들로 하여금 다윈을 '불후의 명성을 남길 법하지 않은 인물'로 생각하게 만든 이유의 전부는 아니었다.[14] 다윈은 어느 면으로 보아도 그렇게 대단한 인물이 아니었다는 느낌을 준다. 그는 너무나 친절하고 착했으며 원대한 야망이라곤 전혀 찾아볼 수 없었다. 그가 풍기는 인상은 약간은 편협하고 단순한 촌놈에 가까웠다. 한 전기 작가는 이렇게 물었다. "왜 다른 사람들이 그토록 정성을 다해 찾아 헤맸던 이론이 야심 차지도, 상상력이 뛰어나지도, 아는 것이 많지도 않은 다윈에 의해 발견되었는가? 어떻게 해서 진화론처럼 방대한 구조와 엄청난 영향력이 있는 이론을 그토록 지적으로 별 볼일 없고 문화적으로 둔감했던 사람이 고안할 수 있었단 말인가?"[15]

이 의문에 답할 수 있는 한 가지 방법은 다윈에 대한 기존의 평가에 이의를 제기하는 것이다. 그러나 보다 손쉬운 방법은 진화론에 대한 기존의 평가에 이의를 제기하는 것이다. 자연 선택설은 '엄청난 영향력'을 발휘했지만 '방대한 구조'를 가진 이론은 아니다. 그것은 작고 단순한 이론이다. 따라서 이것을 발견하는 데 대단한 천재성이 필요했던 것은 아니다. 다윈의 절친한 친구이자 충실한 옹호자이며 진화론을 대중화시키는 데 혁혁한 공헌을 한 토머스 헉슬리(Thomas Henry Huxley)는 진화론을 접하자 "얼마나 멍청했으면 이것을 생각해 내지 못했을까!" 하고 탄식했다고 한다.[16]

자연 선택설이 담고 있는 내용은 단순하다. 만약 한 종에 속하는 개체들이 보유한 유전적 속성에 차이가 있다면, 그리고 어떤 속성이 다른 것보다 생존과 번식에 있어 더 효율적이라면, 그와 같은 속성은 집단 내에서 더 널리 퍼지게 될 것이다. 그렇게 된다면, 결국 그 종이 가진 유전적 속성의 총체적 집합은 변할 것이다. 이것이 자연 선택설이 담고 있는 내용의 전부이다.

물론 어떤 한 세대 내에서 일어날 수 있는 변화란 미미하다. 만약 목이 긴 동물만이 나뭇잎을 쉽게 먹을 수 있고, 그 결과 목이 짧은 동물이 번식하기 전에 죽어 버린다고 해도 그 종의 목 길이 평균치는 거의 늘어나지 않을 것이다. 그러나 만약 매 세대마다 우리가 알고 있듯이 성 교배나 유전적 돌연변이로 인해 목 길이의 변화가 계속된다면, 즉 다양한 목 길이 중 하나가 자연적으로 선택될 수 있다면, 평균적인 목의 길이는 계속해서 늘어날 것이다. 그리고 결국 말 목만큼의 길이를 가졌던 종이 기린만큼이나 길어진 목을 갖게 될 것이다. 다시 말해 이 종은 새로운 종이 될 것이다.

다윈은 언젠가 자연 선택을 단 10개의 단어로 집약해서 표현한 적이 있었다. "번식시키고, 변화시키고, 가장 강한 자는 살아 남게 하고 가장 약한 자는 죽게 한다(Multiply, vary, let the strongest live and the weakest die.)."[17] 잘 알고 있듯이, 여기에서 '가장 강한 자'란 단지 억센 자를 의미하는 것이 아니라 환경에 가장 잘 적응한 자를 뜻한다. 예를 들어, 변장에 능숙하거나 영리한 놈도 그것이 생존과 번식에 도움이 된다면 적자가 될 수 있다.* 통상 이와 같이 넓은 의미를 전달하기 위해, 다윈이 만들지는 않았지만 유용한 단어인 '적자(fittest)'가 '가장 강한 자'라는 말 대신에 사용된다. 이때 유기체의 적합성(fitness) 여부는 주어진 환경에서 자신의 유전자를 다음 세대에게 얼마나 잘 전달하는지에 따라 결정된다. 적합성은 계속해서 종을 변화시키는 자연 선택이 지속적으로 극대화하고자 '추구' 하는 것이다. 우리

* 다윈은 진화 과정을 설명함에 있어 '생존적 측면'과 '번식적 측면'을 구분했다. 그는 성공적인 짝짓기로 이끄는 특성을 자연 선택과 구별되는 '성 선택(sexual selection)'으로 설명했다. 그러나 오늘날에는 종종 자연 선택이 이들 양 측면 모두를 포함하도록 넓은 의미로 정의된다. 즉 자연 선택은 어떤 방식으로든 한 유기체의 유전자를 다음 세대로 전달하는 데 유용한 특성을 보존하는 원리로 이해된다.

를 오늘날의 우리로 만든 것도 적합성이다.

만약 이 같은 주장에 쉽게 납득이 간다면, 아마도 진화론이 함축하는 바를 제대로 파악하지 못했기 때문일 가능성이 크다. 인간이 만들어 낸 그 어떤 것보다도 훨씬 복잡하고 정교한 우리의 신체 역시 수천 수만 번의 점진적 발전이 누적되어 이루어진 것이다. 더구나 '각각의 발전 과정은 우연적으로 발생했다.' 태고의 박테리아와 우리들 사이를 매개하는 각각의 작은 단계들은 제각기 자신의 바로 위 세대가 다음 세대로 더 많은 유전자를 전달할 수 있도록 도움을 주었을 뿐이다. 창조론자들은 종종 임의의 유전적 변화를 통해 인간이 생겨날 확률은 원숭이가 셰익스피어의 작품을 우연히 타자 칠 확률과 같다고 주장한다. 사실 그렇다. 어쩌면 작품 전체까지는 몰라도 상당히 길고 알아볼 수 있을 만한 문장을 만들 확률과 같다고 볼 수 있다.

그러나 이렇게 일어날 것 같지 않은 일도 자연 선택의 논리를 통해 보면 가능한 것처럼 보일 수 있다. 예를 들어 어떤 유인원이 운이 좋아 남들보다 약간 더 큰 모성애를 촉발시키는 유전자 XL을 보유하게 되었다고 상상해 보자. 그 같은 사랑은 남들보다 약간 더 세심한 보살핌으로 나타날 것이다. 어떤 한 유인원의 삶에서 그 유전자가 미치는 영향은 그다지 크지 않을 것이다. 그러나 XL 유전자를 보유한 유인원의 자손이 그 유전자를 갖지 못한 유인원의 자손보다 번식기에 이를 때까지 살아남을 확률이 평균적으로 1퍼센트가 더 크다고 상상해 보라. 비록 미약하기 이를 바 없지만 이 같은 유리함이 유지되는 한, 세대가 거듭됨에 따라 XL 유전자를 가진 유인원의 수는 증가할 것이고 그렇지 않은 유인원의 수는 감소할 것이다. 그리고 종국에 가서는 집단 내에 속하는 모든 동물들이 XL 유전자를 갖는 결과를 낳게 될 것이다. 그 시점에 이르게 되면, 그 유전자는 '고착 상태(fixation)'에 이르게 된다. 즉 그 이전과 달리 이제 약간 더 큰 모성애가 '종의 전형'이 된다.

물론 어떤 종이 운이 좋아 한번쯤은 번성할 기회가 있을 수도 있다. 그러나 계속해서 그 종에게 행운이 돌아올 가능성은 거의 없다. 모성애가 또 다른 우연한 유전적 변이를 통해 더욱 증가될 확률은 거의 없다는 말이다. XL 돌연변이가 XXL 돌연변이로 이어질 가능성은 얼마나 될까? 어떤 유인원의 경우에 그러한 변이가 이어질 가능성은 거의 없다. 그러나 이제 집단 내에는 XL 유전자를 가진 유인원이 다수를 이루게 되었다. 만약 그들 중 하나가, 혹은 그들의 자식 중 하나가, 혹은 그들의 손자나 손녀 중 하나라도 운이 좋아 XXL 유전자를 갖게 된다면, 그 유전자는 집단 내에서 급속하지는 않을지라도 퍼져 나갈 가능성이 크다. 물론 그동안 수많은 유인원들이 불운한 여러 다양한 유전자를 갖게 될 것이고, 이 유전자들 중 일부는 아예 가계를 단절시킬 수도 있다. 그러나 그것이 자연의 법칙이니 어떻게 하겠는가?

결국 자연 선택은 실제로 확률의 법칙을 어기지 않으면서도 일어날 것 같지 않은 일을 일으킨다. 자연 선택되어 현재 생존하고 있는 종보다 운이 나빠 중도에 파국을 맞은 종이 훨씬 더 많다. 유전의 역사는 실패한 실험으로 넘쳐 흐르는 휴지통이다. 실패한 실험은 처음에는 셰익스피어의 시처럼 활기가 넘쳤지만 결국에는 횡설수설로 전락한 것들이다. 이 같은 실패는 시행착오를 거쳐 디자인해야만 하는 데 따르는 대가이다. 그러나 그러한 대가를 지불할 수 있는 한, 즉 충분히 많은 세대가 자연 선택의 지배를 받을 수 있다면, 그리고 살아남는 하나를 위해 수많은 실패작을 포기할 수 있다면, 자연 선택은 경이로운 것을 창조해 낼 수 있다. 자연 선택은 살아 있는 과정이다. 그것은 의식을 가지고 있지는 않으나 쉴새없이 정련해 나가는 창의적인 장인이다.*

우리 몸속에 있는 모든 장기가 자연 선택이라는 장인의 작품이다. 우리의 심장, 폐, 위를 비롯한 모든 장기가 '적응'의 결과이다. 이들 모두는 과거에 조상들의 생존과 번식에 공헌했기 때문에 오늘날 현존하고 있는 기제, 즉 우연적인 디자인의 훌륭한 산물이다. 그리고 이들 모두는 종 안에서는 전형적이다. 비록 어떤 한 사람의 폐가 다른 사람의 폐와는 다를 지라도 폐를 구성하는 유전자들은 인류 모두에게 거의 공통적이다.

* 이 책에서 나는 종종 자연 선택이 '원하는', '의도하는' 것이 무엇인가라는 말을 종종 사용할 것이다. 또한 자연 선택의 작용에 내재해 있는 '가치'에 대해서도 언급할 것이다. 이러한 경우 나는 인용 부호를 사용할 것이다. 왜냐하면 이러한 말들은 모두 비유에 지나지 않기 때문이다. 그럼에도 불구하고 이러한 비유를 사용하는 이유는 그것이 다윈주의가 도덕적으로 함의하는 바를 이해하는 데 유용하다고 믿기 때문이다.

진화심리학자인 존 투비(John Tooby)와 레다 코스미데스(Leda Cosmides)는 그레이(Gray)의 『해부학(Anatomy)』에 그려진 해부도 하나하나가 전 세계인 모두에게 똑같이 적용된다는 사실에 주목했다. 그들은 이어서 "그렇다면 마음의 해부도 역시 다를 수 없지 않겠는가."라고 자문했다. 진화심리학이 의존하는 작업가설은 다양한 '정신 기관(mental organ)'이 인간의 마음을 구성한다는 것이다. 예를 들어 사람들로 하여금 자기 자식을 사랑하게 하는 정신 기관은 인류에게 전형적인 것이라는 주장이다.[18] 진화심리학자들은 말하자면 학계에서 '인류의 심적 일체성(the psychic unity of mankind)'이라고 알려진 것을 추구한다.

기후의 역할

직립 보행을 했지만 두뇌 크기에 있어서는 유인원과 비슷했던 오스트랄로피테쿠스와 현대인 사이에는 수백만 년의 간극이 존재한다. 그 사이에는 10만 내지 20만 세대가 있었을 것이다. 얼마 안 되는 것처럼 들릴지 몰라도 늑대를 치와와나 세인트 버나드와 같은 개로 만드는 데 단지

5000 세대밖에 소요되지 않았다는 사실을 감안한다면 10만 세대가 결코 적은 것이 아님을 알 수 있다. 물론 개는 자연 선택을 통해서가 아니라 인위적인 선택에 의해 진화하였다. 그러나 다윈이 강조했듯이 본질적인 면에서 자연 선택과 인위적 선택은 같은 것이다. 두 경우 모두 수많은 세대를 지속적으로 지배해 온 원리가 어떤 특질들을 집단에서 제거한다. 또한 두 경우 모두에 있어 '선택 압력(selective pressure)'이 충분히 강한 경우, 즉 유전자가 충분히 빠른 속도로 제거되어 가는 경우 진화가 빠르게 진행될 수 있다.

어떻게 해서 선택 압력이 인류의 진화 과정에 있어 그렇게 강하게 작용할 수 있었는지 의아해 할 수 있다. 사실 선택 압력을 가중시키는 일반적인 요인은 적대적인 환경이다. 예를 들어 가뭄, 빙하기, 강력한 천적의 등장, 먹이의 감소 등과 같은 것이다. 그러나 인간은 진화함에 따라 이와 같은 요소들이 차지하는 비중을 경감시킬 수 있었다. 도구의 발명, 불의 발견, 협동적인 사냥 계획의 수립 등은 환경을 점차 통제함으로써 결국 변덕스러운 자연으로부터 인간이 독립할 수 있도록 해 주었다. 그렇다면 어떻게 해서 불과 수백만 년 사이에 유인원의 뇌가 인간의 뇌로 탈바꿈할 수 있었는가?

아마도 인간이 오늘날의 인간으로 진화할 수 있도록 만든 주된 환경 요인은 다름 아닌 인간 자신이었을 것이다.[19] 석기 시대의 구성원들은 서로가 서로에게 경쟁자였다. 적어도 유전자를 다음 세대에 전달하는 문제에 있어서 만큼은 그러했다. 더구나 그들 각자는 이 경쟁에서 상대방의 도구이기도 했다. 자신의 유전자를 퍼뜨리는 것은 이웃을 다루는 솜씨에 달려있었다. 가끔은 도와야 하고, 가끔은 무시해야 하며, 가끔은 착취도 마다하지 않아야 했다. 또 가끔은 좋아하기도 해야 했으며 가끔은 증오해야 했다. 무엇보다도 이들은 한 사람이 어떤 대우를 받아 마땅한지 가늠할 수 있어야 했으며 언제 그러해야 하는지도 알 수 있는 감각을 지녀야 했다. 결국 인간의 진화는 대체로 서로에게 적응하면서 이루어졌다고 볼 수 있다.

'적응된다'는 것은 곧 집단 내에 고착됨을 의미하기 때문에 적응은 사회 환경 자체의 변화를 야기한다. 그리고 그 결과 적응은 곧 더 많은 적응을 초래한다. 만약 모든 부모가 XXL 유전자를 보유하게 된다면, 그 유전자는 더 생존력이 강하고, 더 다산력 있는 자손을 낳는 경쟁에서 어떤 유리함도 보장하지 못한다. 무기 경쟁이 지속될 수밖에 없는 것도 이 때문이다. 단지 이 경우에 있어 차이가 있다면, 무기가 사랑이라는 사실이다. 물론 그렇지 않은 경우가 많은 것 또한 사실이다.

일부 학파에서는 적응으로 대표되는 '지속적이면서도 포괄적인 디자인'이라는 아이디어 자체를 경시하는 경향이 있다. 생물학의 대중화를 선도하는 이들은 진화론적 변화를 설명함에 있어 종종 적합성의 역할보다는 무작위성이나 우연성의 역할을 강조한다. 어떤 기후 변화가 갑자기 일어나 운이 나쁜 식물군이나 동물군을 멸종시키고 그 결과 이러한 재난에서 살아남을 수 있을 만큼 운이 좋았던 종은 이전과는 완전히 달라진 진화 환경을 맞는다. 일단 범(汎)우주적 주사위가 던져지면, 졸지에 모든 내기가 아무런 의미도 갖지 못하게 된다는 것이다. 사실 그와 같은 일이 실제로 일어났다. '무작위성'이 진화에 커다란 영향을 미친다는 것도 이를 두고 하는 말이다. 그러나 이 말은 다른 의미도 갖는다. 예를 들어, 자연 선택에 의해 평가받고 걸러질 새로운 특성들은 무작위적으로 발생하는 듯하다.[20]

그러나 '작위성'이라는 말을 어떻게 사용하든지 간에 그것이 자연 선택의 핵심적인 특성을 모호하게 한다면 용인될 수 없다. 자연 선택의 과정에서 유기체의 디자인에 있어 가장 중요한 기준은 적합성이다. 물론,

주사위는 다시 던져질 수 있고 진화가 일어나는 여건도 변할 수 있다. 지금 당장은 적응력 있는 특질일지라도 앞으로는 그렇지 않을 수 있다. 종종 자연 선택은 유행이 지나가 버린 패션을 수정해 나간다. 이같이 주어진 여건에 계속해서 적응하다 보면 유기체들은 날림으로 세운 듯한 특질을 보유하게 된다. 사람들이 척추 질환을 갖게 된 것도 이 때문이다. 만약 자연 선택이 나무에서 살던 동물을 점진적으로 적응시키는 대신 백지 상태에서 직립 보행하는 유기체를 디자인했다면, 그토록 나쁜 척추를 가진 유기체를 만들어 내지는 않았을 것이다. 그럼에도 불구하고 일반적인 경우, 주변 환경의 변화는 진화가 따라잡을 수 있을 만큼 점진적이다. 물론 선택 압력이 심화되는 경우에는 급작스럽게 변화할 수도 있다.

복잡 미묘한 것이 사실이나, 좋은 디자인의 의미는 변하지 않는다. 인간의 행동에 영향을 주는 수천수백만의 유전자들, 즉 우리의 뇌를 만들고 신경 전달 물질과 여타의 호르몬을 통제함으로써 우리의 '정신 기관'을 규정하는 유전자들은 나름대로 이유가 있기 때문에 존재한다. 그것들이 존재하는 이유는 우리의 조상들이 다음 세대로 유전자를 퍼뜨릴 수 있도록 도왔기 때문이다. 만약 자연 선택설이 옳다면, 본질적으로 인간 심리에 대한 모든 문제를 이런 방식으로 이해할 수 있어야 한다. 우리가 서로에 대해서 갖는 근본적인 느낌, 그리고 우리가 서로에 대해서 생각하고 말하는 근본적인 방식들이 오늘날 그 같은 방식으로 존재하는 것은 이들 모두가 과거에 유전적 적합성을 높이는 데 어떤 방식으로든 공헌했기 때문이다.

다윈의 성생활

인간의 행동 중 어떤 것도 성행위보다 유전자 전달에 더 큰 영향을 주는 것은 없다. 그렇기 때문에 머릿속에 있는 그 어떤 것도 성적 심리보다 더 진화론적으로 설명하기에 적합한 것은 없다. 동물적인 성욕, 몽상적 열정, 지속적인 애정 등이 여기에서 말하는 성적 심리 상태의 예다. 이제 찰스 다윈은 물론 우리 모두를 조정하는 근본적인 동인이 서서히 밝혀지고 있다.

다윈은 스물두 살 되던 해 영국을 떠났다. 젊은이라면 필시 그렇듯 그 역시 성호르몬이 왕성히 분비되는 시기였을 것이다. 당시 그는 동네 처녀 중 두 명에게 각별한 관심을 보였다. 그중에서도 예쁘장하고 호감이 가고, 대단히 요염했던 패니 오언(Fanny Owen)을 연모했다. 언젠가 그녀에게 사냥총 쏘는 법을 가르쳐 준 적이 있었는데 격발로 인한 충격에도 불구하고 아무렇지도 않은 척 하는 그녀의 모습이 다윈에게는 무척이나 매혹적이었다. 수십 년이 지난 후에도 다윈은 그때를 기억하며 즐거워하곤 했다.[21] 케임브리지에 가서도 다윈은 그녀와 계속해서 편지를 주고받았다. 그러나 그가 그녀와 키스라도 할 수 있었는지는 확실하지 않다.

당시 케임브리지에는 창녀들이 있었다. 또 더 비밀리에 상대할 수 있는 하류층 여성들도 많이 있었다. 그러나 대학의 학감이 학교 주변을 순회하면서 매춘부를 단속했다. 다윈의 형은 다윈에게 결코 여자들과 함께 있는 모습을 들키지 말라고 경고했고 그는 형의 말을 잘 따랐다. 그가 불법적인 성행위와 관련을 맺은 것이라곤 사생아의 아비가 된 후 학교를 그만둔 친구에게 돈을 보내 준 정도였다.[22] 어쩌면 영국을 떠날 당시까지만 해도 그는 동정을 유지하고 있었을지 모른다.[23] 그 다음 5년간도 72명의 선원들과 90피트(약 27미터)짜리 배에서 보내야만 했기 때문에 동정을 잃을 기회를 찾지 못했을 공산이 크다. 적어도 공식적으로는 그렇다.

그가 귀국했을 때도 사정은 크게 달라지지 않았다. 여전히 세상은 빅토리아 시대였다. 다윈이 거주했던 런던에서는 창녀를 살 수가 있었다. 그러나 상류층의 조신한 여성과 성 관계를 맺는다는 것은 쉽지 않았다. 사실 결혼을 하지 않고는 거의 불가능했다.

당시 남성의 성행위는 그 상대가 누구냐에 따라 두 가지로 나뉘었다. 이러한 차이는 빅토리아 시대 성도덕이 지닌 가장 특징적인 요소인 성녀와 창녀라는 이분법을 만들어 내었다. 여성에는 두 종류가 있었다. 하나는 후에 결혼할 여성이고 다른 하나는 지금 당장 즐길 수 있는 여성이다. 전자는 사랑받을 가치가 있다고 생각되었던 반면, 후자는 단지 정욕의 대상이었다. 일반적으로 빅토리아 시대 성도덕의 산물이라고 여겨지는 두 번째 특징은 성에 대한 편파적인 기준이다. 빅토리아 시대의 도덕가들은 남녀를 불문하고 성적으로 분방한 행위를 강력히 제재하였으나 상대적으로 여성에 비해서 남성이 성적으로 자유로웠다. 이러한 편파적인 가치 기준은 성녀와 창녀라는 이분법과 밀접히 연관되어 있었다. 이 당시 성적으로 분방하다는 것은 곧 평생토록 창녀 취급을 당할 수 있음을 의미했다. 물론 그것은 당시만 해도 감당하기 힘든 처벌이었다. 창녀가 결혼할 가능성은 거의 없었기 때문이다.

오늘날에는 많은 이들이 빅토리아 시대의 성도덕을 거부할 뿐만 아니라 조롱하기까지 한다. 빅토리아 시대의 성도덕을 거부하는 것은 자유이다. 그러나 그것을 비웃고 코웃음을 치는 것은 우리의 성도덕을 과대평가하는 짓이다. 아직도 많은 남자들이 '품행이 방정하지 못한' 여성에 대해 험담하는 것이 현실이다. 오늘날에도 그런 여자들은 데리고 놀기에는 적합할지 몰라도 결혼 상대는 아니라는 식으로 험담하는 경우가 많다. 이렇게 표현하지 않을지라도, 고등 교육을 받아 생각이 비교적 자유로운 사람조차 행동에 있어서는 별반 다르지 않다. 우리는 남자들이 평소 입에 침이 마를 겨를도 없이 칭찬을 아끼지 않다가도 한두 번 잠자리를 같이 한 후에는 마치 여자가 갑자기 천박해졌다는 듯이 다시는 연락도 하지 않는 경우를 종종 본다. 요즘 들어서 빅토리아 시대에 통용되던 편파적 기준이 약화되기는 했어도 사정이 크게 달라진 것은 아닌 듯싶다. 예나 지금이나 여자들은 여전히 같은 이유에서 불평을 한다. 빅토리아 시대의 성 풍속에 대한 이해가 오늘날의 성 풍속 이해에 도움이 되는 이유도 이 때문이다.

빅토리아 시대의 성도덕이 기초로 한 이론적 토대는 분명하다. 즉 여성과 남성은 근본적으로 다르다는 것이다. 특히 성적 문제에 있어서는 더욱 그렇다. 난봉을 비난하는 사람들조차 남녀가 다르다는 사실을 강조했다. 예컨대 윌리엄 액턴은 이렇게 말했다. "다행히 여성들 대부분은 성적 욕구 때문에 괴로워 하지 않는다. 남성들은 대부분이 성욕 때문에 시달리지만, 여성들의 경우에는 극히 예외적인 경우만 그렇다. 물론 가정 법원의 사례에서 볼 수 있듯이 여성 중 일부는 남성보다 성적 욕구가 강하다." 따라서 '색정광'은 일종의 '정신병'이다. 그러나 여전히 "여성의 성적 욕구는 대부분의 경우에 있어 가라앉은 상태이며…… 따라서 대부분의 경우에는 성욕이 일지도 않지만, 설사 일어난다고 해도 남성에 비하면 상당히 완만한 편이다." 한 가지 문제는 다수의 젊은 남성들이 '성적으로 야한 혹은 천박하거나 저속한 여성'에 대해 매력을 느낀다는 점이다. 젊은이들은 성적 환상을 품고 결혼에 임하기 일쑤다. 젊은 남성은 "훌륭한 어머니, 아내, 가정 주부는 성적 탐닉에 거의 빠지지 않는다는 사실을 알지 못한다. 이들이 열정을 갖고 임하는 것은 가정, 아이들, 가사뿐이다."[24]

자신이 훌륭한 아내이며 어머니라고 생각하는 여성 중 상당수가 윌리엄 액턴의 말에 동의하지 않을 것이다. 이들의 주장에도 나름대로 근거가 있다. 그러나 신다윈주의적 패러다임은 남성의 성적 욕구는 여성의 성적 욕구에 비해 무분별한 면이 있기 때문에 남성과 여성 사이에는 모종의 차이가 있다는 생각을 지지한다. 다윈주의에 의지해야만 이러한 생각을 가질 수 있는 것은 아니다. 한동안 남성과 여성이 그 본성에 있어 근본적으로 동일하다는 주장이 일었지만 이제 점차 지지를 잃어 가고 있다. 사실 페미니스트들 사이에서도 이 주장은 더 이상 절대적이지 않게 되었다. '차이의 페미니즘(difference feminism)'과 '본질주의(essentialism)'를 표방하는 페미니스트들 상당수가 남성과 여성의 근본적 차이를 인정한다. 페미니스트들은 여기에서 '근본적'이라는 말이 정확히 무엇을 의미하는지에 대해서 명확하게 설명하지 않는다. 그러나 많은 이들이 그것을 유전자와 관련이 있는 어떤 것으로 이해하지 않는다는 것만은 분명하다. 내가 생각하기에는, 그렇게 이해하지 않을 경우 페미니스트들은 이론적인 혼란 상태로부터 벗어날 수 없다. 그들은 초기 페미니스트의 선천적 성적 균형(sexual symmetry) 이론이 잘못되었음을 의식하면서도, 그리고 그러한 주장이 여성의 지위 향상에 오히려 장애가 되었다는 사실을 인정하면서도, 충심으로 다른 대안을 모색하기를 두려워 하고 있다.

만약 성에 대한 신다윈주의적 견해가 남자들이 상당히 호색적인 집단이라는 전통적인 견해를 지지하는 데 그친다면, 그다지 큰 의미가 없을 것이다. 그러나 신다윈주의는 단지 성욕과 같은 동물적 충동에 대해서만 언급하는 것이 아니다. 그것은 보다 미묘한 의식의 지형을 간파하는 데 큰 도움을 준다. 진화심리학자들에게 있어 '성심리학(sexual psychology)'이란 사춘기의 흔들리는 자긍심에서부터, 남녀가 각자에 대해 내리는 미적·도덕적 판단 그리고 동성에 대해 내리는 도덕적 판단까지도 포함하는 학문 분야를 의미한다. 성녀와 창녀 이분법에 대한 논의나 성에 대한 편파적 기준에 대한 이론은 성심리학 분야에서 무엇이 어떻게 다루어지는지를 보여 주는 좋은 예이다. 이제는 많은 사람들이 이러한 현상들이 인간의 본성 깊은 곳으로부터 비롯되었음을 인식하기 시작했다. 즉 성녀와 창녀 이분법이나 편파적 기준은 사람들이 서로를 평가하기 위해 사용하는 정신적 구조의 일부라는 것이 판명되기 시작한 것이다.

한두 가지 유의해야 할 사항이 있다. 우선 어떤 것을 자연 선택의 산물이라고 말하는 것은 그것을 바꿀 수 없다고 말하는 것과 같지 않다. 환경을 적절히 변화시킬 수 있다면, 인간 본성이 발현된 것일지라도 변화시킬 수 있기 때문이다. 물론 어떤 경우에는 그와 같은 변화를 일으키기 위해 요구되는 환경의 변화가 감내할 수 없을 정도로 극단적이어야 하는 것도 사실이다. 둘째, 어떤 것이 '자연스럽다'고 말하는 것은 그것이 '좋다'라고 말하는 것과 같지 않다. 자연 선택이 '가치 있는' 것으로 여기는 것이라고 해서 우리도 그렇게 받아 들여야 하는 것은 아니다. 단지 만약 우리가 자연 선택되지 않은 어떤 것을 추구하고자 한다면, 그 과정에서 큰 어려움을 감수해야 할 것이다. 그리고 만약 우리가 윤리 규범을 바꾸려 할 때 우리를 당황하게 할 만큼 완고한 부분에 봉착한다면, 그것들이 도대체 어디에서 기인한 것인지를 알면 도움이 될 것이다. 그것들은 궁극적으로 인간 본성에 기초하고 있을 것이다. 비록 장구한 시간 동안 쌓여 온 환경과 문화유산의 지층에 의해 복잡하게 굴절될 수밖에 없지만 그것들의 궁극적 원천은 인간 본성이다. 그렇다고 성에 대한 '편파적 기준'을 야기 시키는 유전자가 있는 것은 아니다. 단지 성에 대한 편파적 기준을 이해하기 위해서는 무엇보다도 우리가 지닌 유전자와 그것이 우리의 생각에 어떤 영향을 미치는지를 이해해야만 한다는 것이다. 다시 말해, 우리는 그와 같은 유전자와 그 유전자가 배태한 기묘한 판단 기준이 어떤 과정을 거쳐 선택되게 되었는지 이해해야 한다.

우리는 이후 몇 장에 거쳐 인간의 성 심리가 형성되어 온 과정에 대해 살펴볼 것이다. 그 후 이를 토대로 빅토리아 시대의 도덕과 다윈의 심리 상태, 그리고 그가 결혼한 여성의 심리 상태를 검토할 것이다. 이러한 작업을 통해 우리는 우리가 처한 상황을 더 명확하게 볼 수 있게 될 것이다. 이를 통해 우리는 20세기 말의 연애와 결혼 관습에 대해 새롭게 조망할 수 있는 기회를 갖게 될 것이다.

2장

수컷과 암컷

포유류, 조류, 파충류, 어류, 곤충류, 심지어는 갑각류에 이르기까지 동물의 왕국에 서식하는 종들에 있어 양성 간의 차이는 거의 정확하게 동일한 규칙을 좇아 일어난다. 거의 모든 경우에 수컷이 구애를 한다.

——『인류의 기원과 성 선택』(1871)[1]

다윈은 섹스에 대해서 틀린 견해를 가졌다. 수컷이 구애를 한다고 지적한 점은 옳다. 오늘날에도 남녀 양성이 보이는 기본적인 특징에 대한 그의 견해는 옳은 것으로 받아들여지고 있다. "암컷은 …… 거의 예외 없이 수컷보다 덜 적극적이다. …… 암컷은 수줍어하며 종종 수컷으로부터 벗어나려고 애쓰는 것처럼 보일 때도 있다. 동물의 행동을 주의 깊게 관찰한 적이 있는 사람은 누구나 이와 같은 상황을 마음속에 떠올릴 수 있을 것이다. …… 암컷이 어떤 방식으로든 선택을 한다는 사실은 수컷이 성적으로 적극적이라는 주장만큼이나 일반적으로 받아들여지는 법칙이다."[2]

그렇다고 다윈이 성 관계에서 보이는 암수의 차이가 함축하는 바에 대해서 잘못된 견해를 가졌던 것은 아니다. 그의 말처럼 수컷으로 하여금 상대적으로 희귀한 번식 기회를 확보할 수 있도록 서로 경쟁하게 만든 것은 암컷의 소극적인 태도이다. 이와 같은 가정하에 우리는 어떻게 해서 수컷이 태어나면서부터 '무기'를 내장하게 되었는지 이해할 수 있다. 예컨대 수사슴은 뿔을, 사슴벌레는 뿔처럼 발달한 큰 턱을, 침팬지는 흉포한 송곳니를 타고난다.[3] 말하자면 선천적으로 다른 수컷과 싸워 이길 수 있도록 준비되지 못한 수컷은 암컷과 교미할 수 없으며 결국 그들이 지닌 유전적 특질은 자연 선택에 의해 폐기된다.

다윈은 또한 신중함이 암컷의 선택을 대단히 비중 있게 만든다는 사실도 알고 있었다. 만약 암컷이 특정한 종류의 수컷과 짝짓기를 선호한다면, 그와 같은 종류가 번성할 것이다. 많은 수컷이 몸치장에 열을 올리는 것도 이 때문이다. 짝짓기 철이 되면 도마뱀은 밝은 색 목주머니를 부풀려 올린다. 공작새도 엄청나게 크고 성가신 꼬리를 가지고 있으며, 단순히 싸움을 위해서라고 보기에는 지나치게 정교해 보이는 수사슴의 뿔도 같은 논리로 설명할 수 있다.[4] 수컷의 몸치장은 일상생활을 영위하는 데 편리하기 때문에 진화한 것이 아니다. 따라서 수컷의 몸치장은 그로 인해 일상사에서 겪는 부담을 상쇄할 수 있을 정도로 암컷을 매혹시킬 수 있었기에 진화했다고 보아야 옳다. (암컷의 입장에서 그 같은 치장에 매혹을 느끼는 것이 유전적으로 어떤 이익을 가져오는가는 별개의 문제이며 이 점에 대해서는 생물학자들도 미묘한 의견 차이를 보이고 있다.)[5]

다윈은 자연 선택을 규정하는 주요 요인 중 이와 같은 두 변인, 즉 수컷간의 갈등과 암컷의 분별을 '성 선택(sexual selection)'이라 불렀다. 그는 이 이론에 대해 대단히 큰 자부심을 갖고 있었고 사실 그럴 만했다. 성 선택 이론은 그보다 포괄적인 자연 선택 이론이 잘 설명하지 못하는 것처럼 보이는 현상(예를 들어, 포식자에게 "날 잡아 잡수시오."라고 말하는 것 같은 유난히도 화려한 색깔이 존재하는 이유)을 설명해 준다. 그러나 성 선택 이론은 여전히 자연 선택 이론의 연장이며 시간이 감에 따라 점차 검증되고 있고 그 적용 영역도 확충되고 있다.

다윈이 잘못 이해하고 있었던 부분은 암컷의 수줍음과 수컷의 적극성이 발생하게 된 진화론적 원인이었다. 그는 성적 관심에 있어 암수가 보이는 차이가 수컷들로 하여금 번식할 기회를 잡기 위해 치열하게 경쟁하도록 만들었다는 사실을 알고 있었고 더 나아가 그러한 경쟁이 가져올 결과도 예측했다. 그러나 다윈은 어떻게 해서 암수가 성적인 관심에 있어 그토록 다를 수 있는지는 알지 못했다. 다윈은 노후에도 이를 설명하기 위해 노력했지만 결국 만족할 만한 이론을 제시하지 못했다.[6] 다윈 이후에도 이렇다 할 만한 이론은 나오지 않았다.

오늘날에는 사람들이 이 문제에 대해 일치된 의견을 보인다. 일단 답을 알고 보니 그토록 오랜 동안 해답을 찾지 못했다는 사실이 의아하게 생각될 정도다. 사실 그것은 대단히 간단한 해답이다. 섹스는 자연 선택에 의해 설명될 수 있는 많은 행동 중 하나에 불과하다. 비록 이 같은 설명이 막강한 힘을 지닌다고 인식되기 시작한 것이 지난 30여 년 동안에 불과하지만, 100년 전에도 그러한 일이 있을 수 있었다. 그 같은 설명은 생명에 대한 다윈의 견해로부터 자연스럽게 도출할 수 있기 때문이다. 물론 약간 미묘한 논리가 포함되어 있기에, 다윈이 자신의 이론이 함축하는 전부를 조망하지 못한 것도 무리는 아니다. 그렇다고는 해도 만약 다윈이 오늘날 살아 있어 진화생물학자들이 섹스에 대해 말하는 것을 들었다면, 그 같은 생각을 진작 하지 못한 자신의 우둔함에 탄식했을 것이다.

신을 흉내 내는 일

암수 간의 근본적인 차이를 이해하기 위해서는 우선 자연 선택을 의인화하고 그것이 각각의 종을 어떻게 디자인할 것인지 상상해 보는 일이 필요하다. 사람을 예로 들어보자. 먼저 각자가 사람 혹은 유인원의 마음을 평생토록 지배할 행동 법칙을 불어 넣는 놀이를 하게 되었다고 상상해 보자. 이때 놀이의 목적은 유전적 유산을 극대화하는 것이다. 보다 단순하게 표현하자면, 우리는 이제 사람들이 더 많은 자손을 볼 수 있도록, 그리고 그 자손들 또한 많은 자손들을 볼 수 있도록 행동하게끔 프로그램을 짜 넣어야 한다.

　물론 자연 선택이 이런 식으로 작용하지는 않는다. 자연 선택은 의식적으로 유기체를 디자인하지 않는다. 자연 선택이 의식적으로 행하는 것은 아무것도 없다. 그것은 어쩌다 생존과 번식에 유리하게 작용하는 유전적 특징을 맹목적으로 보존할 뿐이다. 그럼에도 자연 선택은 마치 의식적으로 유기체를 디자인하는 것처럼 작용한다. 그런데 자연 선택이 유기체의 디자인을 담당하고 있다고 상상하는 것이 진화가 사람이나 다른 동물들에게 어떤 성향을 심어 놓았는지를 파악하는 적절한 방법이 될 수 있다. 실제로 진화생물학자들은 상당 시간을 이와 같이 생각하며 보낸다. 그들은 사람의 의식뿐만 아니라 자연계에 존재하는 온갖 특성이 과연 어떤 문제를 해결하기 위한 것인지 가늠하려고 노력한다.

　종을 어떻게 디자인해야 할지 생각하다 보면, 즉 유전적 유산을 극대화하려고 노력하다 보면 목적을 달성하기 위해서는 남녀의 성향이 서로 달라야 한다는 사실을 이내 발견하게 된다. 남자는 일 년에 수백 명의 자식을 낳을 수 있다. 물론 많은 여성으로부터 협조를 받을 수 있어야 하고 일부다처제가 합법적인 제도여야만 할 것이다. 그러나 인간이 한참 진화하던 때에는 그 같은 법이 존재했을 리가 없다. 반면 여자는 일 년에 한 번 이상 아이를 낳을 수 없다. 이러한 불균형은 부분적으로 난자가 지닌 높은 생물학적 가치에서 기인한다. 모든 종에 있어, 난자는 정자보다 크기가 클 뿐만 아니라 그 수에 있어서도 적다. 반면 정자는 난자보다 크기가 작고 그 수가 엄청나게 많다. (사실 이것이 바로 암컷에 대한 생물학적 정의이다. 암컷은 더 큰 생식 세포를 가진 성으로 정의된다.) 포유류에 있는 이러한 불균형은 번식하는 방법 때문에 더 심화된다. 포유류의 난자는 암컷의 체내에서 유기체로 자라기 때문이다. 포유류의 암컷이 한 번에 많은 새끼를 낳을 수 없는 것도 같은 이유 때문이다.

결국 다윈주의적 관점에서 보자면, 여자가 여러 남자와 관계를 갖는 것이 일리가 있는 경우도 있겠지만(예를 들어, 첫 번째 남자가 생식력이 없는 경우), 더 이상의 성 관계가 무의미해지는 시점이 있을 수밖에 없다. 이 시점에 이르면 휴식을 취하거나 먹을 것을 구하는 것이 여자에게는 더 합리적이다. 그러나 남자는 지쳐 쓰러지거나 굶어 죽어갈 경우가 아니라면 결코 그와 같은 상황에 처하지 않는다. 남자에게 있어 새로운 짝과 관계하는 것은 언제나 자신의 유전자를 다음 세대에 퍼뜨릴 수 있는 호기이기 때문이다. 다윈주의적 계산법이 옳다면, 그것은 낮잠을 자거나 식사를 하는 것보다 훨씬 더 가치 있는 일이다. 진화심리학자인 마틴 데일리(Martin Daly)와 마고 윌슨(Margo Wilson)의 표현처럼, 남자에게는 "항상 더 잘할 수 있는 가능성이 있다."[7]

여성에게도 더 잘할 수 있는 여지가 있을지도 모른다. 그러나 그것은 양적이라기보다는 질적인 문제이다. 아이를 낳는 일에는 엄청난 에너지와 시간이 투여된다. 그래서 자연은 여성이 그와 같은 일을 수행할 수 있는 횟수를 적게 책정했다. 그렇기에 어머니 유전자의 관점에서 보면, 아이는 대단히 고귀한 유전자 기계(gene machine)인 셈이다. 아이의 생존 능력과 생식 능력, 즉 그 자체로 유전자 기계를 생산할 수 있는 능력은 엄청나게 중요하다. 이 때문에 여자 입장에서는 유전자 기계를 제조하는 데 같이 참여할 남자를 선택함에 있어 신중하지 않을 수 없다. 여자는 자기와 짝짓기 원하는 남자를 받아들이기 이전에 우선 그가 유전자 기계 생산에 어떤 이득을 가져다 줄 수 있는지 가늠해야 한다. 이 과제를 성공적으로 수행하기 위해서 먼저 몇 가지 세부 과제들을 해결해야 한다. 그런데 이 세부 과제들은, 특히 사람의 경우, 우리가 생각하는 것보다 훨씬 더 다양하고 미묘하다.

세부 과제들을 논의하기에 앞서 한두 가지 유의할 사항이 있다. 그 하나는 여자들이 의식적으로 이러한 과제를 제기하거나 그러한 과제가 존재한다는 사실을 의식할 필요가 없다는 사실이다. 인류 역사의 대부분은 우리 선조가 그와 같은 질문을 할 정도로 충분히 현명해지기 이전에 진행되었다. 이에 더해 언어를 사용하고 자의식이 생기게 된 이후에도 사람이 진화하면서 갖게 된 행동 양식을 의식이 통제했다고 믿을 만한 증거는 없다. 사실 왜 우리가 어떤 행동을 하고 그것이 무엇을 위한 것인지 분명하게 인식하는 것이 오히려 유전적인 이익에 도움이 되지 않는 경우도 많다. (일부 진화심리학자들의 부인에도 불구하고, 프로이트의 이론을 보면 그가 분명 인간 행동에 관해 무엇인가 중요한 것을 발견했던 것 같다는 인상을 받게 된다.) 어쨌든 성적 매력에 관한 한 일상적인 경험에 비추어 볼 때 자연 선택은 망설여지는 끌림, 격렬한 열정 그리고 황홀한 도취감과 같은 감정을 열거나 닫는 조정을 통해 영향을 준다. 일반적으로 여자가 이리저리 계산한 다음 '그는 나의 유전자 사업에 일조할 만한 가치가 있는 것 같다.'고 생각하면서 남자를 만나지는 않는다. 여자는 그저 어느 정도 가늠해 보고 호감을 느낀다. 모든 '생각'은, 비유하자면 자연 선택에 의해 무의식적으로 이루어진다. 여성으로 하여금 특정한 남자에게 매력을 느끼도록 하는 유전자 중 그녀의 유전자 사업에 유익한 것은 번성할 것이고 그렇지 못한 것은 도태될 것이다.

종종 유전자가 섹스뿐만 아니라 많은 영역에서 우리가 의식하지 못하는 방식으로 우리를 통제하고 있다는 사실을 인식하는 일은 우리가 꼭두각시라는 사실 그리고 그것으로부터 부분적으로나마 벗어나기 위해서는 우리를 조정하는 조작 메커니즘을 해독해야 한다는 사실을 이해하기 위한 정지 작업이다. 이 메커니즘을 완전히 파악하기 위해서는 보다 많은 것에 대한 설명이 필요하다. 그러나 조정자가 꼭두각시의 행복에 대해서 전혀 고민하지 않는다고 밝혔다고 해서 앞으로 전개될 영화가 재미없거나 하지는 않을 것이다.

자연 선택이 어떻게 여자와 남자의 성적 성향을 결정하게 되었는지 살펴보기 전에 생각해야 하는 두 번째 사실은 자연 선택은 앞을 내다볼 수 없다는 점이다. 진화는 그것이 발생하는 환경에 의해 유도되는데 그 환경은 항상 변하기 마련이다. 예를 들어, 자연 선택은 사람들이 어느 날 피임 기구를 발명하고 그로 인해 아무런 성과 없이 정력만 낭비하는 행위를 저지르게 되리라고는 예측하지 못했다. 또한 자연 선택은 포르노에 대한 분별없는 욕망에 휩싸인 남자들이 여가 시간에 자신들의 유전자를 다음 세대로 전달해 줄 수 있는 살아 있는 진짜 여자를 쫓아 다니기보다는 비디오에 흠뻑 빠져 있게 되리라고는 예상하지 못했다.

그렇다고 '비생식적' 성행위가 잘못되었다는 말은 아니다. 자연 선택이 우리를 창조해 냈다고 해서 우리가 그것의 괴팍한 일정에 맞추어 노예처럼 쫓아 다녀야 하는 것은 아니다. (오히려 우리는 자연 선택이 우리에게 부과한 터무니없는 짐 때문에라도 그것에 대해 앙갚음하고 싶어질지도 모른다.) 중요한 사실은 사람들의 마음이 적합하게 즉 유전자의 복제를 극대화하도록 디자인되지 않았다는 것이다. 오히려 자연 선택 이론은 사람들의 마음이 '진화한 환경에서' 가장 잘 적응하도록 진화되었다고 말한다. 이 같은 환경은 EEA, 즉 진화적 적응 환경(the Environment of Evolutionary Adaptation)이라는 말로 일컬어진다.[8] 보다 기억하기 좋게 표현하면, '조상의 환경(ancestral environment)' 속에서 적응을 가장 잘하도록 진화되었다. 조상의 환경은 이 책 전체에서 암묵적으로 전제되고 있다. 가끔씩 어떤 특정한 정신적 특성이 진화적 적응의 결과인지를 고려할 때, 필자는 과연 그것이 보유자에게 '유전적 이득'이 될 수 있는지 물을 것이다. 예를 들면, 과연 무분별한 욕망이 남자에게 유전적으로 이득이 되는가 하고 물을 수 있다. 그러나 이같이 묻는 것은 축약해서 묻는 것이다. 더 적절한 방식으로 표현한다면, 과연 그 특성이 현대 미국이나 빅토리아 시대의 영국 혹은 그 밖의 어떤 곳이 아니라 EEA에서 누군가에게 유전적으로 이득이 되는가라는 물음이다. 이론적인 관점에서 보면, 오늘날 우리가 갖고 있는 본성은 우리 조상들이 살았던 사회 환경에서 세대에 세대를 거쳐 유전자를 존립하게 했던 특성에 의해 형성되었다.[9]

그러면 우리 조상들의 환경은 어떠했는가? 20세기에 그와 가장 유사한 예로는 아프리카 칼라하리 사막에 사는 부시먼 족, 북극 지방의 에스키모, 파라과이의 아체 인디언 등과 같은 수렵 채집인의 사회를 들 수 있다. 안타깝게도 수렵 채집 사회는 저마다 크게 달라 인간 진화의 도가니에 대한 단순한 일반화를 어렵게 한다. 이러한 다양성은 EEA에 단지 한 가지 유형만 있다는 생각이 잘못된 것임을 일깨워 준다. EEA는 여러 그림의 조합이다. 의심할 바 없이 우리 조상의 사회 환경은 인간이 진화해 옴에 따라 상당히 많이 변했다.[10] 그러나 현존하는 수렵 채집 사회에서 공통적으로 발견할 수 있는 것들도 있는데, 이 사실은 우리들이 지닌 특징 중 일부는 사람의 마음이 진화해 온 대부분의 기간 동안 지속적으로 유지되어 왔음을 시사한다. 예를 들어, 이 같은 사회 환경에서는 가까운 친족들끼리 낯선 사람은 거의 보이지 않는 조그마한 촌락을 이루고 살기 때문에 서로를 잘 알고 지낸다. 그리고 사람들은, 일부일처제가 되었든지 일부다처제가 되었든지, 짝을 지어 생활했으며 여성은 보통 아이를 낳을 수 있는 나이가 되면 결혼을 했다.

어쨌든 이 정도만큼은 안심하고 주장할 수 있다. 조상의 환경이 어떠했든지 간에 지금 우리가 살고 있는 환경과는 많이 달랐을 것이다. 우리는 사람들로 넘쳐 나는 지하철역 광장에 서 있거나, 교외에 살면서도 옆집 사람과 전혀 대화를 나누지 않거나, 고용 또는 해고되거나, 저녁 뉴스를 보도록 디자인되지 않았다. 아마도 우리가 디자인된 방식과 우리의 삶 사이의 괴리가 많은 정신병과 그보다는 덜 할지 몰라도 여러 심리적 불안을 야기하는 원인일 것이다. (무의식적 동기의 중요성을 강조한 것과 마찬가지로 프로이트는 이 점에 대해서도 주목한 바 있다. 특히 『문명 속의 불만(Civilization and Its Discontents)』에서 그는 이 문제를 핵심 주제로 다루었다.)

남녀가 서로에게 얻고자 하는 바를 가늠하기 위해서는 우리 조상의 사회 환경에 대해 보다 면밀하게 생각할 필요가 있다. 그리고 앞으로 보게 되겠지만, 우리 조상이 살았던 환경을 이해하게 되면 왜 여성이 다른 종의 암컷에 비해 그리 성적으로 조신하지 않은지 설명할 수 있을 것이다. 그러나 이 장에서 지적하고자 하는 가장 중요한 사실 하나를 염두에 둔다면, 즉 여성이 얼마나 조신하든지 간에 남성보다는 낫다는 사실에 초점을 맞춘다면, 개별적인 환경은 별 문제가 되지 않는다. 이는 단지 여성이 일생 동안 남성들보다 훨씬 적은 수의 자손을 갖는다는 전제에만 의존하기 때문이다. 그리고 사실 이 점은 우리의 조상이 인간이 되기 이전부터, 그들이 영장류가 되기 이전부터, 그리고 그들이 포유류가 되기 이전부터 변함이 없었다. 그 같은 사실은 아주 먼 옛날 파충류로부터 두뇌가 진화해 오는 과정에까지 거슬러 올라가 적용된다. 암뱀은, 영민하다고까지는 할 수 없을지 몰라도, 적어도 본능적으로 짝짓기에 적합하지 않은 수뱀이 있다는 사실을 알 정도는 된다.

그렇다면 다윈의 잘못은 얼마나 암컷이 귀중한 상품인지를 인지하지 못한 데서 기인한다. 그는 암컷을 귀하게 만드는 것은 그들이 조신하기 때문이라는 사실을 알았다. 그러나 그는 암컷이 본래 귀중하다는 사실, 즉 생식에 있어서 암컷이 담당하는 생물학적 기능 때문에, 그리고 그에 따른 암컷의 완만한 생식 속도 때문에 귀중하다는 사실을 간과했다. 반면 자연 선택은 이 점을 인식했으며 암컷의 수줍음은 그와 같은 암묵적 이해의 결과이다.

계몽의 시작

1948년 영국의 유전학자 베이트먼(A. J. Bateman)은 이와 같은 원리를 처음으로 이해했다. 베이트먼은 초파리를 잡아다 짝짓기를 시켰다. 그는 암컷 다섯 마리와 수컷 다섯 마리를 한 방에 가두어 놓고 마음대로 짝을 짓도록 내버려 두었다. 그리고는 그 다음 세대의 특질을 조사함으로써 어떤 새끼가 어떤 부모로부터 태어났는지를 밝히려 했다. 관찰 결과 명백한 패턴이 나타났다. 거의 모든 암컷이 대등한 수의 자손을 가진 반면, 즉 한 마리의 수컷과 짝짓기를 했든지 혹은 두 세 마리의 수컷과 짝짓기를 했든지에 상관없이 비슷한 수의 자식을 가진 반면, 수컷의 자손 수는 다음과 같은 패턴에 따라 그 수를 달리했다. 더 많은 암컷과 짝짓기를 하면 할수록 더 많은 자식을 낳는다는 것이었다. 베이트먼은 이 결과가 자연 선택은 '수컷에게는 무분별한 성적 적극성을 그리고 암컷에게는 차별적인 수동성을' 갖도록 독려한다는 사실을 함축하고 있음을 직시했다.[11]

베이트먼의 발견은 상당히 오랜 동안 묻혀져 있었다. 사실 그의 이론이 결여하고 있던 두 가지 요소, 즉 보다 엄밀하고 충실한 연구와 명성이 충족되기까지는 30년이라는 세월과 여러 진화생물학자의 노고가 필요했다.

보다 면밀한 연구는 생물학자 두 명이 이루어 냈다. 이들의 연구는 다윈주의에 대해 사람들이 흔히 생각하는 것들 중 일부는 참으로 어처구니없는 것임을 보여 주는 좋은 예이다. 1970년대에 사회생물학이 등장했을 때 일부에서는 사회생물학자들이 보수주의자이고 인종 차별주의자이며 파시스트들이라고 비난했다. 그러나 조지 윌리엄스와 로버트 트리버스보다 그 같은 입장과 더 무관한 사람을 상상하기란 쉽지 않다. 그리고 이 둘 이상으로 새로운 패러다임의 토대를 구축하는 데 더 많이 공헌한 사람을 거론하는 것 역시 쉽지 않다.

뉴욕 주립 대학의 명예교수인 윌리엄스는 생물학에서 사회다윈주의의 흔적을 제거하기 위해 분투했다. 그는 특히 사회다윈주의가 의존하고 있는 가설, 즉 자연 선택은 따르거나 대항할 만한 가치가 있는 과정이라는 가설을 없애려고 노력했다. 많은 생물학자들이 그의 견해에 동조한다. 이들은 자연 선택의 '가치'로부터 도덕적 가치를 추론해 낼 수 없다는 점을 강조한다. 그러나 윌리엄스는 더 나아가 자연 선택을 '사악한' 것이라고까지 주장했다. 자연 선택은 엄청난 고통과 죽음을 대가로 진행되며 뿌리 깊은 이기심을 유발하기 때문이다.

새로운 패러다임이 형성되기 시작할 무렵 하버드 대학의 교수였으며 현재는 럿거스 대학에 재직하고 있는 트리버스는 윌리엄스와는 달리 도덕 철학에는 그다지 관심이 없었다. 그러나 그도 사회다윈주의와 관련이 있는 보수적 가치관을 단호히 거부했다. 그는 오히려 고인이 된 블랙 팬서(Black Panther, 1965년에 결성된 급진적인 미국의 흑인 해방 운동 단체.—옮긴이)의 지도자 휴이 뉴턴(Huey Newton)과 친교를 맺고 있었으며 이 사실을 자랑스럽게 여겼다. (그와 트리버스는 한때 인간 의식에 대한 논문을 같이 저술하기도 했다.) 그는 또 미국의 사법 제도가 인종 차별적이라고 비판했다. 그는 사람들 대다수가 그렇게 느끼지 않는 점에서도 보수주의자의 음모를 읽어 낼 정도였던 것이다.

1966년 윌리엄스는 그의 기념비적 저작인 『적응과 자연 선택: 진화에 대한 최근의 이론에 대한 비판(*Adaptation and Natural Selection: A Critique of Some Current Evolutionary Thought)*』을 발간했다. 이 책은 서서히 이 분야에서 성경에 가까운 지위를 얻게 되었다. 이 책은 새롭게 등장한 다윈주의의 관점에서 사회 행동을 탐구하는 생물학자들에게 지침서가 되었다.[11] 윌리엄스의 책은 사회 행동에 대한 연구를 오랜 동안 잠식해 왔던 혼란을 제거했다. 특히 이 책은 우정과 섹스에 대한 다윈주의적 저술 모두가 의존하게 된 기본적인 통찰을 제공했다. 트리버스 또한 윌리엄스와 함께 기본적인 통찰을 체계화하는 데 매우 긴요한 역할을 했다.

윌리엄스는 베이트먼의 1948년 논문에 들어 있는 기본 논리를 보완, 확충했다. 그는 암수의 유전적 이해 문제를 번식에 필요한 '희생(sacrifice)'으로 전환시켜 다루었다. 포유류의 수컷이 번식하는 데 있어 요구되는 희생 정도는 0에 가깝다. 수컷의 "핵심적인 기능은 교미와 함께 끝난다고 볼 수 있다. 수컷은 자신의 안전과 복지에 대한 직접적인 염려로부터 잠시 주위를 돌려 극소의 에너지와 물질의 지출만 가지고도 교미를 할 수 있다." 잃는 것은 거의 없고 얻는 것이 많은 만큼 수컷은 자연 선택의 관점에서 보자면 "가급적이면 많은 암컷과 짝짓기 위해 공격적이고 즉각적인 능동성을 보이는 것"이 유리할 수밖에 없다. 반면 암컷의 입장에서 보면 "교미는 기능적인 면과 육체적인 면 양자 모두에게 지속적인 부담을 주며 그로 인한 스트레스와 위험을 끌어안는 작업"을 의미한다. 따라서 암컷은 상황이 적절할 경우에만 "번식의 부담을 떠안는 것"이 유전적으로 유리하다. 이때 "상황의 적절성을 결정하는 가장 중요한 요소 중 하나는 수정을 시키는 장본인인 수컷이다." "일반적으로 강건한 아빠는 강건한 자식을 낳기" 때문에 "암컷으로서는 가장 강건한 수컷을 선택하는 것이 유리하다."[13]

그래서 생겨난 것이 구애 과정이다. 구애는 "수컷이 자신의 강건함을 과시하는 기회이다." 마치 "자신이 그렇든지 그렇지 않든지 대단히 강건한 체 하는 것이 수컷에게 유리한 것처럼" 암컷에게는 수컷의 과대 광고를 적발해 내는 것이 유리하다. 그래서 자연 선택은 결국 "수컷에게 매우 탁월한 영업 수완을 갖게 만들었으며 암컷에게 이에 대응하여 잘 분별하고 거부할 수 있는 능력을 발달시켰다."[14] 말하자면 수컷은 적어도 이론적으로는 허풍을 떠는 경향이 있다.

몇 년이 지난 후 트리버스는 베이트먼과 윌리엄스의 아이디어를 토대로 체계를 완전히 갖춘 이론을 만들어 냈다. 남녀 의식에 대한 이후의 연구는 이 이론으로부터 큰 영향을 받는다. 트리버스는 윌리엄스의 '희생' 개념을 '투자(investment)'라는 개념으로 대체함으로써 자신의 이론을 전개했다. 별 차이가 없어 보일지 몰라도 말이 지닌 조그만 뉘앙스가 학문적 성공의 향방을 좌우할 수도 있다. 이 경우도 마찬가지다. 경제학 개념인 투자는 이미 잘 만들어진 분석적 틀과 어울렸다.

이제는 고전이 된 1972년 논문에서 트리버스는 '부양 투자'를 "다른 자식에 투자하는 대신에 특정한 자식의 생존 가능성(그리고 그에 따라 자식의 번식 성공률까지)을 높이기 위해 부모가 하는 투자"라고 정의했다.[15] 부양 투자는 난자와 정자를 생산하는 데 드는 시간과 에너지뿐만 아니라 수정과 회임 혹은 배양 및 양육을 포함하는 전 과정을 말한다. 분명 일반적으로 암컷이 출생 이전까지 보다 많은 투자를 한다. 이처럼 단언할 수 없을지 몰라도 통상적으로 볼 때 이와 같은 불균형은 출생 이후에도 계속 이어진다.

트리버스는 각 종의 암수 간 투자 불균형 정도를 수량화함으로써 보다 많은 사실을 알 수 있다고 주장했다. 예를 들어, 이 같은 정보가 주어진다면 수컷의 적극성과 암컷의 수줍음 정도, 성 선택의 강도, 구애와 양육 과정의 미묘한 양상, 배우자에 대한 충실도 여부에 대해 더 많은 것을 알 수 있다. 트리버스에 의하면, 인간은 다른 종에 비해 투자의 불균형 정도가 그렇게 크지는 않다. 그 때문에 (다음 장에서 살펴보게 되겠지만) 매우 복잡한 사고 형태가 생겨나게 되었다고 트리버스는 추측했다. 올바른 추측이었다.

결국 트리버스의「부양 투자와 성 선택(Parental Investment and Sexual Selection)」이란 논문이 발표되면서 다윈주의는 만개할 기회를 맞게 되었다. 다윈 이론의 단순한 확장임에도 불구하고 (사실 너무 단순하여 다윈이라면 순간적으로 포착했을 정도이지만) 그것은 1948년에야 비로소 눈길을 끌었다. 1966년에야 분명하게 정리되었으며, 1972년에 들어서야 비로소 만개할 수 있었다.[15] 그럼에도 불구하고 부양 투자라는 개념이 결여하고 있는 것이 하나 있었는데, 그것은 명성이었다. 많은 사람들로 하여금 트리버스의 저술에 관심을 갖도록 하고, 수십 명의 심리학자와 인류학자로 하여금 인간의 성을 현대 다윈주의의 관점에서 생각하도록 이끈 것은 윌슨의『사회생물학』(1975)과 도킨스의『이기적 유전자』(1976)였다. 이제 다윈주의적 탐구는 오랜 동안 계속해서 그 성과를 집적해 나갈 것이다.

이론의 검증

사실 흔하디 흔해 빠진 것이 이론이다. 트리버스의 이론처럼 놀랄 만큼 우아해 보이는 이론도 장황하지만 거의 아무것도 설명할 수 없어 종종 무가치해지곤 한다. 창조론자들이 흔히 제기하듯이 동물의 특성에 대한 진화 이론 중 일부는 '그저 그렇고 그런 이야기'에 지나지 않는다. 즉 그럴듯하게 들리기는 하지만 그 이상은 아니라는 불평에도 일리가 있다. 그러나 단지 그럴듯하기만 한 것과 믿을 수밖에 없는 것의 구별이 영 불가능한 것은 아니다. 사실 어떤 분야에서는 이론의 검증이 너무나 간단명료하게 이루어져 그 이론이 '증명' 되었다고 과장해서 말하는 것도 (비록 엄밀하게 말하면 과장일 수밖에 없지만) 용인된다. 이는 물론 여타의 분야에서는 검증이 완곡한 형태로 이루어질 수밖에 없음을 의미한다. 이때 검증은 점진적으로 이루어지며 검증 정도에 따라 사람들이 이론에 대해 부여하는 신뢰성의 정도가 결정된다. 인간 본성과 같은 것의 진화론적 뿌리를 탐구하는 일은 완곡하며 점진적인 검증을 거칠 수밖에 없다. 어떤 이론이 제시될 때마다 우리는 일련의 질문을 던지게 마련이며 그에 대한 대답을 통해 우리는 그 이론에 확신을 갖거나 의심을 갖는다. 그것도 아니면 이도 저도 아닌 태도를 취하게 된다.

트리버스의 부양 투자 이론에 대해 우리가 제기할 수 있는 한 가지 의문은 과연 이 이론이 대략적으로나마 인간의 행동을 설명할 수 있는가 하는 점이다. 과연 여자는 남자보다 섹스 파트너를 선택함에 있어 더 신중한가? (이 물음은 우리가 곧 다룰 다른 질문, 즉 누가 더 결혼 상대를 선택함에 있어 까다로운가와 매우 다른 것이므로 혼동하지 말아야 한다.) 사실 이러한 주장을 지지하는 통속적인 사례는 수없이 많다. 보다 구체적으로 말하자면, 우선 매춘, 즉 지금 잘 알지 못하며 앞으로도 알고 싶어 하지 않는 사람과의 섹스는 대부분 남성에 의해 자행된다. 이는 지금도 그렇지만 빅토리아 시대에도 다르지 않았다. 마찬가지로 거의 모든 포르노를, 즉 익명의 영혼 없는 고기 덩어리의 사진이나 영화를 남성이 소비한다. 또한 대체로 여자보다 남자가 모르는 사람과 성행위를 할 가능성이 크다는 사실도 밝혀졌다 어떤 실험에 따르면, 대학 캠퍼스에서 여자로 하여금 유혹을 하게 한 결과 4분의 3에 이르는 남자들이 그녀와 섹스를 하려 한 반면, 모르는 남자에게 유혹을 당한 여성은 누구도 그와 섹스를 하려 하지 않았다.[17]

의심이 많은 사람들은 이 같은 자료가 수집된 장소가 서구 사회로 국한되어 있기 때문에 이것을 가지고는 기껏해야 서구의 왜곡된 가치관을 보여 줄 뿐이라고 지적했다. 그러나 이런 비판은 1979년 도널드 시먼스(Donald Symons)의 『인간 성의 진화(The Evolution of Human Sexuality)』가 발간되면서 점차 설득력을 잃게 되었다. 이 책은 신다원주의적 관점에서 인간의 성 행동를 인류학 방법을 통해 포괄적으로 탐구한 첫 번째 저작이었다. 시먼스는 동양과 서양, 산업화된 나라와 선사 시대를 막론한 모든 문화권에서 부양 투자 이론에 의해 예측된 패턴이 발견된다는 사실을 입증했다. 모든 문화권에서 여자들은 섹스 파트너를 선택함에 있어 상대적으로 신중한 반면 남자들은 신중함이 덜 하며, 남자는 다양하고 많은 파트너들과 섹스를 할 수 있음을 매우 바람직하게 여긴다는 사실이 밝혀진 것이다.

시먼스가 조사한 문화에는 서구로부터 아무런 영향도 받지 않은 문화도 있다. 멜라네시아에 속한 트로브리안드 섬의 토착 문화가 그러한 경우이다. 이 섬의 주민은 적어도 수만 년 전에, 어쩌면 10만 년도 더 전에 유럽인으로부터 갈라져 나왔다. 트로브리안드 사람들의 선사 문화는 미국의 원주민 문화가 유럽의 선사 문화로부터 분리되기도 이전에 분리되었다.[18] 사실 위대한 인류학자 브로니슬라프 말리노프스키(Bronislaw Malinowski)가 1915년 이 섬을 방문했을 때만 해도 이 섬의 주민들은 서구인과 전혀 다른 방식으로 생각했던 것 같다. 원주민들은 아마도 성행위와 자식을 낳는 것이 어떤 관계가 있는지 파악하지 못했던 것 같다. 트로브리안드 사람 중 어떤 이는 고기잡이 때문에 몇 년을 집에 돌아오지 못했다. 그러나 그가 항해를 마치고 돌아왔을 때 그의 아내는 두 아이의 엄마가 되어 있었다. 이를 지켜 본 말리노프스키는 직접 대놓고 그녀가 간통했다고 말하지는 않았지만 "내가 다른 사람들과 얘기하던 중 아이들 중 적어도 하나는 그의 자식이 아닐 수도 있다고 넌지시 내비쳤

으나, 이들은 내가 무슨 소리를 하는지 알아듣지 못했다."라고 기록하고 있다.[19]

　학자들 중 일부는 트로브리안드 사람들이 그토록 무지하지는 않았다고 생각한다. 비록 이 문제에 대한 말리노프스키의 설명에 권위가 있다고 해도, 그가 사건의 전모를 제대로 이해했는지 확인할 방법은 없다. 그러나 그가 옳을 수도 있다는 사실이 중요하다. 우리가 성에 대해 느끼고 생각하는 방식은 우리가 성의 본질을 이해하기 훨씬 이전에 진화되었다. 정욕과 같은 느낌은 우리가 실제로 그렇든 그렇지 않든 간에 마치 우리가 많은 자식을 원하고 어떻게 하면 그렇게 할 수 있는지 아는 것처럼 행동하도록 자연 선택이 작용한 결과이다.[20] 만약 자연 선택이 이런 방식으로 작용하지 않았더라면, 즉 매번 무엇이 가장 적합한지 생각하고 계산하게 만들었다면, 우리가 살아가는 모습은 크게 달라졌을 것이다. 예를 들어 사람들은 피임 도구를 사용하면서까지 외도를 즐기려고 하지 않을 것이다. 피임 도구를 사용하지 않든지 아니면 혼외정사를 포기할 것이다.

　트로브리안드 문화는 혼전 성교에 대해 빅토리아 사람들처럼 고뇌하지 않는다는 점에서도 서구 문화와 다르다. 이 곳에서는 소년 소녀가 사춘기에 접어들면 자기가 좋아하는 파트너와 성행위를 하는 것이 당연시된다. (유년기의 성적 자유는 산업화되지 않은 다른 사회에서도 발견할 수 있다. 그러나 유년기의 '연습적' 성행위는 통상 여자 아이가 출산 능력을 갖게 되면 끝난다.) 그러나 이 경우에도 말리노프스키는 남녀 중 누가 더 선택적인지 분명히 알 수 있었다. "트로브리안드인들은 어줍잖게 빙빙 돌려 말하는 구애 행위를 하지 않는다. …… 간단하고도 직접적인 방식으로 데이트를 신청하며 이때 데이트의 목적이 성적 만족에 있음을 공공연히 드러내 보인다. 일단 구애가 받아들여짐으로써 욕구를 충족하게 되면 소년은 더 이상 도달할 수 없고 신비스러운 어떤 것에 대한 갈망과 같은 낭만적인 생각을 하지 않게 된다. 설사 구애가 받아들여지지 않는다고 해도 그 때문에 절망에 빠지는 소년은 거의 없다. 소년들은 어릴 때부터 소녀들의 거절에 익숙해져 있을 뿐만 아니라 곧 다른 기회를 통해 자신이 앓고 있는 병을 확실하게 치유할 수 있음을 알고 있기 때문이다." 또한 "어떤 연인 관계이든지 남자는 끊임없이 여자에게 작은 선물을 바친다. 원주민들은 이와 같은 일방적인 선물 공세를 당연하게 생각한다. 이와 같은 관습은, 비록 남녀 모두가 원한다 해도 성행위는 여성이 남성에게 봉사하는 행위임을 함축한다."[21]

물론 트로브리안드 문화에서도 여성은 조신하게 행동하도록 강요받는다. 젊은 여성이 적극적인 성생활을 누리는 것이 당연시된다고 해도 만약 그녀의 구애 행위가 지나치게 공공연하거나 잦은 경우 사람들은 눈살을 찌푸린다. 여성의 절박한 구애는 자긍심이 박약한 데서 비롯된다고 생각했기 때문이다.[22] 그러면 이와 같은 규범은 어떻게 생기게 되었을까? 보다 근본적인 유전자의 원리가 문화를 통해 반영된 것은 아닐까? 만약 남녀가 똑같은 정도로 색을 밝힌다면 과연 이 세상에 남자가 여자보다 더 비난받는 문화가 존재할까? 만약 존재하지 않는다면, 모든 사람들이 어떤 유전적인 이유 없이 상호 독립적으로 거의 유사한 문화적 취향을 갖게 된다는 것은 놀랄 만큼 우연적이지 않은가? 그렇지 않다면 보편적인 문화 요소가 50만 년 혹은 그 이전, 인종이 나뉘기 전부터 존재했다는 말인가? 그러나 그 같은 세월은 본질적으로 자의적일 수밖에 없는 가치가 어떤 문화권에서도 소멸되지 않고 지속하기에는 지나치게 긴 시간처럼 보인다.

위의 논의는 두 가지 면에서 중요한 교훈을 준다. 첫째, 어떤 것이 보편적인 현상에 대한 설명, 특히 의식적인 특징이나 의식 발달의 기제에 대한 설명일 경우 그것은 진화론적 설명일 가능성이 크다는 사실이다. 즉 어떤 현상이 모든 곳에서, 심지어는 상상하기 힘들 정도로 서로 다른 두 문화권에서 발견될 때 그 현상에 대한 설명은 진화론적 설명일 가능성이 크다.[23] 둘째, 보편적 현상을 전적으로 문화 중심주의적 방식으로 설명하려 할 때 부딪치는 일반적인 어려움은 어떻게 다원주의적 견해가 과학적인 평가 기준에 비추어 볼 때 상당한 설득력을 가질 수 있는지 보여 준다. 다원주의적 견해는 다른 설명 방식보다 짧을 뿐만 아니라 설명 간의 연결 고리가 모호하지 않다. 따라서 그것은 더 간결하고 설득력이 있는 이론이다. 만약 우리가 지금까지 논의한 다음과 같은 세 개의 단순한 명제를 받아들이고 과학적 논의를 지배하는 평가 기준을 따른다면, 우리는 다원주의적 설명을 채택해야 할 것이다. (1) 자연 선택 이론에 따르면, 성행위 대상을 고름에 있어 선별적인 암컷과 선별적이지 않은 수컷이 보다 큰 '적합성'을 갖는다. (2) 암컷의 선별적 성향과 수컷의 비선별적 성향은 각기 범(汎)세계적으로 관찰된다. (3) 전적으로 문화 중심주의적 이론만으로는 다원주의적 이론과 대등하게 이러한 보편성을 간단히 설명할 수 없다. 우리는 수컷의 방종함과 암컷의 상대적인 신중함이 어느 정도 선천적임을 인정하지 않을 수 없다.

그래도 더 많은 증거를 확보하는 것이 언제나 바람직하다. 절대적인 의미에서는 '증명'이 가능하지 않을지 몰라도 다양한 신뢰도를 부여할 수 있다. 비록 진화론적 설명이 물리학이나 화학에서 볼 수 있는 99.99퍼센트의 신뢰성을 확보하는 경우는 거의 없을지 몰라도 신뢰할 수 있는 정도를 70퍼센트에서 97퍼센트 정도로 끌어올릴 수 있다면 매우 고무적일 것이다.

진화론적 설명을 보강할 수 있는 방법 중 하나는 그 기본 원리를 보편적으로 적용할 수 있음을 보여 주는 것이다. 암컷이 수컷보다 자식이 적기 때문에 (자식에게 보다 많이 투자함으로써) 섹스에 있어 더 선별적이라면, 그리고 만약 동물의 왕국에서 일반적으로 암컷이 수컷보다 자식이 적다면 일반적으로 암컷은 수컷보다 더 선별적이어야 한다. 비록 진화생물학자들이 실험실에서 진화를 재현할 수 있는 행운을 누릴 수는 없을지라도, 진화를 일으키는 변수 중 일부를 통제하고 그 결과를 예측함으로써 좋은 이론들이 응당 그렇듯 진화론이 반증 가능한 예측을 하도록 만들 수 있다.

특히 위의 예측은 충분히 검증되어 왔다. 거의 모든 종에서 암컷은 수줍음을 보이는 반면 수컷을 적극성을 띤다. 사실 수컷은 섹스 파트너를 선택함에 있어 너무도 무분별해서 실제로는 암컷이 아님에도 쫓아다니기도 한다. 개구리 과에 속하는 종 중 일부는 자기가 암컷이 아닌 수컷을 껴안고 있다는 사실을 인식하면, 둘 다 시간만 낭비하고 있다는 것을 상대에게 알리기 위해 '해제 신호(release call)'를 사용할 수 있게 진화할 정도로 성적인 면에서 적극적이다.[24] 뱀의 수컷 또한 암컷의 시체와 교미를 시도할 정도로 무분별한 것으로 알려져 있다.[25] 칠면조 수컷은 암컷 모양의 봉제 인형에게도 열렬히 구애할 정도다. 사실 칠면조 수컷을 유혹하기 위해서는 지면 위 40센티미터 정도 높이에 칠면조 암컷 머리 모양을 한 인형만 매달면 충분하다. 수컷은 인형 주위를 뱅뱅 돌아가며 구애 의식을 펼치고 이어서 (아마도 자신의 연기가 암컷을 현혹시키기에 충분했다고 자신하면서) 공중으로 번쩍 뛰어 암컷의 등허리가 있음직한 부분에 내려앉는다. 물론 안타깝게도 수컷이 내려앉은 곳에는 아무것도 없다. 보다 정력이 넘치는 수컷은 나무 조각으로 만든 칠면조 암컷 모형에도 관심을 보인다. 심지어 어떤 수컷은 눈이나 부리를 그려 넣지 않은 나무 조각에까지 열정적으로 달려든다.[26]

물론 이 같은 실험 결과는 오래전에 다윈이 주장한, 수컷은 성적인 면에서 매우 적극적이라는 사실의 명증성을 생생한 방식으로 검증해 줄 뿐이다. 이는 진화론적 설명을 검증함에 있어 줄곧 논란이 되어 왔던 문제를 상기시킨다. 즉 진화론은 그 이론 내에 이미 '예측'이 검증되어 있다는 것이다. 그러나 다윈은 서재에 앉아 "내 이론에 의하면, 암컷은 수줍음을 많이 타고 까다로운 반면, 수컷은 정신없을 정도로 열정에 사로잡혀 있다."라고 생각한 후 그에 걸맞는 예를 발견하려고 밖을 찾아다니지는 않았다. 오히려 자연 선택이 어떻게 해서 그 같은 현상을 만들 수 있는지 다윈이 의아하게 생각하게 한 것은 사례들이었다. 사실 다윈이 제기한 문제는 보다 많은 사례들이 집적되고 난 후인 세기 중반에 이르러서야 제대로 답이 나올 수 있었다. 그럼에도 학자들은 명백히 입증되고 난 후에야 제기되곤 하는 다윈주의적 '예측'에 대해 여전히 불만을 토로했다. 또 자연 선택 이론 자체를 의심하거나 혹은 자연 선택 이론이 인간의 행동에 대해 함축하는 바를 부인했던 사람들도 사후에 기존 결과에 짜맞추는 듯한 다윈주의적 예측에 대해 불평해 왔다. 사람들이 진화생물학자들은 관찰된 모든 현상을 설명하기 위해 '그렇고 그런 얘기'를 조작하는 데 시간을 허비한다고 말할 때 염두에 두는 것도 대부분 이 같은 내용이다.

어떤 의미에서는 진화생물학자들이 그럴듯한 얘기를 꾸며내는 일에 몰두해 있다고 볼 수도 있다. 그러나 그것만으로는 크게 비난할 만한 일이 아니다. 트리버스의 부양 투자 이론과 같은 이론이 지닌 힘은 얼마나 많은 양의 데이터를 설명할 수 있는지 그리고 언제 새로운 데이터가 제시된다고 해도 얼마나 간결하게 설명할 수 있는지에 따라 평가된다. 지구가 태양의 주위를 돈다고 가정하면 이전까지는 제대로 설명할 수 없었던 별의 움직임을 우아하게 설명할 수 있다고 코페르니쿠스가 밝혔다고 해서, "그렇지만 당신은 우리를 속였소. 당신은 그 같은 움직임에 대해 이미 전에부터 알고 있었잖소."라고 비난한다면 말도 안 된다. '그렇고 그런 얘기'들 가운데도 다른 것보다 나은 것이 있고 그렇지 못한 것이 있다. 더구나 진화생물학자들이 할 수 있는 것이 무엇인지를 생각하면 더욱 그렇다. 동물계에 대한 데이터는 다윈의 이론이 존재하기 수천 년 전부터 집적되어 왔다. 그것을 진화생물학자가 어찌하겠는가?

그러나 진화생물학자들이 할 수 있는 일이 한 가지 있다. 종종 다윈의 이론은 애초의 어줍잖은 예측에 더하여 진짜 예측, 즉 아직 미검증 상태에 있어 앞으로 이론을 평가할 수 있게끔 해 주는 예측을 만들어 낸다. (다윈은 『종의 기원』을 발간하기 20년도 전인 1838년에 자신의 노트에 이 방법에 대해 이렇게 적었다. "나의 이론 전반에 걸쳐 사용해 온 일련의 논증들은 한 가지 주장을 귀납적 추론에 기초해 개연적인 것으로서 확립하고, 그것을 다른 문제들에 가설로 적용하고, 과연 그것이 다른 문제를 해결할 수 있는지 보는 데 그 목적이 있다.")[27] 부양 투자 이론이 좋은 예이다. 왜냐하면 1966년 윌리엄스가 발견했듯이, 세상에는 별종들이 있기 때문이다. 어떤 종에서는 자식에 대한 수컷의 투자가 암컷의 그것과 대등하거나 오히려 능가하는 경우도 있다. 만약 부양 투자 이론이 옳다면, 이들 종은 성에 대한 상투적인 이해 방식을 거역하는 셈이다.

해마와 그들의 친족인 실고기를 생각해 보자. 이들 종에서 수컷은 암캥거루와 비슷한 역할을 한다. 수컷은 알을 자루에 담고는 알을 자신의 핏줄에 연결시켜 양분을 공급한다. 따라서 수컷이 알을 돌보는 동안 암컷은 또 다른 번식 기회를 찾아 돌아다닐 수 있다. 그렇다고 암컷이 수컷보다 평생 동안 더 많은 자식을 가질 수 있다는 것은 아니다. 암컷이 알을 만들어 내기까지는 상당한 시간이 걸리기 때문이다. 그럼에도 불구하고 부모로서 투자가 일반적인 경우와 달리 그렇게 불균형한 것은 아니다. 우리가 예측할 수 있듯이 암컷 실고기와 해마는 구애 행위에 있어 능동적인 역할을 수행하게 된다. 이것들은 수컷을 찾아 나설 뿐만 아니라 짝 짓는 의식도 먼저 시작하는 경향을 보인다.[28]

도요새('바다도요'라고 알려진 두 종을 포함하여)와 같은 일부 조류도 부양 투자에 있어 이와 유사한 배분 양태를 나타낸다. 암컷 대신 수컷이 알을 품고 앉아 있기 때문에 암컷 도요새는 자유로이 먹을 것을 찾아 나설 수 있다. 우리는 이 경우에도 전형적인 암수 관계에서 벗어나는 행동을 기대할 수 있다. 보다 크고 현란한 색채를 지닌 것도 암컷 도요새이다. 이런 현상은 암컷이 수컷을 놓고 경쟁하는 상태, 즉 성 선택이 일반적인 것과 반대 방향으로 일어나고 있다는 징후인 셈이다. 한 생물학자는 도요새 암컷들이 수컷이 참을성 있게 알을 품고 있는 동안 마치 수컷이나 되는 양 "저희들끼리 싸우고 과시했다."라고 보고했다.[29]

사실 윌리엄스는 1966년에도 이미 이런 종들이 암수의 전형적인 행동에서 어긋나는 행동 양식을 보인다는 사실을 알고 있었다. 그러나 추후에 계속된 연구는 그의 '예측'을 보다 광범위하게 검증해 주었다. 수컷에 의한 대규모 투자는 다른 종류의 조류에서도, 파나마산독화살개구리에서도, 수컷이 수정란을 등에 지고 다니는 수생 곤충에서도, 아이러니컬한 이름을 가진 모르몬귀뚜라미에서도 예측된 결과를 낳았다. 지금까지 윌리엄스의 예측은 어떤 심각한 문제에도 봉착하지 않은 셈이다.[30]

유인원과 인간

남녀의 차이를 연구할 때 고려해야 하는 또 다른 중요한 진화론적 근거로 유인원을 들 수 있다. 침팬지, 피그미침팬지('보노보'라고도 불림), 고릴라, 오랑우탄을 비롯한 유인원은 물론 우리 조상이 아니다. 이들은 모두 각각의 먼 조상이 인간의 조상으로부터 갈라져 나온 후 따로 진화해 왔다. 보다 구체적으로 침팬지와 보노보의 조상은 약 800만 년 전에 갈라졌으며, 오랑우탄의 경우 거의 1600만 년 전까지 거슬러 올라간다.[31] 그러나 진화를 논함에 있어 이 같은 기간은 그리 긴 것이 아니다. (참고로 유인원 크기의 두개골을 가지고 직립 보행을 했으며 우리의 조상이라고 짐작되는 오스트랄로피테시네는 침팬지가 분리된 직후인 400~600만 년 전에 존재했다. 그리고 인간과 유인원의 중간 크기 정도의 뇌에 불을 사용했던 것으로 알려진 직립 원인은 약 150만 년 전에 존재했다.)[32]

진화의 계통도에서 드러나는 유인원과 인간의 근친성은 추리 한 가지를 가능하게 한다. 인간과 유인원 모두가 어떤 특성을 공유하는 경우 그 원인이 공동의 조상이 있었기 때문이라고 추정하는 것은 비록 확실하다고 말할 수는 없어도 가능한 일이다. 다시 말해 그 특성은 1600만 년 전에 살았던 우리 모두의 원시 유인원 조상에게 있었으며 그 후에도 각각의 계통에 남아 있게 되었다고 추정할 수 있다. 이와 같이 생각하는 것은 서로 사촌 간인 사람들이 모두 갈색 눈일 때 그들의 고조 할아버지나 할머니 중 적어도 한 분이 갈색 눈이었을 것이라고 추정하는 것과 유사하다. 이런 방식으로 추론해서 물샐틈없는 결론을 이끌어 낼 수는 없겠지만, 단지 한 사람을 보고 추측하는 것보다는 훨씬 더 큰 신뢰성을 얻을 수 있다.[33]

인간과 유인원은 수많은 특성을 공유하고 있다. 그들 중 다섯 손가락과 같은 것은 지적할 필요조차 없다. 누구도 사람의 손이 유전적 요소에 의해 결정된다는 사실을 의심하지 않는다. 그러나 남녀의 성적 성향과 같은 심리적 특성은 그것의 유전적 토대에 대한 논란이 여전히 지속되는 만큼 유인원과의 상호 비교가 유용할 수 있다. 더구나 우리와 유전적으로 가장 가까운 동물에 대해 알아보는 것은 그 자체로 가치 있는 일이다. 어쩌면 우리가 생각하고 느끼는 방식 중 상당 부분이 그들과 같을지도 모른다.

오랑우탄 수컷은 방랑자이다. 그들은 대체로 자신의 영토를 가지고 그 속에서 머무르는 성향을 지닌 암컷을 찾아 혼자 돌아다닌다. 그러나 경우에 따라서는 하나 혹은 그 이상의 영토를 독점하기 위해 한 곳에 상당 기간 안주하기도 한다. 그러나 지나친 욕심은 수많은 경쟁자로부터 영토를 지켜 내야 하는 어려움 때문에 바람직하지 못하다. 일단 암컷이 자식을 낳게 되면 볼일을 다 본 수컷은 사라질 가능성이 크다. 그는 수년 후 암컷이 다시 임신할 수 있을 때 돌아오기도 한다.[34] 그러나 그동안 그는 암컷이 어떻게 지냈는지 관심을 보이지 않는다.

고릴라 수컷의 목표는 암컷 몇과, 그들의 어린 자식 그리고 경우에 따라서는 젊은 수컷 몇으로 이루어진 무리의 지배자가 되는 것이다. 지배자가 되면 그는 모든 암컷에 대해 성적 독점권을 차지한다. 젊은 수컷은 일반적으로 알아서 처신한다. (그러나 지도자가 늙고 병약해지면 어린 수컷도 암컷을 차지할 수 있게 된다.)[35] 지도자는 자신의 암컷을 탈취하려고 접근하는 매우 공격적인 방해꾼과 매번 대결해야만 한다.

수컷 침팬지의 삶도 투쟁적이기는 마찬가지다. 그는 고릴라 사회에 비해 매우 복잡하고 유동적인 수컷 중심의 사회 조직에서 성공하기 위해 필사적으로 노력한다. 그리고 고릴라와 마찬가지로 우두머리 수컷은 온갖 습격, 협박과 계책으로부터 자신의 지위를 지키기 위해 쉴새없이 노력한다. 그 대신 그는 모든 암컷에 대해 선취권을 갖는다. 특히 암컷이 배란기에 들어서면, 자신의 권한을 확립하기 위해 노력한다.[36]

흔히 보노보라 불리는 피그미침팬지(그들은 사실 침팬지와는 별개의 종이다.)는 영장류 중 성적 탐닉이 가장 큰 동물일 것이다. 이들은 다양한 형태의 성행위를 즐기는데, 번식만이 목적이 아니다. 암컷끼리 서로 성기를 비비는 동성애적 행위도 "친구가 됩시다."라고 말하는 행위인 듯하다. 그러나 넓은 의미에서는, 보노보의 사회적 성행위도 다른 침팬지의 그것과 크게 다르지 않다. 여기에서도 수컷 중심의 조직이 암컷에 대한 성적 권리를 결정하기 때문이다.[37]

이들 각 종이 보이는 사회 구조의 다양성에도 불구하고 이 장의 핵심 논제는 비록 단순화된 형태이기는 하지만 유효함을 알 수 있다. 즉 수컷은 섹스에 대해 매우 적극적이며 섹스를 하기 위해 열심히 노력하는 반면 암컷은 그렇지가 않다. 그렇다고 암컷이 섹스를 싫어한다는 것은 아니다. 암컷도 섹스를 좋아하며 때로는 먼저 유혹하기도 한다. 특히 인간과 가장 가까운 종인 침팬지와 보노보 암컷들은 여러 파트너와 관계를 맺는 등 매우 광적인 성생활도 마다하지 않는 경우도 있다. 그러나 유인원의 암컷은 여전히 수컷보다는 얌전하다. 수컷은 섹스를 하기 위해 온갖 곳을 다 뒤지고, 생명과 신체의 위험도 무릅쓴다. 게다가 가능한 한 많은 상대방과 섹스할 기회를 잡으려고 노력하며 나름대로의 방법도 터득하고 있다.

암컷의 선택

유인원 암컷이 수컷에 비해 대체로 삼가는 경향이 있다고 해서 곧 암컷이 성행위의 파트너를 적극적으로 심사하는 것은 아니다. 물론 암컷의 파트너는 선별된다. 다른 수컷을 지배하는 수컷은 암컷과 짝 짓는 기회를 갖는 반면 그렇지 못한 놈은 그러한 기회를 갖기 어렵다. 수컷 간의 경쟁은 바로 다윈이 성 선택 이론을 정의할 때 염두에 두었던 두 요인 중 하나다. 사람의 경우도 마찬가지지만 수컷끼리 경쟁하게 되면 성 선택의 메커니즘을 통해 수컷은 보다 크고 비열한 동물이 된다. 그렇다면 성 선택의 다른 한 요인은 어떨까? 과연 암컷도 가장 유력해 보이는 동업자를 찾아 수컷들을 감별하고 선택하는가?

　암컷의 선택은 관찰하기 어려울 뿐 아니라 장기간에 걸친 그 선택의 결과 역시 애매하다. 수컷이 암컷보다 크고 강한 것은 단지 강인한 수컷만이 경쟁자를 이기고 짝을 지을 수 있기 때문인가? 혹은 그에 더해 암컷이 강인한 수컷을 선호하게 된 것에서도 기인하는가? 선천적으로 그와 같은 선호를 보이는 암컷은 보다 강인하고 생식력 있는 아들을 낳을 것이다. 그리고 딸들도 자기 어미의 취향을 물려받을 것이다.

　이 문제에 답하기는 어렵다. 그럼에도 불구하고 어떻게 보든지 간에 모든 유인원에게 있어서 암컷은 선택적이다. 예를 들어 암컷 고릴라는 대체로 한 마리의 수컷과 짝을 짓는 것이 통례이지만, 살면서 한번쯤은 다른 곳으로 이주해 간다. 모르는 수컷이 그녀가 속한 무리에 접근해 와 무리의 우두머리와 서로 으르렁거리다가 때에 따라서 싸움을 벌이게 되는 경우, 좋은 인상만 남긴다면 암컷이 그 고릴라를 쫓아가는 경우도 있다.[38]

　침팬지의 경우는 조금 더 미묘하다. 우두머리 수컷은 자신이 원하는 암컷을 마음대로 취할 수 있다. 그러나 반드시 암컷이 그 수컷을 선호하기 때문만은 아니다. 우두머리 수컷은 다른 수컷을 싸워 쫓아냄으로써 암컷이 선택할 수 있는 여지를 없애 버린다. 더구나 우두머리 수컷은 암컷을 위협하기까지 한다. 그 결과 암컷은 두려움 때문에 저급한 수컷을 퇴짜 놓는다. (우두머리 수컷이 지켜보지 않는 경우 암컷은 잘 퇴짜 놓지 않는다.)[39] 또한 침팬지의 짝짓기에는 이 같은 방식만 있는 것이 아니다. 침팬지들 중에는 서로 오랜 동안 구애하는 것들이 있다. 사람들 간의 구애 행위의 원시적 형태라고 볼 수도 있다. 한 마리의 암컷과 한 마리의 수컷이 자기 무리로부터 며칠 혹은 몇 주간 벗어나는 경우가 있다. 비록 암컷이 거부하는 경우 강제로 납치해 가는 경우가 없는 것은 아니지

만, 암컷이 성공적으로 물리칠 때도 있고 암컷 스스로 기꺼이 따라가는 경우도 있다.[40]

사실 억지로 따르는 행위도 일종의 선택이라고 볼 수 있다. 암컷 오랑우탄이 그 좋은 예이다. 그들은 종종 능동적으로 선택한다. 즉 어떤 수컷을 다른 수컷들보다 선호한다. 그러나 가끔씩은 짝짓기를 거부하다 강제로 당하기도 한다. 만약 이 같은 용어를 쓰는 것이 마땅하다면, '강간' 당하기도 하는 것이다. 그런데 강간하는 수컷은 대체로 이제 막 청년기에 들어 선 젊은 오랑우탄인데, 대개 임신시키는 데는 실패하고 만다.[41] 그러나 그 수컷이 규칙적으로 강간에 성공할 수 있다고 가정해 보자. 다윈주의적 관점에서 본다면, 이 경우 암컷은 크고 강하며 성적으로 공격적인 강간범과 짝 짓는 것이 낫다. 암컷의 자식 중 수컷은 크고 강하고 성적으로 공격적이어서 결과적으로 번식력이 더 클 가능성이 있기 때문이다. (물론 성적인 공격성이 적어도 부분적으로라도 유전적 차이와 상관이 있다는 가정하에서 그렇다.) 이렇게 보면 암컷의 저항 행위는 무력한 강간범을 아들로 낳는 것을 피할 수 있는 길이기에 자연 선택 되었을 것이라고 추정할 수 있다. (물론 강간이 암컷을 다치게 하지 않는다는 가정하에서 그렇다.)

그렇다고 남자들이 흔히 상상하듯 영장류 암컷이 겉으로는 저항하면서도 '실제로는 원한다.' 라고 말하려는 것은 아니다. 오히려 그와 반대로 오랑우탄이 '실제로 원하면' 원할수록 덜 저항할 것이고 그로 인해 강간은 덜 효과적인 선별 장치가 될 것이다. 자연 선택이 '원하는' 것과, 어떤 개체가 원하는 것이 반드시 동일해야 하는 것은 아니다. 이 경우에는 특히 그러하다. 지금까지 논의한 것을 간략히 정리하면, 비록 암컷이 특정한 수컷에 대해 분명한 선호를 보이지 않는다고 하더라도 실질적으로는 특정한 수컷을 선호하고 있을지도 모른다는 것이다. 그리고 이러한 실질적인 분별력이 사실은 목적에 부합하는 것일 수 있다. 그것은 상당한 여과 효과를 가지기 때문에 자연 선택된 적응 방식일지도 모른다.

넓게 보면 같은 논리가 모든 영장류에게 적용 가능할지도 모른다. 일단 암컷이 전반적으로 약간이라도 저항을 하기 시작한다면, 약간 더 강하게 저항하는 것이 더 바람직한 결과를 낳을 것이다. 저항을 극복하기 위해 필요한 것이 무엇이건 간에, 보다 강하게 저항하는 암컷의 아들이 약하게 저항하는 암컷의 아들보다는 더 좋은 유전자를 보유하고 있을 가능성이 크기 때문이다. (이 주장 역시 '필요한 무엇'의 상대적인 보유가 근본적인 유전적 차이를 반영한다는 가정하에 성립한다.) 따라서 다윈주의적 관점에서 보면, 암컷의 수줍음은 그 자체가 일종의 보상이다. 수컷의 접근법이 육체적인 것이든 언어적인 것이든 이것은 마찬가지다.

동물과 무의식

섹스에 관한 다윈주의적 견해에 대한 일반적인 반응은 그것이 동물의 행동, 말하자면 인간이 아닌 동물의 행동에 대한 설명으로서는 매우 훌륭하다는 것이다. 사람들은 칠면조 수컷이 엉성하기 짝이 없는 가짜 암컷 머리와 짝짓기를 위해 애쓰는 모습을 보고 의미 있는 웃음을 지을지도 모른다. 그러나 곧 이어서 남자들이 벌거벗은 여자의 이차원 화상을 보고 성적으로 흥분한다는 사실을 지적해도, 두 사건 간의 유사성을 인식하지 못하는 경우가 많다. 사실 남자들은 자신들이 바라보고 있는 것이 사진에 불과함을 잘 알고 있다. 따라서 그들의 행동은 애처로울지는 몰라도 우스꽝스럽지는 않다.

그렇지만 만약 남자들이 그것이 단지 사진에 불과하다는 것을 '안다'

면, 왜 그들은 그토록 흥분하는가? 그리고 여자들은 남자들의 사진을 보고 자위하면서 열광 상태로 빠져 들어가는 경우가 왜 그리도 드문가?

사람과 칠면조를 동일한 잣대로 재는 것은 어딘지 부당해 보인다. 사람의 행동은 칠면조의 그것과 달리 더 미묘하고 더 '의식적인' 통제하에 있다고 여겨져 왔다. 남자들은 성적으로 흥분하지 않도록 스스로 통제할 수 있다. 적어도 흥분시키는 것이라고 알고 있는 어떤 것을 쳐다보지 않도록 결심할 수 있다. 그리고 가끔씩은 그 같은 결심을 실행에 옮기기도 한다. 비록 칠면조도 이와 유사한 '선택'을 할 수 있다고 해도(총을 휘두르는 사냥꾼을 만나면 칠면조도 지금은 사랑을 나누기에 적합한 시기가 아니라고 판단할지도 모른다.) 인간의 복잡하고 미묘한 선택은 분명 다른 어떤 동물의 선택과도 비교할 수 없다. 장기적인 안목에서 특정한 목적을 신중히 추구해 나가는 인간의 행위 역시 그러하다.

인간의 행위는 상당히 이성적인 것처럼 느껴지고 어떤 면에서는 사실 그러하다. 그렇다고 인간의 행위가 다윈주의적 목적을 위한 것이 아니라고 부정할 수는 없다. 문외한들은 자기 반성적이고 자기 의식적인 두뇌의 진화가 생물학적 조건으로부터 우리들 인간을 해방시켰다고 생각한다. 그러나 진화생물학자들은 오히려 그와 상반된 방식으로 생각한다. 인간의 두뇌는 우리를 생존하고 번식하라는 명령으로부터 절연시키기 위해 진화한 것이 아니라, 오히려 그러한 임무를 보다 효과적으로 그리고 더 융통성 있게 수행하도록 진화한 것이다. 예컨대 사람의 수컷은 강제로 암컷을 납치하던 종으로부터 달콤한 거짓말을 속삭이는 종으로 진화해 왔다. 그러나 속삼임은 여전히 예전의 납치를 가능하게 했던 바로 그 논리를 따른다. 그것은 수컷이 목적을 이루기 위해 암컷을 조정하는 수단일 뿐이며 아무리 교묘해진다고 해도 역시 동일한 기능을 수행한다. 결국 자연 선택은 이미 오래전부터 존재해 왔던 두뇌의 심층부로부터 최근에야 진화하기 시작한 조직에 이르기까지 모든 곳에 영향을 주고 있다. 사실 가장 최근에 진화한 조직은 만약 그것이 자연 선택에 기초하지 않았더라면 애초에 생겨나지도 않았을 것이다.

물론 사람의 조상이 유인원의 조상과 갈라서면서부터 많은 일이 벌어졌다. 어쩌면 사람도 통상적인 암수의 비대칭적 성 관계와는 다른 어떤 기제를 가질 수 있었는지도 모른다. 해마, 실고기, 파나마산독화살개구리, 모르몬귀뚜라미 등은 통상적인 형태와 다른 암수 관계를 갖고 있음을 보았다. 이러한 종들보다는 덜 극적일지는 몰라도 우리와 더 가까운 예로 우리의 사촌 중 하나인 긴팔원숭이를 들 수 있다. 그들의 조상은 인간의 조상과 약 2000만 년 전쯤 갈라섰다. 그런데 긴팔원숭이가 진화하는 과정에서 언제부터인가 환경은 수컷들로 하여금 상당한 정도로 부모로서의 투자를 담당하게 부추겼다. 긴팔원숭이 수컷은 규칙적으로 새끼들의 주변을 맴돌며 도움을 준다. 어떤 긴팔원숭이 종 일부에서는 수컷이 실제로 갓난 새끼를 안고 다닌다. 그것은 수컷 영장류로서는 매우 이례적인 일이다. 긴팔원숭이는 부부애에 있어서도 남다르다. 긴팔원숭이 부부는 아침에 커다란 소리로 합창함으로써 그들의 가정을 넘보는 녀석들에게 금술을 과시한다.[42]

물론 남자들도 갓난아기를 안고 다니며 집에서 가족과 함께 지낸다. 그렇다면 지난 수백 년 동안 긴팔원숭이에게 일어났던 일과 유사한 일이 우리 인간에게도 일어난 것일까? 적어도 남성과 여성의 성적 취향이 일부일처제를 합리적인 목표로 만들 만큼 충분히 수렴된 것일까?

3장

남성과 여성

현존하는 남성의 사회적 관습과 야만인의 일부다처제로 미루어 볼 때 태고 시대의 원시인은 작은 공동체에서 자신이 취하여 돌볼 수 있을 만큼 많은 처를 거느리고 살았으며 자신의 아내를 다른 남성들로부터 지키기에 여념이 없었다고 보는 것이 가장 합당하다. 어쩌면 남자들은 고릴라가 그러한 것처럼 혼자서 여러 명의 아내와 집단을 이루고 살았을지도 모른다.

——『인류의 기원과 성 선택』(1871)[1]

섹스에 관한 진화론적 견해에 기초한 아이디어 중 사람들이 가장 반길 만한 생각은 사람이 '남녀 두 사람이 짝을 짓는' 종이라는 믿음이었다. 이는 약간 과장하면, 남녀는 애초부터 평생 동안 한 사람의 배우자와 깊은 사랑을 나누도록 만들어졌다는 주장을 담고 있다. 그러나 초기 원시 시대를 면밀히 검토하고 나면 이 주장을 정당화할 수 없음을 알게 된다.

일부일처에 대한 가설은 데즈먼드 모리스(Desmond Morris)가 1967년에 발표한 『털 없는 원숭이(The Naked Ape)』에 의해 대중화되었다. 이 책은 1960년대에 발간된 몇 권의 다른 책들과 함께 (예를 들어, 로버트 아드리(Robert Ardrey)의 『영역 본능의 의미(The Territorial Imperative)』) 진화론적 사상사에 분수령을 이루는 듯했다. 많은 사람들이 이들의 이론에 호의적인 반응을 보였고 이제 다윈주의가 과거의 정치적 오용으로 인해 뒤집어 썼던 오명으로부터 벗어날 수 있는 호기를 맞은 것처럼 보였다. 그러나 학계에서는 이 책들이 받아들여지지도 않았고 다윈주의를 부흥시킬 수도 없었다. 문제는 단순했다. 이 책들은 말도 안 되는 주장을 늘어놓았던 것이다.

모리스가 일부일처 가설을 입증하기 위해 처음에 들었던 예를 살펴보자. 그는 왜 여성이 일반적으로 배우자에게 충실한지를 설명하려 했다. 이것은 (만약 여성이 그러하다고 믿는다면) 훌륭한 주제가 될 수도 있었다. 왜냐하면 동물의 세계에서 암컷이 배우자에게 충실한 종을 찾는다는 것은 매우 힘든 일이기 때문이다. 비록 암컷이 일반적으로 수컷보다는 조신하지만 많은 종에 있어 암컷은 요조숙녀와는 거리가 멀다. 특히 우리와 친족 관계에 있는 영장류의 경우에는 더욱 그러하다. 침팬지와 보노보 암컷은 종종 섹스 머신이라고 부를 수밖에 없을 정도로 방탕하다. 어떻게 여자들이 그렇게 정숙하게 되었는지를 설명하기 위해 모리스는 수렵 채집 경제 초기의 성별에 따른 노동 분업을 들었다. 그는 다음과 같이 주장했다. "우선 남성은 사냥을 나가 짝이 혼자 남게 되었을 때 정조를 지키리라는 확신이 필요했다. 그래서 여성은 일부일처적 경향을 계발해야만 했다."[2]

잠시 멈춰 생각해 보자. 말하자면, '여성'이 정조를 지키는 성향을 갖게 된 것이 '남성'의 생식적 이익을 위해서란 말인가? 다시 말해 자연 선택은 여성을 필요에 맞게 변화시킴으로써 남성에 호의를 베풀었다는 것인가? 모리스는 정확하게 어떤 방식으로 자연 선택이 이처럼 관대한 공헌을 할 수 있는지 결코 설명해 내지 못했다.

유독 모리스만을 힐책하는 것은 공정하지 못한 일이다. 그도 시대의 피해자였다. 문제는 당시의 느슨하고 과도하게 목적론적인 사유 풍토였다. 모리스나 아드리의 책을 읽고 있노라면 마치 자연 선택이 미래를 내다보면서 인류가 보다 나아지게 만들기 위해서 필요한 것이 무엇인지를 결정하고 그에 상응하는 과정을 밟아 나간다는 인상을 받게 된다. 그러나 자연 선택은 그런 방식으로는 작용하지 않는다. 자연 선택은 미래를 예견하지도 더 나은 상태로 나아가려고 노력하지도 않는다. 작고 개별적이고 맹목적으로 진행되는 모든 과정들이 유전자의 자기 이익에 즉각적인 도움을 줄 수도 있고 그렇지 않을 수도 있다. 만약 도움을 주지 않는다면 수백만 년이 지난 후에는 그것들은 자취를 감추게 된다. 바로 이것이 조지 윌리엄스가 1966년에 발간한 책의 핵심 메시지였다. 이 메시지는 모리스의 책이 출간되었을 당시만 해도 이제 겨우 뿌리를 내리고 있는 정도였다.

윌리엄스는 진화론적 분석을 할 때는 반드시 문제가 되는 유전자의 운명에 초점을 맞추라고 강조했다. 만약 여자의 '정조 유전자'가 (혹은 '방탕 유전자'가) 자신의 복제물을 후대에 널리 퍼지도록 그녀의 행동을 조종한다면, 그 유전자는 말 그대로 번성할 것이다. 그 유전자가 이 과정에서 그녀 남편의 유전자와 섞이든지 혹은 정부의 유전자와 섞이든지 그것은 그 자체로만 볼 때 아무 상관이 없다. 자연 선택의 관점에서는 기능을 수행하는 한 모든 매체가 대등하다. (물론 여기에서 정조 유전자, 방탕 유전자, 이타적 유전자, 잔인 유전자와 같이 말하는 것은 편의상 단순화한 것이다. 이렇게 복잡한 성질들은 각기 개별적으로 적응에 약간씩 공헌하도록 선택된 여러 유전자들이 상호 작용한 결과이다.)

진화론을 연구하는 신진 학자들은 모리스가 관심을 보였던 그리고 보여 마땅했던 문제를 더 신중하게 다루기 위해 보다 엄격한 자연 선택론을 채택해서 사용했다. 그들도 과연 남성과 여성이 태어나면서부터 지속적으로 짝을 이루어 살도록 만들어졌는지 궁금해 했다. 남녀 모두에 있어 그 답이 무조건적으로 긍정적이라고 보기는 어렵다. 그러나 예컨대 침팬지의 경우에 비해서는 남녀 모두가 긍정적인 편에 가깝다. 인류학자들이 탐구한 모든 문화권에서 결혼은 일부일처제이든 일부다처제이든, 그리고 영속적이든 잠정적이든 간을 막론하고 일반적인 제도이다. 가족은 사회 조직의 가장 기본적인 토대이다. 그 어느 곳에서도 아버지는 자기 자식을 사랑한다. 아버지가 자식에 대해 느끼는 사랑은 침팬지나 보노보 수컷이 자기 자식에 대해 느끼는 사랑보다 훨씬 강하다.

사실 침팬지나 보노보는 어느 놈이 자기 자식인지조차 잘 인식하지 못하는 듯하다. 부성애는 아버지로 하여금 자기 자식을 먹이고 보호해 주도록 할 뿐만 아니라 그들에게 유용한 지식을 전수하도록 만든다.[3]

다르게 표현하면, 진화 과정에서 언제부터인가 인간 수컷은 '부양 투자(parental investment)'를 하게 된 것이다. 동물학자들의 표현을 빌리자면, 인간은 이제 부양 투자가 큰 종이 되었다. 그렇다고 남성의 부양 투자가 여성의 그것에 견줄 수 있을 만큼 커진 것은 아니다. 그러나 보통의 영장류보다는 부양 투자가 큰 것이 사실이다. 인간도 긴팔원숭이처럼 매우 중요한 어떤 것을 갖게 된 것이다.

높은 부양 투자는 미묘한 방식으로 남성과 여성의 목적에 꼭 들어맞는다. 더구나 그것은 부모면 누구나 알고 있듯이 주기적으로 그들 모두가 공유할 수 있는 행복을 충분히 안겨다 주었다. 그러나 높은 부양 투자는 동시에 구애 기간과 혼인 기간 동안 남자와 여자가 추구하는 목적이 이제까지와는 전혀 다른 방식으로 엇갈리게 하는 결과를 낳았다. 부양 투자에 대한 1972년 논문에서 로버트 트리버스는 다음과 같이 말한 바 있다. "남녀를 이제 마치 서로 다른 종인 것처럼 취급할 수 있다. 남녀 모두에게 있어 상대방은 생존 가능한 후손을 최대한도로 생산하기 위한 자원이 되었기 때문이다."[4] 여기에서 트리버스는 포괄적이고 수사적인 철학적 견해를 전개하고자 한 것이 아니다. 그는 단지 특정 사항에 대한 구체적인 분석을 제시한 것이다. 그러나 이 비유는 그의 의도와 달리 매우 심란하게 전체적인 상황을 포착하고 있다. 부양 투자가 큼에도 불구하고, 어떤 면에서는 바로 그것 때문에 남녀 관계의 기본은 상호 착취이다. 남녀는 적어도 때때로 상대방을 비참하게 만들도록 디자인된 것이다.

왜 사람은 부양 투자가 큰가

왜 남자는 자기 자식을 돌보려 할까? 이유는 많다. 특히 최근의 진화 과정을 살펴보면 남성의 유전자 입장에서 볼 때 부양 투자를 가치 있게 만드는 몇 가지 요소를 발견할 수 있다.[5] 말하자면 남성으로 하여금 자기 자손을 사랑하도록 이끄는 유전자, 즉 자손에 대해 염려하고, 그들을 보호하고, 그들에게 먹을 것을 제공하고, 그들을 교육하도록 하는 유전자가 예전과 같이 자손을 돌보지 않도록 이끄는 유전자 대신에 번성할 수 있도록 만드는 요소들 말이다.

그 한 가지 요소는 자식들의 취약성이다. 만약 자식들이 잡아먹힌다면 전형적인 남성의 성적 전략, 즉 돌아다니다가 유혹을 한 후 내팽개쳐 버리는 전략을 따르는 것이 남성의 유전자 복제에 별다른 도움이 되지 않을 것이다. 바로 이것이 상당히 많은 조류가 일부일처제나 그와 유사한 형태의 가족 제도를 취하는 이유 중 하나인 것으로 보인다. 어미가 나가서 벌레를 잡아 오는 동안 혼자 남겨진 알이 살아남을 가능성은 크지 않다. 우리 선조도 숲에서 초원으로 이주해 나왔을 때, 수많은 포식자에 대처해야 했다. 더구나 어린 것들은 다른 문제도 안고 있었다. 인류가 점차 영리해지고 직립 보행을 하게 됨에 따라, 여성의 해부학적 구조는 난관에 봉착하게 된다. 직립 보행은 골반을 좁아지게 만들었고, 그 결과 산도 역시 좁아졌다. 그러나 아이의 머리는 그 어느 때보다 커졌다. 유아가 다른 영장류에 비해 조산하게 된 것도 이 때문이다. 침팬지의 경우, 아주 어려서부터 새끼가 도움 없이 어미의 품에 매달릴 수 있어 행동에 장애가 되지 않는다. 그러나 사람의 경우, 아이는 엄마가 식량을 모으는 행위에 막대한 지장을 준다. 수개월 동안 아기들은 아무것도 할 수 없는 살덩이에 불과하다. 호랑이 먹이가 되기 십상이다.

한편 남성의 투자에 대한 유전적 보상이 점차 늘어감에 따라 투자 비용은 감소한다. 수렵은 우리 진화에서 중요한 몫을 차지한 듯하다. 남자들이 손쉽고도 알찬 단백질 덩어리를 확보할 수 있게 됨에 따라 가족을 먹여 살릴 수 있게 된 것이다. 채식 동물들보다는 육식 동물들 사이에서 일부일처제를 쉽게 발견할 수 있는 것도 단지 우연만은 아닐 것이다.

이 모든 요인에 더해, 두뇌가 커져감에 따라 생존 여부는 유아기에 받는 문화 교육에 더 크게 의존하게 되었다. 양친이 모두 있는 아이는 하나만 있는 아이보다 배움에 있어 우위를 차지할 수 있었다.

으레 그렇듯이 자연 선택은 이 같은 이득(비용 산출 내역)을 감정으로 환산해 분출한다. 사랑이라는 느낌이 그 대표적인 경우이다. 이것은 단지 아이에 대한 사랑에 국한되지 않는다. 건실한 부모가 되는 첫걸음은 남녀 서로가 상대방에 대해 강한 매력을 느끼는 것이다. 이렇게 보면 남녀가 상대방에 푹 빠지게 되는 것도 부모가 아이의 복지를 위해 정성을 다함으로써 얻게 되는 유전적 보상 때문이다.

최근까지 이 같은 주장은 이단으로 여겨졌다. '감미로운 사랑'은 서구 문화의 창조물이라고 생각되었다. 배우자의 선택이 사랑과 무관한 문화 그리고 특별한 감정을 동반하지 않는 섹스가 당연시되는 문화가 존재한다는 보고서가 있었다. 그러나 최근 애정에 대한 다윈주의적 논리에 착안한 인류학자들이 재조사한 결과 그러한 문화가 있을 가능성이 희박해져 가고 있다.[6] 남녀 간의 사랑은 선천적인 요소에서 비롯되는 듯하다. 이 같은 관점에서 보면, 비록 전적으로 데즈먼드 모리스가 생각했던 방식으로는 아닐지 몰라도, '일부일처' 가설이 그럴듯해 보인다.

반면 누구나 느끼는 영속성이나 균형감을 주는 '일부일처'나 '사랑'이라는 용어가 늘 정당화될 수 있는 것은 아니다. 이상화된 사랑과 사람들이 자연스럽게 행하는 사랑이 서로 얼마나 다른지를 이해하기 위해서는 트리버스가 1972년 논문에서 보여 준 태도를 본받아야 한다. 즉 감정 자체에 초점을 맞추는 것이 아니라 그것의 근저에 있는 진화의 추상 논리에 초점을 맞추어야 한다. 체내 수정을 하고, 회임 기간이 길고, 유아의 모유 의존도가 상당히 높고 부양 투자가 큰 종에서 암컷과 수컷이 각기 차지하는 유전적 이득은 무엇인가? 이러한 이득을 명확하게 파악하는 것만이 어떻게 해서 진화가 낭만적인 사랑을 만들어 내고, 애초부터 그것을 왜곡시켰는지를 이해하는 유일한 길이다.

여자는 무엇을 원하는가?

부양 투자가 작은 종의 기본적인 구애 관계는 단순하다. 수컷은 교미를 위해 애쓰는 반면 암컷은 그렇게 적극적이지 않다.[7] 암컷은 수컷을 면밀히 살펴보거나 다른 수컷과 경쟁하도록 함으로써 무의식적으로나마 수컷이 가진 유전자의 품질을 평가할 여유를 가지려고 한다. 또 암컷은 수컷이 질병에 걸렸을 가능성을 타진하기 위해서라도 잠시 머뭇거릴 필요가 있다. 어쩌면 암컷은 난자가 지닌 높은 수요를 빌미로 교미하기 전에 선물을 얻어 내려 할지도 모른다. 이 같은 '혼례 선물'은 이론적으로 보면 암컷과 암컷의 난자를 양육하는 데 쓰이기 때문에 부양 투자의 일부로 볼 수 있다. 어쨌든 이 같은 현상은 영장류에서 검은 날개 초파리에 이르기까지 다양한 종에서 발견된다. (초파리 수컷이 암컷과 교미하기 위해서는 교미하는 동안 암컷이 식사할 수 있도록 먹이를 제공할 수 있어야 한다. 만약 수컷이 끝내기 전에 먹을 것이 떨어지게 되면 암컷은 다른 수컷을 찾아 도망가 버린다. 대신 교미가 끝났을 때도 먹을 것이 남아 있게 되면 수컷이 나머지를 챙겨 다른 암컷을 찾아 나선다.)[8] 그러나 복잡할지는 몰라도 부양 투자가 작은 종의 암컷이 수컷의 매력을 계산하는 데 긴 시간이 걸리는 것은 아니다. 수주 동안 질질 끄는 구애 기간이 있을 이유도 없다.

그러나 부양 투자가 커지게 되면, 즉 교미 기간 동안뿐만 아니라 출산과 그 이후에까지 수컷의 투자가 이어지게 되면 사정은 달라진다. 이제 암컷은 수컷의 유전적 자질이나 자질구레한 선물뿐만 아니라 자식이 태어난 후 수컷이 무엇을 해 줄 수 있는지도 고려해야 한다. 1989년 진화심리학자인 데이비드 버스(David Bus)는 전 세계 37개 문화권을 탐방하여 배우자 선호도에 대한 획기적인 연구를 수행했다. 그의 연구에 따르면, 여성이 남성에 비해 배우자감의 경제적 잠재력에 큰 비중을 두는 것은 범(汎)세계적 현상이다.[9]

그렇다고 여자가 부자에 대해 특별히 우호적인 느낌을 갖도록 진화했다는 것은 아니다. 대부분의 수렵 채집 사회에서는 자원을 축적해서 사유 재산을 확보하는 것이 불가능했다고 여겨진다. 물론 이렇게 이해하는 것이 정확하다고 확신하기는 어렵다. 지난 몇 천 년 동안 문명이 발달함에 따라, 수렵 채집 생활을 영위하던 사람들은 문명의 주변부로 밀려나 더 이상 우리 선조들의 생활 양식을 정확하게 대변할 수 있다고 보기 어렵다. 그러나 만약 실제로 선사 시대에 모든 남자들이 대체로 평등한 부를 가졌다면, 여자는 남자가 지닌 재산보다는 그의 사회적 지위에 더 주위를 기울이도록 경도되었을 것이다. 수렵 채집인들에게 있어 사회적 지위는 종종 권한으로, 예를 들어 커다란 사냥감을 잡은 후 고기를 분배하는 과정에 발휘할 수 있는 영향력으로 나타난다. 현대 사회에서도 부와 지위와 권력은 종종 상관관계를 이루며 보통 여성의 눈에는 매력적인 패키지가 아닐 수 없다.

많은 여자들은 야망과 근면도 상서로운 속성으로 간주한다. 버스는 이 역시 범(汎)세계적으로 퍼져 있는 현상임을 확인했다.[10] 물론 야망이나 근면은 부양 투자가 작은 종의 암컷이라 할지라도 좋게 생각할 만한 것이다. 유전자의 질을 나타내는 지수이기 때문이다. 그러나 그것들이 남성의 투자 의도를 판단하는 척도가 될 수는 없다. 부양 투자가 큰 종의 암컷은 이에 더해 관대함이나 진실함의 징표를 찾는다. 특히 자신에게 변함없이 헌신할 것이라는 징표를 원한다. 남자보다 여자가 꽃과 같은 애정의 상징을 더 중히 여긴다는 것도 당연하다.

왜 여자는 그토록 남자를 못 미더워 할까? 부양 투자가 큰 종의 수컷은 당연히 암컷과 함께 정착해서 보금자리를 만들고 가계를 돌보도록 만들어져 있는 것이 아닌가? 사랑이나 일부일처제와 같은 말에 관련된 문제 한 가지를 여기에서 볼 수 있다. 부양 투자가 큰 종에 속하는 수컷은 역설적으로 들릴지 몰라도 부양 투자가 작은 종에 속하는 수컷보다 배신할 가능성이 크다. 트리버스가 지적했듯 남성이 택할 수 있는 '최상의 전략'은 유연하게 대처하는 것이기 때문이다.[11] 비록 장기간의 투자가 주된 목표라고 해도, 많은 시간과 자원을 요구하지 않는다면 여전히 유혹한 후 내팽개치는 것이 유전자의 관점에서 보면 유용한 전략이다. 사생아 중 일부는 부양 투자 없이도 살아남을 수 있기 때문이다. 사실 사생아를 낳는다고 해도 그를 자기 자식이라고 착각하는 어떤 얼간이가 대신 투자해 줄 수도 있다. 따라서 부양 투자가 큰 종에 속하는 수컷은, 적어도 이론적으로는 기회가 주어질 경우 섹스를 마다할 이유가 없다.

물론 부양 투자가 작은 종에 속하는 수컷도 마찬가지다. 그러나 이 경우 그것은 착취가 아니다. 암컷이 다른 수컷으로부터 많은 것을 받아낼 가능성이 없기 때문이다. 그러나 부양 투자가 큰 종에 속하는 암컷에게는 그 같은 가능성이 있으며, 수컷으로부터 그것을 얻어 내지 못한다면 큰 낭패가 아닐 수 없다.

이와 같이 암컷을 이용하려는 수컷과 가급적이면 이용당하지 않으려는 암컷의 상반된 전략은 무기 경쟁과 같은 결과를 낳는다. 아마도 자연 선택은 암컷을 속이는 데 능한 수컷과 사기 행각을 간파하는 데 능한 암컷을 선호했을 것이고, 그에 따라 한편이 능해질수록 다른 편도 능해지게 되었다. 단적으로 표현해 이는 변절과 경계의 악순환이다. 비록 남녀가 부드러운 키스, 나지막한 고백, 순진무구해 보이는 항변과 같이 세련된 행동을 통해 표현한다고 해도 본질에 있어서는 다른 종과 크게 다르지 않다.

분명 이론적인 관점에서 보면 악순환임에 틀림없다. 물론 이론적 차원을 넘어 구체적으로 증거를 제시하는 일은, 예를 들어 키스와 같은 애정 표현의 이면을 살피는 일은 까다롭기 그지없다. 진화심리학자들의 연구 결과도 여전히 빈약하다. 한 연구에 따르면 여성에 비해 남성들이 훨씬 더 자기 자신을 실제보다 더 친절하고, 솔직하고, 신뢰할 만한 존재로 생각하고 있음을 알 수 있다.[12] 그러나 과대광고 행위는 빙산의 일각일 뿐이다. 트리버스조차 누군가를 속이는 가장 효과적인 방법 중 하나가 스스로 자신이 말하는 바를 믿는 것이라는 사실을 1972년 논문을 쓸 때만 해도 인식하지 못했다. 그가 그 같은 사실을 깨달은 것은 논문을 발표한 지 4년이 지나서였다. 현재의 논의에 적용한다면 이는 사랑에 눈이 멀게 되는 상태를 의미한다. 물론 수개월간 동침하고 나면 더 이상 매력을 느끼지 못하는 사랑이지만.[13] 사실 사랑은 애써 유혹한 후 차갑게 차 버리곤 하는 남자들의 행위 방식을 윤리적으로 무마해 주는 방어벽 역할을 한다. 비열하다고 질타당하게 되면 남자들은 종종 감상 어린 어조로 "그때는 그녀를 사랑했었지."라고 말한다.

그렇다고 해서 남성의 애정이 항상 기만적이라고 주장하는 것도, 사랑의 열병이 전략적인 자기 기만이라고 주장하는 것도 아니다. 가끔씩 남자들도 영원토록 사랑하겠다는 약속을 지킨다. 더구나 어떤 의미에서는 철저한 거짓말이란 불가능하다. 사랑의 열병을 앓고 있는 동안에는 의식적이든 무의식적이든 앞으로 어떻게 될 것인지에 대해서 알 수 없다. 어쩌면 유전적으로 보다 상서로운 짝이 앞으로 3년 후에 홀연히 나타날지도 모른다. 또 그는 중대한 재해를 겪게 되어 그 결과 상품 가치를 상실하게 되고 배우자만이 유일한 번식 기회를 제공할 상대가 될 수도 있다. 그러나 배우자가 얼마만큼 헌신할지가 확실하지 않은 상황에서는 그에 상응하는 대가를 치르지 않아도 되는 한, 섹스할 수 있는 기회를 많이 가져다 주는 방법인, 자신을 과대 포장하는 것이 자연 선택의 관점에서 보면 유리할 것이다.

인류 진화의 과정을 살펴보면 아마도 친밀한 사회 환경에서는 그런 거짓 행동은 어느 정도 대가를 치러야 했을 것이다. 그때에는 마을이나 고을을 떠난다는 것이 간단한 일이 아니었다. 따라서 누군가 명백히 거짓된 약속을 한다면 그는 곧 그 대가를 치러야 했다. 때로는 수명이 단축될 수도 있었고 때로는 신뢰할 수 없는 인간으로 낙인찍힐 수도 있었다. 인류학적 기록에는 배신당한 여동생이나 딸을 대신해 복수하는 사람들의 이야기를 흔히 접할 수 있다.[14]

한편 배신할 수 있는 여자의 수도 현재와 같지 않은 것이 사실이다. 도널드 시먼스가 지적했듯이, 일반적으로 수렵 채집 사회에서는 아내를 얻을 수 있는 거의 모든 남자가 결혼을 했으며 거의 모든 여자가 번식력이 생길 때쯤 결혼했다. 따라서 선사 시대에는 오늘날과 같이 미혼 남녀가 연애할 기회가 없었을 것이다. 그런 기회가 있다면 그것은 초경부터 수정기 사이의 비가임기에 있는 사춘기 소녀와의 관계로 국한된다. 결국 시먼스에 의하면, 오늘날 바람둥이 총각이 벌이는 행각, 즉 어떤 여자도 지속적인 투자의 대상으로 삼지 않고 끊임없이 유혹하고는 차 버리는 짓은 결코 진화한 성적 전략이 아니다. 오히려 이 현상은 다양한 섹스 파트너를 선호하는 남성의 성향이 피임 기술로 충만한 대도시를 만나게 될 때 일어나는 현상이라고 볼 수 있다.

그러나 비록 선사 시대가 하룻밤의 애정 행각 후에 "남자는 모두 쓰레기야."라고 불평하는 미혼 여성으로 가득 차 있지는 않다고 해도 여전히 여성의 입장에서는 장래를 약속한다고 강조하는 남성을 경계해야 할 필요가 있었다. 수렵 채집 사회에서도 이혼은 일어날 수 있다. 남자들은 한두 명의 자식을 본 후, 홀연히 사라지거나 다른 마을로 도망쳐 버릴 수 있었다. 더구나 일부다처제도 종종 가능했다. 남자들은 자신의 아내에게 그녀만이 자기 인생의 전부라고 맹세하지만, 일단 결혼을 하게 되면 또 다른 아내를 구하기 위해 동분서주하거나, 그에 그치지 않고 급기야 또 다른 아내를 구해 첫 번째 아내가 낳은 자식에게 쏟을 재원을 전용할 수도 있었다. 이런 전망이 가능했으므로 여자는 결혼 전 남자의 헌신을 면밀하게 검토함으로써 자신의 번식을 도모할 수 있다. 어쨌든 남자의 헌신도를 가늠하는 것은 여성의 심리를 좌우하는 중요한 부분이 되었다. 반면 남성의 심리는 종종 여성이 잘못 판단하도록 유도하는 경향을 띠게 되었다.

남성이 모두 헌신적이지 않다는 사실, 즉 남자들은 누구나 자식을 위해 투자할 수 있는 시간이나 에너지를 어느 정도만큼밖에 가질 수 없다는 사실은 인간의 암컷이 여타의 동물 왕국에 편재해 있는 수단을 수용하지 않는 이유이기도 하다. 양성 생식을 하는 거의 대부분의 종이 그러하듯, 부양 투자가 낮은 종의 암컷은 서로 크게 경쟁할 필요가 없다. 설사 수십 마리의 암컷이 유전적으로 탁월한 한 마리의 수컷을 맘에 두고 있다고 하더라도, 수컷은 암컷들의 요구에 기꺼이 부응할 수 있다. 이 경우 교접 또한 그리 오래 걸리지 않는다. 그러나 인간과 같이 부양 투자가 큰 종들에 있어서 암컷의 목적은 이상적인 짝을 독점하는 것이다.

즉 그의 사회적 물질적 재원이 자신의 후손을 위해 쓰이도록 조정하는 것이다. 이 경우 다른 암컷과의 경쟁은 불가피하게 된다. 다시 말해 수컷의 높은 부양 투자는 성 선택이 두 방향에서 동시에 일어나도록 조장한다. 수컷들은 진귀한 암컷의 알을 차지하기 위해 경쟁하도록 진화하였고, 암컷들은 희귀한 수컷의 투자를 확보하기 위해 서로 경쟁하도록 진화하게 된 것이다.

물론 성 선택은 여자들 사이에서보다는 남자들 사이에서 더욱 강렬하게 벌어진다. 그리고 그 결과 성 선택은 남자들과 여자들에게 서로 다른 종류의 특징을 지니도록 만들었다. 남자가 여자에게 성적으로 접촉하기 위해 하는 행동과 여자가 남자로부터 투자를 이끌어 내기 위해 하는 행동이 다르기 때문이다. (가장 두드러진 예를 들자면, 여자들은 남자와 달리 서로 물리적인 힘을 가지고 싸움하도록 설계되어 있지 않다.) 그러나 요점은 각각의 성이 다른 성으로부터 얻고자 하는 것을 취하기 위해 해야 하는 것이 무엇이든지 간에 남성과 여성 모두가 강한 열정을 가지고 해야 한다는 것이다. 부양 투자가 큰 종에 속한 여성이 수동적이거나 순박할 수는 없는 일이다. 그들은 종종 서로에게 타고난 적일 수밖에 없는 것이 현실이다.

남자는 무엇을 원하는가?

부양 투자가 높은 종의 남성이 배우자를 찾는 데 있어 선택적이라고 하는 말은 오해의 소지가 있다. 그러나 적어도 이론적인 관점에서 보자면 남성들은 선택을 중요하게 여긴다. 한편으로, 남성들은 부양 투자가 적은 종의 수컷과 마찬가지로, 기회가 주어지기만 한다면 치마를 두른 것이면 가리지 않고 섹스를 한다. 그러나 다른 한편으로, 장기간의 사업을 같이 할 여성을 구하는 시점에 이르게 되면 남성이라 할지라도 신중하지 않을 수 없다. 남성들도 한평생 동안 벌일 수 있는 사업의 수는 한정되어 있기 마련이다. 따라서 배우자가 사업에 들여올 유전자, 예를 들어 강건함, 지능 등의 유전자는 면밀히 검토할 가치가 있는 것이다.

이러한 차이는 남녀 모두에게 자신이 '데이트' 할 용의가 있는 상대가 갖추어야 하는 최소한의 지능에 대해 물은 연구에 잘 나타나 있다. 평균적인 응답은 남녀 모두에게 있어 평균적인 지능이었다. 그러나 자신과 성적인 관계를 맺기 위해서 배우자가 갖추어야 하는 지능에 대해 물었을 경우 대답은 사뭇 달랐다. 여성은 "오, 그 경우에는 물론 보통보다 훨씬 더 나아야겠죠."라고 대답한 반면, 남성은 "오, 그 경우라면 평균보다 훨씬 낮은 것도 괜찮죠."라고 답했다.[15]

이 경우를 제외하고는 남녀의 대답은 거의 대동소이했다. 남녀 모두 지속적으로 데이트할 상대는 보통보다 많이 똑똑해야 한다고 말했으며, 결혼할 배우자는 그보다도 더 현명해야 한다고 답했다. 1990년에 발표된 이 결과는 1972년 트리버스가 부양 투자에 대해 쓴 논문에서 예측한 바를 확증해 주었다. 이 논문에서 트리버스는 "부양 투자가 큰 종에서는 단지 수태만 시킬 암컷과 새끼를 같이 양육할 암컷을 차별하는 수컷이 선택될 것이다."라고 말했다. "전자에 대해 수컷은 섹스에 보다 적극적이며 섹스 파트너의 선택에 있어 까다롭지 않다. 그러나 후자에 대해서는 암컷이 수컷을 고를 때만큼이나 까다로워야 한다."라고 썼다.[16]

트리버스가 인식하고 있었듯이, 차별의 정도는 아니라 할지라도 그 본질은 암컷과 수컷에 있어 다를 수밖에 없다. 비록 암수 모두가 일반적인 유전적 적절성을 모두 추구한다고 말할 수 있으나, 여타의 영역에 있어서는 서로 다른 취향을 나타낼 것이다. 여자가 재원을 제공할 수 있는 남자의 능력에 초점을 맞출 특별한 이유를 갖고 있는 것과 마찬가지로 남자도 아이를 낳을 수 있는 능력에 초점을 맞추어야 하는 특별한 이유가 있다. 다시 말해, 남자는 다른 어떤 것보다도 배우자감의 나이에 신경을 쓴다는 것을 의미한다. 왜냐하면 여성의 번식력은 폐경기가 되어 급격히 감퇴하기까지 점차 감소하기 때문이다. 따라서 폐경기가 지난 평범한 여성이 보통의 남성에게 성적으로 매력적일 수 있다는 것은 거의 상상할 수 없는 일이다. (브로니슬라프 말리노프스키에 따르면 트로브리안드 섬 사람들은 나이가 든 여성과의 섹스를 '무례하고, 어의없고, 추악한' 행위라고 간주했다.)[17] 사실 지속적인 남녀 관계를 고려할 경우 폐경기가 아니라고 해도 나이는 중요한 고려 사항이다. 여자는 젊으면 젊을수록 더 많은 아이를 낳을 수 있다. 버스가 조사한 37개의 문화권 모두에서 남성들은 젊은 여성을 선호했다. (반면 여성은 나이가 많은 남성을 선호했다.)

여자 배우자감에 있어 젊음이 차지하는 비중은 무엇 때문에 남성들이 배우자의 육체적인 매력에 그토록 신경을 쓰는지 설명해 줄 수 있을지도 모른다. (이 같은 관심 또한 버스가 조사한 37개 문화권 모두에서 공통적으로 나타났다.) 포괄적인 의미에서의 '미인'은 커다란 눈과 작은 코를 가지고 있다. (물론 이 같은 이미지는 겉으로 보기에는 매우 다양한 남자들의 상이한 취향을 함께 합쳐 조합한 연구의 결과이다.) 이는 여성의 눈이 나이가 듦에 따라 점차 작아보이는 반면, 코는 점차 커져 보이기 때문이다. 결국 '미'의 구성 요소는 동시에 젊음의 상징이자 번식력의 징표임을 알 수 있다. 한편 여자들은 생김새에 더 너그러울 수 있다.[18] 왜냐하면 늙어 보이는 남성은 그렇게 보이는 여성과 달리 번식력이 충분할 수 있기 때문이다.

여성은 의식적으로든 무의식적으로든 다른 여러 요소에 대해 걱정해야 하기 때문에 남성의 외모에 대해 상대적으로 무관심할 수 있는 것처럼 보인다. 예컨대 여성은 남성이 아이들을 잘 돌볼 것인지를 염려해야 한다. 사람들이 아름다운 여인과 못생긴 남자가 함께 있는 것을 보게 되면 통상 남성이 부자이거나 지위가 높을 것이라고 추측하는 것도 이 때문이다. 실제로 학자들은 사람들이 이같이 생각하는지를 검토했고 그 결과는 예측한 것과 마찬가지라고 밝혀졌다.[19]

성품을 가늠하는 문제, 즉 배우자가 신뢰할 만한가를 판단하는 문제에 봉착했을 때 역시 남성의 인식은 여성의 그것과 차이를 보인다. 왜냐하면 남성의 유전자를 위협하는 변절 행위는 여성의 유전자를 위협하는 그것과 다르기 때문이다. 여성의 입장에서 본능적인 공포는 배우자가 투자를 회수하는 것인 반면, 남성의 입장에서 본능적인 공포는 투자를 잘못하는 것이다. 남의 자식에게 애쓰는 남자의 유전자가 오래 살아남을 가능성은 크지 않다. 1972년 트리버스는 남성의 부양 투자가 높고 체내 수태를 하는 종에게는 "암컷이 낳은 자손이 또한 자신의 자손이라는 사실을 보장할 수 있는 적응 방식이 진화할 것이다."라고 지적했다.[20]

이 같은 얘기들은 대단히 이론적이라는 느낌이 들 것이다. 사실 그러하다. 그러나 이 이론은 남성의 사랑이 종종 정교하게 고안된 자기 기만에 지나지 않는다는 이론과는 달리 언제든지 시험 가능한 것이다. 남성은 배우자의 간통에 대응하는 기술을 선천적으로 갖추게 되었을 것이라는 트리버스의 제언이 있은 수년 후 데일리와 윌슨은 그러한 기제의 일부를 발견했다. 그들은 만약 실제로 남성에게 가장 큰 진화적 위험은 배우자의 간통이고 여성의 위험은 버림받는 것이라고 한다면 남성과 여성의 질투는 서로 다를 수밖에 없음을 인식했다.[21] 남성의 질투는 성적 부정에 맞추어져야 마땅하며 그에 따라 그 같은 행위에 대해 전혀 관대할 수 없어야 한다. 반면 여성은 비록 배우자의 외도가 그의 시간과 재원을 다른 곳에 쓰게 만든다는 점에서 그것을 찬양하지는 않는다고 할지라도 심정적인 부정을 더 염려하는 것이 마땅하다. 여성은 궁극적으로는 보다 큰 재원의 유용을 초래할지도 모를 배우자의 정신적인 외도를 염려해야 한다.

이와 같은 예측은 영겁에 걸친 통속적 지혜와 최근 수십 년간 집적된 상당한 정도의 데이터로 확증되고 있다. 남자를 미치게 만드는 것은 자신의 배우자가 다른 남자와 함께 침대에 누워 있다는 생각이다. 그들은 여자만큼 그러한 애정 행각에 따르는 심정적인 애착이나 배우자의 시간 또는 관심을 잃게 된다는 가능성에 괘념하지 않는다. 반면 아내들은 남편의 부정 행위가 전적으로 성적인 경우, 충격적인 사실로 받아들이고 그에 대해 엄하게 대응하지만, 길게 보면 그 결과는 종종 자기 개발의 형태로 나타난다. 체중을 줄이고, 화장을 하는 행위를 통해 '다시 그를 내 것으로 만든다.'는 전략을 택한다. 이에 비해 남편은 배우자의 부정 행위에 대해 격노하기 마련이다. 그리고 분노가 사그러진 후에도 남자들은 종종 이단자와 지속적인 관계를 유지할 수 없게 된다.[22]

데일리와 윌슨은 예전의 문헌과 기록을 살펴본 결과, 부모의 부양 투자 이론이 등장해 이러한 유형을 설명하기 이전에도 일부 심리학자들이 이러한 현상을 강조하지는 않았지만 기록했다는 사실을 발견했다. 그러나 이제 진화심리학자들은 이 같은 유형을 새롭고도 구체적으로 규명했다. 데이비드 버스는 남녀에 전극을 연결하고 그들로 하여금 자신들의 배우자가 여러 가지 속상하는 행위를 저지르고 있다고 상상하도록 했다. 남자들이 배우자의 성적 부정 행위를 상상하는 경우 통상 그들의 심장 박동수는 세 컵의 커피를 잇달아 마신 경우만큼이나 상승하였다. 그들은 땀을 흘렸고 인상은 험악하게 일그러졌다. 반면 다른 남자에 대해 배우자가 애정을 갖기 시작하는 경우를 상상하도록 하자 그들은 평상시와 같지는 않더라도 상당히 안정해 하는 모습을 보였다. 여성의 경우에는 상황이 역전된다. 배우자가 다른 여성에 대해 애정을 갖는 경우를 상상하도록 하자. 다시 말해 추가적인 성적 행위가 아니라 단지 전도된 애정을 상상하도록 하자. 그들은 보다 큰 생리학적 고통을 갖는 것이 관찰되었다.[23]

남성의 질투 근저에 있는 논리는 예전과 같지 않다. 오늘날에 들어서는 적어도 간통을 하는 여인 중 일부는 피임 도구를 사용하며, 그 결과 자신의 남편으로 하여금 다른 남자의 유전자를 20여 년간 돌보는 바보짓을 하도록 만들지 않는다. 그러나 그와 같은 논리의 약화가 곧 질투의 약화를 가져오지는 않는 듯하다. 보통의 남편의 경우 자신의 아내가 테니스 코치와 교접하기 전에 피임 기구를 집어 넣었다는 사실에 별로 큰 위안을 받지 못한다.

논리보다 오랜 동안 지속하는 적응 기제의 대표적인 예로서 단 것을 좋아하는 성향을 들 수 있다. 우리 인간은 과일은 있었지만 사탕은 존재하지 않았던 환경에 적합하도록 단것을 좋아하는 성향을 가지게 되었다. 그러나 이제 단것을 좋아하는 성향이 비만을 가져옴에 따라 사람들은 자신들의 갈망을 통제해야 하는 처지에 이르게 되었다. 그러나 사람들의 통제 방식은 대체로 간접적이며 그것을 쉽게 할 수 있는 사람은 그리 많지 않다. 단것이 맛있다는 원초적인 느낌은 거의 바꿀 수 없는 것이기 때문이다. (말하자면, 단맛과 고통스러운 따가움을 계속해서 함께 겪도록 하지 않는 경우 이외에는 거의 불가능하다.) 마찬가지로, 질투를 향한 기본적인 충동 역시 지워 버리기가 대단히 어렵다. 그러나 그럼에도 불구하고 많은 사람들이 이 같은 충동을 어느 정도 통제할 수 있는 능력을 배양했다. 이에 더해 사람들은 수감과 같이 충분히 강력한 이유가 주어진 경우 폭력과 같은 그 같은 충동을 나타내는 방식을 통제하는 능력도 계발해 낸 듯하다.

여자가 원하는 그 밖의 것

아내의 간통이 남편의 마음에 미치는 중대한 영향에 대해 더 깊이 논의하기 전에 도대체 왜 그러한 것이 존재하게 되었는지 따져 보자. 왜 여자는 남자를 속이려 드는가? 만약 그렇게 하는 것이 자손의 수를 증가시키지 않는다면, 그리고 더구나 그렇게 함으로써 남편의 분노를 일으키고, 궁극적으로는 그의 투자를 송두리째 상실할 위험이 있다면, 과연 왜 그러한지 의아해 하지 않을 수 없다. 그와 같은 도박을 정당화할 수 있는 보상은 무엇인가? 아마도 이러한 의문에 대해서는 독자들이 상상할 수 있는 것보다 훨씬 더 많은 대답이 가능하다고 본다.

우선 첫째로 생물학자들이 '자원의 추출(resource extraction)'이라고 부르는 것을 들 수 있다. 만약 인간의 여성이 초파리 암컷과 같이 성행위의 대가로 선물을 얻을 수 있다면 보다 많은 섹스 파트너는 더 많은 선물을 보장해 준다. 우리와 가장 가까운 영장류들은 이와 같은 원리에 따라 행동한다. 보노보 암컷은 종종 고기 한 덩이를 얻으려고 섹스를 제공한다. 보통 침팬지 가운데서도 섹스의 대가로 음식을 제공하는 경우를 볼 수 있다. 침팬지 수컷은 암컷이 배란기에 들어서 음순이 선홍빛으로 부풀어 오르면 기꺼이 음식을 제공한다.[24]

물론 인간의 경우 여성은 자신의 배란을 광고하지 않는다. 한 이론에 따르면, 이와 같이 '비밀스러운 배란'은 여성들이 자원을 추출해 낼 수 있는 기간을 연장시키도록 고안된 장치의 일종이다. 즉 남성들은 배란기 전이나 후에도 섹스를 대가로 여성들에게 아낌없이 선물함으로써 자신들의 행위가 부질없음을 깨닫지 못한 채 자족해 한다는 것이다. 부시먼 수렵 채집 마을의 여성인 니사는 인류학자에게 섹스 파트너를 여럿 둠으로써 누릴 수 있는 물질적인 보상에 대해 솔직하게 얘기해 주었다.

"한 남자가 줄 수 있는 것은 매우 적다. 한 사람은 겨우 먹을 것 한 가지를 줄 뿐이다. 그러나 연인이 많다면 한 사람은 어떤 한 가지를 다른 사람은 그 밖의 다른 것을 제공한다. 밤이 되면 어떤 이는 고기를, 어떤 이는 돈을, 어떤 이는 구슬 목걸이를 갖고 온다. 물론 남편도 일과 선물을 제공해 준다."[25]

여성이 하나 이상의 남자들과 교접을 하는 또 다른 이유는 (이것도 비밀스러운 배란이 가져다 주는 이득 중 하나인데) 그렇게 함으로써 남자들 여럿에게 그들이 특정한 아이의 아버지일지도 모른다는 인상을 남길 수 있기 때문이다. 영장류에게 있어 수컷이 어린 것에 대해 보이는 애정은 전자가 후자의 애비일 가능성과 대체로 상응한다. 거의 왕과 같은 성적 지위를 누리는 지배적 위치의 수컷 고릴라는 자기 집단에 속한 어린 것들이 자신의 새끼임을 확신한다. 그래서 비록 사람의 아버지와 같은 정도는 아니지만 그들은 어린 것을 돌보는 데 있어 매우 관대하며 믿을 수 있을 만큼 보호적이다. 반면 그 반대의 극적인 경우로서 랑구르원숭이 수컷은 다른 수컷이 낳은 유아를 살해한다. 그렇게 함으로써 자신이 그 유아의 어미인 암컷과 짝 지을 수 있는 정지 작업을 해 놓을 수 있기 때문이다.[26] 즉 암컷의 수유를 단번에 중지시킴으로써 그녀로 하여금 다시 배란을 시작할 수 있도록 하고, 그녀의 에너지를 태어날 자기 자손에게 쏟도록 한다. 이보다 더 나은 방법은 없다.

랑구르원숭이의 도덕성에 대해 성급하게 비난을 퍼부으려는 사람이 있다면, 우선 수많은 인류 사회에서도 간통으로 낳았을 경우 유아 살해를 용인해 왔다는 사실에 주목하자. 과거가 있는 여자와 결혼할 경우 혼전의 아이들을 죽여야 한다고 남자들이 요구하는 것으로 알려져 있는 사회가 적어도 둘 이상 존재한다.[27] 그리고 파라과이의 수렵 채집 종족인 아체 족 가운데 일부는 새로 태어난 아이가 아버지가 없는 경우 마을의 남자들이 유아 살해를 공동으로 결정하기도 한다. 비록 살해당하지 않는다고 해도 정성껏 돌보는 아버지가 없는 아이의 인생은 몹시 고달프기 십상이다. 생부가 죽은 후 계부가 양육한 아체 족의 아이는 부모 모두가 살아 함께 기른 아이에 비해 열다섯 살이 되도록 자라날 확률이 50퍼센트에 지나지 않는다.[28] 그렇기에 선사 시대에 살았던 여자가 복수의 섹스 파트너를 가짐으로써 누릴 수 있는 혜택은 그들로 하여금 자신의 자식을 죽이지 않도록 하는 것에서부터 어린 것을 보호하고 양육하는 것에 이르기까지 다양했다고 볼 수 있다.

이와 같은 원리는 섹스 파트너가 의식적으로 그것에 대해 머리를 짜고민하는 것을 전제하지 않는다. 고릴라와 랑구르원숭이 수컷은 말리노프스키가 기술한 트로브리안드 섬 사람들처럼 생물학적인 부계에 대해 의식하지 못한다. 그러나 여전히 이들 세 경우 모두에게 있어 수컷의 행동은 암묵적으로 이를 인지하고 있음을 반영한다. 수컷으로 하여금 무의식적으로나마 어린 것 중 어떤 녀석이 자신의 유전자를 보유하고 있는지에 민감하도록 만드는 유전자가 번성해 왔음이 틀림없다. 말하자면 "그 녀석의 엄마와 상당히 많은 성적 관계를 가진 경우 그 녀석에게 친절하게 굴어라."라고 말하는, 적어도 그렇게 속삭이는 유전자가 "그 녀석이 태어나기 수개월 전 그 녀석의 엄마와 규칙적인 성적 관계를 가졌다고 하더라도 그 녀석으로부터 먹을 것을 훔쳐라."라고 말하는 유전자보다 훨씬 더 번성할 것은 뻔한 일이다.

암컷의 유란성에 대한 이 같은 이론은 '혼란의 씨앗' 이론이라고 불리는데, 인류학자 세라 블래퍼 하디(Sarah Blaffer Hrdy)가 옹호했던 이론이다. 하디는 그녀 자신을 페미니스트 사회생물학자라고 주장해 왔음에 비추어 볼 때, 그녀가 유인원 암컷을 '경쟁력이 크고, 성적으로도 단호한 존재'[29]라고 했던 데는 과학적 관심 이상의 동기가 있었는지도 모르겠다. 그렇다면 남성 다윈주의자들은 수컷들이 일생 동안 성적인 관계를 맺는다고 주장하며 스릴을 느낄 수도 있을 것이다. 하지만 과학 이론들이란 다양한 근원으로부터 생겨나기 마련이다. 그 끝에서 거쳐야 할 단 하나의 질문은 과연 그 이론들이 제대로 기능하는가 하는 점일 뿐이다.

암컷의 음란성에 대한 이런 이론들(자원 추출과 혼란의 씨앗 이론들)은 둘 다 원칙적으로는 기혼 여성뿐만 아니라 독신 여성에게도 적용될 수 있다. 사실 두 이론 모두 부양 투자를 거의 또는 전혀 하지 않는 종에 대해서 의미가 있으며, 그러므로 침팬지 암컷들과 보노보의 극단적인 음란성을 설명하는 데 도움을 줄 수 있을 것이다. 그러나 부양 투자와 관련된 역학으로부터 도출되며, 따라서 특히 아내들에게 잘 적용되는 제3의 이론이 존재한다. 그 이론은 '두 세계에서의 최선' 이론이다.

부양 투자가 높은 종의 경우에 암컷은 양질의 유전자와 지속적이고 많은 투자를 추구한다. 암컷은 수컷 하나에서는 이 둘을 동시에 찾지 못할 수도 있다. 이에 대한 한 가지 해결책은 헌신적이지만 특별히 건장하거나 영리하지 못한 수컷을 속여서 다른 수컷의 새끼를 양육하게 만드는 것이다. 여기서도 비밀스런 배란이 장점으로 작용한다. 이런 배란이 기만적으로 수컷이 새끼에 투자하도록 유도하기 때문이다. 만일 암컷의 가임 시기를 쉽게 알아차릴 수 있다면, 수컷은 자신의 짝이 남의 자식을 임신하는 것을 쉽게 막을 수 있다. 그러나 그 암컷이 연중 똑같이 임신 가능한 것으로 보인다면, 이렇게 감독하는 일이 쉽지만은 않을 것이다. 만일 암컷의 목적이 어떤 수컷으로부터는 새끼에 대한 투자를 얻어내고 다른 수컷으로부터는 유전자를 얻어내는 것이라면 상황은 정확히 암컷이 의도하는 바가 된다.[30] 물론 그 암컷이 의식적으로 이런 목적을 원하는 것은 아닐지 모른다. 그리고 그녀는 배란 중임을 의식하지 못할 수도 있다. 그러나 어느 정도 그녀는 정해진 길을 가고 있는 것이다.

이렇게 잠재의식적인 계책을 상정하는 이론이 지나치게 교묘해 보일지 모른다. 특히 자연 선택의 냉소적인 논리에 젖어 있는 사람들에게는 더욱 그렇다. 그러나 여성들이 배란을 전후해서는 성적으로 더 적극성을 띠게 됨을 보여 주는 증거들이 있다.[31] 독신자용 주점에 드나드는 여성들이 배란기에 접어들 즈음이 되면 보석들을 더 많이 걸치고 화장을 더 진하게 한다는 사실을 보여 주는 연구 사례가 두 개 있다.[32] 이런 치장들은 마치 침팬지들의 음순이 선홍빛으로 부풀어 오르는 것처럼 광고 효과를 발휘해 여러 남성들이 그 여성을 선택하도록 매혹한다. 그리고 이렇게 우아하게 차려 입은 여성들은 기실 그날 밤 내내 남성들과 신체적 접촉을 더 많이 하는 경향을 보인다.

영국의 생물학자 로빈 베이커(R. Robin Baker)와 마크 벨리스(Mark Bellis)가 행한 또 다른 연구에 따르면, 여성들은 배란을 전후한 시기에 배우자를 속일 가능성이 더욱 높다. 이 점은 그 여성들이 불륜의 상대방으로부터 원했던 바가 자원뿐만 아니라 유전자였음을 암시한다.[33]

여성들이 자신들의 배우자들을 속이는 (또는 생물학자들이 가치중립적으로 표현하듯 가외의 짝과 성교를 하는) 이유가 무엇이든지 간에, 여성들이 그렇게 한다는 사실 자체에는 의문의 여지가 없다. 어떤 도시에 거주하는 주민들의 혈액을 검사한 결과 아이 넷 중 하나 이상이 호적상 아버지의 자식이 아니었다. 조상의 환경과 유사한 부시먼 마을처럼 사람들의 관계가 너무 친밀해 은밀한 불륜이 어려웠던 지역에서조차 아이 쉰 명에 하나꼴로 아버지를 잘못 알고 있음이 밝혀졌다.[34] 그만큼 여성의 부정은 유래가 깊은 것이다.

사실 인류에게 그런 부정이 기나긴 세월 동안 지속되어 온 삶의 일부분이 아니었다면 광적 질투라는 남성의 특질이 어떻게 진화할 수 있었겠는가? 한편으로 남성들이 그들의 배우자로부터 얻은 자식들에게 투자를 많이 하는 경우가 흔하디 흔한 것을 보면 오쟁이 진 남편이 많지는 않았던 듯싶다. 만일 그랬다면 자식에게 투자를 부추기는 유전자는 오래전에 종말을 고했을 것이다.[35] 남자의 마음이란 과거 여성들의 행동이 어떻게 진화해 왔나에 대한 기록이며, 그 역도 마찬가지다.

'심리학적' 기록이 지나치게 모호해 보인다면, 생리학적 자료들을 좀 더 살펴보기로 하자. 수컷의 고환, 좀 더 정확하게 수컷의 평균 체중에서 고환이 차지하는 무게를 보자. 체중에 비해 고환의 무게가 많이 나가는 침팬지나 여타의 종들은 암컷이 몹시도 문란해 여러 수컷과 짝짓기를 한다.[36] 반면 체중에 비해 고환의 무게가 적게 나가는 종들은 일부일처제나(가령 긴팔원숭이) 수컷 한 마리가 여러 가족들을 독점하는 일부다처제(고릴라)의 관계를 맺는다. (중혼제는 일부다처제보다는 일반적인 용어로, 수컷 또는 암컷이 둘 이상의 짝을 가지는 모든 경우를 지칭한다.) 이런 관계에 대해서는 간단히 해명할 수 있다. 일반적으로 암컷들이 수컷들 여럿과 짝짓기를 한다면, 수컷의 유전자는 자신을 전달하기 위해 정자를 더 많이 생산해야만 유리한 고지를 점할 수 있다. 달랑 하나뿐인 난자에게 어떤 수컷이 자신의 정자를 수정시키는가 하는 것은 순전히 정액 부피의 문제가 되며, 그런 상황에서 서로 경쟁하는 수많은 정자들은 여성의 몸 속에서 보이지 않는 사투를 벌이는 것이다. 그래서 어떤 종의 고환들은 세대를 거쳐오면서 그 종의 암컷들이 벌인 성적 모험을 기록하고 있다. 인간의 체중에 대한 고환의 비율은 침팬지보다는 작고 고릴라보다는 큰 편이다. 이 사실은 여성들이 침팬지 암컷들만큼은 아니더라도 천성적으로 다소 모험적임을 암시한다.

모험적이라고 해서 정숙하지 않다는 말은 아니다. 아마도 조상의 환경에서 여성들은 헌신적인 일부일처제 시기뿐 아니라 속박받지 않고 거친 생활을 했던, 즉 꽤 무거운 고환을 가진 남성들이 유리했던 시기도 거쳤을 것이다. 물론 그렇지 않았을 수도 있다. 여성의 불륜에 대해 더 신뢰할 만한 기록이 정자의 다양한 점도이다. 여러분은 남편의 1회 사출량에 들어 있는 정자의 수가 오직 그가 마지막으로 섹스를 한 지 얼마나 되었는가에만 달려 있다고 생각할 것이다. 하지만 그 생각은 틀렸다. 베이커와 벨리스의 연구에 따르면, 정자의 양은 그의 배우자가 최근 얼마나 오랫동안 그의 시야에서 벗어났는지에 크게 의존한다.[37] 어떤 여성이 다른 남성들로부터 정자를 받을 기회가 많으면 많을수록, 그 여성의 배우자는 더욱더 많은 정액을 주입할 것이다. 우리는 다시 한번 자연 선택이 그와 같은 교활한 무기를 디자인했다는 사실로부터 그런 무기를 가지고 싸워야 했던 무엇인가가 있었음을 깨닫게 된다.

또 그것은 격렬한 질투에서부터 일부 남자들이 자신의 배우자가 다른 남자와 함께 침대에 있다는 생각을 할 때 성적으로 흥분되는 것과 같은 일견 역설적으로 보이는 경향에 이르기까지 자연 선택이 똑같이 교활한 심리학적 무기들을 디자인할 수 있었다는 사실에 대한 증거이기도 하다. 혹은 더 일반적으로 표현해서 남자들은 여자들을 소유물로 여기려 한다는 것이다. 윌슨과 데일리는 1992년 「아내를 재산으로 착각하는 남성」이란 논문에서 "남성들은 새들이 사납게 지저귀며 영역 주장을 할 때나, 사자들이 사냥감을 제 것이라고 우길 때, 또는 남성이든 여성이든 귀중품을 독차지하려 할 때처럼 특정한 여성을 자신의 것이라고 주장한다. 남자가 여자에 대해 품고 있는 관심을 '소유적'이라고 말하는 것은 단순한 비유 이상의 의미가 있다. 남자는 결혼과 사업의 영역 모두에서 똑같은 심적 알고리듬을 활성화시키는 것이다."[38]라고 썼다.

이런 사실로부터 나올 수 있는 이론적 결과는 또 다른 진화론적 무기 경쟁이다. 남자들이 여자의 외도에 적응해 나갈수록, 여자들은 남자들에게 그들을 경외할 정도로 사모하며 자신들이 성녀처럼 정숙하다는 사실을 설득시켜야 한다. 그리고 어느 정도는 여자들 자신도 그렇게 믿고 있을지 모른다. 사실 불륜이 발각되었을 때의 불행(오쟁이 진 남편이 가족을 유기하거나 폭행을 할 가능성)을 생각해 보면 여성은 능숙하게 자기 자신을 속일 수 있다. 기혼 여성은 무심코 기회를 따라 들어가 열정을 불사를 수도 있지만 그녀는 대개 습관적으로 섹스에 빠져들지 않도록 적응한다.

성녀와 창녀 이분법

외도를 막는 기교들은 남성에게 배우자가 있을 때뿐 아니라, 배우자를 선택할 때도 편리하게 활용될 수 있다. 선택 가능한 여성들의 문란한 정도가 제각각 다르며, 문란한 여성들일수록 무책임한 아내가 될 가능성이 더 많다면 이에 따라 자연 선택은 남성을 분별력 있게 만들 것이다. 음란한 여성들을 단기적인 섹스 상대로서는 받아들일 수 있다. 사실 어떤 면에서는 이런 여성들이 더 선호되는 수도 있다. 그러나 이런 여성들은 아내감으로서는 탐탁치 않을 수 있기 때문에 남성들은 어버이로서 투자를 해도 좋을지 미심쩍어 한다.

부지불식간에 남자들이 이런 논리를 따르도록 만드는 감정적 기제(매혹과 혐오의 복합체)는 무엇이었을까? 도널드 시먼스는 유명한 성녀와 창녀 이분법에 주목했다. 이것은 두 부류의 여자들, 즉 한 부류는 남자들이 존중하는 여자들, 또 한 부류는 단지 같이 잘 뿐인 여자들로 생각하려는 경향을 말한다.[39]

우리는 구애를 무엇보다 여성을 이 두 범주 중 하나에 위치시키는 과정으로 상정할 수 있다. 이 과정은 대략 다음과 같이 진행된다. 당신이 투자를 하기에 유전적으로 적합해 보이는 여성을 찾으면 먼저 그녀와 많은 시간을 같이 보내도록 한다. 만일 그 여자가 당신에게 꽤 큰 호감을 갖고 있는 듯하지만 성적으로는 관망을 하고 있다면 그녀와의 관계를 지속해 나가도록 한다. 그녀가 이내 섹스에 열의를 보인다면, 아무튼 그녀를 차지하도록 해라. 그러나 섹스가 그토록 쉽게 이루어진다면, 당신은 태도를 투자에서 착취로 바꾸고 싶어 할 것이다. 그녀가 섹스에 보인 열의는 당신이 그녀를 언제든지 쉽게 유혹할 수 있음을 뜻한다. 그것은 양처로서는 바람직한 특질이 아니다.

어떤 여자가 성적으로 열의를 보인다고 해서 그녀를 늘 쉽게 유혹할 수 있다는 뜻은 아니다. 아마 그녀는 이 남자에게서 저항할 수 없는 매력을 보았는지도 모른다. 그러나 여성이 남성에게 빠져드는 속도와 나중에 그 여성이 남성을 속일 개연성 사이에 어떤 일반적인 상관관계가 존재한다면, 그 속도는 유전적으로 중요한 의미를 보이는 결과에 대한 통계적 단서를 준다. 인간 행동의 복잡다단함과 예측 불가능성을 자주 접하다 보면 자연 선택은 조금이나마 더 가능성 있는 쪽을 택하려 한다.

이런 전략에 사소하게나마 무례함이 가미된다고 보자. 사실 남성은 애초에 섹스를 채근하면서도 결과적으로 그 섹스를 핑계로 그 여성을 지탄할 수도 있다. 여러분이 투자하게 될 아이를 낳은 여성에게 그토록 중요한 자기 절제라는 성격을 점검하는 데 있어서 이보다 더 나은 방법이 있을 수 있겠는가? 그리고 자기 절제가 정절로 나타난다면 그런 여성에게로 옮겨가기 전에 젊은 혈기를 발산시키는 데 이보다 더 빠른 어떤 길이 있을 수 있을까?

여성에 대한 이런 이분법이 극단적이고 병리적인 형태(성녀와 창녀 콤플렉스)를 취하면, 남성은 그토록이나 신성해 보이는 그의 아내와 섹스를 할 수 없게 된다. 자연 선택이 이 정도로 극단적인 숭배를 좋아하지 않았음은 분명하다. 그러나 좀 더 자주 접할 수 있는 온당한 성녀와 창녀 이분법은 효과적으로 적응했다는 표시이다. 이런 이분법 때문에 남성들은 자신이 투자하고자 하는 정숙한 여성들에게 숭배에 가까운 헌신을 쏟아 붓도록 하는데, 이런 헌신은 이 여성들이 섹스를 허락하기 전에 요구하게 될 바로 그런 종류의 헌신이다. 그리고 이 때문에 남성들은 자신들이 투자하고 싶어 하지 않는 여성들을 경멸해도 좋은 범주에 넣음으로써 죄책감 없이 그들을 착취할 수 있다. 앞으로 살펴보게 되겠지만 이렇게 격하되고, 때로는 인간으로서 응당 지녀야 할 도덕감이 결여되었다고 간주하는 범주는 자연 선택이 가장 선호하는 도구이다. 특히 이것은 남녀 간에 벌어지는 싸움에 효과적으로 사용된다.

예절을 중시하는 집단에서, 남성들은 그들과 잠시 같이 잔 여성을 달리 생각하려 하지 않는다. 현명한 생각이다. 그들이 그녀를 유달리 생각한다고 인정하는 것은 윤리적으로 보수적인 것처럼 들릴 것이다. (당사자들이 그런 사실을 인정한다고 해도 다음 날 아침 그 여성을 여전히 존중하고 있다는 사실을 그녀에게 확신시키기는 어렵다. 물론 이렇게 확신시키는 것이 섹스에 도달하기 전의 과정에서는 중요하다.)

현대의 아내들이 수없이 증언했듯 구애 초기에 남자와 자는 것은 장기적인 관계에 먹구름을 드리운다. 남성이 어떤 여성의 정절에 대해서 내리는 (전반적으로 무의식적인) 판단에는 그녀의 평판, 그녀가 다른 남성들에게 어떻게 보이는가, 그녀가 어느 정도나 정직한가를 비롯해 온갖 요소들이 개입되어 있다. 아무튼 이론적인 차원에서 그치는 경우라도 남자의 마음이 처녀성을 투자에 대한 선결 조건으로 보도록 디자인되지는 않았을 것이다. 처녀를 아내로 맞을 기회는 사람마다, 문화권마다 다르다. 그리고 몇몇 수렵 채집 사회를 근거로 판단해 보면 조상들의 환경에서는 그런 확률이 몹시 낮았을 것이다. 아마 남성들은 그 환경 속에서 최선책을 찾을 수 있도록 디자인되었을 것이다. 빅토리아 시대의 점잖은 영국 사회에서는 남성들이 행여 처녀를 아내로 맞고자 고집을 부렸을 수도 있었겠지만, 사실 성녀와 창녀 이분법이라는 용어는 보다 유연한 심적 경향에는 잘못 붙여진 이름이다.[40]

그러나 이런 유연성에도 여전히 한계가 있다. 여성의 음란성이 어떤 한계를 넘어서면 남성의 부양 투자는 유전적 의미를 지닐 수 없게 된다. 어떤 여성이 매주 남자를 바꿔 자는 고질적인 버릇이 있다면, 설혹 그 사회의 여성들 모두 똑같은 행실을 보인다 해도 그녀가 적당한 배우자가 되지 못한다는 사실에는 변함이 없다. 이론적으로 남성들이 집중적인 부양 투자를 포기하고 가능한 한 많은 여성들과 성교하는 데 진력하게 될 것이다. 요컨대 그들은 침팬지처럼 행동할 것이다.

빅토리아적인 사모아 인들

성녀와 창녀 이분법은 하나의 일탈이며 서구 문화가 낳은 또 하나의 병리적 산물로 오랫동안 치부되어 왔다. 특히 빅토리아 인들은 유별나게 처녀성을 강조했고 부정한 섹스를 공공연히 경멸했다는 이유로 이런 병리현상에 자양분을 제공했거나, 심지어는 고안해 낸 데 책임이 있다는 평을 받는다. 만일 다윈 시대의 사람들만이라도 서구 밖의 성적으로 개방된 사회의 사람들이 그랬던 것처럼 섹스에 대해서 더 느슨한 태도를 취했다면, 지금의 모든 것들이 얼마나 달라졌을 것인가!

그런데 문제는 서구 밖의 그런 목가적인 사회들이 생각이 잘못된 몇몇 학계 사람들의 마음속에서만 존재해 보인다는 것이다. 그 전형적인 인물이 마거릿 미드(Margaret Mead)다. 그녀는 인간이라는 종은 가변적이어서 인간에게는 천성이라는 것이 거의 없다고 주장함으로써 다윈주의가 정치적으로 오용되는 데 저항했던 몇몇 두드러진 인류학자들 가운데 한 사람이었다. 미드의 유명한 저서 『사모아의 사춘기(Comming of Age in Samoa)』는 1928년 출간되자마자 커다란 반향을 불러일으켰다. 그녀는 계급 구조, 격한 경쟁, 온갖 종류의 쓸 데 없는 섹스에 관한 불안 등 서구 사회의 악덕들 중 태반이 없는 사회를 발견한 것처럼 보였다. 미드는, 여기 사모아에서는 여자들이 "가능한 한 여러 해를 애정 행각으로 보냄으로써" 결혼을 늦춘다고 썼다. "우리 문명과는 달리 이곳에서는 배타심, 질투, 정절"이라는 관념에 묶인 낭만적 사랑은 "찾아볼 수 없다."라는 것이다.[41] 얼마나 멋진 세계인가!

미드의 발견은 20세기 사유에 커다란 영향을 끼쳤다. 인간 천성에 관한 주장들은 늘 불안정하므로 그 요소들이 기본적으로 결여된 단 하나의 사회만 발견되어도 그 주장은 무너진다. 20세기 내내 이런 주장들은 으레 한 가지 질문을 거쳐야만 했다. "사모아에서는 어떤가?"

1983년에 인류학자인 데렉 프리먼(Derek Freeman)은 『마거릿 미드와 사모아: 인류학적 신화의 생성과 제거(Margaret Mead and Samoa: The Making and Unmaking of Anthropological Myth)』라는 제목을 가진 책을 한 권 출간했다. 프리먼은 근 6년간의 세월을 사모아에서 보냈다. (미드는 단 9개월을 사모아에서 보냈으며, 도착했을 때 그녀는 그곳 언어를 구사하지 못했다.) 또 그는 사모아가 서구 사회와 접촉해 바뀌기 이전 초기 역사에 대해서 들은 바가 많았다. 그의 책으로 인해 마거릿 미드는 심각한 혼동에 빠진 위대한 인류학자라는 평판을 얻게 되었다. 그는 미드를, 당시 유행하고 있었던 문화 결정주의에 빠져 사모아로 갔으며, 원주민들과 늘 어울려 살지 않았고, 일정에 맞춘 인터뷰 자료에 의존했고, 그녀를 짓궂게 속였던 사모아 여자들의 장단에 넘어갔던 스물세 살의 순진한 이상주의자로 묘사했다. 프리먼은 미드의 자료들(지위에 대한 경쟁심 결여, 사모아 청소년들의 순진하고도 단순한 행복 등)을 광범위하게 공격했지만, 여기에서 문제가 되는 것은 섹스다. 이곳에서는 질투와 남성의 소유욕이 부차적인 중요성밖에는 없다고 알려졌다. 남자들이 성녀와 창녀 이분법에 대해서 무심한 듯 보인다는 것이다.

사실 꼼꼼하게 조사해 보면, 미드의 발견들 하나하나는 그녀의 매끄럽게 공식화된 일반화보다는 좀 더 온건함을 알 수 있다. 그녀는 사모아의 남성들이 처녀를 정복하는 데 어떤 자부심을 느끼고 있음을 인정했다. 또 그녀는 각 부족에는 의례적인 처녀가 있음을 주목했다. 그러한 처녀는 대개 혈통이 좋은 추장의 딸로, 결혼하여 순결을 증명하는 처녀막을 손으로 파열해 피가 흐르도록 함으로써 처녀성을 접을 때까지 조심스럽게 보호된다. 그러나 미드는 이런 처녀는 규범이 되는 '자유롭고 용이한 테스트'에서 제외된 예외적인 경우라고 주장했다. 지위가 낮은 부모들은 딸들의 성적 실험에 개의치 않았다는 것이다.[42] 미드는 처녀성의 여부를 가리는 테스트가 이론적으로는 지위를 불문하고 모든 사람의 결혼에서 이루어져야 하는 것을 내심 인정하지만, 이런 예식은 쉽게 그리고 자주 무시된다고 보았다.

프리먼은 미드가 나지막한 목소리로 이야기했던 관찰들을 소리 높여 얘기하면서 그녀가 온전히 주목하지 못했던 바를 지적했다. 처녀의 가치가 결혼 적령기의 남성들에게는 대단히 큰 것이어서 지위를 불문하고 사춘기 소녀들을 오빠들이 감시했고, 행여 그녀가 처녀성에 흑심을 품었다고 의심되는 소년과 함께 있는 것을 보았을 경우, 오빠들은 그녀를 모질게 야단치거나 구타했다는 것이다. 의심을 받은 소년은 "분노에 못 이겨 폭행을 당하기가 십상이었다." 짝짓기 놀이에 서툰 젊은이는 간혹 밤에 숨어 들어가 강제로 처녀성을 뺏은 후, 그녀가 결혼을 받아들이지 않는다면 그녀의 타락을 폭로하겠다고 위협함으로써 배우자를 구했다. (그 경우 결혼은 처녀성 실험을 확실히 피할 수 있는 야반도주 형태로 일어났을 것이다.) 결혼식 당일 처녀가 아닌 것으로 밝혀진 여성은 대충 '창녀'에 해당하는 이름으로 불리며 비난을 받았다. 풍습에 따라 사모아에서는, 처녀성을 빼앗긴 여성을 "썰물에 노출된 빈 조개껍데기처럼 방종한 여자"로 묘사했다. 처녀성을 버리는 의식에서는 다음과 같은 노래가 불렸다. "다른 누구도 들어가지 못했네, 다른 누구도 들어가지 못했네. …… 그는 탁월하기에 첫 번째가 되었지, 첫 번째가 됨으로써 탁월하게 되었다네. 오, 그는 가장 탁월하다네!"[43] 이것들을 성적으로 해방된 문화의 징표라고 할 수는 없다.

미드가 사모아 인들에게는 없다고 믿었던 서구적 일탈들 가운데 일부가 있었음을 이제는 알 수 있다. 그중 어떤 것은 서구의 영향을 받아 본래의 모습을 잃었다. 프리먼은 선교사들이 처녀성의 여부를 좀 더 은밀히 가리도록 만들었음에 유념했다. 처녀성 검사는 집 안이나 장막 뒤에서 행해지게 되었다. 미드 자신이 쓴 바대로 예전에는 그 부족의 의례적 처녀가 결혼식 당일 처녀가 아닌 것으로 판명되면, 그녀의 여자 친족들이 그녀를 돌로 쳐 집안에 수치를 안겨 준 그 소녀의 외모를 망치고 때로는 치명적인 부상을 입혔다.[44]

미드가 서구적 기준으로 보면 없는 것이나 매한가지라고 강조한 사모아 인들의 질투도 역시 마찬가지였다. 서구인들도 질투를 누그러뜨릴 수 있었을 것이다. 미드는 불륜 중인 아내를 붙잡은 남편은 우호적인 분위기로 끝을 맺는 무해한 의식을 통해서 노여움을 풀 수 있다고 기록했다. 남성 간통자는 자신의 가족 중 남성들과 함께 피해자의 집 밖에 앉아 대가를 지불하며 용서를 빌었다. 화해는 모두가 저녁을 같이 하며 도끼를 묻음으로써 이루어졌다는 것이다. 물론 '예전에는' 모욕당한 남자가 친족들과 함께 앉아 있는 그들을 몽둥이로 죽일 수도 있었음을 미드는 알았다.[45]

물론 기독교의 영향을 받아 폭력이 줄어들었다는 사실은 인간이 가변적일 수 있다는 증거가 될 수도 있다. 하지만 그 가변성의 복잡한 인자들을 이해할 수만 있다면, 우리는 무엇이 핵심 경향이고 무엇이 변화를 일으키는 영향인지에 대해 명료히 알 수 있을 것이다. 미드는 거듭해서 20세기 중반의 문화 결정론자들과 함께 매사를 뒤로 돌리려고 했다.

다윈주의는 그 기록을 바로잡는 데 일조를 해 왔다. 새로운 세대의 다윈주의 인류학자들은 예전의 민족지학을 다듬고 새로운 분야의 연구들을 수행해, 과거의 인류학자들이 등한시했거나 간과했던 사실들을 발견하고 있다. '인간 본성'을 구성하는 여러 요소들이 속속들이 밝혀지고 있다. 좀 더 분명히 드러나는 것 중 하나가 성녀와 창녀라는 이분법이다. 사모아에서부터 망가이아, 남미의 아체 족의 땅에 이르기까지 여러 이국적인 문화에서 성적으로 극히 문란하다는 평을 받은 여성들을 남성들은 평생 함께할 배우자로서는 꺼림을 볼 수 있다.[46] 그리고 극동, 이슬람 국가, 유럽, 그리고 심지어 콜럼버스 이전 시대의 아메리카 민속 설화를 분석한 결과 좋은 여자와 나쁜 여자라는 양극성은 만성적으로 되풀이되는 이미지임이 드러났다.[47]

한편 심리학 실험을 통해 데이비드 버스는 남성들이 여성들을 단기적 배우자와 장기적 배우자로 이분한다는 증거를 발견했다. 음란함을 암시하는 신호들(아마도 짧은 치마나 공격적인 신체 언어)은 여성을 단기 배우자로는 매력적으로 만들지만 장기 배우자로서는 매력을 감소시킨다. 성적 경험이 없음을 나타내는 신호들은 반대 방식으로 작용한다.[48]

지금까지 성녀와 창녀 이분법에 최소한 어떤 내적 기반이 있다는 가설은 강력한 이론적 기대와, 철저하지는 않더라도 상당히 많은 인류학적, 심리학적 증거들에 의지하고 있다. 물론 세대를 거쳐오면서 경험 있는 어머니들은 딸들에게, 만일 남자가 그녀들을 그저 그런 류의 여자라고 볼 경우 어떤 일이 일어날 것인가를 경고해 왔다. 그 남자는 그런 여자를 더 이상 존중하지 않는다는 것이다.

빠른 여성들과 느린 여성들

성녀와 창녀라는 구분 사이에는 연속된 무수한 단계들이 있다. 실제 삶 속에서 여성들은 빠르지도 느리지도 않다. 그녀들은 정숙한 경우에서 매우 음란한 경우에 이르기까지 그 문란한 정도가 매우 다양하다. 그러므로 어떤 여성들은 이런 유형인데 다른 여성들은 무엇 때문에 저런 유형인가 하고 묻는 것은 의미가 없다. 그러나 여성들은 무엇 때문에 스펙트럼의 한쪽보다는 다른 쪽 끝에 더 가까운가, 즉 여성들은 무엇 때문에 일반적으로 성적 수줍음의 정도에 있어서 차이를 보이는가 하고 묻는 것에는 의미가 있다. 그리고 그 문제에서 남성의 경우는 어떤가? 어떤 남성들은 무엇 때문에 흔들리지 않고 일부일처제를 고수하는 반면, 다른 이들은 그런 이상으로부터 다양한 정도로 멀어지게 되는가? 성녀와 창녀, 고결한 아버지와 난봉꾼 사이의 이 차이는 그 유전자 안에 있는 것인가? 대답은 분명 그렇다는 것이다. 그러나 분명 그렇다고 대답하는 유일한 이유는 '유전자 안'이라는 어구가 본질적으로 무의미할 정도로 애매하다는 데 있다.

먼저 '유전자 안'이라는 대중적으로 인기 있는 개념부터 살펴보기로 하자. 어떤 여성들은 아버지의 정자가 어머니의 난자를 만나는 그 시점부터 성녀가 되도록 운명 지어진 반면, 다른 여성들은 확실히 창녀가 되도록 정해진 것일까? 어떤 남성들은 이와 똑같이 난봉꾼이 되도록 정해진 반면, 다른 남성들은 고결한 아버지가 되도록 정해진 것일까?

그 대답은 그럴 것 같지는 않지만 여성과 남성 모두 그것이 불가능하지는 않다는 것이다. 원칙적으로 극단적으로 다른 두 가지 특성들을 자연 선택이 유지하지는 않을 것이다. 그중 하나의 특성이 다소나마 유전자가 확산되도록 이끌 것이다. 그 정도가 아무리 미미할지라도 시간이 충분하다면 유전자는 결국 성공을 거둘 것이다.[49] 그 때문에 여러분 안에 있는 유전자들 태반을 세계의 어느 곳을 막론하고 평균치의 사람이라면 누구나가 보유하고 있다. 그러나 이른바 빈도 의존적인 선택이 존재하는데, 그런 선택에서 한 특성의 가치는 그것이 좀 더 일반적인 것이 될수록 하락하며, 따라서 대안적 특성이 존재할 여지를 남겨놓는다.

개복치를 보자.[50] 보통 개복치 수컷은 성장하고, 보금자리를 지으며, 알을 낳으러 오는 암컷을 기다리다가, 그 알에 수정을 해 그것들을 보호한다. 그는 공동체의 고결한 일원이다. 그러나 수컷이 돌보아야 할 보금자리가 150개에 이를 수도 있는데 이 사실은 그 수컷이 더 무책임한 떠돌이 수컷에게 보금자리를 침범당할 수도 있음을 뜻한다. 그 떠돌이는 보금자리 주변을 맴돌다가 몰래 수정을 하고 나서는 쏜살같이 내뺌으로써, 속아 넘어간 개체가 알들을 대신 보살피도록 만든다. 심지어 떠돌이들은 어떤 시기에 이르면 암컷들의 색깔과 행동을 본뜨기까지 하면서 속임수를 감춘다.

떠돌이들과 그 희생자들 간의 균형이 어떻게 유지되는지를 볼 수도 있다. 떠돌이들은 생식적인 면에서 꽤 큰 성공을 거두어야 한다. 그렇지 않다면 그들은 멸종할 것이다. 그런데 이렇게 성공을 거둠으로써 떠돌이 수컷들의 수가 많아지면 그 성공 자체가 줄어들게 되는데, 정직하고 착취당할 수 있는 수컷들(떠돌이들의 먹잇감들)이 줄어들기 때문이다. 이 상황은 성공이 그 자체로 징벌이 되는 경우이다. 떠돌이들이 많아질수록 한 개체가 갖는 새끼들은 줄어든다.

이론상 떠돌이의 수는 보통의 정직한 개복치가 낳는 새끼들이 떠돌이의 새끼들과 수가 같아질 때까지 계속 높아진다. 그 시점에서 양자의 비율이 전환(성장 또는 축소)됨으로써 두 전략들의 가치는 그 전환의 역방향으로 바뀌게 된다. 이런 평형 상태는 '진화론적 안정 상태'로 알려져 있는데, 이것은 1970년대에 빈도 의존적인 선택이라는 관념을 발전시킨 영국 생물학자 존 메이너드 스미스가 고안한 용어이다.[51] 떠돌이 개복치는 오래전에 진화론적으로 안정적인 비율에 도달한 것으로 보이는데 그 비율은 대략 5분의 1 정도이다.

인간의 성적 기만의 역학은 개복치의 경우와는 다른데, 부분적으로 그 이유는 포유류들은 체내 수정을 하기 때문이다. 그러나 리처드 도킨스가 보인 바대로 인간에 적용될 수 있는 추상적인 분석을 동원하면, 메이너드 스미스의 논리는 원칙적으로 우리들에게도 적용될 수 있다. 다시 말해 수줍은 여성들이나 적극적인 여성들 또는 난봉꾼이나 고결한 아버지 가운데 어느 누구도 이상적인 전략으로는 독점적 위치를 점하지 못하는 상황을 상상할 수 있다. 오히려 각자의 전략이 성공할 수 있는지의 여부는 다른 세 전략이 얼마나 우위를 차지하느냐에 따라서 달라지며, 이에 따라 인구는 평형 상태에 다다르게 된다. 가령 몇 가지 가정을 둠으로써 도킨스는 여성들 중 6분의 5가 수줍음을 타며, 남성들 중 8분의 5가 충실할 것이라는 사실을 발견했다.[52]

이제 이 사실을 이해했다면 그것을 잊도록 하자. 단지 고도로 인위적인 모형 속의 명백히 임의적인 가정들로부터 나온 비율들 자체만을 달랑 잊을 것이 아니라, 개인들 각각이 어떤 전략이나 또 다른 전략을 선택하도록 구속되어 있다는 전반적인 관념도 잊도록 하자.

메이너드 스미스와 도킨스가 지적한 대로, 그 마법의 비율이 개체들 안에서 발견되기만 해도 진화는 똑같이 안정적인 상태에서 평형을 이루게 될 것이다. 다시 말해 여성들 각각이 그녀의 짝짓기 기회들 가운데

6분의 5에서 절제하고, 남성들 각각이 그의 짝짓기 기회들 가운데 8분의 5에서 절제하기만 한다면, 그런 평형 상태는 성취될 것이라는 말이다. 그리고 비록 그 비율이 난수적으로 실현된다고 하더라도 (만일 각자가 이성을 만날 때마다 어떻게 행동할 것인가를 정하기 위해 주사위를 굴린다고 하더라도) 그것은 참이 될 것이다. 그 사람이 상황들 각각을 의식적으로든 무의식적으로든 생각하고 어떤 전략이 그 상황에 있어서 도움이 될 것인지를 추측하는 것이 얼마나 더 효율적일지를 생각해 보자.

또 다른 종류의 융통성도 상상해 볼 수 있다. 즉 어떤 발달 프로그램이 있어서 유년기 동안 그 지역의 사회 환경을 판단하고 성년기가 되면 그 개인이 더 성공을 거둘 것 같은 전략을 택하도록 경향 짓는 경우를 생각해 보라. 이것을 개복치의 관점에서 보자. 즉 치어기에는 그 지역의 환경을 검토해 착취할 수 있는 정직한 수컷들의 수적 우위를 계산해 본 후에야 (아무튼 적어도 그런 계산을 하면서) 떠돌이가 될 것인지를 결정하는 수컷을 상상해 보라. 이런 융통성은 두 가지 완고한 전략들을 망각 속으로 밀어넣음으로써 수의 대부분을 차지하는 결과로 나타날 것이다.

이런 이야기에서 보통 융통성이 기회만 주어진다면 완고함을 이기고 성공하게 된다는 교훈을 얻는다. 사실 융통성이 개복치에서도 부분적으로 성공을 거둔 것으로 보이는데, 다만 개복치의 고도로 발달된 뇌 피질에 대해서는 정확히 알려져 있지 않다. 어떤 유전자들은 개복치 수컷으로 하여금 어떤 전략을 택하도록 만들고 다른 수컷에게는 다른 전략을 택하도록 만들지만, 이 경향이 완전히 결정되어 있는 것은 아니다. 그 수컷은 어떤 전략이 최선책인가를 판단하기 전에 그 지역에 대한 자료를 모은다.[53] 물고기로부터 인간에게로 시선을 돌리면 분명 융통성의 범위는 더 늘어난다. 인간에게는 다양한 조건에서 능숙히 적응하도록 하는 몹시 커다란 두뇌가 있다. 한 개인에게 성녀나 창녀, 난봉꾼이거나 고결한 아버지라는 성격의 가치를 결정하는 많은 요인들(그 사람의 특정한 재산이나 빚에 대해서 다른 사람들이 반응하는 방식을 포함해서)이 주어졌을 때, 자연 선택은 유전자들이 이런 것들에 민감한 뇌를 발달시키는 것을 구태여 선호할 필요가 없을 정도로 몰개성적으로 둔감해졌을 것이다.

다른 많은 영역에서도 이 사실은 마찬가지다. 개인에게 주어진 어떤 성격형(예를 들어, 협조적이라거나 또는 인색하다는 것)의 가치는 진화 과정을 통해 시간, 장소, 상대방에 따라서 달라지는 그 뭔가에 의존하게 되었다. 이론적으로 보면 우리의 조상들을 유독 하나의 성격 유형에 고착하도록 만든 유전자들은 성격이 우아하게 형성되도록 했던 유전자들에게 패배할 수밖에 없었다.

이것은 통계의 문제가 아니다. 문헌들 가운데는 「사기꾼의 진화」와 같은 제목을 가진 글들이 있다.[54] 성녀와 창녀의 문제로 돌아가 보면 어떤 여성들은 선천적으로 성적으로 매력적인 아들 전략을 추구한다는 이론이 있다. 이 이론에 의하면 이런 여성들은 성적으로 매력적인(잘생기고, 머리 좋고, 건강하다는 따위의) 남성들과 문란하게 놀아난다. 좀 더 성녀 같은 태도를 취했을 때 그녀가 남성으로부터 얻었을 부양 투자를 포기하는 대신, 그녀들이 낳게 될 아들들은 그 아버지들처럼 성적으로 매력적이고 따라서 생산적일 가능성이 높아진다는 것이다. 이런 이론들은 흥미롭기는 해도 하나같이 같은 장애에 부딪히기 마련이다. 그런 전략이 얼마나 효율적인지는 몰라도 유연하게 적용된다면, 즉 실패하리라는 신호들이 있을 때 그 전략을 포기할 수 있다면 문란한 여성들이나 사기꾼들에게 모두 더 효율적이리라는 것이다.[55] 게다가 인간의 대뇌는 융통성이 매우 크다.

이런 융통성을 강조한다고 해서 곧 모든 사람들이 심리학적으로 동일하므로 성격상의 모든 차이가 환경에서 유래한다고 말하는 것은 아니다. 신경과민이나 외향성과 같은 성격 뒤에는 중요한 유전적 차이들이 있다. 이런 성격들의 유전 가능성은 대략 0.4 정도이다. 다시 말해 이런 특성의 개인적 차이는 대략 40퍼센트를 유전적 차이로 설명할 수 있다는 말이다. (그에 비해서 키의 유전 가능성은 0.9이다. 개인들 간에 보이는 키 차이 가운데 대략 20퍼센트는 영양이나 환경의 차이에서 기인한다.) 여기서 의심할 나위 없이 중요한 유전적 변이들이 무엇 때문에 존재하는가 하고 물을 수 있다. 외향성으로 향하는 유전적 경향은 서로 다른 성격 유형들을 대표하고, 그런 성격들 각각은 몹시 정교한 빈도 의존적인 선택 과정을 거쳐서 안정된 것일까? (고전적으로는 빈도 의존성을 두 가지 구별되는 전략의 관점에 따라서 분석하지만, 보다 세밀한 등급으로 나열할 수도 있을 것이다.) 또는 상이한 유전적 경향들은 단지 잡음일지도 모른다. 그렇다면 그것들은 진화의 우연한 산물일 것이고, 특별히 자연 선택이 선호한 특성은 아닐 수 있지 않을까? 이 점에 대해서는 누구도 모를뿐더러 진화심리학자들이 이에 대해 내리는 추측들도 서로 다르다.[56] 그들이 동의하는 것은 성격 차이들 가운데 많은 부분은 진화에 의해서 가변적이 되었다는 것이며, 이런 가변성을 학자들은 '진화론적 가변성'이라고 부른다는 것이다.

심리적 발달을 이처럼 강조한다고 해서 사회 과학자들이 25년 전에 그랬던 것처럼 그들이 본 모든 것을 명세화되지 않은 '환경적 힘들'에 귀속시켰던 시점으로 우리가 돌아가야만 하는 것은 아니다. 진화심리학의 일차 약속(아마도 유일한 일차 약속)은 그런 환경적 힘들을 명세화하고 성격 발달에 관한 훌륭한 이론들을 산출하겠다는 것이다. 달리 표현하자면 진화심리학은 우리가 인간 본성의 '계기판'을 보는 것을 도울 뿐만 아니라, 어떻게 그 계기판들이 조정되는가를 이해하도록 도울 수 있다. 그것은 모든 문화권에서 남자들이 성적 다양성에 매혹된다는 사실과 그 이유를 우리에게 보여 줄 뿐만 아니라, 대체 어떤 환경 속에서 일부 남성들이 다른 남성들보다 성적 다양성에 고착되는지도 보여 준다. 또 그것은 모든 문화권에서 여성들이 더 성적으로 절제를 한다는 사실과 그 이유를 보여 줄 뿐만 아니라, 일부 여성들이 어떻게 이런 고정 관념에 반항하는지를 우리가 이해하도록 돕는다.

그 좋은 예가 로버트 트리버스가 부양 투자에 관해 쓴 1972년의 논문에 나와 있다. 트리버스는 사회 과학자들이 이미 밝혀 낸 두 가지 패턴에 주목했다. 첫째, 사춘기 소녀가 더 매력적일수록 그녀는 사회·경제적 지위가 높은 남성과 결혼해 신분 상승을 이룰 개연성이 높아진다는 것이고, 둘째는 사춘기 소녀가 성적으로 보다 적극적일수록 그녀가 결혼으로 신분 상승을 이룰 가능성은 낮아진다는 것이다.

우선 이 두 가지 패턴에는 공통적으로 다윈주의적인 의미가 있다. 부유하고 지위가 높은 남성은 아내를 마음대로 고를 수 있는 경우가 흔하다. 미모를 지녔으면서도 상대적으로 성녀처럼 보이는 여성을 고르게 되는 것이다. 트리버스는 이 분석을 더 밀고 나가 다음과 같이 묻는다. "사춘기의 소녀들이 자신들의 가치에 따라 생식 전략을 수정한다는 것"이 가능한 일일까라고.[57] 다시 말해 초기에 예쁘다는 사회적 피드백을 받은 소녀들은 그 사실을 최대한 이용하려고 할 것이며, 따라서 성적으로 수줍게 행동함으로써 예쁜 성녀 이미지의 여성을 찾는 지위가 높은 남성들이 그녀에게 장기적으로 투자하도록 부추길 것이라는 것이다. 매력이 떨어지는 여성이 성적으로 수줍게 행동하는 전략으로는 잭폿을 터뜨릴 기회가 적기 때문에, 성적으로 더 문란하게 행동하고 일군의 남성들로부터 적은 양의 자원이나마 짜내려고 할 것이다. 이런 성적 문란함은 그 여성들에게 아내로서의 가치를 다소 떨어뜨리겠지만, 조상의 환경 속에서는 그런 성격이 남편을 찾지 못할 운명으로 결정되지는 않았을 것이다. 보통의 수렵 채집 사회에서는 비록 이상적이지 못하거나 다른 여성과 남편을 공유해야 한다고 할지라도 가임 여성들은 거의가 남편을 찾을 수 있었다.

다원주의와 공공 정책

트리버스의 시나리오가 매력적인 여성들은 의식적으로 보석을 달기를 삼간다는 것을 함축하고 있지는 않다. (그런 의식적 결정도 어떤 역할을 하겠지만, 거기에 덧붙여 부모들은 딸이 예쁘다면 그녀가 성적으로 수줍어하도록 특별히 공들여 부추기는 유전적 경향을 갖게 될 것이다.) 같은 이유로 매력이 없는 여성이라고 해서 꼭 스스로가 남자의 선택을 받기 어렵다는 사실을 실감하고 이에 따라 다원주의적으로 이상적인 시기가 오기 전에 섹스를 시작한다는 법은 없다. 여기서 작용하는 기제는 오히려 무의식적인 것으로 청소년기의 경험에 의해서 성적 전략(윤리적 가치라고도 볼 수 있다.)을 점진적으로 형성하게 될 것이다.

  이 같은 이론에는 문제가 하나 있다. 십대, 특히 가난한 십대 미혼모의 문제에 대해서는 수많은 논의가 있어 왔다. 그러나 성적 습관이 어떻게 형성되는지, 그런 습관이 형성되면 어느 정도나 버릇으로 고정되는지에 대해서는 아무도 모른다. 자부심을 고양시켜야 한다는 논의는 많았지만, 대체 자부심이란 것이 무엇이고, 무엇을 위한 것이며, 어떤 일을 하는지에 대해서는 거의 이해된 바가 없다

  진화심리학은 이런 논의들에 빠져 있는 기반을 신뢰성 있게 제공해 주지는 못한다. 하지만 문제는 그럴듯한 이론들이 없다는 것이 아니라, 그 이론들에 대한 연구가 결여되어 있다는 데 있다. 트리버스의 이론은 20년 동안 연옥 속에서 부대끼고 있다. 1992년 어떤 심리학자가 이 이

론이 예측하는 바를 알아냈는데, 그것은 여성의 자기 지각과 그녀의 성적 버릇 사이에 상관관계가 존재한다는 사실이었다. 그 여성이 스스로 매력이 없다고 느끼면 느낄수록, 그녀는 더 많은 상대와 섹스를 한다는 것이다. 그러나 어떤 학자는 예측된 상관관계를 발견할 수 없었다. 그리고 더 큰 문제는 그 두 학자들 중 어느 쪽도 특별히 트리버스의 이론을 테스트하기 위해 연구를 수행한 것은 아니었고, 그 이론을 의식조차 않고 있었다는 점이다.[58] 이것이 지금까지 진화심리학이 처해 있는 상태이다. 그토록이나 기름진 땅에 이렇게 적은 농부들만이 일하고 있는 것이다.

결과적으로 트리버스의 이론 자체는 아니더라도 그 주된 취지는 정당화될 것 같다. 다시 말해 지배적인 환경이 주어져 있다면 여성들의 성적 전략은 각 전략의 개연적인 (유전적) 확률에 의존하리라는 것이다. 그러나 그런 환경들은 트리버스가 강조한 것, 즉 특정한 여성이 얼마나 욕망의 대상이 됨직한가 하는 것에만 그치지 않는다. 남성의 부양 투자를 얼마나 쉽게 얻을 수 있는가가 또 한 요인이다. 이 요인은 조상의 환경 속에서는 안정적이지 못했음이 분명하다. 가령 어떤 마을이 인근 마을을 침략했다면 여성 대 남성의 비율이 급격히 높아졌을 것이다. 이것은 단지 남자가 전투 중 전사해서만이 아니라, 승리한 전사들이 보통 적군을 죽이고 그 여자들을 차지하기 때문이었다.[59] 남자 한 사람이 그녀에게 집중된 투자를 해 주리라는 젊은 여성의 기대는 하룻밤 사이에 무너져 버릴 수도 있다. 굶주림이나 갑작스러운 풍요 역시 남자들의 투자 패턴을 바꿔 버릴 수도 있다. 이론적으로 보면 이런 변화의 물결들 속에서 여자들이 그런 흐름들을 헤쳐 나갈 수 있도록 돕는 유전자들은 번성했을 것이다.

실제로도 그런 여성들이 번성했다는 증거가 있다. 인류학자 엘리자베스 캐시던(Elizabeth Cashdan)의 연구에 따르면, 보통 남성들이 무책임한 섹스를 추구한다고 보는 여성들은 남성들이 자식들에게 투자하려 한다고 보는 여성들보다 더 도발적인 의상을 입으며 섹스를 더 자주 하는 경향을 보인다고 한다.[60] 이런 여성들 가운데 일부는 지역적 조건들과 그들의 생활 양식 사이에 어떤 관계가 성립함을 의식하는 경우도 있지만 반드시 그런 것은 아니다. 열성적인 아버지 노릇을 할 의향이 없거나 그럴 능력이 없는 남성들에게 둘러싸여 있는 여성들은 구속되지 않는 섹스, 달리 말한다면 윤리적 제약으로부터 놓이는 것에 깊이 매혹될지도 모른다. 시장의 상황이 더 나아진다면 (만일 남성 대 여성의 비율이 상승한다면, 또는 남성들이 어떤 다른 이유로 인하여 고투자 전략으로 전환한다면) 여성들이 느끼는 성적 매력이나 윤리적 분별력 등도 따라서 변하게 될 것이다.

이렇게 진화심리학의 성장 초기 단계에서 보면, 이 모든 생각들은 사변적일 수밖에 없다. 그러나 우리는 점차 서광이 밝아지고 있음을 볼 수 있다. 가령 그 근원이나 효과에 있어서 남자들과 여자들의 자부심이 서로 다르다는 것은 거의 확실하다. 십대 여자들에게 그녀가 대단히 아름답다는 것을 확인시켜 주는 피드백은, 트리버스가 암시한 것처럼 높은 자부심을 안겨 주며, 이것은 이번에는 성적인 자제를 부추긴다. 남자들의 경우에는 극단적으로 높은 자부심은 그 반대의 효과를 나타낸다. 그런 자부심은 남자들로 하여금 특별한 열성으로 단기적인 섹스를 추구하도록 유도할 수도 있는데, 사실 그러한 성적 정복의 기회들은 잘 생기고 지위가 높은 남성들에게 더 넓게 열려 있는 것이다. 고등학생들은 잘생긴 스타 육상 선수들을 반쯤은 농담조로 종마로 부르기도 한다. 굳이 과학적인 검증을 고집하는 사람들에게 한마디 하자면, 잘생긴 남자들은 평범한 남자들보다 섹스 파트너가 많기 마련이라는 것이다.[61] (여성들이 지속적 관계를 기대하지 않고 있을 때 상대방의 외모에 더 강조점을 두게 된다는 보고도 있다. 그런 여성들은 분명 좋은 유전자를 부양 투자와 교환하고 있는 것이다.)[62]

자부심이 큰 남성은 일단 결혼하게 되면 특별히 헌신적이지 못할 수 있다. 그가 가진 다양한 자산들로 말미암아 그는 이전처럼 공공연하게는 아닐지라도 외도를 지속적인 생활 양식으로 삼게 될 것이다. (그리고 그가 밖에서 벌이는 모험들이 언제 시작되고 끝날지는 아무도 모르는 일이다.) 자부심이 좀 온건한 남성들은 더 충실한 남편이 될 텐데, 만일 그렇지 않다면 그들은 남편으로서는 바람직하지 않다. 지속적인 외도 가능성이 더 적을뿐더러 배우자가 보이는 정절에 대한 불안 때문에 그들은 그 에너지와 주의를 가족에게로 돌리려는 경향이 있다. 한편으로, 자부심이 대단히 낮은 남성들은 여성에 대한 지속적인 좌절 속에서 결국 강간에 호소하게 될 수도 있다. 진화심리학에서는 강간이 적응인지, 강간은 어떤 남자든지 그의 사회적 환경 속에서 용기를 잃게 하는 피드백을 충분히 받았을 때 결국 채택하게 되는 전략인지 하는 점이 여전히 논란거리로 남아 있다. 확실히 강간은 온갖 문화권에서 표면으로 드러나는 현상으로, 남성이 합법적인 수단을 통해서는 매력적인 여성을 찾는 데 지장을 느낄 때와 같이 예상할 수 있는 환경하에서 자주 일어난다. 다윈주의적인 연구는 아니지만 어떤 연구를 통해 알아낸 바에 의하면 전형적인 강간범들은 한 인간으로서 자신의 충족성과 경쟁력에 대해 깊이 의심하고 있으며, 성적인 면과 그 밖의 영역을 막론하고 남자로서 자신에 대해 자신감이 없다고 한다.[63]

신다윈주의 패러다임이 서광을 비춘 두 번째 경우는 가난과 성적 도덕성 간의 연결성이다. 남성들이 가족을 뒷받침할 능력이나 의사가 없는 환경에서 살고 있는 여성들은 구속되지 않는 섹스를 순순히 받아들일 수 있다. (영국의 빅토리아 시대를 포함해 역사상 많은 시대에서 하층 계급들은 윤리가 느슨하다는 평을 받아 왔다.)[64] 앞에 말한 바를 자신 있게 주장한다거나 시민 계층의 수입 수준이 다르다면 성적 윤리관도 그럴 것이라고 추론하는 것은 지나치게 성급하다. 그러나 최소한 진화심리학이 환경의 역할을 강조함으로써 가난의 사회적 비용을 밝혀낼 수 있고 따라서 때로는 자유주의 정책과 같은 처방을 지지함으로써 다윈주의가 우파에 속한다는 상투적 관념에 저항할 수 있다는 것은 특기할 만하다.

물론 어떤 주어진 이론이 다양한 정책적 함의를 낳을 수 있다는 논변을 펴는 것은 가능할 것이다. 또 성적 진화가 어떻게 형성되었는지에 대해서 전혀 다른 다윈주의적인 이론을 누군가가 생각해 낸다는 일도 가능하다.[65] 그러나 전반적인 논의에 진화심리학이 무관하다고는 누구도 주장할 수 없을 것이다. 가장 하등한 동물들을 디자인하는 데도 미묘한 요소에까지 예민한 관심을 기울여 관여하는 자연 선택이, 크고 세련되고 유연한 두뇌들을 만들어 놓고서 그 두뇌들을 방치해 둔다고는 생각할 수 없다. 섹스, 지위, 그리고 우리의 생식적 전망들 속에서 중심적인 역할을 차지하는 것으로 알려진 많은 다양한 것들에 대한 환경적 신호들에 우리 두뇌는 고도로 민감하도록 만들어졌다. 만일 한 인간의 성격이 언제 그리고 어떻게 명확한 형태를 띠게 되는지를 알려고 한다면, 또 그렇게 형성된 성격이 결과적으로 얼마나 변화에 대해 저항적인지 알기를 원한다면, 우리는 다윈에게 관심을 돌려야 한다. 비록 그 해답들을 아는 것은 아니지만, 우리는 해답들이 어디서 나오게 될 것인지 알고 있으며, 그리고 그 물음들을 보다 예리하게 나타내는 데 진화심리학이 우리에게 도움이 되리라는 사실을 알고 있다.

함께 지내는 가족

여성들의 단기적인 성적 전략들(연인이 없는 여성들이 하룻밤의 관계에 안주할 것인가 하는 것이나, 연인이 있는 여성들이 몰래 관계를 맺으러 나갈 것인가 하는 것들)에 대해 관심이 쏠리기 시작한 것은 꽤 최근에 이르러서다. 1970년대의 사회생물학적 논의들은, 최소한 그 대중적인 형태에 있어서는 속이고 착취할 여성들을 찾아 벌판을 배회하는 야성적이고 색욕에 가득 찬 생물로 남성들을 묘사하는 경향이 있었다. 다윈주의적 여성 과학자들의 수가 늘어난 덕분에 그 초점이 이동해 왔는데 그녀들은 여성의 심리가 안으로부터는 어떻게 보이는지를 남성 동료 과학자들에게 설명해 왔다.

이처럼 균형을 되찾게 된 이후에도 남성들과 여성들이 각각 착취자와 피착취자라는 주장에는 여전히 중요한 의미가 하나 남아 있다. 결혼 생활이 진행됨에 따라 평균적으로 남성들이 배반의 유혹을 느낀다. 이따금 사람들이 가정하는 것처럼 결혼의 파경에 따르는 대가가 여성에게 더 크기 때문은 아니다. 여성에게 아이가 있고 결혼이 파국을 맞는다면 아이가 괴로움을 겪게 되리라는 것은 사실이다. 그녀가 다른 남성의 아이가 있는 여성과 관계를 맺으려는 남편감을 찾기 어렵기 때문이거나, 그녀가 그 아이를 무시하거나 학대하는 남편을 만나기 십상이기 때문일 것이다. 그러나 다윈주의적 관점에서 보면 이런 대가는 배반하는 남성의 입장에서도 똑같이 감수해야 하는 것이다. 괴로움을 겪는 아이는 결국 그의 자식이기도 한 것이다.

오히려 남성과 여성 사이에 있는 차이는 배반의 회계 장부에 적힌 이익 쪽에서 온다. 미래에 펼쳐질 생식적 대가에 이르는 길 위에서 각각의 파트너는 어떤 이득을 얻을 수 있을까? 원칙적으로 남성은 25년의 가임

기간을 앞두고 있는 열여덟 살의 여성을 발견할 수 있다. 아이가 딸려 있는 여성이 결혼할 남성을 찾기 위해 겪게 될 문제들은 제쳐 놓고서라도 그녀에게 25년의 생식적 잠재력을 줄 수 있는 짝을 찾는 것이 불가능하다. 외도 기회가 주는 이런 차이는 남편과 아내가 둘 다 미숙한 처음에는 무시될 수 있다. 하지만 그들이 나이를 먹어 갈수록 그 차이는 커진다.

환경은 이런 차이를 억제하거나 심화시킬 수 있다. 가난하고 지위가 낮은 남성은 배반할 기회를 찾기 어려우며, 오히려 그것은 아이가 없고 따라서 또 다른 짝을 쉽게 찾을 수 있을 때 아내에게는 남편을 배반할 이유가 된다. 한편 지위와 부가 커지는 남편에게는 아내가 배반할 동기가 약화되는 반면 자신이 배반하고자 하는 동기는 강해진다. 그러나 여타의 모든 요인들이 동일할 때 세월이 흘러감에 따라 남편의 불안감은 커지는 경향을 보인다.

배반에 대한 이 모든 논의들은 틀렸다. 여러 수렵 채집 문화권에서는 이혼뿐만 아니라 일부다처제도 가능했다. 조상의 환경에서는 둘째 아내를 얻는 것이 필연적으로 첫째 아내를 떠나는 것을 의미하지는 않았다. 그리고 다윈주의적 관점에서 보더라도 첫째 아내를 배반할 이유는 없었다. 자식들 가까이에 머무르면서 그들을 보호하고 인도하는 것이 유전적으로 더 큰 의미가 있었을 것이다. 이렇게 남성들은 시기적절한 배신보다는 일부다처제를 위해서 디자인되었는지도 모른다. 그러나 일부일처제가 제도화된 현대의 환경 속에서 일부다처적 충동은 이혼과 같은 다른 배출구를 찾게 될 것이다.

아이들이 독립적으로 되어감에 따라서, 어머니가 남성의 부양 투자에 매달려 있을 필요성이 감소된다. 여성들이 중년에 들어섰을 때, 특히 그들이 재정적으로 안정이 된 경우라면 남편을 떠나게 되는 경우가 많다. 그렇지만 그녀들이 남편을 떠나도록 몰아세우는 다원주의적 힘이 존재하는 것은 아니며, 남편을 떠난다고 해서 그 여성들의 유전적 이해관계가 증진된다는 보장도 없다. 폐경기를 맞은 여성을 결혼으로부터 벗어나도록 모는 것은 아마도 결혼에 대한 남편의 심한 불만족일 것이다. 이혼을 추구하는 여성들이 많지만 그것이 그녀의 유전자가 궁극적인 문제임을 뜻하는 것은 아니다.

근래에 결혼에 대한 자료들 가운데서 특별히 두드러진 두 가지 항목이 있다. 그중 하나가 1992년의 연구인데, 이에 따르면 결혼에 대한 남편의 불만족이 이혼의 유일하고도 강력한 요인이라는 것이다.[66] 또 다른 하나는 남성들이 여성들보다는 이혼 후 재혼할 개연성이 높다는 것이다.[67] 두 번째 사실은 (그리고 그 두 번째 사실 뒤에 숨어 있는 생물학적 힘이) 아마도 첫 번째 사실에 대해 부분적으로는 중요한 이유가 될 것이다.

이런 종류의 분석에 대해 어떤 반박이 나올 것인지를 예측할 수 있다. "사람들은 정서적인 이유에서 결혼 생활을 접는다. 그들은 아이들이 몇이나 되는지 헤아리지도 않고 계산기를 꺼내 타산을 맞춰 보지도 않는다. 남성들은 바가지를 긁어대는 둔감한 아내로부터 쫓겨나거나, 중년의 위기를 맞아 심오하게 영혼을 탐색하느라 그렇게 된다. 여성들은 폭력을 일삼는 무감각한 남편 때문에 파경을 맞거나, 민감하고 자상한 남성에 유혹당한다."라는 것이다.

부인할 수 없는 사실이다. 그러나 정서란 단지 진화의 실행자일 뿐이라는 사실을 다시 한번 주지하자. 그 모든 생각들과 느낌들 그리고 결혼 문제 상담자가 오랜 시간 판단하는 변덕스러운 성격 차이의 저변에는 유전자의 전략들, 즉 사회적 지위, 배우자의 연령, 아이들의 수와 나이, 외도 기회 등의 변수들로 이루어진 차갑고 딱딱한 등식들이 있다. 하지만 정말로 아내는 20년 전보다 더 둔감해졌고 더 바가지를 긁는 것일까? 그럴 수도 있다. 또 나이가 마흔다섯 살에 이르러 어떤 생식적 미래도 없는 아내의 바가지에 대해 남편이 관용을 잃기 시작했다는 것도 역시 가능한 일이다. 그리고 그가 이제 막 이룩한 승진 역시 직장의 젊은 여성에게서 존경에 찬 시선을 끌어들일 뿐, 파경을 막는 데는 도움이 되지 않는다. 마찬가지로 남편이 못 견딜 정도로 둔감하다는 사실을 깨달은 아이 없는 젊은 아내에게, 1년 전에 직장을 다니던 친절하고 부유한 총각이었던 남편과 시시덕거리던 때에는 그의 둔감성이 왜 못 견딜 정도가 아니었는지를 물어 볼 수 있다. 물론 남편이 실제로 학대를 했을 수도 있고, 이것으로 그의 냉담함과 파경이 임박했음을 알 수도 있다. 그리고 아내가 일종의 선제 공격을 감행했을 수도 있다.

일단 나날의 느낌과 생각을 유전적 무기로 바라보기 시작하면, 부부 싸움이란 것도 그 의미가 새삼스럽게 된다. 이혼에 이르기에는 사소한 부부 싸움들조차도 재협상을 맺을 계약 조건으로 바라볼 수 있다. 신혼 시절에는 유행에 뒤떨어지는 아내가 되기를 원하지 않는다고 말하던 남편조차도 이제는 아내에게 밥상을 차린다고 어디 손이 닳느냐고 비꼬듯 말한다. 위협은 묵시적이지만 명료하다. 당신이 재협상을 하려 들지 않는다면 여기서 계약을 끝내겠다는 것이다.

다시 살펴본 일부일처제

앞에서 보았지만, 여러 요인들을 고려할 때 데즈먼드 모리스의 일부일처제 가설이 유망해 보이지는 않는다. 우리 자신을 흔쾌히 긴팔원숭이에 비교해 오기는 했지만, 우리가 굳건히 일부일처제를 고수한다고 해서 우리가 그들과 그다지 닮았다고 볼 수는 없을 것 같다. 그렇다고 놀랄 필요는 없다. 긴팔원숭이들의 사회성은 그리 크지 않다. 한 가족이 몇 십만 평이 넘는 거대한 거주 범위 안에서 살기 때문에 긴팔원숭이들의 혼외정사는 용이하지 않다. 긴팔원숭이들은 넘보는 침입자들을 내쫓는다.⁶⁸ 그에 비해 우리는 유전적으로 이득이 되는 정절의 대안으로 거대한 사회 집단 안에서 진화해 왔다.

인간의 부양 투자는 분명히 크다. 수십만 년, 아마도 그보다 긴 세월 동안 자연 선택은 자기 자식을 사랑하는 남성들을 선호해 왔으며, 따라서 포유류가 진화한 수억 년의 세월 동안 암컷들만이 향유해 온 감정을 수컷들도 느끼게끔 했던 것이다. 또 그 세월 동안 자연 선택은 남성들과 여성들이 서로 사랑하도록 하는 (부모와 자식 간에 성립하는 헌신의 일관성에는 거의 미치지 못하지만 최소한 여러모로 서로 사랑하도록 하는) 경향을 보여 왔다. 아무튼 사랑이든 사랑이 아니든 인간은 긴팔원숭이와 다르다.

그렇다면 인간은 도대체 어떤 존재일까? 천성적으로 인간은 일부일처제와는 얼마나 먼 거리를 두고 있을까? 때로 생물학자들은 이 물음에 대해서 해부학적인 대답을 제시한다. 이미 우리는 고환의 무게라든가 정액 점도의 변화를 통해 여성들이 천성적으로 일부일처제를 고수하지 않는다는 해부학적 증거들을 보아 왔다. 남성들 역시 천성적으로 일부일처제와 어느 정도 거리를 두고 있다는 해부학적 증거들도 있다. 다윈이 지적한 대로, 일부다처제를 향유하는 종의 수컷과 암컷 사이의 체격 차이(성적 이형성)는 크다. 어떤 수컷들은 여러 암컷들을 독점하는 반면, 다른 수컷들은 유전적 복권 놀이에서 한꺼번에 밀려나기 때문에 다른 수컷들을 위협할 수 있는 큰 수컷에는 큰 유전적 가치가 존재한다. 싸움에서 번번이 승리하면 암컷들을 여럿 거느릴 수 있고, 싸움에서 패하면 암컷을 전혀 얻을 수 없는 수컷 고릴라는 체격이 몹시 커서 암컷의 갑절에 달한다. 일부일처제를 지키는 긴팔원숭이 사이에서는 작은 수컷들도 대략 큰 수컷들만큼이나 새끼를 낳게 되며 성적 이형성은 거의 알아볼 수 없을 정도이다. 그 결과는 성적 이형성이 수컷들 간의 성적 선택의 강도에 대한 좋은 지침이 되며, 또 이것은 한 종이 얼마나 일부다처적인가를 반영한다. 성적 이형성이라는 스펙트럼 상에서 보면 인간들은 다소간 일부다처제로 쏠린다.[69] 인간을 고릴라에 견주어 보면 거의 이형적이라고 할 수 없지만, 침팬지에 견주어 보면 이형성이 약간 못 미치며, 긴팔원숭이에 견주어 보면 꽤나 이형적이다.

이런 논리가 안고 있는 문제점은 인류나 선행 인류의 수컷들 사이에 벌어지는 경쟁도 크게 보면 심적인 것이라는 점이다. 남성에게는 침팬지 수컷이 우두머리 지위, 즉 짝짓기 권리를 놓고 싸울 때 사용하는 긴 송곳니가 없다. 하지만 남성들에게는 그들의 사회적 지위, 즉 그들의 매력을 높이기 위해 사용하는 다양한 전략이 있다. 그러므로 과거 진화사에서 일부다처제의 어떤 부분들은 생리적 특성이 아닌 남성의 심적 속성들에 반영되어 있을 것이다. 어쩌면 남성과 여성의 체구가 보이는 차이만큼 극적이지 않은 어떤 것이 있음으로 해서 남성은 일부일처제적 성향을 가지고 있다는 식으로 우쭐해 하고 있는지도 모른다.[70]

사회는 인간 본성의 성적 비대칭성을 오래도록 어떻게 다루어 왔을까? 물론 비대칭적으로 다루어 왔을 것이다. 인류학자들이 연구했던 과거 또는 현재의 사회 1154곳 가운데 980곳이라는 압도적인 다수에서 남성들이 여럿의 여성들을 아내로 거느리도록 허용해 왔다.[71] 그리고 수렵 채집 사회의 대부분이 여기에 포함되는데, 이런 사회들은 인간이 진화했던 정황의 거의 생생한 예에 해당한다고 볼 수 있다.

일부일체제 가설을 더 열성적으로 지지하는 사람들은 이런 사실을 축소시켜 왔다. 본래 인간이 일부일처제적이라는 사실을 증명하는 데 크게 경도되어 있었던 데즈먼드 모리스는 『털 없는 원숭이』에서 주의를 면밀히 기울일 필요가 있는 유일한 사회가 현대 공업 사회라고 했지만,

공교롭게도 이런 사회들은 일부일처제를 성실하게 지키는 15퍼센트에 속하는 사회들이다. 그는 "발전을 못 한 사회도 어느 면에서는 실패한 사회이자 방향을 잘못 잡은 사회이고 …… 그 사회가 퇴보하도록 무슨 일인가가 발생했으며, 이 종의 본성적 성향에 반하는 방향으로 작용한 뭔가가 있었다. 그러므로 작고 퇴행적이고 실패한 사회들은 대체로 무시해도 좋다."라고 썼다. 요컨대 (서구 사회에서 이혼율이 현재의 절반에 지나지 않았던 시절로 되돌아가서 글을 쓰고 있는) 모리스에 따르면 "낡고 퇴행적인 부족들이 오늘날 무슨 짓거리를 하든 인류의 주류는 일부일처제적 성격을 가장 극단적인 형태, 즉 장기적인 짝짓기라는 형태로 표현하고 있다."[72]라는 것이다.

부당하거나 조악한 자료들이 수적으로 '주류'를 의미하는 자료들을 능가함에도 불구하고 그것들을 일탈적이라고 선언하는 것은 그런 자료들을 제거하는 하나의 방법이 될 수 있다.

사실 일부다처제가 역사적인 규범은 아니었다고 하는 데에도 일리가 있다. 일부다처제 문화권 가운데 43퍼센트에서는 일부다처제가 간헐적으로 행해졌다고 분류된다. 그리고 일부다처제가 일반적인 곳에서도 아내 여럿을 부양할 능력이 있거나, 형식적으로나마 그녀들을 거느릴 자격이 있는 소수의 남성들에게만 일부다처제가 허락되었다. 대부분이 일부일처제 사회가 아니었을지라도 오랜 세월 동안 결혼은 대개 일부일처제적이었다.

그렇지만 인류학적 기록을 보면 아내를 둘 이상 거느릴 수 있는 기회가 주어진 남성들은 기꺼이 이를 받아들이고자 했다. 이런 점에서 일부다처제는 자연적이었다. 또 인류학적 기록은 다른 사실도 암시하고 있다. 일부다처제는 남성들이 원하는 바와 여성들이 원하는 바 사이의 불균형을 통제하는 수단으로서 장점이 있다는 것이다. 우리 문화권에서는 아내로부터 아이 몇을 얻은 남성들이 불만을 느끼거나 더 어린 여성과 사랑에 빠지게 되면 그들에게 다음과 같이 말하고는 한다. "좋다, 당신은 그녀와 결혼할 수 있다. 그러나 당신은 첫 번째 아내를 저버릴 뿐더러 아이들에게 흠을 남기게 된다. 만일 당신이 큰돈을 벌지 못한다면 아이들과 전 부인은 비참한 괴로움을 겪어야 할 것이다." 다른 문화권에서는 다음과 같이 말한다. "좋다. 당신은 그녀와 결혼할 수 있다. 그러나 오직 당신이 두 번째 가족을 부양할 수 있는 경우에만 당신은 그녀와 결혼할 수 있다. 당신은 첫 번째 가족을 저버릴 수 없고 아이들에게는 어떤 흠도 남기지 않아야 한다."

아마 절반가량의 결혼이 실패로 끝나는 오늘날의 명목적인 일부일처제 사회들 가운데 일부에서는, 이를 그대로 받아들여야 할 것이다. 아마 우리는 이미 사라지고 있는 이혼의 불명예를 완전히 지워야 할지도 모른다. 우리는 가족으로부터 일탈하고 있는 남성들이 법적으로 가족에게 책임을 져야 하며, 그것도 그들이 익숙한 방식으로 지원해야 한다는 것을 확실히 해야 할 것이다. 간단히 말해서 우리는 일부다처제를 허용해야만 할 것이다. 지금 이혼을 당한 많은 여성들과 그들의 아이들은 그렇게 함으로써 더 나은 처지에 놓이게 될 것이다.

이런 선택을 지성적으로 다루기 위한 유일한 방법이 바로 단순히 다음과 같이 물어 보는 것이다. (아마도 그 대답은 반직관적인 것이 될 것이다.) "인간의 본성을 역행하는 것으로 보이는 일부일처제를 문화적으로 철저히 고수한다는 것이 몇 천 년 전에는 들어본 적도 없는 것이었음에도 불구하고 영원히 지속할 것인가."라고.

4장

결혼 시장

맥레넌 씨의 작품을 읽으면 거의 모든 문명국이 여전히 아내의 강제 납치와 같은 야만적인 관습의 흔적을 보유하고 있다는 사실을 인정하지 않는 것은 거의 불가능하다. 저자 자신이 물었듯이, 과연 고대 국가 중 애초부터 일부일처제였던 것이 있었을까 의심스럽다.

———『인류의 기원과 성 선택』(1871)[1]

세상사에는 잘 납득이 되지 않는 부분이 있다. 세상은 대체로 남자들이 다스린다. 반면 대부분의 지역에서 일부다처제는 불법이다. 만약 남자들이 정말로 앞의 두 장에서 기술된 것과 같은 동물이라면, 어떻게 그 같은 현상이 일어날 수 있는가?

종종 이 역설적 현상은 남성과 여성의 타협으로 설명되곤 한다. 빅토리아 시대와 같은 고전적인 결혼 풍습에서는 남성들이 자신들의 방랑벽을 어느 정도 통제하는 대가로 여성의 순종을 확보한다고 생각했다. 아내는 밥하고, 청소하고, 남편의 명령을 수행할 뿐만 아니라 남편이 있음으로 해서 발생할 수 있는 온갖 불쾌한 면을 감수한다. 그 대신 남편은 아내에게 충실할 것을 우아하게 승낙한다.

아무리 그럴듯해 보인다 해도 이 얘기는 말이 안 된다. 물론 모든 일부일처 결혼에는 타협이 존재한다. 그것은 두 명이 한 방을 쓰는 감옥에서도 마찬가지다. 그렇다고 감옥을 서로 타협하는 범죄자들이 만들었다고 생각할 수는 없다. 남녀 간의 타협은 일부일처제를 존속시키는 방법이다. 그러나 그것은 어떻게 일부일처제가 정착하게 되었는지를 결코 설명하지 못한다.

'일부일처제의 발생'에 대한 물음에 대답하기 위해서는 우선 다수의 수렵 채집 문화를 포함한 일군의 일부일처제 사회들에 있어 이 문제는 전혀 복잡한 것이 아님을 이해해야 한다. 이들 사회는 겨우 생존을 유지할 정도의 생활 수준에서 맴돌고 있다. 어려운 시기를 위해 챙겨 놓을 것이 거의 없는 이런 사회에서 두 가족을 돌보기 위해 애쓰는 남자는 자칫 잘못하면, 살아남는 자식이 없을 수도 있다. 설사 그가 작은 집을 원한다 해도 여자를 구하기 힘들 것이다. 온전한 남자를 송두리째 차지할 수 있다면 무엇 때문에 반쪽에 만족하겠는가? 그것도 가난한 남자의 반쪽에 말이다. 사랑 때문에? 그러나 얼마나 많은 사람이 그같이 황당한 사랑에 빠지겠는가? 기억하겠지만, 사랑의 본래 목적은 여성을 자식에 유익한 남자에게로 이끄는 것이다. 더구나 여자의 가족은 그와 같은 어리석음을 용납하지 않을 것이다. 특히 산업화되기 이전의 사회에서는 가족이 현실을 고려해 종종 신부의 선택을 강제해 왔다.

만약 사회가 생존만 신경 쓰는 것보다 약간 나은 생활 수준을 허락하고 모든 남자가 거의 평등하다면, 대체로 유사한 논리가 지배한다. 온전한 남편보다 반쪽짜리 남편을 선택하는 여자는 여전히 물질적인 복리에 있어 훨씬 열악한 쪽에 만족하는 셈이다.

일반적으로 남자들 간의 경제적 평등은, 물론 전적으로 그렇지는 않지만 특히 겨우 생존을 유지할 수 있는 수준에서는, 일부다처제를 저해하는 경향이 있다. 이러한 경향 자체가 일부일처제를 둘러싼 미스터리의 상당 부분을 해결해 준다. 왜냐하면 이미 알려진 일부일처제 사회 중 반이 넘는 수가 인류학자들에 의해 '계층화되지 않은' 사회로 분류되기 때문이다.[2] 사실 설명이 필요한 사회는 현대의 산업 국가를 포함해 경제적으로 계층화되었음에도 불구하고 일부일처제를 수용했던 약 70개의 사회이다. 이 사회들이야말로 변종들이기 때문이다.

고르지 않은 재화에도 불구하고 일부일처제의 역설은 특히 새로운 패러다임을 인간의 행동에 광범위하게 적용한 최초의 생물학자들 가운데 한 명인 리처드 알렉산더(Richard Alexznder)에 의해 강조되었다. 일부일처제가 생존을 겨우 유지할 만한 수준의 문화권에서 발견된 경우, 알렉산더는 그것을 "경제적으로 강요된" 것이라 불렀다. 그러나 그것이 더 풍요롭고 계층화된 사회에서 나타나는 경우, 그는 그것을 "사회적으로 강요된" 것이라 불렀다.[3] 문제는 왜 사회가 그것을 강요하였는가 하는 점이다.

'사회적으로 강요된' 이라는 말이 일부 사람들의 낭만적인 이상에 거슬릴지도 모르겠다. 이 말은 마치 중혼죄가 없다면 여자들이 돈을 보고 새처럼 떼 지어 몰려가 돈만 많다면 기꺼이 둘째 혹은 셋째 부인이 될 것이라고 주장하는 듯하다. 여기에서 새처럼 떼 지어 몰려간다는 말은 일부러 사용한 말일 것이다. 새의 경우 수컷이 질이나 양에 있어 큰 차이가 나는 영역을 통제하는 경우 일부다처제가 발생하는 경향이 있다. 일부 암새는 능력 없는 수컷을 독점하느니 많은 영역을 확보한 수컷 한 마리를 공유하고 싶어 한다.[4] 여성들의 대부분은 자신들이 저습지에 사는 긴부리굴뚝새보다는 더 고상한 사랑에 의해 이끌린다고 생각하며, 이에 대해 좀 더 큰 자부심을 갖고 있는 듯하다.

물론 그들은 그렇게 생각할 것이다. 일부일처의 문화에서 여성은 남성을 공유하는 것을 달가워하지 않는다. 그러나 일반적으로 그들은 빈털터리 남편의 전적인 관심을 얻으며 가난 속에서 살기보다는 차라리 남편을 공유하길 원한다. 교육 수준이 높은 상류층 여성들로서는 자긍심 있는 여성이 일부다처의 모멸을 감수해야 한다는 생각에 코웃음을 치기 쉽다. 또 이런 여성들은 굳이 남편감의 소득을 드러내고 싶어 하지 않는다. 그러나 상류층 여성들은 소득이 적은 남자들과 결혼할 기회는 물론이고 그런 남자를 만날 기회도 거의 없다. 그들의 환경은 경제적으로 대단히 비슷해서 최소한의 것을 겨우 제공할 남자와의 만남을 우려할 필요가 없다. 그들은 남편감들을 이리저리 자로 재면서 음악이나 문학에 대한 남편감의 취향을 가늠하며 시간을 보낸다. (그리고 이러한 취향 자체 또한 남자의 사회·경제적 지위를 가늠하는 잣대이기도 한다. 이것은 배우자감에 대한 다윈주의적 평가가 의식적으로 다윈주의적일 필요가 없다는 사실을 다시 한번 생각하도록 한다.)

계층화되어 있으면서도 일부일처제를 취하는 사회에는 무엇인가 인위적인 것이 작용했다는 알렉산더의 신념은 일부다처제가 겉으로 보기보다 완강한 뿌리가 있다는 사실 때문에 지지를 받는다. 비록 남의 정부가 된다는 것은 오늘날에도 약간은 수치스러운 일이지만 많은 여성들이 기꺼이 그 같은 역할을 맡으려는 듯하다. 다시 말해 전혀 남자를 확보하지 못하거나 가난한 남자의 더 큰 헌신을 받기보다는 그 같은 대안이 낫다는 것이다.

일부일처제에도 두 종류가 있다고 알렉산더가 강조한 이래로 그의 구분은 더 미묘하고 이차적인 증거에 의해 지지되고 있다. 인류학자 스티븐 골린(Steven J. C. Gaulin)과 제임스 보스터(James Boster)는 지참금 제도가, 즉 신부로부터 신랑의 가족에게 자산이 이동하는 현상이 사회적으로 강요된 일부일처제를 시행하는 사회에서 발견됨을 밝혀 냈다. 계층화된 일부일처제 사회의 37퍼센트에 지참금 제도가 있는 반면, 계층화되지 않은 일부일처제 사회에는 달랑 2퍼센트만이 그런 제도가 있다. (일부다처제 사회에 있어서 이 수치는 1퍼센트 내외이다).[5] 이를 다른 말로 옮기면 다음과 같다. 비록 이제까지 알려진 사회 중 단지 7퍼센트만이 사회적으로 강요된 일부일처제를 시행하고 있지만, 그것들은 지참금 제도가 있는 사회의 77퍼센트를 차지한다. 이것은 지참금 제도가, 자유로운 결혼 거래를 막음으로써 발생하게 된, 균형을 잃은 시장의 산물임을 시사한다. 남자가 저마다 얻을 수 있는 아내를 한 명으로 제한함으로써 일부일처제는 부유한 남자를 인위적으로 고귀한 상품으로 만들었다. 지참금은 이들을 차지하는 대가로 지불되는 것이다. 만약 일부다처제가 합법화된다면, 시장은 아마도 자체 교정을 통해 더 단순화될 것이다. 돈이 많은 남자는 (그리고 아마도 가장 매혹적인 남자나 육체가 강건한 남자처럼 부분적으로나마 부에 대한 고려를 능가할 수 있는 것을 지닌 남자는) 지참금을 많이 가져오도록 하기보다는 다수의 아내를 거느리려 할 것이다.

승자와 패자

만약 우리가 이런 방식으로 사물을 보는 방법을 받아들인다면, 즉 서구의 자기 민족 중심적인 시각을 버리고 다원주의적 관점을 받아들여 남자는 (의식적으로 혹은 무의식적으로) 자신이 편안하게 누릴 수 있는 한 섹스를 제공하고 아이를 낳는 기계를 가급적이면 많이 갖기를 원하고, 여자는 (의식적으로 혹은 무의식적으로) 자신의 자식을 위해 확보할 수 있는 자원을 극대화하길 원한다고 가정한다면, 왜 오늘날 일부일처제가 존재하는지를 설명할 수 있는 열쇠를 갖게 될 것이다. 일부다처제 사회는 종종 남자는 좋아하고 여자는 증오하는 어떤 것으로 묘사되고 있지만 사실은 어느 성에 대해서도 자연스러운 일치점을 찾기 어렵다. 분명 가난한 남자와 결혼하였으나 그보다는 차라리 부자의 첩이 되기를 바라는 여자에게 일부일처제는 좋은 제도가 아니다. 그리고 이와 마찬가지로 여자들이 기꺼이 차버리고자 하는 가난한 남편에게 일부다처제는 매력적인 제도일 수 없다.

그렇다고 이와 같이 겉으로 보기에 아이러니컬한 선호가 소득 정도에 있어 거의 바닥에 있는 사람들에게만 국한된 것은 아니다. 사실 다원주의적인 관점에서 보자면 남성들의 대부분은 일부일처제하에서 더 나은 상태에 있게 되며, 대부분의 여성들은 그렇지가 못하다. 이것은 매우 중요한 사실이며 예증을 통한 간략한 설명을 정당화하기에 충분하다.

비록 엉성하고 일부에게는 불쾌할지도 모르지만 분석적으로는 매우 유용한 결혼 시장 모델을 생각해 보자. 1000명의 남자와 1000명의 여자가 배우자감으로서 얼마나 바람직한가에 따라 평가된다고 상상하자. 물론 그와 같은 문제에 대해 일치된 결론이 나올 수는 없다. 그러나 어떤 패턴은 분명히 볼 수 있다. 여타의 조건들이 대체로 유사하다면 야심차고 성공한 남자보다 직업도 장래도 불투명한 남자를 선호하는 여자는 별로 없을 것이다. 마찬가지로 날씬하고 아름답고 똑똑한 여자보다 뚱뚱하고 매력이 없으며 멍청한 여자를 선택하려는 남자도 없을 것이다. 논의의 진행을 위해 이와 같은 여러 요소들을 하나로 뭉뚱그려 생각해 보자.

이들 2000명의 남녀가 일부일처제 사회에 살고 있고 각각의 여자가 자신과 동일한 순위의 남자와 결혼하기 위해 약혼한다고 상상해 보자. 그녀는 더 높은 순위에 있는 남자와 결혼하고 싶을 것이나 그는 이미 그녀보다 순위가 높은 경쟁자의 차지가 되었을 것이다. 남자도 마찬가지로 더 나은 여성과 결혼하고 싶을 테지만 같은 이유 때문에 그렇게 할 수 없다. 그럼 이제 약혼한 남녀가 결혼하기 직전에 일부다처제가 합법화되고 그것에 따른 여러 병폐까지도 마술처럼 사라진다고 상상해 보자. 그리고 보통보다는 약간 바람직한 여성들 중 적어도 한 명이, 이를테면 매우 매력적이지만 대단히 똑똑하지는 못해 400등을 차지한 여성이 자신의 약혼자(구두 영업사원, 400등)를 차 버리고 성공적인 변호사(40등)의 둘째 아내가 되기로 작정한다고 상상해 보자. 이 얘기는 그렇게 황당무계한 것만은 아니다. 자신이 피자 집에서 아르바이트를 해서 번 돈까지 합쳐 봐야 연수입이 1000만 원에 불과한 약혼자를 버리고 아무런 직업 부담 없이 연간 1억 원을 확보할 수 있는 기회를 차지하는 것이다. 더구나 40등인 남자는 400등인 남자보다 더 나은 춤솜씨까지 갖추고 있을 가능성이 높다.[6]

일부다처제에서는 이같이 사소한 신분 상승 행위가 여성 대부분의 처지를 보다 나은 것으로 만들어 주는 반면, 남성 대부분의 처지를 더 열악하게 만든다. 약혼자를 버린 여성보다 낮은 순위의 여성 600명 모두가 빈 공간을 채우기 위해 한 등급 더 올라갈 수 있다. 그들은 여전히 남편 하나를 독점할 수 있을 뿐만 아니라 이전보다 더 나은 남편을 얻을 수 있다. 반면 599명의 남자들은 이전의 약혼자보다 약간 열등한 아내를 가질 수밖에 없는 처지에 이른다. 그리고 한 사람은 아내를 구할 수 없게 된다. 물론 현실에 있어 여성들이 정해진 틀 속에서 융통성 없이 자리바꿈을 하는 것은 아니다. 결혼 제도의 변화가 있다 해도 초기에는 보이지 않는 여러 매력 때문에 자기 약혼자에 충실한 여성들이 많을 것이다. 그러나 현실로 말하자면 애초부터 신분 상승 행위가 그렇게 사소하게 진행되지 않을 것이다. 어쨌든 근본적인 사실은 분명하다. 모든 여성이 남편을 공유할 자유를 누린다면 남편을 공유하지 않을 여성까지 포함해서 많은 여성이 선택의 폭을 더 넓힐 수 있다.[7] 같은 이유에서 더 많은 남성들은 일부다처제로 인해 고통받게 된다.

결국 자세히 살펴보면, 제도화된 일부일처제는 종종 평등주의와 여성에게 커다란 승리인 것처럼 보이지만 사실은 여성에 대한 영향에 있어 전혀 평등하지 않다. 일부다처제는 남성의 재산을 더 균일하게 배분하는 결과를 낳을 것이다. 매력적이고 건장한 기업 총수의 아름답고 활기찬 아내로서는 일부다처를 여성의 기본권 위반이라고 비난하는 것이 당연하고도 현명한 일이다. 그러나 가난에 시달리는 기혼녀, 남편과 자식을 모두 바라는 여성은 일부일처제에 의해 보호받는 여성의 권리가 과연 누구의 권리인지 의아해 할 수 있다. 일부일처제를 선호하는 유일한 하층 시민들은 남성들이다. 이것은 그들이 여성을 얻을 수 있도록 해 주며 여성들이 사회 계층에서 상층부로 유입되는 것을 막아 준다.

결국 전체적으로 보면 어느 성도 전통적인 의미의 일부일처제를 옹호할 수 있는 입장이라고 보기 힘들다. 일부일처제가 여자 전체에 득이 되는 것도 남자 전체에게 실이 되는 것도 아니다. 각각의 성에 있어 이득은 상충하기 마련이다. 비교적 나은 위치에 있는 남자와 그렇지 못한 남자들 사이에 일종의 역사적이고 장대한 규모의 타협이 이루어진 것이라고 보는 것이 더 그럴듯한 설명일 것이다. 이들 남성에게 있어 일부일처제는 참된 의미에서 타협을 대변한다. 가장 운이 좋은 남자는 여전히 가장 바람직한 여자를 얻을 수 있는 반면 그들조차 한 명으로 만족해야만 한다. 일부일처에 대한 이 같은 설명, 즉 성적 재산을 남자들이 나누어 갖는 과정으로서의 일부일처제는 이 장의 서두에서 언급했던 사실, 즉 정치적인 권력을 통제하는 것은 남성이고 역사적으로 볼 때 중요한 정치적인 타협을 이룬 것도 남성이라는 사실과 정합적이라는 장점을 가진다.

그렇다고 남자들이 언제인가 모여 앉아 한 남자에 한 여자라는 타협안을 이루어 냈다는 것은 아니다. 그보다는 일부다처제가 평등주의적 가치, 보다 엄밀히 말해 남녀 간의 평등이라기보다는 남자들 간의 평등에 부응하여 사라지는 경향을 띠게 되었다는 것이다. 어쩌면 '평등주의적 가치'라는 말은 지나치게 상냥한 표현인지도 모르겠다. 정치적인 권력이 더 균등하게 배분됨에 따라 더 이상 상류층 남성이 여성을 매점하는 것이 가능하지 않게 되었다는 말이 더 정확할 것이다. 엘리트 지배 계층에게 있어 어느 정도의 정치권력을 장악한, 성욕에 굶주리고 자식 없는 남자들 집단처럼 불안을 자아내는 것도 없을 것이다.

이 이론은 어디까지나 이론일 뿐이다.[8] 그러나 적어도 느슨하게나마 사실도 이에 상응한다. 로라 벳지그(Laura Betzig)는 산업 시대 이전의 사회에서는 극단적인 일부다처가 종종 극단적인 정치 계층화와 같이 간다는 사실을 보여 주었다. 또한 일부다처는 가장 독재적인 정권하에서 정점을 이룬다는 사실도 밝혀냈다. (주루 족의 왕은 아내를 100명 이상 둘 수 있었는데 그와 저녁 식사를 하면서 기침을 하거나, 침을 뱉거나, 코를 풀면 사형감이었다.) 더구나 정치적인 지위에 따른 성적 재산의 할당은 흔히 세분화되었으며 명시적이었다. 잉카 사회에서는 하급 장교에서 추장에 이르는 네 부류의 관료가 저마다의 직급에 따라 7, 8, 15, 30명까지의 여자를 거느릴 수 있었다.[9] 따라서 정치적인 권력이 보다 널리 분산됨에 따라 아내도 그렇게 되었다고 추측할 수 있다. 그리고 종국에는 한 남자가 한 표를 갖는 것과 마찬가지로 한 남자가 한 아내를 거느리게 되었다. 물론 이러한 특징은 대부분의 현대 산업 국가에서 찾아볼 수 있다.

옳든 그르든 현대의 제도화된 일부일처제의 기원에 대한 이 이론은 다윈주의가 역사가에게 제공해야 하는 하나의 사례이다. 그렇다고 다윈주의가 역사를 진화로 설명하는 것은 아니다. 자연 선택은 문화나 정치의 차원에서 진행되고 있는 변화를 유도할 만큼 빠른 속도로 작용하지 않는다. 그러나 자연 선택은 그러한 문화·정치적 변화를 야기하는 마음의 꼴을 형성한다. 따라서 어떻게 자연 선택이 우리의 마음을 형성하게 되었는지를 이해하게 되면 역사가 지닌 힘을 이해하는 데 새로운 통찰력을 얻을 수 있을지도 모른다. 1985년에 저명한 사회사가인 로렌스 스톤(Lawrence Stone)은 남편의 정절과 결혼의 영속성을 강조한 초기 기독교의 역사적인 중요성에 대해 강조한 논문을 발표했다. 어떻게 이러한 문화적 혁신이 널리 퍼지게 되었는지에 대한 이론 한두 개를 검토한 후 그는 이에 대한 답은 여전히 불분명한 채로 남아 있다고 결론 지었다.[10] 아마도 다원주의적 설명, 즉 인간의 본성에 비추어 보건대, 일부일처제는 남자들 간의 정치적 평등이 직접적으로 표출된 것이라는 설명에 대한 언급이 적어도 한 번은 있었어야 할 것이다. 정치적으로뿐만 아니라 지성적으로도 일부일처제의 견인차 역할을 했던 기독교가 종종 그 메시지를 가난하고 무력한 사람들에게 보낸 것도 우연만은 아닐 것이다.[11]

일부다처제의 잘못된 점

결혼에 대한 위와 같은 다원주의적 분석은 일부일처제와 일부다처제 사이의 선택을 복잡하게 만든다. 왜냐하면 이 분석에 따르면, 문제는 평등과 불평등 사이에서의 선택이 아니기 때문이다! 우리에게 주어진 선택지는 남자들 간의 평등과 여자들 간의 평등이다. 어려운 문제임에 틀림없다.

남자들 사이의 평등, 즉 일부일처제에 손들어 줄 만한 여러 이유가 있다. 그 하나는 일부다처제가 학대받는 여자를 해방시켜 준다는 사실을 믿지 못하는 여러 여성 해방론자들의 분노를 피할 수 있기 때문이다. 또 다른 이유는 일부일처제가 적어도 이론적으로는 거의 모든 사람에게 짝을 제공해 줄 수 있는 유일한 제도이기 때문이다. 그러나 가장 강력한 이유는 이것이다. 많은 남자들로 하여금 아내와 자식을 가질 수 없게 만드는 것은 단지 불만스러운 것에 그치지 않는다는 점이다. 그것은 위험한 짓이다.

위험의 궁극적인 원천은 남성들 간의 성 선택이다. 남성들은 오랜 기간 동안 희귀한 성적 자원, 즉 여성에 접근하고자 경쟁해 왔다. 이러한 경쟁에서 지는 대가(유전자의 상실)는 엄청나게 크기 때문에 자연 선택은 남자들로 하여금 특별히 사납게 경쟁하도록 부추겼다. 모든 문화권에서 남자는 여자보다 폭력적이다. (사실 거의 모든 동물의 세계에서 수컷은 더 호전적인 성이다. 예외도 있는데 그 경우는 깜짝도요새와 같이 수컷의 부양 투자가 엄청나서 암컷이 수컷보다 더 자주 번식할 수 있는 경우에 한한다.) 설사 수컷의 폭력이 경쟁자를 향한 것이 아니라 하더라도 그 결과는 종종 성적 경쟁으로 귀결된다. 하찮은 싸움이 한 사람이 '체면'을 위해 다른 사람을 죽이는 지경까지 악화되기도 한다. 이는 태고의 환경에서는 지위의 상승을 가져오고 성적인 대가를 얻었을 수도 있었던 일종의 원초적인 존경심을 얻기 위함이다.[12]

다행스럽게도 남성의 폭력은 환경에 의해 완화될 수 있다. 그러한 환경 중 하나가 배우자이다. 여자가 없는 남자는 특별히 더 사납게 경쟁할 것이라고 예측할 수 있다. 사실 그러하다. 스물네 살에서 서른다섯 살에 이르는 미혼 남자가 같은 나이의 기혼 남자보다 다른 남자를 살해할 확률이 세 배가량 높다. 물론 이런 차이는 애초부터 결혼하는 남자와 그렇지 않은 남자의 차이에서 기인할 수도 있다. 그러나 데일리와 월슨이 설득력 있게 주장한 바와 같이 이런 차이의 대부분은 '결혼이 가져오는 진정 효과'에 있다고 볼 수 있다.[13]

'진정되지 않은' 남자들에게 가능성이 큰 행위는 살인에 그치지 않는다. 그는 또한 여자를 유혹할 수 있는 자원을 마련하기 위해 여러 다른 위험한 행위를, 예를 들어 강도와 같은 행위를 할 가능성이 크다. 그는 또 강간을 범할 가능성도 다분하다. 더 넓게 보자면, 위험이 큰 범죄적인 삶은 종종 그를 약물과 알코올 남용으로 이끌고, 이는 다시 합법적인 수단을 가지고 여자를 유혹할 만큼 돈을 충분히 벌 수 있는 기회를 더 감소시킴으로써 문제를 더욱 복잡하게 만든다.[14]

남자들에 대한 평등주의적 영향을 강조한 이 논증은 아마도 일부일처제를 옹호하는 가장 좋은 논증일 것이다. 남성들 사이의 불평등은 여성들 사이의 불평등보다 사회적인 관점에서 더 파괴적이다. 한마디로 말해 짝 없는 저소득 남성들이 득실거리는 일부다처제 국가는 우리들 대부분이 살고 싶어 하는 국가가 아니다.

그러나 불행하게도 이런 국가는 이미 우리가 살고 있는 국가와 다르지 않다. 미국은 더 이상 제도화된 일부일처제 국가가 아니다. 미국은 연쇄적인 일부일처제를 가진 국가이다. 그런데 연쇄적인 일부일처제는 여러 면에서 일부다처제와 마찬가지다.[15] 다른 여러 부유한 상류층 남성들처럼 조니 카슨(Johnny Carson, 사상 최고 시청률을 기록한 미국 NBC TV의 심야 토크 쇼 「투나잇 쇼」를 삼십 년 동안 진행했다.—옮긴이)은 그의 생애 내내 일련의 젊은 여성들의 번식기를 독점하면서 보냈다. 세상 어딘가에는 가족과 아름다운 아내를 원하는 남자가 있었을 것이고, 조니 카슨이 아니었더라면 그는 그 여자들 중 하나와 결혼할 수 있었을지도 모른다. 만약 이 남자가 다른 여자를 구할 수 있었다고 하더라도 그는 결국 또 다른 남자의 기회를 앗아버린 것에 지나지 않는다. 일종의 도미노 효과로 볼 수 있다. 번식력 있는 여성의 부족 현상은 사회 계층을 타고 아래로 아래로 그 여파를 미치게 된다.

비록 추상적이고 이론적인 말로 들릴지 몰라도 이런 현상은 실제로 일어날 수밖에 없다. 여성의 가임기는 25년에 지나지 않는다. 일부 남성이 25년의 가임기를 장악하게 되면, 어떤 곳에서건 누군가가 그것보다 짧은 가임 기간에 만족해야만 한다. 더군다나 이 같은 연쇄적인 남편들에 더하여, 결혼에 이르지 않은 채 여자와 5년간 동거한 후 헤어지기를 반복하는 젊은이들을 고려한다면 (아마도 서른다섯 살쯤 되었을 때 스물여덟 살 먹은 처녀와 결혼할지도 모르겠다.) 그 영향은 매우 심각할 수 있다. 1960년대에는 마흔 살 이상의 인구 중 결혼을 한 적이 없는 사람들의 비율이 남녀에게 있어 거의 동일했던 반면, 1990년대에 들어와서는 여성보다 남성의 비율이 크게 늘어났다.[16]

현재의 무주택 알코올 중독자와 강간범이 만약 1960년대 이전의 사회 분위기 속에 살았더라면, 다시 말해 여성이 더 균등하게 분배된 분위기 속에서 살았더라면, 일찍 아내를 찾고 그로 인해 위험이 적고 보다 덜 파괴적인 삶의 형태를 채택했으리라고 생각하는 것은 터무니없는 일이 아니다. 어쨌든 요점을 받아들이기 위해 이 같은 설명에 전적으로 따를 필요는 없다. 만약 일부다처제가 실제로 사회의 하층 계급에 속한 남자들에게 그리고 간접적으로는 우리 모두에게 유해한 영향을 끼친다면, 일부다처제를 합법화하는 데 반대하는 것만으로는 충분하지 않다. (어쨌든 일부다처제를 합법화하려는 시도는 심각한 정치적 위협이 아니다.) 우리는 오히려 이미 존속하고 있는 사실상의 일부다처제를 걱정해야 한다. 우리가 염려할 것은 과연 일부일처제가 보존될 수 있는가 하는 점이 아니라, 과연 그것이 복원될 수 있는가 하는 점이다. 단지 아내가 없어 불만에 가득 찬 남자뿐 아니라 불만에 가득 찬 이혼녀, 특히 조니 카슨보다 부유하지 못했던 사람과 결혼하는 불운을 겪었던 여자들 또한 이러한 논의에 열정적으로 참여할 것이다.

다원주의와 도덕적 이상들

결혼에 대한 이와 같은 견해는 다원주의가 어떤 방식으로 도덕적 담론에 참여할 수 있는지 혹은 그럴 수 없는지를 보여 주는 교과서적 예이다. 다원주의는 근본적인 도덕 가치를 제공해 줄 수 없다. 가령 우리가 평등한 사회에서 살기를 원하는가 하는 문제는 우리 자신이 선택해야 할 문제다. 자연 선택은 약자의 고통에 무심하다. 그러나 우리가 그것을 모방할 필요는 없다. 더구나 살인이나 강도, 강간 같은 행위가 과연 어떤 의미에서 '자연적'인지 아닌지에 대해서도 우리는 염려할 이유가 없다. 그러한 행위들이 얼마나 언짢은 일인가 그리고 얼마나 적극적으로 그에 대처해야 할까 같은 문제는 우리들 자신이 결정해야 하는 문제이다.

그러나 일단 우리가 그런 선택을 하고 나면, 즉 일단 도덕적 이상을 수립하고 나면, 다원주의는 어떤 사회 제도가 이런 이상으로 가장 잘 이끌 수 있는지를 가늠하도록 도와줄 수 있다. 위의 경우에서 다원주의적 조망은 현존하는 결혼 제도인 연쇄적 일부일처제가 상당한 면에서 일부다처제와 대등하다는 사실을 보여 준다. 그렇다면 현 제도는 혜택받지 못한 사람들에게 불리하게 작용하는 비평등주의적 효과를 가져온다는 것을 알 수 있다. 다원주의는 또 그와 같은 불평등이 가져오는 부담, 즉 폭력, 도둑질, 강간 등을 강조한다.

이 점에서 예전의 도덕적 논쟁은 새로운 형태를 취하게 된다. 예를 들어, 마치 '가족적 가치'를 자신들의 전유물인 양 이용해 왔던 정치적 보수주의자들의 주장이 퇴색하기 시작한다. 빈곤한 사람, 범죄와 가난의 '근본 원인'에 대해 염려하는 진보주의자도 이제는 '가족적 가치'를 옹호하는 논변을 논리적으로 개발할 수 있다. 이혼율의 감소는 저소득층 남성들로 하여금 보다 많은 여성과 접촉할 기회를 제공함으로써 상당 수의 남자들이 범죄, 마약 중독, 그리고 때로는 부랑자로 전락하는 일을 방지할 수 있을지도 모른다.

물론 일부다처제가 (그리고 심지어는 명목상으로는 그렇지 않으나 실제로는 일부다처제인 제도 역시) 가난한 여성에게 물질적인 기회를 제공할 수 있다는 점에서 진보주의자들이 일부일처제에 대해 논박하는 것도 상상해 볼 수 있다. 더 나아가 일부일처제에 반대하는 진보주의적 여성 해방론자들도 상상해 볼 수 있다. 그러나 어쨌든 간에 다원주의적 여성 해방론이 보다 복잡한 여성 해방론임을 알 수 있다. 다원주의적 관점에서 볼 때, '여성'은 자연스럽게 어우러진 이익 집단이 아니다. 여성을 하나로 묶어줄 수 있는 어떤 것이 존재하지 않는 것이다.[17]

현재의 결혼 관행이 낳은 부산물 가운데 새로운 패러다임을 통해 재조명되는 것 중 하나는 아이들에게 미치는 악영향이다. 마틴 데일리와 마고 윌슨은 이렇게 말한다. "부모의 동기에 대한 다원주의적 견해로부터 가장 확실하게 예측할 수 있는 것은 일반적으로 양부모는 친부모보다 아이들을 돌봄에 있어 소극적일 것이라는 사실이다." 따라서 "친부모가 양육하지 않는 아이들은 친부모가 양육한 아이들에 비해 더 착취의 대상이 되거나 위험에 놓이게 된다. 부양 투자는 매우 귀중한 자원이다. 따라서 자연 선택은 남의 자식에게 자원을 낭비하지 않는 부모의 심리를 선호했을 것임에 틀림없다."[18]

일부 다원주의자들에게 이와 같은 예측은 극히 당연한 것이어서 이를 검증하려는 짓은 시간 낭비에 불과하다. 그럼에도 불구하고 데일리와 윌슨은 그런 수고를 감수했다. 1976년 미국의 경우를 보면, 하나 혹은 그 이상의 의부모와 함께 사는 아이는 친부모와 함께 사는 아이에 비해 치명적으로 학대받을 가능성이 100배가량 더 컸다. 1980년대 캐나다의 어떤 도시의 경우에도 두 살 이하의 아이 중 한쪽 부모가 의부모인 경우가 양쪽 다 친부모인 경우보다 부모에 의해 살해당할 확률이 70배나 높았다. 물론 살해당한 아이들은 의부모와 살아가는 아이들 중 극히 일부에 지나지 않는다. 어머니가 이혼하고 재혼한다고 해서 아이가 곧 살해당하는 것은 아니다. 그렇지만 치명적이지는 않지만 흔히 자행되는 학대를 고려해 보자. 한쪽 부모가 의부모인 열 살 미만의 아이들은 그들의 나이와 각 연구의 내용에 따라, 양쪽이 친부모인 아이보다 학대로 인해 고통받을 가능성이 3배에서 40배까지 컸다.[19]

수많은 부모의 무관심도 대체로 이러한 모형을 좇을 것이라고 추측할 수 있다. 자연 선택이 부모의 사랑을 만들어 낸 것도 따지고 보면 자손에게 이득을 주기 위한 것일 뿐이다. 생물학자들은 이 같은 이득을 '투자' 라는 말로 표현하지만, 그렇다고 그것이 전적으로 돈으로 지탱할 수 있는 물질적인 것에 국한되는 것은 아니다. 아버지는 아이들에게 온갖 것을 가르치고 인도해 준다. (아버지나 아이들이 인식하는 것 이상이다.) 더구나 아버지는 아이들을 온갖 위협으로부터 지켜 준다. 어머니 혼자서는 챙길 수 없는 일이다. 양부가 그 같은 일을 챙길 것이라고는 거의 기대할 수 없다. 다윈주의적 관점에서 보자면, 어린 양자는 자원을 고갈시킴으로써 양부의 적응에 장애를 줄 뿐이다.

자연을 속이고 부모로 하여금 남의 아이를 사랑하게 하는 방법이 있다. (간통이 그것이다.) 따지고 보면 사람들이 아이가 자신의 유전자를 보유하고 있는지를 알 수 있는 방법이 없다. 대신에 사람들은 태고의 환경에서 그와 같은 점을 시사해 줄 수 있는 단서에 의존한다. 만약 여자가 날마다 갓난아이를 먹이고 껴안고 귀여워하면, 그녀는 점점 더 아이를 사랑하게 될 것이다. 그리고 이에 따라 수년 동안 그녀와 잠자리를 함께한 남자도 그럴 것이다. 이와 유사한 결속 과정을 통해 사람들은 양자를 사랑하게 되며, 유모 역시 자신이 돌보는 아이를 아끼게 된다. 그러나 이론과 실제에 있어 양부모와 아이가 처음 만났을 때 아이의 나이가 많을수록 이들 간의 애정은 깊어지기 어렵다는 사실이 지지된다. 그런데 양부를 맞는 아이들의 대부분은 이미 유년기를 보낸 상태이다.

합리적이고 인정이 많은 사람들 사이에서도 과연 일부일처제 사회가 일부다처제 사회보다 더 나은지에 대한 논란이 있을 수 있다. 그러나 다음과 같은 것들은 거의 논란의 여지가 없다. 어떤 종류의 사회에서든지 이혼이 합법화되어 이혼한 어머니가 보편적이게 되면, 많은 아이들이 더 이상 친부모 모두와 함께 살 수 없게 되고 그로부터 가장 고귀한 진화론적 자원인 사랑이 대량으로 손실될 것이라는 점이다. 일부일처제와 일부다처제가 가진 상대적인 장점이 무엇이든지 간에 현존하는 결혼 제도인 연쇄적 일부일처제는 사실상 일부다처제와 유사하기 때문에, 중요한 의미에서 가장 나쁜 제도라고 볼 수 있다.

도덕적 이상의 추구

다원주의가 도덕적 논쟁이나 정치적 논쟁을 언제나 단순화시킬 수 있는 것은 아니다. 사실 위의 경우에 남자들 간의 평등과 여자들 간의 평등 사이에 존재하는 긴장 관계를 부각시킴에 따라 다원주의는 우리의 이상을 가장 잘 성취할 수 있는 결혼 제도에 대한 문제를 더욱 복잡하게 만들었다. 그러나 늘 긴장이 있어 왔던 것은 사실이다. 적어도 이제 그것은 밖으로 불거져 나왔으며 그에 따라 논쟁이 더 명료해질 수 있게 되었다. 더구나 일단 우리가 어떤 제도가 도덕적 이상에 최적인지를 결정하기만 한다면, 다원주의는 새로운 패러다임의 도움을 얻어 도덕적 담론에 두 번째 종류의 공헌을 할 수 있다. 곧 그것은 과연 어떤 종류의 힘이, 즉 어떤 도덕적 규범이나 사회 정책이 그런 제도를 조장하는 데 도움이 되는지 가늠할 수 있도록 도와줄 것이다.

여기에서 '가족적 가치'를 둘러싼 논쟁이 자아내는 또 다른 아이러니를 볼 수 있다. 일부일처 결혼을 강화하는 최선의 방책이 재산을 더욱 평등하게 분배하는 것이라는 말을 들으면 보수주의자들은 놀라 자빠질 것이다.[20] 미혼 여성은 만약 B라는 총각이 A라는 기혼남만큼 많은 돈을 번다면 A라는 아내로부터 A라는 남편을 빼앗으려는 유혹을 적게 받을 것이다. 그리고 남편 A 또한 젊은 여성의 현혹적 눈짓을 이끌지 못한다면 자신의 아내 A에게 더욱더 만족할 것이며 그녀의 주름살 역시 그다지 눈에 거슬리지 않을 것이다. 이와 같은 역학 관계는 왜 일부일처제가 경제적 계층화가 거의 존재하지 않는 사회에 뿌리 깊게 자리 잡고 있는지를 설명해 준다.

빈곤 추방 정책에 반대하는 보수주의자의 논증 중 대표적인 것은 이런 정책이 가져오는 대가를 지적한다. 즉 세금은 부유한 자에 짐을 지우게 되고 그것은 일에 대한 그들의 의욕을 감소시키며, 결국은 전체적으로 경제적 생산을 감퇴시키게 된다는 것이다. 그러나 만약 정책의 목적 중 하나가 일부일처제를 촉진하는 것이라면 부자를 덜 부유하게 만드는 것은 반길 만한 부작용이다. 일부일처제는 절대적인 의미에서의 가난에 의해서만이 아니라 부자의 상대적인 부에 의해서도 위협을 받는다. 물론 부자의 재산 감소로 인해 전체적으로 경제적 생산이 위축되는 것은 유감스러운 일이다. 그러나 우리가 소득 재분배로 인해 발생하는 이익에 보다 안정적인 결혼 생활이 가져오는 이득을 첨가한다면, 그와 같은 불이익은 그다지 중요해 보이지 않을 것이다.

독자 중 일부는 위의 분석 전체가 점점 현실과 괴리되고 있다고 생각하며 의아해 할지도 모르겠다. 사실 점차 많은 여성들이 산업 전선에 뛰어들면서, 여성들은 이제 결혼에 대해서 남성의 소득 이외의 것에 준해서 결정할 수 있는 처지가 되었다. 그러나 우리가 다루는 것은 단순히 여성의 의식적인 계산이 아니라 그들 의식에 깊숙이 잠재해 있는 로맨틱한 매력이며, 이 같은 느낌은 지금과는 다른 환경에서 조성되었다는 사실을 잊어서는 안 된다. 수렵 채집 사회를 통해 볼 때, 인간 진화의 대부분 동안 남성들이 결혼의 자원을 장악했다. 심지어는 가장 빈곤한 사회에서조차, 즉 남성 간의 경제적 차이를 거의 찾아보기 힘든 경우에도 아버지의 사회적 지위는 어머니의 지위에 비해 혼인에서나 그리고 여러

다른 점에서 자식에게 이득을 주는 방향으로 나타났다.[21] 비록 현대 여성들이 자신의 부와 스스로 구축한 지위를 곰곰이 생각해 보고 그에 맞추어 결혼에 관한 결정을 내릴 수 있을지는 몰라도, 그것이 곧 그녀가 태고의 환경에서 중요한 가치를 지녔던 뿌리 깊은 미적 충동으로부터 초연할 수 있다는 것을 의미하지는 않는다. 사실 현대 여성들은 그러한 충동으로부터 초연하지 못하다. 진화심리학자들은 남자보다 배우자의 경제적 전망에 더 큰 비중을 두는 경향을 현재의 소득 수준이나 기대 소득 수준에 상관없이 모든 여성에게서 찾아볼 수 있음을 보여 주었다.[22]

사회가 경제적으로 계층화되어 있는 한, 평생을 함께하는 일부일처 관계는 인간의 본성과 끊임없이 갈등을 빚어낼 것이다. (도덕적이고 법적인) 장려책과 억제책이 필요할지도 모른다. 일부일처제가 원만히 유지되었으면서도 경제적으로 계층화된 사회를 살펴보면 어떤 장려책이 효율적인지를 알 수 있다. 가령 빅토리아 시대 영국의 경우가 그렇다. 결혼을 성공으로 이끈 (적어도 이혼으로 치닫지 않았다는 소극적인 의미에서) 빅토리아 시대의 윤리의 특성을 찾는다는 것이 곧 이런 특성을 우리 자신이 받아들여야 함을 의미하는 것은 아니다. 비록 부작용을 감안해 받아들이지는 않더라도 우리는 빅토리아 시대의 도덕 가운데에서 '지혜'를 엿볼 수 있다. 특히 그것이 어떻게 암묵적으로 인간 본성에 대한 깊은 진리를 인식함으로써 특정한 목적을 성취하는지를 볼 수 있다. 더구나 지혜를 엿보는 것은 예나 지금이나 그것이 봉착했던 문제의 성격을 가늠하는 데 매우 유용한 방법이다. 따라서 다윈주의적인 관점에서 빅토리아 시대의 결혼 풍속을, 특히 찰스 다윈과 에마 다윈(Emma Darwin)의 결혼 생활을 살펴보는 것은 가치 있는 일이다.

다윈의 인생으로 돌아가기 전에 유의해야 할 점이 하나 있다. 지금까지 우리는 인간의 마음을 추상적으로 분석해 왔다. 우리는 적합성을 극대화하기 위해 디자인된 '종에 전형적인' 적응 기제에 대해 논의해 왔다. 그러나 우리가 초점을 종 전체로부터 특정한 개인으로 전환할 경우 그 사람이 자기 유전자를 차세대에 잘 전달하기 위해 매순간 적합성을 극대화한다고 기대해서는 안 된다. 그 이유는 이제까지 강조해 왔던 바를 넘어서는 것이다. 인간은 대부분 그들의 마음에 적합하게 디자인된 환경과 유사한 곳에서 살아가지 않는다. 환경은 변덕스럽다. 유기체가 알맞게 디자인된 그 환경마저도 예측 불가능하다. 융통성 있는 행동이 진화하게 된 것도 바로 이 때문이다. 그리고 예측 불가능성은 그 자체의 성격 때문에 통제할 수 없다. 존 투비와 레다 코스미데스의 말마따나, "자연 선택은 특정한 상황에 처한 개체를 직접적으로 '볼' 수 없으므로 그들의 행동을 적응에 걸맞도록 조정할 수 없다."[23]

자연 선택이 할 수 있는 최선책은 우리에게 개연성에 대처할 수 있는 적응 기제, 즉 '정신 기관' 혹은 '정신 모듈'과 같은 기제를 주는 것이다. 자연 선택은 남성들에게 '자식 사랑'의 모듈을 주고, 그 모듈은 문제의 자식이 진짜로 자기 자식인지에 민감하게 반응하도록 만들 수 있다. 그러나 어떤 적응도 완벽할 수는 없다. 자연 선택은 여성에게 '근육에 끌리는' 모듈 혹은 '지위에 끌리는' 모듈을 줄 수 있다. 더구나 이러한 끌림의 강도를 온갖 인접 요소들에 의존적이게끔 만들 수도 있다. 그러나 이처럼 대단히 융통성 있는 모듈이라 할지라도 이러한 끌림이 생존력과 생식력을 갖춘 자손으로 귀결된다는 보장은 없다.

투비와 코스미데스가 주장하듯이 인간은 '적합성을 극대화하는 기계(fitness maximizer)'가 아니다. 인간은 '적응 수행자(adaptation executer)'이다.[24] 적응 기제는 경우에 따라 좋은 결과를 가져올 수도 있고 그렇지 않을 수도 있다. 더구나 성공은 소규모의 수렵 채집 마을이 아닌 곳에서는 매우 가변적이다. 따라서 찰스 다윈을 살펴볼 때 우리가 물어야 하는 것은 "생존력과 생식력을 갖춘 자손을 보다 많이 낳기 위해 그가 실제로 행했던 것과 다른 어떤 행동을 생각해 볼 수 있는가?" 하는 점이 아니다. 오히려 문제는 "과연 그의 행동을 수많은 적응 기제로 구성된 마음의 산물로서 이해할 수 있는가?" 하는 점이다.

5장

다원의 결혼

말할 수 없을 정도로 애지중지하는 어떤 것을 가진 아이처럼 나는 '나의 사랑하는 에마'라는 말 속에 파묻혀 지내길 갈망하오. 나의 사랑하는 에마, 무릎 꿇어 간절히 바라는 마음으로 당신의 손에 키스하오. 당신의 손은 나를 행복으로 충만하게 한다오. 그러나 사랑하는 에마, 인생은 순식간에 지나쳐 간다오. 두 달을 여섯 번 합하면 일 년이 된다는 사실을 기억하구려.
　　　──「결혼을 서두르자고 약혼녀를 설득하는 다윈의 편지」
　　　　　　　　　　　　　　　(1838년 11월)에서

성적인 욕망은 군침을 흐르게 만든다. …… 희한한 상관관계다.
　　　──다윈의 「과학 노트」(1838년 11월)에서[1]

다원이 결혼을 한 1830년대에 이혼을 신청한 영국의 부부 수는 일년에 네 쌍 정도였다. 이것은 어떤 의미에서는 오해의 가능성이 있는 통계치이다. 왜냐하면 이 수치가 적어도 부분적으로는 당시 남자들이 중년의 위기에 도달하기 전에 사망하는 경향이 있었다는 사실을 반영하기 때문이다. (중년의 위기라는 말은 잘못된 용어이다. 남자가 중년에 들어선다는 사실보다는 여자가 중년에 들어선다는 사실이 흔히 위기를 가져오기 때문이다.) 또 이 수치는 이혼을 하려면 실제로 의회의 승인이 필요했다는 사실을 반영하고 있다. 그리고 결혼을 종식시키는 다른 방법이 있었다는 것도 염두에 두어야 한다. 특히 사적으로 조정된 별거를 통한 이혼이 성행했다. 그러나 여전히 당시의 결혼이 대체로 항구적이었다는 사실을 부정할 수는 없다. 특히 다윈이 속한 중상류 계층에서는 더욱 그러했다. 이와 같은 결혼 관습은 1857년 이혼법으로 이혼이 쉬워진 이후에도 근 50년 동안 유지되었다.[2] 즉 빅토리아 시대의 윤리는 혼인을 유지하는 데 이바지하는 무엇인가를 포함하고 있었던 것이다.

불우하지만 어찌할 수 없는 결혼으로 인해 빅토리아 시대의 영국에서 야기되었던 고통이 얼마나 컸던가는 정확하게 알 수 없다. 그러나 그것이 오늘날의 이혼이나 별거로 인해 야기되는 고통을 초과하지는 않았을 것이라 짐작할 수 있다.[3] 어쨌든 우리는 당시의 부부 중 성공적인 결혼 생활을 영위한 것처럼 보이는 몇 쌍에 대해 알고 있다. 찰스와 에마 다윈 부부가 그렇다. 그들은 서로에 대해 헌신적이었고, 그 헌신은 시간이 감에 따라 더 강해진 듯하다. 그들은 7남매를 두었으며 그들 중 누구도 자신의 부모가 폭압적이었다는 험악한 말을 하지 않았다. 딸 중 하나인 헨리에타(Henrietta Emma Darwin)는 그들의 결혼을 '완벽한 결합'[4]이라고 불렀으며 아들인 프랜시스(Francis Darwin)는 아버지에 대해 이렇게 썼다. "아버지의 다정하고 동정 어린 성정은 어머니에 대한 태도에서 가장 아름답게 표현되었다. 어머니와 함께할 때 아버지는 행복을 찾을 수 있었다. 아버지는 어머니를 통해 어쩌면 우울했을지도 모를 인생에서 만족과 고요한 기쁨을 만끽할 수 있었다."[5] 오늘날의 관점에서 보면, 찰스와 에마 다윈의 결혼 생활은 친애, 평온함, 그 지속성에 있어서 거의 목가적인 것처럼 보인다.

다윈의 전망

빅토리아 시대의 결혼 시장에서 다윈은 가치가 큰 상품이었음에 틀림이 없다. 그는 사람을 끄는 성품과 존경받을 만한 교육과 그의 경력에 유리한 가풍을 지니고 있었다. 거기에 더해 선대로부터 곧 재산을 상속받을 예정이었다. 그가 특별히 미남이었던 것은 아니다. 그렇다고 크게 잘못된 것도 없었다. 빅토리아 시대의 남녀는 미적인 취향에 있어 분명하게 다른 기준을 가지고 있었다. 이런 차이는 진화심리학 이론에 잘 맞아떨어진다. 경제적으로 유명한 남자는 매력적인 신랑감이었고 아름다운 여자는 매력적인 신부감이었다. 그의 학창 시절과 후에 그가 비글 호에 타고 있을 때 다윈과 그의 누이들이 서로에게 보낸 편지들의 상당 부분에서 로맨스에 대한 얘기를 발견할 수 있다. 그의 누이들은 동네의 얘깃거리와 그를 대신해서 수행한 일종의 탐색 작업의 결과를 그에게 보고했다. 이때 거의 예외 없이 남자는 물질을 제공할 수 있는 능력에 따라 평가되었던 반면, 여자는 남성들에게 유쾌한 시각적, 청각적 환경을 제공하는 관점으로 평가되었음을 알 수 있다. 새로 약혼한 여성과 다윈과 결혼할 자격을 갖추었다고 평가되는 여성들은 "예쁘다", "매력적이다." 혹은 적어도 "유쾌하게 만든다."라고 쓰여 있다. 다윈의 누이 캐서린(Catherine Darwin)은 이들 중 한 후보에 대해 "오빠는 분명 그녀를 좋아할 거야. 그녀는 정말 명랑하고 함께하면 즐거움을 주는 여자야. 더구나 내 생각에는 미인이지."라고 썼다. 한편 새로 약혼한 남성을 생활력이 있거나 그렇지 않다고 평가했다. 수전 다윈(Susan Darwin)은 항해 중인 동생에게 이렇게 썼다. "사촌 루시 골턴이 몰리에트 씨하고 약혼을 했어. 뚱보 몰리에트 여사의 장남 말이야. …… 그런데 이 젊은 신사는 대단한 부자야. 그래서 양가에서 모두 흡족해 하고 있어."⁶

비글 호의 항해는 예상보다 오래 걸렸고, 그 결과 다윈은 청춘의 황금기인 20대의 5년을 해외에서 소비해 버린 셈이 되었다. 그러나 외모와 마찬가지로 나이 역시 남자가 크게 걱정할 바는 못 되었다. 다윈의 계층에 속한 여성은 종종 20대 초가 되면 가장 잘나갈 때 남성의 눈길을 끌어 볼 요량으로 아름다움을 과시하기에 분주했다. 반면 20대의 남자들은 다윈이 그러했듯이 오직 좋은 직위를 얻거나 돈을 벌기 위해 전념했다. 이 또한 후에 가장 좋은 배우자감을 얻기 위해서였다. 그렇기에 남자로서는 크게 서두를 것이 없었다. 여성이 나이가 꽤 든 남자와 결혼하는 것은 자연스레 여겨진 반면, 남성이 자신보다 나이가 현저히 많은 여성과 결혼하는 일은 사람들을 당황하게 만들었다. 다윈이 비글 호를 타고 있을 때 그의 누이인 캐서린은 다윈과 거의 동년배인 사촌 로버트 웨지우드가 "한 눈이 멀어 쉰 살이나 된 크루 양을 미친 듯이 사랑하게 되었다."라고 전했다. 다윈의 누나 수전도 "겨우 20년밖에 차이가 나지 않는대."라고 비아냥거렸다. 또 다른 누나 캐럴라인(Caroline Darwin)도 그가 "자기 엄마가 될 정도로 늙은 여자"와 사랑에 빠졌다고 탄식했다. 캐서린의 말에 따르면, "그녀는 요부이며 그녀가 그를 꼬셨음에 틀림이 없다. 그녀는 아직 간직하고 있는 자신의 미모를 이용"했으리라는 것이다.[7] 이를 다르게 표현하면, 그 남자의 나이 감지 기제는 잘 작동하고 있지만 그녀가 남다른 미모, 즉 젊어 보이는 외모를 가지고 있어 그가 속아 넘어갔다는 것이다.

젊은 다윈이 배필로 맞을 가능성이 큰 여인은 그리 많지 않았다. 사춘기 이후가 되면서 다윈의 가능한 배필감은 슈루즈베리에 있는 다윈의 집에서 그리 멀지 않은 곳에 사는 비교적 잘 사는 두 집 정도에 있었다. 우선 항상 사랑받는 패니 오언이 있었다. 다윈은 학창 시절, 그녀를 "가장 예쁘고, 토실토실하고, 매혹적인" 패니 오언이라고 묘사했다.[8] 그리고는 다윈의 외삼촌인 조사이어 웨지우드 2세(Josiah Wedgwood II)의 세 딸인 샬럿(Charlotte), 패니(Fanny), 에마를 들 수 있다. (가장 큰 딸인 세라는 다윈보다 열여섯 살이나 연상이었다.—옮긴이)[9]

다윈이 출발할 당시만 해도 아무도 에마를 다윈의 사랑을 차지할 첫 번째 주자로 생각하지 않았다. 다윈의 누이 캐럴라인이 편지에서 "에마는 대단히 아름다우며 매우 유쾌하게 얘기를 나눈다."[10](남자에게 이보다 더 바랄 것이 무엇이 있겠는가?)라고 지나가는 말을 했을 뿐이다. 그러나 운명의 장난인지는 몰라도, 다른 후보 셋은 곧 다윈의 신부감에서 제외되었다.

에마의 언니인 샬럿이 맨 먼저 후보감에서 제외되었다. 1832년 1월 그녀는, 비록 "지금은 수입이 별로 없지만" 할머니가 사망하게 되면 많은 유산을 상속할 위치에 있고, "강직하면서도 온화한 성격으로 자신에게 안정감을 주는" 남자와 급작스레 약혼을 하게 되었다고 다윈에게 편지를 썼다.[11] (말하자면, 곧 자원이 늘어날 것이며 그것을 흔쾌히 투자할 용의가 있는 남자라는 뜻이다.) 사실 샬럿은 아마도 찰스 다윈에 관한 한 다크호스였으리라 생각된다. 그녀를 지칭하기 위해 그들이 사용한 별명, 즉 "비교할 수 없는 여자"라는 말에서 볼 수 있듯, 그녀는 찰스 다윈과 그의 형 이래즈머스 다윈 모두에게 강한 인상을 주었다. 그러나 그녀는 찰스 다윈보다 열 살 이상이나 많은 연상이었다. 아마 이래즈머스 다윈이 그녀에게 더 홀딱 빠져든 것은 이 때문일지 모른다. 그러나 그는 그녀 이외에도 많은 여성에게 빠져들었으며, 그들 중 누구와도 결혼하지 않았다.

그 당시 샬럿보다 더 다윈에게 충격을 준 것은 아마도 항상 즐거움을 주는 패니 오언이 결혼한다는 소식이었을 것이다. 이 소식을 전한 사람은 패니의 아버지였는데, 그는 신랑이 "지금 별로 부유하지 않고 앞으로도 그럴 것 같지 않다."라며 매우 실망하는 투였다.[12] 그러나 대신에 그녀의 남편은 잠시나마 국회의원을 역임했기 때문에 상당히 높은 지위를 지녔던 것으로 보인다.

다윈은 그의 누나 캐럴라인에게 보낸 편지에서 이 같은 온갖 혼담들에 대해 행복한 반응을 보이지는 않았다. "당사자들에게는 그런 혼담들이 모두 즐거운 일이 되겠지만, 저로서는 그토록 행복이 충만한 상태에 있는 여자보다는 결혼하지 않은 여자에게 호감이 가는 것이 당연하므로 결코 즐겁지 않은 일입니다."[13]

다윈의 누이들이 그의 장래에 대해 가지고 있었던 그림(시골의 교구 사제가 되어 좋은 아내와 정착하는 것)은 신부감들이 사라짐에 따라 점차 그 가능성이 희박해져 갔다. 캐서린은 남아 있던 신부감인 에마와 패니 웨지우드를 살펴 본 후 패니 편을 들었다. 그녀는 찰스에게 그가 돌아올 때까지 패니가 미혼이기를 바란다고 썼다. "그녀는 매우 소중한 아내가 될 것이다."[14] 그녀가 그런 아내가 될 수 있었는지는 결코 알 길이 없다. 그녀는 스물여섯 살에 깊은 병이 들어 한 달도 채 못 되어 죽고 말았다. 이제 넷 중 셋이 결혼했거나 사망하게 되어, 에마가 다윈의 아내가 될 가능성은 거의 결정적인 일이 되었다.

찰스가 예전부터 에마를 연모해 왔다면 그는 자신의 마음을 잘 숨겨 온 셈이었다. 캐럴라인이 회상한 바에 따르면, 다윈은 항해에서 돌아왔을 때 이래즈머스가 "에마 웨지우드에게 온통 엉겨 붙어 미쳐 있는 것"을 보게 될 것이라고 했다. 1832년 캐서린은 찰스에게 이렇게 썼다. "오빠의 예언을 듣고 무척이나 울었어. 일이 그렇게 되지 않았으면 좋겠어".[15] 이래즈머스가 에마에게 계속 관심을 보인 것은 사실이나, 에마는 비글 호가 1836년 영국에 귀항했을 때에도 여전히 미혼이었다. 사실, 그녀는 일부러 기다리고 있었는지도 모른다. 비글 호가 항해를 시작했을 때 그녀는 자유분방한 스물세 살이었다. 한두 해 동안 청혼도 몇 번 받았다. 그러나 이제 그녀는 서른 살이 되기까지 일 년 반가량을 남기고 있었고 병약한 어머니를 돌보느라 대부분의 시간을 집에서 보내고 있었다. 따라서 그녀에게는 예전처럼 남들의 눈에 띌 기회가 좀처럼 없었다.[16] 다윈이 돌아올 것을 대비하면서 그녀는 올케에게 이렇게 말했다고 한다. "그를 상대하려면 어느 정도는 알아야 하겠기에 남아메리카에 대한 책을 읽고 있어요."라고.[17]

'어느 정도의 앎'이 어린 시절 친구였던 찰스의 관심을 끌기에 충분한 것이었는지를 의아하게 여기는 데는 그만 한 이유가 있다. 귀항했을 즈음에 그는 어느 문화나 어느 시대의 여성들이라도 높이 평가할 수밖에 없는 그런 지위에 올라 있었다. 그에게는 좋은 가문이라는 배경이 있었지만, 이제는 전적으로 자신만의 지위를 지니게 되었다. 다윈은 화석과 유기체 표본을 비글 호로부터 보냈고 지리학적인 혜안도 갖추었다. 그가 강연을 할 때마다 과학에 관심 있는 청중들이 구름처럼 몰려들었다. 그는 위대한 박물학자들과 어깨를 나란히 했다. 1837년 봄에 그는 런던의 독신자들이 모여 사는 구역에 정착을 했는데, 사회 활동을 위해서는 불가피한 일이었다. 얼마 떨어지지 않은 곳에는 형 이래즈머스가 살고 있었다.

허영심이 많고 줏대가 없는 사람은 우왕좌왕하다가 시간만 보내게 된다. 사교성이 좋은 이래즈머스가 아마 이런 유혹에 빠져들었을 것이다. 필경 다윈은 그의 지위가 어떤 것인지를 잘 알고 있었을 것이다. ("나는 그곳에서 인기가 꽤 좋았다."라고 케임브리지 방문기에서 쓰고 있다.) 하지만 그는 교제에 빠지기에는 본성이 너무 신중하고 진지한 사람이었다. 그는 대체로 교제를 반기지 않았다. 그는 스승인 존 헨즐로(John Henslow) 교수에게 "파티에서 어중이떠중이를 만나는 것보다는 선생님을 뵙는 것이 더 낫습니다."라는 말을 하곤 했다. 그는 디지털 컴퓨터의 전신인 '분석 엔진'을 설계했던 수학자 찰스 배비지(Charles Babbage)의 파티 초대장에 대해 "친애하는 배비지 씨, 이런 서신을 보내게 됨을 큰 유감으로 생각합니다. 초청에 응하기가 어렵군요. 그곳에서 만나야 할 사람들 때문이지요. 내게는 교제가 몹시도 힘든 일입니다."라고 썼을 정도다.[18]

이렇게 시간을 절약함으로써 다윈은 일에 몰두할 수 있었다. 그는 영국으로 귀환한 지 채 2년두 안 되어 (1) 자신의 항해기를 출판할 수 있는 책으로 편집했고(이 책은 잘 읽히고 잘 팔렸으며 『비글 호 항해기』라는 축약판으로 오늘날에도 인쇄된다.), (2) 『비글 호 항해의 동물학』 출판으로 재무장관으로부터 1000파운드의 보조금을 타낼 정도의 요령을 보였고, (3) 아메리카타조(런던 동물학회는 이를 레아 다위니(*Rhea darwinii*)라고 명명했다.)라는 새로운 종의 스케치에서 표토의 형성(잔디가 나는 판을 만드는 흙 알갱이는 모두 벌레의 내장을 통과한 것이다.)에 관한 새 이론까지 대여섯 개의 논문을 제출함으로써 영국 과학계에서 입지를 굳혔고,[19] (4) 지리학 연구를 위해 스코틀랜드에 다녀왔으며, (5) 학술 협회의 유명 인사와 허물없는 교제를 나누었고, (6) 런던 지리 협회의 비서로 선출되었으며(시간을 허비할지 몰라 받아들이기를 주저했던 지위였다.), (7) 40년간의 장대한 작업의 토대가 되었던 고도로 지적 밀도가 있는 과학적 자료들('종의 문제'에서 인간의 도덕 능력에 관한 종교 주제까지)을 편찬했고, (8) 자연 선택 이론에 몰두했다.

결혼을 선택하다

다윈이 결혼을 결심한 것은 바로 이런 시기, 즉 그에게 자연 선택의 서광이 비치기 몇 달 전이었다. 결혼 상대가 어느 특정한 사람일 필요는 없었고 에마 웨지우드를 은연중이나마 마음에 두고 있었는지도 분명하지 않았다. 결혼 상대로 에마만을 염두에 두지는 않았다고 보는 게 일반적이다. 1838년 7월 무렵, 그는 대략적으로나마 결혼에 따르는 문제를 메모지에 작성했다.

 이 메모는 세로줄 두 단으로 나뉘어 기록되었는데, 한 단에는 "결혼 생활"이라는 제목을 붙였고, 다른 한 단에는 "독신 생활"이라는 제목을 붙였으며 그 위로 "문제는 이것이다."라는 글을 원을 그려 써 넣었다. "결혼 생활" 칸에는 "아이들(신이 기꺼워 하신다면), 취미를 같이 나눌 항구적인 교제(그리고 노년의 친구), 사랑을 나누고 함께할 대상"이라는 글을 썼다. 한참을 숙고한 후 그는 앞의 문장을 "아무튼 개보다는 나은 생활"이라는 말로 수정했다. 이어서 그는 "가정, 가정을 돌볼 사람, 음악

애호가와 수다 떠는 여자(이것들은 모두 건강에 좋다.), 하지만 무서운 시간 도둑"이라고 썼다. 다윈은 여기서 불현듯 "독신 생활" 칸으로 들어선다. 줄을 그은 것으로 보면 그에게는 주체하기 힘든 큰 문제였던 모양이다. "독신 생활" 칸은 "결혼 생활" 칸보다 더 장황했고 그 내용을 보면 결혼이 자신의 작업 시간을 침해한다는 것에 고심했음을 알 수 있다. 그는 "독신 생활" 칸에 "내키는 대로 어디든 갈 수 있는 자유, 사교의 선택, 학자들과 함께하는 대화, 억지로 친족을 방문하지 않아도 되는 자유가 있고 자질구레한 일에도 신경을 쓸 필요가 없음, 아이들에게 쏟아야 할 근심과 돈, 다툼, 시간 낭비, 오후에 독서를 할 수 없음, 비만과 게으름, 걱정과 의무, 책의 구입비 감소, 아이들을 키울 돈" 등의 내용을 썼다.

그러나 결국 그날이 왔다. "결혼 생활" 칸에서 사고가 종결된 것이다. "일하고 또 일하다 무로 돌아가고 마는 일벌처럼 평생을 보낸다는 사실을 생각만 해도 참을 수가 없다. 결코 그럴 수는 없다. 연기 자욱한 런던 하우스에서 온종일 홀로 지낸다고 생각해 보자. 아니 따뜻한 난로가 옆 소파에 앉아 음악을 들으며 책을 읽는 아내를 그려보자." 이런 생각을 기록한 후 그는 "결혼——결혼——결혼(증명되어야 할)"이라고 썼다.

이 결심에는 몇 번의 회의가 따랐다. 다윈이 "결혼을 할 필요는 있다. 그렇다면 언제 결혼을 할까? 곧 해야 하나 아니면 미뤄야 하나."라고 썼듯 이 회의가 결혼에 큰 장애가 된 것은 아니었다. 하지만 이런 회의는 신랑들이 으레 느끼는 결혼 생활의 두려움을 최종적으로 일깨워 준다. 물론 신부에게도 이런 두려움이 있지만 그 두려움은 평생을 함께할 짝을 과연 잘 고른 것인지에 관련된 문제가 더 많은 것 같다. 다윈의 메모가 입증하듯 남자의 두려움은 장래의 특정한 배필과 꼭 관련되어 있는 두려움이라기보다는 평생을 함께할 배필이 이 두려움과 무관하지 않다는 생각과 관련된 두려움이다. 적어도 일부일처제 사회에서는 이 두려움 때문에 남자의 유전자가 아무리 강요를 해도 다른 여성들과 정을 나누기가 어렵다.

혼전의 두려움이 장래의 섹스 파트너의 이미지에 고스란히 반영된다고 말하려는 것은 아니다. 잠재의식은 그보다 더 예민할 수 있다. 게다가 일생을 함께할 여성에게 올가미를 쓰겠다고 맹세하려는 남자들은 일종의 안도감, 즉 모험의 날이 끝났다는 느낌을 받는다. "휴" 하는 한숨이 절로 나는 것이다. 다윈은 기나긴 인생의 구속에 직면해서 마지막으로 몸을 떨며 "나는 결코 프랑스를 알 수 없을 것이고 대륙이나 미국을 방문하지 못할 것이며, 기구로 하늘을 날지 못할 것이고, 웨일스를 홀로 여행하지도 못할 것이다. 가엾은 노예! 흑인보다 못한 처지에 빠질 것이다."라고 썼다. 하지만 그때 그는 결단을 하고 운명을 받아들였다. "나이가 들어 비틀거리고, 친구가 없어 무심해지고, 얼굴에 이미 주름이 잡히기 시작하는 나이에 아이가 없어 허전한 그런 삭막한 삶을 살 수는 없다. 신경 쓰지 말자. 기회를 잡자. 똑바로 직시하자. 행복한 노예도 얼마든지 있지 않은가."라는 말로 다윈은 메모의 끝을 맺었다.[20]

에마를 선택하다

다윈은 이미 4월에 의미심장한 메모를 쓴 바 있다. 이 메모에다 그는 케임브리지 대학에서 가르칠 것인지, 또는 지리학 연구에 몰두할 것인지, 그도 아니면 종의 전이에 대해 연구할 것인지 등 직업에 관해 두서없이 썼다. 결론을 내리지 못한 채 결혼 문제도 곰곰이 생각했다.[21] 무엇 때문에 그가 이 문제를 다시 끄집어 냈고 언제 이를 해결했는지를 알 수는 없다. 흥미롭게도 4월부터 7월까지 간헐적으로 쓴 목록 여섯 개 중 두 개에서 그는 "불편한 감정"을 느꼈다고 말하고 있다. 불편함은 다윈에게 삶의 방식이 될 것이었고 그도 이 사실을 아마 느끼고 있었을 것이다. 아이러니컬한 일이지만 도덕성을 암시해 줌으로써 남자를 결혼에 이르게 할 수 있다. 훗날 그가 사내다움이 무엇인지를 찾게 된 것도 이런 도덕적 암시 때문이었다. 그러나 아이러니는 궁극적 원인으로 환원되면 해소된다. 인생을 한 여인을 사랑하면서 보내겠다는 충동과 방황하면서 보내겠다는 남자의 충동 모두 자손을 낳도록 이끈다. 이런 점에서 보면 이 둘은 비록 (유전자의 관점을 제외한다면) 덧없고, 특히 인생을 배회하면서 보낸다면 파괴적인 결과에 이를 수도 있지만, 도덕성에 좋은 해독제가 될 수 있다.

어쨌든 철학적인 이유에서는 아니었지만 다윈은 헌신적으로 그를 돌보아 줄 반려자가 필요하다는 사실을 곧 알았을 것이다. 한편으로 그는 인내와 고독이 필요한 진화론 연구에 다년간을 몰두할 수 있으리라는 기대도 했을 것이다. 건강이 악화되면서 진화론에 대한 그의 집착은 더 심해졌다. 그는 1837년 6월이나 7월경 '종의 변이'라는 첫 번째 주제에 착수했고, 1838년에는 두 번째 주제에 착수했다.[22] 그가 결혼 문제에 몰두해 있을 즈음에는 연구 방향도 자연 선택으로 잡았다. 그는 진화라는 문을 여는 열쇠 하나가 애초에는 미미해 보이는 유전적 차이라고 확신했다. 바다와 같은 어떤 원인에 의해 종이 두 집단으로 분리되면, 처음에는 같은 종의 두 이형에 지나지 않던 것이 질적으로 새롭게 구별되는 두 종으로 서로 분리된다.[23] 남아 있는 문제(어려운 문제다.)는 그러한 분기로 이끄는 것이 무엇인지를 이해하는 일이었다. 1838년 7월 그는 종에 대한 두 번째 주제를 마치고 그에게 답을 줄 세 번째 주제 연구에 착수했다. 같은 달 그는 운명적인 결혼 메모를 작성하면서 성공이 임박했음을 느꼈을 것이다.

9월 말에 해결책을 찾았다. 다윈은 토머스 맬서스(Thomas Malthus)의 유명한 『인구론(Essay on Population)』을 읽었는데 인구의 자연 증가율을 통제하지 않으면 식량 공급을 넘어설 때까지 인구가 계속 증가하리라는 점에 주목한 책이었다. 다윈은 자서전에서 이렇게 회상했다. "생존을 위한 투쟁을 이해하기 위해 동물이나 식물의 습관을 오래도록 관찰해 왔다. 그런데 환경에 적합한 변종은 보존이 될 것이며, 그렇지 않은 변종은 도태되리라는 생각이 문득 들었다. 이 결과는 새로운 종의 형성으로 나타날 것이다. 마침내 나는 여기에서 내 작업을 이끈 결론을 얻었다."[24] 9월 28일이라는 날짜가 적힌 노트에 다윈은 맬서스에 관한 몇 줄을 기록했고, 자연 선택이라고 분명히 드러내지는 않았지만 그 영향에 대해서도 전망을 해보았다. "채택된 구조를 모두 자연의 경제 안에 있는 틈으로 밀어 넣으려는 힘, 또는 약자를 도태시킴으로써 이 틈을 만들려고 하는 힘이 있을 것이다. 이 틈을 메워 주는 최종 원인이 적당한 구조를 가려내야 하고 그 구조를 변화에 적응시켜야 한다."[25]

다윈은 연구 방향을 결정했고 이제 인생의 진로도 정했다. 이 글을 쓴 지 6주가 지난 11월 11일 토요일("바로 그날이었다."라고 그는 일기에 썼다) 그는 에마 웨지우드에게 청혼을 했다.

다윈의 이론에 비추어 보자면, 다윈이 에마에게 끌렸다는 사실이 묘해 보인다. 이제 그는 지위가 높고 부유한 20대 말의 신사 반열에 올라섰다. 그는 젊고 매력적인 아내를 얻을 수 있었다. 에마는 매력적이긴 했어도 (최소한 그녀의 초상화를 그린 화가의 눈에는 매력적으로 보였을 것이다.) 다윈보다 나이가 한 살 많았고, 이지적인 아름다움도 없었다. 다윈이 10년 이상이나 생식력을 허비한 평범한 여자와 결혼하는 비적응적인 일을 한 이유는 무엇일까?

우선 이런 간단한 산술(부유하며 지위가 높은 남성은 젊고 아름다운 아내를 맞을 자격이 있다.)에는 약간 조악한 점이 있다. 지성, 신뢰, 다양한 재능을 포함해 유전적으로 상서로운 배필을 얻게 하는 여러 요소들이 있다.[26] 게다가 배우자를 선택하는 것은 부모가 자손을 선택하는 일과도 같다. 에마의 강건한 성격으로 미루어 보면, 그녀는 아이들을 세심하게 키워 줄 것이었다. 딸 중 하나는 "어머니는 세심하고 침착하신 분이었다. 이 때문에 어머니와 함께하는 것이 편했다. 크고 작은 문제를 잘 수습하셨고 우리를 성가셔 하지 않으셨다. 우리들은 어머니에게 필요한 것을 기꺼이 요구할 수 있었고 궁금한 점들도 물어 볼 수 있었다."라고 회상했다.[27]

비록 문제는 아내가 얼마나 '소중한' 짝인가 하는 점이었다고 해도, 그는 엄밀히 말해 그 자신이 얼마나 상품 가치가 있는 짝인가가 아니라 그가 얼마나 상품 가치가 있는 짝으로 보일 것인가를 알고 싶어 했을 것이다. 적어도 사춘기가 되면 젊은이들은 자신들의 상품 가치에 대해 곰곰이 생각하게 된다. 이에 따라 자존심을 세우고 안목도 결정한다. 다윈은 사춘기를 거치면서도 자신을 우두머리 수컷이라고 생각하지는 않은 것 같다. 다윈은 덩치가 컸지만 성격이 온순했고 싸움과도 거리가 멀었다. 또 그의 딸이 기록한 것으로 미루어 보건대 그는 자신이 '호감이 가지 않는 평범한' 외모를 지녔다고 생각했다.[28]

물론 이것들은 그가 후에 이루게 될 업적과는 그다지 관련성이 없었다. 사춘기를 보낸 10대 때 다윈은 평범한 젊은이에 불과했다. 하지만 그는 후에 높은 지위를 얻었다. 외모가 평범하고 강인함도 없었지만 여자의 관심을 끌 만한 장점이었다. 그러나 그는 늘 불안해 했다. 사실 불안감은 흔히 사춘기에 형성된다. 그렇다면 불안감은 무엇 때문에 생기는 것일까?

다윈의 불안감은 진화의 흔적으로 남아 있는 발달 기제에서 비롯되었을 것이다. 이런 발달 기제는 조상의 환경에 적합하도록 적응시키는 기능을 해 왔지만 이제 그 기능을 잃고 말았다. 남자들이 이른 나이에 성인 대접을 받는 수렵 채집 사회에서는 남성 우월적인 계급 제도가 견고하게 형성된다. 지위가 낮은 남자는 대학에 가는 대신 부지런히 직장에서 경력을 쌓아 자신의 지위를 한껏 높임으로써 여성을 매료시킨다. 마찬가지로 조상의 환경에서도 사춘기 이후 짧은 기간 다져진 자부심은 결혼 시장에서 가치를 평가하는 지침으로 신뢰를 받았을 것이다. 그러나 오늘날의 환경에서는 이런 지침을 더 이상 신뢰하지 않는다.

그러면 자신을 일관되게 낮춰 보는 것이 오히려 환경에 잘 적응할 수 있는 방법이 될 것이다. 결국 아내들은 남편을 기만하기 마련이다. 적어도 통속적인 지혜라고 생각하면서 아내는 잘생기고 건강한 남성에 속아 넘어간다. 이렇게 다윈은 자신의 동물적 매력을 하찮게 평가했는데 이 때문에 그는 일류의 난봉꾼으로부터 청혼을 받을 수 있을 매력적인 여성과의 결혼을 피할 수 있었다.

에마의 승낙

에마는 다윈의 청혼을 받아들였고, 이에 대해 다윈은 "나처럼 보잘것없는 자의 청혼을 수락한 데 진심으로" 고마워했다. 그녀는 다윈이 그 대답에 확신을 갖지 못하는 것을 보는 일이 즐거웠다고 나중에 전했다.[29] 자신의 배필이 자신을 당연시 여기기를 바라는 사람은 없고 또 그것이 자연스럽다. 미래의 헌신에는 흉조가 될 수 있기 때문이다.

에마는 의사 표시를 분명히 했다. 그녀는 다윈의 지성을 높이 평가했고, 결혼 승낙의 이유로 그의 정직함, 가족에 대한 애정, 그의 '부드러운 기질'을 들었다.[30] (설명하건대 아마 그는 좋은 유전자가 지녔고, 관대했으며, 자식에게 재원을 많이 투자할 손 큰 투자자였을 것이다.) 그가 부유한 가문 태생이었고 직업적 지위도가 높다는 사실에 그녀가 솔깃했음은 분명하다. (그에게는 투자할 물질적 사회적 재원이 많았다.)

에마도 부유한 가문 태생이었다. 그녀의 조부는 웨지우드 도자기에 이름을 남길 정도로 크게 성공한 창의성 있는 도예가였다. 설령 그녀가 가난한 사람과 결혼을 했더라도 아이들이 고통을 겪으면서 성장하리라는 우려감은 없었을 것이다. 그러나 이미 본 대로 물질적, 사회적 재원을 내키는 대로 쓸 수 있는 짝에 대한 끌림은 진화를 거치는 동안 이미 여성의 마음속에 견고히 자리 잡았고, 여성의 적합성으로 이어졌을 것이다. 에마 웨지우드는 자선 따위의 수단으로 런던의 상류 사회로 진입하기 위한 방책을 샀을 수도 있었을 것이다. 결과적으로 다윈의 사회적 지위는 그녀를 매료시켰다. 약혼기 동안 이 둘은 케임브리지 대학의 지리학자 애덤 세지윅(Adam Sedgwick)의 초대를 받은 적이 있다. "세지윅 부처의 초청을 받은 것이 얼마나 자랑스럽던지 내내 그 생각만 했다. 내가 더 나은 사람이 된 것처럼 느꼈고, 정말 다윈 여사라도 된 것 같은 착각에 빠졌다. 말할 수 없을 정도다."라고 에마는 놀라움을 표시했다.[31]

물론 남자도 배우자의 부와 지위에 무심할 수 없다. 그러나 이런 것이 정말 중요하다면 진화기의 대부분 동안 성적 부조화가 발생했다는 것이고, 돈이 많거나 사회적으로 저명한 여성에게 남성이 끌린다면 매력의 문제라기보다는 의식적인 계산의 문제일 것이다. 다윈은 7월의 결혼 메모에서, 결혼 생활에는 "시간 낭비"와 "지긋지긋한 가난"이라는 악이 있다고 썼다. 그리고 첫 번째 근심 사항에 "아내가 없으면 근면할 수 있다."라는 말을 덧붙였고, 두 번째 근심 사항에는 "아내가 없는 것이 돈보다는 낫다."라고 덧붙였다.

다윈이 자신의 건강과 경력이 앞으로 어떤 식으로 전개될지를 예견했는지는 모르겠지만 아무튼 대학에서 가르치는 대신 그 시대에 가장 중요하게 평가될 과학서를 쓰려는 만성적인 환자에게 합당할 이상적인 아내의 합성 스케치를 막 마쳤다. 그리고 누가 아내감으로 적당한지에 대해 어떤 암시를 받았는지는 모르지만 그는 대략적으로나마 에마 웨지우드라는 구체적인 초상화를 그렸다.[32] 처가의 부와 아버지가 물려줄 부, 책의 저작권과 투자 솜씨를 고려하면 다윈은 돈에 궁핍해 할 일이 없었을 것이다.[33] 한편으로 에마는 다윈이 열심히 일에 몰두하도록 격려해 주고 성심껏 내조함으로써 그가 미혹함에 빠지지 않도록 해 주었을 것이다. 다윈은 처음부터 이 점을 분명히 했다. 약혼 후 3주 후 그는 이 점에 대해 어떤 지인이 보인 반응을 에마에게 편지로 썼다. "'그렇다면 다윈 씨는 결혼을 하려는 거로군요. 혹시 시골에 묻혀 지리학에 몰두하려는 것 아닌가요.'라고 하더군요. 그녀는 엄격하고 훌륭한 아내가 어떤 사람인지를 모르고 있어요. 난 내 연구를 독려하고 고양시켜 주고, 모든 면에서 내가 신뢰하는 사람과 결혼을 하려는 겁니다."[34]

결혼을 기대하는 다윈

다윈이 이성적으로 아내를 신중히 선택했다고 해서 그가 아내를 사랑하지 않았다는 말은 아니다. 결혼식에 즈음해서 에마에게 보낸 편지에는 다음과 같은 궁금증을 자아낼 정도로 고양된 감정이 담겨 있다. 무엇 때문에 그의 감정이 그리도 급격히 고양되었을까? 해석하기 나름이기는 해도 7월까지만 해도 그는 (1) 특히 그녀와 결혼할 꿈도 꾸지 않았거나, (2) 그녀와 결혼할 것인지 심히 망설였다. 7월 말 그는 에마를 방문해서 오랫동안 대화를 나누었다. 석 달 반이 지난 그 다음 방문에서 급기야 그는 결혼 문제를 꺼냈다. 불현듯 그는 황홀감에 도취되어 그녀의 편지를 얼마나 애타게 기다리는지를 장황스런 편지로 썼다. 그는 함께할 미래를 생각하며 매일 밤을 뜬눈으로 지새운다고. "함께 집으로 들어갈 그 날을 애타게 고대하고 있습니다. 우리만의 집에서 난롯가에 앉아 있는 그대를 보는 것이 얼마나 멋진 일일까요."[35] 다윈에게 무슨 일이 일어났던 것일까?

같은 말을 되뇌고 있는지 모르겠으나 다시 한번 유전자로 관심 주제를 돌려 보자. 특히 서로 관계를 맺어본 경험이 없는 남녀의 상이한 유전자의 관심에 말이다. 섹스를 하기 전 여성의 유전자는 종종 세심한 평가를 요구한다. 애정은 급작스런 열정에 굴복해서는 안 된다. 반면 남성의 유전자는 여성의 자제력을 녹여 일을 급히 성사시키려는 데 관심이 있다. 일을 성사시키는 데에는 깊은 애정과 항구적인 헌신을 암시하는 것이 가장 중요하다. 애정과 헌신만큼 확신을 심어 주는 것이 없다.

이런 논리는 환경에 따라 확대될 수 있고, 이런 환경 중 하나가 남자가 지금까지 섹스에 얼마만큼 대비해 왔는가 하는 점이다. "생식이 실패로 끝날 길을 걷고 있다고 생각하는 피조물"이라는 마틴 데일리와 마고 윌슨의 말에 해당하는 사람들은 이론상 길을 바꿔 걸으려는 노력에 더 큰 힘을 쏟아야 한다.[36] 자연 선택은 섹스를 모색하지 않는 남자의 유전자에 호의를 보이지 않는 것 같다. 알려진 바에 의하면 다윈은 성적 교접 없이 총각 시절을 보냈다.[37] 그토록 오래 박탈된 남자는 쉽게 자극을 받는다. 비글 호가 페루에 정박했을 때 다윈은 베일을 둘러써 눈만 빼꼼히 내놓은 우아한 여인들을 보았다. 그는 "눈이 너무 검고 맑아 그 움직임과 그 표현에 깊은 인상을 받았다."라고 썼다.[38] 에마 웨지우드 앞에서 (그녀의 얼굴을 온전히 볼 수 있었고, 그녀의 몸도 곧 그의 것이 될 것이었다.) 다윈이 군침을 삼켰다고 해서 놀랄 필요는 없다. (사실 그랬을 것이다. 이 장의 도입부에서 인용한 다윈의 일기를 보라.)

결혼식이 임박해 옴에 따라 다윈이 마음속으로 어느 정도나 사랑을 열망하고 있었는지를 말하기는 어렵다. 우리가 진화를 해 오는 동안 사랑의 생식 가치는 순간순간 그리고 1000년 단위로 크게 변해 왔다. (지금도 그렇다.) 결혼하기 몇 주 전에 다윈은 쓰고 있는 과학서를 유심히 보았다. "사랑한다고 고백하는 남자의 마음속에는 어떤 감정이 지나가고 있을까? …… 성적 감정 같은 맹목적인 감정이 아닐까? 사랑은 다른 감정을 응시하는 감정이고 다른 감정에 의해 감화되는 감정이 아니던가?"[39] 노트에 있는 다른 구절들이 그렇듯 이 구절도 비밀스럽다. 그러나 이 구절은 사랑과 성적 감정을 같이 논하면서, 그리고 사랑은 다른 감정 밑에 뿌리 내리고 있는 것이라고 말하면서 인간 심리에 대한 현대의 다윈주의적 견해의 일반적 방향을 제시하고 있는 것 같다. 그리고 이 구절은 이런 관점에서 보면 (군침을 삼킨다는 그의 말이 그러하듯) 에마를 향한 감정 이상의 것을 경험하고 있음을 암시한다.

그렇다면 어떤 감정을 느꼈을까? 남자가 주로 섹스에 관심을 두고 있고 여자는 신중함 때문에 섹스에 주저한다는 세평이 사실이라면 그녀의 열정은 다윈보다는 덜 했을 것이다. 물론 사물을 어떤 상태로든 변화시킬 수 있는 요소들이 있다. 그러나 섹스는 유전자의 문제이다. 남성보다는 여성이 섹스에 더 애매한 태도를 보인다. 혼전 성교를 금한 빅토리아 시대에는 약혼기 동안에는 결정권이 여성에게 있었을 것이다. (적어도 오늘날의 남성과 비교해 보면) 남성이 결혼식을 고대할 이유가 있는 것처럼 여성은 주저하고 생각할 (최소한 오늘날의 여성과 비교해 보면) 이유가 있었다.

에마는 이론에 따랐다. 약혼을 하면서 그녀는 결혼을 봄까지 미루자고 했지만 다윈은 겨울에 치르자고 재촉했다. 그녀는 열다섯 살이 더 많지만 아직도 미혼인 언니 세라 엘리자베스가 종잡을 수 없는 반응을 보인다는 구실을 댔다. 그러나 에마는 다윈의 누이 캐서린에게 보낸 편지에서 "사실은 내가 결혼을 늦추고 싶다."라고 솔직히 털어놓았다. 그녀는 "친애하는 캐서린. 시간이 좀 더 더디게 흘러갔으면" 하는 소망을 피력했다.[40]

다윈은 장황한 편지를 몇 편 써 보냄으로써 ("사실 당신을 내 아내로 부를 날이 연기되어 내 가슴이 아프다오.") 신혼을 앞당길 수 있었다. 그러나 결혼 날짜가 잡혀진 뒤에도 그는 에마의 방침이나 주저하는 모습에 다소 불안했던 모양이다. 그녀의 편지는 다정다감했지만 열정이 담겨 있는 것은 아니었다. 다윈은 "나는 간절히 기도한다오. 당신이 그날을 아쉬워하지 않도록, 또 내가 그 화요일을 멋들어지게 치룰 수 있도록 말이오."라고 썼다. 에마는 그를 안심시키려고 했으나 그녀는 다윈만큼 넋을 놓지는 않았다. "사랑하는 찰스. 내가 당신만큼 행복해 하지 않는다고 염려할 필요는 없어요. 당신만큼은 아닐지언정 나 또한 29일의 결혼식을 늘 고대하고 있어요."[41]

이런 점들을 보면 찰스와 에마 사이에는 유별난 활력이 있었음을 알 수 있다. 그렇다고 해서 이를 통해 결혼으로 이어지는 빅토리아 시대의 교합이 어떤 것이었냐를 알 수 있다는 말은 아니다. 에마는 쉽게 감상에 빠지는 여인이 아니었다.[42] 어쨌거나 그녀는 찰스의 건강에 의구심을 갖기 시작했을 것이고, 또 그럴 만한 이유가 있었다. 전체적으로 보면 지금도 이 점은 여전히 타당하다. 오늘날 남자들이 결혼하는 것이 예전보다 더 힘들다면 그것은 남자들이 침대로 가는 길을 멈출 이유가 없기 때문이다.

신혼 후

첫날밤은 애정의 균형을 바꿀 수 있다. 보통의 여성이 보통의 남성보다 신중하기는 해도 일단 문을 넘어서면 열정을 통제하려는 끈이 느슨해지기 마련이다. 남자가 자신과 함께 부양 투자에 참여할 가치가 있다는 판단이 서면 여자는 유전자의 이해를 강하게 발동시켜 그를 연루시키려고 한다. 에마의 행동도 이 이론에 부응했다. 결혼 후 처음 몇 달이 지나자 그녀는 "그가 나를 얼마나 행복하게 하는지, 그리고 내가 그를 얼마나 사랑하는지, 또 나날의 내 일생을 행복하게 하는 그의 모든 애정에 내가 얼마나 고마워하는지 도무지 표현할 길이 없다."라고 썼다.[43]

남자가 첫날밤을 지냈다고 더 헌신적이 되는지는 분명히 단언할 수 없다. 아마 그의 애정 고백이 자기 기만이었는지도 모르고, 아내가 임신을 해서 공을 더 들인 것일지 모른다. 그러나 다윈의 경우에는 초기의 징후가 좋았다. 결혼 후 몇 달 뒤 (첫 번째 아이를 임신한 후 몇 주 후) 다윈은 '아내와 아이에게 베푸는 친절이 자신도 기쁘게 하는' 남자의 행위에 대한 진화론적 설명을 모색했다. 이는 곧 에마에 대한 그의 헌신이 여전히 깊었음을 암시한다.[44]

이는 놀랄 일이 아니다. 여성의 성적 자제라는 전략적 가치는 단지 남자가 간절히 섹스를 원하게 하고 섹스를 하기 위해 무엇이든 말하게 하는, 심지어 "당신과 함께 내 일생을 보내고 싶소."라는 말을 포함해 무엇이든 '믿게' 하는 것에 그치지 않는다. 남자가 여자를 성녀로도 볼 수 있고 창녀로도 볼 수 있다면 여성이 전에 보인 절제는 그녀를 보는 남자의 견해에 지속적으로 영향을 줄 수 있다. 그녀가 그의 유혹에도 약해지지 않고 여전히 꿋꿋함을 보인다면 그녀는 앞으로 다가올 오랜 기간 동안 남자로부터 존중을 받을 것이다. 남자는 갈망하는 여러 여자들에게 "당신을 사랑하오."라고 말할지 모른다. 사실 진실일 수도 있다. 하지만 남자가 여자를 쉽게 소유할 수가 없다면 그 진심은 좀 더 오래도록 지속될 것이다. 혼전 성교를 인정하지 않았던 빅토리아 시대에는 다소간의 지혜가 있었다.

빅토리아 시대의 문화는 혼전 성교를 금하는 것에 그치지 않고 남자가 여자를 '성녀'로 보도록 정교하게 조정되어 있었다. 여자를 '창녀'로 보는 것은 금기시되었다. 빅토리아 시대 사람들은 여성에 대한 자신들의 태도를 '여성 숭배'라고 했다. 여성은 속신자(贖身者)로 순진과 정결의 화신이었고, 여성은 남성 안에 있는 수성(獸性)을 길들이고 노동 때문에 약해져 가는 남성의 영혼을 구제할 수 있다고 보았다. 그러나 그녀는 길고도 순결한 구혼 기간이 지난 후 결혼의 축복 아래 가정이라는 맥락에서만 이 역할을 할 수 있었다. 빅토리아 시대의 어떤 시 제목처럼 "가정의 천사"가 있어야만 풀리는 비밀이었다.[45]

이 비밀은 남성이 어떤 시점에 난봉을 멈추고, 결혼을 하고, 아내를 숭배하도록 기대하는 것에 그치지 않았다. 남자들은 처음부터 난봉을 부려서는 안 되었다. 18세기 영국에 만연된 난교에 대한 이중적 기준에도 불구하고 윌리엄 액턴을 비롯한 빅토리아 시대 도덕의 좀 더 엄격한 옹호자들은 혼외정사뿐 아니라 혼전 성교도 하지 말도록 설교했고, 남자도 금욕 생활을 하도록 설교함으로써 방종한 성생활과 일대 결전을 벌였다. 월터 호턴(Walter Houghton)은 그의 책 『빅토리아 시대의 마음의 구조(The Victorian Frame of Mind)』에서 "소년들은 심신을 정결히 유지하도록 여성을 존경하고, 심지어 경외의 대상으로 보게끔 교육받았다."라고 썼다. 소년들은 모든 여성을 존중해야 했지만 어떤 여성들은 더 많은 존중을 받았다 "그는 (누이, 어머니, 미래의 신부와 같은) 훌륭한 여성들을 인간으로 보기보다는 천사로 보아야 했다. 이것은 섹스로부터 사랑을 분리하도록, 또 사랑을 숭배로, 즉 순수한 것에 대한 숭배로 바꿀 수 있도록 훌륭하게 계산된 이미지였다."[46]

호턴이 "계산되었다."라고 한 말은 말 그대로의 의미다. 1850년에 어떤 작가는 남성이 혼전에 순결을 지키는 미덕을 다음과 같이 표현했다. "여성의 섹스에 대한 숭배, 그 감정들을 향한 민감성, 그것을 향한 마음 속 깊은 헌신을 어디에서 찾을 것인가. 이것은 사랑의 아름답고 순화된 부분이 아닌가. 여성을 향한 우리의 감정에 여전히 스며드는 섬세함, 그것은 분명 기사도가 아닌가? 이것은 '억제하고' 그리하여 정결해지고 고양된 감정이 아닌가? 더군다나 요즈음 그 어떤 것이 순결을 지키고 기사도적 헌신이라는 유물을 지킬 수 있을 것인가. 우리는 오늘날 젊은 이들에게 예전의 정숙하고 열정적인 연모 같은, 관능이나 저급한 정사에서 벗어날 방책이 없다는 사실을 잘 알고 있지 않은가?"[47]

아마 정신 역학의 특성을 잘못 기술한 것으로 보이는 '억제' 라는 말을 빼면, 이 구절은 꽤 그럴듯하다. 이것은 남자의 열정이 너무 쉽게 소멸되지만 않는다면 '정결해지고 고양될' 수 있음을 의미한다. 다시 말해 순결한 구애는 그의 마음이 여성들을 '성녀' 로 볼 수 있도록 돕는다는 것이다.

이것이 순결한 구애가 결혼을 독려하는 유일한 이유는 아니다. 조상의 환경이 현대의 환경과 얼마나 달랐는지를 상기해 보자. 특히 그때에는 콘돔도 피임약도 산아 제한약도 없었다. 그래서 성인 남녀가 결혼을 하고 한두 해 같이 잤는데도 아이가 없었다면 그중 누군가는 불임이라는 것이 분명했다. 물론 어느 쪽이 불임인지는 알 도리가 없었지만 그 둘 모두에게 잃을 것이 없었다. 오히려 갈라서서 새로운 짝을 찾는 것이 훨씬 더 얻는 게 많았다. 이런 논리에서 발생되리라고 기대할 수 있는 적응은 '배우자 방출 모듈', 즉 생산 없이 섹스를 마음껏 즐긴 후 배우자에게 열의를 잃도록 남성과 여성 모두에게 내재된 정신 기제이다.[48]

이것은 꽤나 위험한 이론이지만 그 편에서 보면 일종의 정황 증거가 있다. 세상의 문화를 보면 아이를 낳지 못하는 결혼 생활이 가장 쉽게 파탄에 이른다.[49] (아이가 없는 것이 파탄의 이유라고 하는 것은 이 이론(배우자로부터 무의식적으로 유발된 소외)의 요지가 아니다.) 그리고 남편이나 아내들이 이구동성으로 말하듯 아이가 태어남으로써 완곡하게나마 부부 간의 유대가 돈독해지는 경우가 흔하다. 배우자의 사랑이 부분적으로 아이에게 전환되면 그 사랑은 배우자를 포함한 가족 전체에 널리 미친다. 배우자에게는 이 사랑이 다른 종류의 사랑이지만 이 사랑은 나름대로 견실함이 있다. 이렇게 사랑이 에둘러서 다시 충전이 되지 못하면 배우자의 사랑은 디자인된 대로 완전히 소멸하고 말 것이다.

다윈은 언젠가 피임 기술이 "미혼녀에게 확산되어 가족의 유대가 달려 있는 순결을 파괴하고, 이런 유대가 약화되면 인류 최대의 위협에 직면할 것"이라고 우려한 바가 있다.[50] 그는 피임과 여기에 따른 혼전 성교가 정말로 결혼에 방해가 될 수 있다는 그럴듯한 다윈주의적 이유들을 완전히 파악하지 못했음이 분명하다. 그는 '배우자 방출 모듈'의 존재 가능성이나 성녀와 창녀라는 이분법에 깊은 토대가 있음을 생각하지 못했다. 심지어 오늘날에도 우리는 이런 것들에 대해 확신을 갖지 못하고 있다. (혼전 성교와 이혼 사이에, 그리고 혼전 동거와 이혼 사이에 성립된 상관관계는 시사적이기는 해도 모호하다.)[51] 그렇다고 해서 다윈이 염려한 바를 낡은 빅토리아 시대의 야단법석으로 간단히 치부하는 것은 30년 전보다 지금이 더 어렵다.

피임은 가족 생활의 구조에 영향을 미치는 기술만은 아니다. 아이에게 젖을 먹이는 여성은 성욕이 감퇴된다는 보고가 종종 나오는데, 다윈주의에 합당하게 이때 여성들은 보통 임신 능력이 없기 때문이다. 남편들은 젖을 먹이는 아내가 성적으로 흥분하지 못함을 알아채는데, 아마도 궁극적인 이유는 같을 것이다. 이 때문에 아이를 분유로 키우는 아내들은 좀 더 관능적이고 매력적일 것이다. 하지만 이것이 가족의 결속력에 도움을 주는지에 대해서는 뭐라고 말하기 힘들다. (이럴 경우 흔히 아내가 간통하거나 남편이 잠자리를 멀리할 가능성이 높지 않은가?) 어쨌거나 이 논리에 따르면 "훌륭한 어머니, 아내, 가정주부는 성적 방종을 모른다. 가정, 아이들, 가사에 대한 사랑이 그녀들이 느끼는 유일한 열정이다."라는 윌리엄 액턴의 해학적 주장이 이해될 수도 있다. 그리도 많은 아내들이 임신 기간의 상당 부분을 아이를 낳거나 돌보는 데 보냈던 빅토리아 시대의 영국에서 아내들의 열정은 사실 정지 상태로 대부분 소모되었다.[52]

잇달아 태어난 아이들이 부부들이 서로 헌신하는 데 도움을 준다고 해도 남편과 아내의 관심은 시간이 흐르면서 서로 달라질 수 있다. 아이들의 나이가 많아질수록(긴급한 부양 투자가 줄어든다.), 그리고 아내의 나이가 많아질수록 남성의 진화적 유산에서 비롯된 헌신이 감소한다. 수확한 결실이 더 많을수록 밭은 그만큼 더 지력을 잃어간다. 바야흐로 옮길 때가 된 것이다.[53] 물론 남편이 이런 충동을 강하게 느끼느냐 하는 문제는 그것이 어떤 열매를 맺을지에 달려 있을 것이다. 강건하고 부유한 남자는 충동에 기름을 붓는 여성으로부터 일종의 관심을 얻을 것이고, 별 볼일 없고 가난한 남자는 그렇지 못할 것이다. 여전히 충동의 강도는 아내보다는 남편이 더 셀 것이다.

남편과 아내 사이에서 움직이는 끌림의 균형은 이런 식으로 분명하게 설명될 수 있는 것은 아니지만, 신랑과 신부에게 주는 조언으로서 소설, 잠언, 지혜가 가득 담긴 설화에 완곡하게나마 많이 표현되어 있다. 축복된 상태를 15년간 이어 왔던 헨즐로 교수는 다윈이 결혼하기 직전에 "구태여 말할 필요가 없겠지만 아내를 최악이라기보다는 최선으로 받아들이고, 최선을 소중히 여기고 최악을 밀쳐 내도록 주의하게나."라는 충고의 서신을 보냈다. 그는 또 "그렇게 많은 사람들이 결혼 생활을 최악으로 보내고 있는 것은 바로 이런 사실을 등한시하고 있기 때문이네."라고 덧붙였다.[54] 다시 말해 한 가지 단순한 규칙만 명심하면 만사가 평온하다는 말이다. 즉 꾸준히 아내를 사랑하라는 말이다.

한편 에마는 찰스의 흠을 눈감아 주라는 충고가 아니라 그녀 자신의 결점, 특히 여성들이 늙거나 추하게 보이도록 하는 결점을 가리라는 충고를 받았다. 이모 한 분(아마 유행에 둔감하기로 소문난 에마에게 신경이 쓰인 모양이다.)이 "옷차림에 좀 더 신경을 쓰는 게 어떻겠니? 사람들이 호감을 갖도록 좀 더 주의하려무나. 너는 사소한 일에 일일이 신경을 써 주지 못할 남자와 결혼하려는 거야. 다른 남자들은 그렇지가 않거든. 심지어 반쯤 눈이 먼 내 남편도 그런데 신경을 써 주건만."이라는 편지를 썼다.[55]

남성이 편협하다는 논리가 남성 모두에게 적용될 수는 없다. 배우자에게 관심을 잃은 남자는 "내 생식력이 이런 결혼 생활에서는 온전히 발휘될 수 없다. 순전히 이기적인 이유에서지만 나는 이 생활에서 벗어나겠다."라는 생각을 하지 못한다. 자신의 이기심을 깨달으면 목적하는 바를 이루지 못한다. 남자를 결혼으로 이끌었던 감정에서 천천히 그렇지만 과감하게 빠져나오는 것이 훨씬 더 간단하다.

경솔한 남편이 나이 먹은 아내를 보는 가혹한 눈초리는, 실제로 결혼 생활에서 빠져나왔던 (이혼이 아닌 별거로) 빅토리아 시대의 상류 인사 찰스 디킨스(Charles Dickens)가 멋지게 묘사한 바 있다. 1838년의 같은 날에 다윈과 함께 런던 아테네움 클럽의 회원으로 뽑힌 디킨스는 그가 "훌륭한 반쪽"이라고 한 여성과 2년 전에 결혼을 했다. 20년 후 (그제서야 유명 인사로 확고히 자리 잡아서 그 명성에 걸맞은 여성들의 관심을 한껏 받을 수 있는 지위에 선) 그는 그녀의 장점을 더 이상 볼 수가 없게 되었다. 그는 이제 그녀가 "그녀를 경외하는 모두를 살해하는 파멸적인 분위기"

속에 살고 있다고 느꼈다. 디킨스는 친구에게 편지를 썼다. "둘 사이에 당연히 있어야 할 관심, 동정, 신뢰, 감정, 애틋한 유대감을 도무지 느낄 수 없는 두 사람이 태어났다는 것을 믿을 수가 없네. 나와 내 아내가 바로 이런 처지야." (그렇다면 그녀가 자식을 열이나 낳기 전에 그녀와 상의했어야 마땅하지 않을까?) "그의 눈에는" 아내가 "무책임하고 불평 많고 나태한 것이 꼭 사람처럼 보이지가 않았다."[56]

캐서린 디킨스(Catherine Dickens)가 그랬던 것처럼 에마 다윈도 늙어가면서 볼품을 잃었다. 찰스 다윈도 찰스 디킨스가 그러했듯 결혼 후에 신분이 크게 상승되었다. 하지만 다윈이 에마를 인간 이하로 보았다는 증거는 없다. 무엇으로 이 둘의 차이를 설명할 것인가?

6장

축복된 결혼 생활을 위한 다윈의 계획

그녀는 내게 가장 큰 축복이었다. 그녀는 일생 동안 내가 듣지 않기를 바라는 말이라곤 단 한마디도 해 본 적이 없다고 단언할 수 있다.……그녀는 내 인생의 현명한 조언자이자 안식처였다. 그녀가 아니었더라면 긴긴 인생의 불행을 어떻게 감내해야 했을까. 나는 병든 몸이 아니던가. 그녀는 주위의 모든 이들로부터 사랑과 존경을 받아 왔다.

——『자서전』(1876)[1]

영속적이고 충만한 결혼을 추구하는 데 있어 다윈에게는 몇 가지 장점이 있었다. 우선 그는 고질적인 병을 앓았다. 결혼 9년째 되던 해에 몸이 불편한 아버지를 방문한 그는 (그 역시 몸이 불편했다.) "당신이 그립구려. 당신이 없으니 몸이 아플 때마다 세상이 그렇게 허전할 수가 없다오."라는 편지를 썼다. 그는 "당신과 함께하길 간절히 바란다오. 당신의 보살핌 아래서만 나는 안정감을 찾을 수 있소."[2]라는 말로 편지의 끝을 맺었다. 결혼 후 30년이 지나자 에마도 "저런 환자와는 누구도 결혼하려 하지 않을 것"[3]이라는 사실을 알았을 것이다. 이런 식으로 과거를 회고하면 마음이 쓰렸을 것이다. 다윈의 병은 그녀에게는 평생 가는 짐이었고 결혼 전에는 그 짐의 무게가 어떠한 것인지를 그녀는 알 수가 없었다. 그러나 이 병이 결혼에 대한 그녀의 생각에 어떤 영향을 주었든 다윈이 결혼 생활 대부분 동안 앓았던 병은 그가 그리 가치가 있는 상품이 아니었음을 의미했다. 그리고 남자든 여자든 결혼에서 가치가 없는 상품은 성적인 능력이 보잘것없는 상대에도 만족해 하기 십상이다.

다윈이 결혼을 하면서 가져간 또 다른 자산은 '영혼의 구제'라는, 빅토리아 시대 여성의 이상을 한껏 보장할 수 있는 것이었다. 혼전의 신중한 독백에서 그는 자신의 근면을 유지시켜 주면서도 일에 치어 죽지 않게 할 "천사"를 상상했다. 그는 이 천사를 얻었고 간병인도 얻었다. 그리고 구애 기간 동안의 순결이 에마가 다윈의 마음속에 '성녀'로 자리 잡게끔 하는 데 큰 도움을 주었을 것이다. 어느 정도는 그랬다. 그는 말년에 "내 행운에 놀란다. 모든 면에서 도덕적으로 나보다 우월한 이가 내 아내가 되기로 동의한 것이다."[4]라고 썼다.

세 번째 장점은 거주지였다. 다윈 일가는 긴팔원숭이처럼 런던에서 마차로 두 시간 거리에 있는 16에이커의 대지에서 살았다. 젊은 여자에게 한눈을 팔 기회가 없었던 것이다. 남성의 성적 환상은 원래 시각에 기초하는 데 비해 여성의 성적 환상은 부드러운 애무, 속삭임, 미래의 투자에 대한 암시에 근거하는 경향이 있다. 남성의 성적 환상과 성적 충동은 단순히 시각적 신호, 즉 단지 여성을 보았다는 것만으로 쉽게 작동한다.[5] 그래서 시각적인 고립은 결혼 생활의 불만족이나 간통으로 이끌 수 있는 상념으로부터 남자를 잘 지켜 준다.

고립은 요즘 시대에 힘들다. 비단 매력적인 젊은 여성들이 맨발을 드러내거나 임신한 채 밖을 돌아다녀서만은 아니다. 아름다운 여성을 그린 그림이나 사진이 어디에나 널려 있다. 이 그림들이 단지 2차원의 영상에 불과하다고 해서 대수롭지 않게 볼 수만은 없다. 자연 선택은 사진이 발명되리라는 사실을 '예감'하지 못했다. 조상의 환경에서는 아름다운 젊은 여성들을 봄으로써 유전적으로 일부일처제보다 이익이 되는 대안을 찾게 되었을 것이고 또 당연히 감정들이 그곳으로 이동하도록 적응했을 것이다. 어떤 진화심리학자는 《플레이보이》의 모델을 본 남자들은 다른 사진을 본 남자들보다 아내에게 소원해진다는 사실을 알아냈다. (《플레이걸》의 사진을 본 여성들은 배우자들에 대한 태도를 바꾸지 않았다.)[6]

다윈의 가족 또한 다산의 축복을 받았다. 아이들을 꾸준히 낳아 그들을 돌보아야 할 재원이 많이 요구되는 결혼은 여자든 남자든 방랑벽을 꺾어 놓는다. 방랑에는 시간과 에너지가 필요한데, 그것들은 모두 유전이라는 사랑스러운 운반체에 투자하는 것이 더 낫다. 이혼은 아이들이 많이 태어날수록 줄어드는데, 부부들이 '아이들을 위해' 결혼 생활의 고통을 참기 때문이다. 이런 일은 흔하다. 그러나 인간은 결혼이 결실을 맺어야만 배우자를 더 깊이 사랑하도록 진화되어 왔다.[7] 다른 경우, 즉 결혼 생활은 유지하지만 아이들은 원치 않는다고 말하는 부부는 어느 한편이 잘못된 것일 게다.[8]

이제 우리는 축복된 결혼 생활을 영위하려는 찰스 다윈의 계획을 대략적이나마 살펴볼 수 있다. 즉 그는 구혼 기간을 순결하게 보냈고, 천사와 결혼했으며, 결혼 직후 시골로 이주했고, 자식들이 많았으며, 병으로 허약했다는 사실 말이다.

남자를 위한 결혼의 묘책

새 천년을 살아가는 일반 남자의 눈으로 보면 다윈 가족의 계획은 그리 큰 가능성이 없어 보인다. 일생 동안 일부일처를 유지할 수 있었던 좀 더 실행 가능한 방법들을 아마 다윈의 일생에서 찾아낼 수 있을 것이다. 결혼에 도달하기 위해 그가 설정한 세 단계 접근법으로 시작해 보자. (1) 결혼에 대해 결심하기. 합리적으로 그리고 체계적으로. (2) 실제 생활 방식이 대체로 당신의 요구와 맞는 사람을 찾기. (3) 결혼하기.

어떤 전기 작가는 "결혼에 대한 다윈의 생각에는 감정이 빠져 있다."라고 불평하며 그가 이 문제에 대해 지나치게 형식적으로 접근했다고 문제를 제기하기도 했다.[9] 아마 그랬을지도 모른다. 그러나 근 50년 동안 다윈은 사랑스러운 남편이었고 아버지였다는 사실을 주목하자. 남편과 아버지로서 역할을 모두 제대로 하고 싶은 남자가 있다면, 그는 결혼에 대해 지나치게 형식적으로 생각함으로써 정작 '감정은 빠지는' 결과를 낳은 것에서 무엇인가를 배울 수도 있을 것이다. 그리고 이것은 현대인들에게도 시사하는 바가 있을 것이다.

한 사람을 꾸준히 사랑하려면 어떤 결심이 필요하다. 인생을 한 사람만 사랑하면서 보내겠다는 것은 여자에게도 그렇지만 남자에게는 특히 자연스러운 일이 아니다. 그것은 정확히 표현할 수는 없지만 우리가 의지의 행위라고 부를 수 있는 어떤 것을 필요로 한다. 이 때문에 다윈은 결혼 문제를 배우자 문제로부터 분리하는 경향이 있었다. 그는 결국 이것 때문에 결혼하기로 마음을 굳혔고 그의 결혼은 배우자 선택만큼이나 중요하게 되었다.

그렇다고 젊은 남자가 사랑에 사로잡히기를 원하지 않는다는 말은 아니다. 다윈 자신은 결혼식으로 크게 흥분했다. 그러나 남자가 갖는 감정의 단순한 열정이 참을성을 재는 척도가 될 수 있느냐는 다른 문제다. 열정은 조만간 사라질 것이고, 그러면 결혼은 현실적인 친화나 단순한 애정이 될 것이다. 또는 (특히 요즈음에는) 결심 여하에 따라 끝장이 나거나 지속되거나 할 것이다. 이런 것들을 통해, '사랑'이라는 딱지를 단 가치 있는 어떤 것은 죽을 때까지 지속될 수 있다. 그러나 이것은 결혼과 함께 시작된 그런 사랑과는 다른 종류의 사랑일 것이다. 그것은 좀 더 풍성한 사랑, 좀 더 깊은 사랑, 또는 좀 더 영적인 사랑이 될 것인가? 의견들은 다양하게 나뉜다. 그러나 그것이 좀 더 감동적인 사랑임은 분명하다.

위로부터 추론을 해 보면 그런 결혼은 하늘에서 만들어지는 것이 아니라는 결론이 나온다. 이혼은 많은 남자들이 (그리고 적지 않은 여자들이) 단지 '잘못된' 사람과 결혼을 했고 다음번에는 '올바른' 사람과 결혼을 할 수 있으리라고 믿기 때문에 하는 경우가 많다. 그러나 그럴 가능성은 거의 없다. 이혼에 대한 통계를 보아도 재혼을 하겠다는 남자의 결심을 "경험을 능가하는 기대의 승리"[10]라고 특징 지은 새뮤얼 존슨(Samuel Johnson)의 결론을 뒷받침한다.

존 스튜어트 밀도 비슷하게 냉정한 견해를 밝힌 바 있다. 밀은 도덕적 다양성을 인정해야 한다고 주장했고, 사회의 비규범자가 장기적으로는 실험적인 가치가 있음을 강조했다. 그러나 그는 생활 양식으로써의 도덕적 모험주의는 권하지 않았다. 『자유론』의 급진주의 밑에는 우리의 충동을 굳건한 지적 통제 밑에 두려는 밀의 신념이 있다. "대부분의 사람들에게는 적당한 행복을 누릴 능력밖에는 없다."라고 그는 편지에 썼다. "그들은 찾을 수 있는 것보다도 더 큰 행복을 결혼에서 기대한다. 그리고 그런 행복을 누리기에는 자신이 부족하다는 사실을 알지 못하고, 다른 누군가와 함께 있다면 더 행복해질 수 있으리라는 기대를 한다." 불행은 그저 지나가도록 버려 두라는 충고도 한다. "그들이 여전히 결합되어 있다면 시간이 흐른 후에 실망감이 사라질 것이고, 그들은 혼자 있거나 같이 있거나 반복되고 불행한 실험에 찌듦이 없이 서로서로 완전한 행복을 누릴 것이다."[11]

많은 남자들이 그리고 적지 않은 여자들이 이런 실험을 맘껏 즐길 수 있을 것이다. 하지만 그들은 결국 다시 출발하는 인생에서 기대하는 즐거움이 자신들의 유전자가 후원하는 또 다른 환영에 지나지 않고, 유전자의 첫 번째 목표는 영속적인 행복이 아니라 자식을 많이 낳도록 하는 것이라는 사실을 기억해야 한다. (그리고 어쨌든 이것은 우리의 디자인 환경에서 작동하는 것이 아니다. 일부다처제가 불법인 현대 사회에서 일부다처제에 대한 충동은 모두의 관심사인 자손에 대해 자연 선택이 의도한 것보다 더 큰 감정적 손상이 될 수 있다.) 그러면 문제는 소중한 다갈색 초원을 떠남으로써 겪는 고통보다 초록빛 초원을 거니는 즐거움이 더 큰가 하는 것이다. 이것은 그리 단순한 문제가 아니고, 그 답이 누군가의 열망에 따라 쉽게 나오는 문제는 더욱 아니다. 그러나 사람들(특히 남자들)은 아니라고 답하는 경우가 흔하다.

그리고 어쨌거나 매 순간 쾌락과 고통을 합하면 그 문제가 해결될 수 있을 것인가 하는 논쟁이 있다. 아마 인생을 살아오면서 쌓아 온 어떤 일관성이 무엇인가를 해명할지도 모른다. 여러 세대에 걸쳐 남자들은 장거리의 인생, 즉 다른 한 사람이나 몇몇 사람과 공유했던 인생이 갖가지 좌절감을 안겨 주었음에도 불구하고 다른 방법으로는 얻을 수 없는 보상을 주었다고 증언해 왔다. 물론 노년에 들어선 기혼 남자가 한 증언에 절대적인 비중을 둘 수는 없다. 충만한 삶을 살았노라고 모두가 공언을 해도 일련의 애정을 쟁취하겠노라고 공언하는 총각이 최소한 하나는 있을 수 있다. 그러나 수많은 노년의 남자들이 성적 자유의 초기 단계를 거쳐갔고, 그들이 이를 즐겼노라고 시인한 사실에는 주목할 가치가 있다. 이런 논쟁의 반대편에 서 있는 사람들은 가족을 이루며 끝까지 그 상태로 사는 것이 어떤 것인지를 안다고 말할 수 없다.

존 스튜어트 밀은 좀 더 큰 맥락에서 이 점을 다루었다. 공리주의의 가장 저명한 학자인 밀조차도 "고통으로부터의 자유와 쾌락이 바람직한 유일한 목적"이라고 주장했지만 이것은 말 그대로의 의미가 아니었다. 그는 당신의 행위에 의해 영향받는 사람들(결혼으로 생겨난 사람을 포함해서)의 쾌락과 고통은 당신의 도덕적 계산에 속해 있다고 믿었다. 더 나아가 밀은 쾌락은 양뿐 아니라 '고차원의 능력'을 포함한 쾌락의 특별한 가치에 부착된 질을 강조했다. 그는 "자신이 하등 동물로 변할 수 있다고 믿는 사람은 없다. 짐승이 누릴 수 있는 쾌락을 무한정 허락해도 …… 만족한 돼지보다는 불만족한 사람이 되는 것이 낫기 때문이다. 만족한 돼지보다도 불만족한 소크라테스가 더 낫다. 설혹 멍청이나 돼지의 의견이 이와 다를지라도 그 이유는 그들이 문제를 자신의 편에서만 보기 때문이다. 반면 현자들은 문제의 양면을 모두 알고 있다."라고 했다.[12]

과거의 이혼과 오늘날의 이혼

다윈이 살았던 시절 이래로 결혼으로 이끄는 유인 구조가 바뀌었다. 사실 반전되었다고 할 수 있다. 그때에는 남자들에게 섹스, 사랑, 사회의 강압 등 결혼을 해야만 하는 몇 가지 그럴듯한 이유가 있었고 결혼을 지속할 이유도 충분했다. (그들에게는 선택의 여지가 없었다.) 오늘날에는 미혼 남자도 사랑의 유무에 관계없이 정기적으로 섹스를 할 수 있다. 어떤 이유에서든 남자가 결혼으로 비틀비틀 쓸려 들어간다 해도 놀랄 이유가 없다. 전율의 시간이 지나가면 집을 나와 이웃의 핀잔을 받지 않고도 활발한 성생활을 다시 시작할 수 있다. 그래서 이혼은 쉽게 일어난다. 빅토리아 시대의 결혼이 부추김을 받고 궁극적으로는 벗어날 수 없는 것이었던 반면, 현대의 결혼은 반드시 필요한 것도 아니고 빠져 나오기도 쉬운 것이다.

이런 변화는 세기가 바뀌면서 시작되었고 20세기 중반 이후에는 정점에 달했다. 1950년대와 1960년대 초 미국의 이혼율은 1966년부터 1978년까지의 이혼율의 감절에 달했다. 지금의 이혼율은 1966년부터 1978년까지의 이혼율과 비슷하다. 반면 결혼으로부터의 도피가 쉬워지고 다반사가 되면서 남자에게는 결혼을 할 (여성에게는 결혼이 그다지 극적이지 않을 것이다.) 동기가 약해졌다. 결혼(초혼)을 하는 여성의 평균 연령이 높아지기는 했어도 성 경험이 있는 열여덟 살 소녀의 비율은

1970년 39퍼센트에서 1988년 70퍼센트로 늘어났다는 보고가 있다. 성경험이 있는 열다섯 살 소녀의 수도 20명 중 1명에서 4명 중 1명으로 늘어났다.[13] 미국에서 동거를 하는 미혼 쌍의 수도 1970년 50만 쌍에서 1990년 300만 쌍으로 늘어났다.

여기에는 두 가지 원인이 작용했는데, 그중 하나는 이혼이 쉬워져 결혼한 경험이 있는 여자의 수가 늘어났다는 것이고, 또 다른 하나는 섹스가 쉬워져 결혼하지 않는 여자의 수가 늘어났다는 것이다. 서른다섯 살부터 서른아홉 살까지 결혼 경험이 없는 여자의 수는 1970년 20명 중 1명에서 1990년 10명 중 1명으로 늘어났다.[14] 이 연령대의 기혼 여성도 3명 중 1명꼴로 이혼을 한다.[15]

남자들의 수는 더 심각하다. 서른다섯 살에서 서른아홉 살까지의 남자 중 일곱의 하나는 결혼을 하지 않는다. 위에서 보았듯 일부일처제가 지속되면 더 많은 남녀들이 미혼으로 남아 있게 된다.[16] 그러나 이 상태에서는 여자들이 잃는 것이 더 많을 것이다. 여자는 남자보다 아이를 더 원한다. 아이가 없는 마흔 살의 미혼 여성은 남성보다 아이를 더 원하지만 그럴 가능성은 점점 줄어든다. 이전에 결혼한 경험이 있는 남자와 여자의 상대적인 부에 관해 말하자면, 미국에서 이혼은 보통 남성의 생활 수준을 높여 주지만 아이가 있는 아내는 그 반대로 고통을 받는다.[17]

영국에서 이혼을 합법화하는 데 일조한 1857년의 이혼법은 여러 페미니스트들이 반겼던 조치였다. 존 스튜어트 밀의 아내인 해리엇 테일러 밀(Harriet Taylor Mill)도 그중 한 명인데, 그녀는 첫 남편이 죽을 때까지 그녀가 혐오했던 결혼의 울에 갇혀 있었다. 섹스 예찬론자는 아니었던 밀 부인은 "고상한 심성을 지닌 극소수만 빼 놓고 남자들은 모두 다소간 호색한들이다. 반면 여성들에게는 이런 성향이 별로 없다."라는 사실을 고통스럽지만 믿게 되었다. 섹스에 대해 이런 혐오감을 지닌 여성에게 빅토리아 시대의 결혼은 고통스런 강간과도 같았을 것이다. 그녀는 여성의 필요에 서서 이혼을 옹호했다.

밀 역시 (부부에게 아이가 없을 경우처럼) 필요하다면 이혼을 할 수 있다고 했다. 그러나 이 문제에 대한 그의 입장은 아내와는 달랐다. 그는 결혼 서약이 아내보다는 남편을 더 강제한다고 보았다. 밀은 제도화된 일부일처제의 기원을 훌륭히 통찰했는데 당시의 엄격한 결혼법은 "관능주의자에 의해, 관능주의자를 위해, 관능주의자를 구속하기 위해"[18] 만들어졌다는 것이다. 그만이 이런 견해를 지녔던 것은 아니었다. 1857년의 이혼법이 남자를 일부일처주의자로 전환시키리라는 우려감 때문에 이를 반대한 사람이 있었다. 윌리엄 글래드스턴(William Gladstone)은 이 법안이 "여성의 지위를 하락시킬 것"[19] (또는 아일랜드 여성들이 한 세기 후에 그랬듯 "여성이 이혼 여부에 대해 투표하는 것은 복날을 존속시킬 것인지에 대해 개들이 투표하는 것과 같다.")[20]이라며 반대했다. 이혼이 쉬워짐으로써 나타난 효과가 단순한 것은 아니지만, 여러 증거들이 글래드스턴의 입장을 지지하고 있다. 여성에게는 이혼이 부당한 처사였다.

시간을 되돌리려는 것도 무의미한 짓이지만, 그 대안마저 불법화하여 결혼을 유지하려는 것도 무의미한 짓이다. 연구 결과를 보면 부모들이 이혼을 하지 않고 사투를 무릅쓰면서까지 함께하는 것이 아이들에게 더 가혹한 짓임을 알 수 있다. 그러나 남자가 이혼을 하려는 동기가 금전적인 문제가 아니었음은 분명하다. 이혼은 오늘날 보통 그러하듯 당시에도 개인의 생활 수준을 높여 주지 않았다. 그때나 지금이나 남자의 생활 수준을 저하시키는 것은 똑같은 듯하다. 남자에게 대가를 치르게 하려는 것이 아니라, 두 가정을 꾸려 나가는 비효율성을 고려해 보면 이혼이야말로 종종 아내의 생활 수준을 유지시키고 아이들을 방치하지 못하게 하는 유일한 길이었기 때문이다. 여성들은 재정적으로 안정이 되면 남편 없이도 아이들을 행복하게 키울 수 있고 때로는 남편이 없는 편이 더 행복하다.

존중

오늘날의 도덕 풍토에서 여성들이 어느 정도의 '존중'을 받는지에 대해서는 의견이 분분하다. 남자들은 여성들이 존중을 많이 받는다고 생각한다. 여성들이 과거에 비해 더 존중을 받는다고 말한 미국 남성의 비율은 1970년 40퍼센트에서 1990년 62퍼센트로 높아졌다. 반면 여성들은 이에 동의하지 않는다. 1970년의 조사를 보면 여성들은 대부분 남성들이 "기본적으로 상냥하고 온화하며 사려 깊다."라고 했음을 알 수 있다. 그러나 같은 여론 조사 기관이 행한 1990년의 조사에서 남자들은 자신만의 의견을 앞세우며, 여성을 하대하려 들고, 침대로 끌고 갈 궁리에만 몰두하며, 가정사에는 신경을 쓰지 않는다고 증언했음을 알 수 있다.[21]

'존중'은 그 뜻이 모호한 말이다. 아마 여성이 꽤 '존중'을 받고 있다고 생각하는 남자들은 여성이 능력 있는 동료로서 직업 전선에서 받아들여졌다는 의미로 한 말이리라. 그리고 사실 이런 의미로 보면 여성들은 존중을 더 받아 왔다. 그러나 '존중'이 빅토리아 시대에 의미했던 그런 방식의 존중을 의미한다면 (요컨대 여성을 성적 정복 대상으로 취급하지 않는 것) 여성들에 대한 존중은 1970년대 (정확히는 1960년대일 것이다.) 이래로 감소해 왔다. 이것을 해석하는 방법 중 하나는 여성들이 두 번째 종류의 존중을 더 얻고 싶어 하느냐를 알아보는 것이다.

이 둘 사이에서 흥정을 벌일 이유는 없다. 1960년대와 1970년대 초의 페미니스트들에게는 첫 번째 종류의 존중만을 고집하면서 두 번째 종류의 존중을 훼손시켜야만 할 이유가 없었다. (사실 그들은 그러길 원한다고 말한다.) 그러나 세상일이 으레 그렇듯 그들은 그런 식의 흥정을 벌였다. 그들은 섹스를 포함한 모든 중대사의 본질적 균형에 대해 설파했다. 많은 젊은 여성들은 자신들의 성적 매력을 추구하고 막연한 본능적 섬세함을 버릴 수 있음을 보이기 위해 균형주의를 받아들였다. 그들은 남성의 성적 관심이 애정을 의미하지 않을 수 있다는 두려움이나 남성보다 자신이 섹스에 감정적으로 더 휩쓸려 들어갈지도 모른다는 두려움 없이 원하는 남자와 함께 갔다. (어떤 페미니스트는 거의 이데올로기를 따르는 의무감으로 무심결에 섹스를 했다.) 남자들은 도덕의 덫으로부터 쉽게 벗어나기 위해 균형주의를 이용했다. 거추장스러운 감정의 부산물을 염려할 필요없이 여러 여자와 잘 수 있게 된 것이다. 여자들도 특별히 이것저것 염려할 필요가 없게 되었다. 그들은 후원자인 양 굴면서 도덕감에 반발하는 여자들의 도움을 받아 이런 풍토에 들어섰고 지금도 들어서고 있다.

반면 입법자들은 여성에게는 특별한 법적 보호가 필요없다는 의미로 성적 균형을 받아들였다.[22] 1970년대 각국에서 '무과실' 이혼을 도입했고 부부의 재산은 자동적으로 공평하게 분배되었다. 물론 한쪽 배우자가 (흔히는 아내) 직업 경력이 없으므로 장래가 더 불투명한 경우가 흔했다. 한동안 이혼한 여성이 기대할 수 있었던 장기간의 이혼 수당은 이제 직업을 다시 갖게 될 때까지 주도록 된 수년간의 '복직 유지 수당'으로 대치되었다. (사실 키워야 할 아이들이 있을 경우 직업을 갖기에는 더 많은 시간이 걸릴 수 있다.) 공정하게 처리하려면 파경의 원인이 남편의 분방한 바람이나 짐승 같은 무절제에 있다고 지적해서는 안 되었다. 무엇보다 어느 한편의 과실 때문에 이런 일이 일어난 것은 아니었다. 무과실 원리는 결과적으로 남자에게 득을 주었다. (남자의 재정적 의무에 대한 느슨한 강제도 남자에게 득이 되었다.) 무과실 원리가 한창 유행했던 시절은 이제

지나갔고 입법부는 전부는 아니더라도 일부나마 원래의 상태로 되돌려 놓았다.

천부적인 성적 균형을 주장하는 페미니스트들의 이론이 유일한 죄인도 아니었고 애초에 주범도 아니었다. 성 규범과 결혼 규범은 오랜 세월에 걸쳐 피임 기술에서 통신 수단까지, 주거 형태에서 오락 성향까지 다양한 이유로 변해 왔다. 그렇다면 페미니즘을 길게 논할 까닭이 있을까? 부분적으로는 다른 종류의 도움을 받아 일종의 여성 착취를 종식시키려는 (전적으로 기특한 일이다.) 시도라는 역설 때문이고, 또 부분적으로는 페미니스트들 단독으로 문제를 일으킨 것은 아닐지라도 그들 중 일부가 그 문제에 일조했다는 사실 탓이다. 최근까지 페미니스트들의 반격에 대한 두려움은 남성과 여성 사이의 차이점을 진솔하게 논의하는 데 분명히 방해가 되어 왔다. 페미니스트들은 생물학이나 결정론을 이해하려고 하지도 않고 '생물학적 결정론'을 폄하하는 글들을 써 왔다. 뒤늦게나마 성차에 관한 페미니스트들의 논의가 늘어나고 있지만 이것들은 때로는 모호하고 설득력이 없다. 이 글들은 성차가 선천적인가 하는 문제를 교묘히 비켜가면서 다윈주의의 용어로 꽤 그럴듯하게 설명하는 경향이 있다.[23]

불행한 기혼 여성

결혼 생활을 유지하려는 '다윈의 계획' (사실 이 장에서는 이 문제를 다루어 왔다.)은 여자는 결혼을 사랑하지만 남자는 그렇지 않다는 간단한 그림을 제시하는 것처럼 보일 수도 있다. 그러나 분명 인생은 그보다는 더 복잡하다. 일부 여성들은 결혼을 원하지 않으며 결혼한 여성들 중 태반도 축복된 삶과는 거리가 먼 삶을 살고 있다. 이 장에서 일부일처제 결혼과 남성의 마음에 있는 모순을 강조했다면 그것은 내가 여성의 마음을 아첨이나 정절의 영구한 원천으로 생각해서가 아니다. 그것은 내가 남성의 마음이 일생 동안 지속되는 일부일처제에 유일하게 큰 장애(그리고 그 거대한 장애는 신다윈주의의 패러다임으로부터 뚜렷이 나타난다.)임이 분명하다고 생각하기 때문이다.

여성의 마음과 현대 결혼 사이의 모순은 그리 간단한 문제가 아니며 명쾌히 드러나는 문제도 아니다. (결국 파괴성이 덜하다.) 이런 모순은 현대 일부일처제의 사회·경제적 배경과는 달리, 일부일처제와는 관련성이 약하다. 전형적인 수렵 채집 사회에서 여성은 가정을 돌보는 동시에 노동을 해야 했는데, 이 둘을 조화시키는 것은 힘든 일이 아니었다. 여성들이 식량을 구하려고 밖에 나갈 때 아이들을 돌보는 일은 별 문제가 안 되었다. 아이들을 데리고 나가거나 이모, 삼촌, 할아버지, 사촌에게 맡기면 되었다. 그리고 집에 돌아와서는 아이를 돌보았다. 이런 정황은 사회적이며, 공동체적이기도 하다. 아프리카의 수렵 채집 사회에서 생활하며 연구를 했던 인류학자 마저리 쇼스탁(Marjorie Shostak)은 다음과 같이 썼다. "부시먼 족 사회에서는 성가신 꼬마들을 홀로 돌보는 어머니는 없다."[24]

현대 사회의 어머니들은 대부분 극단적인 처지에 놓여 있는 자신의 모습을 볼 것이다. 그들에게는 수렵 채집 사회의 어머니들이 누렸을 법한 행복한 중용 상태가 허용되지 않는다. 그들은 주당 40시간에서 50시간을 일하면서도, 양육의 질에 대해서 걱정하고, 모호한 죄책감을 느낀다. 혹은 그들은 전업 주부로서 혼자서 애들을 키우면서 지겨움으로 거의 미칠 지경까지 내몰린다. 물론 어떤 주부들은 현대 사회의 전형인 찰나적이고 익명성을 띠는 이웃 관계 속에서 어떻게 해서든 견고한 사회적 틀을 만들어 내는 데 성공한다. 그러나 그렇지 못한 대다수 여성들에게는 불행이 사실상 불가피하다. 제2차 세계 대전 직후, 사람들이 교외로 이주해 나간 탓에 이웃 간의 공동체 관계가 희박해지고 대가족이 해체되었다. 1960년대에 들어 현대적 여성 운동이 그처럼 큰 힘을 갖게 된 것은 어찌 보면 당연했다. 여성들은 교외의 가정 주부로서 디자인된 존재가 아니었기 때문이다.

1950년대의 교외 거주지는 남성들에게 좀 더 어울리는 곳이었다. 수렵 채집 사회의 아버지들처럼, 당시 교외에 거주하던 아버지들도 아이들과 함께 놀아주는 데 약간의 시간을 투자했고, 다른 남성들과 어울려 일하고 놀고 파티를 벌이는 데 많은 시간을 투자했다.[25] 이 문제에 관해서는 빅토리아 시대의 남성들(다윈은 그렇지 않았지만)도 다를 바가 없었다. 일생 동안 지속되는 일부일처제는 그 자체로는 남성보다는 여성에게 더 자연스러운 것이지만, 일부일처제는 예전에도 그랬듯이 앞으로도 여성에게 더 부담을 주게 될 것이다.

그러나 그것이 곧 여성의 마음이 남성의 마음보다 현대적 일부일처제에 대해 더 거부감을 느낀다는 말은 아니다. 어머니 쪽이 느끼는 불만족은 아버지 쪽이 느끼는 불만족과는 달리 곧바로 파국으로 이어지지는 않는 것 같다. 그 궁극적인 이유는 조상들의 환경 속에서 자식이 있는 여성이 새 남편을 찾는다는 것이 유전적으로 이득이 되는 일이 아니었기 때문일 것이다.

현대 사회에서는 엄청나게 복잡한 일들이 수없이 발생하는 까닭에 일부일처제가 유지될 수 있고, 또 그 안에서 남편과 아내는 행복을 찾는다. 현대 사회에서 일부일처제를 성공적으로 유지해 나가려면 거주 환경과 직장 생활이 혁신되어야 한다. 이런 혁신을 시도해 보려는 사람이라면 인간이 진화해 온 사회 환경을 진지하게 생각해 보아야 한다. 물론 사람들은 조상의 환경에서 살아간다고 해서 행복을 느끼도록 디자인된 존재는 아니다. 지금과 마찬가지로 그때에도 불안이 만연했고, 행복은 늘 추구되었지만 잡을 수 없는 목표였다. 그러나 적어도 조상의 환경에 서라면 사람들은 미치지 않도록 설계된 존재들인 것이다.

에마의 계획

결혼이 불만족스러운 것임에도 불구하고, 현대의 웬만한 여성들은 일생의 짝을 만나서 아이를 낳으려는 계획을 세운다. 지금의 사회 조건이 이런 목적에 대해 그다지 호의적이지는 않다고 하지만, 그들이 그 밖의 무슨 일을 하겠는가? 지금까지 우리는 남성들이 결혼이 보다 영속적이길 바라는 것처럼 행동한다는 말을 해 왔다. 그러나 남성들에게 결혼 생활을 위한 비결을 알려주는 것은 해적들에게 「약탈하지 않기」라는 제목의 전단을 뿌리는 것과 다소 흡사하다. 여성이 남성보다는 천성적으로 일부일처제에 더 적합하고, 이혼 이후에 더 큰 괴로움을 겪는다면, 논리적으로 보아 여성이 개혁의 중심에 섰을 것이다. 조지 윌리엄스와 로버트 트리버스가 밝혀낸 것처럼, 인간 성 심리의 많은 부분은 정자에 대한 난자의 상대적 희소성에서 기인한다. 이런 희소성 때문에 개인적 관계나 도덕적 법칙들을 형성해 나가는 데 있어서 여성은 스스로 실감하는 것보다 더 큰 힘을 발휘한다.

간혹 여성은 자신의 힘을 발휘해 이런 것들을 실현시켜 나가기도 한다. 아이들과 남편을 원하는 여성들은 에마 웨지우드 계획이란 것을 시도해 남편을 묶어 놓는다. 그 계획의 요지는 이렇다. 만일 당신이 결혼식 날까지 영원한 헌신의 맹세를 듣기를 원한다면, 그리고 반드시 결혼하기를 원한다면 신혼의 그날까지 남자와 자지 않도록 하라.

이 말의 의미는 공짜로 우유를 먹을 수 있다면 소를 사려고 하지는 않을 거라는 속담과는 다르다. 남성의 마음속에 성녀와 창녀라는 이분법이 견고하게 뿌리를 내리고 있다면, 여성과의 이른 섹스는 막 싹트기 시작한 사랑의 감정을 짓뭉개고 말 것이다. 또 인간의 마음속에 짝을 거부하도록 만드는 장치가 있다면, 별 이유 없이 제공된 섹스는 다른 한쪽에 대한 마음을 차갑게 만들 것이다.

많은 여성들이 에마의 전략이 혐오스럽다고 생각한다. 그들은 남성을 함정에 빠뜨리는 일이 자신들의 품위에 위배된다고 말한다. 남성에게 결혼을 강요하느니 차라리 그 없이 살아가겠다는 것이다. 에마의 접근법이 반동적이고 성 차별주의적이라고 말하는 여성들도 있다. 그것은 사회 질서를 위해 자제라는 도덕적 부담을 짊어져야 한다는 오래된 요구를 다시 반복하는 것이라는 의미이다. 또 어떤 여성들은, 이런 접근법이 여성이 성적으로 쉽게 절제할 수 있다고 가정하는 것처럼 보이는데, 사실 그렇지가 않다고 말한다. 모두가 타당한 반응들이다.

이것말고도 에마의 전략에 대해 널리 퍼진 불평이 있다. 이 전략은 효과가 없다는 것이다. 요즘의 남자들은 별다른 구속을 받지 않고도 섹스를 쉽게 접할 수 있다. 어떤 여자가 섹스를 마다한다고 해도 다른 여자들이 널려 있다. 내숭 떠는 여자들은 홀로 집에 남아 평생 순결을 즐기는 수밖에 없게 된 것이다. 1992년 밸런타인데이를 전후해서 《뉴욕타임스》는 스물여덟 살 먹은 독신 여성이 지금은 낭만과 구애가 없는 시대라고 한탄한다며 다음과 같이 인용했다. "사내들은 당신과는 인연이 없다면 다른 여자와 인연이 있다고 생각하지요. 그건 마치 인연을 기다려 확인해 보아도 아무 이득이 없다고 하는 말과 같죠."[26]

이것 역시 타당한 관점이며, 여성이 백의종군하며 금욕한다고 해서 큰 보상이 따르지는 않을 것이라는 주장에 대한 좋은 이유이기도 하다. 그렇지만 얼마간 금욕을 하는 것이 의미 있는 일이라고 말하는 여성들도 있다.[27] 만일 어떤 남자가 어떤 여자와 섹스 없는 인간적인 교제를 두 달 이상 견뎌 내지 못한다면, 결국 그는 어떤 경우에도 그 여성과 오래 사귀지는 못할 것이다. 일부 여성들은, 말할 것도 없이 남성보다는 여성에게 더 귀중한 시간을 낭비하지는 않겠다고 결심한다.

에마의 접근법을 온건하게 변화시킨 이 방법은 자기 강화적일 수 있다. 짧은 기간이나마 냉각기의 가치를 발견한 여성들이 많아질수록 이 냉각기는 더 길어질 수 있다. 8주간을 기다리는 것이 일반적이라면, 10주간을 기다린다고 해서 여성에게 큰 해가 되지는 않을 것이다. 그렇다고 해서 이런 조류가 빅토리아 시대와 같이 엄격히 고수된다고 기대하지는 말자. 여성들도 결국 섹스를 좋아한다. 그러나 이런 조류는 이미 진행 중인 만큼 앞으로도 지속될 것이다. 오늘날 대두되고 있는 보수적인 성적 기류는 성병에 대한 두려움에서 나온 것일지도 모른다. 그러나 남성들은 기본적으로 돼지에 가깝다는 의견을 개진하는 여성들이 늘어나는 것으로 판단해 볼 때, 이 새로운 조류는 인간 본성에 대한 냉엄한 진리를 인식해 자신의 이익을 합리적으로 추구하려는 여성들로부터 일부나마 나오고 있는 것 같다. 그리고 사람들은 자신의 이익을 지속적으로 추구한다. 이 경우 진화심리학은 그 이익이 무엇인지를 볼 수 있도록 도와준다.

도덕적 변화에 대한 이론

성도덕(성적 수줍음으로 향한 것이든 이로부터 멀어지는 것이든 간에)의 조류가 자율적이라고 생각하는 데는 또 다른 이유가 있다. 만일 남성과 여성이 지역 환경에 따라 그들의 성적 전략을 재단하도록 디자인된 존재라면, 한편의 성 규범은 다른 편의 성 규범에 의존할 것이다. 데이비드

버스와 그 밖의 다른 학자들의 연구에서 이미 보았듯이, 남성들은 어떤 여성이 문란하다고 판단하면 거기에 맞는 방식으로 그녀를 대우한다. 남성들은 그녀를 단기적인 정복의 대상으로 생각하지 장기적으로 보상해 줄 대상으로 생각하지는 않는다는 것이다. 엘리자베스 캐시던의 연구에서는 남성들이 단기적인 전략을 추구한다는 것을 알아차린 여성들이 스스로 요염하게 꾸미고 문란하게 행동할 가능성이 높다는 증거를 보였다. 즉 그들은 섹시한 옷들을 입고 더 자주 섹스를 한다는 것이다.[28] 이런 두 성향들은 긍정적 피드백의 나선 속에 서로 맞물려 있어서, 빅토리아 시대 사람들이 도덕적 타락이라고 불렀던 현상으로 사람들을 이끈다고 상상해 볼 수 있다. 깊게 파인 의상과 성적으로 도발적인 외양이 만연하면 남성들은 이것을 한 여성에게 구속되지 말라는 시각적 신호로 받아들일 것이다. 그러면 이런 남성들은 여성들을 존중하지 않게 되고, 따라서 섹시하고 깊게 팬 옷들이 더 만연하게 될 것이다. (심지어 광고판이나 《플레이보이》에 나오는 도발적인 모습들도 여기에 영향을 미칠 수 있다.)[29]

만일 어떤 이유 때문에 남성들이 이와는 다른 방향, 즉 부양 투자라는 방향으로 움직이기 시작하면 그런 조류는 상호 강화라는 동일한 역학을 통해 북돋워진다. 여성들이 성녀처럼 정숙해질수록 남성들은 보다 부성적이고 헌신적이 되며, 그래서 여성들은 다시 더 성녀와 같이 되는 것이다.

이런 이론을 사변적이라고 하는 것은 이를 과소평가하는 것이다. 물론 이 이론은 문화 변이에 대한 다른 많은 이론들처럼 직접 시험해 보기도 어렵다. 하지만 이 이론은 자체로 시험할 수 있는 개인 심리학의 이론들에 의존하고 있다. 지금까지 문화 변동을 잘 해명하고 있다는 평가를 받아 온 버스와 캐시던의 연구들이 어느 정도는 예비적 시험이 되어 왔던 것이다.

또 이 이론은 왜 성도덕의 조류가 그처럼 오래 지속되는지를 설명하는 데도 도움을 주고 있다. 마치 만조를 나타내는 수위표처럼, 100년을 이어져 왔던 시대적 조류가 빅토리아 시대의 고상함에서 정점을 이루었듯, 이 조류는 오랜 시간을 두고 퇴조해 왔다.

길고도 더딘 시계추의 움직임이 왜 반대 방향으로 바뀌게 되는 것일까? 피임과 같은 기술의 발전에서 인구의 통계적 변화에 이르기까지 들 수 있는 이유는 많다.[30] 남성이나 여성 (또는 둘 다의) 대부분이 자신들의 이해 관계가 충족되고 있지 못하다는 사실을 발견하고 그들의 생활양식을 의식적으로 재평가하면서 시계추의 방향이 바뀌었을 수도 있다. 1977년 로렌스 스톤은 다음과 같은 사실을 알아냈다. "예전의 기록들을 살펴보면 요즘처럼 큰 비난을 받지 않고도 오랫동안 성적으로 방종할 수 있다는 것이 그리 대단한 일이 아니었음을 알 수 있다. 일부 사상가들이 남편과 아내의 성적, 정서적, 생식적 욕구가 두루 만족되는 완벽한 결혼이 도래하리라고 예견하는 바로 그 시점에서, 이혼과 파경의 비율이 급속히 높아지고 있다는 사실은 참으로 역설적이다."[31] 그가 이렇게 쓴 이래로, 성도덕의 한 축을 담당하고 있는 여성들 가운데 일시적인 섹스가 현명한 일인가에 대해서 기본적인 질문을 던지기 시작한 여성들이 늘고 있다. 물론 이제 도덕적 보수주의가 긴 성장기로 접어들었다고 말할 수는 없다. 그렇다고 현대인들이 지금의 상태에 크게 만족하고 있는 것은 아니다.

빅토리아 시대의 비밀

빅토리아 시대의 성도덕에 대해서는 많은 평가가 이루어서 왔다. 그 평가 가운데 하나는 그 시대가 두렵고 고통스러울 정도로 억압적이었다는 것이다. 또 다른 평가는 그 시대가 결혼 생활을 유지하는 데는 유리한 사회였다는 것이다. 다윈주의는 이 두 평가를 모두 인정해서 통합을 하려한다. 일단 여러분이 일생 동안 지속되는 일부일처제적 결혼에 대해서 묘한 점을 발견했다면, 다시 말해 일단 여러분이 인간 본성을 이해하기 시작했다면, 억압 없이 이런 제도가 유지되기가 어렵다는 사실을 알 것이다. (경제적으로 계층이 구분된 사회에서 특히 그렇다.)

그러나 빅토리아 시대의 이념이 억압적이기는 했어도 당시의 사람들은 이 이념을 기꺼이 받아들였다. 그 시대의 특정한 금지 사항들을 잘 준수했던 것이다.

결혼 생활을 중단할 만한 가장 큰 위기, 즉 부유하고 지위가 높고 나이가 지긋한 남성이 아내를 버리고 젊은 모델과 결혼하고 싶어 하는 유혹은 사회의 엄청난 지탄을 감수해야 했다. 찰스 디킨스는 엄청난 비난과 대가를 감수하고 겨우 아내를 떠날 수 있었지만, 애인과의 접촉은 제한받았다. 그는 자신이 아내를 배반했음을 결코 인정하려 들지 않았다. 이것이야말로 비난받을 일이었기 때문이다.

일부 남편들이 런던의 창녀촌에서 시간을 보냈음은 사실이다. (그리고 하녀들이 상류층 남성들의 성적 분출구 역할을 했던 경우도 있었다.) 그러나 남성의 불륜이 배반으로 이어지지 않는 한 결혼 생활이 위협받지 않을 수 있었다는 것 역시 사실이다. 여성들은 남성들과는 달리 자신을 속이는 남편과 사는 자신을 용납할 수 있다. 그리고 남성의 불륜이 배반으로 이어지지 않도록 하는 한 가지 길은 남성이 창녀를 배반하도록 하는 것이었다. 지난밤에 같이 즐겼던 창녀를 위해 아내를 떠나는 백일몽을 아침 밥상 앞에서 꾸는 빅토리아 시대의 남성은 거의 없었음이 분명하다. 그 이유 중 하나는 성녀와 창녀라는 이분법이 남성들 마음속 깊이 자리 잡고 있었기 때문이다.

만일 빅토리아 시대의 남성이 일부일처제를 직접적으로 위협하는 행위를 했다면, 즉 그가 존중받을 만한 여성들과 불륜을 저질렀다면 그 위험은 엄청난 것이었다. 다윈의 주치의였던 에드워드 레인(Edward Lane)은 어떤 환자의 남편으로부터 그 환자와 불륜을 저질렀다는 이유로 고소를 당했다. 그 시절에 이런 종류의 재판은 《타임스》 전면에 실릴 정도의 추문이었다. 다윈은 그 사건을 면밀히 추적한 결과, 레인의 무죄를 믿고("나는 그에게서 부정한 인상을 받은 적이 없었다."), 그의 미래에 대해 "이 때문에 그가 파멸할까 봐 걱정이다."라는 말을 했다.[32] 물론 판사가 유죄 판결을 내렸다면 그는 파멸했을 것이다.

그 시대의 기준은 이중적이어서 불륜을 저지른 여성은 상대 남성보다 더 큰 비난을 받았다. 레인과 그의 환자는 둘 다 기혼이었고, 그녀는 밀회 후에 가졌던 대화를 일기장에 적었다. 그녀는 불명예가 다음과 같이 배분되어야 한다고 토로했다. "나는 그에게 내가 결혼 후 지금까지 조금이라도 탈선한 적이 없었음을 믿어 달라고 했다. 그는 이미 엎질러진 물이라고 나를 달래면서 위로했다."[33] (레인의 변호사는 그 일기가 미친 여자의 환상 속에서 쓰여진 것이라고 판사를 설득시킬 수 있었다. 설령 그렇다고 하더라도 그 일기는 그 시대에 만연된 도덕성을 반영하고 있다.)

이런 이중적인 잣대가 공정한 것은 아니지만 여기에는 어떤 이유가 있다. 아내가 저지른 불륜이 일부일처제에 더 큰 위협이 된다는 것이다. (다시 말해 보통의 남자라면 충실하지 못한 배우자와 결혼 생활을 지속하는 데 더 큰 문제를 겪기 마련이라는 것이다.) 그리고 불륜을 저지른 여성이 어떤 이유에서든 결혼 생활을 지속하기로 한다고 해도 아마 남편은 아이들을 더 냉정하게 대하리라는 것이다.

물론 이런 식으로 빅토리아 시대의 도덕성에 대해 신랄하게 진단하는 것은 위험한 일이다. 오해의 소지가 다분하기 때문이다. 진단한다는 것은 처방을 내리는 것과는 다른 것이다. 이것은 빅토리아 시대의 이중 기준이나 도덕성을 대변하는 논변이 되지 못한다.

사실 이런 이중 기준이 남성의 색욕에 대한 출구를 마련해 줌으로써 결혼 생활이 유지될 수 있도록 어떤 기여를 했는지는 몰라도 지금은 시대가 변했다. 요즘 시대의 힘 있는 사업가는 불륜 상대를 창녀, 하녀, 비서와 같이 아내로 부적합한 문화적 배경을 가진 여성에만 국한하지 않는다. 직장 여성들이 늘어남에 따라 사무실에서나 출장 여행 중에 젊은 독신 여성들을 만날 기회가 많아졌고, 이런 여성들은 그가 다시 시작하기로 마음먹는다면 결혼할 수 있는 바로 그런 부류의 여성들이다. 그리고 사실 그는 모든 것을 다시 시작할 수 있다. 19세기나 1950년대에도, 혼외정사는 남편들의 성적 배출구에 지나지 않았지만, 지금의 혼외정사는 배반으로 쉽게 이어진다. 이중 기준이 과거에는 일부일처제를 지탱했을지 모르지만, 오늘날에는 이것이 이혼으로 이어진다.

빅토리아 시대의 도덕이 오늘날에도 여전히 유효할 것인지의 문제는 제쳐 놓고라도, 이런 도덕을 고수함으로써 치르는 대가를 무엇으로 보상받을 수 있느냐 하는 문제가 있다. 빅토리아 시대의 일부 사람들은 결혼 때문에 덜미를 잡혔다는 절망감을 느꼈다. (물론 결혼은 당연히 해야만 하는 것이었기에 당시 사람들은 그 대가에 연연해 하지는 않았을 것이다.) 그리고 빅토리아 시대의 남성들이 섹스를 밝히지 않았다는 말은 차치하고라도, 당시의 도덕률로 인해 여성들은 남편과의 섹스조차 죄책감 없이 즐기기가 어려웠다. '가정의 천사' 또는 가정을 꾸려 나가는 사람 이상의 존재가 되도록 강요받았던 여성들에게 삶은 역시 힘든 것이었다. 다윈 가의 자매들은 이래즈머스가 전형적인 여성 상과는 거리가 먼 작가 해리엇 마티노(Harriet Martineau, 영국의 경제학자이자 소설가.—옮긴이)와

결혼 즈음의 에마(1)와 찰스(2) 다윈. 진화심리학은 임박한 결혼에 대한 에마의 상대적인 침착함을 포함한 그들의 관계를 다양한 각도에서 조명한다. 에마는 찰스에게 "당신은 대단하게 여기지 않거나 그저 좋은 일이라고만 생각할지라도, 나는 항상 스물아홉 살의 이 행사를 나에게 가장 행복한 일로 간직할 거예요."라고 편지를 썼다.

1960년대 초반의 조지 윌리엄스(1). 그는 거의 모든 종에서 왜 성적으로 수컷이 과감하고 암컷이 침착한지를 설명하는 이론을 수립하는 데 기여했다. 그는 또한 이 이론을 검증하기도 했다. 이 이론이 옳다면, 수컷의 부양 투자가 큰 종에서는 이러한 패턴이 약하거나 거의 나타나지 않을 것이다. 수컷 지느러미발도요는 알을 품는다(2). 윌리엄스의 이론에 따르면, 암컷 지느러미발도요는 수컷보다 훨씬 더 배우자를 찾는 데 경쟁적이다.

1980년 인도에서 함께한 생물학자 로버트 트리버스와 존 메이너드 스미스(1). 부시먼 족의 아버지와 딸(2). 모든 인류 문화에서 남성은 부양 투자 부담이 크다. 지느러미발도요보다는 많이 덜하겠지만 우리와 가장 가까운 영장류 수컷들보다는 훨씬 더 크다. 트리버스는 이러한 수컷의 부양 투자가 남성과 여성이 빠지기 쉬운 이중성을 포함한 인간 성심리학에 관한 많은 부분을 설명하는 데 도움이 된다고 말했다.

식량을 채집하는 부시먼 족 여성들. 남아프리카의 부시먼 족, 남아메리카의 아체 족, 일본의 아이누 족 등과 같은 수렵 채집 사회는 인류학자들이 인류 진화의 사회적 경과를 연구하는 데 있어 실제 모델에 가장 가깝다. 이러한 사회는 어머니 구실을 조정하여 위에서 보는 바와 같이, 일하면서 아이를 키우거나 아기 돌보는 일을 친족이나 친구에서 위탁함으로써 적절하게 단순화되었다.

꿀 따는 개미(*Myrmecocystus* 종)가 땅속 집의 천정에 매달려 있다. 그들의 배는 액상 식량으로 가득 차 부풀어 올라 있다. 이 따분한 교대 역할 덕분에 친족들은 '살아 있는 식량 창고'로부터 영양을 공급받는다. 다윈은 꿀 따는 개미와 같은 불임 곤충 계급들의 완벽한 이타주의를 훌륭하게 설명해 냈다. 하지만 아주 모호한 용어들을 사용했다. 생물학자들은 1960년대 초에 친족 선택 이론을 통해 비로소 다윈의 논리가 우리 인간을 포함한 많은 종들의 자기희생을 설명하는 데 적합하다는 것을 알았다.

1977년 하버드 대학교에서 함께한 윌리엄 해밀턴과 로버트 트리버스(4). 이때는 해밀턴이 친족 선택 이론을 밝혀 낸 지 10년이 넘게 지난 후였다. 또한 트리버스가 부모-자식 간의 갈등 이론과 트리버스-윌러드 가설을 발표한 지 몇 년이 지난 후이기도 했다. 이 이론들은 형제자매 간의 사랑과 경쟁, 그리고 부모의 자식 편애 등을 포함한 인류의 가족생활에 관한 많은 것을 설명하고 있다.

아들 윌리(별명은 "도디")와 함께한 다윈(1). 아들 레너드와 함께한 에마(2). 다윈의 딸 애니(3). 열 살에 죽은 애니는 다윈 부부에게 평생 동안 상처를 남겼다. 진화심리학자들은 자식을 잃고 느끼는 부모의 슬픔이 대부분 다윈 이론에 부합한다는 증거를 수집했다.

이 흡혈 박쥐는 잠자코 있는 병아리의 발에서 흡혈한 후에(1), 흡혈을 제대로 하지 못한 '동료' 박쥐를 위해 피를 토해 낸다. 이것은 나중에 보답받기 위한 것이다. 서로의 털을 골라 주는 두 침팬지(2). 호혜적 이타주의의 진화는 신뢰, 동정, 사죄, 부도덕, 정의감 등을 포함하는 많은 인간의 감정을 설명한다.

교제하는 것을 보고 우려감을 나타냈다. 다윈은 그녀에게서 받은 인상을 다음과 같이 기록했다. "그녀는 용모가 예쁘장했고, 자신의 계획과 생각과 능력을 굳게 믿고 있는 것 같았다. 형은 누군가는 그녀를 여느 여자로만 보아서는 안 된다는 생각에서 그녀의 이런 모습을 감싸 주었다."[34] 이 말을 통해서도 빅토리아 시대의 성도덕을 온전히 살려내서는 안 되는 이유를 알 수 있다.

일부일처제적 결혼을 성공적으로 유지시킬 수 있는 다른 도덕 시스템들이 있음은 의심할 여지가 없다. 하지만 이런 시스템들 역시 빅토리아 시대의 여타 도덕과 마찬가지로 실제로 어떤 대가가 뒤따를 것이다. 그리고 이런 대가를 남성과 여성이 고르게 치르도록 하는 도덕률을 고안해 낼 수는 있겠지만, 그 비용들을 균등하게 나눌 수 있는 방법은 있을 것 같지 않다. 남성과 여성은 서로 다르고, 그들의 진화된 마음이 결혼 생활에 가하는 위협도 다르다. 따라서 효율적인 도덕률이 이런 위협들과 싸우기 위해 만들어 내는 금제들도 두 성에 대해 서로 다르게 적용될 수밖에 없다.

만일 우리가 일부일처제라는 제도를 진지하게 되살리려 한다면 '전투'라는 말이 실로 의미 있는 단어가 될 것이다. 1966년에 어떤 미국 학자는, 빅토리아 시대의 남성들이 성적 충동을 둘러싸고 느낀 수치심의 의미를 되돌아보면서, "모든 계급의 남성들이 자신의 성 때문에 유감을 느끼게 되는 소외 현상"을 구별해 냈다.[35] 소외에 대한 그의 지적은 옳았다. 그러나 "유감을 느끼게 된다"라는 말에는 어떤 의문이 생긴다. 소외가 위치한 스펙트럼의 다른 쪽 끝에는 탐닉이 있다. 탐닉은 마치 우리의 성적 충동들이 고귀한 야만인의 목소리인 것처럼, 우리를 지금까지 단 한번도 존재한 적이 없었던 원시적 행복의 상태로 되돌려 줄 목소리인 것처럼 그 충동들에 우리를 복종하게 만든다. 그러나 지난 25년 동안 이런 충동들에 탐닉한 결과가 무엇이었던가? 수많은 사생아들이 생겨 났고, 여성들이 비참해졌으며, 강간과 성희롱이 난무했다. 여성들은 외로움을 느꼈고, 그 와중에도 외로운 남성들은 X 등급의 비디오를 빌려다 보았다. 형편이 이러하건데 남성들의 성적 욕구와 한판 전쟁을 벌였던 빅토리아 시대의 도덕에 대해 유감을 표시하기는 어려울 것 같다. 대체 무엇과 비교해서 유감스럽다는 말인가? 새뮤얼 스마일스가 당시 사람들이 유혹에 빠지지 않으려고 무장한 상태로 일생을 낭비한다고 말했을 때 그는 뭔가 많은 걸 묻고 싶었을지도 모른다. 그렇다고 그 대안이 바람직할 것 같지도 않다.

도덕률은 어디에서 오는가?

이 장에서는 간간이 도덕적인 어조로 얘기를 이끌어 왔는데 어떤 의미에서는 다소 역설적이었음을 인정해야겠다. 그러나 한편으로 신다윈주의 패러다임은 강한 (다시 말하면 억압적인) 도덕률 없이는 일부일처제적 결혼과 같은 '자연스럽지 못한' 제도를 지탱하기 어렵다고 주장한다. 물론 새로운 패러다임 역시 역효과를 초래한다. 그것은 도덕률 전반에 대해 노골적인 냉소는 아니더라도 일종의 도덕적 상대주의를 초래하는 것이다.

어떻게 도덕률이 발생할 수 있는지에 대해 다윈주의는 대략 다음과 같은 방식으로 설명한다. 사람들은 자신들의 유전자를 다음 세대에 전달하는 데 도움이 되는 도덕적 판단들(적어도 우리가 진화한 환경 속에서 퍼져 나간 판단들)을 받아들이는 경향이 있다. 이렇게 도덕률은 유전자가 자기 이익을 두고 경쟁하는 와중에서 비공식적으로 타협한 결과로 생겨난 것이고, 유전자는 도덕률을 자기의 목적에 부합하게끔 그 지렛대를

자기 쪽으로 돌려 놓으려고 한다는 것이다.[36]

성에 대한 이중적인 기준을 생각해 보자. 이를 두고 다윈주의자들은 남성들이 자신들은 성적으로 느슨하면서도, 다른 한편으로 성적으로 느슨한 여성들(창녀들)을 벌하여 도덕적 지위를 낮추려는 것이라고 설명한다. 이 결과, 심지어는 이런 남성들이 그 같은 여성들을 부추겨 성적으로 느슨해지도록 한다. 그러므로 남성들이 도덕률을 만드는 한에 있어서는 도덕률이 이중적 기준을 띠게 마련이다. 하지만 좀 더 면밀히 조사해 보면 남성의 이런 판단은 다른 부문에서 자연의 지지를 끌어내려는 방편으로 보인다. 예쁘장한 어린 딸을 둔 부모는 (남성이 부양 투자를 할 수 있게끔 매력적인 목표물로 남아 있게 하려고) 이 딸이 남성에게 빠지지 않도록 충고하고, 이를 새겨들은 딸은 자신의 가치를 간직함으로써 조건 좋은 배필을 맞아들이는데, 이때 도덕에 어긋나지 않는 방식으로 비천한 구혼자를 물리쳐 자기 이해를 도모할 수 있다는 것이다. 또 성적으로 문란하다는 평판을 결혼에 대한 (그 자식들에게 지속적으로 하는 큰 투자에 대한) 커다란 위험으로 확신하는 행복한 기혼 여성들이 바로 이런 이중 기준을 지지한다. 한편 유전자는 성적으로 문란한 여성들을 '마귀'로 여기게끔 음모를 꾸미는 것도 사실이다. 이에 반해 남성의 바람기는 상대적으로 너그럽게 봐주는데, 그 이유는 일부 남성들 (특히 매력적이고 부유한 남성들) 스스로가 이런 분위기를 선호하기 때문만은 아니다. 남편의 간통이 가정을 유기하는 것보다는 더 낫다고 판단하는 아내들도 이런 이중 기쥰의 강화에 책임이 있다.

여러분이 도덕률을 이런 식으로 바라보기 시작하면, 이것들이 대체로 사회의 이해 관계에 기여하게 되리라고는 기대하지 않을 것이다. 이런 도덕률은 권력 있는 사람들에게 더 많은 무게를 실어 주는 비공식적인 정치 과정으로부터 생겨나는 것 같다. 이런 도덕률은 모든 이늘의 이해를 똑같이 대변하지는 않을 것이다. (언론의 자유가 보장되고 경제적으로 평등한 사회에서는 그런 이익들을 더 공평하게 대변할 것 같기는 하지만.) 그리고 신성한 영감이나 경험으로부터 독립적인 철학적 탐구를 통해 파악된 더 높은 진리를 지금 존재하는 도덕률이 반영하리라고 생각할 이유도 딱히 없다.

사실 다윈주의는 우리가 지금 준수하고 있는 도덕률과, 세상에 초연한 철학자들이 만들어 낼 수 있는 그런 도덕률과의 차이점을 분명히 드러낼 수 있다. 예를 들어 이중 기준을 이용해 성적으로 문란한 여성을 가혹하게 대하는 것은 인간 본성에서 비롯된 자연적인 부산물일 수도 있는데 윤리철학자는 남성에게 성적 자유를 부여하는 것이 도덕에 더 위배되는 행동이라고 주장한다. 처음 만난 미혼 남성과 미혼 여성의 경우를 생각해 보자. (의식적으로든 무의식적으로든) 남성은 정서상의 문제를 구실로 섹스를 강요할 가능성이 여성보다 더 높다. 그리고 그가 섹스에 성공했다 하더라도 그의 열정은 그녀의 열정보다 더 빨리 사그라질 가능성이 더 높다. 이런 태도는 엄격한 도덕률에 심히 위배되는 것이다. 인간의 행동은 몹시 복잡하고, 상황도 한결같지 않으며, 개인들도 저마다 다르다. 남성과 여성이 정서적으로 비난받는 이유도 다르다. 그럼에도 불구하고 대체로 보아 독신 여성보다는 독신 남성이 상대를 기만해 가며 즐긴 짧은 연애 때문에 상대방에게 큰 고통을 줄 가능성이 크다. 이것은 공정한 평가일 것이다. 잠자리를 구애받을 짝이 없는 한 여성의 성적 느슨함은 다른 사람들에게 노골적으로 해를 주지는 않는다. 그래서 타인을 기만함으로써 고통을 입히는 행위가 비도덕적이라고 믿는다면, 여성들의 성적 느슨함보다는 남성들의 성적 느슨함을 더 비난해야만 한다.

아무튼 내 주장은 이런 것이다. 만일 이 장에서 내가 여성들이 금욕

해야 한다는 어떤 암시를 했다면 그것은 강제적인 어조를 띤 말이 아님을 알아주었으면 좋겠다. 나는 여기서 도덕철학을 강요하려는 것이 아니다.

어떤 사람이 다원주의적인 견해를 견지해 전통적인 도덕에 따라 여성에게 자제하도록 권하면서 동시에 그 충고를 따르지 않았다고 그 여성을 도덕적으로 비난하는 것은 역설적인 말로 들린다. 그러나 그런 역설에 익숙해지는 편이 좋다. 그런 역설이야말로 도덕률을 편향되게 보는 다원주의적 특성의 일부이기 때문이다.

물론 다원주의를 믿는 사람은 기존의 도덕률에 이의를 제기할 수 있다. 한편 전통적인 도덕률은 어떤 실용적 지혜들을 구체화시킨 것이다. 반드시 그런 것은 아닐지라도 결국 유전적 이해 관계의 추구는 행복의 추구와 일치한다. 어머니가 딸에게 자신을 돌보라고 가르치는 것은 한편으로 무자비한 유전자의 이기심을 따르라고 하는 것일 수도 있지만, 다른 한편으로는 딸들의 장기적인 행복을 걱정하고 있는 것이다. 그런 어머니들의 조언을 따르는 딸들 역시 어머니의 이런 조언이 자신의 결혼 생활과 아이를 위해서 하는 말이라고 믿는다. 딸들이 아이를 갖고 싶어 하는 것은 유전자가 그렇게 원하기 때문일 것이다. 그럼에도 불구하고 딸들이 아이를 원한다는 사실과, 그들이 성공적인 삶을 살 수만 있다면 그렇게 하는 편이 나으리라는 사실은 변하지 않는다. 유전자의 이해관계가 좋은 것은 아닐지 몰라도 그렇다고 나쁜 것도 아니다. 유전자의 이기심이 행복을 증진시키고, 타인에게 심각한 해악을 끼치지 않는다면 무엇 때문에 유전자의 이익과 대항해 싸울 필요가 있겠는가?

그러므로 다원주의자들에게 도덕철학을 중시하는 경향이 있다면, 그것은 전통적인 도덕을 준수함으로써 삶의 지혜를 고양시킬 수 있다고 가정하는 바로 그 전통적인 도덕을 검증해 보겠다는 목표와, 이런저런

'부도덕함'을 철학적으로 예방하기 어렵다는 사실과 자기 이해를 조화시켜 보겠다는 목표 때문이다. 어머니들이 딸들에게 조신하도록 충고하는 것은 현명한 일이다. 그리고 그 문제에 관해 딸의 경쟁자가 될지 모를 조신하지 못한 처녀들을 비난하는 것 역시 현명한 일이다. 그러나 이런 비난에 도덕적인 힘이 있다는 주장은 유전자적으로 조율된 궤변에 지나지 않는다.

지혜를 궤변으로부터 해방시키는 것은, 다가올 몇 십 년 동안 도덕철학자들이 수행해야 할 크고 어려운 작업이 될 것이다. 또 그러려면 새로운 패러다임의 가치를 인정하는 철학자들도 늘어나야 할 것이다. 이 문제에 대해서는 가장 기초적인 도덕적 충동들의 기원이 무엇인가를 명확히 밝힌 후 이 책의 마지막 장에서 다시 다루어 보도록 하겠다.

설탕 입힌 과학

신다원주의의 관점에서 다루는 도덕률에 대한 다음과 같은 반응은 흔히 볼 수 있다. 게임에서 지나치게 앞서 나가고 있는 것은 아닐까? 진화심리학은 이제 겨우 시작 단계에 있을 뿐이다. 그것은 (남성과 여성이 보이는 질투의 선천적 차이 등에 의해) 강력히 지지되는 몇몇 이론들, (성녀와 창녀라는 이분법 등에 의해) 꽤 그럴듯하게 지지되는 이론들, 그리고 그럴듯하기는 하지만 순전히 사변적인 이론들을 낳아 왔다. 이런 이론들(짝을 거부하는 기제 등)이 실제로 빅토리아 시대의 도덕률을 지지할 수 있을까?

특히 1980년대 사회생물학을 완강히 비판했던 필립 키처(Philip Kitcher)는 이런 의심을 한 발짝 더 밀고 나갔다. 그는 다원주의자들은 그들의 불완전한 과학으로부터 도덕과 정치를 이끌어내는 데 있어 보다 신중해야 할 뿐만 아니라(1970년대에 있었던 비판 때문에라도 이들은 이런 시도를 피하려고 할 것이다.), 일차적으로 그 과학 자체를 만들어 나아가는 데 있어서도 신중을 기해야 할 것이라고 주장했다. 이들이 과학과 가치 사이의 경계를 넘지 않았다고 할지라도 그 어떤 누군가는 그 경계를 넘을 것이다. 도덕률에 대한 이론들은 불가피하게 도덕률이나 사회 정책의 이런저런 노선들을 지지하는 데 사용될 것이고, 만약 이 이론들이 잘못된 것으로 판명된다면, 그들은 그동안 많은 해악을 입혀 온 셈이 되었다. 사회 과학은 물리학이나 화학과 다르다. 만일 우리가 멀리 떨어진 은하의 기원들에 관해서 부정확한 관점을 갖고 있다 하더라도 그 실수가 꼭 비극으로 이어지는 것은 아니다. 반대로 우리가 인간의 사회적 행동의 기반들에 관해서 틀린 생각을 품고 있다면, 즉 만일 우리가 자신과 우리가 진화해 온 역사에 관해서 틀린 가설을 받아들임으로써 사회적 이득과 책임의 공평한 분배를 포기한다면, 과학적 실수의 결과는 심각할 것이다. 키처는 이런 주장을 통해 과학이 사회 정책의 문제들을 함축한다면, 증거와 자기 비판의 기준을 크게 높여야 한다고 지적했다.[37]

그의 주장에는 두 가지 문제점이 있다. 첫째, 자기 비판은 그 자체로 과학의 핵심적인 부분이 아니다. 동료들로부터 받는 비판(집단적 자기 비판의 일종이다.)이 핵심적인 부분이다. 그것은 증거 기준을 높여 준다. 그리고 이런 집단적 자기 비판은 가설이 제기되기 전까지는 시작될 수조차 없다. 아마도 키처가 약한 가설을 제안하는 것조차 막음으로써 과학의 진보라는 알고리듬의 회로를 단락시키려고 한 것은 아닐 것이다. 약한 가설을 강한 가설로 만드는 방법은 그것을 제안한 후 가차없이 검증해 보는 것이다. 만일 키처가 다원주의에 기반을 둔 가설을 사변적이라고 말한다면 거기에 이의를 제기할 사람은 없을 것이다. 사실 키처와 같은 사람들 덕분에 (이것은 빈정대는 뜻으로 하는 말이 아니다.) 지금의 다원주의자들은 가설을 제안할 때 지극히 조심스러워 한다.

바로 이 점에서 키처가 한 주장의 두 번째 문제점을 찾을 수 있다. 대부분의 사회학자들은 예외로 하면서도, 다윈주의 사회학자만 유독 조심스럽게 연구를 진행시켜 나가야 한다는 주장에는 다음과 같은 암묵적인 가정이 깔려 있다. 잘못된 다윈주의적 이론은 잘못된 비다윈주의적인 이론보다 그 폐해가 더 크다는 가정이다. 무엇 때문에 이런 가정이 성립될 수 있는가? 오랫동안 표준으로 남아 있던 한 비다윈주의적 심리학은 구애와 섹스에 있어서 남성들과 여성들 사이에는 선천적으로나 심적으로 큰 차이가 없다고 주장했다. 이 심리학은 지난 몇 십 년 동안 수많은 사람들을 괴롭혀 왔다는 생각이 든다. 그리고 이 이론은 가장 저급한 수준의 증거를 토대로 한 것이었다. 지구상의 모든 문화권이 저마다 갖고 있는 민속적 지혜들을 오만할 정도로 무시했음은 물론이고, 사실 아무 증거도 없이 이론을 구성하기까지 했다. 그렇지만 무슨 이유에서인지 키처는 이에 대해서는 화를 내지 않는다. 그는 유전자와 관련된 이론은 나쁜 효과를 일으킬 수 있지만, 유전자와 관련 없는 이론은 그렇지 않다고 생각하는 모양이다.

일반적으로 부정확한 이론은 정확한 이론보다 더 나쁜 효과를 낳는다. 우리가 어떤 이론이 옳고 어떤 이론이 틀렸는지를 확실히 알 수 있다면, 우리는 가장 올바른 이론을 지지해야 할 것이다. 이 책이 전제로 삼고 있는 점이 있다. 진화심리학이 지금은 비록 유년기의 상태에 있지만 결국은 인간의 마음에 대한 이론들 중 가장 그럴듯하고 가장 바탕이 되는 이론이 될 가능성이 크다는 것이다. 사실 이 이론들 중에는 이미 견고한 기초를 다져 놓은 이론들이 많다.

인간 본성에 대한 정직한 탐구를 위협하는 것은 비단 다윈주의의 적에게서만 나오는 것은 아니다. 새로운 패러다임에서도 치장된 겉모습

속으로 숨으려고 하는 모습이 보인다. 가령 여성과 남성의 차이를 무시하고 싶은 유혹에 빠지기 쉽다. 남성들의 성격이 중혼적임을 감안할 때, 정치적으로 민감한 다윈주의 사회학자는 다음과 같이 말할지도 모른다. "다음과 같은 사실을 염두에 두자. 이 결과는 단지 통계적으로 일반화해서 나타난 것일 뿐이다. 이혼하는 사람들이 성 규범으로부터 크게 벗어나 있을 가능성도 배제할 수 없다." 물론 그럴 수도 있겠다. 하지만 그런 일탈들 가운데 다른 한편의 성 규범에 더 가까이 다가서 있는 것은 거의 없다. (그리고 그 일탈들 가운데 반수는 이쪽보다는 다른 쪽 성 규범과 더 거리가 멀다는 것을 기억하기 바란다.) 또는 다음과 같이 말할 수도 있다. "다음과 같은 사실을 염두에 두자. 행동은 지역의 환경과 의식의 선택에 영향을 받는다. 남성들이 꼭 바람을 피워야만 하는 것은 아니다." 진실일뿐더러 참으로 중요한 말이다. 그러나 우리의 어떤 충동들은 강하게 디자인되었기 때문에 이를 억제하려면 엄청난 힘과 의지가 필요하다. 리모컨으로 채널을 돌리는 것처럼 이를 자제하기가 쉽다고 말하는 것은 뭔가를 오도하는 것이다.

그것은 또 위험하기까지 하다. 새로운 패러다임의 창시자 조지 윌리엄스는, 자연 선택은 "악하다."라는 말을 했다. 아마 그가 너무 멀리까지 밀고 나간 것인지도 모른다. 자연 선택은 인간 본성 속에 있는 파괴적인 것들뿐만 아니라 자비스러운 것들도 만들어 냈다. 그러나 악의 뿌리들이 자연 선택 속에서 발견될 수 있다는 것과, 인간 본성 속에서 (선한 많은 것들과 함께) 표현된다는 것은 확실히 참이다. 사실 우리 유전자 속에는 정의와 예절의 적이 있다. 만일 내자가 이 책을 통해 다윈주의자들의 홍보 전략을 넘어 인간 본성 안에 있는 선한 것들보다 악한 것들을 강조하려는 것으로 보인다면, 그것은 내가 적을 과대평가하는 것보다 과소평가하는 것이 더 위험하다고 생각했기 때문이다.

2부

사회적 유대

7장

가족

일개미는 여왕개미와는 사뭇 다르다. 일개미는 알을 낳을 수가 없다. 이 때문에 일개미는 획득한 구조 변이나 본능 변이를 자손에게 전달할 방법이 없다. 그렇다면 이런 경우를 자연 선택설과 어떻게 조화시킬 수 있을까?
——『종의 기원』(1859)

어제 도디(아들 윌리엄)는 남아 있는 생강빵 한 조각을 친절하게도 애니에게 주었다. 오늘도······도디는 애니에게 줄 빵 한 조각을 소파 위에 놓고 자랑스럽게 속삭였다. "오! 착한 도디, 착한 도디."
——『다윈의 자식 관찰기』(1842)[1]

인간은 욕심이 없다고 자부하고 싶어 한다. 또 실제로 그런 경우도 있다. 하지만 집단 생활을 하는 곤충들과 비교해 보면 인간은 욕심쟁이임이 드러난다. 꿀벌들은 동료를 구하려고 침입자를 벌침으로 쏘아 창자를 드러낸 채 죽는다. 개미들도 왕국을 방어하기 위해서 희생을 마다하지 않는다. 어떤 개미는 의심스런 곤충이 문턱을 넘보지 못하도록 제지하며 문간에서 일생을 보내고, 또 어떤 개미들은 먹이가 궁할 때 천장에 매달려 몸을 부풀린 채 먹이 자루 역할을 한다.[2] 붙박이장처럼 보이는 이놈들은 자손을 낳을 수가 없다.

다윈은 어떻게 자연 선택이 자손을 낳지 못하는 개미의 각 계층을 만들어 냈는지를 십 년이 넘게 연구했다. 그러는 동안 다윈 자신은 자식을 여럿 낳았다. 그는 1843년 넷째 딸 헨리에타가 태어날 무렵부터 곤충의 불임 문제에 몰두했으나 막내 아들인 열째 찰스(Charles Waring Darwin)가 태어난 1856년이 되도록 이 숙제를 풀지 못했다. 그는 내내 자연 선택설을 비밀로 부치고 있었다. 개미의 경우에서 알 수 있듯이 이 이론에는 겉으로도 뻔히 보이는 모순이 있다는 것이 한 가지 이유였을 것이다. 이런 역설을 보면서 그는 "내 이론에 극복할 수 없는 치명적인 결함이 있다."라고 자인했다.[3]

다윈은 곤충 연구에서 나타난 난제를 숙고하면서, 이것을 해명할 수 있는 답이 가족의 일상사가 돌아가는 원리를 해명할 것이라고 확신했다. 요컨대 이 답은 아이들이 왜 서로 애정을 표현하는지, 아이들이 이따금씩 다투는 이유는 무엇인지, 아이들에게 왜 친절함의 미덕을 가르쳐야 하는지, 또 간혹 아이들이 대드는 이유가 무엇인지, 왜 에마와 자신은 아이를 하나 잃었을 때 그리도 애통해 해야 했는지 등등 끊임없이 늘어만 가는 가족 문제를 해명해 줄 것이었다. 그는 곤충들의 희생을 이해한다면, 인간을 비롯한 포유류가 가정 생활을 꾸려 나갈 수 있는 원동력을 이해할 수 있으리라 믿었다.

다윈은 곤충의 불임 원인을 정확히 설명할 수 있는 방법이 있고, 이 설명을 인간의 행동에도 연관시킬 수 있으리라고 어렴풋이나마 생각하게 되었지만, 이 관련성이 넓고 다양하다는 데까지는 생각이 이르지 못했다. 사실 이로부터 한 세기가 지나도록 누구도 이 관련성을 설명해 내지 못했다.

이처럼 진전이 더딘 것은 다윈이 너무 어렵게 설명했다는 점에서 한 가지 이유를 찾을 수 있다. 『종의 기원』에서 다윈은, "진화된 불임이라는 역설이 줄어들다가 종국에는 사라지리라고 믿는다. 선택은 개체에게는 물론 과(family)에게도 적용되므로 결국 바람직한 형질을 획득할 것이다. 채소를 요리하면 그 채소는 없어지고 만다. 그러나 농부는 동일한 종자를 뿌리면 동일한 채소를 거두리라고 확신한다. 축산업자는 근육과 비계가 잘 어우러진 차돌박이를 기대하면서 소를 잡는다. 축산업자는 소를 도축하면서도 같은 소를 키울 수 있으리라고 확신한다."라고 설명했다.[4]

동식물 사육가를 그려내듯 설명하고 있는 이 말은 1963년 영국의 젊은 생물학자 윌리엄 해밀턴이 친족 선택설을 구상하고 나서야 완전한 의미를 갖게 되었다.[5] 해밀턴의 이론은 다윈의 직관을 유전학 언어로 좀 더 다듬고 확대한 것이다.

'친족 선택'이라는 용어는, "선택은 개체 조직뿐 아니라 과에도 적용될 수 있다."라는 다윈의 주장과 맞물려 있음을 암시한다. 그러나 이런 암시가 사실이기는 해도 여기에는 오해의 소지가 있다. 해밀턴의 이론이 갖고 있는 장점은 선택이 개체나 과 수준에서뿐 아니라, 더 중요하게는 유전자 수준에서 일어난다고 본다는 점이다. 해밀턴은 유전자의 관점에서 생존을 보는 신다윈주의 패러다임의 중심 주제를 분명히 제시한 첫 번째 인물이다.

새끼를 낳아본 적이 없는 어린 땅다람쥐를 보자. 이들은 포식자를 발견하면 뒷다리로 서서 소란스러운 경고음을 낸다. 침입자의 주의를 끌려는 것이다. 그러고는 이내 잡아 먹히고 만다. 이들이 하는 짓을 자연선택의 관점(동물이나 후손들의 생존과 생식과 관련된)에서 보면 경고음은 도무지 이치에 닿지 않는다. 그런데 20세기 중반의 생물학자들은 하나같이 이런 식으로 보았다. 보호할 새끼가 없는 땅다람쥐에게 경고음은 자살이나 매한가지다. 그런데 과연 그럴까? 해밀턴은 단호하게 아니라고 대답한다.

해밀턴의 관점에서 설명을 해 보자. 그러면 우리의 관심사는 경고음을 내는 땅다람쥐에서 경고음을 담당하는 유전자(사실은 유전자의 집합)로 옮아간다. 영원히 사는 동물은 없다. 땅다람쥐라고 해서 예외는 아니다. 잠재적으로나마 죽지 않고 살아남는 유기적 존재는 유전자(엄밀히 말해 물리적인 유전자 자체는 복제를 통해 유형을 전수한 후 소멸하므로, 살아 있는 것은 유전자에 코드화되어 있는 유전 정보의 유형이라는 말이 정확하다.)뿐이다. 그러므로 수백, 수천, 수백만 세대를 이어온 진화의 시간 틀에서 보면, 문제는 어떻게 개개의 동물이 생존하느냐가 아니라, 어떻게 개개의 유전자들이 생존하느냐 하는 것이다. 냉혹하기는 해도 답은 뻔하다. 일부 유전자는 소멸할 것이고 일부 유전자는 번성할 것이다. 어느 것이 어떻게 되느냐는 결과의 문제이다. '그렇다면 자살 행위나 마찬가지인 경고음을 내는' 유전자의 운명은 어떻게 될까?

다소 뜻밖의 답이기는 해도 해밀턴의 이론에서 그 답을 찾을 수 있다. 상황만 유리하다면 유전자는 거뜬히 살아남을 수 있다는 것이다. 경고음을 내도록 하는 유전자가 있는 땅다람쥐는 경고음을 냄으로써 주변에 있는 다른 땅다람쥐를 구한다. 살아남은 것들 중에는 필경 같은 유전자를 지닌 개체가 있을 것이다. 가령 형제와 자매 중 절반은 유전자가 같다고 가정할 수 있다. 이복 형제일지라도 넷 중 하나는 유전자가 같다. 경고음을 냄으로써, 응당 죽었을 남은 형제 넷의 목숨을 구하면 이들 중 둘은 그 유전자를 전할 것이고, 그 유전자가 있는 보초 다람쥐가 희생되더라도 유전자 자체는 잘 살아남을 것이다. 형제 넷(평균적으로 유전자 두 벌)을 모두 죽게 하면서까지 안전을 위해 줄행랑을 치도록 하는 이기적 유전자보다는 이런 이타적 유전자가 대를 거듭하여 살아남을 가능성이 훨씬 더 크다. 형제 하나를 온전히 구하고, 보초 다람쥐가 죽을 가능성이 넷의 하나라고 해도 결과는 마찬가지다. 장기적으로 보면 한 개체 안에 있는 유전자를 모두 잃더라도 유전자 두 벌은 살아남을 수가 있다.

우애 유전자

신비스런 그 무엇이 유전자에는 존재하지 않는다. 유전자는 자신이 복제한 유전자가 다른 유기체에 존재한다는 사실을 모르며 그것들을 보호하려고 하지도 않는다. 유전자에게 투시력이 있는 것도 아니고 의식이 있는 것도 아니다. 그들은 구태여 무엇인가를 하려고 하지 않는다. 그렇지만 분명 유전자는 자신의 보유자로 하여금 같은 유전자가 있는 다른 보유자의 생존이나 생식을 도와주는 방향으로 행동하게 하는 듯싶다. 그러면 자신의 보유자는 설령 이 과정에서 죽을 가능성이 높더라도 유전자 자체는 번성할 것이다. 이것이 친족 선택이다.

이 경우처럼 형제가 사는 보금자리가 위험에 처했을 때 경고음을 내는 포유동물의 유전자에도 같은 논리가 적용된다. 이 논리는 어떤 곤충이 생식력 있는 친족('발현되지 않은' 형태의 유전자가 있는)들이 생존하거나 번식하도록 돕는 데 일생을 보내는 대신 스스로는 불임이 되게끔 하는 유전자에도 적용된다. 또 이 논리는 형제가 누구인지를 인식하면 그들과 음식을 나누고, 그들을 보호하고 방어하도록 이끄는 인간 유전자에도 적용될 수 있다. 동감, 연민, 유대감을 끌어내는 사랑의 유전자가 그것이다.

해밀턴 시대 이전에는 가족의 사랑이 무엇인지를 제대로 알지 못했던 탓에 친족 선택설의 원리를 명확히 이해할 수가 없었다. 영국의 생물학자인 홀데인(J. B. S. Haldane)은 1955년의 유명한 논문에서 물에 빠진 어린아이를 구하려고 열의 하나가 죽을 가능성을 무릅쓰고 강으로 뛰어들려는 유전자는, 그 아이가 자식이거나 형제나 자매인 경우 번성하리라고 쓴 바 있다. 그 아이가 사촌일 경우 그 유전자는 더딘 속도로 전파될 것이다. 사촌은 평균적으로 유전자의 8분의 1만을 공유하고 있기 때문이다. 그런데 홀데인은 사람들이 비상시에 산술적인 계산을 할 여유가 없으므로 사고 학습을 통해서는 이를 알 수 없다고 한다. 구석기 시대의 조상들은 서로의 친밀성 정도를 계산해 가며 교제하지 않았음이 분명하다는 것이다. 그래서 홀데인은 의로움에 관여하는 유전자는 "아이들 태반이 친족이어서 사람들이 목숨을 무릅쓰고서라도 아이들을 구할 정도의 소규모 인구 집단에서만" 퍼져 나간다고 결론 지었다.[6] 요컨대 사람들과의 관계성 정도를 반영하는 무차별적 의로움은 관계성이 비교적 클 경우에 진화할 수 있다는 것이다.

개체보다는 유전자의 관점에서 사물을 바라본 홀데인은 자신의 논리를 끝까지 밀고 나가지 못했다. 그는 유기체들이 계산의 대용물로 느낌을 받아들였다기보다는 유기체가 의식적으로 계산을 반복하기 때문에 자연 선택이 그 계산 결과를 알고 있다고 생각하는 것 같다. 사람들은 같은 유전자를 많이 공유하고 있는 사람에게 더 큰 친밀감을 느끼는 경향이 있음을 홀데인은 알지 못했던 것일까? 또 사람들은 친밀감을 느끼는 이를 위해 목숨을 무릅쓸 수도 있음을 그는 알지 못했던 것일까? 도대체 구석기인들이 수학에 천재가 아니었음이 왜 문제가 되어야 할까? 그들도 동물, 즉 감성을 가진 동물이었다.

이론에 관한 한 홀데인의 말은 시종일관 옳았다. 관계가 친밀한 소규모 인구 집단 내에서 무차별적 이타심은 실제로 진화할 수 있었다. 친족이 아닌 사람에게도 이타심이 발휘될 수 있다. 또 이타심이 형제에게만 발휘될 경우 진화론적으로 보면 이것의 일정 부분은 낭비되고 만다. 형제들이라도 유전자를 모두 나누어 가진 것은 아니며, 어떤 형제는 이타심의 해당 유전자가 없을 수도 있기 때문이다. 두 경우 모두에게 있어 중요한 점은 이타적 유전자는 그 복제 유전자를 갖게 될 가능성이 큰 사람의 미래를 밝게 해 준다는 것이다. 유전자는 자신의 번성을 위해 결국 해로운 일보다는 이로운 일을 한다. 행동은 늘 불확실한 가운데 일어난다. 게다가 자연 선택이 할 수 있는 일들은 모두 내기와 같다. 홀데인의 시나리오를 보면 온건하고 일반화된 이타심을 주입시키는 것이 내기의 방식인데, 그 판돈은 친밀감의 정도에 정확히 비례한다. 분명 일리가 있는 말이다.

1964년 해밀턴이 주목했듯, 자연 선택은 내기의 불확실성을 최소화시킬 것이다. 이타심이 발휘되도록 정확성을 높이는 유전자는 번성할 것이다. 형제에게 고기 두 근을 주게 하는 침팬지의 유전자는 한 근을 주게 하거나, 생판 남에게 고기를 주게끔 하는 유전자보다 더 번성할 것이다. 그러므로 친족을 쉽게 인식할 수 있으면 선행은 약하고 산발적인 형태가 아니라, 강하고 목적이 분명한 형태로 행해지도록 진화가 일어날 것이다.[7] 이 진화는 가까운 동족을 구하려고 경고음을 내는 땅다람쥐에게도 어느 정도 일어나며, 또 형제를 부양하는 영장류나 침팬지에게도 어느 정도 일어난다. 사람의 경우에는 말할 나위가 없다.

  만일 이런 식으로 진화가 일어나지 않았다면 세상은 지금보다 더 살 만할 곳이 되었을지도 모른다. 우애라는 말이 담고 있는 의미는 성서적 의미의 우애와는 다르다. 형제에게 무조건적인 친절을 베풀수록 그만큼 타인에게는 무심해진다. (일부 사람들은 마르크스주의자인 홀데인이 진실을 대면하여 지킨 것이 이것이라고 믿는다.) 그러나 좋든 나쁘든, 우리가 지닌 우애는 성서적 의미와는 거리가 먼, 말 그대로의 우애이다. 집단 생활을 하는 곤충들은 페로몬이라는 화학적 신호를 감지함으로써 자신들의 동족을 알아본다. 인간이나 다른 포유동물들이 어떻게 동족을 (의식적으로나 무의식적으로) 알아보는지에 대해서는 분명히 밝혀지지 않았다. 날마다 자식을 돌보고 젖을 물리는 어머니로부터 중요한 단서를 얻을 수 있음은 분명하다. 어머니의 사회적 유대 관계를 곰곰이 살펴보면 누가 내 이모이고 외사촌인지 말할 수 있고 이런 식의 감각을 키울 수 있다. 게다가 언어가 등장하고부터는 엄마가 직접 누가 누구인지를 알려줄 수 있게 되었다. 그들이 지닌 유전자의 이해 관계에 따르면 그들은 자신이 누구인지를 알려야 하고, 내 유전자의 이해 관계에 따르면 그들을 모르는 것이 낫다. (말하자면 어머니가 아이로 하여금 친족을 알아보도록 돕는 유전자는 아이가 친절을 베풀도록 하는 유전자처럼 번성할 것이다.) 다른 종류의 친족 인식 기제가 작동하고 있는지는 말하기 어렵다. 이 물음의 답을 찾으려면 어린아이를 가족에게서 떼 놓는 비윤리적인 실험을 해야 하기 때문이다.[8]

하지만 이런 기제들이 존재한다는 것은 분명하다. 어느 사회를 막론하고 형제가 있는 사람은 가장 절실할 때 애틋한 우애를 느낀다. 도움을 줄 때면 성취감을 느끼고 그렇지 못할 때면 죄책감을 느낀다. 형제의 죽음을 겪어본 사람은 비통이 어떤 감정인지를 안다. 그들은 사랑이 어떤 감정인지도 안다. 그들에게는 이것에 감사하도록 친족 선택이 작용하고 있다.

친족 선택을 할 수 없어 사랑을 깊이 느끼지 못하는 남자에게는 이 점이 배가된다. 남성의 부양 투자가 커지기 전에는 남성이 자식에게 크게 이타적일 이유가 없었다. 그런 식의 애정은 여성만의 영역이었다. 여성은 자기 자식이 누구인지를 알 수 있었기 때문이다. 그러나 누가 형제이고 자매인지에 대해서는 남자도 확신을 할 수 있었으므로 친족 선택을 통해서 사랑은 그들의 영혼에 스며들었다. 이렇게 남자들이 우애에 대한 수용 능력을 습득할 수 없었다면 남자는 부양 투자나 이것이 가져오는 깊은 사랑으로 기꺼이 나아갈 수 없었을 것이다. 진화는 길을 잃고 우왕좌왕하는 소재에 대해서만 작동한다. 예를 들어 형제나 특정 자식들에 대한 사랑이 수백만 년 전 남자들의 마음속에 스며들지 못했다면 자식에 대한 그들의 사랑이 택한 경로(남성의 부양 투자가 큰)는 몹시도 꼬이게 되었을 것이다.

새로운 수학

해밀턴의 이론을 통하면, 도축되어 양질의 차돌박이를 제공할 소와 일생을 불평 없이 일하는 개미 사이에서 다윈이 보았던 연결 고리를 더 쉽게 이해할 수 있다. 차돌박이가 잘 생기도록 만든 소의 유전자는 곧 도축될 그 소에게는 아무런 의미도 없고, 죽은 소는 더 이상 새끼를 낳지 못하므로 유전자를 전달하는 데 아무런 도움도 되지 않는다. 그러나 그 유전자가 간접적으로나마 유전자를 전달하도록 하는 데는 여전히 큰 도움이 된다. 유전자는 차돌박이를 만들어 냄으로써 농부가 복제 유전자가 있는 친족 소를 키우게끔 한다. 알을 낳지 못하는 개미도 마찬가지다. 개미는 자신이 직접 유전자를 후대에 전달하지 못하지만 자손의 생산에 들이는 시간과 에너지가 친족이 번성하는 데 쓰이는 한 여기에 관계된 유전자의 안녕이 보장된다. 친족에게 잠복해 있는 불임 유전자가 다음 세대로 이어지고 다음 세대는 다시 그 유전자의 전달에 헌신하는 이타주의적 불임 유전자를 수도 없이 만들어 낸다. 이런 의미에서 보면 일벌과 맛난 고기를 가진 가축은 서로 대동소이하다. 한 도랑에서 유전을 방해받은 유전자는 다른 도랑을 통해 유전을 더 원활하게 한다. 그 결과 유전은 더 활발히 일어난다.

유전자에 대해 알 길이 없었고 유전의 성질도 제대로 이해하지 못한 채 연구에 임했음에도 불구하고 다윈은 이런 관계를 이해했다. 해밀턴이 다윈의 생각에 관심을 갖고 이를 세밀하게 확대시키는 데 기여를 하기 한 세기 전이었다.

해밀턴의 친족 선택설이 다윈의 자연 선택설에 비해 우월한 이론이라는 데는 논란의 여지가 없다. 하지만 다윈은 자연 선택이 때로는 곤충의 불임에서 볼 수 있듯 과에도 작용하고, 때로는 개별 유기체에도 작용한다는 점을 정확히 짚어 냈다. 쉽게 말해서 궁극적인 선택의 단위는 유전자이다. 모든 형태의 자연 선택을 아울러 단 하나의 문장으로 표현하면 다음과 같다. 생존이나 복제 유전자를 생식하도록 이끄는 유전자는 경쟁에서 이긴 유전자이다. 이 유전자는 자신을 지닌 보유자가 생존하도록 하고, 자손을 돌보도록 하며, 자손이 생존하고 번식할 수 있도록 가르치게 함으로써 노골적으로 이 목적을 실현할 것이다. 아니면 그 보유자를 쉴새없이 일하게 만들거나 불임으로 만들며, 이타성을 지니게 함으로써 여왕개미가 그 유전자가 있는 자손을 많이 낳도록 하는 따위의 우회적인 방법으로 이 목적을 실현할 것이다. 유전자가 이 일에 관여하므로, 유기체의 수준에서 보면 이타적인 듯하지만 유전자의 관점에서 보면 이기적이다. 리처드 도킨스가 자신의 책 제목을 『이기적 유전자』로 정한 것도 이 때문이었다. (유전자에는 의도성이 없으므로 '이기적'일 수 없다고 생각하는 사람들로부터 이 제목은 반박을 받았다. 그들의 주장이 사실이기는 해도 '이기적'이란 말을 문자 그대로 받아들여서는 안 된다).

유기체 수준은 인간에게 자연스럽게 적용시킬 수 있으며, 이것은 첫째가는 관심사이다. 인간은 유기체이기 때문이다. 하지만 자연 선택 역시 그에 버금가는 중요성이 있다. 자연 선택이 우리의 것이 아닌 어떤 것에 관심을 갖도록 하는 의식이 있다고 비유적으로 말하자면 그것은 바로 생식 세포, 즉 난자와 정자 속에 들어 있는 정보이다. 물론 자연 선택은 우리가 일정한 방식으로 행동할 것을 '의도'한다. 그러나 우리가 이것에 응하는 한 자연 선택은 그 과정에서 우리가 행복해 하든 슬퍼하든, 또는 우리 육체가 망가지든 죽든 개의치 않는다. 자연 선택이 좋은 상태를 유지하도록 궁극적으로 소망하는 것은 유전자에 담긴 정보뿐이다. 그리고 이 목적을 위해서는 신체의 일부가 상처를 입더라도 개의치 않을 것이다.

이것은 1963년 해밀턴이 《미국 박물학자(The American Naturalist)》의 편집자에게 보낸 편지에서 추상적이나마 뼈대만을 추려 제시했던 철학적 요지였다. 그는 이타적인 행동을 유발하는 유전자 G를 가정하며 이렇게 썼다. "적자생존의 원리에도 불구하고 유전자 G가 전파될지를 결정하는 궁극적인 척도는 그 행위가 그 행위자에게 이로움을 주느냐 하는 점이 아니라 그 행위가 유전자 G에게 이로움을 주느냐 하는 점이다. 이것은 행위의 평균적인 결과가 유전자 전체에서 유전자 G의 비중을 높여 주는 경우이다."[9]

해밀턴은 다음 해 《이론 생물학지(The Journal of Theoretical Biology)》에 실린 논문 「사회적 행동의 유전적 진화(The Genetical Evolution of Social Behaviour)」에서 이런 결과에 살을 붙였다. 이 논문은 처음 수년 동안은 평가를 제대로 받지 못했으나 다윈주의 사상사에서 가장 널리 인용되는 논문 가운데 하나가 되었으며 진화생물학의 수리 체계를 혁명적으로 변화시켰다. 친족 선택설이 나오기 전까지는 진화의 결정적 요인을 '적합성'이라고 흔히 생각했다. '적합성'이 최종적으로 나타내는 바가 유기체가 직접 관여하는 생물학적 유전의 총합으로 보였기 때문이다. 자식, 손자, 증손자 등 자손의 수를 극대화하는 방식으로 조직체를 더욱 적합하게 만드는 유전자는 번성하게 될 것이다. 이제는 진화의 결정적 요인을 '총체적 적합성'이라고 생각하고 있다. 이것은 형제, 사촌 등을 통해 구체화되는 유전자의 간접적인 유전도 고려한다. 1964년 해밀턴은 다음과 같이 쓴 바 있다. "이제 우리는 양, 즉 총체적인 적합성을 알아냈다. 실험 조건 안에서 총체적인 적합성은 단순한 고전적 모델 안에서 극대화되는 것과 같은 방식으로 이동하는 경향이 있다."

해밀턴의 수식에는 생물학자 수얼 라이트(Sewall Wright)가 도입한 유력한 기호 r이 있는데, r은 조직체 사이의 관련성 정도를 나타내는 새로운 기능도 한다. 친형제 사이의 r은 1/2이고, 이복형제나 조카, 삼촌과의 r은 1/4, 사촌과는 1/8이다. 이 수식을 보면 희생적인 행동의 원인이 되는 유전자는 이타주의자가 입는 손실(c)이, 관련성의 정도(r)를 곱한

7장 ✢ 가족

수혜자의 이득(b)보다 작다면, 즉 c가 br보다 작다면 번성하게 됨을 알 수 있다.

해밀턴은 친족 선택설을 주장하면서 다윈이 해결하지 못했던 바로 그 유기체 집단을 사례로 이용했다. 다윈처럼 해밀턴도 질서를 유지하는 곤충, 특히 사회성이 높은 개미, 일벌, 말벌들의 희생에 깊은 인상을 받았다. 이런 강한 이타성과 사회적 유대가 곤충 세계의 극히 일부에서만 발견되는 이유가 무엇일까? 아마도 몇 가지 진화적인 이유가 있을 테지만 해밀턴은 가장 중요해 보이는 이유를 지목했다. 기묘한 번식 형태 때문에 이런 종들은 r 값이 유난히 크다는 점에 주목한 것이다. 자매 개미는 혈통이 같음으로 해서 유전자의 3/4(1/2이 아니다.)을 공유한다. 따라서 자연 선택의 견지에서 보면 이타성이 특별히 크다고 해서 그리 이상한 것도 아니다.

r가 3/4보다 크다면 이타성 및 사회적 연대에 대한 진화론적 논증은 더욱 설득력을 갖는다. 세포성 점균은 단단하게 얽혀 있어 이것을 세포의 집합으로 볼 것인지 또는 단일 조직체로 볼 것인지에 대한 논쟁의 불씨를 지폈다. 점균은 무성 생식을 하므로 그들 간의 r는 1이다. 이놈들은 하나같이 쌍둥이들이다. 그래서 유전자의 관점에서 보면 자신의 세포가 맞을 운명이나 이웃 세포가 맞을 운명에 하등의 차이가 없다. 점균 세포 다수가 생식을 못 하고 동료 세포가 생식하도록 희생한다고 해서 놀랄 것도 없다. 진화적 관점에서 보면 이웃의 복지가 곧 자기 자신의 복지다. 바로 이것이 이타주의다.

이것은 인간(인류 집단으로서가 아니라 세포 집단으로서의 인간)에게도 마찬가지다. 수십억 년 전 어떤 시점에 다세포 생명체가 생겨났다. 세포 집단은 유기체라는 명칭에 걸맞게 고도의 통합을 이루어 냈고, 이 유기체는 결국 인류로 진화했다. 그러나 점균이 보여 주는 바대로 어느 것이 집단이고 어느 것이 유기체인지 그 경계가 애매하다. 이론적으로 말하자면 유대감으로 결합된 유기체는 단일 세포 유기체들로 굳게 짜여진 공동체인 인간으로 보아도 무리가 없다. 이런 세포들은 비교적 조악해 보이는 곤충의 왕국을 기계와 같이 효율적으로 돌게 만드는 일종의 협동과 자기 희생을 보여 준다. 인간의 몸을 구성하는 세포들은 거의가 생식을 할 수 없다. 오직 우리의 '여왕벌'이라고 할 수 있는 생식 세포만이 복제 세포를 만들어 자손을 생산한다. 수조 개에 이르는 불임 세포들은 이러한 질서에 전적으로 의거해 행동을 하는 것처럼 보이는데, 이 세포들과 생식 세포 간의 r 값이 1이라는 사실은 의심의 여지가 없다. 불임 세포 안의 유전자는 특정 세포 보유자가 유전자를 전달하는 한 정자나 난자를 통해 다음 세대에 틀림없이 전해진다. 다시 말해, r이 1이면 이타심은 최대가 된다.

사랑의 한계

그러나 동전에는 한쪽 면만 있는 것이 아니다. r가 1이 아니라면 이타심은 궁극적인 목표가 될 수 없다. 우애가 아무리 순수해도 완전한 사랑이 될 수는 없다. 홀데인은 자신의 삶을 형제 둘과 사촌 여덟을 위해 온전히 바치지 않았던 탓에 그 자신은 인정받는 사람이 되었다는 고백을 했다. 아마도 다윈주의의 논리를 지나치게 확대한 것이 아닌가 하는 생각에서 한 농담이리라. 그러나 이 농담에는 중요한 진실이 담겨 있다. 동족에게 헌신하는 정도를 정하는 일은 거꾸로 보면 무관심의 정도, 즉 잠재적으로는 적개심의 정도를 정하는 일이나 매한가지다. 형제들 간의 공통적 이해를 채운 컵은 반이 비어 있다. 다시 말해 반은 차 있다는 것이다. 유전자의 관점에서 보면 형제자매를 돕는 일에는 비용이 많이 들어가고 그 비용에는 한계가 있기 마련이다.

현대의 다윈주의자들 중 누구도 형제자매들이 굶주림으로 시달리는데 유독 한 아이만 음식을 독차지하리라 생각하지 않는다. 그런데 형제에게 빵 하나를 줄 경우 이것을 어떻게 할당해야 분란이 생기지 않을 것인지에 대해서도 역시 생각지 않는다. 경우에 따라서는 서로 나누어 먹어야 한다고 가르칠 수 있다. 그러나 똑같이 나누어 먹어야 한다고 가르치기는 쉽지 않다. 유전자의 이해와 상반되기 때문이다. 자연 선택은 바로 이 점을 어느 정도 암시하고 있다. 이 문제에 대한 답은 노련한 부모에게 맡길 수도 있다.

형제의 유전자적 이해가 서로 다르다는 것이 이따금 호기심을 갖게 하지만 그것은 분통이 터지는 역설을 만든다. 형제들은 수단 방법을 가리지 않고 부모의 애정과 관심을 얻기 위해 경쟁한다. 그 질투심이 너무 대단해서 그들이 서로 사랑하고 있음을 실감할 수가 없다. 하지만 그들 중 하나가 곤궁한 처지에 빠지거나 위험한 상황에 처하게 되면 사랑이 발현된다. 다윈은 그때 다섯 살에 접어든 아들 윌리(William Erasmus Darwin)가 애니(Annie Darwin)에게 보이는 태도의 변화에서 이 점을 발견했다. "우리 면전에서 애니가 다치면 윌리는 전혀 개의치 않거나 우리 주의를 돌리려고 호들갑을 떨곤 했다."라고 다윈은 기록하고 있다. 그런데 어느 날 어른들이 없을 때 애니가 다쳤다. 윌리로서는 위험을 알릴 수 없는 처지였다. 그러나 윌리의 대처 방안은 평시와는 달리 "매우 이례적이었다. 우선 여동생을 차분히 안심시키려고 했다. 그러고는 유모를 불러오겠다고 했다. 도무지 유모를 찾을 길이 없자 풀이 죽어 울기 시작했다."[10] 다윈은 이런 사건을 비롯해 여타 우애가 발현되는 사건들을 친족 선택(또는 그가 말한 '가족' 선택)이라는 용어로 설명을 하지 않았다. 그는 곤충의 자기 희생과 포유류의 애정 간의 관계를 보지 못했던

것 같다.[11]

　로버트 트리버스는 유전자의 공통 이해가 담긴 컵은 일부 비어 있음을 강조한 최초의 생물학자였다. 특히 그는 아이의 유전자적 이해는 형제자매들뿐 아니라 부모들의 이해와도 다름을 강조했다. 이론적으로 아이들은 저마다 자신의 이해가 형제들의 이해보다 곱절이나 더 가치가 있다고 생각한다. 반면 부모들은 두 아이 모두 자기 자식이므로 아이들의 이해가 모두 같다고 생각한다. 바로 이 점에 착안하여 다윈주의자들은 답을 구할 수 있다. 형제들은 공평하게 나누는 것을 배워야 하며 부모도 그런 식으로 가르쳐야 한다는 것이다.

　1974년 트리버스는 부모와 자식 간의 갈등을 분석한 논문을 썼다. 그는 언제 젖먹이가 젖을 떼야 하는지에 대한 문제를 사례로 들어 가며 논의했다. 그가 관찰한 바로는 어린 순록은 풀을 뜯어도 될 시기가 한참 지났는데도 여전히 어미젖을 빨았다. 이 때문에 같은 유전자를 공유할 동생을 보지 못했다. 결국 "어린 순록은 전적으로 자신의 이해에만 관심이 있고, 앞으로 태어날 동생의 이해에는 부분적인 관심밖에 없다."[12] 그러나 젖을 빨아서는 영양을 고루 섭취할 수 없는 시기가 올 것이다. 그러면 유전자의 이해는 우유보다는 동생을 선호하게 된다. 새끼들을 한결같이 소중히 여기는 어미는 이 시기를 좀 더 빨리 맞는다. 그러므로 총체적 적합성이라는 말로 표현된 자연 선택설은 젖 떼기를 두고 벌어지는 다툼이 포유 동물에게는 정상적인 활동의 일부라는 점을 암시하고 또 그렇게 보인다. 다툼은 수주간 이어지는데 새끼는 젖을 달라고 울부짖으며 어미를 몸으로 받는 등 거칠게 대든다. 노련한 비비 연구가들은 아침마다 어미와 새끼가 다투는 소리로 비비 무리를 어렵지 않게 찾아낸다.[13]

　재원을 두고 벌어지는 싸움에서 새끼들은 교활한 방법도 마다 않고 온갖 수단을 다 동원한다. 이런 교활함은 형제들에게 노골적으로 표현할 수도 있다. ("더러 윌리는 애니가 자기 사과를 넘보지 못하도록 속이 뻔히 보이는 책략을 썼다. '애니야, 네 것이 더 큰데.'") 그러나 이런 책략은 좀 더 교묘해져서 부모를 비롯한 다수를 대상으로 할 수도 있다. 부모에게 무엇인가를 좀 더 얻으려는 책략 중 그럴듯한 것이 있는데, 그것은 바로 부모가 이전에 해 주었던 일을 과장하거나 그 일부를 강조하는 것이다. 이 장의 도입부에서 보았지만 다시 한번 짚어 보기로 하자. "우리가 도디라고 불렀던 윌리는 이제 두 살이 되었다. 도디는 남아 있는 생강빵 한 조각을 애니에게 주며 모두가 듣도록 대뜸 소리를 질렀다. '오, 착한 도디, 착한 도디.' 라고."[14] 웬만한 부모들은 이렇게 재롱이 담긴 과시를 잘 알고 있다.

아이들이 필요한 것을 그럴듯하게 꾸며대는 것도 부모로부터 재원을 얻어 내는 방법이다. 에마 다윈은 세 살 난 아들 레너드(Leonard Darwin)가 '손목 두 군데에 가벼운 찰과상을 입은 후' 그가 보인 행동을 기록했다. "레너드는 아빠가 별 관심도 보이지 않고 동조해 주지도 않는다고 생각한다. '피부가 벗겨졌어요. 홀랑 벗겨졌다니까요. 막 피가 나요'." 일 년 후 레너드는 다음과 같이 엄살을 부렸다. "아빠, 기침이 심하게 나요. 몇 번이고 심하게, 다섯 번이나 심하게, 아니 더 많이 했어요. 그래서, 그런데, 감초를 먹으면 안 될까요?"[15]

아이들은 부모의 학대나 부당한 처사를 역설함으로써 정당성을 드러내기도 한다. 심히 부당한 처사를 받았다고 여기면 급기야는 울화통이 치민다. 이런 울화통은 사람은 물론 침팬지, 비비 등 여러 영장류에 두루 나타난다. 오십여 년 전 어떤 영장류 전문가가 보고한 대로 화가 난 영장류 새끼는 "자신의 행동이 효과가 있었는지를 보려고 어미를 힐끗 쳐다본다."[16]

다행히도 어미는 새끼의 응석을 잘 받아준다. 새끼가 울거나 보채는 것은 자신의 복제 유전자를 가진 보유자가 절실하게 뭔가를 필요로 한다는 신호다. 새끼에게 관심을 갖는 것은 유전자의 이해와 직결된다. 요컨대 부모는 자식을 사랑하여 그 사랑에 눈이 멀 수가 있다.[17]

그러나 울화통이 조작될 수도 있다는 생각은 웬만한 부모에게 새삼스러운 일도 아니다. 이렇게 보면 부모들이 전적으로 눈이 먼 것만도 아니다. 자연 선택은 처음에는 부모가 조작에 반응을 보이도록 하고 동시에 이후 조작에 대응하는 방법, 예를 들어 아이의 울음이 진짜인지를 구분하도록 무장시킨다. 그러나 부모들이 이 방법을 터득하게 되면, 자연 선택은 아이들이 좀 더 호소력 있게 울게 하는 식으로 부모의 식별력에 대응하는 기술을 습득하도록 한다. 이런 식의 무기 경쟁은 영원히 계속된다.

트리버스가 1974년의 논문에서 강조한 바대로 유전자의 눈으로 보면 부모 스스로가 부정하게도 조작을 한다. 부모들은, 적어도 부모의 유전자는 자식이 친족을 향해 좀 더 이타심을 발휘하고 헌신하도록 조작한다. 이렇게 해서 좀 더 큰 사랑이 유전자의 이해에 국한하지 않고 아이에게 스며든다. 이 점은 필시 형제에 대한 사랑뿐 아니라 삼촌, 이모, 사촌 등 평균적으로 부모의 유전자를 자식보다 곱절이나 더 보유한 모든 이들에 대한 사랑에 대해서도 마찬가지다. 따라서 자식들이 삼촌이나 사촌들에 그리 큰 관심을 갖지 말도록 요구하는 부모는 흔치 않다.

부모들이 자식들의 요구에 약하듯 아이들 역시 생물학적으로 부모의 주장에 약하다. 다윈주의자의 입장에서 보면 부모 말에 따르는 것이 이해에 합당하기 때문이다. 부모와 자식 간의 유전자의 이해가 분화되기는 하지만 50퍼센트는 겹쳐 있으므로 부모만큼 자식의 머리를 유용한 사실과 격언으로 채워 줄 수 있을 만큼 완강한 유전자적 동기를 가진 사람은 없다. 고로 자식은 부모에게 좀 더 큰 관심을 기울여야 한다. 자식의 유전자는 자식이 부모에게 축적되어 있는 튼실하고 귀중한 자료로부터 정보를 얻도록 한다.

유전자는 다만 제 갈 길을 갈 뿐이다. 사람은 어려서는 부모가 있음을 경외하고 신뢰감에 뿌듯해 한다. 다윈의 어떤 딸은 "아버지의 언행 하나하나가 우리에게는 절대적인 진실이었고 법이었어요."라고 회상한 바 있다. 물론 과장된 면이 없잖아 있다. (다윈이 다섯 살 난 레너드가 소파 위에서 뛰는 것을 보고 좋지 않은 버릇이라고 나무라자 레너드는 "그러면 아빠가 방을 나가시면 되잖아요."라고 대꾸했다.[18]) 대체로 어린 자식들이 부모를 신뢰하면 이론적으로 볼 때 부모는 이것을 이용한다.

특히 부모들은 가르친다는 명목으로, 트리버스의 말마따나 아이들을 길들이려 한다. 트리버스는 "가르침은 길들이기와는 반대로 자식들이 그들 자신의 관심사를 깨우쳐 나가도록 하는 것이다. 부모들이 아이들의 반발을 최소화하려면 '교사'로서의 입장을 더 강조할 필요가 있다."[19]라고 주장한다. 트리버스는 어머니에 대한 다윈의 다음과 같은 회상을 득의에 차서 바라보았다. "어머니가 다음과 같은 말씀을 하셨음을 기억한다. '내가 뭐라고 하는 건, 그건 너 잘 되라고 하는 소리야.' 라고."[20]

부모들은 더러 자식 유전자의 기를 꺾어 놓는 데 유리한 고지에 있다. 친족 선택은 양심상 형제를 돌보도록 하며 그렇지 못하면 가책을 느끼도록 한다. 한편 트리버스가 주목한 바대로 자연 선택은, 가령 형제간에는 우애가 있어야 한다는 부모의 강요에 대해 신랄하게 회의하는 경우처럼 자식들이 부모가 이용하지 못하게끔 대응하도록 한다. 이것 역시 무기 경쟁이다.

이로 인해 자식들은 정신적인 전면전에 뛰어든다. "아이의 개성과 의식은 갈등의 영역에서 형성된다."라고 트리버스는 적고 있다.[21]

트리버스는 사람들 태반이 양육을 '문화 적응'의 과정으로 보고 있음을 알았다. 이 과정을 통해 부모는 순진하게도 자식들에게 중요 기술을 습득시키려 한다. "부모들이 책임, 성실, 정직, 신용, 관대함, 극기 등의 덕목을 가르치려는 것은 단지 자식들이 그 문화에 적합한 행동이 무엇인지를 알게 하는 데 그치는 것이 아니다. 이런 덕목들은 한결같이 이타적 행동이나 이기적 행동에 영향을 주는데 이는 또다시 친족에게 영향을 미친다." 트리버스는 '문화 적응'이라는 개념이 확산되는 것은 압제자들 간의 암묵적인 공모 때문으로 보았던 것 같다. "사회화라는 개념이 유행하는 것은 어느 정도는 어른들의 취향에 맞고 또 이를 퍼뜨리고 싶어 하기 때문이다."라고 트리버스는 주장한다.[22]

이 사실은 어떤 의미에서 전형적인 우익의 세계관이라고 오랫동안 오명을 쓴 다윈주의가 다른 영향력도 발휘할 수 있음을 암시한다. 새로운 패러다임을 통해 보자면 도덕과 이데올로기적 담화는 끊임없는 권력 싸움으로 보일 수 있다. 이 싸움에서 강자는 번성하고 약자는 착취당하기 마련이다. 카를 마르크스와 프리드리히 엥겔스(Friedrich Engels)에 의하면 "각 시대를 지배한 사상은 지배 계급의 사상이었다."[23]

엄마는 너를 가장 사랑해

친족 선택과 부모 자식 간의 갈등 모델은 편리한 것이기는 해도 이따금 이를 적용시키기에는 그 가정이 모호한 경우가 있다. 이런 가정 중 하나는 인간이 진화해 오는 동안 형제자매들이 같은 아버지를 공유한다고 보는 것이다. 이런 가정에는 어느 정도 결함이 있으므로 형제자매 사이의 이타주의의 자연비는 2 대 1이 아니라 2 대 1과 4 대 1 사이의 어디쯤에 위치해 있음을 알 수 있다. 자기 보호 본능 때문이다. (이런 공식은 자식들 사이에 보이는 상호 적대감에 대해 부모가 느끼는 우려감을 해밀턴의 공식보다 더 잘 보여 준다.) 물론 자식들은 자신의 형제자매들과 아버지나 어머니 사이에 보이는 불화를 평가해 형제자매를 어떻게 상대할 것인지의 여부를 결정할 수도 있다. 가령 양친이 모두 있는 가정의 형제자매들이 그렇지 않은 가정의 형제자매보다 서로에게 관대할 것인가 하는 문제를 알아보는 것도 흥미로운 일이다.

유전적으로 형제자매들에 대해 최적의 호의도를 나타내는 기호 r(다른 사람과의 관련성 정도)도 상황을 너무 단순화시킨 것이다. 윌리엄 해밀턴이 제기한 수학적 문제(c가 br보다 적을까?)에는 또 다른 두 개의 변수가 있다. 즉 자신에 대한 이타주의의 비용(c)과 수혜자가 얻는 이득(b)이 그것이다. 이 둘은 다윈주의자들의 적합성이라는 용어에서 시작된 것이다. 즉 이타주의 때문에 자식을 낳을 가능성이 얼마나 줄어 들며 이타주의의 수혜자가 자식을 낳을 가능성이 얼마나 커지느냐 하는 문제다. 물론 이것은 이런 가능성이 실현될 수 있는 여건과 자식을 낳을 수 있는 잠재성에 따라 다르다. 그리고 이런 잠재성은 몹시도 가변적인 것이어서 사람마다 다르고 세대마다 다르다.

이를테면 풍채가 좋고 강건하며 잘생기고 야망이 있는 형제는 야위고 어눌하고 능력 없는 형제보다 자식을 낳는 데 크게 유리할 것이다. 특히 이 점은 지위가 높은 남성이 아내를 여럿 얻을 수 있었던 인간의 진화 환경에서는 더 심했을 것이다. 당시에는 지위가 낮은 남성들의 간통 행위도 심했을 것이다. 이론적으로 보아 부모들은 (의식적으로나 무의식적으로) 지위를 획득하는 데 더 힘을 기울여야 했다. 재생산을 극대화시키기 위해 마치 월가의 금융인이 각종 유가 증권을 관리하듯 여러 자식들에게 신중하게 투자해야 했다. 그래서 "엄마는 (혹은 아빠는) 너를 가장 사랑한단다."라는 부모의 애원에는 진화적인 토대가 있는 것이다.

스머더스 브라더스 희극단은 1960년대에 이 말을 크게 유행시켰는데 아둔한 역의 토미가 머리 좋고 동작 빠른 동생 역의 딕에게 했던 말이었다.[24]

자식들 간의 상대적인 생식 능력은 자식에게만 달려 있는 것이 아니다. 그것은 가족의 사회적 위치에도 달려 있다. 가난한 집 출신이라고 하더라도 미모의 처녀라면 물질적으로 혜택을 누릴 수 있는 아이를 낳을 가능성이 높다. 처녀는 총각에 비해 사회적으로나 경제적으로 능력이 있는 배우자를 만날 가능성이 더 크다.[25] 다른 조건이 같더라도 부유하고 지위가 높은 가족의 총각은 잠재적인 생식 능력이 더 크다. 여성들과 달리 남성들은 자식을 낳는 데 부와 지위를 이용할 수가 있기 때문이다.

그렇다면 인간은 이렇게 불안한 논리를 실행하도록 프로그램된 존재일까? 부유한 부모들은 아들이 자식을 낳을 수 있도록 자신들의 지위와 재산을 효과적으로 쓰고 있는 것일까? 그래서 딸보다는 아들에게 지위와 재산을 더 투여하는 것일까? 과연 가난한 부모들은 그 반대로 행동을 할까? 터무니없어 보이겠지만 이것이 반드시 틀린 말이라고 할 수는 없다.

이런 논리는 1973년 로버트 트리버스가 수학자 댄 윌러드(Dan E. Willard)와 공동으로 집필한 논문에 그 바탕을 두고 있다.[26] 일부다처제 종에서 일부 수컷들은 여럿의 암컷을 거느리고 있는 반면, 어떤 수컷들은 새끼를 전혀 낳을 수가 없다. 그래서 가난한 집안의 어머니는 아들보다 딸을 가치 있는 자산으로 다루어 유전적인 이득을 얻으려 한다. 젖을 잘 내지 못하는 건강이 나쁜 어머니는 모든 자식을 제대로 키울 수가 없다. 그래서 아들은 곤란한 처지에 빠지게 된다. 영양 섭취를 제대로 하지 못한 아들은 생식 경쟁에서 뒤처지게 되는 반면, 생식 능력이 있는 딸들은 거의 모든 조건에서 섹스 파트너의 매력을 끌 수 있다.

일부 포유 동물에게도 이런 논리가 적용되는 것 같다. 플로리다 큰쥐 암컷은 음식이 부족할 경우 수컷 새끼에게 젖꼭지를 물리지 않아 심지어 굶어죽게끔 방치하는 데 반해, 암컷 새끼에게는 마음대로 젖꼭지를 빨게 한다. 다른 종에서도 수컷 새끼가 많아 유리한 어미와 암컷 새끼가 많아 불리한 어미에 의해 출생비가 조절된다.[27]

진화 과정에서 일부다처제를 유지해 온 인간에게도 부와 지위는 건강만큼이나 중요했다. 부와 지위는 배우자를 얻기 위한 남성들의 무기였고 이런 상황은 적어도 수백만 년 동안 지속되었다. 사회적으로나 물질적으로 유리한 처지에 있는 부모들이 딸보다는 아들에게 투자하는 것이 다윈주의의 입장에서 보면 더 일리가 있다. 이런 면에서 보면 마키아벨리즘을 고수하는 것이 논리에 맞다. 다윈주의자에게 마키아벨리적 냉정함은 보다 신빙성이 있다. (다윈이 해파리의 생식에 대해 인정하기 거북한 가설을 제기하자 토머스 헉슬리는 "과정이 상스러운 이유는 목표 달성의 가능성을 높이기 위해서다."라는 말을 했다.[28]) 지금까지의 관찰로는 다윈주의자가 옳았음이 증명되고 있다.

1970년대 말 인류학자 밀드러드 디커먼(Mildred Dickemann)은 19세기의 인도와 중국, 중세의 유럽에 대해 연구를 했다. 그는 여아 살해(딸이라는 이유로 낳은 자식을 살해하는 것)가 최상류층에서 집중적으로 자행되었다는 결론을 내렸다.[29] 다윈이 살았던 사회를 포함해 여러 사회에서 부유한 가족은 주로 아들에게 재산을 물려주었다. (다윈의 친족으로 20세기 초에 활동했던 경제학자 조사이어 웨지우드는 유산에 대한 연구에서 "내가 연구했던 부유층들은 딸보다는 아들에게 재산을 더 많이 물려주는 경향이 있었는데, 재산이 적은 사람들은 딸과 아들에게 재산을 고르게 분배해 주었다."라는 사실에 주목했다.[30]) 아들과 딸에 대한 편견은 민감한 형태로 나타난다.

미크로네시아 군도를 연구했던 인류학자 로라 벳지그와 폴 터크(Paul Turke)는 지위가 높은 부모들은 주로 아들과 시간을 보내고 지위가 낮은 부모들은 주로 딸들과 시간을 보낸다는 사실을 알아냈다.[31] 이런 연구들은 하나같이 최상류층의 가족들은 딸보다는 아들에게 더 투자를 한다는 트리버스와 윌러드의 연구 결과와 부합한다.[32]

트리버스와 윌러드의 가설을 훌륭히 지지해 주는 연구들이 최근에 나왔다. 북미의 가족에 대한 연구는 계층이 다르면 부모들이 아들과 딸을 대하는 방식도 다르다는 결과를 보여 주었다. 수입이 적은 가정의 어머니는 절반 이상이 딸에게 모유를 먹이는 반면 아들에게는 분유를 먹였다. 부유한 집안의 어머니는 딸에게는 열의 여섯 꼴로 모유를 먹였지만 아들에게는 열의 아홉 꼴로 모유를 먹였다. 수입이 적은 가정의 어머니는 아들과 딸 모두에게 열의 다섯꼴로 모유를 먹였다. 그러나 그 수유 기간이 아들에게는 3.5년, 딸에게는 4.3년으로 나타났다. 다시 말해 생식에 관련해서 보자면 수입이 낮은 가정의 어머니가 딸의 편을 들어 투자를 더 많이 한다는 것이다. 부유한 가정의 어머니에게서는 상황이 반대로 나타났다. 딸에게 모유를 먹이는 기간이 3.2년, 아들에게 모유를 먹이는 기간이 3.9년으로 나타났다.[33] 이 연구의 대상이 되었던 어머니들 중 사회적 지위가 남성과 여성의 생식(또는 인간의 진화 환경에서 남성과 여성의 생식)에 영향을 미친다는 사실을 아는 사람은 드물었을 것이다. 이것은 자연 선택이 인간의 논리적인 의식이 아닌 감성을 형성함으로써 은밀하게 작용한다는 사실을 반영한다.

이런 연구들이 부모의 부양 투자에 초점을 맞추고 있기는 하지만 이것은 형제자매 간의 투자에도 적용된다. 이론적으로 보아 가난한 가정의 형제자매들은 형제보다는 자매에게 직접적인 이타주의를 실천해야 하고 부자인 가정의 형제자매들은 그 반대로 행동해야 한다. 다윈 가의 경우도 예외는 아니어서 다윈의 누이들은 오빠나 남동생에 대해 근심하며 많은 시간을 보냈다. 그러나 이런 경향은 여성의 부양이 사회적 이상이 되었던 시절에 하층 계급의 사람들 사이에서도 나타났을 것이다. (이것은 다윈주의적 논리에 반해 행동하도록 강요하는 문화를 연상시킨다.)

게다가 여성이 과도하게 도움을 주는 것도 다윈주의자의 주장과 부합한다. 잠재적인 생산 능력은 삶의 주기에 따라 변하며 남성과 여성에게도 다르게 나타난다. 해밀턴은 1964년에 발표한 논문에서 "동물이 새끼를 낳고 난 후의 행동이 전적으로 이타주의적일 것으로 기대된다"[34]라고 주장했다. 결국 유전자가 다음 세대로 전달되지 못하면 유전자는 온 힘을 다 쏟아 다른 경로를 통해 다음 세대로 자신을 이어가려고 한다. 여성만이 자식을 낳은 후의 생활 방식에 관심을 가지므로 노년의 여성은 노년의 남성에 비해 친족에게 훨씬 더 큰 관심을 기울인다. 미혼의 고모는 미혼의 삼촌보다 친족에 대해 훨씬 더 헌신적이다. 다윈의 누이 수전과 형 이래즈머스는 중년에 이르도록 결혼을 하지 않았다. 그러다가 누이 메리앤(Marianne Darwin)이 죽자 결국 이래즈머스가 아닌 수전이 남은 자식들을 양자로 입양했다.[35]

슬픔의 형태

물론 남성의 잠재적인 생식 능력도 시간에 따라 어느 정도는 변한다. 사실 그것은 매년마다 변하는 것이다. 쉰 살에 이른 사람이라면 남녀를 막론하고 서른 살이나 열다섯 살 먹은 사람보다 자식을 낳을 가능성이 적다. 반면 열다섯 살 난 젊은이는 한 살 난 아이보다 자식을 낳을 가능성이 더 크다. 한 살 난 아기는 사춘기에 이르기 전에 죽을 확률이 더 많기 때문이다. 진화 과정의 대부분 동안 유아 사망은 매우 흔한 일이었다.

그러나 이것은 친족 선택을 너무 단순화시킨 것이다. 잠재적인 생식 능력에는 이타주의가 지닌 장단점이 포함되어 있기 때문에, 증여자와 수혜자의 연령은 이타주의 적합성을 증진시키는 경향이 있는지, 더 나아가서는 자연 선택이 이타주의를 선호하는지 여부를 결정하는 데 도움을 준다. 다시 말해 이론적으로 볼 때 우리가 친족을 얼마나 관대하게 대할 것인지는 우리의 나이와 친족의 나이에 따라 다르다. 가령 아이들의 삶은 시시각각 변하므로 부모에게 사랑스럽게 보인다.[36]

특히 아이들의 잠재적인 생산 능력이 최고조에 이르렀다가 이후부터 점차 감소하게 되는 사춘기를 전후해서 부모의 헌신은 높아진다. 흡사 경주마 사육가가 말이 출생 직후 죽는 것보다 첫 경주에 출전하기 전날 죽는 것을 더 애석하게 여기듯이 부모도 유아기에 죽은 자식보다는 사춘기에 죽은 자식을 더 비통하게 여긴다. 사춘기나 청년기에 접어든 경주마는 경주에서 승리를 안겨다 줄 가능성이 있는 자산이므로 사육사는 이런 말을 관리하는 데 시간과 노력을 아끼지 않는다. (그렇다고 부모가 사춘기의 자식보다 유아를 잘 돌보지 않거나 유아에게 사랑스러움을 느끼지 않는다는 말은 아니다. 일단의 약탈자들이 습격해 오면 어머니는 도망가기 전에 먼저 유아를 싸 안는다. 그래서 사춘기의 자식은 스스로 자신을 보호해야 한다. 사춘기의 자식은 자신을 보호할 수 있기 때문에 어머니에게 이런 충동이 일어나지만, 그 이유가 사춘기의 자식이 유아기의 자식보다 덜 소중해서는 아니다.)

부모들은 석 달 난 자식이나 마흔 살 난 자식이 죽은 때보다 사춘기의 자식이 죽은 때에 더 슬퍼한다. 그래서 우리는 노인이 죽은 때보다 젊은이가 죽은 때 더 애석해 한다거나 또는 남은 여생이 한창인 젊은이가 죽는 것이 비극이라는 결론을 내리고 싶어 한다. 이것에 대해 다윈주의자들은 이렇게 대답한다.―물론 그렇다. 하지만 이런 논증의 그 '명백성'은 그것을 만들어 낸 유전자의 산물임을 기억하자. 유전자의 의지에 따라 작동하는 자연 선택은 '명백하고, 정당하고, 바람직한' 것을 만들어 낼 것이고, 그렇지 않은 자연 선택은 '불합리하고, 결점투성이이고, 혐오스러운' 것을 만들어 낼 것이다. 우리는 상식 자체가 진화가 만들어 낸 왜곡된 인식이 아니라는 결론을 내리기 전에 진화론에 대한 상식적인 반응에 대해 면밀히 조사해 보아야 한다.

그렇다면 다음과 같이 물을 수 있다. 유아보다는 사춘기의 자식이 죽었을 때 더 큰 슬픔을 느끼는 이유는 무엇인가라고. 이 질문에 대해 우리는 사춘기의 자식과 더 많은 시간을 보냈으므로 그의 여생에 대해 좀 더 분명히 가늠할 수 있기 때문이라는 대답을 할 수 있다. 하지만 같이 지내는 시간의 길이에 비례해 친밀감이 더 커질수록 그의 여생이 짧아지는데, 그렇다면 잠재적인 생식 가능성이 최고조에 이른 사춘기의 어느 시기에 죽은 자식에 대해 가장 큰 슬픔을 느끼게 되는 것일까? 이 시기가 여생에 대해 가장 분명하게 추측해 볼 수 있는 스물다섯 살이 아니고 또 여생이 가장 긴 다섯 살이 아닌 이유는 무엇일까?

이런 슬픔이 다윈주의자들이 기대한 것과 멋지게 부합한다는 증거가 있다. 1989년에 캐나다 학자들은 성인을 대상으로 어떤 연령층의 자식이 죽었을 때 부모들이 가장 큰 슬픔을 느낄 것 같으냐는 질문을 했다. 이 결과를 그래프로 나타내자 사춘기 직전의 자식이 죽었을 때 부모가 가장 큰 슬픔을 느끼리라는 것을 알 수 있었다. 그 이후의 연령대에서는 슬픔의 강도가 점차 줄어들 것이라는 예측이 나왔다. 이 곡선을 연령에 따른 잠재적인 생식 능력을 나타낸 곡선(이 곡선은 캐나다의 통계 자료를 근거로 나타낸 것이다.)과 비교하자 이 둘 사이에 큰 상관관계가 나타났다. 슬픔을 나타낸 이 곡선은 현대 캐나다 인의 슬픔 곡선과 수렵 채집인인 부시먼의 잠재적인 생식 능력과 정확히 일치했다. 다시 말해 슬픔의 변화 패턴은 다윈주의자들이 조상의 환경에 대해 예견했던 통계치와

거의 정확히 일치했던 것이다.[37]

　이론적으로나 사실적으로나 아이들에 대한 부모의 애정은 시간에 따라 변한다. 무자비한 자연 선택의 눈으로 보아 어느 시점에 이른 이후부터는 부모에 대한 자식의 효용성이 떨어진다. 이것은 자식에 대한 부모의 효용성보다 떨어지는 속도가 빠르다. 자식이 사춘기를 지나면 투자자나 보호자로서 부모의 역할이 줄어드는 것이다. 그리고 자식이 중년기를 넘어서면 부모에게 자식은 유전자 전달자 노릇을 거의 하지 못한다. 이 시기에 이르면 자식은 늙고 허약해져 부모에게 유전적으로 거의 쓸모 없는 존재가 되어 버린다. 이때에 이르면 자식이 부모를 돌보겠지만 자식은 부모에게서 오는 짜증과 분개의 감정을 견뎌 내야 한다. 결국 우리 부모는 자식이 예전에 그랬듯이 이제는 자식에게 기대야 한다. 그러나 자식은 예전에 부모가 자식에게 그렇게 했던 것처럼 기쁨으로 부모의 필요를 채워 줄 수가 없다.

　부모와 자식 간에 느끼는 애정과 의무가 변하면서 나타나는 부조화는 인생에서 가장 근원적이면서도 씁쓸한 경험이다. 이런 사실은 유전자가 얼마나 우리의 감정을 변덕스럽게 조정하는지를 보여 준다. 사람들이 늙어서 오늘내일하는 부모에게 시간과 정력을 낭비하는 것을 다윈주의의 입장에서 보면 부조리한 일로 보일지도 모른다. 그렇다고 자식의 이해를 따를 수는 없는 일이다. 가족애는 진화적 유용성을 훨씬 넘어서는 것이다. 사람들은 유전자의 통제가 이토록 어수룩한 것에 대해 큰 안도감을 느낀다. 유전자의 통제가 좀 더 정확했다면 우리가 어떤 존재가 되었을까를 알 수 있는 방법은 없지만 말이다.

다윈의 슬픔

자식 열 명 중 셋이 죽고 아버지도 세상을 떠나는 등 다윈에게는 슬픔이 많았는데, 이때 보인 그의 행동은 대체로 이론과 부합한다.

1842년, 셋째 아이 메리 엘리너(Mary Eleanor Darwin)는 태어난 지 겨우 3주 만에 죽음을 맞이했다. 찰스와 에마는 슬픔에 빠졌고 그 장례식은 견디기 힘든 것이었다. 하지만 지나치게 비통해 하거나 오래도록 슬퍼한 것 같지는 않다. 다른 두 아이들이 있어서 부부는 주의를 분산시킬 수 있었던 덕에, 에마는 시누이의 걱정을 달래는 편지를 보내기도 했다. "그 애가 더 오래 살아서 겪었을 고통에 비하면 지금 이 아픔은 아무것도 아니에요. 우리가 오랫동안 슬퍼할 거라 염려하지 마세요."[38]

막내 아이 찰스 워링의 죽음 역시 이론적으로는 스쳐 지나가는 아픔이었을 것이다. 그 아이는 일 년 반밖에 안 된 어린 아기였고 정신 장애아였다. 다윈주의자의 가장 노골적인 예견 가운데 하나가, 생식 능력이 없을 정도로 결함을 가진 아이에게는 부모가 비교적 관심을 쏟지 않는다는 것이다. (산업화 이전 사회에서는 누가 봐도 결함이 분명한 아기들은 살해당하는 것이 보통이었고, 산업화된 사회에서도 장애가 있는 아이는 학대받는 경향이 있어 왔다.[39]) 다윈은 죽은 아들을 위해 짧은 추도문을 썼다. 하지만 곳곳에 냉정하게 기록한 내용이 있고("아이는 흥분하면 가끔 이상하게 찡그리거나 떨었다."), 고뇌하는 모습도 거의 보이지 않는다.[40] 다윈의 딸 가운데 하나가 훗날 죽은 아기에 대해 이렇게 말했다. "어머니나 아버지 두 분 모두 그 애에게 한없이 인자하셨어요. 하지만 1858년 여름에 그 아이가 죽었지요. 처음 슬픔이 가시고 나자 그분들은 고맙게 여기실 수밖에 없으셨어요."[41]

1848년 아버지의 죽음도 참을 수 없을 정도로 슬픈 건 아니었다. 찰스는 이제껏 자기 위안을 해 왔던 사람이고, 아버지 역시 여든두 살로 장수했고 생식 능력도 다한 분이었다. 다윈은 아버지가 세상을 떠나자 며칠 동안은 아주 비통해 했다. 물론 그가 여러 달 동안 계속 고통스러워하지 않았다는 것을 확인할 길도 없다. 하지만 그가 보낸 편지들 가운데 다음 내용은 아주 감정적인 어조로 쓰인 것이다. "아버지를 알지 못하는 사람들은, 여든세 살이 넘고 병든 분이 그렇게도 자상하고 애정 어린 성정을 지니셨다는 것과 마지막 순간까지도 총기를 잃지 않으셨다는 사실을 믿지 못할 것이다." 아버지가 죽은 지 3개월 후에 다윈은 이렇게 썼다. "마지막 뵈었을 때 그분은 매우 편안해 보였고, 평온하고 밝은 표정이 지금도 눈에 선하다."[42]

1851년, 딸 애니의 죽음은 위의 세 사람의 죽음과는 달랐다. 죽기 한 해 전에 발병하여 주기적으로 병을 앓다가 숨을 거두었는데, 그때 나이 열 살이었고 생식 능력은 몇 년 후면 정상에 다다를 것이었다.

죽음에 이를 즈음 딸을 데리고 의사를 찾아 동분서주하던 찰스는 에마와 괴로움이 가득한 편지를 주고받았다. 딸이 죽고 난 며칠 뒤 다윈은 애니에게 바치는 추도문을 썼는데, 나중에 찰스 워링에게 쓴 추도문과는 사뭇 분위기가 다른 것이었다. "그 아이는 명랑함과 활기가 온 얼굴에서 퍼져 나왔고 동작이 유연했으며, 생기와 활력이 넘쳤다. 그 애를 보고 있는 것은 기쁨이자 즐거움이었다. 그 애의 얼굴이 눈앞에 아른거린다. 가끔 별것도 아닌 걸 내게 주려고 몰래 가지고 계단을 뛰어 내려오는 그 애의 모습은 내 마음에 환한 기쁨을 주며 빛났는데 …… 거의 마지막 순간에 병상에서 보인 그 애의 행동은 참으로 천사와도 같았다. 불평이라곤 해 본 적이 없었고 까다롭게 굴지도 않았으며 오히려 다른 사람들을 염려했다. 저한테 해 주는 모든 것에 감동하며 고마워하는 태도를 보였다. 내가 물을 먹여 주었을 때 '정말 고마워요.'라고 그 애는 말했다. 그 애의 입술을 통해 마지막으로 들은 소중한 말이었다." 다윈은 추도문을 이렇게 끝맺고 있다. "우리 가정의 기쁨이자 우리 부부의 위안을 잃었다. 우리가 얼마나 저를 사랑했는지 그 애는 알리라. 아, 저곳에 있는 우리 아이가 느낄 수 있을 만큼 우리는 그 애를 영원히 사랑할 것이다! 신의 축복이 함께하기를!"[43]

조금은 냉소적인 시각으로 다윈의 슬픔을 분석할 수도 있다. 애니는 다윈이 가장 아낀 아이였던 것 같다. 다윈이 제2의 모차르트라고 했을 만큼 총명하고 재능 있는 재목이었던 그 아이는 결혼 시장에서도 가치를 드높일 수 있었을 것이다. 물론 생식 능력이 그 한 가지 이유였겠지만. 또 애니는 아량, 도덕, 예절을 갖춘 모범적인 아이였다.[44] 아니면 트리버스의 말마따나, 에마와 찰스는 애니가 자신을 희생하면서까지 부모의 총체적인 적합성을 따르도록 유도하는 데 성공한 경우일 수도 있다. '가장 아끼는 아이'를 분석해 보면 아마 다윈 부부가 이런 종류의 가치를 지니려 했다는 것을 보여 줄지도 모르겠다. 그런데 이러한 가치는 부모 유전자의 견지에서 본 가치일 뿐 자식 유전자의 견지에서는 그렇지 않을 수도 있다.

아버지가 죽고 몇 달 되지 않아 다윈이 슬픔에서 벗어나고 있다는 사실을 "아버지를 생각하는 것이 지금 내겐 가장 큰 즐거움이다."라고 쓴 편지 내용을 보면 알 수 있다. 하지만 다윈 부부는 애니의 죽음 앞에서는 이 정도 시간으로 마음의 안정을 찾을 수 없었다.[45] 다윈의 딸 헨리에타는 나중에 이렇게 말했다. "어머니는 정말 그 슬픔에서 벗어나질 못하셨다. 애니에 대해 말씀하시는 일이 별로 없으셨고 어쩌다 말을 꺼내실 때는 늘 상실감이 따랐다. 아버지 역시 그 슬픔을 되씹는 것을 무척 견디기 힘들어 하셨고 단 한번도 그 애에 대해 말씀하신 적이 없는 걸로 안다." 애니가 죽은 지 20년의 세월이 지난 후에도, 애니를 생각하면 여전히 눈물이 난다고 다윈은 자서전에 썼다. 그 아이의 죽음은 가족이 겪었던 '유일하게 참을 수 없는 고통'이었다는 것이다.[46]

다윈이 죽기 일 년 전인 1881년에 형 이래즈머스가 죽자, 다윈은 친구 조지프 후커(Joseph D. Hooker)에게 '젊은 사람의 죽음과 늙은 사람의 죽음'의 차이에 대해 이야기했다. "앞날이 밝은 젊은 사람이 죽으면 지울 수 없는 슬픔을 낳는다"라고.[47]

8장

다원과 야만인들

존 스튜어트 밀은 고전이 된 그의 책에서, 사회적 감정인 '공리주의'를 '강력한 자연적 정서'이자 '공리주의자의 도덕을 위한 자연적 정서의 기반'으로 보았다. 그런데 앞쪽에서는 "내 신념이지만 도덕 감성이 생득적인 것이 아니라 후천적으로 획득된 것이라면 바로 이런 이유로 해서 그것은 자연적인 것이 못 된다."라고 쓰고 있다. 망설여지기는 해도 나는 이 심오한 사상가와는 입장이 다르다고 말하고 싶다. 하지만 사회적 감정이 하등 동물에게는 본능적이거나 생득적이라는 데 이의를 달 수는 없을 것이다. 그렇다면 사람에게는 이것들이 왜 본능적이거나 생득적이지 않은 것일까?

──『인류의 기원과 성 선택』(1871)[1]

다윈이 처음으로 원시 사회와 접했을 때 그가 보인 반응은 19세기 여느 영국 신사가 보인 반응과 다를 바 없었다. 비글 호가 티에라 델 푸에고 만에 정박하자 그는 "산발이 된 머리 위로 두 손을 흔들며 소리치는" 원주민을 보았다. 그는 존 헨즐로에게 "그들은 마치 다른 세계에서 온 방황하는 유령처럼 보였습니다."라고 편지를 썼다. 보다 가까운 곳에서 이뤄진 관찰은 원주민들이 야만인이라는 생각을 더욱 확고히 해 주었다. "원주민들의 언어는 우리들의 기준에서 보자면 말이라고 하기가 민망할 지경이고, 그들의 집은 아이들이 지어 놓은 움막과 같았지요." 부부 사이에도 애정이 없어 이들은 마치 "주인과 노예 사이가 아닌가 하는 생각이 들 정도였습니다."[2]

이런 생각을 더욱 굳히게 된 것은 티에라 델 푸에고 군도의 원주민들이 기근이 들면 늙은 여인들을 잡아먹는다는 소문 때문이었던 것 같다. 다윈이 이런 이야기를 전해 듣고는 한 티에라 델 푸에고 소년에게 왜 차라리 늙은이들 대신에 키우던 개를 잡아먹지 않느냐고 묻자, 그 소년은 "개는 수달이라도 잡을 수 있지만 노파들은 하등 쓸모가 없어요. 무엇보다 남자들은 배가 고프거든요."라고 대답했다고 한다. 다윈은 누이 캐럴라인에게 다음과 같이 편지를 썼다. "여름에는 음식을 거두기 위해 여인들을 노예처럼 부려먹고, 겨울에는 그녀들을 잡아먹는다는 사실은 정말 참기 힘듭니다. 이 야만인들의 목소리는 듣기만 해도 역겨워집니다."[3]

실제로 노파들을 먹는 것은 장례 예식의 일부임이 드러났다. 하지만 다윈은 여행을 하면서 여러 원시 사회에서 야만 행위를 수없이 목격했다. 그는 『인류의 기원과 성 선택』에서 다음과 같이 회고했다. "야만인들은 그들의 적을 고문하는 것을 즐기는 듯하다. 그들은 피비린내 나는 예물을 바치고, 아무 거리낌도 없이 어린아이들을 죽인다."[4] 다윈은 티에라 델 푸에고 군도의 원주민들이 실제로는 노파들을 잡아먹지 않는다는 사실을 몰랐던 것처럼 여행 동안 본 사실들도 왜곡했을 것이다. "나는 야만인과 문명인 사이에 이토록 거대한 차이가 존재한다는 사실을 믿을 수가 없다. 실로 그것은 가축과 야생 동물 사이의 차이보다도 컸다."[5]

하지만 티에라 델 푸에고 군도의 사회에도 빅토리아 시대 영국 사회의 핵심을 이루는 사회적 요소가 똑같이 있었다. 그 예로 서로에 대한 친절을 바탕으로 일정한 의식을 거친 '우정'을 들 수 있다. 다윈은 티에라 델 푸에고 사람에 대해 다음과 같이 전했다. "우리가 원주민들에게 천을 선물하자 그들은 그 천을 즉시 목에 감고는 우리의 친구가 돼 주었다. 그들은 우정을 나타내는 표시로 우리의 가슴을 툭툭 치며 쯧쯧거리는 소리를 내었고, 내가 어느 노인을 따라 걷는 동안에도 이런 행위는 되풀이되었다. 이런 의식은 내 가슴과 자신의 가슴을 세 번 힘차게 번갈아 치는 것으로 끝났다. 노인은 나한테 치라는 표시로 가슴을 쭉 폈다. 그리고 내가 그 의식을 따라하자 몹시도 기뻐하는 표정을 지었다."[6]

다윈의 원시 사회에 대한 이해는 그의 문화 교류 실험을 통해 더욱 깊어졌다. 지난번의 항해에서 피츠로이(Robert FitzRoy) 선장은 티에라 델 푸에고 사람 넷을 영국으로 데려왔다. 그중 세 명을 영국식으로 완전히 교육시키고 문명화시켜 고향으로 돌려보낼 생각이었다. 신세계를 개화시키고 개종시키려는 생각에서였다. 문명화된 티에라 델 푸에고 사람 하나가 다른 문명화된 티에라 델 푸에고 사람의 전 재산을 훔쳐 달아나는 것으로 시작해 실험은 여러 면에서 실패로 끝났다.[7] 하지만 이 실험을 통해 티에라 델 푸에고 사람 셋이 영어를 할 수 있도록 함으로써 다윈은 원주민들을 멀리서 관찰하는 것 이상의 성과를 거두었다. 다윈은 다음 같이 썼다. "아메리카 원주민, 흑인, 유럽인은 정신 구조가 서로 다르다. 하지만 내가 비글 호에 살면서 티에라 델 푸에고 사람들과 지낸 기간 동안, 예전에 내가 깊은 친분을 나눴던 어느 흑인과 마찬가지로 그들 역시 우리와 너무나 닮은 영혼을 지니고 있음에 놀라지 않을 수 없었다."[8]

이같이 인간의 기본적인 일체감(또는 인간 본성)을 인식한 것은 진화 심리학자가 되기 위한 첫걸음이었다. 다윈은 그와 같은 본성을 자연 선택의 개념으로 해석하려는 두 번째 걸음을 내딛었다. 비글 호에서 보낸 편지에서 알 수 있듯, 다윈은 특히 티에라 델 푸에고 사람이나 다른 '야만인들'에게는 존재하지 않는 것으로 본 인간의 영혼을 설명하고자 하였다. 그것은 다름이 아닌 "우리가 해도 되는 일과 하지 말아야 할 일을 구분해 주는 도덕감과 …… 그것들을 어겼을 때 우리를 질타하는 양심"이었다.[9]

곤충의 불임 문제에서도 그러했듯 다윈은 진화론의 가장 큰 걸림돌에 정면으로 대응하고자 했다. 도덕 감성은 자연 선택의 결과로 보이지가 않는다.

곤충의 불임 문제에 대한 다윈의 해결 방안은 어떤 측면에서는 도덕 문제와도 결부되었다. 다윈의 '가족' 선택, 또는 친족 선택이라는 개념은 포유류 사이의 이타성이나 양심을 해명해 줄 수 있다. 하지만 친족 선택은 가족 내에서의 양심적 행동만을 설명해 줄 뿐이다. 인간은 남에게도 동정심을 느끼고 도와주며, 돕지 못했을 때는 죄의식을 느낀다. 20세기 초에 브로니슬라프 말리노프스키는 트로브리안드 섬의 원주민들이 부족 내의 친구냐 부족 밖의 친구냐에 따라 각각에 해당하는 두 가지 단어가 있음을 지적했다. 그는 이 말을 "울타리 내의 친구", "울타리 밖 친구"[10]라고 각기 해석했다. '비참한 야만인'인 티에라 델 푸에고 원주민들조차도 대양을 건너온 젊은 백인 남자를 친구로 기꺼이 맞아주었다. 친족 선택이란 개념에도 불구하고 왜 울타리 밖의 친구가 필요한가 하는 문제는 여전히 남아 있다.

실질적인 문제는 위의 질문보다 훨씬 더 광범위하다. 인간은 자신들과 아무런 친분 관계가 없는, 심지어 전혀 알지도 못하는 '울타리 밖의' 사람들에 대해서도 연민을 느낀다. 그 이유는 무엇일까? 왜 착한 사마리아 인들이 있는 것일까? 왜 사람들은 거지 앞을 지날 때 양심의 불편함을 느끼는 것일까?

다윈은 이 모든 의문을 풀고자 했다. 그가 찾은 답은 오늘날의 관점에서 보면 오류였음이 분명하다. 하지만 그는 일종의 천재적인 오류를 범했다. 그 오류는 현대의 진화심리학이 모든 것을 해명하기에 앞서, 지난 한 세기 동안 생물학을 뒤흔들어 놨던 문제이다. 더구나 다윈이 인간의 도덕에 대해 했던 설명은 어떤 의미에서는 모범적이었다. 오늘날의 기준으로 보아도 그것은 진화심리학의 방법에 대한 패러다임을 세운 것이었다.

도덕 유전자?

도덕에 진화론적 잣대를 적용하고자 할 때 봉착하는 가장 큰 문제점은 도덕 기준이 너무 다양하다는 것이다. 빅토리아 시대의 영국적 고상함과 의젓함이 있는가 하면 도덕적으로 용인된 야만 행위가 있고, 그 사이에는 도덕적 사안들이 수도 없이 많다. 다윈은 "카스트를 부정할 때 힌두교도가 느끼는 경악"이나 "이슬람교 여성이 자신의 맨 얼굴을 드러냈을 때 느끼는 수치심"과 같이 "이해할 수 없는 도덕 법칙"들에 대해 서술했다.[11]

만일 도덕이 인간의 생물학적 요소에 토대를 두고 있다면 도덕 법칙은 어찌도 그처럼 다를 수 있단 말인가? 그렇다면 아라비아 인, 아프리카 인, 영국인들은 서로 다른 도덕 유전자를 갖고 있다는 말인가?

이는 오늘의 진화심리학자들이 펼치는 주장이 아니고, 다윈이 강조한 바도 아니었다. 하지만 다윈은 모든 인종들이 저마다 서로 다른 정신 구조를 갖고 태어나며 이 중 일부가 도덕과 관련 있다고 보았음이 분명하다.[12] 이런 믿음은 19세기의 학자들에게는 자명한 사실로 받아들여졌고, 일부 학자들은 인종의 차이는 인종이 아니라 사실은 종의 차이라고 완강히 주장했다. 그러나 다윈은 서로 다른 도덕 관습이 인간의 공통 본성에 뿌리를 박고 있는 것으로 보았다.

우선 그는 대중의 여론에 모든 인간이 민감하게 반응한다는 사실에 주목했다. "인정에 대한 애착과 불명예에 대한 두려움뿐 아니라 칭찬받거나 비난받을 때의 감정"은 본능에 바탕을 둔 것이라고 그는 주장한다. 사회 규범을 위반한 사람은 '고통'에 빠질 수 있고, 몇 가지 사소한 예의범절에 어긋난 행동을 한 사람은 수년의 세월이 흐른 후 회상하더라도 여전히 그 당시의 '타오르는 수치심'을 느낄 수 있다.[13] 그러므로 어떤 도덕 규칙을 고수하는 데에는 천성적으로 근본적인 뭔가가 있다. 특수한 내용의 도덕률만이 후천적으로 획득될 뿐이다.

어째서 도덕 규칙의 내용들은 그리도 다양할까? 다윈은 다른 사람들이 저마다 서로 다른 규칙을 갖고 있다고 믿었는데, 그들 자신의 역사적인 이유로 인해 서로 다른 규범들을 공동체에 이익이 되도록 판정하기 때문이라는 것이다.

다윈은, 때로 이런 판정은 잘못된 것으로서 초점 없는 행위 양식에 굴복한 것이며, 그렇지 않다 하더라도 "인류의 참된 복지와 행복에 반한 것"이라는 말을 했다. 다윈의 관점에서 보면 오류를 가장 적게 범한 곳은 영국이나 적어도 유럽일 것이라고 생각될 수 있다. 그리고 야만인들이 오류를 더 많이 범한 것으로 보이는 것도 사실이다. 도덕적 법규와 공공복지 간의 불분명한 관계를 구별하기에는 그들이 가지고 있는 "이성의 힘이 불충분한" 것으로 보였으며 자기 단련도 부족해 보였다. "그들의 기괴한 범죄는 말할 것도 없고 야만스러운 방종에 아연실색할 정도다."[14]

그럼에도 다윈은 이들 야만인 중 누구도 인간의 도덕성 안에 있는 제2의 보편적 요소를 흩뜨려 놓지는 못할 것이라고 믿었다. 티에라 델 푸에고 원주민과 영국인은 동료들에게 동감을 느끼는 등 '사회적 본능'이 엇비슷하다. 특히 "아플 경우에는 동감의 감정과 친절이 같은 부족의 구성원들 사이에서 보편적으로 나타난다." 또 "종교적인 동기 없이도 동료를 배신하기보다 죄수로서 유유히 자신의 목숨을 버린 야만인에 대한 기록들이 많다. 그들의 행위는 마땅히 도덕적이라고 간주되어야 한다."[15]

야만인들이 부족 바깥의 사람들을 도덕적으로 가치 없는 자들로 여겼던 건 사실이다. 심지어 외부인에게 해를 가하는 것을 명예로운 일로 여기기도 했다. 실제로 "인디언 서그가 아버지만큼 여행자들을 죽이지 못했고 강탈도 못 했음을 양심적으로 후회했음이 기록으로 남아 있다."[16] 그러나 이것은 동감의 범위에 대한 의문이지 그 존재에 대한 의문은 아니었다. 모든 사람이 도덕적 문제에 대처할 근원적인 능력을 지니고 있는 한 어느 누구도 교화로부터 자유롭지 못하다. 『비글 호 항해기』에서 다윈은 칠레 해안가의 어떤 섬에 대해 적고 있다. "낮은 단계나마 원주민들이 백인 정복자들이 달성한 것과 같은 수준의 문명으로 발전하는 모습을 보는 것은 즐거운 일이다."[17]

다윈이 그들을 동감의 충동과 그 근저에 놓인 사회적 본능으로 가득 차 있다고 추켜세운 말에 우쭐함을 느끼는 야만인은 그가 몇 가지 비인간적인 삶의 형태에도 상당한 영예를 부여했다는 점에 주목해야 한다. 그는 의무감에 가득 차서 눈먼 동료들에게 먹이를 먹여 주는 까마귀들과, 개떼로부터 어린 것을 구해 내는 비비들의 영웅적인 행동에 대한 보고서에서 같은 것을 보았다. "죽거나 죽어 가는 동료를 감싸고 주의 깊게 바라보는 까마귀들의 심정을 누가 말로 표현할 수 있겠는가?"라고.[18] 다윈은 침팬지 두 마리 사이에서 오가는 친밀감을 나타내는 신호를 묘사한 바 있다. 그들의 첫 만남을 지켜본 사육사로부터 들은 말이다. "이들은 마주보고 앉아서 쑥 튀어나온 입술로 서로를 느꼈다. 그러고는 하나가 손을 들어 다른 하나의 어깨에 올려놓았다. 이들은 서로를 보듬어 안았다. 이윽고 일어나서는 서로가 한 손을 상대의 어깨에 올려놓고 머리를 든 채 입을 쫙 벌리고는 기쁨에 겨워 고함을 질렀다."[19]

이런 몇 가지 예들은 친족들 간의 이타주의 사례로 보아도 무방할 것이다. 이 사례들은 친족 선택으로 간단히 설명할 수 있는데, 바로 이 점에서 침팬지들은 서로 낯가림을 지워 가는 장면이 동물원 관리자의 의인화를 통해 아름답게 치장되었을 수 있다. 그러나 기록상으로 보면 침팬지들은 우정을 엮어 갔고 이 사실만으로도 다윈의 주장을 뒷받침하기에 충분하다. 우리를 아무리 특별한 존재로 생각한다 하더라도 가족이라는 범위를 넘어서까지 동감적인 행위를 할 수 있는 능력은 인간들만의 특성이 아니다.

확실히 다윈은 인간이 도덕적 행위를 독특한 수준으로까지 수행한다고 적고 있다. 인간은 복잡한 언어를 통해서 어떤 종류의 행동을 공동선이라는 이름으로 행해야 하는지 정확하게 배울 수 있다. 그리고 그들은 과거를 돌이켜 그들의 '사회적 본능'을 더 낮은 본능에 조정당하도록 내버려 둠으로써 초래한 엄청나게 고통스러운 결과를 회상할 수 있으며, 따라서 더 잘 해 보자고 다짐할 수도 있다. 그럼에도 불구하고 다윈은 이와 같은 사실에 근거하여 도덕이라는 단어 자체가 우리 종족을 위해 보존되어야 한다고 주장했다.[20] 그는 만개한 도덕성의 뿌리에서 인간성의 기원보다 더 오래되고 인간의 진화로 더욱 풍부해진 사회적 본능을 보았다.

진화가 어떻게 바람직한 도덕적 충동이나 여타의 충동에 호의를 보이게 되었는지를 캐 들어갈 때, 그러한 충동이 낳은 행위에 초점을 맞추는 것이 중요하다. 결국 행위는 사고나 감정이 아닌 이상, 자연 선택이 판단하는 것이다. 감정 그 자체가 아닌 행위가 직접적으로 유전자의 전달을 인도한다. 다윈은 이러한 원리를 완벽하게 이해했다. "우선 동물들은 사회성이 있다고 가정할 수 있다. 그 결과로 그들은 서로 떨어져 있을 때 불안해 하고 함께 있을 때 편안해 한다. 그리고 이런 감각들이 맨 먼저 발달했다고 보는 것이 설득력이 있다. 사회 속에서 살아가는 것이 이득이 되는 동물들로서는 함께 살아가는 도리밖에 없기 때문이다. …… 동물들에게는 긴밀한 관계 속에서 살아가는 것이 이득이 되므로 사회에서 큰 혜택을 누리는 구성원은 여러 가지 위험으로부터 쉽게 벗어날 수 있을 것이다. 반면 동료들의 보살핌을 거의 받지 못하고 홀로 살아가는 개체들은 많은 수가 도태되고 말 것이다."[21]

집단 선택주의

다윈이 진화심리학에 접근해 간 과정은 처음에는 건전한 것이었지만, 결국 그는 집단 선택주의의 유혹에 굴복하고 말았다. 그는 도덕 감성의 진화에 대한 요지를 『인류의 기원과 성 선택』에서 다음과 같이 쓰고 있다. "도덕성의 기준이 발달하고 교육 수준이 높은 사람이 늘어난다면 그 종족은 다른 종족에 비해 더 큰 장점을 지니게 될 것이다. 애국심이 높고 정절, 순종, 용기, 동정심의 미덕을 두루 갖추어 늘 서로를 도우며 공동선을 위해 자신을 희생할 준비가 되어 있는 구성원이 많을수록 그 종족은 필경 다른 종족보다 우월한 위치에 설 것이다. 이것이 자연 선택이다." 그렇다. 이런 일이 실제로 가능하다면 이것은 자연 선택이 될 수 있다. 그러나 곰곰이 생각해 보면 이런 일이 가능할 법하지 않다. 다윈 자신도 불과 몇 쪽 앞에서 이 문제점을 인정하고 있다. "좀 더 동정적이고 인정이 많으며 동료들에게 큰 신뢰를 받는 부모가 이기적이고 불성실한 부모보다 자식을 더 잘 키운다고 보기는 몹시 어렵다." 오히려 용맹스럽고 희생 정신이 강한 남자는 "다른 남자들보다 평균적으로 더 일찍 죽는다." 고귀한 인간은 "그 고상한 품성을 물려받을 자손을 남기지 않는 경우가 비일비재하다."[22]

맞는 말이다. 그래서 이타적인 사람들로 가득 찬 부족은 이기적인 사람들로 가득 찬 부족에게 정복당하고 만다. 물론 처음부터 이타적인 사람들로 가득 차 있는 부족은 흔치 않다. 살아가는 일이 보통 녹록치 않았던 선사 시대의 환경은 음식을 나눠주기보다는 몰래 감춰 놓거나, 괜히 주제넘게 끼어들어 다치기보다는 이웃이 사투를 벌이도록 그냥 내버려 두는 사람의 유전자를 선호했을 것이다. 다윈의 집단 선택 이론으로 보자면 이런 점은 타부족과의 경쟁을 통해 강화되었고 전쟁이나 기근

때 한층 더 가열되었을 것이다. (전쟁 이후 사회가 전사한 전쟁 영웅의 친족을 극진히 보살피지 않는다면 말이다.) 그래서 생물학에 근거해서는 이타심이 집단에 고루 스며들 방도가 없는 것이다. 설사 누군가가 개입해서 '동정심' 유전자를 인구의 90퍼센트에 마술처럼 심어 놓는다 하더라도 이것들은 천박한 경쟁 유전자들에게 서서히 무너지고 말 것이다.[23]

다윈의 말마따나, 이기심이 만연된 부족이 다른 부족과의 경쟁에서 패배할 수도 있다. 그러나 부족들이 따르는 내적 논리는 모두 동일하므로, 승리자가 미덕 자체의 전형이 되지는 않을 것이다. 그리고 비록 이타심이 승리의 달콤한 맛을 경험하더라도 좋은 목적에 쓰인 미미한 이타심은 이론상으로 보아 이내 스러져 버리고 만다.

다윈의 이론이 지닌 문제점은 한편으로 집단 선택 이론의 문제점이기도 하다. 개인 선택이 꺼려 하는 어떤 특성을 집단 선택이 전파한다고 보기는 어렵다. 또 집단의 복지와 개인의 복지 사이에 있는 첨예한 갈등을 자연 선택이 집단의 편에서 해결한다고 보기도 어렵다. 집단의 선택이 개인의 희생을 선호한다는 (집단 사이의 이주 비율과 집단 소멸의 비율이 일정한) 시나리오를 꿈꿀 수는 있다. 그리고 집단 선택이 인간 진화에 중요한 역할을 했다고 믿는 생물학자도 더러 있다.[24] 그럼에도 집단 선택주의자의 시나리오는 다소 억지스러운 데가 있다. 조지 윌리엄스는 이 점을 간과하지 않았다. 그는 『적응과 자연 선택』이라는 저서를 통해 "학자는 사실이 제시하는 것 이상의 적응을 가정해선 안 된다."[25]라고 집단 선택주의자를 공식적으로 비난했다. 다시 말해 특성을 규정하는 유전자가 처음부터 피비린내 나는 경쟁을 일삼았다고 볼 수는 없다는 것이다. 오직 실패를 겪고 난 후에만, 분리된 집단 사이의 경쟁에서 뭔가를 찾을 수 있나 조심스럽게 모색해야 한다는 것이다. 이런 주장은 비공식적이나마 새로운 패러다임의 지침이 되었다.

같은 책에서 윌리엄스는 자신의 이런 신조를 한껏 활용했다. 그는 집단 선택에 의지하지 않고 인간의 도덕 감성을 잘 규명했다는 평가를 받고 있다. 해밀턴이 친족 간의 이타주의가 어디에서 기원했는지를 설명한 후 얼마 지나지 않은 1960년대 중반에, 윌리엄스는 진화론이 친족의 장벽을 넘어서 이타주의로 확장될 수 있음을 보였다.

9장

친구들

사람들은 자신의 재난보다는 타인의 재난에 대한 동정심에 더 쉽게 눈물을 흘린다. 분명 그렇다. 자신의 고통에 대해서는 눈물 한 방울도 보이지 않으면서 자신이 가장 사랑하는 사람의 고통에는 눈물을 보이는 사람들이 허다하다.

— 『사람과 동물의 감정 표현』(1872)[1]

도덕 감성에 대한 자신의 이론에 약점이 있음을 알고 다윈은 두 번째 이론을 내놓았다. 그는 『인류의 기원과 성 선택』에서 인류는 진화하는 동안 "추리 능력과 예지 능력이 …… 발달했고 그에 따라 만약 친구들을 도와주면 그 역시 도움을 받을 수 있다는 사실을 경험으로부터 이내 배울 수 있었을 것이다. 이러한 저급한 동기에서 사람은 친구를 돕는 습관을 얻었을지도 모른다. 그리고 자애로운 행동을 하는 습관은 확실히 자애로운 행동을 하도록 자극하는 동정을 강화시켰다. 아마도 습관은 그 후 여러 세대를 거치면서 유전되었을 것이다"라고 썼다.[2]

물론 그 마지막 문장은 틀렸다. 우리는 이제 습관이 교육이나 본보기에 의해 부모에게서 자식에게로 전해진다는 것을 안다. 사실 생활에서 얻은 어떤 경험도 (방사선에 노출되는 것을 제외하면) 자손에게 전해지는 유전자에 영향을 주지 않는다. 엄밀히 말해 다윈의 자연 선택 이론의 묘미는 라마르크(Jean-Baptiste de Lamarck)의 이론과 같은 이전의 진화론들이 주장했던 후천적인 특성들의 유전을 요구하지 않았다는 것이다. 다윈은 자신의 이론이 갖고 있는 장점을 알았고 순수하게 자신의 이론을 좇았다. 하지만 그는 나이가 들면서 도덕 감성의 기원과 같은 난처한 문제들을 풀기 위해 더 의심스러운 메커니즘에 호소하고자 했다.

1966년에 조지 윌리엄스는 상호 원조라는 진화론적 가치에 대한 다윈의 생각을 더 유용하게 만들 수 있는 방법 하나를 제시했다. 그것은 위의 마지막 문장뿐만 아니라 '추리'와 '예지'와 '습득'에 관한 것이기도 했다. 윌리엄스는 『적응과 자연 선택』에서 답례를 바라며 호의를 베푸는 '저급한 동기'라는 다윈의 말에 대해 "무엇 때문에 의식적인 동기가 있어야만 하는지 도무지 알 길이 없다. 타인에게 주는 도움을 자연 선택이 선호했다면 이따금씩 이런 도움은 상호 호혜적으로 되었을 것이다. 도움을 주는 사람이나 도움을 받는 사람이나 이것을 의식하고 있을 필요는 없다."라고 반박했다. 그는 계속해서 "단순히 말해 우정을 극대화시키고 적개심을 극소화시키는 개인은 진화론적인 이점을 갖게 될 것이고, 선택은 개인적인 관계들을 증진시켜 최적화하려는 그런 성품들에 대해 호의를 보일 것이다."라고 말했다.[3]

윌리엄스의 기본적인 견해(다윈도 이를 이해했고 다른 논문에서 강조한 바가 있다.)[4]를 이미 앞에서 본 바 있다. 사람을 포함한 동물들은 의식적인 계산을 거치지 않고 논리의 집행자로서, 고안된 감정에 따라 진화론적인 논리를 실행한다. 윌리엄스는 이 경우에 동정과 감사의 감정도 있으리라고 주장했다. 사람들은 자신들이 하고 있는 일이 무엇인지 깊게 생각지 않고 감사하는 마음에서 은혜를 갚는다. 그리고 어떤 사람들에게 (이를테면 우리가 고맙게 생각하는 사람들에게) 동정심을 더 강하게 느낀다면 우리는 그 사실을 의식하지 못한 채 친절을 되갚을 것이다.

윌리엄스의 이런 주장을 로버트 트리버스는 완전한 이론으로 발전시켰다. 다윈이 『인류의 기원과 성 선택』에서 호혜적 이타주의를 언급한 지 정확히 100년이 지난 1971년, 트리버스는 《계간 생물학(The Quartery Review of Biology)》에 「호혜적 이타주의의 진화(The Evolution of Reciprocal Altruism)」라는 논문을 발표했다. 그는 이 논문의 적요에서 "우정, 혐오,

도덕적 공격성, 감사, 동정, 신뢰, 의심, 신용, 범죄형, 몇 가지 형태의 부정직과 위선은 이타성의 체계를 정하는 데 중요한 수단이 될 수 있다."라고 썼다. 이런 예리한 주장을 한 지 20년이 넘었지만 오늘날에도 여전히 이 주장을 지지하는 여러 증거들이 계속 나타나고 있다.

게임 이론과 호혜적 이타주의

다윈이 호혜적 이타주의 이론을 착상하지도 않았고 발전시키려고도 하지 않았다면 아마 그 이유는 그가 지적으로 불리한 문화적 배경을 지녔다는 사실 때문이었을 것이다. 빅토리아 시대의 영국에는 특별하고 효과적인 분석 도구인 게임 이론과 컴퓨터가 없었다.

게임 이론은 1920년대와 1930년대를 거치면서 의사 결정을 연구하는 방법으로 발전했다.[5] 게임 이론은 경제학이나 여타의 사회 과학에서는 인기가 있었지만 지나치게 이론적이라는 비판을 받았다. 게임 이론가들은 인간의 행동을 산뜻하고 명확하게 연구할 수 있었지만 사실과 부합하지 않는다는 큰 대가를 치러야만 했다. 그들은 간혹 사람들이 인생에서 추구하는 것이 하나의 심리학적인 평판(즐거움, 행복, 실리)으로 산뜻하게 요약될 수 있다고 가정했다. 또 그들은 이것이 흔들리지 않는 합리성으로 추구된다고 가정했다. 어떤 진화심리학자라도 이런 가정에는 잘못이 있다고 말할 수 있다. 인간은 계산기가 아니다. 인간은 의식적인 이성뿐만 아니라 다양한 힘들의 영향을 받아 인도되는 동물이다. 그리고 인간은 장기적인 행복을 찾기를 고대하지만 행복이란 그들이 임의로 극대화할 수 있는 것이 아니다라는 식으로 말이다.

반면에 인간은 고도로 이성적이고 냉정한 과정을 이끌어 나가는 계산기에 의해서 디자인되었다. 그리고 그 기계는 하나의 평판(건강 등 전

체 유전자의 분열 증식)을 극대화하도록 사람들을 디자인했다.[6]

물론 디자인이 늘 작동하고 있는 것은 아니다. 개개 유기체들은 여러 가지 이유로 자기 유전자를 전하는 데에 실패하는 경우가 있다. (일부 유기체들은 유전자를 전할 수가 없다. 바로 이 때문에 진화가 일어난다.) 게다가 인간의 경우에 그 디자인은 현재의 환경과 아주 다른 사회적 환경에서 작동했다. 소규모 수렵 채집 사회에서 우리의 유전자를 전하도록 디자인된 감정들 때문에 떠밀려 다니는 와중에서도 우리는 도시와 근교에 살면서 텔레비전을 보고 맥주를 마신다. 사람들이 어떤 특정한 목표(건강, 행복 등 무엇이든지 다)를 성공적으로 달성하지 못한다고 해서 그리 놀랄 일도 아니다.

그렇다면 게임 이론가들은 인류 진화에 자신들의 도구를 적용할 때 몇 가지 단순한 규칙을 따르려고 할 것이다. 첫째, 게임의 목적은 유전자를 최대한 증식시키는 데 있다는 것이다. 둘째, 게임의 내용은 조상의 환경, 즉 개략적으로 수렵 채집 사회와 같은 환경을 반영해야 한다는 것이다. 셋째, 일단 최적의 전략이 밝혀지면 실험이 끝난다는 것이다. 청산의 마지막 단계는 사람들로 하여금 그런 전략을 채택하도록 이끈 감정들이 무엇인지를 알아내는 것이다. 이론적으로 보면 이 감정들은 인간 본성의 일부여야만 하며 진화론적 게임에서 여러 세대를 거쳐 발전된 것이어야 한다.

트리버스는 윌리엄 해밀턴이 제안했던 죄수의 딜레마라는 고전적인 게임을 차용했다. 따로따로 심문을 받은 두 공범은 어려운 결정을 해야만 한다. 이들의 진술은 그들이 저지른 중범죄에 대해서는 유죄 선고를 내릴 증거로서는 미흡하지만 1년 형이라는 다소 가벼운 선고를 내리기에는 충분하다. 가혹한 선고를 원하는 검사는 이 둘을 따로 만나서 자백을 강요하고 상대방을 연루시키도록 종용한다. 만일 당신이 자백을 하고 상대방이 자백을 하지 않으면 당신의 형을 면해 줄 것이며, 대신 상대방은 10년 형을 언도받게 될 것이라고 한다. 이 제안의 이면에는 위협이 담겨 있다. 만일 당신이 자백을 하지 않고 상대방이 자백을 하게 되면 당신은 10년 동안 감옥에 있게 되리라는 위협이다. 그리고 만일 당신이나 상대방이나 모두 자백을 하면 둘 다 감옥에 가게 될 것이지만 단지 3년 형에 그치리라는 것이다.[7]

만약 여러분이 이 죄수들의 입장이어서 선택권을 차례로 저울질해 본다면, 여러분 대다수는 분명 상대방을 속여 자백하고자 할 것이다. 먼저 상대방이 여러분을 속인다고 가정해 보자. 그러면 여러분은 한술 더 떠야 한다. 그럼으로써 상대방이 자백을 하는 동안 여러분이 함구함으로써 받게 될 10년 형과는 달리 여러분은 3년 형을 언도받는다. 이제 상대방이 여러분을 속이지 않는다고 가정해 보자. 여러분은 상대방을 속이고 있다. 상대방이 입을 다물고 있는 동안 여러분은 자백을 하고 자유를 얻는다. 반면에 여러분도 침묵을 지킨다면 1년 형을 언도받게 될 것이다. 이렇게 상대방을 배신하라는 논리가 당연한 것처럼 보인다.

그러나 두 사람 모두가 이 논리를 따라 서로를 속인다면 그 둘은 결국 감옥에서 3년을 지내게 된다. 반면에 그들이 호혜적으로 신의를 지켜 입을 다문다면 이 둘은 1년 형을 받게 된다. 만약 그들이 의사를 교환하고 합의를 할 수 있다면, 협동은 가능하고 모두에게 유리한 최선의 결과를 얻게 될 것이다. 그러나 그들은 이런 처지에 있지 못하다. 그렇다면 어떻게 협동이 이루어질 수 있을까?

대략적으로 이 문제는 보은의 약속을 할 수 없거나 보은의 개념조차 알지 못하는 동물이 어떻게 호혜적인 이타주의를 발전시킬 수 있었는가 하는 문제와 평행선상에 있다. 신의를 지키는 공범자를 배신하는 것은 마치 이타적인 행동으로부터 이익을 얻고 결코 은혜를 갚지 않는 동물과도 같다. 무엇보다 상호 배반은 동물들이 보이는 호의와는 다르다. 양쪽 다 호혜적 이타주의의 덕분에 이익을 얻지만 누구도 위험에 처하지는 않는다. 서로 간의 신뢰는 호혜적 이타주의의 성공적인 한 회 게임과 같다. 호의를 베풀면 보답이 온다. 그렇다면 보답을 받으리라는 보증이 없는데도 왜 호의를 베푸는 것일까?

모델과 현실은 정확히 일치하지는 않는다.[8] 호혜적 이타주의에는 이타주의와 그 보답 사이에 지체되는 시간이 약간 있다. 반면 죄수의 딜레마 게임의 당사자들은 동시에 결정을 내려야 한다. 그러나 이것에는 그다지 큰 차이가 없다. 죄수들은 동시에 내려야만 하는 결정들에 대해 의견을 나눌 수가 없기 때문에 이 둘은 저마다 이타적인 동물이 직면하는 그런 상황에 직면한다. 어떤 제안이 들어맞을지는 알 수가 없다. 게다가 여러분이 동일한 상대방과 계속해서 이 게임을 진행시켜 나간다면 ('되풀이되는 죄수의 딜레마') 각자는 미래에 상대방이 어떻게 행동할 것인지를 결정하는 데 그 사람의 과거 행동을 참작할 수 있다. 그러므로 게임의 당사자들은 상대방이 과거에 뿌렸던 것을 미래에 수확할 수 있을 것이다. 호혜적인 이타주의가 그렇다.

대체로 보면 모델과 현실은 잘 들어맞는다. 반복되는 죄수의 딜레마에서 협동을 이끌어 낼 수 있었던 논리는 자연에서 호혜적 이타주의를 이끌어 낼 수 있었던 논리와 몹시 유사하다. 두 경우에 있어 그 논리의 진수는 논제로섬(non-zero-sum) 이론이다.

논제로섬 이론

침팬지 한 마리가 방금 원숭이 새끼를 잡아 계속 굶주렸던 동료 침팬지에게 원숭이 고기를 조금 주었다고 가정해 보자. 그 양이 100그램이었다고 하고 고기를 준 침팬지는 5점이라는 손실을 입었다고 하자. 여기서 중요한 사실은 고기를 얻은 침팬지가 본 이득이 고기를 준 침팬지가 입은 손실보다 크다는 것이다. 침팬지는 유난히 굶주림에 시달렸으므로 고기의 진짜 가치(유전자의 증식에 대한 기여도라는 면에서)는 참으로 컸다. 만약 이 침팬지가 사람이어서 자신의 곤경에 대해 생각할 수 있었고, 또 계약서에 서명하도록 강요받았다면 그는 다음 토요일 월급날에 이자까지 쳐서 고기 120그램을 갚기로 기꺼이 동의했을 것이다. 그래서 손실은 5점이었지만 이 거래를 통해 6점의 이득을 얻은 것이다.

이러한 불균형은 게임을 논제로섬으로 만든다. 한편의 손실이 다른 편의 이득을 상쇄시키지 못한다. 논제로섬 이론의 중요한 특징은 협동을 통해서나 교환을 통해서 양자가 모두 더 많은 것을 얻게 된다는 것이다.[9] 만약에 후자의 침팬지에게 고기가 풍부해져서 이제 고기가 부족한 전자의 침팬지에게 고기를 갚는다면 그는 5점을 잃었던 대가로 6점을 얻게 된다. 이들은 교환을 통해 1점의 순이익을 남기게 되는 것이다. 테니스 경기나 골프 경기에서는 우승자를 하나만 가려 낸다. 논제로섬 게임이 적용되는 죄수의 딜레마는 이와 다르다. 만약 협동을 한다면 그들은 둘 다 승리할 수 있다. 원시인 A와 원시인 B가 혼자서는 잡을 수 없는 동물을 협동해 사냥했다면 원시인의 두 가족은 푸짐한 식사를 할 수 있다. 협동을 하지 않는다면 두 가족은 모두 쫄쫄 굶을 것이다.

노동 분화는 논제로섬 이론의 근원이다. 당신이 가죽을 벗기는 데 일가를 이뤄 내게 옷을 만들어 주면, 나는 나무를 깎고 다듬어 당신에게 창을 만들어 준다. 여기에서 (그리고 논제로섬 이론과 마찬가지로 침팬지의 예에서) 중요한 점은 어떤 이의 잉여 품목이 다른 이에게 희귀하고 귀중한 것이 될 수 있다는 것이다. 이런 일은 늘 있어 왔다. 다윈은 티에라델 푸에고 인디언들과 물건들을 교환했던 것을 회상하면서 이렇게 썼다. "두 편 모두 서로를 보며 웃고 놀라워했으며 입을 다물지 못했다. 우리는 넝마를 싱싱한 생선과 게와 맞바꾸는 그들을 측은하게 여겼다. 한편 그들은 한 끼의 저녁을 위해 그토록 멋진 장식물과 바꾸는 우리를 바보 같은 사람들로 여겼다."[10]

여러 수렵 채집 사회에서 선택한 경제적인 노동 분화는 조상의 사회에선 그리 대단한 것이 아니었다. 가장 보편적으로 교환되었던 상품은 정보임이 분명했다. 식량의 공급처를 어디에서 찾아낼 수 있나 또는 어디에 독사가 자주 출몰하는지를 아는 것은 삶과 죽음에 관련된 매우 중요한 문제였다. 그리고 누가 누구와 잠을 자고 있는지, 누가 누구에게 화가 나 있는지, 누가 누구를 속였는지 하는 것을 아는 일은 섹스를 하거나 다른 중요한 재원을 얻기 위한 책략의 지침이 될 수 있다. 정말로 모든 문화권의 사람들은 건강에 도움이 되는 정보만큼이나 승리, 비극, 행운, 불행, 대단한 충성, 야비한 배신 등에 대한 이야기를 알고 싶어 하는 타고난 갈망을 갖고 있다.[11] 소문을 교환하는 것(더 이상 적절한 말이 없다.)은 친구들이 해야 하는 가장 긴요한 일 중 하나이고 또 이 때문에 우정이 존재한다.

음식, 창, 가죽과는 달리 정보는 사실상 버리는 것이 없이 나눌 수 있는 것이다. 즉 정보의 교환은 근본적으로 논제로섬이다.[12] 물론 때로는 정보를 오직 혼자만 알고 있을 때에 가치가 있는 경우도 있다. 그러나 그런 경우는 흔치 않다. 다윈의 한 전기 작가는, 다윈과 그의 친구 조지프 후커가 과학에 관한 토론을 마친 후에 "그 둘은 자신들이 얻은 지식이 …… 자신들이 줄 수 있었던 지식보다 훨씬 컸다고 주장했다."라고 썼다.[13]

논제로섬 이론은 그 자체로는 호혜적 이타주의의 진화를 설명하기에는 부족하다. 논제로섬 게임에서조차 협동이 꼭 일리가 있는 것은 아니다. 음식을 나누는 예를 보자. 여러분은 호혜적 이타주의가 한 회 진행됨으로써 1점을 얻을 수 있었지만, 호의를 받아들이고 그것을 되갚아 주지 않는다면 6점을 얻을 수 있다. 그래서 다음과 같은 교훈을 얻을 수 있을 것 같다. 만일 여러분이 남을 이용해 먹는 데 일생을 보낼 수 있다면 수단과 방법을 가리지 않고 그렇게 할 것이다. 또 비교해 보면 협동의 가치가 퇴색해 보일 수 있다. 게다가 만일 여러분이 이용할 사람들을 찾지 못한다 해도 협동은 여전히 최선의 방법이 아닐 수도 있다. 여러분 주위에 여러분을 이용하려 드는 사람들만 있다면 다른 사람을 착취하는 것은 여러분의 손실을 줄일 수 있는 방법이다. 논제로섬 이론이 사실상 호혜적 이타주의가 진화하도록 기여했는지의 여부는 우세한 사회적 환경과 깊이 관련되어 있다. 죄수의 딜레마를 여기에 적용하려면 이것으로 논제로섬 이론을 설명하는 것 이상의 일을 해야 할 것이다.

물론 이론들을 시험해 보는 것은 진화생물학자들에게는 보통 큰 문제가 아니다. 화학자들이나 물리학자들은 예상한 대로 이론이 작동하는지를 알기 위해 주의 깊게 통제된 실험들로 이론을 시험한다. 간혹 진화생물학자들도 이런 방법을 이용할 수 있다. 이미 보았듯이 연구원들은 예상한 대로 어미쥐가 암컷 자손을 선호하는지를 보기 위해 어미쥐의 음식 공급을 차단한다. 그러나 생물학자들은 쥐에게 하듯이 인간을 상대로는 실험을 할 수 없다. 그래서 태엽을 감아 진화를 재생시키려는 그들의 실험은 언제나 미완성에 그치고 만다.

하지만 생물학자들은 점차 실험을 진화에 근접시켜 이를 재현해 낼 수 있게 되었다. 1971년 트리버스가 호혜적 이타주의 이론을 세웠을 때만 해도 컴퓨터는 전문가들만이 사용하는 낯선 기계였다. 개인용 컴퓨터는 존재하지도 않았던 시절이었다. 비록 트리버스가 죄수의 딜레마를 분석적인 용도로 훌륭하게 사용했지만 그는 이것에 활력을 불어넣어 줄 방법에 대해서는 아무런 언급도 하지 않았다. 컴퓨터는 가상의 종을 만들어 그 구성원이 살 수도 있고 죽을 수도 있는 딜레마에 정기적으로 직면하도록 함으로써 자연 선택이 진행되도록 할 수 있다.

1970년대 말에 미국의 정치학자인 로버트 액설로드(Robert Axelrod)는 이런 컴퓨터의 세계를 고안해서 정착시켰다. 자연 선택(애초에는 그의 관심 분야가 아니었다.)에 대한 어떤 언급도 없이 그는 되풀이되는 죄수의 딜레마를 위한 전략을 구체화시킨 컴퓨터 프로그램을 제시하기 위해 게임 이론의 전문가를 초청했다. 프로그램이 다른 프로그램과 만날 때 협동할 것인지를 결정하는 규칙이었다. 그는 스위치를 올리고 이 프로그램들이 서로 뒤섞이도록 했다. 경쟁을 하기 위한 배경에는 인간과 선사 인류, 진화가 멋드러지게 반영되어 있었다. 그것은 규칙적으로 서로 관계를 맺는 개인들 몇 십 명으로 구성된 아주 작은 세계였다. 각 프로그램들은 이전의 만남에서 다른 프로그램과 협조를 했는지의 여부를 '기억' 할 수 있었고, 그에 따라서 자신의 행동을 조정했다.

각 프로그램들이 다른 모든 프로그램들과 200번을 만나면 액설로드는 점수를 모두 더해 승자를 발표했다. 그리고 나서 그는 체계적인 분류를 마친 후 두 번째 세대가 경쟁하도록 했다. 각 프로그램들은 첫 세대의 성공에 비례해 출전을 했다. 그 결과 적자가 살아남았다. 게임은 세대를 거쳐 진행되었다. 호혜적 이타주의 이론이 맞다면 액설로드의 컴퓨터 안에서는 호혜적 이타주의가 진화해 점차 집단을 지배할 것이다.

사실이 그랬다. 캐나다의 게임 이론가로 『죄수의 딜레마(Prisoner's Dilemma)』라는 책을 쓴 애너톨 래포트(Anatol Rapoport)가 디자인한 팃포탯(TIT FOR TAT, 맞받아 서로 응수한다는 의미다.)이라는 프로그램이 우승을 차지했다.[14] 팃포탯은 가장 단순한 규칙에 따라 작동되었다. 이 프로그램은 단 다섯 행으로 구성되어 있었다. (그래서 만약 그 전략이 디자인이 된 것이 아니라 임의적인 돌연변이에 의해서 만들어진 것이라면, 이 방법에 의해서 만들어질 가능성이 가장 큰 것이다.) 팃포탯은 이름에 걸맞는 행동을 보였다. 이것은 처음 만난 프로그램과는 협동을 할 것이다. 그 뒤부터는 다른 프로그램들이 지난번에 했던 행동을 그대로 따라할 것이다. 즉 좋은 행위에는 좋은 행위로 대응하고 나쁜 행위에는 나쁜 행위로 대응했다.

 이 전략의 장점들은 전략 그 자체만큼이나 단순하다. 만약 어떤 프로그램이 협동할 의사를 보이면 팃포탯은 즉시 우정을 나눠 모두가 협동의 열매를 즐기게 되는 것이다. 만약 그 프로그램이 속이려 한다면 팃포탯은 손실을 예방한다. 요컨대 팃포탯은 그 프로그램이 개정될 때까지 협동을 보류해 둠으로써 값비싼 대가를 피하는 것이다. 그래서 팃포탯은 분별없이 협동하려는 프로그램과는 달리 거듭해서 희생양이 되지는 않는다. 그런데 팃포탯은 동료 프로그램을 이용하려는 무분별한 비협동적인 프로그램들의 운명도 비켜 나갔다. 협동할 의사를 보여야만 협동을 할 뿐 서로 배신을 하는 값비싼 연결 고리를 끊어버린 것이다. 물론 팃포탯은 착취를 통해 한번의 커다란 이익을 얻으려고도 하지 않았다. 전략들은 냉혹한 속임수나 거듭되는 '놀라운' 속임수를 통해 착취를 하도록 조정되었다. 그러나 게임이 진행되면서 이것들은 손실을 보게 된다. 프로그램들은 협동을 중지했고 결국 착취를 통해서도 상호 협동을 통해서도 이익을 얻지 못하게 되었다. 비열한 프로그램이나 호의적인 프로그램, 그리고 정교한 규칙들을 사용해서 다른 프로그램들이 간파하기 어렵도록 애써 완성시킨 여러 '영리한' 프로그램들보다 직설적인 팃포탯이 결국 잇속에 밝았다.

팃포탯은 어떻게 느끼는가

받은 대로 돌려준다는 팃포탯의 전략은 보통의 인간들과 닮은 점이 많다. 물론 팃포탯에게는 인간의 예지 능력이 없다. 팃포탯은 교환의 가치를 이해하지 못한다. 그것은 오직 받은 대로 줄 뿐이다. 이런 의미에서 팃포탯은 뇌가 작았던 우리 조상 오스트랄로피테쿠스와 몹시 닮았다.

머리가 둔했던 오스트랄로피테쿠스에게 호혜적 이타주의라는 영리한 전략을 사용하게끔 자연 선택이 주입시킨 감정은 어떤 것이었을까? 다윈이 강조했던 간단하고 무차별적인 '동정심' 이상의 것이 개입되어 있을 것이다. 사실 팃포탯의 선의를 자극한 이런 동정심은 처음엔 쓸모가 있었을 것이다. 그러나 그 이후에 동정심은 선택적으로 나누어져야 했고, 다른 감정들이 그 빈 자리를 보충했다. 팃포탯의 호의적인 대응은 감사와 의무감에서 나왔을 것이다. 인색한 오스트랄로피테쿠스에게는 분노와 혐오를 느끼기 때문에 점차 호의를 보이지 않게 되었을 것이다. 그리고 예전에는 비열한 행동을 보였을지라도 개과천선하는 상대에게는 기꺼이 용서를 하고 잘 대해 주었을 것이다. 즉 비생산적인 적개심을 이내 거두었을 것이다. 이런 감정들은 모두 인류의 문화라면 어디서든 발견된다.

현실 생활에서 협동은 흑과 백의 문제가 아니다. 사람은 유용한 정보를 얻으려고 서로 교제하는 것이 아니다. 두 사람이 만나면 서로 이용 가능한 잡다한 자료를 교환하지만 그 기여도가 정확히 균형을 맞추는 것은 아니다. 그래서 인간의 호혜적 이타주의에 대한 규칙은 팃포탯의 규칙만큼 반응에 즉각적이지 않다. 만약 F라는 어떤 사람이 여러 경우에 좋은 행동을 했다면 여러분은 그에 대한 경계를 늦출 것이고, 처음에 받았던 인색한 인상에 대한 경계감이 남아 있을지라도 그에게 호의를 베풀 것이다. 그리고 의식적으로나 무의식적으로 그에 대한 평가를 다시 검토해 볼 것이다. 이와 유사하게 E라는 어떤 사람이 지난 여러 달 동안 비열하게 굴었다면 아마 그는 으레 그런 사람이려니 하고 평가할 것이다. 이렇게 평가에 따르는 시간과 에너지를 절약하도록 한 감정들은 각각 ('친구'라는 개념을 수반하는) 애정과 신뢰, 그리고 ('적'의 개념을 수반하는) 적개심과 불신이다.

오래전에 사람들이 계약서에 서명해서 법으로 제정했던 우정, 사랑, 신뢰는 인간 사회를 하나로 묶어 주는 것들이다. 오늘날에도 이런 힘들은 인간 사회가 규모 면에서나 복잡성 면에서 개미 사회를 능가하는 이유다. 설혹 그 협동으로 인해 서로 영향을 받는 사람들끼리 아무런 인척 관계가 없을지라도 말이다. 집단에 두루 퍼져 있는 엄격한 팃포탯이 배제된 친절을 지켜 보면서 여러분은 인류의 독특하고 미묘한 사회적 유대가 어떻게 유전적 돌연변이에서 우연히 생길 수 있는지를 알 수 있다.

더 확실한 사실은 우연한 돌연변이들이 '집단 선택' 없이 번창한다는 것이다. 바로 이것은 1966년에 윌리엄스가 주장했던 이론의 요점이었다. 친족이 아닌 사람을 향한 이타주의는 집단의 결속에 중요한 요소임에도 불구하고 '종족의 안녕'을 위해 창조될 필요가 없었고 더군다나 '인류의 안녕'을 위해 창조될 필요도 없었다. 그것은 개인 간의 일상적이고 단순한 경쟁으로부터 나타난 것 같다. 1966년에 윌리엄스는 "이런 요소를 낳을 수 있었던 집단과 관련된 행동의 범위와 복잡성에는 이론적으로 한계가 없으며, 그런 행동의 직접적인 목표는 종종 유전적으로 관계가 없는 다른 개인들의 행복일 것이다. 하지만 궁극적으로 보면 이것이 집단의 이익을 위해 적용된 것이 아닐 수도 있다. 그것은 개인의 차별적인 생존에 의해서 발전되어 왔을 것이며, 다른 사람들에게 이익을 주는 개인 유전자의 번영을 위해 고안되었을 것이다."라고 썼다.[15]

극히 사소한 이기심에서 이토록 거대한 협동이 출현했다고 볼 수 있는 한 가지 열쇠는 거대한 것과 미소한 것 사이에 작용하는 피드백이다. 팃포탯이 만드는 것이 늘어남에 따라, 즉 사회적인 협동이 더 늘어날수록 개개의 팃포탯이 지닌 재산도 늘어난다. 결국 팃포탯의 선량한 이웃은 다른 팃포탯이다. 그러므로 사회적 협동이 늘어날수록 팃포탯의 가치는 높아지고 또 사회적 협동 역시 그만큼 늘어난다. 자연 선택을 통해 단순한 협동은 스스로를 살찌울 수 있다.

이렇게 스스로 사회적 유대를 강화시킨다는 점을 밝혀내고, 게임 이론을 진화에 적용하는 선구적 연구를 수행한 사람은 존 메이너드 스미스다. 우리는 이미 떠돌아다니는 개복치와 군집 생활을 하는 개복치가 어떻게 균형을 이루며 생존할 수 있는지 알아보기 위해 그가 '빈도 의존' 선택이라는 개념을 어떻게 사용했는지를 보았다. 떠돌아다니는 개복치의 수가 군집 생활을 하는 개복치의 수보다 많게 되면 전자는 유전적으로 낳는 새끼의 수를 줄여 정상으로 되돌아간다. 팃포탯 역시 빈도 의존 선택에 따르지만 이곳에 개입되는 역동적인 작업은 그 방향이 다르다. 즉 그 피드백이 부정적이 아니라 긍정적이라는 것이다. 팃포탯이 더 많을수록 팃포탯은 더 성공을 하게 된다. 간혹 부정적인 피드백이 '진화적으로 안정적인 상태'(다른 전략들 사이의 균형)를 만든다면 긍정적인 피드백은 '진화적으로 안정된 전략'을 만들 수 있다. 일단 이 전략이 집단에 퍼지면 이것은 소규모의 침입에는 영향을 받지 않는다. 만약 하나의 돌연변이 유전자를 통해 이것이 도입되었다면 어떤 대안 전략도 번창할 수 없다. 액설로드는 팃포탯이 승리한 원인을 분석한 후, 그것은 진화론적으로 안정적이었다는 결론을 내렸다.[16]

협동은 애초부터 게임에 스스로를 투영함으로써 시작될 수 있다. 집단의 극히 일부만이 팃포탯을 채택하고 집단의 나머지 구성원들이 완고하게 비협동을 고집한다면 협동은 세대에서 세대를 거치면서 집단으로 확장될 것이다. 그 반대의 경우는 사실이 아니다. 비록 완고한 비협동자들이 동시에 그 지점에 도달했다 하더라도 그들은 팃포탯의 구성원들을 전복시킬 수가 없다. 로버트 액설로드와 윌리엄 해밀턴이 공동으로 저술한 『협동의 진화(The Evolution of Cooperation)』라는 책에서 그들은 "사회적 진화라는 거대한 톱니바퀴에는 바퀴가 거꾸로 돌지 못하도록 하는 제동 장치가 있다."라고 썼다.[17]

불행하게도 이 제동 장치는 처음에는 작동하지 않는다. 만일 팃포탯이 만든 하나가 인색한 풍토에 들어서면 그것은 소멸하고 만다. 완고한 비협조는 그것 자체로 보면 진화론적으로 안정된 전략임이 분명하다. 일단 그 전략이 집단 내로 퍼지면 비록 이것이 조건적으로 협동하는 돌연변이 무리의 공격에 쉽게 노출이 될지라도, 그것은 다른 전략을 채택한 돌연변이의 침입에 면역성을 갖게 된다.

이런 의미에서 액설로드는 팃포탯에 우선권을 부여했다. 처음에 그 전략은 특정한 복제 집단이 채택하지 않더라도 그 이웃 대부분이 어떤 조건에서는 서로 협동하도록 디자인되었다. 이렇게 해서 자신에게 내재된 가치를 드높인 것이다. 팃포탯이 마흔아홉 개의 완고한 비열들 사이에 내던져진다면, 마흔아홉 가지 대결 방식에 대한 우선권이 있을 것이고 누군가 하나는 분명히 패자가 된다. 컴퓨터 화면에 냉혹한 팃포탯의 승리가 보여도 우리의 진화 계보에 비열함이 만연되어 있었던 수백만 년 전에는 호혜적 이타주의의 승리가 그렇게 명백한 것이 아니었다.

그렇다면 호혜적 이타주의는 어떻게 발전하게 되었을까? 만일 협동을 하는 새로운 유전자가 먼지 속에 짓밟혀 버린다면, 협동에 찬성하여 그 불평등을 바꿀 필요가 있었던 호혜적인 이타주의자들의 집단은 어떻게 생겨났을까?

해밀턴과 액설로드가 이 문제에 대해 호소력 있는 답을 내어 놓았다. 친족 선택이 호혜적 이타주의를 교묘히 지원한다는 것이다. 우리가 보아 온 대로 친족 선택은 친족을 향해 흐르는 이타주의를 구체적으로 향상시키는 어떤 유전자를 선호할 수 있다. 그러므로 같은 어미의 젖을 빠는 동생 유인원을 사랑하도록 이끄는 유전자는 번성할 것이다. 그렇다면 어린 동생은 무엇을 해야만 할까? 이들은 형 유인원이 어미젖을 빠는 것을 본 적이 없는데, 판단할 수 있는 단서는 무엇일까?

단서 하나는 이타주의 그 자체다. 젖 빠는 아이들을 위한 이타주의를 조정하는 유전자가 어린 동생에게 이익을 주도록 확립되었다면, 그런 유전자들은 형제자매들에게도 이익을 줄 수 있다. 그러므로 이런 호혜적 이타주의 유전자들은 처음에는 친족 선택을 통해 퍼졌을 것이다.

두 친족 사이의 이런 불균형은 호혜적 이타주의 유전자에게는 비옥한 땅이 될 수 있다. 그리고 이런 불균형은 과거에는 꽤나 존재했을 것이다. 언어의 출현 이전에는 이모, 고모, 삼촌, 심지어 아버지도 손아래 친족이 누구인가 하는 점에 대한 단서를 갖고 있었다. 그래서 이타주의는 대략적으로 손위 친족에서 손아래 친족으로 흘러 들어갔을 것이다. 그 불균형은 그 자체로 친족을 향하여 조정된 이타주의를 이용하려는 젊은이에게는 믿을 만한 단서였을 것이다. 최소한 그것은 다른 단순한 단서들보다는 더 믿을 만했을 것이다. 그러므로 친절을 친절로 갚는 유전자는 늘어난 가족을 통하여 퍼져 나갈 수 있었고 같은 논리에서 다른 가족들과 관계를 맺음으로써 번창했을 것이다.[18] 팃포탯의 전략은 어떤 점에서는 친족 선택의 도움 없이도 계속 번창할 수 있다. 바야흐로 사회적 진화가 거꾸로 돌지 못하도록 하는 제동 장치가 작동을 시작한 것이다.

친족 선택은 임의대로 쓸 수 있는 편리한 심리학적 대리인을 두는 두 번째 방법으로 호혜적 이타주의 유전자를 위한 길을 닦았다. 우리 조상들이 호혜적 이타주의자들이 되기 훨씬 이전부터 그들에게는 가족의 애정과 관대함, (친족 간의) 신뢰, (친족을 학대하지 않도록 주의시키는) 죄책감이 있었다. 이런 것들과 이타주의의 다른 요소들은 유인원의 마음속에 들어앉아 새로운 방법으로 협동할 준비를 하고 있었다. 그것은 자연 선택의 일손을 덜어 주어 일이 보다 용이하게 진행되도록 만들었다.

이런 친족 선택과 호혜적 이타주의 사이의 연결을 고려해 보면 단일한 창조적 행위인 진화에서 두 단계를 볼 수 있다. 이 안에서 자연 선택은 영원히 확장되는 애정과 의무, 그리고 냉혹한 유전자의 사욕을 넘어서는 신뢰를 다듬었다. 비록 이러한 연결 고리에는 인생을 가치 있게 만드는 다양한 경험들이 포함되지는 않았지만 이 아이러니만으로도 그 과정을 가치 있는 흥밋거리로 만들 수 있다.

그렇다면 그것이 과학인가?

게임 이론과 컴퓨터 실험은 명쾌하고 재미있다. 하지만 이것들이 가져온 성과가 과연 어떤 것일까? 호혜적 이타주의 이론이 순수 과학이 될 수 있는가? 이것은 설명하고자 하는 바를 과연 제대로 설명했는가?

'무엇과 비교해서 그러한가?' 라는 말이 한 가지 대답이 될 수 있다. 정확히 말해 경쟁 이론에는 잉여가 없다. 생물학에서 유일한 대안 이론이 집단 선택론자의 이론들인데 이는 다윈의 집단 선택 이론이 직면했던 바로 그런 종류의 문제에 직면하는 경향을 보인다. 사회 과학에서 이 주제는 아직도 큰 공백으로 남아 있다.

사회 과학자들, 최소한 19세기 끝 무렵에 활동했던 인류학자 에드워드 웨스터마크(Edward Westermarck) 이후의 사회 과학자들은 호혜적 이타주의가 모든 문화에서 두루 삶의 기초를 이루고 있음을 깨달았다. '사회 교환 이론'에 관한 논문들은 정보나 사회의 지원처럼 매일 교환되는 무형의 재원들을 주의 깊게 평가한다.[19] 그러나 인간의 본성이 유전되었다는 바로 그런 생각에 저항하는 허다한 사회 과학자들 때문에 교환은 보편적으로 발생하는 문화적 '규범'으로 보이는 경우가 많다. (아마도 사람들이 개별적으로 그 유용성을 발견했기 때문인 것 같다.) 일상적인 사회 생활이 교환뿐 아니라 동정, 감사, 애정, 의무, 죄책감, 혐오 따위의 평범하고 기초적인 감정들에 의지하고 있음을 주목한 사람은 별로 없다. 이런 공통의 습관에 대해 결정적인 설명을 제시한 사람들은 그보다 더 적다. 분명 어떤 설명이 있어야만 한다. 호혜적 이타주의 이론에 대해서 어떤 대안을 제시할 수 있는 사람이 있을까?

이렇게 이 이론은 반박을 받지 않았다는 이유로 해서 부전승을 거두었다. 물론 반박을 받지 않았다는 사실로만 승리를 거둔 것은 아니다. 1971년 트리버스가 논문을 발표한 이래 이 이론은 검증을 거쳐 왔고 지금까지 잘 버티고 있다.[20]

액셀로드의 경기가 이런 검증의 하나였다. 만일 비협동적인 전략들이 협동적인 전략보다 우세하거나 협동적인 전략들이 집단의 다수를 차지한 후 앙갚음을 했다면 이 이론은 더 나쁘게 보였을지도 모른다. 하지만 이 경기는 인색함보다는 조건적인 선행이 유리하다는 점을 보여 주었고, 일단 이 전략이 작은 발판이라도 딛게 되면 정말 그 무엇으로도 되돌릴 수 없는 진화적 힘을 발휘한다는 것을 보여 주었다.

또 이 이론은 자연계에서도 지지를 받아 왔다. 의식적이든 무의식적이든 문제의 동물이 이웃들 개개인을 알아볼 수 있고 그들의 과거 행적을 기억할 수만 있다면, 호혜적 이타주의는 그 논리에 대한 인간의 추상적인 이해력 없이도 진화할 수 있다는 증거가 있다. 1966년에 윌리엄스는 붉은털원숭이들이 서로 돕고 협동한다는 사실을 지적한 바 있다. 그는 또 돌고래 무리들의 서로 '배려하는' 행동 역시 상호적일 것이라고 제안했는데 후에 사실로 밝혀졌다.[21]

트리버스나 윌리엄스가 언급한 적은 없지만 흡혈박쥐 역시 호혜적 이타주의를 지니고 있음이 밝혀졌다. 박쥐들은 소, 말 따위의 희생자들로부터 밤에 피를 빨아 먹는데, 이 사냥이 매번 성공을 거두는 것은 아니다. 피는 쉽게 변질되고 박쥐들에게 냉장고가 있는 것도 아니어서 박쥐들은 늘 결핍에 직면해 있다. 이렇게 박쥐들은 정기적으로 굶주림에 시달리기 때문에 앞에서 본 논제로섬 논리를 받아들였다. 배를 채우지 못하고 둥지로 돌아온 박쥐들에게 다른 박쥐들이 피를 토해 먹이는 것이다. 그러면 얻어먹은 박쥐가 나중에 이 호의에 보답한다. 이런 먹을 것의 일부가 친족 사이에서 공유되는 것에는 놀랄 필요가 없다. 그러나 먹을 것의 대부분은 짝 사이에서 공유된다. 친족 관계가 없는 두어 마리의 박쥐들은 특징적인 '접촉 신호'로 서로를 알아보며 몸단장을 시켜준다.[22] 이들은 서로 정을 나누는 것이다.

인간의 호혜적 이타주의를 지지하는 가장 중요한 동물학적 증거는 우리와 유연 관계에 있는 침팬지로에서 찾아볼 수 있다. 윌리엄스와 트리버스가 교환에 관해 쓸 무렵 침팬지가 사회 생활을 영위하고 있음이 분명하게 밝혀졌다. 이 사회 생활에 호혜적 이타주의가 어떻게 완벽하게 스며들었는가 하는 사실을 밝혀 준 몇 가지 단서가 있었다. 이제는 침팬지들이 서로 음식을 나누어 먹고 다소나마 지속적인 결연을 맺고 있음이 밝혀졌다. 동료끼리는 서로 몸단장을 해 주고 적을 만나 싸울 때는 지원을 한다. 이들은 기운을 돋우어 주려고 격려를 하고 마음에서 우러나는 포옹을 한다. 하나가 다른 하나를 배반하면 분에 겨워 사납게 대든다.[23]

또한 호혜적 이타주의 이론은 아주 기본적인 심미적 테스트도 통과했다. 즉 이 이론이 군더더기 없이 명쾌하다는 사실이 밝혀진 것이다. 이론은 단순할수록, 그리고 이 이론으로 설명할 수 있는 사실들이 다양할수록 그만큼 더 명쾌해진다. 윌리엄스와 트리버스가 분리해 냈던 그 힘처럼, 동정, 혐오, 우정, 적대감, 감사, 부담스러운 의무감, 배신에 대한 쓰라린 감정 등 수없이 다양한 것들을 그럴듯하게 설명할 수 있는 분명하고 간단한 하나의 진화론적 힘을 다른 누군가가 분리해 낼 수 있다고 믿기는 어렵다.[24]

호혜적 이타주의는 인간의 감정뿐 아니라 인간의 인식 형성에도 관여해 왔을 것이다. 코스미데스는 사람들이 사회적 교환이라는 틀을 이용해 난해한 문제들을 잘 해결할 수 있음을 보였다. 특히 그들은 누가 속임수를 쓰는지를 잘 알아냈다. 논리적으로는 해결하기 어려운 문제들이다. 코스미데스는 이를 근거로 호혜적 이타주의를 지배하는 마음의 기관들 안에는 '사기꾼 감지' 모듈이 있다는 제안을 했다.[25] 물론 아직도 알아내야 할 것들이 많다.

호혜적 이타주의의 의미

호혜적 이타주의 이론에는 불편한 그 무엇이 있다는 반응들을 공통으로 보이고 있다. 어떤 이들은 유전자의 교활한 책략에서 가장 고상한 충동들이 나온다는 생각에 곤혹스러워 한다. 구태여 이런 반응을 보일 필요는 없지만 그러기로 작정한 사람들을 말릴 재간이 없다. 그들에게는 나름대로 이유가 있는 것이다. 정말 동정심과 자비심이 유전자의 이기심에서 비롯되었다는 사실이 절망의 이유라면 당연히 그들은 절망할 수밖에 없다. 왜냐하면 호혜적 이타주의의 긍정적인 면을 생각할수록 유전자는 그만큼 더 타산적으로 보이기 때문이다.

사람이 처한 곤경의 무게에 비례하여 커지는 동정의 문제에 대해 다시 한번 생각해 보자. 굶주린 사람보다 굶어죽어 가는 사람에게 더 큰 비애를 느끼는 것은 무엇 때문일까? 인간의 정신이 기꺼이 고통을 줄여 주기 위해 노력할 정도로 고상한 것이어서일까? 다시 한번 이 문제를 짚어 보자.

트리버스는 감사 자체가 감사하는 사람이 벗어난 곤경에 따라 달라지는 이유가 무엇일까 하고 물음으로써 이 질문을 제기했다. 사막 한가운데서 사흘을 굶은 후 얻은 샌드위치 한 조각에 대해서는 한없는 고마움을 느끼지만 공짜로 먹은 저녁 식사에 대해서는 그저 의례적인 고마움을 표시한다. 그 이유는 무엇일까? 그는 단순하지만 설득력 있는 답을 제시한다. 감사는 받은 은혜의 가치를 반영하기 때문에 당연히 보답의 범위도 결정한다는 것이다. 감사는 일종의 차용증이기 때문에 당연히 빚진 내용이 적혀 있다는 것이다.

은인에게는 도성성이 명백하다. 수혜자가 더 절망적인 곤경에 처할수록 차용증의 액수는 더 높아진다. 세련된 동정심은 투자라는 뉘앙스를 짙게 풍긴다. 깊은 동정심은 최고의 흥정물이다. 사람들 대부분은 죽음을 목전에 둔 환자에게 터무니없는 비용을 청구하는 응급의를 경멸의 눈으로 볼 것이다. 냉혹한 착취자라고 하면서. "당신은 동정심도 없소?"라고 비난할지도 모른다. 그런데 그가 트리버스의 책을 읽었다면 그는 이렇게 응수할 것이다. "아니오, 난 동정심이 아주 많소. 단지 난 내 동정심이 어떤 것인지에 대해서 정직할 뿐이오." 이 말이 우리의 도덕적인 분노가 사그라지게 할지도 모른다.

도덕적인 분노는 동정심이 그러하듯 호혜적 이타주의에 새로운 지평을 열어 준다. 트리버스는 착취에 대비하는 것이 중요하다는 사실에 주목했다. 심지어 이분법적 반응만을 보이는 액설로드의 단순한 컴퓨터 세계에서도 팃포탯은 자신을 남용하는 프로그램들에 응징을 가했다. 사람이 우정의 탈을 쓰고 큰 빚을 얻어 떼먹거나 노골적으로 도둑질을 하는 현실 세계에서 착취는 좀 더 강력히 억제되어야 한다. 우리가 부당한 대우를 받았다는 본능적인 느낌에서 오는 도덕적인 분노 때문에 그 죄인은 당연히 벌을 받아 마땅하다고 생각한다. 직관적이고 분명한 생각이자 바로 인간 정의감의 핵심인 응보라는 개념은 이런 의미로 보면 진화의 부산물이며 유전자의 단순한 전략이다.

당혹스러운 것은 의로운 분노가 보이는 격렬함이다. 그것은 분노 이상의 불화를 일으킬 수 있고 때로는 의분에 찬 사람을 죽음에 이르게 할 수도 있다. 왜 유전자는 '명예'처럼 실체가 없는 무엇을 위해 죽음까지도 감수하도록 만드는가? 트리버스의 다음과 같은 말이 대답이 될 수 있다. "사소한 불공평이 일생 동안 여러 번 반복되면 그 대가가 너무 커질 수도 있다." 이런 점에서 보면 "습관적인 속임수에 대해서 강한 공격성을 보이는 것이 정당화될 수 있다."[26]

그가 그 중요성에 대해 간과했던 요점이 하나 있다. 이런 분노는 알려질 때 더 가치가 있다는 것이다. 여러분이 명예가 있는 사람이라는 소문이 퍼지고 또 피 터지게 한 번 싸워 감히 누구도 여러분을 속일 엄두도 내지 못한다면 그 싸움은 감수할 만한 가치가 있다. 행동이 낱낱이 공개되고 소문이 빠르게 퍼져 나간 수렵 채집 사회에서는 주먹다짐이 큰 효과가 있었다. 현대 산업 사회에서도 어떤 남자가 면식 있는 남자를 죽일 때는 대체로 청중 앞에서임을 주목하자.[27] 살인이 남의 면전에서 일어나는 이유를 진화심리학의 용어 말고는 해명할 길이 없어 보인다.

트리버스는 죄수의 딜레마라는 복잡한 현실 게임이 어떻게 다른 사람들에게 적용되도록 진화한 감정들로 받아들여질 수 있는지를 보여 주었다. 이렇게 해서 의로운 분노는 사기꾼이 의식적이든지 무의식적이든 지 의심을 피하기 위해서 사용하는 태도가 될 수 있다. (감히 내 결백에 이의를 달다니!) 그리고 원래는 체불된 빚을 빨리 갚도록 재촉하는 단순한 기능만을 했던 죄책감이 또 다른 기능을 갖기 시작했을 수도 있다. 즉 적발될 위험에 처하면 속임수를 먼저 자백하도록 재촉한다는 것이다. (적발될 것이 확실하면 죄책감을 견뎌 낼 도리가 없다.)

세련된 이론이 지닌 한 가지 특징은 오랫동안 혼란스러웠던 자료들을 잘 해명한다는 점이다. 1966년에 시행된 어떤 실험을 보면, 비싼 기계를 망가뜨렸다고 생각하는 실험자들이 힘든 실험에 지원하는 경향을 더 높게 보였는데, 이는 단지 그 기계의 손상이 밝혀졌을 때에 국한되었다.[28] 관념론자들이 생각하듯 죄책감이 도덕적 지침에 대한 표지라면 죄책감의 강도는 비행의 적발 여부와는 관계가 없을 것이다. 집단 선택주의자들이 믿는 것처럼 죄책감이 보상의 동기가 된다면 집단을 위해서는 좋은 일이다. 하지만 트리버스의 말마따나 죄책감이 여러분의 응수 정도에 따라 남의 행복을 지켜 주는 수단에 지나지 않는다면 죄책감의 강도는 비행 여부에 달려 있는 것이 아니라 비행을 누가 알고 있는지 또는 곧 알려지게 될지의 여부에 달려 있다.

이 논리는 도시의 일상 생활을 설명하는 데도 도움이 된다. 우리는 거지 앞을 지나면서 아무 도움도 주지 못한다는 사실에 불편한 감정을 느낀다. 그런데 진짜 양심에 걸리는 것은 눈을 마주치고도 돕지 않는 것이다. 돈을 주지 않았다는 사실보다 돈을 주지 않는 모습이 목격되었다는 사실에 더 마음이 쓰이는 것이다. 또 이 논리는 두 번 다시 만날 일이 없는 사람의 의견에도 왜 신경을 써야만 하는지에 대해서도 설명을 해 준다. (모든 구성원들이 서로 마주쳤던 조상의 환경에서처럼 이 사람도 후에 마주칠지 모르는 일이다.)[29]

'집단선'의 소멸이라는 논리가 과장되거나 곡해되어서는 안 된다. 호혜적 이타주의는 전형적으로 일대일 상황들에서 분석되고, 대부분 그런 형태로 발생함이 분명하다. 그러나 희생적인 행위는 진화하면서 시간에 따라 복잡해졌고 집단의 의무감도 촉진시켰을 것이다. '동호회 조직' 유전자를 생각해 보자. 이 유전자는 여러분들로 하여금 다른 사람 두어 명을 같은 팀의 일원으로 생각하도록 한다. 여러분은 그들 앞에서 이타심을 좀 더 발휘해 동호회 전체를 위해 희생적인 행위를 하겠다는 목표를 세운다. 이를테면 여러분은 위험을 감수하고 그들과 거친 게임을 할 수도 있고, 의식적으로든 무의식적으로든 그들로부터 직접 보답을 받기보다는 여러분이 그랬듯 그들도 '집단'을 위해 희생할 것을 기대한다. 다른 동호회의 구성원들도 역시 이런 기대를 하는데 그런 기대를 저버린 사람들이 회원 자격을 박탈당하는 것은 시간 문제다.

일대일의 이타주의를 지탱하는 하부 구조보다 더 복잡한 동호회의 이타주의를 지탱하는 유전적 하부 구조가 가능해 보이지 않을지도 모른다. 그러나 일단 일대일의 이타주의가 확립되면 그 이상의 진화 단계로 나아가기가 어렵지 않다. 그래서 이런 단계를 몇 번 거치면 더 큰 집단에 대해서도 헌신할 수가 있다. 사실 수렵 채집 사회에서 성공을 거둔 소규모 집단이 늘어났다는 사실은 좀 더 큰 집단에 참여해 경쟁력을 키우겠다는 다원주의적 동기가 되었을 것이다. 이런 결합을 촉진시키는 유전자 돌연변이는 번성할 수 있었을 것이다. 결국 도덕 감성에 대한 다원의 집단 선택 이론에서 설명된 부족만큼이나 거대한 집단에 대한 충성과 헌신적 행위를 상상할 수 있다. 그러나 이 시나리오는 다원의 시나리오만큼 복잡하지는 않다. 이 이론은 결국 호혜적이지 않은 사람에게까지 헌신해야 한다고는 말하지 않는다.[30]

사실 고전적인 일대일의 호혜적 이타주의는 그 자체가 집단주의자의 행동을 이끌어 낼 수 있을 것처럼 보인다. 언어를 가진 종이 모범적인 사람에게 보답하고 인색한 사람을 응징하는 효과적이고 손쉬운 방법이 하나 있는데, 그것은 그들의 행위에 따라 적절한 평판을 주는 것이다. 아무개가 당신을 속였다는 말을 퍼뜨리는 것만으로도 효과적인 보복이 된다. 사람들은 손해를 볼까 두려워 그 아무개에게서 이타주의를 거두기 때문이다. 이것은 '불만'의 진화를 설명해 줄 수 있다. 부당하게 대우받았다는 느낌에 그치는 것이 아니라, 그것을 공공연히 알리도록 다그치는 그런 불만 말이다. 사람들은 불만을 나누고 들어주며, 그 불만이 정당한 것인지, 그래서 그 사람들에 대한 태도를 바꿀 것인지를 결정하는 데 많은 시간을 소비한다.

트리버스는 '도덕적 분노'를 보복 공격의 연료로 설명했다는 점에서 앞서 나간 사람이었다. 마틴 데일리와 마고 윌슨이 주목한 대로, 단순한 공격만이 목표라면 도덕적 분노까지는 필요가 없고 적대감 정도로 충분할 것이다. 아마도 인간은 구경꾼들 (구경꾼들의 의견들이 중요하다.) 사이에서 진화를 해 왔기 때문에 도덕적인 특질들이 나타나고 불만이 구체화되었을 것이다.

구경꾼의 의견이 왜 중요한가는 다른 문제다. 데일리와 윌슨이 지적했듯, 구경꾼은 '사회 계약'(적어도 '동호회 계약')의 한 요소인 '집단적인 제재'를 가한다. 아니면 내가 방금 말했듯, 그들은 단지 범법자라는 오명을 피하고 싶어 사실상 사회적 제재를 만드는 것이다. 아니면 둘 다일지도 모른다. 아무튼 불만을 토로하는 것은 집단적 제재로서 기능하는 광범위한 반응을 일으킬 수 있고, 또 이것은 도덕 체계의 중요한 부분이기도 하다. 데일리와 윌슨의 다음과 같은 견해에 반대할 수 있는 진화심리학자는 거의 없을 것이다. "도덕은 유난히 인식 능력이 복잡하고, 유난히 복잡한 사회에서 자신의 이익을 추구하는 동물들의 고안물

이다."³¹

호혜적 이타주의라는 명칭에는 분명 어울리지 않는 점이 있다. 아마도 명칭 자체가 잘못되었을 것이다. 친족 선택에서는 유전자의 '목표'가 다른 유기체를 실제로 돕는 것인 반면, 호혜적 이타주의에서 유전자의 목표는 우리가 유기체를 도왔다는 인상을 그 유기체가 받게끔 하는 것이다. 그 인상만으로도 충분히 교호 작용이 일어나도록 할 수 있다. 액설로드의 컴퓨터에서는 두 번째 목표가 첫 번째 목표에 늘 수반되었는데, 인간 사회에서도 종종 그런 경우가 있다. 그러나 그렇지 않고 (가령 우리가 사실과는 달리 좋게 보일 수 있거나, 들키지 않고 이익을 취하는 비열한 행위를 할 수 있을 때) 인간 본성의 추악한 면이 드러나더라도 놀라지 말지어다. 어느 시대를 막론하고 온갖 종류의 비밀스러운 배신이 있기 마련이고 사람은 자신의 도덕적 평판을 드날리려고 하기 마련이다. 평판은 이 '도덕적' 동물들이 게임을 하는 목적이다. 그러므로 위선은 타인의 죄를 들춰 내고자 하는 불만과 자신의 죄를 감추고자 하는 경향이라는 두 가지 자연적인 힘에서 비롯되는 것 같다.

1966년 조지 윌리엄스는 호혜적인 원조에 대한 숙고를 진척시켜 강력한 이론을 내놓았다. 그의 이론은 20세기 과학의 위대한 업적 중 하나였다. 윌리엄스는 독창적이고 정교한 현대 분석 도구들을 제시했고, 중요한 결과도 얻었다. 비록 호혜적 이타주의 이론이 물리학 이론이 증명되듯 그런 식으로 증명되진 않았지만, 그것은 생물학에 자신감을 불어넣었다. 아마도 이 자신감은 유전자와 인간 두뇌의 관계가 더 분명히 밝혀질 수십 년 동안 증대될 것이다. 이 이론이 상대성 이론이나 양자역학만큼 난해하거나 불가해한 것은 아니지만 결국 인간의 세계관을 더 심오하고 더 난해한 것으로 바꿀 것이다.

10장

다윈의 양심

궁극적으로 사회적인 본능에 기원을 둔 고도로 복잡한 감성은 주로 우리 동료들의 용인하에 인도되었고, 이성, 이기심, 그리고 후에는 깊은 신앙심에 지배되었으며, 교육과 습관으로 고정되었다. 이 모든 것이 섞여 우리의 감정이나 양심을 구성한다.
——『인류의 기원과 성 선택』(1871)[1]

다원은 아주 관대한 사람이라는 평가를 받는다. 전기 작가이자 정신과 의사인 존 볼비는 다원을 "지나칠 정도로 양심적인 사람"이라고 평가했다. 그는 다원이 허세를 부리지 않았고 도덕을 엄격히 준수했다는 면에서 그에게 경의를 표했지만, 그는 "불행히도 이런 자질들이 정도를 넘어 너무 이르게 발전했다."라고 믿었다. 이런 성격 탓에 다원은 "스스로를 비난했고, 우려감을 거둘 줄 몰랐으며 의기소침해 있었다."라는 것이다.[2]

자기 비판은 사실 다원의 제2의 천성이었다. 그는 어린 시절을 "사람들은 내가 인내심이 있고 키 작은 나무에 올라갈 정도로 대담하다고 칭찬했지만, 한편으로 나는 스스로를 보잘것없다고 느꼈고 경멸했다."라고 회상했다.[3] 다원이 나이를 먹어 가면서 자기 비판은 겸손에 대한 일종의 반성 기준이 되었다. 그는 편지도 주로 유감을 표시하는 말로 끝맺었다. 그는 10대에 "이 편지는 얼마나 어수선한지요."라고 썼고, 20대에는 "내가 순전히 농담을 하고 있는 것 같습니다."라고 썼으며, 30대에는 "터무니없이 길고 재미없는 편지를 썼군요. 그럼 안녕히."라고 썼다.[4] 이런 식이었다.

밤에는 다원의 의심이 한층 정도를 더해 갔다. 그의 아들 프랜시스는 "아버지는 낮에 당신을 화나게 하고 성가시게 했던 일에 대해 밤새도록 고민하셨다."라고 했다. 그는 이웃과 낮에 나누었던 대화를 밤새도록 곱씹어 보며 혹시 무슨 누가 되지는 않았는지 걱정했다. 그는 보낼 답장을 생각하며 밤새 깨 있기도 했다. 프랜시스는 "아버지는 답장을 해 주지 않으면 그게 내내 마음에 걸린다고 말씀하셨다."라고 회고했다.[5]

다윈의 도덕감은 사회적 의무 이상의 것을 담고 있었다. 그는 비글 호 항해를 마치고 나서도 브라질에서 고통받고 있었던 노예들에 대한 기억 때문에 오래도록 괴로워했다. (비글 호에서도 노예를 옹호해서 선장의 반감을 샀다.) 다윈은 동물들이 겪는 고통에도 견딜 수 없어 했다. 프랜시스는 아버지가 언젠가 산책길에 나섰다가 "말을 심하게 다루는 사람에게 강력히 항의하느라 기진맥진해서 돌아오신 적이 있다."라고 회고했다.[6] 존 볼비의 지적에 대해서는 부인할 도리가 없다. 다윈에게 양심은 너무 고통스러운 것이었다.

자연 선택은 우리에게 낙원을 약속하지 않았다. 그것은 우리가 행복하기를 바라지 않는다. 그것은 우리가 유전적으로 아이를 많이 낳기를 바란다. 그리고 다윈은 자연 선택의 의도에 잘 순응했다. 그는 자식을 열이나 낳았고 그중 일곱이 성인이 될 때까지 살아남았다. 그래서 자연 선택이 우리의 양심 속에 디자인해 놓은 훌륭한 자질들을 식별하려고 할 때 다윈의 양심을 견본으로 삼지 말아야 할 이유는 없다. 그는 기본적으로 건전한 적응의 한 사례다. 만일 자연 선택이 다윈으로 하여금 자신의 유전적 유산을 늘리도록 부추겼다면 이 부추김이 괴로운 것일지라도 자연 선택이 디자인한 대로 응했을 것이다.[7]

물론 행복은 중요하다. 또 그렇기에 행복을 추구한다. 정신과 의사들이 조금씩이나마 행복을 심어 주려는 데는 다분히 이유가 있다. 그들에게는 자연 선택이 '원하는' 대로 사람을 유도할 이유가 없는 것이다. 그리고 자연 선택이 원하는 바가 무엇이고 또 자연 선택이 인간을 어떻게 이것에 연루시키는지를 알게 되면 임상 의학자들은 인간을 더 행복하게 만들 수 있을 것이다. 우리가 버리지 못하는 번거로운 정신 도구는 어떤 것들일까? 버릴 수 있다면 어떤 방법으로 버릴 수 있을까? 그렇다면 거기에는 우리에게나 타인에게 얼마만큼의 대가가 필요할까? 자연 선택의 관점에서 무엇이 병리학적이고 무엇이 병리학적이 아닌지를 알면 우리는 우리 관점에서 자연 선택을 대면할 수 있다. 다윈의 양심이 언제 작동하고 언제 작동하지 않는지를 알아내는 것도 하나의 방법이 될 수 있다.

뻔뻔스러운 전략

양심이 부여하는 상과 벌의 중요한 특징 중 하나는 거기에 관능성이 없다는 점이다. 양심은 배고픔이 나쁘게 느껴지는 식으로 우리를 기분 나쁘게 만들거나 섹스가 좋게 느껴지는 식으로 우리를 기분 좋게 만들지 않는다. 양심은 마치 우리가 어떤 잘못된 일이나 옳은 일을 한 것처럼 느끼도록 한다. 그에 따라 죄책감이 들기도 하고 그렇지 않기도 하는 것이다. 자연 선택은 마치 우리가 상위의 진실과 접촉하고 있다는 느낌이 들도록 정신 기관을 디자인해 놓았는데, 이는 도덕과는 관련이 없을뿐더러 심히 독단적인 과정이다. 정말로 뻔뻔스러운 전략이다.

하지만 시공을 초월해 효과가 있는 전략이다. 친족 선택 때문에 사람들은 형제나 자매, 딸이나 아들, 심지어 조카들에게 해를 주거나 방치할 때 깊은 죄의식을 느낀다. 그리고 호혜적 이타주의는 선택적이긴 해도 친족의 범위를 넘어서 의무감으로 확대되었다. 동료를 무시하는 것에 죄책감을 못 느끼고 그런 행동이 널리 용인된 문화가 단 하나라도 있는가? 만약 어떤 인류학자가 그런 문화를 찾았다고 주장해도 아무도 믿으려 하지 않을 것이다.

호혜적 이타주의는 양심에도 깊은 흔적을 남겼을 것이다. 수십 년 전에 심리학자인 로렌스 콜버그(Lewrence Kohlberg)는 아장아장 걷는 아기들이 갖고 있는 '나쁨'(그 때문에 부모들이 벌을 준다.)의 단순한 개념에서 추상적인 법들의 평가에 이르기까지 인간의 도덕적 발달의 자연적 순서를 구성하려고 했다. 콜버그의 사다리 윗단에 위치한, 즉 윤리철학자들(콜버그도 포함해서)의 도덕은 종의 전형과는 거리가 멀다. 그러나 그가 '세 번째 단계'라고 한 과정을 거친 도덕은 다양한 문화에서 표준이 되는 것 같다.[8] 이 단계에서 사람들은 '훌륭하다'거나 '선량하다'고 알려지고 싶어 한다. 말하자면 타인과 유익하게 연합할 수 있는 호혜적 이타주의자로 알려지고 싶어 하는 것이다. 이런 충동 때문에 사람들은 도덕 규범에 합의를 한다. 사람들은 모두 선량하다는 평가를 들을 수 있는 행위(좀 더 정확히는 그렇게 보이는 행위)를 하고 싶어 한다.

이런 기본적이고 명백한 도덕 감성의 보편적 특징들을 넘어서 양심의 내용들이 다양하게 변하기 시작했다. 집단적인 칭찬과 비난으로 강요된 규범들은 문화(인간 본성이 남겨놓은 거대한 변화의 또 다른 신호)마다 다를 뿐만 아니라, 한 문화에서도 복종의 엄격성은 사람에 따라 다르다. 다윈과 같은 어떤 사람들의 양심은 극히 예민해서 그들은 밤 새워 죄를 반추한다. 그러나 어떤 사람들은 그렇지 않다.

이제 다윈의 유별나게 심한 양심의 가책들 중 어떤 것들은 특이한 유전자들과 관계가 있음이 밝혀졌다. 행동유전학자들은 '양심'이라는 특성 다발의 유전 가능성이 30퍼센트와 40퍼센트 사이라고 한다.[9] 다시 말해 사람 사이의 차이 중 3분의 2는 환경에서 기인한다는 것이다. 대부분의 경우에 양심은, 다양한 환경을 배경으로 삼아 인간 본성에 어떤 특질을 유전적으로 부여하는 것 같다. 사람들은 누구나 죄책감을 느낀다. 그러나 모든 사람이 다윈처럼 일상의 대화에서 심한 죄책감을 느끼는 것은 아니다. 사람들은 때로 인간이 겪는 고통에 괴로워하지만 또 어떤 때에는 고통이나 보복도 당연하다고 생각한다. 그러나 다윈이 브라질을 방문했을 때 노예들이 잔인하게 혹사당하고 있었다는 바로 그 사실은, 동감과 보복이 각기 제자리를 잡고 있을 때는 모든 사람들이 그가 느끼는 감정대로 느끼지 않음을 보여 준다.

문제는 왜 자연 선택이 양심을 우리에게 선천적으로 고정시켜 놓지 않고 가변적으로 만들었는가 하는 점이다. 그리고 자연 선택은 어떻게 양심을 형성했을까? 또 인간 본성의 도덕 계기판은 어떻게 그리고 무엇 때문에 조율이 가능하게 되었는가?

'어떻게'라는 문제를 보자. 다윈은 친지의 지도를 받아 어렸을 때부터 자신의 도덕이 조율되기 시작했다고 생각했다. 다윈은 스스로를 "인정 많은 소년"이라고 부를 수 있었다면 그것은 "누이들의 교육과 모범" 때문이라고 했다. "정말로 인간성이 자연적이거나 선천적인 자질인지가 의심스럽다."라는 것이다. 곤충 표본을 모으려던 초기의 계획은 "누이들과 의논을 한 결과, 표본을 만들기 위해 곤충들을 죽이는 것이 옳지 않다는 결론을 얻음"으로써 한 층 복잡한 문제가 되었다.[10]

다윈보다 아홉 살 연상인 누이 캐럴라인은 엄격한 도덕주의자였다. 그녀는 다윈이 여덟 살 난 해인 1817년에 어머니가 돌아가시자 그 역할을 대신했다. 다윈은 누이 캐럴라인에 대해 "나를 열성으로 가르치려고 했다. 지금도 똑똑히 기억하지만 …… 누이 방으로 들어설 때면 나는 누이에게 어떤 꾸지람을 들을 것인가 반문하곤 했다."라고 회상했다.[11]

다윈의 아버지 역시 엄격한 사람이었다. 그 엄격함은 아버지와 아들의 정신 의학에 대한 여러 이론들을 낳았고 그 이론들은 대체로 아버지를 좋게 평가하지 않았다. 다윈의 어떤 전기 작가는 로버트 다윈을 "그

는 권위적인 사람으로 다윈의 노이로제와 장애에 지속적으로 악영향을 미쳤다."라고 평가했다.[12]

친족의 도덕적 영향력에 대해 다윈이 강조한 것은 행동주의 과학에 의해 확인되었다. 부모와 나이 든 친족들은 칭찬과 질책을 통해서 양심이 형성되도록 하고 역할의 본보기가 된다. 이것은 기본적으로 프로이트가 초자아의 형성(양심도 포함한다.)이라고 말했던 방식이었고, 그는 이것이 기본적으로 옳다고 본 것 같다. 아이의 친구들 또한 놀이터에서의 규범들에 적응하도록 자극을 줌으로써 긍정적이거나 부정적인 피드백을 제시한다.

물론 친족이 도덕이 발달하도록 비판적으로 지도해 주어야 한다는 것은 일리가 있는 말이다. 친족은 아이들과 다수의 유전자를 공유하고 있기 때문에 제한적으로나마 유용한 지침들을 줄 이유가 분명히 있다. 같은 이유에서 아이들도 여기에 따를 필요가 있다. 로버트 트리버스가 말한 대로 아이들 입장에서는 회의적인 면도 있다. 가령 부모가 형제를 똑같이 다루는 것을 아이들은 반기지 않는다. 그러나 다른 면(친구들을 어떻게 대하고 낯선 사람들을 어떻게 대할까.)에서는 부모가 개입할 여지가 줄어들고 자식이 복종할 여지는 늘어난다. 어쨌든 친족의 목소리가 특별한 반향을 가져온다는 것은 확실하다. 다윈은 "누이가 말할지도 모르는 것에 대해 완고하게 관심을 갖지 않으려" 함으로써 누이 캐럴라인의 고리타분한 잔소리에 대응했다고 말한다.[13] 이 전략이 효과가 있었는지는 다른 문제다. 대학을 다닐 때 캐럴라인에게 보낸 편지에서 그는 자신의 글씨체에 대해서 사과하고 신앙심에 대해서 그녀에게 확신을 주려고 노력을 하는 등 그녀가 지적할 사항들에 대해서 대체로 노심초사했다.

아버지 역시 다윈에게 큰 영향력을 미친 것으로 보인다. 다윈은 어린 시절부터 아버지를 영웅시했고 아버지의 현명한 충고와 가차 없는 질책을 평생토록 간직했다. "너는 쥐 잡는 것에만 온통 정신이 빠져 있구나. 너는 네 자신과 가문에 수치가 될 것이다."[14]

그는 아버지의 인정을 받기를 진심으로 원했고 또 인정을 받기 위해 열성을 다했다. 그는 "아버지는 어렸을 때 내게 조금은 부당하게 대했다고 생각한다. 그러나 고맙게도 후에 나는 아버지의 가장 총애하는 자식이 되었다."라고 말한 바 있다. 다윈이 한 딸에게 이 얘기를 해 주었을 때 그녀는 "이 말씀을 하시면서 행복해 하는 모습을 보자 마치 기억하는 것만으로도 평안함과 고마움을 느끼시는 듯했다."라는 인상을 받았다.[15] 이런 평안에 공감하는 사람들과 어른이 되어서도 아버지에게 인정받지 못한 쓰라린 감정을 경험한 사람들은 감정의 힘이 작용함을 나타낸다.

다음으로 '왜'라는 문제를 보자. 무엇 때문에 자연 선택은 양심을 변할 수 있는 것으로 만들었을까? 다윈의 친족들이 유용한 도덕적 지침의 자연스러운 제공자였다고 인정한다면 과연 무엇이 유용한 것이었을까? 유전자의 관점에서 보면 그들이 어린 다윈에게 주입시킨 죄책감에 대해 무엇이 그리도 소중한 것이었을까? 어쨌든 충만한 양심이 그리도 소중한 것이었다면 왜 그 유전자들은 두뇌 속에 단단히 고정되어 있지 않은 것일까?

현실은 로버트 액설로드의 컴퓨터보다 더 복잡하다는 사실이 대답의 시발점이 된다. 액설로드의 경기에서는 팃포탯의 유기체들이 승리했고 서로 협동을 유지하면서 잘 살아남았다. 이런 실험을 통해 어떻게 호혜적 이타주의가 진화할 수 있었는지를 알 수 있었고 우리 모두가 그것을 지배하는 감정들을 갖게 된 이유도 알 수 있었다. 물론 팃포탯의 단순한 안정성에 이런 감정들이 사용되지는 않는다. 사람들은 팃포탯과는 달리 때로 거짓말을 하거나 속이거나 훔치기까지 한다. 사람들은 자신에게 선의로 대하는 사람들에게도 이렇게 행동할 수 있다. 더군다나 사람들은 이런 방법을 써서 잘 사는 경우도 있다. 우리가 이렇게 속임수를 쓸 수 있고 또 그렇게 해서 얻는 바가 있다는 사실은 선한 사람들에게 선량하게 대하는 것이 유전적으로 최적의 전략이 아니었던 기간이 있었음을 말해 준다. 우리는 모두 팃포탯과 같은 장치를 갖고 있을 수도 있지만 그 신뢰성은 떨어진다. 그리고 어떤 장치를 사용할지도 문제다. 그러므로 융통성 있는 양심은 받아들일 만한 가치가 있다.

이 점이 1971년 트리버스의 호혜적 이타주의에 대한 논문의 요지였다. 그는 다른 사람들을 도움으로써 받는 보답과 속임으로써 얻는 이득이 사람들이 자신을 발견하는 사회적인 환경에 달려 있다고 말했다. 그리고 환경은 시대에 따라 변해 왔다. 그래서 "사람들은 이타심을 통제하고 속이려는 경향의 특성들, 그리고 다른 사람들의 이런 특성에 대한 반응들을 융통성 있게 발전시키려는 선택을 기대했을 것이다."[16] 요컨대 '도덕적 지침'은 완곡한 표현이다. 부모들은 이런 행동들이 이기적일 때에 한해서 아이들의 행동이 '도덕적'이게끔 한다.

진화하는 동안에 다른 도덕적인 전략들을 가치 있는 것으로 또는 가치가 없는 것으로 만드는 환경이 정확히 무엇인지 구체적으로 말하기는 어렵다. 마을의 규모나 사냥 여건, 위협이 되는 육식 동물의 분포는 되풀이되어 변화해 왔을 것이다.[17] 이것들은 모두 협동의 가치와 그 빈도에 영향을 줄 수 있었다. 게다가 사람들은 저마다 사회생태학 내의 특정한 위치를 차지한 가족 속에서 태어난다. 그리고 사람들에게는 특정한 사회적 권리와 의무가 있다. 어떤 사람들은 속임수를 쓰지 않고서도 번창할 수 있지만 어떤 사람들은 그럴 수가 없다.

자연 선택이 인간에게 융통성 있는 호혜적 이타주의 전략을 부여한 이유가 무엇이든지 간에 이 융통성은 그들의 가치를 한껏 높여 주었다.

일단 협동이 세대에서 세대로, 마을에서 마을로, 가족에서 가족으로 전파되면, 이런 전파는 곧 고려해야만 하는 힘이 되며, 융통성 있는 전략이 고려의 한 방법이 된다. 액설로드가 보여 준 것처럼 특정한 전략의 가치는 전적으로 이웃의 규범에 달려 있다.

트리버스가 옳다면, 그리고 어린이의 양심이 부분적으로 이익이 되는 속임수(그리고 속임수에 대한 효과적인 제한)를 교육시킴으로써 형성된다면, 여러분은 어린아이들이 속임수를 능숙하게 배우길 기대할 것이다. 이 표현으로도 부족할지 모른다. 1932년 장 피아제(Jean Piaget)는 도덕의 발달에 관한 논문에서 "거짓말은 자연스러운 경향이다. 거짓말은 즉흥적이고 보편적이다."[18]라고 했다. 그 후에 나온 연구는 그의 주장을 지지하고 있다.[19]

확실히 다윈은 타고난 거짓말쟁이였던 것 같다. 다윈은 "교묘한 거짓말을 꾸며 내는 재주가 많았다." (어느 정도는 그랬다.) 이를테면 "한번은 맛난 과일들을 아버지가 가꾸시는 나무에서 따내 관목 숲에 숨기고 난 후 숨이 차도록 달려가 도둑맞은 과일 더미를 찾았다고 퍼뜨리고 다닌 적이 있다."라고 고백한 바가 있다. 그의 말이 사실인지는 모르겠지만 그는 산책을 할 때마다 '꿩이나 다른 묘한 새'를 보았다고 주장했다. 그리고 한번은 어떤 친구에게 "나는 물감을 이용해 온갖 색의 앵초나무들을 키울 수 있다고 말한 적이 있다. 그러나 물론 새빨간 거짓말이었다. 그러려고 시도해 본 적도 없다."라고 고백했다.[20]

여기서 말하려고 하는 바는 어린아이들의 거짓말이 단지 흘려 버릴 수 있는 무해한 것이 아니라는 것이다. 처음에는 이기심 때문에 거짓말을 한다. 거짓말이 긍정적(발각되지 않고 이익이 많은 거짓말)으로나 부정적(친구가 발견하거나 친족에 의해서 징계를 받는 거짓말)으로 보강이 되면 우리는 면할 수 있는 것과 면할 수 없는 것, 그리고 친족이 슬기로운 속임수라고 여기는 것이 무엇인지를 알게 된다.

부모들이 거짓말의 장점을 아이들에게 가르쳐 주지 않는다고 해서 아이들이 거짓말을 배우지 않는다는 말은 아니다. 아이들은 강하게 제지받지 않는 한 거짓말을 계속할 것이다. 부모가 습관적으로 거짓말을 하는 아이들뿐 아니라, 부모의 감독이 소홀한 아이들도 상습적인 거짓말쟁이가 된다.[21] 부모들이 아이들에게 유용한 거짓말들을 허용한다면, 그들은 거짓말을 부추기는 셈이 된다.

한 심리학자가 "거짓말은 분명 재미있다. 거짓말로 얻는 이익보다는 속인다는 것 자체가 신나는 일이다. 그리고 이 점이 아이들에게 거짓말을 하도록 부추길지도 모른다."라고 쓴 적이 있다.[22] 그러나 이런 이분법은 오해를 불러 일으킨다. 그것은 아마도 능란한 거짓말이 어떤 이익을 가져다 주기 때문일 것이다. 자연 선택은 의도적인 거짓말을 자극적인 것으로 만들었다. 자연 선택은 사고를 하고 인간은 행동을 한다.

다윈은 '놀라운 기쁨과 흥분'을 주는 이야기들을 꾸며 냈다고 회상했다. 한편으로 "들통나지 않는다면 이런 거짓말을 공들여 꾸며 내었고, 또 이것은 비극 작품을 읽을 때만큼이나 내게 즐거움을 주었다."[23] 다른 한편으로 거짓말은 그를 수치감으로 몰아넣었다. 그가 이유를 말하지는 않았지만 두 가지 가능성을 생각해 볼 수 있다. 첫째는 어떤 거짓말은 들키지 않았다는 사실이고, 둘째는 그 거짓말 때문에 윗사람의 질책을 받았다는 것이다.

어느 쪽이 되었든 자신이 처한 사회적 환경 속에서 다윈의 거짓말은 순조로운 피드백을 얻게 되었다. 그리고 어느 쪽이든 그 피드백은 효과가 있었다. 성인이 될 무렵 그는 어떤 이성적인 기준으로 보아도 정직했다.

나이 든 사람으로부터 젊은 사람에게 도덕적 교훈이 전달되는 것은 유전자의 교훈이 전달되는 것과 같고, 때로는 그 효과를 구별할 수 없다. 『자조론』에서 새뮤얼 스마일스는 "이렇게 부모의 성격들을 자식들이 물려받는다. 부모들은 훈육, 근면, 절제 등을 매일같이 보여 줌으로써 자식들을 가르치는 것이다. 그들은 들어서 배운 바를 설혹 잊고 있었더라도 그 같은 행동을 한다. …… 훌륭한 부모들의 생각에 나쁜 행위가 얼마나 잠복해 있는지 말할 수 있는 사람이 있을까? 아이들이 불순한 행동이나 생각을 행함으로써 타락할지도 모른다는 부모들의 기억 말이다."라고 썼다.[24]

다윈은 이렇게 도덕이 전달된다고 굳게 믿었다. 그는 자서전에서 아버지의 관대함과 동정심을 격찬할 때 아마도 자기 자신에 대해서 이야기하고 있었을 것이다. 그리고 다윈은 자기 자식들에게 도덕적 결백에서 사회적 고상함에 이르는 굳건한 호혜적 이타주의의 기술들을 전수해 주려고 했을 것이다. 그는 학교에 다니는 아들에게 "너는 와턴 선생님에게 편지를 쓸 때에는 '친애하는 선생님'으로 시작해서 '선생님이 베풀어 주신 은혜에 대해 선생님과 사모님께 감사드립니다. 지켜봐 주세요. 제자 올림'이라는 말로 끝맺어야 한다."라고 충고하는 편지를 썼다.[25]

빅토리아 시대의 양심

자연 선택은 다윈의 사회적 환경을 예상하지 못했다. 양심을 변화시키도록 프로그램된 인간의 유전자는 '빅토리아 시대 영국에서 부유한 사람'이라는 꼬리표를 달 선택권을 갖고 있지 않다. 이런 이유로 우리는 다윈의 초기 경험이 완벽히 적응된 방식으로 그의 양심을 형성했다고 기대해서는 안 된다. 자연 선택이 '기대' 했을 법한 어떤 것들은 (예를 들면 지역적인 협동의 수준이 환경에 따라서 달라질 수 있는 것) 시간과 공간에 관련되어 있다. 다윈의 도덕적 발달이 그가 번영하도록 잘 무장시켰는지를 살펴보는 것도 가치 있는 일이다.

다윈의 양심이 어떻게 보답을 받았는가의 문제는 빅토리아 시대의 양심 자체가 어떻게 보답을 받았는지의 문제와 직결된다. 결국 다윈의 도덕적 나침반은 단지 빅토리아 시대의 기본적인 모델이 좀 더 정교해진 것이다. 빅토리아 시대의 사람들은 유달리 '품성'을 강조했고, 다윈에게는 못 미치더라도 많은 사람들이 우리의 기준으로는 기괴할 정도로 진지하고 양심적이었다.

새뮤얼 스마일스에 따르면 빅토리아 시대 사람들의 품성의 요체는 "신뢰, 정직, 선"이었다. 그는 또 "언행에 있어서 정직은 품성의 중추였다. 그리고 그 정직함을 준수하는 것이 가장 두드러진 특징이었다."라고 『자조론』에서 썼다.[26] 20세기에는 '개성'과 대조를 이루는 매력과 재치, 그리고 각종 사회적 미사여구들이 뒤섞여 인간의 척도를 이루는 성격으로 대치되었다는 말들을 하는 것에 주목해 보자. 이런 변화 때문에 20세기는 도덕적으로 타락하고 이기심이 만연된 시대가 되었다는 것이다.[27] 결국 '개성'은 정직이나 명예와는 별 관계가 없으며, 솔직히 자기 발전을 위한 원동력인 것처럼 보인다.

개성의 문화에서는 사람들의 감정이 피상적이다. 그들은 말 많은 사람들을 높이 치지 않았던 그 시절을 쉽게 그리워한다. 그렇다고 그 시절이 품성이 이기심으로 더럽혀지지 않은 순수한 고결함의 시대라는 말은 아니다. 양심이 변하는 이유에 대한 트리버스의 설명이 옳다면 '품성'은 이기적인 것일 수도 있다.

빅토리아 시대의 사람들은 구애받지 않고 품성을 이용했다. 새뮤얼 스마일스는 "원칙이 분명하고 진실에 충실한" 사람은 양심에 대한 복종이 "번영과 부로 가는 길"임을 알 것이라고 했다. 스마일스 자신도 "인격은 힘"("'아는 것이 힘이다.'라는 말은 이에 견줄 바가 아니다.")이라고 했다. 그는 정치가 조지 캐닝(George Canning)의 인상적인 말을 인용했다. "내 길은 인격을 통해 권력에 도달하는 것이어야만 한다. 다른 길은 택하지 않을 것이다. 이 길은 지름길이 아닐지언정 가장 확실한 길임을 믿어 의심치 않는다."[28]

오늘날에 비해 그 시대에 인격이 발전에 더 도움이 된 이유는 무엇일까? 이 점에 대해서는 도덕의 역사에 대한 다윈주의자의 입장이 끼어들 자리가 없다. 그러나 한 가지 요소는 분명히 설명이 가능하다. 빅토리아 시대의 영국에서는 사람들 대부분이 작은 마을에 살고 있었다. 물론 도시화는 착착 진행되었고 익명의 시대도 곧 도래할 즈음이었다. 하지만 오늘날과 비교하면 도시에서도 이웃과의 관계가 안정적이었다. 사람들의 이동이 거의 없었으므로 만나는 사람들도 늘 같았다. 다윈의 고향 마을인 슈루즈베리도 여기에서 벗어나지 않았다. 젊은이의 양심이 친족의 적극적인 가르침에 의해 지역의 사회 환경에 맞도록 형성된다는 트리버스의 말이 옳다면 슈루즈베리는 다윈의 양심이 보답받을 수 있는 그런 장소였다.

소규모의 안정된 사회에서 고결함과 정직이 당연시되는 데는 적어도 두 가지 이유가 있다. 하나는 (작은 마을에 사는 사람들이라면 익히 알고 있듯이) 과거로부터 도망칠 수 없다는 것이다. 『자조론』의 「여러분은 의도한 바대로 될 것이다」라는 장에서 스마일스는 "사람은 진정 그가 의도한 바대로 또는 목적한 바대로 되어야 한다. …… 말과 행동이 다른 사람들은 존경받지 못한다. 그들이 하는 말은 가치가 없다."라고 썼다. 그리고 이어서 "당신의 명성을 위해서라면 얼마든지 돈을 지불할 수 있다."라고 하는 사람의 말을 인용했다. 그렇게 하면 열 배의 보답을 얻을 수 있기 때문이라는 것이다.[29] 젊은 에마 웨지우드는 다윈을 "내가 만난 사람들 중 가장 개방적이고 진솔한 사람이다. 그의 입에서 나오는 말 한마디 한마디는 정말 그의 생각을 대변한다."라고 평했다. 다윈은 슈루즈베리에서는 성공을 잘 준비한 사람이었다.[30]

액설로드의 컴퓨터 세계는 슈루즈베리와 아주 닮았다. 소규모의 사람들이 매일같이 누가 이전에 무슨 행동을 했는지 기억하고 있다. 물론 그것은 호혜적 이타주의가 컴퓨터 안에서 보상받는 중요한 이유이기도 하다. 만일 컴퓨터의 세계에서도 소규모 마을처럼 누가 얼마나 양심적인지에 대해 소문을 낼 수 있었다면 협동적인 전략들은 훨씬 더 빠르게 번성해 나갔을 것이다. 사람들이 알아채기 전에 피하려면 사기꾼들의 속임수가 그만큼 더 제약을 받기 때문이다.[31] (액설로드의 컴퓨터는 기능이 다양하다. 일단 사람들이 융통성 있는 도덕 장치를 갖추면 유전자 풀에 변화를 주지 않고도 협동이 세대를 거치면서 퍼져 나가거나 중지될 수 있다. 앞 장에서 보았듯이 이렇게 컴퓨터는 그러한 굴곡을 기록하면서 유전적 변화를 만들기보다는 여기에서처럼 문화적인 변화를 만들 수 있다.)

슈루즈베리에서 선량하게 굴어야 할 두 번째 이유는 그런 대접을 받은 사람들과 오랫동안 함께해야 하기 때문이다. 유쾌한 농담과 같이 사회적 에너지의 낭비조차도 건전한 투자가 될 수 있다. "약간이나마 생활을 변화시키는 그런 사소한 예절들은 하나하나 놓고 보면 본질적으로 가치가 없어 보일 수 있지만 이것이 반복되고 축적되면 중요해진다."라고 스마일스는 썼다. 그는 "자비는 인간들의 유익하고 즐거운 교제에 중요한 요소이다. 몬터규 여사는 '정중함'은 '대가없이 무엇이든 살 수 있는 수단'이라고 했다. …… 벌레이는 엘리자베스 여왕에게 '마음을 얻으면 모든 사람들의 성심과 금전을 얻을 수 있다.'라고 간언한 바 있다."라고도 했다.[32]

사실 정중하려면 약간의 희생을 감수해야 한다. 시간과 정신적인 에너지가 약간 투여되는 것이다. 그리고 오늘날에는 정중함으로 얻을 수 있는 바가 많지 않다. 우리가 매일같이 만나는 사람들 중 태반은 우리가 누구인지 알지 못하며 알려고도 하지 않는다. 친분이 있는 사람들조차도 언제 연락두절이 될지 모른다. 사람들은 이사를 자주 다니고 직업도 자주 바꾼다. 그래서 고결함에 대한 평가는 중요성이 덜해졌고 동료나 이웃을 위한 희생도 보답받을 가능성이 적어졌다. 오늘날에는 자식에게, 재빠르게 행동하고, 성실성은 형식적으로 내보이고, 사소한 거짓말을 맘껏 하고, 장래성이 있는 일에 더 몰두하라고 가르치는 중·상류층의 사람들이 아마도 성공에 잘 대비하고 있는지도 모른다.

이 점을 액설로드의 컴퓨터에서 볼 수 있다. 규칙을 바꿔 집단의 안팎으로 이동하도록 허용한다면, 그래서 뿌린 것을 거둘 수 있는 기회가 줄어든다면 팃포탯의 힘은 눈에 띄게 약해지고 인색한 전략들이 성공할 가능성이 높아질 것이다. (여기에서도 유전적인 진화가 아니라 문화적인 진화를 모델로 하는 컴퓨터를 사용한다. 평균 양심의 크기가 변하는데 이것은 유전자의 풀이 변해서가 아니다.)

실제 생활에서와 마찬가지로 컴퓨터에서도 이런 경향들은 자립적이다. 덜 협조적인 전략들이 번창하고 지역적으로 가능한 협동의 양이 줄어들 때, 협동을 더 평가 절하함으로써 덜 협동적인 전략들이 그만큼 더 번창하는 것이다. 그것은 다른 방식으로도 작용한다. 빅토리아 시대의 사람들이 더 양심적일수록 양심적인 것이 더 당연시되었다. 그러나 어떤 이유에서 추가 마침내 정점에 도달해 다시 아래로 내려갈 때는 자연스럽게 탄력성을 갖기 마련이다.

어떤 면에서 이런 분석은 단순히 도시의 익명성에서 오는 효과를 설명하는 진부한 문구를 강조하고 있다. 대도시에 사는 사람들은 무례하고, 대도시는 소매치기로 넘쳐난다는 것이다.[33] 그러나 이것만이 다가 아니다. 사람들이 주위를 둘러보고 속일 기회를 노리고 고의적으로 그 기회들을 붙잡는다는 것이 여기에서의 요점은 아니다. 그들이 희미하게나마 체득한 과정을 통해, 즉 말하는 법을 배우자마자 시작된 과정을 통해 친족(그들은 무슨 일이 일어나고 있는지 이해하지 못할 수도 있다.)과 여타의 환경적인 피드백을 통해 양심의 윤곽을 잡아 나갔다. 문화적인 영향은 유전적인 영향만큼이나 은밀한 것일 수 있다. 이 둘이 밀접히 얽혀 있다고 해서 놀랄 일도 아니다.

똑같은 관점이 오늘날 토론의 주제가 되는 여러 윤리 부문, 즉 빈민들과 죄로 물든 미국의 도시들에 적용된다. 범인들은 주위를 둘러보며 상황을 따져보고 합리적으로 범죄의 기회를 엿볼 필요가 없다. 이것이 전적으로 사실이라면, 범죄를 해결하기 위한 모범적인 답안은 범죄가 이익이 되지 않는다는 점을 확실하게 함으로써 "범죄를 유발하는 구조를 바꾸는 것"이다. 그리고 이 방법은 효과가 더 클 것이다. 다윈주의는 좀 더 혼란스러운 진실을 제시한다. 가난한 아이들의 양심(동정심과 죄책감을 느낄 수 있는 능력)은 어린 시절부터 환경의 지배를 받고, 이 아이들이 자라남에 따라 다소간 왜곡된 형식으로 확고히 굳어진다는 것이다.

이런 왜곡은 도시의 익명성을 넘어서는 것이다. 대도시에 사는 사람들 중 다수가 더 넓은 세계와 '합법적인' 협동을 할 수 있는 기회를 얻지 못하고 있다. 그리고 성의 특성상 위험에 더 노출된 남성들은 많은 사람들이 당연하게 여기는 기대 수명을 다 채우지 못하고 인생을 마감한다. 마틴 데일리와 마고 윌슨은 범죄자들의 유명한 '단시간의 한계'는 "장수와 최후 성공의 전망에 관한 예언적인 정보에 적응하는 반응일 것이다."라고 주장한 바가 있다.[34]

"부와 계급은 순수하고 예의 바른 자질들과 꼭 관계가 있는 것은 아니다."라고 새뮤얼 스마일스는 썼다. "가난한 사람이 영적으로나 일상생활 면에서 진정한 신사일 수도 있다. 그는 정직하고, 신의 있고, 진솔하며, 예의 바르고, 절제력이 있고, 용기가 있으며, 자존심이 있고, 자립심이 강한 사람일 수 있다. 이런 사람이야말로 참다운 신사이다." 왜냐하면 "지위가 높은 사람에서 낮은 사람까지, 부유한 사람에서 가난한 사람에 이르기까지, 어떤 지위나 조건에 있는 사람도 가장 고귀한 은혜가 위대한 마음이라는 것을 부정하지 않는 본성을 가지고 있기 때문이다."[35] 멋진 생각이다. 그리고 인생의 첫 단계에서는 진실로 받아들여질 수도 있다. 그러나 최소한 현대의 여건에서는 이것이 잘못된 것임이 나중에 밝혀지기 마련이다.

어떤 사람들은 다윈주의자들이 범죄자를 잘못된 유전자의 희생자가 아니라 '사회의 희생자'라고 규정하는 것에 의아를 느낄 수 있다. 그러나 이는 20세기를 전후한 다윈주의와 19세기를 전후한 다윈주의 사이의 한 가지 차이점이다. 일단 유전자를 행동 발달 프로그램으로 생각한다면, 그리고 단지 행동뿐만 아니라 그것의 내용에 맞게끔 젊은이의 마음을 형성하는 것으로 생각한다면, 우리는 범죄자들을 유전자들에 못지않게 환경의 희생자(혹은 수혜자들)로 보기 시작할 것이다.[36] 그러므로 두 집단(사회경제학이나 인종적인 집단)의 차이점이 유전적인 차이점에 대한 언급 없이도 진화로 설명될 수 있다.

물론 양심을 만드는 발달 프로그램에 '도시의 하층민'이나 '빅토리아 시대의 사람들'이 각인되어 있는 것은 아니다. (사실 자연 선택은 오늘날의 거대 도시보다는 슈루즈베리와 같은 배경을 더 기대했다.) 도시 사람들이 능숙하게 속일 수 있는 기회들을 이용하는 것을 보면 조상의 환경에서도 이따금씩 이익이 되는 범죄의 기회가 있었음을 알 수 있다.

그들은 인접 마을과의 정기적인 접촉에서 그런 기회를 얻었을 것이다. 그리고 그러한 기회들을 잡을 수 있게 도와준 적응을 정확히 인간의 마음속에서 찾을 수 있다. 존중해야 하는 내(內)집단과 이용해야 하는 외(外)집단이라는 도덕의 이중적 잣대가 그것이다.[37] 도시의 갱들을 신뢰하는 사람들도 있다. 그리고 양심적이고 예의 바른 빅토리아 시대의 사람들조차도 살인이 정당하다고 확신하면서 전쟁에 나갔다. 도덕의 발달은 단지 양심이 얼마나 견고한가의 문제가 아니라 그 범위가 어디까지 미치는가의 문제이다.

빅토리아 시대 사람들에 대한 평가

빅토리아 시대의 사람들이 과연 얼마나 '도덕적'이었는가가 주제인 논쟁이 있다. 그들은 몹시도 위선적이라는 비난을 받는다. 우리가 보아온 대로, 약간의 위선은 인간에게 자연스럽다.[38] 그리고 묘한 일이지만 위선적일수록 더 도덕적이라는 평을 듣는 경우도 있다. 예절이 존중되고 이타적 행위가 당연시되는 고도의 '도덕적인' 사회에서는 인색함과 부정직은 사회적인 제재를 받으며, 도덕적 평판이 중요시되고 나쁜 평판은 그 대가를 치른다. 이런 평판 때문에 사람들은 자연스레 자신들의 선함을 과장한다. 월터 호턴이 『빅토리아 시대의 마음의 구조』에서 쓴 대로 "비록 모든 사람들이 이따금씩 자신의 실제 모습보다 더 좋은 사람인 척 하지만, 빅토리아 시대의 사람들은 우리들보다 더 기만적이었다. 그들은 행위의 기준이 훨씬 엄격한 그런 시대에 살았다."[39]

비록 빅토리아 시대 사람들의 위선이 당시의 도덕에 대해 간접적으로나마 밝혀 주는 바가 있다고 해도 도덕성이 옳은 단어인지에 대해 여전히 의문을 품어 볼 수 있다. 결국 빅토리아 시대의 사람들 대다수에게, 우세한 도덕은 순수한 희생을 요구하지 않았다. 그리도 많은 사람들이 저마다 행동의 단편을 가지고 있다고 생각했던 것이다. 그렇다고 빅토리아 시대의 사람들을 비난하려는 것은 아니다. 그것은 비공식적인 논제로섬의 교환들을 부추겨 전체적으로 복리를 증진시키려는 건실한 도덕심의 이면에 있는 생각이었다. 다시 말해 경제적인 생활과 법적인 강제의 영역 밖에서 논제로섬의 교환들을 고취시키려는 것이었다. 어떤 작가는 "이기심의 증가"와 "빅토리아 시대의 미국"이 끝나고 있음을 한탄하면서, 빅토리아 시대의 시대정신 아래에서는 "미국인들 대다수가 예측 가능하고 안정적이고 기본적으로 예의 바른 사회 구조 속에서 살았다고 했다. 그리고 그것은 (그 위선에도 불구하고) 대부분의 사람들이 자신의 만족보다는 다른 사람들에 대한 임무와 의무을 중요시했기 때문에 가능했다."라는 사실을 알았다.[40] 우리는 그 취지에 공감하면서도 마지막 문장의 진실성에 대해 이의를 제기해 볼 수 있다. 사람들의 의무감을 지탱하는 것은 자기 희생이 아니라, 궁극적으로 거대한 사회 계약에 대한 그들의 암묵적인 동의이다. 사회 계약하에서 의무는 간접적으로나마 타인들을 해방시켜 주고 자신들 역시 해방된다. 그럼에도 불구하고 이 작가의 말은 옳다. 당시에는 쓰여지지 않았던 엄청난 시간과 에너지가 지금은 소모되고 있는 것이다.

그 문제를 해결할 수 있는 방법 중 한 가지가 빅토리아 시대의 영국은 감탄할 만한 사회였지만 특별히 칭찬받을 만한 사람들로 구성된 사회는 아니었다고 말하는 것이다. 그들은 단지 우리가 하는 바대로 (양심적이고 예의 바르게 행동하고 사려 깊게 보답할 범위를 정하는 것) 했을 뿐이다. 단지 그 시대에는 이런 행위들이 더 많은 보답을 받았을 뿐이다. 게다가 그들의 도덕적인 행동은 칭찬할 만한 것이든 아니든 선택하는 것이라기보다는 유전되는 것이었다. 빅토리아 시대의 양심은 빅토리아 시대의 사람들이 이해하지 못하는 방식으로 형성되었고 어떤 의미에서는 영향력을 줄 수도 없는 것이었다.

여기에서 우리는 유전자에 관해 알려진 것들을 근거로 찰스 다윈에 대한 평결을 내릴 수 있다. 다윈은 환경의 산물이었다. 그가 선량한 사람이었다면, 그는 사회의 선함을 소극적으로 반영함으로써 선량해진 것이었다. 그리고 어쨌든 그의 '선함'은 보답을 받았다.

간혹 지금의 기준으로 봐도 다윈은 호혜적 이타주의의 요구를 넘어선 것처럼 보인다. 다윈은 남미에 머물러 있는 동안 티에라 델 푸에고 원주민을 위해 정원을 만들었다. 수년 후 돈(Downe) 부락에 살면서 돈 친목 협회를 조직했다. 그 협회는 노동자들을 위한 경비와 사무실(이곳에서 도덕 생활은 스키너주의의 조건, 즉 욕을 하거나 싸우거나 술에 취하면 벌금을 내야 한다는 조건에 의해서 고양되었다.)[41] 유지 비용을 마련했다.

일부 다윈주의자들은 이기심에 대한 이런 방식의 선함조차 줄이려 한다. 그들이 티에라 델 푸에고 원주민들이 상호 호혜적이었는지 알 길이 없다면(과연 그랬는지는 모른다.), 그 다음의 대안은 '평판의 영향들'에 대하여 말하는 것이다. 아마 비글 호 선원들이 영국으로 돌아와 다윈의 관대함에 대해서 이야기했을 수도 있고, 다윈은 어쨌든 보상을 받았을지 모른다. 그러나 다윈의 도덕 감성은 그러한 냉소주의를 억제할 만큼 견고했다. 다윈은 어떤 농부가 양들을 굶어 죽도록 내버려 두었다는 말을 들었을 때, 몸소 증거들을 모아 치안 판사에게 제소했다.[42] 죽은 양들을 위로함으로써 다윈은 심적으로 작은 보상을 받았지만 농부를 제소한 것은 아무런 소용이 없었다. 농부에게 한 다윈의 처신에 대한 '평판들'은 전적으로 다윈에게 이득이 되지는 못한 것 같다. 마찬가지로 남미의 노예들이 받는 고통을 밤새워 괴로워한다고 해서 그 보상을 어디에서 찾을 수 있었을 것인가?

이런 종류의 '과도한' 도덕적 행동에 대해서 설명하는 더 간단한 방법은 인간이 '적합성을 극대화하는 존재'라기보다는 '적응 집행자'임을 상기시켜 주는 것이다. 여기서 말한 적응, 즉 양심은 적합성을 극대화하도록, 유전자의 이기심이라는 환경을 이용하도록 디자인되었다. 그러나 이런 노력이 성공할지는 분명하지 않으며, 특히 사회적 배경에서는 자연 선택과 매우 다르게 나타난다.

양심 그 자체를 달랜다는 의미를 제외하면 양심은 사람들이 이기적이지 않게끔 행동하도록 이끌 수 있다. 동정심, 의무감, 죄책감은 젊은 시절에 억눌리지 않는다면 자연 선택이 '승인'하려 하지 않는 행위를 유발할 가능성이 있다.

우리는 이 장을 다윈의 양심이 원활하게 기능하는 적응이었다는 가정으로 시작했다. 그리고 여러 면에서 그것은 사실이었다. 더군다나 이것들 중 어떤 것은 꽤나 생생하다. 이것들은 일부 정신 기관이 궁극적으로 이기적으로 디자인되었음에도 불구하고 어떻게 타인의 정신 기관들과 조화롭게 작동하도록 만들어졌는지, 그리고 어떻게 그 과정에서 사회적 복지를 낳게 되었는지를 보여 준다. 그리고 어떤 면에서는 다윈의 양심이 꼭 맞게 작용하지 않는다. 이것 역시 활력의 동기가 된다.

3부

✢

사회적 경쟁

11장

다윈의 망설임

내 건강은 시골 생활을 하게 된 후부터는 꽤나 호전되었습니다. 아마 모르는 사람의 눈에는 내가 퍽 건강한 사람으로 보이겠죠. 하지만 내가 그리 성실하지 못했음을 인정해야겠습니다. 나는 자질구레한 일로 늘상 지쳐 있어요. 쓰라린 일이지만 '경쟁은 강한 자의 몫'임을 인정하지 않을 수 없습니다. 설혹 내가 좀 더 노력을 기울인다 해도 남들이 과학에서 이루어 낸 성과에 탄복하는 것에 만족하는 정도겠지요. 분명 그렇겠지요.

——「찰스 라이엘에게 보낸 편지」(1841)[1]

18 38년에 자연 선택을 발견한 이후에도 다윈은 그것에 대해 이십 년을 함구하며 보냈다. 그는 1855년까지 자신의 이론에 대한 저술을 시작조차 하지 않았다. 1858년에 이르러서야 어떤 박물학자가 자신과 같은 이론에 도달했음을 알고서 스스로 '핵심'이라고 했던 『종의 기원』을 1859년에 출간했다.

그러나 다윈이 1840년대를 빈둥대며 보낸 것은 아니었다. 심한 오한과 구토, 위통과 만성적인 복부 팽만, 실신과 빈맥 증상을 비롯한 잦은 병치레로 지장을 받긴 했어도 그는 여러 권의 책을 썼다.[2] 다윈은 결혼 이후 8년 동안 과학 논문들을 펴냈고, 『비글 호 항해의 동물학(The Zoology of the Voyage of H. M. S. Beagle)』 다섯 권을 편집했으며, 항해 여행에 바탕을 둔 세 권의 책을 썼다. 『산호초의 구조와 분포(The Structure and Distribution of Coral Reefs)』(1842), 『화산섬에 대한 지질학적 관찰(Geological Observations on the Volcanic Islands)』(1844), 『남미에 대한 지질학적 관찰(Geological Observations on South America)』(1846)이 그것이다.

1846년 10월 1일에 다윈은 일지 첫머리에 다음과 같이 기록했다. "마침내 남미 지질학적 관찰에 대한 증명을 마무리 지었다. 포클랜드 섬들에 대한 지질학 일지가 담긴 이 책을 만드는 데 열여덟 달 반이 걸렸다. 그런데도 논문은 『화산섬에 대한 지질학적 관찰』만큼 완벽하지가 못했다. 그래서 4년 반을 더 소모해야만 했다. 이제 영국에 돌아온 지 10년이나 지났다. 잃어버린 시간이 그 얼마인가!"[3]

다윈은 몇 가지 면에서 성취를 이루어 내었다. 그는 병에 시달리면서도 일에 몰두하는 경우가 많았다. 그는 바로 이날 웅대한 3부작을 끝마치긴 했어도(그중의 적어도 한 권은 지금까지도 고전으로 인정받고 있다.), 그가 샴페인을 터뜨릴 준비가 되어 있었던 것 같지는 않다. 그는 자기비판을 멈출 줄 몰랐다. 그는 결점을 자책하지 않고서는 단 하루라도 그 결과를 음미할 줄 몰랐다. 그에게 시간은 흐르는 것이어서 이를 잘 활용해야 한다는 강박관념이 있었다.

아마 여러분은 이 순간을 다윈이 마침내 자신의 운명을 향해 다소나마 활기를 띠고 나아가기 시작하려 했던 행운의 시간으로 여길지 모른다. 그가 바야흐로 무엇을 이루고자 하는 자극(죽음에 대한 자각)을 강하게 받았음은 분명했다. 1844년 그는 에마에게 자연 선택론에 관한 230쪽의 초고와 이를 출판할 지침서를 주었다. 그리고 그가 죽었을 경우에 "이를 진척시켜 줄 것"을 당부했다. 다윈의 가족이 런던 교외의 외진 시골인 '돈'으로 이사를 한 것은 그만큼 그가 쇠약해졌기 때문이었다. 거기서 그는 주의를 산만하게 하고 불안감을 주는 도시 생활에서 벗어나 커져 가는 가족의 정을 듬뿍 받으며 작업, 여가, 휴식 시간으로 빈틈없이 짜인 일정표에 따라 근면하게 작품 생산에 몰두할 예정이었다. 바로 이런 환경을 다윈은 『남미에 대한 지질학적 관찰』을 완성할 즈음에 구축했다. 같은 날(1846년 10월 1일) 피츠로이 선장에게 보낸 편지에서 다윈은 "내 인생은 시계 태엽처럼 정연히 돌아가지만 그것이 끝나는 지점이 있겠지요."라고 썼다.[4]

평화로운 작업실, 수확하는 농부의 먼 발자국 소리, 비글 호의 탐험에서 시작된 학문적 의무의 결실을 비롯한 그 모든 것이 주어졌는데 다윈이 자연 선택론에 대한 연구를 무엇 때문에 더 이상 연기할 필요가 있었겠는가?

다윈의 연구는 삿갓조개가 단초가 되었다. 다윈이 그토록 오랫동안 삿갓조개에 대해 연구를 한 것은 순전히 칠레의 해안선에서 발견된 한 종에 대한 호기심 때문이었다. 그러나 한 종에 대한 연구는 다른 종에 대한 연구를 이끌었고, 그의 집은 이내 수집가들이 우편으로 보내온 표본들로 가득 찼다. 말하자면 그의 집은 삿갓조개의 본부가 된 셈이었다. 다윈이 삿갓조개에 대해 오랜 시간에 걸쳐 집중적으로 연구했던 탓에 아들 중 하나가 이웃집을 방문했을 때 "아버님은 삿갓조개로 뭘 하시려는 거죠?"라는 질문을 받을 정도였다.[5] 1854년이 저물어 갈 무렵, 즉 다윈이 삿갓조개에 대한 연구가 몇 달, 어쩌면 해를 넘겨 계속될지도 모른다고 예측한 지 8년이 지난 후, 그는 현존하는 삿갓조개의 종에 대한 책 두 권과, 삿갓조개 화석에 대한 책 두 권을 출판함으로써 이 분야에 대한 권위를 확실히 굳혔다. 이 책들은 삿갓조개를 비롯한 만각류 생물들을 연구하는 생물학자들이 오늘날까지도 참고하고 있다.

드디어 그는 삿갓조개 분야에 있어서는 최고의 권위자가 되었다. 그렇지만 어떤 사람들에게는 더 대단한 일을 할 능력이 있다. 여러 사람들이 다윈이 자신의 위대함을 깨닫는 데에 그토록이나 시간이 오래 걸렸던 이유에 대해 왈가왈부해 왔다. 그중에는 사람들이 널리 받아들이는 이유가 하나 있다. 어느 곳을 막론하고 아내와 동료들을 비롯해 사람들이 믿는 종교적 신념을 모욕하고 이에 맞서는 책을 쓰는 데에는 신중함이 없어서는 안 된다는 것이다.

이 과업을 몇몇 사람들이 시도한 적은 있었지만 그 결과가 칭찬 일색인 것은 아니었다. 박물학자이자 시인으로 주목을 받았던 다윈의 할아버지 이래즈머스(Erasmus Darwin I)는 1794년에 출간한 『동물생리학

(Zoonomia)』이란 책에서 진화론을 펼쳐 보인 바가 있었다. 그는 사후에 그 책이 출판되기를 원했지만, 결국 20년이 지난 후에 "내가 이제껏 받은 오명을 벗어나기에는 나이가 너무 많고 또 그만큼 완강해졌다."라며 마음을 바꾸었다.[6] 라마르크도 진화론에 대해 유사한 견해를 다윈이 태어나던 해인 1809년에 구상했지만 부도덕하다는 비난을 받았다. 또 1844년에는 진화론을 개관한 『창조의 자연사적 증거들(Vestiges of the Natural History of Creation)』이라는 책이 등장해 물의를 빚은 바가 있다. 저자인 스코틀랜드 출판업자 로버트 체임버스(Robert Chambers)는 이 책을 익명으로 출판했는데 아마도 현명한 생각이었을 것이다. 이 책은 "더럽고 불결하며, 문체는 결함투성이이고 내용은 온통 오염이 되었다."라는 혹평을 받았다.[7]

하지만 이런 이단적인 이론들 중 그 어느 것도 다윈의 이론만큼이나 신의 존재를 부정한 것은 없었다. 체임버스에게는 진화를 이끄는 '주관자이신 신'이 있었다. 이신론자였던 이래즈머스 다윈은 신이 진화라는 거대한 시계의 태엽을 감았고 이것을 작동시켰다고 했다. 또 체임버스는 "신에게 불경한 자"라고 라마르크를 비난했다.[8] 라마르크의 진화론은 다윈의 진화론과 비교하면 철저하게 영적인 것이었다. 라마르크의 진화론은 좀 더 거대한 유기체의 복잡성과 고도로 의식적인 인생을 굳건히 고수하고 있다는 점에서 특징적이었다. 이런 사람들이 혹독한 비난을 받아 마땅했다면, 주관자이신 신도, 태엽을 감는 존재도(물론 다윈은 그런 존재에 대한 가능성을 열어 두었다.), 생득적인 진보 경향도 없는, 더디고도 우연한 변화만이 고착되어 있을 뿐이라는 이론을 제시한 다윈에게 어떤 비난이 퍼부어졌을 것인지 상상해 보자.[9]

처음부터 다윈이 대중의 반응에 대해서 우려를 했음은 분명하다. 그는 진화론이 자연 선택론으로 구체화될 수 있음을 믿기 이전부터 비난을 누그러뜨릴 수 있는 수사학적인 전술을 모색했다. 1838년 봄에 그는 노트에 "초기 천문학자들의 박해에 대한 언급"이라고 썼다.[10] 훗날에 쓴 서신에서도 비난에 대한 다윈의 두려움을 엿볼 수 있다. 그가 친구 조지프 후커에게 자신의 이교도적인 생각을 고백하며 보낸 편지는 가장 방어적인 것으로, 여기에서는 어떤 성취감도 볼 수가 없다. 그는 1844년의 편지에서 "(내 출발점과는 무척이나 다르지만) 나는 종이 불변하는 것이 아니라(그것은 살인을 고백하는 것과 같다.)는 확신을 거의 굳혔다."라고 썼다. "하늘은 나로 하여금 라마르크의 '진보의 경향'과 '동물의 약한 자발성에서 오는 적응'이라는 말도 안 되는 생각을 금했지만, 결국 내 결론은 그의 결론과 크게 다를 바가 없다네. 물론 변화하는 방법에 대해서는 그의 견해와 크게 다르지. 가정이긴 해도 내가 종이 절묘하게 적응하여 갖가지 형태로 분화하는 단순한 방법을 발견한 듯싶네. 자네는 이제 번민하게 될 터이고 스스로 '글을 쓰느라 세월을 다 허비해 버렸다.'라고 생각하겠지. 바로 5년 전에 나도 그런 생각을 할 수밖에 없었지."[11]

병들고 지친 다윈

적대적인 사회 분위기 때문에 다윈의 작업이 지체되었다는 이론들은 기괴한 것에서 단순한 것까지 여러 형태로 나타났다. 또 이 이론들은 병리학적 접근에서부터 심사숙고하느라고 작업이 지체되었다는 것까지 다양한 방법으로 그 이유를 설명한다.

좀 더 세련된 어떤 이론은 명확히 진단한 적이 없어 수수께끼로 남아 있는 다윈의 질병을 정신 의학적 지체 기제라고 밝히고 있다. 다윈은 첫 번째 진화론 노트가 공개된 지 두 달 후인 1837년 9월에 빈맥 증상을 느꼈고, 또 병에 대한 자신의 기록이 자연 선택론에 대한 기록만큼이나 빈

번하게 나타났다.[12]

　이 이론은, 신앙심이 깊었던 탓에 남편의 진화론으로 고통을 겪었던 에마가 남편의 과학과 사회 여건 사이의 긴장을 더 팽팽히 했으며, 에마의 헌신적인 간호 역시 건강에 도움을 주기보다는 오히려 불편함을 가중시켰으리라고 제안한다. 결혼 직전 다윈에게 보낸 에마의 편지에서 이런 면을 엿볼 수 있다. "사랑스러운 찰스, 당신이 편찮을 때 내가 어떤 쓸모가 있어 당신의 아픔을 다독거려 줄 수 있으리라는 걸 …… 생각만 해도 얼마나 행복한지요. 아픈 당신과 늘 함께 있고 싶다는 걸 당신은 아실지요. 그러니 내 사랑 찰리, 내가 당신을 간호해 줄 수 있는 날까지는, 정말이지 제발 건강하세요."[13] 이 문장으로 우리는 에마가 결혼 전에 가졌던 열정이 어느 정도였나를 알 수 있다.

　그렇다고 다윈의 병과 그의 사상을 연관시켜 말하는 이론들이 한결같이 그것들을 은폐하려는 잠재의식적 책략을 함축하고 있는 것은 아니다. 어쩌면 다윈은 단순히 감정으로 인해 유발된 병을 앓았는지도 모른다. 결국 사회의 거부에 대한 불안은 다윈이 맨 처음 지적했듯 궁극적으로는 생리적인 문제이다. 그리고 거기에는 생리적인 희생이 뒤따른다.[14]

　어떤 사람들은 다윈이 남미에서 병(샤가스 병이나 만성 피로 증후군)을 얻었으리라는 사실을 인정하면서도, 더 중요한 것은 삿갓조개 연구라고 얘기한다. 다윈이 무의식적으로나마 결산일을 미루는 데 삿갓조개를 이용했다는 것이다. 다윈이 삿갓조개에 대한 연구는 이내 종결될 것이라고 했던 이면에는 어떤 불안감이 있었음이 분명하다. 그는 1846년 후커에게 "나는 하등 해양 동물들에 대한 논문을 쓰려고 한다네. 몇 달, 늦어도 1년이면 마무리를 지을 수 있겠지. 그 후로는 종과 변종에 대해 지난 10년 동안 모은 자료들을 조사하고 집필할 예정이네. 그때쯤이면 아마 나는 머리가 제대로 박힌 박물학자들의 서열에서 맨 끄트머리나마 자리를 차지할 수 있을지 모르지. 내 미래가 그러하리라고 감히 기대하는 것이겠지."[15] 다윈은 이런 태도 덕분에 삿갓조개에 대한 연구를 8년이나 계속했다.

다윈의 동시대 인물 몇몇을 포함한 일부 연구자들은 삿갓조개가 다윈의 업적에 기여한 바가 컸다고 말했다.[16] 삿갓조개를 통해 다윈은 분류학에 몰두할 수 있었고(타당성 있는 분류학이 어떻게 만들어졌는가에 대한 이론이 있다고 주장하는 사람에게 좋은 경험이다.), 자연 선택의 견지에서 동물의 하위 분류 전체를 조사했다.

게다가 분류학 말고도 다윈이 아직 습득하지 못한 것이 있었다. 이 때문에 다윈이 연구를 지체했음은 누가 보아도 분명하다. 1846년과 1856년, 그리고 『종의 기원』이 출판된 해인 1859년까지도 다윈이 자연 선택에 대해 온전히 이해하지 못했음은 사실이었다. 모욕을 받든 혐오를 받든 이론을 드러내기 전에 먼저 그 이론을 세련된 형태로 만들어야만 했던 것이다.

다윈이 풀지 못했던 자연 선택에 대한 수수께끼 중 하나가 바로 곤충의 불임 문제였다. 여기에는 개인적인 의견이 개입될 여지가 없었다. 1857년에 이르러서야 친족 선택론이라는 선구적 이론의 도움을 받아 해결할 수가 있었던 것이다.[17]

다윈이 풀지 못했던 또 다른 수수께끼가 하나 있다.[18] 유전 자체의 문제였다. 다윈의 이론이 지닌 가장 큰 장점은 라마르크의 이론과는 달리 후천적인 특성들이 유전되지 않는다는 점이었다. 자연 선택이 작동하는 데는 기린의 목 운동이 자손의 목 길이를 늘리는 데에 영향을 미치는가 하는 문제와는 관계가 없다. 하지만 다윈주의적 진화는 선천적 특성들의 범위 내에서 어떤 변화 양식에 의지하고 있다. 다시 말해 자연 선택은 '선택하기' 위해 늘 변화하는 항목을 필요로 한다. 요즈음 웬만한 고등학생 정도라면 성의 재결합과 유전적인 돌연변이를 토대로 그 항목이 계속 변화해 온 방식을 설명할 수 있다. 그러나 사람들이 유전자에 대해서 알기 전에는 이런 작용들이 그 어느 것도 이치에 닿는 것이 없었다. 다윈이 '우연적 돌연변이'에 대해 토론하다가 특성의 풀이 어떻게 변하는가에 대한 질문을 받았다면 아마도 그는 "그냥 그런 것이다. 나를 믿어 달라."[19]라고 말했을지도 모른다.

다윈이 연구를 지체한 이유를 심리학에서 판단할 수도 있다. 이 관점은 완전히 새로운 이론은 아니다. 그러나 의문점 몇 가지는 해소시켜 줄 수도 있다. 그것은 다윈의 야심과 두려움에 대한 진화론적 근거가 분명히 드러난 뒤에야만 가장 명확히 평가될 수 있다. 이제 삿갓조개에 대한 3부작이 완성되었고, 다윈이 이후의 인생에서 펼쳐질 업적을 준비한 해인 1854년의 이야기는 여기서 그치도록 하자. 그는 후커에게 "종들에 대한 내 기록을 종합한 결과가 말불버섯처럼 퍽 하고 터져 빈 껍데기만 남게 된다면 얼마나 실망할 것인지 두렵다네."라고 썼다.[20]

12장

사회적 지위

이 표현들이 그리도 오래된 것을 보면 이것들을 숨기기가 어렵다는 것을 알게 된다. 요컨대 모욕받은 사람들은 적을 용서할 수 있을지는 모르지만 결코 평정을 찾을 수는 없다는 것이다. 사람이 그 누군가를 경멸하고 있다는 사실을 내색하지 않을 수는 있지만 그러려면 이를 악물고 있을 정도의 의지력이 필요하다. 사람은 자신에 대해 내심 만족감을 느낄 수 있다. 그러면 그의 발걸음과 자세는 칠면조처럼 경쾌해지고 꼿꼿해질 것이다.
——「다윈의 노트」(1838)[1]

무엇보다도 다윈은 티에라 델 푸에고 원주민들 사이에 사회적 불평등이 없다는 사실을 곤혹스러워했다. 그는 1839년에 "지금까지 관찰한 바로는 원주민들은 천 한 자락도 여러 조각으로 찢어 나누어 갖는다. 이곳에는 빈부 차이가 존재하지 않는다."라고 썼다. 다윈은 이런 '완벽한 평등'이 "그들의 문명화를 오래도록 늦추었다."라고 우려를 표시했다. 그 예로 다윈은 세습 왕이 통치하던 오타헤이트 원주민들이 뉴질랜드의 다른 부족 원주민보다 생활 수준이 훨씬 더 높았음을 지적했다. 다른 부족 원주민들이 농업으로 주의를 돌림에 따라 이득은 얻었지만, 절대적인 의미에서 공화주의였기 때문에 한계가 있었다는 것이다. 결과적으로 "티에라 델 푸에고 섬의 정치 상황이 개선되려면 사적 이익, 가령 가축이나 기타 귀중품을 안전하게 지킬 수 있을 정도의 힘을 지닌 추장이 나타나야 한다."라는 것이다.

이어서 다윈은, "그러나 자신의 권위를 드러내 이것을 확대함으로써 사유 재산을 형성시킬 수 있는 추장이 어떤 식으로 출현할지는 알기가 어렵다."라고 덧붙였다.[2]

다윈은 이 생각을 좀 더 진척시켜 티에라 델 푸에고 원주민들이 실제로 '완벽한 평등'을 향유하고 있는지를 숙고했다. 하인들의 시중을 받아 가며 자라온 부유한 영국 사람에게 기아에 직면한 사회가 평등해 보였음은 자명하다. 이런 사회에서는 지위가 다양하게 분화할 턱이 없고 두드러질 정도의 불평등이 있을 이유도 없다. 그러나 사회 계급은 여러 형식으로 나타날 수 있고 또 모든 사회에서 그런 계급을 볼 수 있다.

이런 패턴은 뒤늦게 밝혀진 것이다. 그 이유 중 하나는 20세기의 인류학자들 다수가 다윈처럼 상류 사회 출신이었기 때문이며, 그들은 상대적으로 계급 구분이 없는 수렵 채집인에 더러는 매료되고 충격을 받았다. 게다가 인류학자들은 프란츠 보애스(Franz Boas)와 그의 저명한 제자들인 루스 베네딕트(Ruth Benedict)와 마거릿 미드가 주장한, 인간 정신의 거의 무한한 유연성에 대한 희망적인 믿음에서 벗어나기가 힘들었다. 인간 본성에 대한 보애스 학파의 오해는 다윈주의를 정치적으로 이용해 가난과 각종 사회적 병들을 자연스러운 것으로 용인한 세력에 대한 선의의 반응이라는 점에서 기릴 만했다. 그러나 선의라고 해도 오해는 여전히 오해였다. 보애스와 베네딕트와 미드는 인류사의 대부분을 망각했다.[3] 그들이 망각한 인류사의 각 단계마다 지위를 추구한 갈망이 존재했고 보편적인 계급 체계가 있었다.

근래에 들어서야 다윈주의 인류학자들은 계급 체계를 면밀히 탐구하기 시작했고 의외의 곳에서도 계급 체계를 찾아냈다.

남미의 수렵 채집인인 아체 족도 처음에는 목가적인 평등을 누리는 것처럼 보였다. 그들은 사냥한 고기를 공동으로 관리했으므로 대개 일급 사냥꾼들이 덜떨어진 이웃을 먹이는 셈이었다. 그러나 1980년대에 인류학자들이 이들을 면밀히 조사해 본 결과 고기에 관해서 관대한 일급 사냥꾼들도 기본적인 재원은 축적한다는 사실을 발견했다. 그들은 소질 없는 사냥꾼에 비해 혼외정사를 더 자주 즐겼고 사생아도 더 많았다. 또 그들의 아이들이 특별 취급을 받았으므로 생존하기에 더 유리했다.[4] 요컨대 일급 사냥꾼으로 인정받게 되면 남녀에게 다같이 영향을 미칠 수 있는 비공식적 지위를 얻었다.

중앙 아프리카의 아카 피그미 족 역시 수장이나 지도자가 없기 때문에 겉보기에는 계급 체계가 없는 것처럼 보인다. 그러나 그들 가운데도 부족의 의사 결정에 은근하면서도 강력한 영향력을 행사하는 콤베티라는 지위를 가진 사람이 있다. 흔히 콤베티 직은 사냥에서 무용을 발휘한 사람들이 차지한다. 그리고 콤베티는 맛난 음식을 차지하며 예쁜 아내를 얻고, 따라서 강건한 자녀를 낳을 수 있다.[5]

이런 자료들이 축적되면서 다윈주의 인류학적 견지에서 재평가된 결과, 더 많은 사회들에서 진정으로 평등한 사회가 존재했는지에 대한 회의가 일어났다. 일부 사회에서는 사회학자라고 할 만한 사람들이 없었으므로 지위라는 개념조차 알지 못했을지 모른다. 그러나 그들에게도 지위는 있었다. 그들은 지위의 높낮이로 구별되었고, 어느 누가 어느 지위의 사람인지를 잘 알고 있었다. 1945년에 인류학자 조지 피터 머독(George Peter Murdock)은 당시 학계를 지배했던 보애스 학파에 대항해 「문화의 공통 분모(The Common Denominator of Cultures)」라는 논문을 출간했다. 그는 이 논문에서 '지위 분화'(선물, 재산권, 결혼을 비롯한 다양한 사항들)는 전 인류에서 보편적으로 나타나는 현상이라는 주장을 과감히 폈다.[6] 면밀히 검토해 볼수록 그의 주장은 옳은 것 같다.

어떤 면에서 보면 계급의 편재는 다윈주의자들이 풀어야 할 문제점이다. 패배자들이 게임을 지속하는 이유는 무엇일까? 토템을 기반으로 해서 비천한 자들이 지위 있는 자들을 유별나게 다룬다고 해서 그들이 어떤 유전적인 이득을 얻을 수 있는가? 비천한 자들은 자신을 천대하도록 하는 체제에 무엇 때문에 공력을 바쳐야만 하는가?

그 이유를 따져 보자. 계급 체계는 집단 내 구성원에게 돌아가는 혜택이 불공평하더라도 전체적으로는 모두에게 혜택을 줄 수 있을 정도로 집단을 강하게 결속시킨다. 다윈은 바로 이런 혜택을 티에라 델 푸에고 원주민들이 누리기를 희망했다. 요컨대 계급 체계는 '집단의 이익'에 봉사한다는 것이고 집단 선택은 이를 선호한다는 것이다. 신다윈주의적 패러다임이 등장하기 전에 유행했던 집단 선택주의의 저명한 멤버였던 인기 작가 로버트 아드리는 바로 이 이론을 받아들였다. 아드리는 사람들에게 복종하는 본능이 내재되어 있지 않다면 "조직 사회는 존재하지 않았을 것이다. 그러면 무정부 사회만이 남게 되었을 것"이라고 주장했다.

자, 그렇다고 치자. 그렇다면 본질적으로 비사회적인 수많은 종족을 근거로 판단해 볼 때 자연 선택은 사회 질서를 바로 잡기 위한 것이라는 아드리의 주장은 부정확한 듯하다. 자연 선택은 유기체로 하여금 무정부 상태의 와중에서도 총체적인 적합성을 기꺼이 추구하도록 한다. 여기에 더해 이런 집단 선택론자들의 논리를 곰곰이 따져 보기 시작하면 문제들이 발생한다. 부족 간에 전쟁이 벌어지거나 같은 재원을 두고 다툴 때 조직이 강하고 결속력 있는 부족이 승리를 쟁취할 것이다. 하지만 애초에 계급 체계와 결속력은 어떻게 발생할 수 있었을까? 어떻게 해서 유전자는 복종을 하도록 조장했으며 낮은 지위에 적응해 사회 안에서 발판을 구축하도록 작용할 수 있었을까? 이런 유전자들은 집단을 위한 자신들의 선행을 알릴 기회도 없이 잠시도 쉼 없이 경쟁을 벌이는 유전자 풀로부터 쫓겨나야만 하지 않았을까? 바로 이런 점들이 다윈의 도덕 감성론이 그랬듯 집단 선택론이 직면하고 또 극복하기 힘든 문제들이다.

계급 체계에 대해 널리 받아들여지고 있는 다윈주의적 설명은 단순하고 직설적이며 또 면밀한 관찰과도 일치한다. 도덕과 정치를 배제한 순수한 사회 지위를 면밀히 관찰한다면 이 이론만으로도 도덕 문제나 정치 문제에 부딪혀 볼 수 있다. 정확히 어떤 감각이 인간 본성에 내재된 사회적 불평등을 조장하고 있는가? 다윈이 주장했듯, 정말로 불평등이 경제나 정치의 진보를 위한 전제 조건일까? 어떤 사람은 '복종하기 위해 태어나고' 또 어떤 사람은 '다스리기 위해 태어나는 것'이 사실일까?

계급 체계의 근대 이론

암탉들을 한데 가두어 두면 이들은 격렬한 싸움을 벌인 후 이내 평정을 찾는다. 말하자면 암탉 하나가 다른 하나를 쪼면 먹이를 두고 벌어지는 다툼이 종결되는 것이다. 그 결과로 일종의 지위 체계가 만들어진다. 이 지위 체계는 단선적이며 닭들은 저마다의 지위를 안다. A라는 닭이 B라는 닭을 쪼면, B라는 닭은 C라는 닭을 쪼는 식이다. 노르웨이 생물학자 톨레이프 시엘데룹에베(Thorleif Schjelderup-Ebbe)는 1920년에 이런 패턴을 발견해서 이를 '쪼기 서열'이라고 명명했다. (또 정치적 입김에 오염된 학풍에 반발해 시엘데룹에베는 "전제 정치는 모든 생명과 존재가 영구히 얽어 매인 세상에 대한 기초 관념이다. 폭군이 없는 곳은 어디에도 없다."라고 주장했다.[8] 그토록 오랫동안이나 인류학자들은 사회 계급을 진화론적으로 설명하기를 주저해 왔음이 분명하다.)

쪼기 서열은 임의적으로 형성되는 것이 아니다. 갈등 초기부터 암탉 B는 암탉 C를 이길 가능성이, 또 암탉 A는 B를 이길 가능성이 높았다. 결국 이런 점에서 사회 계급의 출현을 단순히 개개인의 이해의 총합으로만 설명하는 것이 그다지 어려운 일은 아니다. 어쨌거나 승리를 할 닭에게 복종하는 것이 싸움을 벌여 더 큰 손해를 입는 것을 예방하는 길일 것이다.

여러분이 닭을 오래 두고 관찰한다면 닭들이 과연 "저 닭이 어쨌든 이길 텐데 싸울 이유가 없지."라는 식의 생각을 할 수 있을 것인지에 대해 의심할지 모른다. 이런 의심에는 일리가 있다. 쪼기 서열은 자연 선택이 어느 지점에서 '사고' 해야 하는지를 보여 주는 또 다른 예다. 사고를 유기체가 할 필요는 없다. 유기체는 다른 유기체가 자신과는 별개의 존재임을 알아야 하고, 또 자신을 학대할 유기체에게 두려움을 느껴야 한다. 그러나 두려움 뒤에 숨어 있는 논리를 따질 필요는 없다. 닭에게 이런 선택적인 두려움을 주는 유전자는 헛된 싸움에 들어가는 시간과 노력을 아껴 가며 번창할 것이다.

이런 유전자는 언젠가 집단에 두루 퍼질 것이고 그러면 계급 체계는 사회라는 건축물의 견고한 버팀목이 될 것이다. 사실 사회는 자유보다 질서를 높게 평가하는 누군가가 디자인한 것처럼 보일 수 있다. 물론 사실이 그렇다는 말은 아니다. 조지 윌리엄스는 『적응과 자연 선택』에 이 개념을 넣어 "늑대와 척추동물과 절지동물에서 볼 수 있는 지배와 복종의 체계는 기능적인 조직이 아니다. 이것은 음식과 동료 그리고 다른 자원을 얻기 위한 경쟁에서 각 개인들이 타협함으로써 만들어 낸 통계적인 결과이다. 타협은 하나하나 적응할 수 있지만 통계적으로 합산될 수 있는 것은 아니다."라고 했다.[9]

이것 말고도 집단 선택론이 빠져 있는 함정에 발을 들여 놓지 않고도 계급 체계를 설명할 수 있는 이론이 또 있다. 존 메이너드 스미스의 진화론적 안정 상태라는 개념, 곧 구체적으로 '매와 비둘기'를 토대로 조류를 분석한 그의 연구를 기초로 한 설명이 그것이다. 지배와 복종을 유전자에 근거한 두 가지 전략이라고 생각해 보자. 이 전략들은 그것의 상대적인 빈도에 성공 여부가 달려 있다. 지배자가 되는 것(가령 먹이 절반을 상납하도록 약한 상대의 주변을 어슬렁거리며 협박하는 것)은 복종하는 상대가 많은 한에서는 더할 나위 없이 좋은 것이다. 그러나 이 전략이 널리 알려지면 그 수확이 줄어든다. 착취할 상대의 수가 줄어들뿐더러 대가가 큰 싸움을 벌일 상대가 더욱 많아지는 것이다. 바로 이 때문에 복종 전략이 성공할 수 있다. 복종적인 동물은 먹이의 일부를 포기해야 하는 경우가 많지만 지배자가 되기 위해서 큰 대가를 치러야만 하는 싸움은 피할 수 있다. 이론적으로 개체 수는 복종하는 자들과 지배하는 자들 사이의 평형을 유지해야만 한다. 그리고 진화론적 안정 상태(3장에서 본 개복치를 염두에 두자.)와 관련하여 이 평형 상태는 각 전략이 동일한 생식을 이루어 내는 지점에서 결정된다.[10]

이 이론에 딱 들어맞는 종들이 있다. 해리스산참새들 중에는 검은 깃털의 참새가 공격적인 지배자들이고, 밝은 깃털의 참새들이 수동적이고 복종적이다. 존 메이너드 스미스는 두 가지 전략 모두가 적응(진화론적 안정 상태)에 도움을 준다는 증거를 간접적인 방법으로 알아냈다.[11] 그러나 이 이론을 인간에 적용시킬 때, 다시 말해 다른 계급 체계를 지닌 종에게 적용시킬 때 사회적 계급 체계를 설명하는 이 이론은 문제에 부딪힌다. 그중 가장 두드러지는 문제점은 조사 결과에서 나타나는 숫자이다. 아체 족, 아카 족을 비롯한 많은 사회, 그리고 다른 종들에서 볼 수 있듯 지위가 낮은 자들은 그만큼 자손을 적게 생산한다.[12] 이 상태는 전략들이 뒤섞여 진화론적으로 안정을 이룬 것이 아니다. 이 상태는 지위가 낮은 동물들이 불리한 상황에서 최선을 이루어 내려고 노력한 결과이다.

지난 수십 년 동안 인류학자들은 사회적 계급 체계를 경시해 온 반면, 심리학자들과 사회학자들은 인류가 스스로를 분류하는 능력을 관찰하면서 그것의 역동성을 연구해 왔다. 아이들을 모아 놓으면 그들은 이내 계층을 형성한다. 우두머리가 된 아이들은 선망을 받으며 모범이 되고 다른 아이들이 잘 따른다.[13] 이런 경향은 고작 한 살밖에 안 된 유아들 사이에서도 볼 수 있다.[14] 처음에 지위는 강인함에 상응한다. 등을 보이지 않는 아이들이 우두머리 자리를 차지하는데, 실제로 남자들 사이에서 강인함은 청년기까지 잘 통용된다. 유치원에 다니는 어린아이들도 협동을 통해서 지위를 밟아 나간다.[15] 한편으로 아이들은 커 갈수록 다른 능력, 즉 지적 능력이나 그림 그리는 재주 등을 통해서도 무게감을 높여 나갈 수 있다.

많은 학자들이 다윈주의와는 관계없이 독자적으로 이런 패턴을 연구했지만 그들도 이렇게 정형화된 학습 패턴을 지지하고 있는 것 같다. 게다가 지위 체계는 우리와 같은 과에 속한 동물들에게서도 볼 수 있다. 이것은 인간과 근연 관계가 가장 가까운 침팬지와 보노보에서 분명하고도 복잡한 형태로 나타나며, 비교적 근연 관계가 가까운 고릴라나 기타 영장류에서도 단순한 형태지만 나타난다.[16] 만약 다른 행성에서 온 동물학자를 맞아, 인류의 계통수를 보여 주며 인류와 근연 관계에 있는 영장류 세 종이 본질적으로 계급 체계적이라고 말한다면 그는 인류 역시 계급 체계적이라고 지적할 것이다. 또 그에게, 계급 체계는 면밀히 조사한 인간 사회에서 예외 없이, 그리고 말도 못 배운 어린아이들 사이에서도 나타난다고 말한다면, 그는 두 경우 다 마찬가지 사례라고 생각할 것이다.

증거는 그 밖에도 많다. 사람들이 자신의 지위와 다른 사람의 지위를 나타내는 몇 가지 방법들은 문화적 차이를 막론하고 공통적으로 나타나는 듯하다. 다윈은 선교사들과 여행가들의 기록을 폭넓게 접한 후에 다음과 같은 결론을 내렸다. "경멸, 멸시, 모욕, 혐오감은 얼굴 표정을 변화시키거나 몸짓을 통해서 다양하게 표출된다. 이것은 전 세계의 인류에게 공통적으로 나타난다." 그는 또 "우월감을 가진 사람은 머리와 몸을 꼿꼿이 세움으로써 다른 사람보다 우월하다는 것을 드러낸다."라는 사실에 주목했다.[17] 그 후 한 세기가 지나 학자들은 사회적 승인(가령 성적이 좋은 학생)을 받은 사람들의 자세는 이내 똑바로 선다는 것을 보여 주었다.[18] 또 생태학자인 이레네우스 아이블아이버스펠트(Irenäus Eibl-Eibesfeldt)는 어떤 문화를 막론하고 모든 아이들이 싸움에 진 이후에는 모멸감으로 머리를 숙인다는 사실을 알아냈다.[19] 이런 보편적인 표현은 내면을 반영하는 것이다. 모든 문화의 모든 사람들은 성공에 자부심을 느끼고, 실패에는 당혹감, 심한 경우 수치심까지 느끼며, 때로는 그 결과에 딸려 올 무엇인가를 근심한다.[20]

인류 이외의 영장류들도 인류와 마찬가지로 지위 신호를 보낸다. 우두머리 수컷 침팬지들(일반적으로 우두머리 영장류)은 떳떳하게 활보한다. 지위를 두고 벌어진 싸움에서 패한 침팬지는 비참할 정도로 기가 죽는다. 이렇게 고개를 숙이는 것은 이후부터 복종을 표현하는 방법으로 반복된다.

지위와 자존심 그리고 생화학

인류와 다른 영장류 사이에서 볼 수 있는 행동상의 차이 저변에는 생화학적 차이가 있다. 긴꼬리원숭이의 일종인 버빗 사회에서 우두머리 수컷들은 신경 전달 물질인 세로토닌 수치가 복종하는 수컷보다 높다. 또 어떤 연구에 의하면 대학 내 동아리에서도 같은 현상을 보인다고 한다. 통상적으로 동아리의 간부들은 평회원보다는 세로토닌 수치가 높다는 것이다.[21]

지금은 예전에 권위를 누렸던 오도된 관념을 일소시킬 좋은 호기를 맞고 있다. 이런 이론들의 영향력이 감소하고는 있지만 응당 소멸되었어야 할 이론들이다. 그렇다고 '호르몬의 통제'나 '생물학적 통제'를 받는 행동 모두가 '유적적으로 결정된 것'이라는 말은 아니다. 물론 그 외의 신경 전달 물질처럼 세로토닌과 사회적 지위 사이에는 상관관계가 있다. 그러나 사회적 지위는 태어날 때부터 '유전자 속에' 예정되어 있는 것이 아니다. 만약 후에 어떤 동아리의 대표가 되겠지만 지금은 평회원인 누군가를, 또는 후에 우두머리가 될 버빗의 세로토닌 수치를 검사해 본다면 그들에게서 다른 구성원과의 차이점을 찾지 못할 것이다.[22] 세로토닌 수치는 '생물학적'인 영역이긴 해도 대체로 사회 환경의 산물이다. 그것은 태어날 때 특정한 사람을 지도자의 위치에 오르도록 운명 짓는 자연의 섭리가 아니다. 그것은 언젠가 지도자의 지위에 오를 그를 준비시키기 위한 자연의 섭리다. (어떤 증거에 따르면 기회가 도래했을 때 지도자의 지위에 오를 수 있도록 고무시키는 것이라고 한다.)[23] 여러분이 대학 동아리의 장으로 선출될 수 있다면 여러분 역시 세로토닌 수치를 높일 수 있다.

유전적 차이가 중요함은 분명하다. 어떤 사람의 유전자들은 그를 야망이 유달리 큰 사람으로, 혹은 영리한 사람이나 강건한 사람으로, 혹은 예술적 재능이 있는 사람이나 세로토닌 수치가 유달리 높은 사람으로 만든다. 하지만 이런 특성들이 꽃을 피우려면 환경의 도움을 받아야 하며(이런 특성과 환경이 서로 상호작용하는 경우가 많다.), 설혹 이런 조건이 갖추어지더라도 최종적으로 지위를 얻으려면 운이 따라야 한다. 지도자로 예정된 사람도 없고 하인으로 예정된 사람도 없다. 물론 문화적 또는 유전자적 자질에 따라 어느 정도는 타고날 때부터 이점을 지닌 사람들이 분명 있다. 어떤 경우가 됐든 다윈주의적 관점에서 보면 사람은 누구나 세로토닌 수치를 높일 수 있는 능력, 즉 지위 상승이 허용된 사회에서 지위를 높일 수 있도록 해 주는 능력이 있다고 믿을 만한 이유가 있다. 인간 두뇌의 가장 큰 특징을 행동상의 융통성에서 찾아볼 수 있고, 그것은 높은 지위와 유전자 간의 관련성을 부인하는 자연 선택과 몹시도 큰 괴리가 있다. 분명 인간에게 융통성이 있다면 기회도 그만큼 더 많아져야 한다.

세로토닌이 하는 역할은 무엇일까? 신경 전달 물질로 인한 효과는 몹시도 예민하고 화학적 환경에 따라 다르게 나타나므로 그 효과를 단순하게 일반화시킬 수는 없다. 그러나 세로토닌은 사람을 편안하게 하고, 사교적으로 만들며, 배짱을 불어넣어 주는 술의 효과와 유사하다. 사실 술의 효과 중 하나도 세로토닌을 분출하게 하는 것이다. 요컨대 세로토닌은 자존심을 세우는 데 도움을 준다. 세로토닌은 존중받는 자들에게 어울리는 행동을 하도록 만든다. 세로토닌 수치가 낮다면 자존심이 손상되는 정도가 아니라 심한 우울증이 유발될 수 있다. 심지어 자살에까지 이를 수도 있다. 프로작 같은 항우울제는 세로토닌 수치를 높여 주는 효과가 있다.[24]

이 책에서는 세로토닌과 같은 신경 전달 물질과 일반 생화학에 대해서 거의 살펴보지 않았다. 그 이유는 부분적으로 행동 사이의 생화학적 연결 고리가 거의 미해결 상태로 남아 있기 때문이다. 또 진화론적 분석이 워낙 논리정연한 탓에 유전자가 주는 영향의 요점이 무엇인지에 대해 우려하기보다는 먼저 유전자의 역할이 무엇인지를 이해해 왔기 때문이다. 그러나 요점은 늘 있다. 우리의 행동, 사고, 감정에 관여하는 유전자(혹은 환경)의 영향에 대해 말하는 것은 그 영향의 생화학적 연결 고리에 관해서 말하는 것이다.

이런 연결 고리가 좀 더 명확해질 때, 미완성의 데이터는 형식을 갖출 수 있다. 그리고 다원주의의 기본틀에 데이터를 접목시키는 데도 도움이 될 수 있다. 수십 년 전에 심리학자들은 인위적으로 자존심을 꺾은 (가령 성격 검사를 조작해 점수를 낮추는 것) 이들이 카드 게임에서 잘 속아 넘어간다는 것을 발견했다.[25] 최근의 연구 결과에 따르면 세로토닌 수치가 낮은 사람들이 충동적인 범죄를 더 쉽게 저지른다고 한다. 진화론적으로 보면 이 두 가지 경우는 같은 것이다. '속임수'는 사람들이 한결같이 손해 보기를 회피함으로써 합법적인 방법으로는 자원을 얻기가 힘들 경우에 나타나는 적응된 반응이다. 아마 이것은 도시 범죄(가난한 집의 아이들이 텔레비전이나 영화를 통해 자신의 처지를 알아 나감으로써 생기는 모멸감 때문에 발생한다.)가 단순 반복되는 이유에 대한 해답이 될 것이다. 또한 우익이자 유전적 결정론으로 낙인 찍힌 다윈주의가 어떻게 좌익이 선호하는 환경 결정론과 조화될 수 있는지도 알 수 있다.

또 우리는 집단 선택론자들의 이론을 검증하는 다른 방법이 있다는 사실도 알고 있다. 만약 낮은 지위를 받아들이는 것이 집단 전체가 성공할 수 있는 필수적 요인이기 때문에 진화해 왔다면 지위가 낮은 동물이 집단의 질서를 뒤엎으려 한다고는 믿지 않을 것이다.[26]

인간 이외의 영장류에서 세로토닌과 지위 사이에 어떤 관계가 있는지 알기 어려울뿐더러, 사실 인간과 근연 관계가 가장 가까운 침팬지에서조차 이 관계를 알아보려고 시도한 사람이 없다. 하지만 어떤 관계가 있음을 부인할 수는 없다. 실제로 인간과 침팬지는 공통의 조상에서 유래한 생화학적 기제(그리고 이에 상응하는 정신적, 감정적 상태)를 공유하고 있음직하다. 이 때문에도 지위를 얻으려는 침팬지의 노력은 연구해 볼 만한 가치가 있다.

침팬지가 지위에 민감하게 반응하는 것은 대개의 경우 의례적인 것에 지나지 않는다. 힘이 센 놈에게는 겸손을 표시한다. 침팬지들은 힘이 센 개체에게 고개를 숙이기도 하고 심지어 발에 입을 맞추기까지 한다.[27] (발에 입을 맞추는 것은 일부 침팬지 무리에서만 발견되는 것으로 보아 문화적 습관으로 보인다). 하지만 적어도 수컷의 경우에는 싸움을 통해 서열이 결정된다. 싸움에서 승리한 침팬지만이 존경을 받는 것이다.

그리고 그로부터 얻은 대가는 아주 현실적이다. 자원은 대체로 지위에 맞춰서 분배된다. 우두머리 수컷이 제일 좋은 몫을 갖는 것이다. 특히 우두머리는 발정기 동안에 매혹적인 암컷들을 주의 깊게 보호한다.

일단 이런 지위 사다리가 생기고, 사다리에 높이 오를수록 생식에 유리하다면, 침팬지가 사다리를 오르도록 부추기는 유전자가 널리 퍼질 것이다. 인간에게 있어 그 유전자는 '야망'이나 '경쟁심', '수치심'(수치심에 대한 거부와 실패 후 수치심을 느끼게 되는 경향), '자부심'(자부심에 대한 매혹과 인상 깊은 일을 실행한 후에 자부심을 느끼는 경향)이라는 거부할 수 없는 욕구에 의해 작동될 것이다. 그러나 정확한 감정들이 무엇이든지 간에, 이 감정들이 적절히 자라난다면 그 종의 심리적 부분이 될 것이다.

수컷 침팬지는 암컷 침팬지보다 이런 종류의 힘을 훨씬 더 중요하게 여긴다. 수컷은 지위를 얻기 위해 열심히 노력한다. 이런 까닭에 수컷의 위계 서열은 불안정하다. 우두머리 수컷에게 도전하는 젊은 난폭한 수컷이 늘 존재한다. 그리고 우두머리 수컷은 많은 공력과 시간을 들여 이런 도전자를 찾아내 응징한다. 암컷들이 위계 서열을 정하는 데는 갈등이 덜하다. (선임자가 몫을 차지하는 경우가 많다.) 일단 위계 서열이 정해지면 암컷들은 지위에 그다지 연연해 하지 않는다. 사실 암컷들의 위계 질서는 그것을 분간하는 안목으로 정해진다. 반면 나서기 좋아하고 폭력적인 우두머리 수컷에게는 뭔가 유치한 구석이 있다. 암컷들의 연합(우정)은 평생 동안 지속되는 경우가 흔하지만 수컷들의 연합은 전략적 유용성에 따라 변질되는 경우가 많다.[28]

남성과 여성 그리고 지위

사람이라고 해서 크게 다를 것은 없다. 남성 역시 야망적이고 독선적이며 기회주의적이라는 평가를 받는다. 『당신이 이해하지 못하는 것』이라는 책의 저자이자 언어학자인 데버러 태넌(Deborah Tannen)은 여성과 달리 남성들의 대화는 "계급 체계적인 사회 질서에서 지위를 유지하고 협상하며 독립을 유지하는 원초적인 수단"이라는 것을 발견했다.[29] 특히 20세기 후반에 일어난 논쟁을 통해 이런 차이가 전적으로 문화적이라고 주장하는 목소리가 높아졌다. 태넌도 이런 관점을 받아들였다. 그러나 그들의 주장은 틀렸다. 지위를 추구하는 수컷 침팬지의 욕망 뒤에는 진화론적인 역동성이 작용하는데, 인간이라고 해서 예외는 아니다. 인간이 진화하는 동안 이런 욕망이 작용해 온 것이다.

이런 역동성으로 수컷과 암컷 간의 성행위를 설명할 수 있다. 수컷은 생식이 거의 무한하게 가능하고 암컷은 제한되어 있으며, 수컷 사이에도 생식 능력의 불균형이 있다. 극단적으로 지위가 낮은 수컷은 자식을 보지 못하는 경우도 있다. 자연 선택의 견지에서 보면 지위가 낮은 수컷은 강력하게 배척당한다. 또 다른 극단으로 어떤 우두머리 수컷이 여러 암컷으로부터 자식을 수십 마리나 볼 수 있는 경우도 있다. 자연 선택의 견지에서 보면 수컷은 힘을 향한 갈망이 크다. 암컷에게 있어 지위 게임으로 인해 얻을 수 있는 생식적 이해 관계는 적다. 배란기에 있는 암컷 침팬지는 지위와 상관없이 늘 구혼자로 넘쳐난다. 암컷은 다른 암컷들과 성적으로 경쟁할 필요가 없다.

물론 사람의 경우 여성은 부양 투자를 할 수 있는 짝을 찾기 위해 다른 여성과 경쟁한다. 그러나 인간이 진화해 오는 동안 여성들의 사회적 지위가 중요한 경쟁 수단이었다는 증거는 없다. 게다가 성행위를 하기 위해 남성들이 벌이는 경쟁에 대한 진화론적 압박은 여성들이 투자를 하기 위해 벌이는 경쟁에 대한 압박보다 훨씬 강해 보인다. 잠재적인 적합성의 차이가 여성들 사이에서보다는 남성들 사이에서 더 크기 때문이다.

이 점을 『기네스북』은 잘 보여 주고 있다. 이 책은 역사상 부모가 본 가장 많은 자식 수가 888명이라고 기록하고 있다. 이것은 꿈에서나 가능한 숫자다. 존경스럽게도 그 이름과 직함은 '피에 굶주린 자'란 별명을 가진 모로코의 황제 물레이 이스마일(Moulay Ismail)이다.[30] 사람의 유전자가 근 천 명의 자식을 낳는 길을 찾았다는 것은 생각만 해도 오싹한 일이다. 그러나 자연 선택이 하는 일이 이런 것이다. 가장 오싹한 유전자가 대개 승리를 거둔다. 물론 물레이 이스마일에게 피에 굶주린 유전자가 있었는지는 분명치 않다. 아마 그는 어린 시절을 억척스럽게 보낸 모양이다. 요점은 이렇다. 수컷이 힘을 추구하는 거센 욕망 뒤에는 흔히 유전자가 관여하며, 이렇게 얻은 힘이 생존 가능한 자식에게로 전달된다면 이 유전자들은 번성을 한다는 것이다.[31]

비글 호 항해를 마친 다윈은 사촌 폭스(William D. Fox)에게, "내 연구 결과를 난폭한 총잡이라면 기꺼이 받아들일 것이고, 이것은 내게 큰 자신감을 주었어요. 나는 허영심에서 벗어나고 싶습니다. 제 꼬리 깃을 자랑하는 공작처럼 나를 느낄 때가 있기 때문이지요."라는 내용의 편지를 썼다.[32] 그가 성 선택론은 물론 자연 선택론을 착상하기 이전인 이 당시에는 이 비유가 얼마나 적절했는지를 알지 못했다. 물론 나중에는 성인의 자아가 공작의 꼬리를 창조한 동일한 과정, 다시 말해 수컷들 사이의 성적 경쟁에 의해 형성되었다는 사실을 알았을 것이다. 그는 『인류의 기원과 성 선택』에서 "여성은 남성과는 달리 정신적으로 다정다감하며 사심이 없는 것 같다. 반면 남성은 경쟁심이 강하다. 경쟁은 야망으로 이어지며 야망은 이기심으로 이어진다. 야망과 이기심은 불운하지만 타고난 권리인 것 같다."라고 썼다.[33]

또 다윈은 이런 타고난 권리가 원숭이 시절의 흔적이 아니라 인간이 된 이후에도 오래도록 작용한 힘의 산물이라고 보았다. "가장 강하고 가장 활력에 찬 남자들(다시 말해 가족들을 잘 보호하고 가족들을 위해 사냥 솜씨를 유감없이 발휘할 수 있었던 남자들. 후에 이런 남자들이 족장이나 우두머리에 올랐다.), 좋은 무기로 무장을 했던 남자들, 가축이나 개 따위의 재산을 소유한 남자들이 약하고 가난하고 비천한 남자들보다 자식을 더 많이 낳고 더 잘 양육할 수 있을 것이다. 또 그런 남자들이 보통 매력적인 여자들을 차지할 수 있을 것이다. 지금 이 시점에서 보아도 거의 모든 부족의 추장들이 아내를 여럿 거느리고 있다."[34] 실제로 피임이 일상화되기 전까지는 아체 족, 아카 족, 아즈텍 족, 잉카 족, 고대 이집트 인들을 비롯한 여러 문화권에서 남성의 힘이 자식에게 전달된 것을 볼 수 있다. 그리고 피임법이 이런 연관을 깨뜨리는 지금까지도 남자의 지위와 섹스의 빈도 간의 상관관계는 여전히 남아 있다.[35]

확실히 남성의 경쟁심은 유전적 기반을 가지고 있으면서도 문화적이다. 일반적으로 남아가 여아보다 고집이 센 것이 자연스럽다. 부모는 그들에게 총을 쥐어 주고 경쟁에 뛰어들게 한다. 아이를 이런 식으로 다루는 것은 부분적으로 유전자에서 비롯된다. 부모들은 아이들이 효율적인 생식 기계(엄밀히 말해 우리의 진화 환경 내에서 효율적인 생식 기계)가 되도록 계획을 짠다. 마거릿 미드는 모든 사회에 어느 정도 적용되는 원초적인 사회를 설정한 적이 있다. "어린 소녀는 자신이 여자이고, 시간이 흐르면 언젠가는 엄마가 될 것이라고 배운다. 어린 소년은 자신이 남자이고, 무엇인가에 성공을 거둔다면 언젠가는 남자가 될 것이고, 자신이 얼마나 남자다운가를 보여 줄 수 있을 것이라고 배운다."[36] (이 메시지가 얼마나 호소력이 있는지는 이것이 다윈주의적 의미를 얼마나 수용하고 있는가에 달려 있다. 아이를 많이 낳는 일부다처제 사회에서 지위가 높은 남성일수록 자식이 경쟁심을 갖도록 훈육시킨다는 증거가 있다).[37]

이것들 중 어떤 것도 야망이 수컷의 독점물임을 의미하지는 않는다. 인간이나 원숭이를 비롯한 영장류 암컷에게도 지위는 이득을 가져다 준다. 지위가 높은 암컷은 더 많은 음식을 얻을 수 있고 자식도 좋은 대우를 받을 것이다. 따라서 암컷도 다소간 열정적으로 지위를 추구한다. 통상적으로 암컷 침팬지들은 젊은 수컷들을 지배한다. 그리고 수컷의 권력 구조에 공백이 생기면 암컷이 권력의 윗자리를 차지할 수 있다. 침팬지 무리에 힘센 수컷이 없을 경우, 암컷이 우두머리 자리를 차지할 수 있는데, 후에 수컷 경쟁자가 나타나도 암컷은 무난하게 이 지위를 지킬 수 있다. 그리고 보노보(진화론적으로 인간과는 사촌간이다.)는 노골적으로 힘을 추구한다. 힘센 수컷이 없을 경우에는 예외 없이 암컷이 지도자의 자리를 차지한다. 야생에서도 강력한 암컷들은 지위가 낮은 수컷들을 압도할 수 있다.[38]

침팬지들 사이에서 일어나는 지위 싸움은 부분적으로나마 암컷들에게도 적용시킬 수 있다. 하지만 수컷들 사이에 일어나는 지위 싸움에 초점을 맞추도록 하자. 바로 이것이야말로 지위 싸움의 전형이기 때문이다. 정신적 힘들이 이런 싸움에 불을 지핀다. 정신적 힘이 인간에게 속하는 것이라면 다소나마 이것은 여자들에게도 속한다.

침팬지와 인간의 위계 서열은 닭의 위계 서열보다 미묘하다. 동물이 나날이 변화하는 것에 경의를 표하는 것은 그 위계 서열이 변하기 때문이 아니라 지배 관계가 상황에 따라 변하기 때문이다. 영장류들은 주변의 다른 영장류들을 통해 이 방법을 터득할 수 있다. 침팬지와 인간은 닭이 갖지 못한 무엇인가를 갖고 있다. 호혜적인 이타주의가 그렇다. 호혜적인 이타주의로 사회를 살아간다는 것은 친구가 있음을 의미한다. 그리고 친구들은 사회적 갈등이 발생할 때 서로 돕는다.

이를 부인할 수는 없을 것이다. 그렇다면 친구는 무엇에 소용이 있을까? 정말로 중요한 문제다. 호혜적인 이타주의와 지위 서열이라는 진화의 혼합물은 동물에게 극히 드물다.

일단 위계 서열이 생기면 지위는 자원이 된다. 이런 사실은 친구를 만드는 복합적 동인이기도 하다.[39] 지위가 음식이나 섹스를 얻기 위한 수단이라면 지위를 추구하는 것은 이치에 맞는 일이다. 먹을 수 없는 돈을 추구하는 것이 이치에 맞는 경우와 마찬가지다. 그래서 지위를 키우기 위해 두 동물이 서로 원조해 주는 것은 본질적으로 음식을 교환하는 것과 다르지 않다. 교환이 논제로섬적 결과를 낳는 한, 기회가 주어진다면 자연 선택은 이를 장려할 것이다. 사실 침팬지와 인간 사회를 자세히 조사해 보면, 자연 선택의 관점에서 지위를 얻기 위해 서로 지원해 주는 것이 우정의 주요한 목표임을 알 수 있다.

위계 서열과 호혜적인 이타주의라는 진화론적 융합은 보통 인간의 삶에 이롭다. 다는 아니더라도 많은 경우 중요한 약속, 사람들에 대한 마음의 변화, 직관, 심지어 관념까지도 이런 융합을 만든 정신 기관의 지배를 받는다. 이것이 일상의 틀을 형성해 나가는 것이다.

이것은 또한 존재 구조의 상당 부분을 형성한다. 국가와 우주 속에서 협동하면서 사는 삶은 이런 정신 기관의 지배를 받는다. 호혜적인 이타주의와 위계 서열은 모두 개별적인 유전자의 생존을 목표로 진화해 왔다. 그러나 이것들은 이에 그치지 않고 세계를 지탱하기도 한다.

고로 침팬지의 일상 생활을 지탱하는 것이 무엇인지를 알 수 있다. 이들의 사회 구조를 보자. 그리고 이들의 지성(기억, 교활함, 장기적인 계획 수립, 언어)이 크게 발전하고 있다고 상상해 보자. 그러면 잘 차려입은 침팬지로 가득 찬 사무실, 국회, 대학 등 좋고 나쁘고를 떠나 어떤 기능을 수행하는 건물들을 상상할 수 있을 것이다.

침팬지의 정치학

인간에게 지위가 그렇듯 침팬지에게도 지위는 야망과 힘에 달려 있다. 사실 침팬지가 우두머리 자리를 차지하려면 다른 우두머리를 수차례 물리쳐야 했다. 새로운 우두머리는 전임 우두머리와 다른 수컷을 위협하는 습관을 보일 것이다. 이 침팬지는 무리 사이를 통과하고 영역을 어슬렁거리며, 그가 지배자임을 아는 한 무리의 원숭이들을 향해 고개를 까닥거림으로써 지휘를 할 것이다. 그는 다른 한두 마리의 침팬지를 찰싹 때릴 수도 있다. 이런 행동과 더불어 그는 지배권을 잡고 유지하기 위해 전략적인 임기응변도 구사할 것이다.

제인 구돌(Jane Goodal)이 아프리카에서 연구한 침팬지 마이크를 통해 이런 점을 잘 알 수 있다. 마이크는 몸집이 큰 편은 아니었지만, 등유통을 다른 침팬지들에게 요란하게 굴려대면 그들의 존경을 얻을 수 있다는 사실을 알았다. 구돌은 "마이크는 상대방이 털을 골라줄 때까지 잇달아 네 차례나 등유통을 굴려댔다. 그가 멈추어 서자(다른 수컷이 앉아 있는 장소를 정확하게 지적한다.), 상대방은 때때로 물러나거나 복종적인 태도로 마이크를 치장해 준다. 마이크는 자신의 지위를 유지하기 위해 의자, 탁자, 상자, 삼발이 등 쓸 수 있는 것이면 무엇이든 확보하려 한다. 우리는 그로부터 이것들을 간수하기에 급급했다."[40]

그렇다고 마이크의 재능이 전형적인 것은 아니고, 이런 재능이 인간 진화에 크게 관련되어 있다고 볼 수도 없다. 침팬지가 지위를 얻기 위해서는 기술적 능력이 필요한 것이 아니라 사회적인 임기응변이 필요하다. 개인의 이익을 위한 호혜적이며 이타적 충성을 드러내는 것, 즉 마키아벨리적 전략이 필요한 것이다.

결국 인간처럼 침팬지도 단독으로 무리를 지배하는 경우는 거의 없다. 더러 야망 있는 젊은 수컷이 끼어 있는 원숭이 무리를 지배하기는 쉽지 않다. 그래서 우두머리는 지지를 끌어내기 위한 자원을 준비한다. 대개 이 지지는 우두머리를 도와 도전자들을 밀어내면서 그 대가로 배란한 암컷에게 접근하는 것을 허락받은 독신의 부관으로부터 얻는다. 혹은 영향력이 센 암컷과 가까운 관계를 유지함으로써 지지를 끌어낼 수 있을 것이다. 암컷은 우두머리를 방어해 줄 것이고 암컷과 그 새끼는 우두머리의 보호를 받을 것이다. 지지는 더 복잡한 형태로 나타날 수도 있다.

침팬지의 권력이 유동적이고 이에 대한 침팬지의 감정과 인식이 복잡하다는 사실을 영장류 동물학자인 프란스 드 발(Frans de Waal)의 『침팬지 정치학(Chimpanzee Politics)』을 통해 알 수 있다. 그는 이 책에서 네덜란드의 아른햄에 있는 동물원에 수용된 침팬지들의 삶을 다루고 있다. 일부 사람들은 그가 침팬지를 너무 인간과 흡사하게 다루고 있고, 『침팬지 정치학』이라는 책 제목에도 문제가 있다고 비판했다. 그러나 이 책만큼 원숭이들의 삶을 구체적으로 보여 준 책은 없다. 자, 그렇다면 해석상의 문제는 나중으로 제쳐 두고 우선 그가 의인화된 원숭이를 통해 하고자 했던 흥미진진한 이야기를 살펴보도록 하자.

이 책에는 예로엔이란 지도자가 등장한다. 그는 권력을 지키기가 얼마나 어려운 것인지를 잘 알고 있다. 우두머리인 그는 영향력이 있는 암컷 여러 마리와 동맹을 맺고 있다. 암컷 중에서도 마마란 개체의 영향력이 가장 크다. 암컷들은 젊고 억센 루이트가 도전해 올 때 예로엔을 도와 그를 물리친다.

루이트의 도전은 점차 거세진다. 우선 루이트는 질투심이 많고 소유욕이 강한 예로엔이 보는 앞에서 배란기에 있는 암컷들과 짝짓기를 한다. 그러고는 예로엔을 겨냥해 '과시'를 하고 위협을 한다. 마침내는 공격을 감행한다. 루이트는 나무 위에서 예로엔을 습격해 타격을 가하고는 냅다 줄행랑을 놓는다. 우두머리로서 심한 모욕감을 느낀 예로엔이 고함을 지르기 시작한다.

그는 암컷 침팬지들이 모여 있는 곳으로 가 한 놈씩 포옹을 해 줌으로써 공고한 연대를 확인한다. 그와 암컷들은 루이트를 추적해 궁지에 몰아넣는다. 그리고 치밀었던 울화통을 해소한다. 첫 번째 싸움에서는 이렇게 해서 승리를 거둔다.

예로엔은 루이트가 도전해 오리라는 사실을 사전에 알았던 것 같다. 예로엔은 루이트가 도전해 오기 몇 주 전부터 암컷들과 접촉하며 보내는 시간을 갑절이나 늘렸던 것이다. 정치가들은 선거철만 되면 뜬금없이 아이들과 입을 맞춘다.

하지만 어쩌랴. 승리는 무상한 것이거늘. 루이트는 교활하게도 예로엔과 암컷들의 연합을 깨뜨리기 시작한다. 그는 수주간에 걸쳐 예로엔을 지지하는 암컷들을 공격한다. 루이트는 예로엔과 암컷이 함께 있는 것을 보면 이들에게 접근해 암컷을 위협하고 공격한다. 그러나 암컷만이 홀로 있을 때는 이 암컷의 털을 골라주거나 새끼와 놀아준다. 암컷은 루이트의 의도가 무엇인지를 알아차린다.

만일 예로엔이 동맹을 더욱 공고히 할 수 있다면, 그는 우두머리 지위를 유지할 수 있을 것이다. 그런데 루이트와 젊은 수컷 니키가 동맹을 맺었다. 예로엔이 위험에 처한 것이다. 니키는 루이트를 따라다니며 암컷들을 위협하고 공격했다. 이제 막 사춘기를 빠져나온 니키는 암컷들을 지배하고 싶어 했고 루이트와의 동맹으로 이것을 어렵지 않게 달성할 수 있었던 만큼 그들 사이의 협동은 자연스럽게 이루어졌다. 루이트는 얼마간의 망설임 끝에 니키에게 성적 특권을 허락했다.

루이트는 예로엔을 고립시킴으로써 우두머리 자리에 올라설 수 있었다. 수차례의 싸움 끝에 권력이 이양되었다. 예로엔에게는 처참한 일이었지만 마침내 그가 고개를 숙인 것이다.

루이트는 현명하고 사려 깊은 지도자였다. 그는 공정하고 짜임새 있게 무리를 지배했다. 침팬지끼리 싸움이 붙는다면 그는 묵묵히 무리 사이를 걸어갔다. 그렇게 함으로써 적대감을 해소시키는 것이다. 그리고 그는 패배한 편에 섰다. 그는 우리가 인민주의라고 부르는 정책을 채택해 학대받는 쪽을 지원했다. 이런 정책은 특히 암컷들에게 강한 인상을 주었다. 암컷들은 수컷들보다 지위를 덜 추구하기 때문에 루이트의 이런 정책을 무리의 안정을 더욱 공고히 해 주는 것으로 보았다.

그렇지만 인민주의만으로는 장기 집권이 가능하지 않다. 루이트는 한편으로 권력의 맛을 알았던 예로엔(이 둘은 서로 털 고르기를 해 주는 따위의 제스처를 쓰면서 화해를 했지만 아직도 은연중 적의가 남아 있었다.)을 견제해야 했고, 또 한편으로 니키의 노골적인 야망에도 주의를 기울여야 했다. 이 중에 니키가 더 위협적인 존재라고 판단한 듯하다. 루이트는 예로엔과 동맹을 맺어 니키의 지배권을 박탈했다. 그런데 균형을 이루고 있는 힘의 한 축을 차지한 예로엔이 루이트와 니키 사이를 이간질시켜 서로 싸우게 했다. 결국 니키 쪽으로 기운 예로엔은 그와 동맹을 맺어 루이트를 쫓아냈다. 우두머리 지위는 니키가 차지했지만 예로엔은 자신의 권리를 노련하게 행사해 다음 해까지 수컷들의 짝짓기를 이끌었다. 드 발은 니키를 '명목상'의 우두머리로, 예로엔은 왕권 뒤에 숨은 실력자로 다루고 있다.

이 이야기의 결말은 우울하다. 이 책이 출간된 이후에 니키와 예로엔은 싸움을 벌였다. 그런데 이 틈을 타 루이트가 우두머리 자리에 오르자, 니키와 예로엔 사이에는 공감대가 형성됐다. 어느 날 밤에 벌어진 격렬한 싸움 끝에 루이트가 치명적인 부상을 입었다. 고환을 물어뜯긴 것이다. 드 발은 이 두 살인자 중 어느 쪽이 비난을 받을 만한가 하는 문제에 대해 주저없이 답을 내린다. 그는 "열 살 어린 니키는 예로엔이 벌인 게임의 볼모에 불과했다. 이런 도덕적인 판단을 내리기가 쉽지 않지만 예로엔이야말로 살인자라고 단언할 수 있다."라고 후의 관찰기에서 기록하고 있다.[41]

침팬지와 같다는 말이 뜻하는 바

드 발은 아른헴의 동물원 침팬지들을 의인화해서 이야기를 꾸려나갔다. 그렇다면 드 발의 이런 의인화는 비난받을 만한 일이었을까? 그런데 묘하게도 진화심리학자들이 드 발에게 유죄 표를 던졌다.

드 발은 예로엔이 루이트의 도전을 미리 알아채고 있었다고 생각한다. 예로엔이 암컷들과 보내는 시간을 늘렸을 때 "루이트의 거동이 변했고 그의 지위가 위협받고 있음을 이미 알고 있었다."라는 것이다.[41] 아마 예로엔은 루이트의 거동이 변했음을 '감지' 했을 것이다. 그러기에 정치적으로 주축을 형성했던 암컷들에게 급작스레 관심을 기울였을 것이다. 그런데 예로엔의 도전이 다가오고 있음을 의식적으로 '인식' 해 이에 대해 이성적으로 대처했다고 하는 드 발의 주장에 동조해야 할까? 단순히 루이트의 단호한 거동에 불안을 느낀 예로엔이 지지자들과 더 가까이 접촉했던 것은 아니었을까?

자연 선택은 위협에 무의식적이지만 이성적으로 대처하도록 하는 유전자에 호의를 보인다. 어린아이나 새끼 침팬지가 험상궂은 동물을 보고 어미 품에 매달리는 것은 당연하고 논리적으로도 이치에 맞는다. 하지만 그 어린 것이 이 논리를 의식해서 매달리는 것은 아니다. 마찬가지로 앞 장에서 다윈의 고질적인 병이 에마에 대한 다윈의 사랑을 다시 지피는 불씨 역할을 했다고 한 말은 그가 의식적으로 간병인으로서 에마의 가치를 높이 평가한다(그랬을 수도 있다.)는 의미는 아니었다. 사람이 위협에 직면하면 그 위협에 대처하도록 도와줄 다른 사람, 즉 친족이나 친구들에게 더 한층 애정을 느끼게 되는 것 같다.

요지는 이렇다. 이렇게 뛰어난 전략을 침팬지가 무시했으리라고 쉽게 믿어 버리는 것은 진화심리학의 기본 주제를 흐리게 할 우려가 있다는 점이다. 인간의 일상적 행동의 배후에는 흔히 숨은 힘들이 작용하고 있다. 물론 의식적이지는 않더라도 이성적인 힘들이다. 이렇게 드 발은 예로엔과 루이트가 "정책을 정반대로 수정했고, 이성적으로 결정을 내렸으며, 기회주의적인 태도를 취했다. 이런 정책에는 동정이나 반감이 깃들 여지가 없다."라고 말함으로써 오도된 이분법을 주장한 것이다.[43] 정책처럼 보였던 것은 아마도 동정과 반감의 결과물일 것이다. 궁극적인 정책 입안자는 자연 선택이다. 자연 선택이 이런 감정을 측정해 정책을 수행하는 것이다.

진화심리학자들은 이런 점에서 드 발을 비판했지만 그가 의인화된 침팬지를 통해 주장하고자 한 여러 사항에는 공감을 표시했다. 그가 침팬지를 통해 말하고자 했던 바는 인간의 의식적인 계획이 아니라 인간의 감정이었다. 루이트의 도전이 노골적이지 않았던 초기에도 이 둘은 주기적으로 싸웠다. 이런 싸움 끝에는 조만간 화해 의식이 따르기 마련이다. (침팬지뿐 아니라 인간이나 다른 영장류도 마찬가지다.) 드 발은 침팬지들이 마지못해 화해에 응하는데, 이런 망설임이 '명예심' 때문이라는 사실을 알았다.[44]

그는 이런 현상이 무엇 때문인지 조심스럽게 묻고 있다. 그러나 사실 이런 것들은 지극히 당연한 것이다. 인간 사회와 같이 침팬지의 사회에서도 평화 제의는 은연중에 복종을 뜻한다. 그리고 지배권을 두고 다투는 동안 복종을 한다는 것은 다윈주의적인 희생, 즉 지위의 하락을 가져온다. 그래서 유전자는 복종을 혐오하는데, 진화론적으로 보아 이런 태도에는 일리가 있다. 사람들은 이를 두고 "명예가 훼손되었다." 또는 "자존심이 상처를 받았다."라는 표현을 쓴다. 우리가 침팬지에 대해서 같은 말을 쓰지 말라는 법이 있을까? 드 발이 주목했듯이 두 종 사이에 근연 관계가 있을 때, 정신적으로 커다란 공통점이 있다고 보는 것이 더 논리적이다. 이 논리를 통해 두 가지 현상을 하나의 가설로 그럴듯하게 설명할 수가 있다.

아내들은 남편을 두고 이렇게 말들을 한다. "그이는 잘못을 인정하려 들지 않아.", "그이는 결코 먼저 사과하려 들지 않아.", 혹은 "남편은 해결책을 찾으려 하지 않는걸."이라고. 남자들은 이렇게 사소한 문제에서도 다른 사람이 자신보다 우월하다는 사실을 인정하려 들지 않는 듯하다. 아마 인간이 진화해 오는 동안 다툼 후에 쉽게 화해를 하거나 필요 없이 복종하는 자들의 지위가 낮아지는 경우를 많이 보았기 때문일 것이다. 여성들이라고 해서 크게 다를 것은 없다. 여성들도 잘못을 인정하거나 사과하기를 싫어한다. 물론 남성보다는 덜하다. 또 어찌 보면 그것이 당연하기도 하다. 우리의 할머니들은 우리의 할아버지들보다 이렇게 마음 내키지 않는 일에 구애를 덜 받아 왔기 때문이다.

드 발은 '존경심'에 대해서도 언급하고 있다. 루이트의 지배력이 공고해지자 예로엔은 화해를 모색했지만 그 태도가 애매했다. 루이트는 이런 그를 무시했다. 예로엔이 "경의를 표하는 소리를 내면서" 분명하게 복종을 표시하자 그제서야 화해를 받아들였다.[45] 이인자로 전락한 침팬지는 경기에 진 권투 선수가 상대방에게 느끼는 그런 감정을 이제는 우두머리가 된 침팬지에게 느꼈을 것이다. 패배자가 복종의 표시로 그 앞에 웅크릴 때 우두머리에게 느끼는 감정은 말 그대로 경외감과 다름 아닐 것이다.

드 발처럼 제인 구돌도 표현은 달리했지만 유인원의 '존경심'을 목격했다. 구돌은 우두머리 피간을 따랐던 어린 침팬지 고블린을 회상하면서 "고블린은 피간을 영웅시 해 그를 무척이나 존경했고, 그를 따라다니며 하는 거동을 유심히 관찰했다. 그러면서 가끔씩 털 고르기를 해 주었다."라고 썼다.[46] 사춘기를 거치는 동안 역할 모델을 설정해 이를 본받으려고 했던 사람이라면 고블린이 느꼈던 감정을 상상할 수 있을 것이다. 실제로 이 경우 '존경'보다는 '숭배'라는 표현이 더 적절하다고 주장하는 사람이 있을지도 모른다.

유인원과 다를 바 없는 인간이 심오한 심리학적 경지로 크게 도약했다고 말하기는 쉽다. 또 인간과 침팬지의 삶이 빼다 박은 듯 닮았다고 해도 이것이 진화의 기원이 같거나 생화학적 특성이 같아서 그런 것은 아니라고 말하기도 쉽다. 그렇다면 존경, 숭배, 경외감, 명예, 완고한 자존심, 경멸, 오만, 야망과 같은 감정들을 어떻게 설명해야 할까? 인간들이 지위 체계 안에서 살아갈 수 있도록 자연 선택이 준비시켜 놓은 것이 아니라면 도대체 이것들은 왜 나타나게 되었는가? 이런 감정들을 모든 문화에서 예외 없이 볼 수 있는 이유는 무엇일까? 이를 설명할 다른 대안 이론이 있을까? 그렇다면 자존심과 야망 같은 감정들이 무엇 때문에 여성보다는 남성에게 더 강하게 나타나는지를 설명해 보라. 현대의 다윈주의는 이 모든 것들에 대해 설명을 해 왔다. 그것도 아주 간단하게. 지위 체계의 근저에는 자연 선택이 작용하고 있다.

권력과 권리

드 발은 침팬지에 대한 의인화를 통해 1971년 로버트 트리버스가 호혜적 이타주의에 대해 간결히 썼던 논문에 살을 붙였다. 드 발은, 침팬지 사이에 일어난 행동들은 "인간들이 지닌 도덕적 정당성이나 정의감과 똑같은 감정으로" 행해졌다고 믿었다. 푸이스트라는 침팬지 암컷 때문에 떠올랐던 생각이었다. "푸이스트는 루이트를 도와 니키를 쫓아냈다. 후에 니키가 나타나자 푸이스트는 루이트에게 도움을 요청했다. 그런데 루이트는 위험에 처한 푸이스트를 방관했다. 그러자 푸이스트는 악을 써가며 루이트에게 사납게 대들었다."[47] 여러분도 이 같은 입장에 서 있다고 해 보자. 도움이 필요할 때 여러분을 저버리는 친구에게 불같은 분노심이 이는 것은 당연한 일이다.

트리버스는 이런 '공정성의 감정'이 호혜적 이타주의에서 비롯된다고 보았다. 여기서 지위 체계를 끌어들일 필요는 없다. 드 발은 침팬지의 행위는 "베푼 대로 받을지니라.", "눈에는 눈, 이에는 이."라는 격률을 따르는 것이라고 보았다. 팃포탯의 행위도 마찬가지다. 여기에 지위 체계 따위가 개입할 여지는 없다.

그렇지만 여전히 여기에 큰 무게감을 실어 주는 철학적 직관을 부여하는 것은 사회적 지위(이를 위해 동맹을 맺고 집단적인 적의를 형성한다.)를 얻기 위한 경쟁이다. 지위를 얻기 위해 동맹을 맺는 것은 종종 도덕이라는 명분으로 치장된다. 이렇게 해서 다른 자들의 동맹을 분쇄하는 것이 정당화된다. 인간이 호혜적 이타주의와 사회적 지위 체계 안에서 진화해 왔다는 사실이 개인적인 원한과 보복뿐 아니라 인종 폭동이나 세계 대전의 불씨가 되어 왔을지 모른다.

물론 이런 의미에서 전쟁이 '자연스럽다'고 말하는 것은 전쟁이 선한 것이라거나 불가피한 것이라고 말하려는 것은 아니다. 사회 계급도 마찬가지다. 자연 선택이 인간의 사회적 불평등을 선택했다고 해서 그것이 불평등한 권리를 낳았다는 말도 아니다. 그리고 그것이 불가피했다고 보는 것도 극히 제한된 의미에서다. 요컨대 사람들, 특히 남성들끼리 서로 어울리는 시간이 많다 보니 미묘하게나마 나타났을 것이다. 우리가 의식을 하든지 말든지 인간은 자연스럽게 서로에 대해 지위를 매기기 마련이다. 그리고 우리는 주의, 동의, 복종 등의 형식, 즉 우리가 누구에게 주의를 기울여야 하고, 누구에게 동의를 표시해야 하며, 누구를 비웃고 농담해야 할지, 또 누구의 의견을 받아들여야 할지 하는 문제를 통해 지위를 나타낸다.[48] 그러나 넓은 의미에서의 사회적 불평등 즉 국가적인 규모에서의 부와 특권의 불평등은 다른 문제이다. 그것은 정부 정책에서 기인하거나 정책의 부재에서 기인하는 불평등이다.

물론 공공 정책은 결국 인간 본성에 따라야 한다. 사람들이 기본적으로 이기적(사실 그렇다.)이라고 치자. 열심히 일을 했는데도 게으른 이웃보다 더 거둘 것이 없을 경우, 그들에게 열심히 일하라고 하는 것은 부당하다. 공산주의가 실패로 끝난 것도 바로 이 때문이었다. 그렇다고 거둔 세금을 재분배한다고 해서 일하려는 의지가 꺾이는 것은 아니다. 이런 두 가지 극단적인 사안 사이에서 정책의 큰 틀이 결정된다. 어느 경우든 대가가 따르지만 그 대가는 인간의 오래된 이기심에서 비롯되는 것이지 지위를 추구하는 인간의 욕망에서 비롯되는 것은 아니다.

사실 지위를 추구하는 인간의 욕망은 재분배로 인한 대가를 줄일 수 있다. 인간은 자신과 비슷한 지위에 있는 사람들, 특히 바로 윗자리를 차지한 사람들과 자신을 비교하는 경향이 있다.[49] 이 때문에 사다리 타기가 진화론적으로 의미가 있는 것이지만 요점은 그게 아니다. 중요한 것은 정부가 중산층인 여러분과 같은 지위에 있는 사람들 모두에게서 다같이 100만 원씩을 거둔다고 해서 누구 하나 지위가 하락하지 않는다는 사실이다. 여러분의 자존심을 건들지 않는 한 여러분은 일하고자 하는 의지를 꺾지 않을 것이다. 물론 돈만을 고려한다면 그럴 수도 있다.

한편 사회 계층 구조에 대한 근래의 이론들은 불평등을 옹호하는 조잡한 철학에 일격을 가했다. 내가 강조하듯, 자연 선택의 '가치'로부터 우리의 가치를 끌어낼 이유는 없다. 그리고 자연 선택이 편리하다고 생각한 것을 우리가 '좋다'고 여길 이유도 없다. 그런데도 이런 짓을 하는 사람들이 있다. 그들은 지위 체계가 집단을 강성하게 하는 자연스런 방법이고, 그래서 불평등이 거대한 선의 이름으로 정당화될 수 있다고 주장한다. 그렇지만 자연은 집단선을 위해 인간의 지위 체계를 고안해 낸 것이 아니라는 사실이 밝혀지고 있는 오늘날, 이들의 논리는 결점투성이라는 것이 드러났다.

드 발의 의인화는 『침팬지 정치학』이라는 책 제목에서 그 진면목을 볼 수 있다. 정치학자들의 말대로 정치에 의해 자원이 분배되고, 정치가 자원을 분배하는 과정이라면 침팬지들은 인간 정치학의 기원이 인간성보다 더 오래되었다고 주장할 수 있다. 이것이 드 발의 견해다. 사실 드 발은 정치 과정만을 본 것이 아니라, 아른햄 동물원의 침팬지 집단에 작용하고 있는 '민주적 구조까지'도 보았다.[50] 우두머리 수컷은 집권층의 동의 없이는 지배력을 행사할 수가 없다.

예를 들어 니키는 루이트와 일상적인 접촉을 하지 못했고, 지배권을 행사하던 루이트나 예로엔에게 인기가 없었다. 또 니키는 좀체 복종의 의사를 표시하지 않는 암컷들에게 불필요하게 공격적이었으므로 암컷들은 그에게 때로 달려들었다. 한번은 집단 전체의 공격을 받아 나무 위까지 쫓겨 간 적이 있었다. 나무 꼭대기의 그는 집단에 포위되어 애처롭게 울부짖을 수밖에 없었다. 지배자가 지배를 당하게 된 꼴이다. 이런 것이 현대의 대의 민주제의 실상이 아닐는지도 모르지만 그렇다고 독재 제도도 아니다. (니키가 나무 위에 얼마 동안 고립되어 있었는지는 모르지만 그가 겸손히 무리에게 용서를 구하자 조정자 격인 마마가 나무 아래에서 니키에게 입을 맞추어 그를 내려오게 했다.)[51]

시험 삼아 다음과 같은 일을 한번 해 보자. 뭔가 교훈을 얻을 수 있을 것이다. 정치인이 텔레비전에 나와 말하는 것을 볼 때 음량을 줄여 보자. 그리고 그의 동작을 주의해서 보자. 그리고 정치가들이라면 한결같이 보이는 동작들을 적어 보라. 간곡한 권고, 분노 등등. 다 되었으면 음량을 높여 정치가가 하는 말을 들어 보라. 장담하건대 그는 권력을 갖게 해 달라고, 또는 권력을 지키게 해 달라고 유권자들에게 호소를 하고 있을 것이다. 지배자의 이해가 정치가들의 언행을 지배한다. 이런 점은 침팬지에게도 똑같이 적용된다. 침팬지든 인간이든 정치가의 궁극적인 목표는 (그가 알든 모르든 간에) 지위이다. 그리고 이 양자의 경우 공통적으로 정치가는 지위를 획득하고 유지하는 데에 대한 필요한 행동거지에 어떤 융통성을 발휘할 수도 있다. 감동적인 웅변조차도 편리한 동맹으로 변질될 수 있다. 음량을 높이는 것으로써 여러분은 수백만 년에 걸친 진화 과정을 일견하는 것이다.

주니 족의 방법

유인원과 인간의 투쟁 간에는 이렇게 유사한 점이 있긴 해도 여전히 다른 점들이 많다. 인간의 지위는 노골적인 힘과는 비교적 관련이 없는 경우가 많다. 어린애들 사이에서는 노골적인 힘의 우열 관계가 상하 관계를 결정하는 열쇠가 되는 경우가 많은 것도 사실이다. 그렇지만 어른의 경우에 있어서 지위에 관한 것은 훨씬 더 복잡하고, 어떤 문화에서는 정치적인 면들이 상당히 억제되기도 한다. 어떤 학자는 나바호 족의 삶에 대해 다음과 같이 기록하고 있다. "권력을 노골적으로 추구하는 사람은 신뢰를 받지 못한다. 지도자는 그의 행실을 토대로 경쟁을 통해 선출된다. 어떤 사람이 옥수수 재배에 성공을 거두었다면 다른 사람들은 그를 본받는다. 그는 경쟁 상대가 되는 것이고 그 점에서 지도자다. 어떤 사람이 병 치료에 효험 있는 주문들을 많이 알고 있다면, 그는 그 재능으로 인해서 존경을 받고 '주술사'로서 입지를 굳힌다. 선거 운동, 악수…… 이런 것들은 나바호 족의 전통 사회에서는 설 자리가 없다."[52]

그렇다고 나바호 족이 권력을 추구하지 않는다는 말은 아니다. 단지 그들은 미묘한 방법을 통해서 권력을 추구할 뿐이다. 이 지위가 자식을 낳는 데 어떤 이점을 취하겠다는 목표와 별개인 것도 아니다. 옥수수 재배 전문가와 전문 주술사는 아마도 매력적인 배필을 만날 것이고, 그 이유도 쉽게 이해가 간다. 한 사람은 물질적인 자원을 마련하는 솜씨가 좋다. 또 자신들이 머리가 좋다는 사실을 보여 주었다. 이 둘은 사람들을 물리적으로 협박하거나 통제함으로써 생식의 이점을 누리려고 한 것이 아니다. 다만 그들은 그들의 소명과 남보다 우월한 특기를 찾았을 뿐이다.

저마다의 문화에서 구슬 꿰기, 음악 작곡, 설교하기, 아이 받기, 약품 제조, 이야기 짓기, 동전 모으기, 머리 가죽 모으기 등등 지위를 가져다 줄 수 있는 것들은 놀랄 만큼 많다. 그러나 이렇게 다양한 행동들을 이끌어내는 정신 기관은 기본적으로 같다. 인류는 자신들의 사회 환경을 평가하도록 디자인되었다. 그리고 무엇이 사람들에게 감동을 줄 수 있는 것인지를 알고, 또 그것을 하려 한다. 그렇지 않으면 사람들이 싫어하는 것을 알아내고 그것을 하지 않으려 한다. 사람들은 마음을 열어 놓고 그것이 무엇인지를 알아보려 한다. 그것을 통해 성공할 수 있다는 사실이 중요하다. 사람들은 수치심이 아니라 자부심을 느끼려 한다. 사람들은 경멸받길 꺼려하고 존경심을 얻으려 한다.

인간의 다양한 행동은 이렇게 심리적으로 간단하게 해명할 수 있다. 또 이런 사실 때문에 보애스 학파의 인류학자들이 인간의 본성을 간단히 제시할 수 있었다. 1934년 루스 베네딕트는 다음과 같이 주장한 바 있다. "우리는 우리 인간의 유산에 내포되어 있는 모든 것을 받아들여야만 한다. 이것들 중 극히 일부가 생물학적인 행위에 전이되고, 문화 과정이라는 커다란 역할이 전통으로 계승되었다는 사실이 중요하다."[53] 엄밀히 말하자면 그녀는 옳았다. 일단 여러분이 걷거나, 먹는 것, 젖을 빠는 것과 같은 여러 가지의 정형화된 행동들을 습득하면, '행동들'은 생물학적으로 유전되지는 않는다. 하지만 정신 기관들은 유전되며 상황에 따라 온갖 행동들을 유발시킬 정도로 융통성이 있다.

지위를 추구하는 정신 기제들에 대해 베네딕트가 소홀히 했던 까닭을 쉽게 이해할 수 있다. 그녀는 근처의 나바호 족과 비슷하게 경쟁이나 노골적인 정치적 노력을 경시하는 주니 족을 연구했다. 그녀는 "주니 족에게 있어서 가장 이상적인 사람은 한번도 앞에 나서려고 하지 않았던, 위엄과 상냥함을 겸비한 사람이다. 비록 그가 모든 권리를 쥐고 있다고 해도 그를 상대로 싸움을 걸어 오는 사람이 없다. '그는 예의가 바르고 멋진 사람이야' 라는 말이 그들 사이에서는 최선의 칭찬이었다."[54] 라고 썼다. 이 말 뒤에 숨은 의미에 주목해 보자. 그들에게는 '이상적인 사람'이 있고, 이런 이상에 도달한 사람은 칭찬을 받게 되며 그렇지 못한 사람이라도 '그에게 대항'하려 하지는 않는다는 것이다. 다시 말해 주니 족은 노골적으로 지위를 추구하는 사람에게는 지위를 주지 않고 그렇지 않은 사람에게는 지위를 준다는 것이다. 지위 추구 기제에 있어서 바로 이런 강점이 주니 족의 지위 구조를 미묘하게 했다. (또 우리가 보아 온 대로 호혜적 이타주의라는 사회 하부 구조는 모든 문화에서 관용과 정직만큼이나 친절함을 향한 어떤 압력을 가한다. 주니 족의 문화는 친절함과 지위 사이의 자연적 연결 고리를 강화하기 위해서 이런 압력을 효과적으로 이용해 왔을 것이다.)

주니 족의 이런 생활은 그들의 문화의 힘이나 정신적인 적응력이 컸던 탓일 수도 있다. 그렇다면 후자에 대해서 한번 따져 보자. 정신 기관들은 매우 융통성이 커서 다원주의적 논리에 반하는 어떤 행위에 가담할 수 있다. 비록 지위 추구 기제 때문에 장시간 정력을 소모하는 주먹 싸움과 선거 운동이 일어난다 하더라도 그것은 마찬가지로 이런 갈등을 억제하는 데에 쓰일 수도 있다. 수도원에서는 평온과 금욕주의가 지위를 높이는 수단이 될 수 있다. 빅토리아 시대 영국의 일부 계급에서는 점잖을 빼거나 겸손한 척만 해도 지위 획득에 도움을 주었다. (주니 족의 경우도 비슷할 것이다.)

다시 말해 우리가 문화적인 '가치'라고 부르는 것은 사회적 성공을 위한 편리한 수단들이 될 수 있다는 것이다. 사람들은 다른 사람들이 존중한다는 이유로 그것을 채택한다. 사람들은 아이들의 환경을 통제하거나, 존경을 할 대상과 경멸을 할 대상을 구분하는 따위의 방법으로 마치 그들이 로봇이라도 되는 양 그들의 가치를 조정한다. 어떤 이들은 이런 것이 곤혹스럽다는 것을 안다. 그것은 어쨌거나 모든 이를 기쁘게 할 수 없다는 것을 보여 주는 것이다. 1970년대 사회생물학은 논쟁을 하는 동안, 격분의 가장 중요한 원인이 공포임을 알아냈다. 그들의 입장이 옳다면 스키너와 여타의 행동주의자들이 장담했던 것처럼 사람들을 조정할 수는 없는 일이다.

그 새로운 패러다임에는 긍정적이거나 부정적인 강화를 완성하는 스키너의 조건이 개입할 여지가 있다. 확실히 어떤 동기와 감정들(말하자면 정욕과 질투)은 완전히 지울 수 없는 것일지 모른다. 문화들에 존재하는 도덕적인 다양성(정욕과 질투를 표현하는 행위들이 다양한 방법으로 묶인다.)은 가치에 대한 기준이 다양하다는 사실을 말한다. 이런 것들이 바로 사회가 인정하거나 인정하지 못하는 힘이다.

중요한 문제를 하나 짚고 넘어가자. 인정을 받거나 인정을 받지 못하는 사항들은 어떻게 형성될 수 있었을까? 그 자체에 이런 평가를 받을 만한 어떤 요인이 있었을까? 혹은 사회가 융통성이 있어서 이런 평가의 기준을 설정해 주기라도 한 것일까?

여기에 어떤 경향이 있음은 분명하다. 진화하는 동안에 중요시된 사회적인 가치들이 변함 없이 중요한 것으로 남게 될지 모른다. 체구가 크고 강건한 남자와 아름다운 여자는 지위 경쟁에서 늘 우위를 선점할 수도 있다. 어리석음은 널리 경멸의 대상이 될 수도 있다. 재산가의 말을 흘려 듣기는 쉽지가 않다. 그래도 저항을 해 볼 수는 있다. 물질적인 것들보다 정신적인 것들에 주안점을 더 두는 문화들은 분명 있다. 또 이런 방면의 성공은 때로 감동적이다. 그렇다고 이런 사람들이 생물학적인 한계에 도달했다고 믿을 만한 이유도 없다.

심지어 물질적인 풍요로움을 누리는 문화에 속한 사람조차 어떤 대안을 보면 그것을 열성적으로 좇기 시작한다. 남미의 야노마모 족 젊은이는 지위를 얻기 위해 이웃 마을 사람을 죽인다. 이 과정에서 여자를 유괴하거나 강간을 할 수 있다면 그건 그의 경력에 더할 나위 없이 좋은 일이 된다. 그의 아내가 다른 남자 때문에 그를 떠나려 한다면 그는 아내의 귀를 잘라내도 무방하다. 도덕적 절대주의로 빠질 위험을 무릅쓰면서까지 인간들은 먼 길을 헤쳐 나온 것이다.

최근 들어 일부 현대의 도시에서도 야노마모 족의 것과 유사한 가치들이 발전해 왔다. 사람을 죽인 젊은이는 최소한 그의 의견이 무시될 수 없는 젊은이의 집단 안에서는 존경을 받는다. 이것은 인간 본성의 가장 추악한 부분이 늘 표면 가까이에 있어 문화적인 억제력이 약해질 때 돌출하도록 준비를 하고 있다는 증거다. 인간은 어떤 행동주의자들이 한 때 상상했던 것처럼 오점이 없는 경력의 소유자들이 아니다. 인간은 분투해야만 억제할 수 있는 악명 높은 성향을 소유한 유기체다. 우리는 지위를 추구하는 비열한 융통성 때문에 낙관주의를 견지하기가 힘들다. 인간은 존경을 받기 위해서라면 군자처럼 행동할 수도 있고 짐승처럼 행동할 수도 있다. 그것을 위해서라면 인간은 무슨 짓이든 할 수 있는 것이다.

13장

기만과 자기 기만

명예를 갈망하면 행동이 추해지기 마련이지. 진리를 사랑하는 사람이라면 남을 허투루 비난할 수는 없을 걸세.
——「후커에게 보내는 편지」(1848)[1]

자연 선택이 진실이란 원칙을 무시하고 있다는 견해가 널리 퍼져 있는데, 일리가 있는 말이다. 포투리스(*photuris*) 속의 어떤 개똥벌레 암컷은 포티누스(*photinus*) 속에 속한 개똥벌레 암컷이 짝짓기 할 때 내는 빛을 흉내냄으로써 수컷들을 유혹해 잡아먹는다. 어떤 난초들은 암컷 말벌과 생김새가 같기 때문에 쉽게 수컷 말벌을 유혹해서 부지불식간에 꽃가루를 퍼뜨리도록 한다. 독이 없는 어떤 뱀은 독이 있는 뱀과 색깔이 같도록 진화해서 부당한 평판을 받고 있다. 어떤 나비 유충은 뱀의 머리, 특히 비늘과 눈이 오싹할 정도로 닮아서 훼방꾼이 나타나면 몸을 꿈틀거려 위협을 가한다.[2] 이렇게 생물체들은 유전자의 이해에 따라 생김새를 나타낸다.

사람도 예외가 아닌 듯하다. 사회학자 어빙 고프먼(Erving Goffman)은 『일상 생활에서 자기 드러내기(*The Presentation of Self in Everyday Life*)』란 책을 펴내 1950년대 말에서 1960년대 초까지 세간의 논란을 불러 일으켰다. 그에 의하면 사람들은 남의 관심을 끌기 위해 엄청난 시간을 들여 연극을 한다는 것이다. 그러나 우리 인간과 다른 동물들과는 다른 점이 있다. 포투리스 속의 개똥벌레 암컷은 본 모습을 꾸밈으로써 속임수를 쓰는 것이 아니다. 반면에 인간은 그 행동을 통해서 속임수를 쓴다. 고프먼은 사람들이 자신이 꾸며낸 인상을 실제인 것으로 굳게 믿는 경우

가 종종 있다는 사실에 놀라움을 나타냈다.³

고프먼은 다윈주의자는 아니었지만 근대 다윈주의의 혼란 작용에 관한 이론을 자신의 연구에 채택했다. 이 이론에 따르면 우리가 다른 사람들을 잘 속이려면 먼저 자신을 속여야 한다는 것이다. 1970년대 중반 리처드 알렉산더와 로버트 트리버스가 이런 가정을 했다. 트리버스는 리처드 도킨스의 『이기적 유전자』 머리말에서, 도킨스가 동물들이 쓰는 속임수의 기능을 강조하고 있다는 점을 지적하면서 다음과 같이 덧붙였다. "속임수가 동물들이 하는 의사소통의 근간을 이루는 것이 사실이라면 속임수는 불시에 일어나며 스스로도 다소간은 속임수에 넘어가야 할 것이다. 또 이런 속임수는 인식하지 못하는 사이에 자기 인식이라는 미묘한 신호에 의해 사실로 받아들이게 된다. 이렇게 해서 속임수가 행해진다." 계속해서 트리버스는 과감히 주장한다. "자연 선택이 세상의 이미지를 좀 더 정확히 구현해 내는 신경계를 선호한다는 전통적인 견해는 정신의 진화에 대한 견해로는 매우 순진한 견해다."⁴

자기 기만에 대한 연구가 음울한 과학으로 이어진다고 해도 놀랄 것은 없다.⁵ 인식이란 무엇인지를 정의 내리기가 곤란할뿐더러 그 경계도 모호하다. 진실이나 진실의 어떤 한 단면은 인식의 안팎을 표류할 수도 있고 주변을 맴돌 수도 있으며 아직은 불명확한 것으로 나타날 수도 있다. 그리고 누군가가 어떤 위치와 관련된 정보를 전혀 알지 못하고 있다는 것을 우리가 확신한다고 가정할 수 있더라도, 이것이 자기 기만을 성립시키는지의 여부가 될 수 있는가 하는 문제는 전혀 다른 문제이다. 마음속 어딘가에 있는 정보를 의식으로부터 차단시키는 어떤 검열관이 있는 것일까? 아니면 애초부터 정보에 주목을 하지 못한 것일까? 그렇다면 그 선택적인 지각 자체가 자기를 기만하도록 디자인된 진화의 산물인가? 아니면 단지 마음이 너무 많은 정보를 수용하고 (그리고 의식적인 마음이 너무 적은 정보를 수용하고) 있다는 사실을 반영하고 있는 것일까? 이렇게 분석이 어렵다는 이유 때문에 트리버스가 20여 년 전에 계획했던 과학(무의식적 마음이 무엇인가를 명확히 드러내 줄 수 있는 기만에 대한 연구)은 아직도 완성을 보지 못했다.

그러는 동안에도 도킨스, 트리버스, 알렉산더가 제시한 세계관이 인정을 받는 추세였다. 타인에게도 자신에게도 실제를 정확히 묘사하는 것은 자연 선택이 중요시하는 목록에 오르지 못했다. 그들이 제시한 새로운 패러다임은 비록 만족스런 수준은 아닐지라도 기만과 자기 기만의 영역을 정하는 데 도움을 준다.

우리는 이미 '성'이라고 하는 속임수의 영역에 대해서 알아보았다. 남성과 여성은 속임수를 통해 상대방의 헌신이나 충성을 지속적으로 이끌어 낼 수 있다. 그리고 이 과정에서 스스로가 속아 넘어갈 수 있다. 자아를 드러내는 과정과 타인을 인식하는 과정 속에서 다윈주의가 이르렀던 결론, 즉 호혜적 이타주의와 계급 체계를 볼 수 있다. 성에 관한 한 정직은 큰 장애물이 될 수 있다. 사실 호혜적 이타주의와 계급 체계는 사람들이 범하는 속임수의 중요한 동인이다. 또 동물들이 구사하는 속임수도 이를 통해 대체로 설명을 할 수 있다. 인간만이 속임수를 쓰는 것은 아니다. 하지만 인간이야말로 가장 거짓된 종이다. 말로써 거짓을 행하기 때문이다.

좋은 인상 남기기

사람들은 지위 자체를 추구하지는 않는다. 사람들은 전쟁터의 장수가 전술을 동원해 싸우고 그 전과를 도표로 나타내듯 자신의 열망이 어느 정도 실현되었나 그려보거나 이를 달성할 방법론을 모색하지는 않는다.

물론 그렇게 하는 사람들이 있기는 하다. 아마도 사람이라면 가끔 이런 방법을 쓸지도 모른다. 그러나 지위 추구는 정신 안에서 더 정교하게 이루어진다. 어떤 문화에서도 사람들은 의식적이든 무의식적이든 존경을 받기 위해 성공을 거두려고 한다.

인정받고자 하는 열망은 어릴 때부터 나타난다. 다윈은 나무 타는 재주로 사람들에게 자신에 대한 인상을 심어 주었다고 회상했다. "내가 존경했던 사람은 늙은 벽돌공 피터 헤일스(Peter Hailes)였다. 잔디밭에 우뚝 선 마가목도 내게는 너무 거대해 보였다."[6] 다른 한편 사람들은 경멸이나 비웃음을 혐오한다. 다윈은 두 살 반밖에 안 된 장남이 "자신을 비웃는 것에 민감하게 반응했다. 또 때로 사람들이 자기를 놀리고 비웃는 것이 아닌가 하는 의심을 했다."[7]라고 썼다.

다윈의 장남이 이 점에서 너무 과민하게 반응했을 수도 있지만 그런 것은 논외의 문제다. (그러나 편집증과 같은 정신 병리 현상이 진화 과정에서 습득된 성향인가 하는 문제는 흥미로운 주제다.)[8] 문제의 요지는 설령 그가 보였던 반응이 비정상적인 것이라 해도 그것은 정도상의 문제지 그 자체가 비정상적인 것은 아니라는 것이다. 누구에게나 어릴 때부터 놀림감이 되지 않으려는 강박 관념이 있다. "우리가 예절로 인정하는 규범을 사소하게나마 무심코 범했을 때 수년의 세월이 지나도 그것을 회상하면 부끄러움으로 달아오르게 된다."[9]라고 했던 다윈의 말을 음미해 보자. 이렇게 민감한 반응을 일으키는 메커니즘은 우리의 이해 관계가 무엇인지를 보여 준다. 사실 사회적으로 존경받게 되면 유전자는 큰 보상을 받을 수 있고 사회적으로 경멸을 당하게 되면 유전자는 손해를 볼 수 있다. 영장류 사회와 적지 않은 인간 사회에서는 인기 없는 구성원들이 사회의 주변으로 내몰려 생존과 생식의 위협을 받았다.[10] 지위가 손상되면 대가가 따르는 법이다. 지위를 얻을 수 있다면, 지위를 추구하는 과정에서 인상만 남길 수 있다면 그 결과가 아무리 사소할지라도 그것은 충분히 해볼 만한 가치가 있는 것이다.

그 인상이 정확한지 여부는 그 자체로는 무관한 문제다. 침팬지가 적을 위협하거나 위협에 대응할 때는 털을 곤두세워서 몸집이 커 보이게 한다. 사람들에게도 이런 흔적이 남아 있어 놀랐을 때는 머리카락이 곤두선다. 그러나 사람들은 보통 말로써 자신을 부풀린다. 다윈은 진화 단계에서는 공적인 존경이 중요했고, "야민인들이 전리품을 보존하거나 힘을 과시함으로써" 존경을 드러내 보인다는 사실에 주목했다.

빅토리아 시대의 영국에서 자랑은 지탄받는 일이었고 이 점에서 다윈의 처신은 훌륭했다. 지금도 여러 사회에서 이런 문화를 공유하고 있고, 이런 사회에서 '지나친 자랑'은 유년 시절에 거치는 과정에 불과하다.[12] 그렇다면 다음 단계에서는 무엇이 오는가? 평생 지속될 자랑거리를 찾게 된다. 이런 점에서 다윈은 좋은 본보기가 된다. 다윈은 자서전에서 "내 책이 다수의 외국어로 번역되었고 판도 거듭되었다. 외국에서 성공을 거두는 것이 책의 가치를 검증하는 제일의 척도라는 말을 들었다. 이 말을 전적으로 믿을 수만은 없지만 몇 년 동안은 내 이름이 사람들의 입에 오르내릴 것 같다."[13] 좋다. 그가 이런 평가 기준을 믿지 못했다고 치자. 그렇다면 무엇 때문에 이런 기준을 근거로 자신의 책이 성공하고 있다고 판단했을까?

만일 여러분이 요란하게 자신을 자랑하고 있다면 그것은 사회에서 인정을 하고 있는 방법을 통해서일 것이다. (그리고 그 기준은 친족이나 소시적 친구들이 보인 반응에 의해서 정해졌을 것이다.) 그러나 여러분이 자신의 성공담을 자랑하고 싶어 하지 않고 실패를 감추려 하지 않는다면 여러분은 자연의 의도에 역행을 하고 있는 것이다.

이런 자기 과시와 기만은 어떤 관련이 있을까? 포괄적인 의미에서는 그렇지가 않다. 자신을 속이고 그것을 믿는 것은 위험한 일이다. 거짓말은 드러날 수 있고, 누구에게 한 어떤 거짓말을 기억하는 데는 정력과 시간이 소모된다. 빅토리아 시대의 진화론자 새뮤얼 버틀러(Samuel Buther, 그는 닭은 단지 달걀이 또 다른 달걀을 만드는 과정에 끼어 있는 존재라고 했다.)는 "사소한 거짓말을 가장 오래도록 믿게 만드는 사람이 최고의 거짓말쟁이"[14]라는 말을 했다. 사실 불신하기 어려우면서도 쉽게 빠져들지 못하는 거짓말들이 있다. 이런 거짓말들은 사람들이 으레 그럴 것이라고 믿는 거짓말들이다. 어부들은 "다 잡았다 놓친 물고기"를 엄청나게 과장해서, 그렇지만 진실을 담아서 얘기하는데, 이런 것이 유머의 이야깃거리가 되어 왔다.

이런 식의 왜곡에 대해서는 처음부터 대략적으로나마 알 수가 있다. 그렇지만 이것이 반복되다 보면 과장되었다는 막연한 인식이 개작된 이야기 속에 묻혀 버린다. 인지심리학자들은 어떻게 거짓된 이야기들이 반복을 거쳐 기억 속에 삽입될 수 있는가 하는 점을 보여 주었다.[15]

여기서 물고기를 놓친 것은 어부의 실수 때문이 아님은 말할 필요가 없다. 객관적인 진실을 가지고는 비난을 하거나 신뢰를 보낼 수가 없는데 이 때문에 자기 과시가 가능하다. 사람들은 성공을 자신의 기술 탓으로 돌리고, 실패는 운이나 적, 마귀 따위의 환경 탓으로 돌리려고 한다.[16] 운이 작용하는 게임에서 사람들은 손실을 운 탓으로 돌리고, 승리를 자신의 현명한 탓으로 돌리려는 경향이 있다.

그렇다고 사람들이 이런 사실을 내색하지는 않는다. 그저 믿을 뿐이다. 다윈은 아이들과 주사위 놀이를 즐겼는데 그가 이기는 경우가 많았다. 후에 딸 중 하나가 "아버지는 같은 수가 쓰인 주사위를 따로 숨겨 두셨다. 당연히 당신께서 우리보다 주사위를 잘 던지신다고 믿을 수밖에 없었다."[17]라고 회상했다. 게임에 진 자들은 이렇게 믿는다. 그렇기 때문에 자신들이나 상대방의 능력을 믿는 것이다. 또 이런 믿음 때문에 주사위 야바위꾼들은 고정 수입을 얻을 수 있다.

자기 과장은 다른 사람에게 손해를 끼치기 마련이다. 운 때문에 게임에서 졌다고 말하는 것은 상대방이 운 때문에 이겼다고 말하는 것과 진배없다. 게임이나 경쟁하려는 노력을 차치하고라도 여러분이 나팔을 부는 것은 남들의 나팔 소리를 잠 재우는 것이다. 지위는 상대적인 것이기 때문이다. 여러분이 얻는 소득은 다른 누군가가 입는 손실에서 비롯된 것이다.

반대의 경우도 마찬가지다. 여러분의 손실이 다른 누군가의 소득으로 이어진다. 이 때문에 지위에 대한 무의식적인 추구가 역겹게 느껴지는 것이다. 소규모 집단(이를테면 수렵 채집인의 마을)에서는 다른 사람을 깎아 내리는 것이 사람들의 관심사가 된다. 이런 것은 경쟁 의식을 느끼게 되는 동년배의 동성 사이에서 특히 심하다. 그리고 사람들에게 이웃의 단점 따위를 확신시키는 가장 좋은 방법이 스스로가 그렇게 믿는 것이다. 그러므로 계급 체계 속에 위치해 있는 언어적 인간은 신념을 갖고 자신의 업적은 드높이고 남들의 업적은 깎아 내린다. 실제로 사회심리학자들은 사람들이 자신의 성공을 기술로, 실패를 환경으로 돌리는 경향이 있고, 다른 사람들을 평가할 때는 그 반대로 생각하는 경향이 있음을 보여 주었다.[18] 다시 말해 여러분이 실패하고 다른 사람들이 성공하게 되는 것은 운 때문이고, 여러분이 성공하고 다른 사람들이 실패하는 것은 능력 때문으로 생각한다는 것이다.

그러나 누군가가 다른 사람들을 깎아 내린다는 것을 알기가 어렵고 친족이나 친구들이라면 이런 일을 하지 않는 경우가 많다. 하지만 두 사람이 어떤 유일한 것(가령 특별한 여자나 남자, 명예)을 놓고 경쟁할 때는 이런 평가가 심해질 것이다.[19] 저명한 동물학자이자 고생물학자인 리처드 오언(Richard Owen)은 『종의 기원』에 대해 신랄하게 비판했다. 그는 종의 변이 과정에 대해서 나름대로의 견해를 갖고 있던 사람이었다. 이 비판을 들은 다윈은 "런던 사람들은 내 책이 유명세를 타자 그가 질투로 돌아버렸다는 말을 한다."라고 적었다.[20] 오언은 경쟁자의 작업이 열등한 것이라고 확신했고 또 다른 사람들을 그렇게 확신시킨 것일까? 아니면 다윈이 자신의 지위를 위협했던 경쟁자가 이기적인 동기에 이끌렸다고 확신했고 또 다른 사람들을 그렇게 확신시킨 것일까? 이 중 어느 하나가 사실이거나 또는 둘 다 사실일지도 모른다.

사람들은 경쟁자의 결점을 찾아내는 데 경이로울 정도로 예리한 감각을 발휘한다. 이런 성향을 의식적으로 조절하는 데에는 엄청난 노력이 필요하고, 이런 노력은 일상 생활을 통해 반복되어야만 한다. 자제력이 있어 경쟁자의 무능함을 말하지 않는 사람들도 있긴 하다. 상대방의 가치를 칭찬하는 사람들도 있다. 그러나 지각 자체(쉬지 않고 결점을 찾아내려는 무의식적인 지각이다.)를 통제하는 일은 불교의 수도승이 되어야 가능한 일이다. 인간의 한계로는 정직하게 평가를 내릴 수가 없다.

자기 비하

자기 과시가 인간들의 깊은 속성이라면 왜 자신을 비하하는 사람들이 있는 걸까? 자기 비하를 통해 사람들은 다른 이들에게 좋은 인상을 주면서 이익까지 얻을 수 있다. 겸손하다는 평판은 미묘한 방법으로 하는 자랑을 믿도록 하는 데 도움이 된다. (다윈이 그랬다.) 또 정신 발전에 대한 유전 프로그램이 매우 복잡하고 불확실성으로 가득 찬 세계 (그리고 과거의 환경과는 상당히 다른 세계) 속에서 전개된다는 것이 또 하나의 답이 될 수 있다. 인간의 모든 행동이 유전자의 이해에 봉사한다고는 기대하지 말자. 세 번째 답이 가장 흥미롭다. 사회적 지위는 자연 선택을 거쳐서 인간의 마음에 모순된 결과를 남겼다. 여러분 자신을 낮게 평가하고 이 평가를 다른 사람들과 공유하는 것이 진화론적으로 의미 있는 경우가 있다.

지위는 상대방의 힘이 너무 강해 도전해 보는 것이 어떤 이익을 가져다 준다는 사실에서 기원한다는 사실을 기억하자. 뇌를 만든 유전자 중에서, 어떤 이웃이 도전해 볼 만한 가치가 있고 가치가 없는지를 동물들에게 말해 주는 유전자는 번성한다. 뇌는 이 메시지를 얼마나 정확하게 전달하는가? 뇌는 눈을 통해 도전 여부를 결정하는 것이 아니다. 아마도 메시지는 감정을 통해 전달될 것이다. 동물들은 도전을 할 것인지 말 것인지 여부를 느낄 것이다. 그리고 계층의 최하위에 속하는 동물들은 (주로 얻어터지는 동물들) 습관적으로 도전을 하지 말라는 감정을 느낀다. 자존심이 낮은 것이다. 사실 화해를 하는 것이 유전자의 이해에 도움이 될 때 사람들은 낮은 지위를 받아들일 수 있고 또 이런 방편으로 낮은 자존심은 진화해 왔을 것이다.

사람들은 자신이 자존심이 낮다는 사실을 굳이 숨기려고 하지 않는다. 낮은 지위를 받아들이고 그 사실을 알리는 것(그들이 협박을 하거나 협박을 당한 것으로 잘못 인식되지 않도록 순종적으로 행동하는 것)이 어떤 환경에서는 유전자의 이해와 직결될 수도 있다.[21]

자존심을 낮추는 데 꼭 자기 기만이 필요한 것은 아니다. 실제로 사람들이 얻을 수 있는 것 이상으로 염망하지 못하도록 디자인된 어떤 감정은 이론상 적어도 실제와 대략적이나마 일치한다. 물론 늘 그런 것은 아니다. 자존심을 낮추고 복종을 표시함으로써 지위가 높은 사람을 만족시킬 수 있다면, 엄밀히 말해 그 자존심이 얼마나 낮은가는 복종의 빈도와 일치할 것이다. 어떤 강력한 사람이 출현하면 여러분은 객관적인 관찰자보다 더 깊은 비하감(예를 들어 지성 같은)을 느낀다. 1988년 인류학자 존 하텅(John Hartung)은 자기를 기만해 자존심을 낮출 수 있다는 가능성을 제기했다. 그는 이를 '낮추어 드러내기'라고 했다. 여성들은 때때로 부당하게 자신들을 남성들에게 종속시킬 수 있다. 일에 대해 큰 자부심을 갖고 있는 남편에게 가계 수입을 부분적으로 의존한다면 아내는 무의식적으로 자신의 능력이 낮다는 것을 보임으로써 남편의 자존심을 세워 주는 것이다.[22]

우리 자신에 관한 진실이 얼마나 왜곡될 수 있는지를 보여 주는 기발한 실험이 있다. 사람들은 녹음된 음성을 듣자, 전기 피부 반응을 보였는데, 자신의 목소리를 들었을 때는 그 반응이 더 강했다. 그 음성이 그들 자신의 것인지를 묻자 놀랍게도 그들은 전기 피부 반응과는 다른 반응을 보였다. 흥미로운 것은 실수의 패턴이다. 어떤 일에서 실패를 경험해 자존심이 훼손된 사람들은, 그들의 피부 반응으로 보아 그들이 어느 정도 진실을 알고 있었음에도 불구하고 그 음성이 자신의 것임을 부인하는 경향이 있었다. 자존심이 높아졌을 때 그들은 다른 사람의 음성을 자신의 것이라고 주장했다. 이 실험을 검토한 로버트 트리버스는 다음과 같은 결론을 내렸다. "사람들은 성공을 하면 나서려는 경향이 있고, 실패할 때는 움츠러드는 경향이 있다. 그러나 사람들은 이런 과정을 거의 의식하지 못한다."[23]

여러분 자신에 대해서 좋지 않게 느끼는 것은 자신을 돌보라는 신호로 좋은 일일 수 있다. 앞에서 말했듯 실수할 경우 잔소리를 듣거나 채신없는 행동을 할 경우 꾸지람을 받는 것과 같은 심한 부끄러움을 느끼는 일에는 어떤 기능이 있다. 또 진화론자이자 정신과 의사인 랜돌프 네스(Randolph Nesse)가 강조했듯 기분 상태에 따라 힘이 달라진다.[24] 어떤 지위에 있든 사람들은 사회적, 성적, 직업적 전망이 어두워 보일 때 의

기소침하거나 시무룩해질 수 있고, 전망이 밝은 경우 낙천적이 되거나 활기를 띠게 된다. 이것은 큰 시합을 위해서 힘을 비축하는 것과 같은 것이다. 전망이 어두워도 의기소침함을 온건한 우울함 정도로 전환시킬 수 있다. 이런 기분 전환은 직업을 바꾸거나 달갑지 않은 친구를 포기하는 등 바람직한 행동을 취하도록 하는 데 도움을 줄 수 있다.

다윈의 경우에서 자신에 대한 좋지 않은 감정이 어떻게 유용하게 이용되는지를 알 수 있다. 『종의 기원』을 출간하기 2년 전인 1857년 7월, 그는 친구 조지프 후커에게 편지를 보냈다. "나는 지금 종의 변이에 대해서 구상을 하고 있는 중이라네. 그런데 어제 러복(John Lubbock)이 내가 사람들 앞에서 했던 실수를 지적하더군. 그 일 때문에 두어 주 동안은 아무 일도 못할 것만 같네." 이 일 때문에 다윈은 평소보다도 자신의 가치를 낮게 평가하게 되었다. "개만도 못한 멍청이지. 비참할 지경이라네. 나는 이 몽매함과 뻔뻔한 성질 때문에 울어버릴 것만 같네."[25]

이런 시무룩함을 가치 있는 일로 만들 수 있는 방법들을 보자. 첫 번째는 자존심을 낮추는 것이다. 다윈은 사회적인 굴욕감 때문에 고통을 받았다. 그를 보면 그가 제안한 전문적인 의견이 화제로 오르는 것에 대해 상당히 혼란스러워 하는 것처럼 보인다. 오랜 기간 자존심이 떨어지는 것을 경험했기 때문에 그랬을 것이다. 아마 그는 끝내 자신보다 우수한 자로 밝혀질 영국의 지성인들에게 위협적인 존재로 인식되지 않기 위해서 장학금에 대한 꿈을 접어야 했을 것이다.

두 번째는 부정적으로 강화하는 것이다. 이 사건으로부터 받은 고통 때문에 낙담한 다윈은 모욕을 받지 않을 행동(이 경우를 분석하기가 복잡하다.)만을 하려고 했다. 아마도 그 후 다윈은 훨씬 더 신중하게 행동을 했을 것이다.

세 번째가 경로를 바꾸는 것이다. 이런 우울함과 의기소침함이 계속되었다면 다윈은 자신의 힘을 다른 경로로 전환시킴으로써 행동을 더 근본적으로 바꾸려고 했을 것이다. 그는 같은 날 러복에게 "좌절감 때문에 논문을 찢어 버렸고"[26], 자신의 오류를 지적해 준 데 감사를 드리며, 이런 실수에 대해 사과를 한다는 편지를 썼다. 하지만 잘 알려져 있다시피 다윈은 원고를 찢지 않았다. 그가 정말로 엄청난 실패들을 경험했다면 그 주제를 포기하는 편이 나았을 것이다. 그리고 그가 실제로 오래도록 큰 혼란스러움을 느껴 종의 기원에 관한 인상적인 책을 집필하기가 어려웠다면, 그 주제를 포기하는 것이 앞으로 사회적 지위를 위해서도 바람직했을 것이다.

다윈이 우울함에 빠졌던 이유를 설명하는 이 세 가지 방법은 서로 독립적인 것이 아니다. 자연 선택은 현존하는 화학 물질들과 그 화학 물질들이 전해 주는 느낌을 다양하게 이용하는 소박하고도 풍부한 과정이다. 세로토닌과 같은 신경 전달 물질이나 우울함과 같은 어떤 기분의 기능에 관해 단순히 설명하는 것만으로도 교묘한 효과를 일으킨다. 또 어떤 다윈주의자는 자신의 의견에 대한 높거나 낮은 평판이 그럴듯하다고 판명된다면 좌절할 필요가 없다. 이것들은 모두 순수한 것이다.

그렇다면 진실은 자기 존중이란 스펙트럼 상의 어디쯤에 위치해 있는 것일까? 여러분이 한 달 동안 직업이나 사회적으로 성공을 거둬 세로토닌의 수치가 높아지고, 여러분이 스스로 매력적이고 호감이 가는 인물로 느끼다가, 그 다음 달에는 실패를 함으로써 세로토닌 수치가 낮아지고 스스로를 가치 없는 존재로 느낀다면 이 두 시기에 나타나는 상반된 감정은 여러분의 정확한 감정이 아니다. 무엇이 잘못된 것일까? 세로토닌은 진실로 인도하는 묘약인가, 아니면 지성의 감각을 잃게 하는 마취제인가?

아마 이 둘 다 사실이 아닐 것이다. 여러분이 자신에 대해서 좋거나 나쁘게 느낄 때, 그것은 보이는 것 이면에 큰 증거가 숨겨져 있음을 의미한다. 진실한 것은 극단의 사이에 존재한다.

어쨌든 진실은 이것으로부터 온다. 좋은 사람이건 가치 없는 사람이건 여러분은 객관적인 의미를 알 수 없는 의문투성이가 존재다. 그리고 진실이 명확하게 정의되었다고 해도 그것은 자연 선택과는 무관한 개념이다. 분명 자기 자신에게나 다른 사람들에게 실제를 정확하게 보여 주는 것이 그의 유전자를 퍼뜨리는 데 도움이 된다면, 정확한 인식과 정확한 의사소통이 진화될 수 있을 것이다. 예컨대 음식이 어디에 저장되어 있는지를 기억하고 이를 자녀나 형제들에게 알려 주는 일 등이 그런 경우다. 그러나 정확한 보고가 유전자의 이해와 일치하는 경우는 단지 행복한 우연에 불과하다. 자연 선택은 진실과 정직을 선호하지 않는다. 이런 것은 자연 선택과는 무관한 일이다.[27]

강함과 민감함

호혜적 이타주의는 고유한 방식으로 자신을 드러내고 자신을 속인다. 지위 체계가 겉으로 드러나는 능력 즉 매력, 강함, 똑똑함 등을 우선시한다면, 호혜적 이타주의는 친절함, 고결함, 정당함을 강조한다. 이런 것이 우리를 가치 있는 호혜적 이타주의자로 보이게 한다. 이것들 때문에 사람들은 우리와 관계 맺기를 원한다. 친절하고 너그러운 이웃이라는 평판을 받는다고 해로울 것은 없다. 오히려 도움이 되는 일이다.

특히 리처드 알렉산더는 도덕적 자기 과시의 진화가 중요하다는 것을 강조했다. 『도덕 체계의 생물학(*The Biology of Moral Systems*)』이란 책에서 그는 "근대 사회는 인간의 선함에 대한 신비로 가득 차 있다. 이런 신화에 나오는 과학자들은 겸손하고 헌신적인 진리 추구자들이다. 의사들은 고통을 없애는 데 그들의 일생을 바치고, 선생님들은 학생들을 위해 평생을 헌신한다. 기본적으로 사람들은 인류의 이익을 자신의 이익보다 우선시한다. 사람들은 이타적이고 친절하며 법을 지키려는 마음을 갖고 있다."라고 했다.[28]

도덕적 자기 과장이 자기 기만과 관련되어 있을 까닭은 없다. 하지만 의심해 볼 수는 있다. 호혜적 이타주의 이론이 나오기 전부터 뇌는 무의식적으로 자신의 선함을 확신하는 작용을 하고 있음을 보여 주는 실험이 행해졌다. 실험에서 피험자들은 누군가에게 잔인하게 행동하고 비열한 말을 하거나 전기 쇼크를 받을 때 튀어나오는 욕설을 하라는 요구를 들었다. 그러자 피험자들은 당연하다는 듯이 희생자들을 모독하고 비난했다. 희생자들은 아무 잘못도 없고 기껏해야 그들을 막 다루라는 짤막한 요구만을 받았는데도 말이다. 그러나 피험자들은 이렇게 모독을 받은 대상이 이런 모독을 다른 누군가에게 앙갚음을 한다는 말을 듣자 모독하기를 중지하려는 경향을 보였다.[29] 흡사 마음이 다음과 같이 단순한 규칙에 의해 프로그램되어 있는 듯했다. 설명이 확정되어 있다면 어떤 식의 합리화도 바람직하지 않다. 정반대로 행동함으로써 자신을 방어할 수 있다는 규칙이 그것이다. 그러나 여러분이 여러분을 욕하거나 학대하지 않는 어떤 사람을 욕하거나 학대한다면, 여러분은 왜 그가 그런 대우를 받아야 하는지에 대한 이유를 날조해야 한다. 여러분이 그 이유를 추궁당할 경우 어떤 식으로든 행동을 변호할 준비가 되어 있을 것이다. 즉 여러분은 여러분이 나쁜 사람이고 거짓된 사람이라는 말에 분개하며 싸울 준비가 되어 있을 것이다.

우리는 다양하게 도덕적으로 변명을 할 수가 있다. 심리학자들은 사람들이 여러 방법으로 누군가의 곤경을 덜어주거나("이건 폭행이 아니오. 단지 사랑 싸움일 뿐이오."), 그 곤경에 자신이 책임이 있으며 자신에게는

이를 도와줄 능력이 있다는 식으로 실패를 정당화한다는 것을 알아냈다.[30]

사람들이 정말 이런 변명들을 믿는다고 보기는 어렵다. 그러나 몇몇 유명한 실험들은 그 맥락은 달랐지만, 의식하는 마음이 진짜 동기를 얼마나 잘 잊는지, 그리고 마음이 그 동기로 생긴 결과들을 얼마나 빨리 정당화하는지를 보여 준다.

실험은 '뇌가 분리된' 환자들에게 수행되었다. 간질 발작을 막기 위해 좌뇌와 우뇌를 분리시킨 환자들이었다. 놀랍게도 뇌 수술을 받은 환자들은 일상 생활에서는 별 변화를 보이지 않았지만 어떤 조건이 갖춰지면 이상한 반응을 보였다. '사과'라는 단어를 우뇌와 연결된 왼쪽 눈에만 비추면 피험자는 이 신호를 전혀 인식하지 못했다. 이 신호는 사람들의 언어를 조절하고 의식을 지배하는 것으로 보이는 좌뇌에 이르지 못했던 것이다. 그런데 우뇌의 지배를 받는 왼손으로는 상자를 뒤져 사과를 꺼낼 수 있었다. 피험자는 왼손으로 직접 더듬어 보기 전에는 사과가 있는지를 알아채지 못했다.[31]

피험자가 자신의 행동을 정당화시키려 할 때 아무것도 인식하지 못한 좌뇌는 부지불식간에 거짓말을 한다. 예를 하나 들어 보자. '걸어라'라는 명령이 우뇌로 전해지면 그는 걷는다. 어디로 가고 있느냐는 질문을 받으면 그 목적지를 알지 못하는 좌뇌가 확신에 찬 어조로 음료수를 사러간다고 대답한다. 또 다른 예가 있다. 누드 영상을 어떤 여자의 우뇌에 비추자 그녀는 당황해 슬며시 미소를 띤다. 무엇이 우습냐는 질문을 하면 그녀는 사실보다는 덜 음란한 대답을 한다.[32]

분리된 뇌에 대해서 몇 가지 실험을 했던 마이클 개저니가(Michael Gazzaniga)는 언어는 단지 마음의 일부를 전해 주는 '통신사'라는 결론을 내렸다. 어떤 사람이 어떤 행동을 하건 언어는 그 사람이 합리적이고 이성적이고 훌륭한 사람이라고 확신시키며 그 행동을 정당화하는 기능을 한다는 것이다.[33] 의식 자체의 영역에는 이런 통신사가 자리 잡고 있어 그에게 확신을 심어 주고 힘을 내게 한다. 의식은 순수해 보이는 겉모습 속에 자리 잡고 있는 차갑고 이기적인 유전자의 의도를 가려 주고 있다. 다윈주의 인류학자 제롬 바코(Jerome Barkow)는 다음과 같이 말한 바 있다. "자아는 인상을 관리하는 기관(이를 두고 심리학에서는 의사 결정자라고 한다.)으로 진화해 왔다고 볼 수 있을 것이다."[34]

더 나아가 심리학 자체가 우리 유전자 안에 형성되어 있다고 말할 수도 있다. 또 다른 여러 실험을 통해 알 수 있듯 의식적으로 우리 행동을 조절하는 감정은 단순한 환상이 아니라는 것이다. 그것은 우리에게 확신을 주도록 자연 선택이 디자인한 의도된 환상이다. 사람들은 수세기 동안 자유 의지가 존재한다는, 막연하지만 강력한 직관으로 이에 대한 철학적 논쟁을 해 왔다. 우리(우리라는 의식은)는 우리의 행동에 책임이 있다는 것이다. 이 지적 역사의 중요한 부분이 직접적으로 자연 선택에 의존하고 있다는 말은 무모한 주장이 아니다. 그것은 철학적으로 중요한 사안이기에 채택되어 온 것이다.

모호한 회계 시스템

호혜적 이타주의의 왜곡된 효과는 우리 자신의 정당화에 대한 일반적인 믿음을 훨씬 뛰어넘는다. 이런 왜곡된 효과를 사회의 회계 시스템에서도 볼 수 있다. 여러분이 누구에게 얼마를 빚지고 있는지, 또는 누가 여러분에게 빚을 졌는지 하는 기록의 변화를 감시하는 것이 호혜적 이타주의의 중심 기능이다. 유전자의 견지에서 볼 때 빌린 것과 받을 것을 같은 정성으로 감시하는 것은 어리석은 짓이다. 여러분이 베푼 것보다 더 적게 받는다면 그것은 그만큼 더 좋은 일이다. 그러나 아무리 사소한 양일지라도 얻은 것보다 더 많이 준다면 그것은 손실이 된다.

사람들이 빚진 것보다 받을 것에 더 신경을 쓴다는 것은 행동주의자들이 볼 때는 당연한 것이다. 이런 점 때문에 다윈은 누나 캐럴라인에게 농담을 할 수 있었다. 비글 호에서 그는 누나에게 편지를 썼다. "바이런 경의 편지에 나오는 그 사람은 병을 앓았던 탓에 많이 변했습니다. 채권자라고 해도 그를 알아보지 못할 거예요."[35] 다윈은 대학에 약간의 빚을 졌는데 한 전기 작가는 그것을 이렇게 이야기했다. "그는 이 빚 때문에 부담스러워 했지만 수년 후에 그의 낭비에 대해서 이야기하자 그는 이를 반이나 줄여서 이야기했다."[36]

다윈은 지적인 빚에 대해서도 골라서 기억했다. 젊었을 때 그는 할아버지 이래즈머스가 쓴 진화에 관한 책을 읽었다. 그것들은 놀랍게도 수컷을 전투적으로 만드는 자연 선택의 변형인 성 선택을 예견하는 문장을 포함하고 있었다. "수컷들 사이에 일어나는 이 경쟁의 최종적인 원인은 가장 강하고 활동적인 동물이 그 종을 번식시키고, 그럼으로써 그 종이 발전할 수 있다는 사실 때문이다." 그러나 다윈은 『종의 기원』의 세 번째 판 서문에서 자신이 지적으로 도움을 받았던 선구자를 언급할 때 라마르크보다 앞선 선구자인 할아버지를 빼 버렸다. 앞의 인용문으로 판단해 보건대 할아버지는 다윈의 마음에 진화론에 대한 씨를 뿌렸을 뿐만 아니라, 자연 선택론의 씨도 분명히 뿌려 주었을 것이다. 그런데도 다윈은 자서전에서 이래즈머스의 『동물생리학』을 비판하듯 얘기했다. 다윈의 양심으로는 자신의 할아버지에게 자신의 공과를 돌릴 수가 없었을 것이라고 추측해 볼 수 있다.[37]

다윈은 지적 아량을 베푸는 데 대체로 인색한 편은 아니었다. 하지만 그의 아량은 선택적이었다. 한 전기 작가가 말했듯 "다윈은 경험적인 관찰로 자신에게 유용한 정보를 준 사람에겐 관대했으면서도 그에게 영감을 준 사람들은 거의 인정하려 들지 않았다."[38] 참으로 편리한 방식이다. 다윈은 그렇고 그런 조사가들에게는 아량을 남발하면서도 그의 영광을 위해 훨씬 외진 곳에서 투쟁했을 몇몇 공헌자들에게는 인색했다. 그는 젊고 떠오르는 과학자들에게는 신세를 졌으나, 늙고 고인이 된 과학자들은 적대시했다. 지위가 높은 사람에게 꽤나 어울리는 방식이었다. (물론 "당신의 이론에 전조를 드리운 사람들에게는 빚지지 마라."라는 공식 자체가 유전자에 쓰여 있는 것은 아니다. 그러나 자신의 위치를 위협할 만한 사람들에게 특혜를 주지 않도록 할 수는 있다.)

자기 중심적으로 계산을 하는 분야는 거대한 것에서 사소한 것에 이르기까지 넓게 분포하고 있다. 일반적으로 전쟁으로 이어지는 감각은 불만스런 감각이며 그 감각은 깊고도 확실하다는 특징이 있다. 즉 적의 죄에 대해서 강하게 확신하는 것이다. 그리고 이웃이나 친구들도 기록에 대해 다르게 생각하도록 하는 데 일조를 할 수 있다. 이런 사실들은 일상 생활이 친절한 언행으로 포장되는 현대 사회의 어떤 분야에서는 적용되지 않을 수도 있다. 그렇지만 역사 시대와 선사 시대를 통해 호혜적 이타주의가 일상의 긴장과 말다툼을 유발시켰다고 믿을 만한 이유가 있다. 브로니슬라프 말리노프스키는, 트로브리안드 섬의 주민들이 선물 주기를 즐기는데 "그들은 선물을 자랑하면서 자신들이 받은 선물의 가치를 두고 말다툼이나 싸움을 한다."라는 사실을 관찰했다.[39]

사람들이 상품, 임금, 지역의 변화, '누구 애가 누구 애를 때렸다.' 같은 문제에 대해 의견의 일치를 보지 못한 사회가 있었을까? 어떤 결과를 낳든 논쟁들은 중요하다. 물론 생사를 걸고 하는 논쟁은 드물다. 그렇지만 이런 논쟁들은 물질적 풍요로움에 영향을 주었고, 인간이 진화해 오는 동안에는 바로 그 물질이 삶과 죽음을 결정했다. 또 이 때문에 배우자를 구할 수 있는지, 자식을 두 명 볼 수 있는지 또는 세 명을 볼 수 있는지의 여부가 결정되었다. 회계 장부를 왜곡시키는 것에는 중요한 이유가 있다. 왜곡은 보편적으로 나타나며 호혜적 이타주의의 당연한 결과로 보인다.

직관 말고 다른 어떤 것으로 상황을 본다면 문제들을 분명히 볼 수 없다. 액설로드의 컴퓨터에서 팃포탯은 다른 프로그램보다 더 얻으려고 하지 않았기 때문에 성공을 거둘 수 있었다. 팃포탯은 정확히 받은 대로 응수하고자 했다. 쉽게 만족하지 못하고 속임수를 써서 준 것보다 더 많은 것을 얻으려는 프로그램들은 소멸해 갔다. 이렇게 진화가 탐욕스런 자들을 벌한다면 무엇 때문에 인간들은 무의식적으로 그들이 얻는 것보다 덜 주려고 하는 듯 보이는 걸까?

대답을 하기 전에 주는 것보다 더 많이 얻으려 하는 것은 '속임수'와 똑같은 것이 아니라는 점을 이해하도록 하자.[40] 액설로드의 컴퓨터는 프로그램을 협동하는 것과 그렇지 않은 것, 즉 좋은 것과 속임수를 쓰는 것의 두 가지 범주로 구분했다. 하지만 실제 인생은 훨씬 세부적으로 나뉜다. 약간만 변화해도 두 사람 모두가 논제로섬적 이익을 볼 수 있는 일들이 많다. 만일 여러분이 친구에게 49의 호감을 주고 51을 되돌려 받는다면 그 우정은 여전히 가치가 있다. 여러분은 그를 속인 것이 아니다. 그러면서도 여러분은 친구에게서 더 많은 것을 얻었다. 그렇다고 그 친구가 받은 것보다 더 주려고 한 것은 아니었다.

그래서 이론적으로 보면 속임수를 쓰지 않는 팃포탯보다 좀 더 인색하게 구는 것이 가능하고 그렇게 해도 고통스러운 보복이 따르지 않는 것이다. 자연 선택이 부여한 이런 종류의 인색함 때문에 뒤가 구린 회계(자신에게 약간 이롭게 작용하는 정의감)가 가능한 것이다.

그렇다면 왜곡이 무의식적이라는 사실이 중요한 이유는 무엇일까?

경제학자이자 게임 이론가인 토머스 셸링(Thomas Schelling)의 저서 『투쟁 전략(The Strategy of Canflict)』에서 그 단서 하나를 찾을 수 있다. 그는 「홍정에 관한 논고」라는 장(이 장 내용이 진화에 관한 것은 아니지만 진화에 적용해 볼 수 있다.)에서 논제로섬 게임에서 나타나는 역설에 대해 언급했다. "적을 제압하는 힘은 자신을 구속할 수 있는 힘에 의해 결정된다."라는 것이다. 여기에 대한 고전적인 예가 젊은이들 사이에 벌어지는 논제로섬 게임이다. 두 대의 차가 서로를 향해 질주하고 있다. 핸들을 먼저 꺾는 운전자가 지는 것이다. 또 친구들로부터 받을 수모도 감수해야 한다. 그렇다고 누구 하나 핸들을 꺾으려 하지 않는다면 그 결과는 재앙으로 이어진다. 그렇다면 어떻게 해야 할까? 셸링은 상대방이 볼 수 있게끔 운전대를 뽑아 차문 밖으로 던질 것을 제안한다. 그래서 이쪽에서는 차의 방향을 바꿀 수가 없다. 상대방이 정신 나간 인간이 아닌 한 그는 핸들을 꺾지 않을 도리가 없다.

똑같은 논리를 차를 구매할 때와 같은 더 일반적인 상황에 적용할 수 있다. 구매자와 판매자는 어떤 가격 범위 내에서 홍정을 벌일 것이다. 그러나 이 범위 안에서 서로 이해가 갈라진다. 구매자는 낮은 가격으로 차를 구입하려 할 것이고 판매자는 높은 가격으로 차를 팔려 할 것이다. 셸링은 성공에 이르는 길은 기본적으로 젊은이들의 게임과 같다고 한다. 먼저 구매자는 판매자에게 자신이 융통성 없음을 확신시킨다. 구매자가 그냥 일어서려 한다면 판매자는 양보를 할 것이다. 그러나 판매자가 선제 공격을 해서 "나는 절대로 그 가격 이하로는 팔 수 없다."라고 우기며 강하게 나온다면 판매자가 이길 것이다. 셸링이 말하고자 하는 요지는 이렇다. "선택의 자유를 자발적으로, 그러나 돌이킬 수 없도록 포기하라."라는 것이다. 그것도 먼저.

그러나 우리는 목적에 도달하기 위해 '자발적'이라는 단어를 제외시키자. 희생이 진정 돌이킬 수 없는 것으로 보이도록 하기 위해 밑바탕에 깔린 논리를 의식으로부터 제외시킬 수 있다. 중고차를 사려할 때는 이런 것이 해당되지 않을 수도 있다. 사실 게임 이론가들과 같이 자동차 판매원은 거래의 여러 가능성에 대해 생각을 하며, 약삭빠른 구매자 역시 그렇다. 매일의 말싸움(자동차 덮개용 펜치, 봉급, 논쟁 거리가 되는 여러 일들에 관한 말싸움)은 흔히 양쪽 다 자신의 권리를 확신함으로써 시작된다. 그리고 이렇게 믿기 때문에(자신에게 가치 있는 것에 대해 재빠르고도 분명히 느끼는 감각) 셸링이 추천한 선제 공격을 감행할 수가 있는 것이다. 고집이 가장 큰 확신을 심어 주는 것이다.

그렇지만 곤혹스러운 점이 아직도 남아 있다. 고집이 심하면 오히려 손해를 볼 수 있다. 회계를 왜곡하도록 만드는 유전자가 번성해 나가듯 엉터리 회계사들도 늘어나게 될 것이다. 저마다 거래에서 이득만을 보기를 원한다면 거래가 성사될 수 없다. 게다가 실제 생활에서는 상대편이 어떤 거래 조건을 받아들이려 하는지를 알기 어려운 경우가 많으므로 어느 시점에서 고집을 피워야 하는지를 알기도 곤란하다. 자동차 구매자는 그 자동차의 원가와, 다른 구매자들이 얼마에 그 차를 사려고 하는지를 모른다. 그리고 물물 교환으로 거래되는 시장처럼 가격이 체계적으로 형성되지 못한 시장에서는 계산이 곤란하다. 이런 시장 역시 진화해 온 것이다. 이런 시장에서는 상대편이 거래하고자 하는 금액을 추측하기가 어렵다. 만약 흥정 범위 밖에서 고집스레 구매 가격을 정하려 한다면 거래는 성사되지 못한다.

이상적인 전략은 고집스러움을 가장하면서도 융통성을 발휘하는 전략이 될 것이다. 여러분은 스스로 가치 있다고 여기는 것을 강조함으로써 대화를 시작한다. 그러나 상대방이 확고부동한 태도를 견지한다면 물러서야 한다. 그런 때가 언제일까? 그렇다, 그런 때가 있다. 만일 사람들이 자신들이 확신하는 이유를 설명하고 그 이유가 믿을 만하다면 (그리고 진심이라고 생각되면) 한걸음 후퇴하는 것이 바람직한 일이다. 그들이 과거에 여러분을 위해 얼마나 많은 일을 했는지를 이야기하고 그것이 사실이라면 여러분은 양보를 해야 한다. 물론 여러분은 상대편의 말을 상쇄시킬 수 있는 증거와 확신을 불러올 수 있는 범위 내에서 그것들을 이야기해야 한다. 그렇게 거래는 진행되는 것이다.

우리는 방금 인간의 대화가 역동적이라는 사실을 알아 보았다. 사람들은 정확히 이런 방식으로 논쟁한다. (사실 '논쟁하다' 라는 단어가 의미하는 바도 바로 이런 것이다.) 그러나 사람들은 자신들이 무엇을 하고 있는지, 또 무엇 때문에 그런 일을 하고 있는지를 종종 잊곤 한다. 그들은 단지 자신들의 지위를 지탱하고 있는 모든 증거와 접촉하고 있고, 이 지위를 위협하고 있는 모든 증거를 상기해야 하는 자신의 모습을 본다. 다윈은 그의 자서전에서 스스로 '황금률' 로 정했던 어떤 습관에 대해서 적었다. 그것은 이론과 모순되어 보이는 어떤 관찰을 즉시 기록하는 것이었다. "왜냐하면 나는 경험상 이런 사실들과 생각들이 유쾌한 것들보다 기억에서 훨씬 더 쉽게 달아나려는 경향이 있음을 알고 있기 때문이다."[41]

논쟁이 시작될 때 논쟁 방식이 쉽게 느껴진다면 그 이유는 이미 그 일이 성사되었기 때문이다. 로버트 트리버스는 우정이나 결혼 등 친밀한 관계로 이어지는 반복된 논쟁(재협상이라고 할 수도 있을 것이다.)에 대해서 썼다. 그는 "논쟁은 예고 없이 자연스럽게 돌발할 수 있다. 논쟁이 진행되면서 화가 폭발하는 순간을 기다리지만 이미 정보에 대한 전체 풍경이 조직화되어서 나타난다."라고 했다.[42]

인간의 뇌는 논쟁에서 승리하기 위한 정밀한 기계 장치, 즉 주인이 옳다는 것을 다른 사람에게 확신시키면서 동시에 주인 자신도 그렇게 확신하도록 만드는 기계 장치다. 뇌는 수임료만 받으면 의뢰인이 도덕적으로나 논리적으로 가치가 있든 말든 그 가치를 세상에 확신시키는 유능한 변호사와 같다. 변호사처럼 인간의 뇌도 승리를 원하지 진실을 원하지는 않는다. 그리고 변호사와 같이 뇌는 가치보다는 기술을 더 칭송한다.

트리버스가 자기 기만의 이기적 이용에 대해 쓰기 훨씬 오래전부터 사회학자들은 이를 지지할 정보들을 수집해 왔다. 어떤 실험에서 피험자들은 사회적 쟁점에 대해서 나름대로 강한 입장을 견지했다. 피험자들은 논쟁을 하게 되었고 토론은 네 가지 방향으로 진행되었다. 두 가지는 찬성하는 주장이고 다른 두 가지는 반대하는 것이었다. 이 주장들은 또 두 가지로 나뉘었다. 하나는 부당한 점에 대한 상당히 그럴듯한 주장이고, 다른 하나는 부당한 점에 대한 말도 안되는 주장이었다. 사람들은 그들의 견해를 지지했던 그럴듯한 논쟁들과 그들의 견해에 반대했던 말도 안 되는 논쟁들을 기억하는 경향이 있었다. 그들의 올바름과 상대편의 어리석음을 드러내는 순수한 결과를 기억하는 경향이 있었던 것이다.[43]

이렇게 생각할 수 있을지도 모른다. 사람은 이성적인 창조물이므로 결국 자신들의 오래된 정직함을 의심하게 되고, 신용이나 돈 또는 예절 등을 둘러싼 논쟁에서 바른 편에 설 수 있게 되리라고. 천만의 말씀이다. 우리가 자리를 잡을 곳이 어디인지, 우리가 얻지 못한 지위가 무엇인지, 어떤 차가 어떤 차를 들이받았는지에 관계 없이 우리의 부당 행위가 정당화될 수는 없다고 재차 주장하는 사람들의 몽매함은 충격적이다.

우정과 집합적 거짓

속임수에 대한 현대 다윈주의의 견해를 공격하고 지지하는 모든 심리학

책에는 'beneffectance'라는 단어가 두드러지게 나타난다. 이 단어는 자신을 유익하고 효과적인 사람으로 나타내려는 자들의 경향을 묘사하기 위해 심리학자 앤서니 그린왈드(Anthony Greenwald)가 1980년도에 만들어 낸 것이다. 이 합성어는 호혜적 이타주의와 지위 체계가 남긴 유산을 구체적으로 보여 주고 있다.[44]

그러나 이런 식의 구분은 너무 단순화시킨 것이다. 실제 생활에서 호혜적 이타주의와 지위 체계는 유익하고 효과적으로 융합될 수 있다. 어떤 실험에서 한 팀에서 함께 노력하며 일했던 사람들에게 그들의 역할에 관해서 물었다. 그 노력이 성공이었다고 할 경우 이 대답은 과장된 경향이 있었다. 실패였다고 할 경우 그들은 동료가 영향력을 발휘할 여지를 훨씬 더 많이 남겨 놓았다.[44] 이렇게 신용을 축적하고 비난을 나누는 것은 진화적으로 볼 때 모두 일리가 있는 일이다. 그것은 집단 내의 다른 사람들이 성공을 하도록 도우면서 미래에 보상을 받을 수 있는 방법이다. 그것은 또 그 사람이 높은 지위에 걸맞는 사람임을 효과적으로 보이는 방법이다.

1860년 다윈을 지지하는 사람들이 통쾌한 승리를 거두었다. 다윈의 후견인 격이었던 토머스 헉슬리가 『종의 기원』에 대해서 새뮤얼 윌버포스(Samuel Wilberforce) 주교와 논쟁을 했던 것이다. 윌버포스는 빈정대며 헉슬리에게 모계와 부계 중 어느 쪽이 원숭이냐고 묻자, 헉슬리는 "부와 영향력과 재능을 빈정대는 데 사용하는 인간보다는 차라리 원숭이를 조상으로 갖겠노라."라고 응수했다. 적어도 다윈이 헉슬리로부터 들은 바로는 그랬다. 그리고 헉슬리의 이 말은 역사책에 기록되었다. 그런데 이 토론회에 참석했던 조지프 후커는 이 일을 다르게 기억했다. 그는 다윈에게 이렇게 말했다. "헉슬리는 그 수많은 청중들 앞에서 자신의 목소리를 내지 못했다네. 그는 윌버포스 주교의 약점을 언급하지도 않았고 청중들이 빠져들 수 있는 형식이나 방식으로 문제를 제시하지도 못했지."

후커는 다행히도 자신이 윌버포스 주교와 논쟁을 할 수 있었다고 보고했다. "내가 그에게 맹공을 퍼부었지. 박수갈채가 쏟아졌다네. 그리고 그가 자네의 책을 읽은 적도 없다는 사실과 그가 생물학에 대해서 무지하다는 사실을 보여 주었지. 윌버포스는 단 한마디도 못했다네. 네 시간에 걸친 전투 끝에 자네는 그 분야의 권위자라는 명예를 얻었지. 토론회는 그렇게 끝났어." 후커는 이어서 "나는 가난한 월급쟁이들과 옥스퍼드의 잘난 학자들에게 축하를 받았지. 그 시간 동안만큼은 내가 유명인사가 된 걸세."라고 했다.[46] 헉슬리와 후커는 두 가지 의도를 가지고 서로 다른 이야기를 했다. 그 한 가지는 다윈에게 자신들의 지위를 높이려는 것이었고 또 한 가지는 다윈으로 하여금 빚을 지게 만드는 것이었다.

호혜적 이타주의와 지위는 다른 식으로도 교차하고 있다. 우리는 자기중심적이어서 보통 다른 사람들에게 뭔가 해 주기를 꺼린다. 하지만 지위가 높은 사람에게는 예외다. 친구가 웬만큼 알려져 있어 유명세를 타고 있다면 우리는 그의 재능을 소중히 여기고 사소한 불찰들을 눈감아 준다. 그리고 그가 좌절하지 않도록 용기를 심어 준다. 어떤 면에서 이런 자세는 자아 중심주의를 개선할 방도로 환영해야 한다. 아마 우리는 지위가 높은 사람들에 대한 대차 대조표는 더 공평하게 작성하는 것 같다. 그러나 동전에는 양면이 있다. 지위가 높은 사람들은 자신의 장부에 우리의 지위를 깎아 내려 기록할 것이다. 그럼으로써 우리를 더 왜곡해 보는 것이다.

그런데도 우리는 관계를 중요하게 여긴다. 지위가 높은 친구는 우리가 필요한 시기에 큰 대가 없이 결정적인 영향력을 행사해 줄 수 있다.

우두머리 수컷 유인원이 침입자를 곁눈질함으로써 동족을 보호하듯이 지위가 높은 후원자도 전화 한 통화로 건방 떠는 상대에게 세상이 만만치 않음을 보여 줄 수 있다.

이런 면에서 사회 지위와 호혜적 이타주의는 교차할 뿐 아니라 통합될 수도 있다. 지위는 사람들을 협상 테이블로 끌어낼 수 있는 자산이기도 하다. 좀 더 정확히 말하자면 지위는 다른 자산을 끌어들일 수 있는 자산이다. 지위가 높은 사람은 적은 비용을 들여 큰 호의를 베풀어 줄 수 있다는 말이다.

이렇게 지위는 호의로 이용될 수 있다. 우리는 친구에게 도움을 청할 때 종종 그의 지위를 이용하는데, 이 과정에서 우리의 지위도 높여 줄 것을 요구한다. 아른헴의 동물원 침팬지들은 간단한 방법으로 서로의 지위를 후원해 준다. A라는 침팬지가 도전을 받으면 B라는 침팬지가 그를 도와 지위를 지켜 준다. A라는 침팬지는 후에 이 호의에 보답해 준다. 사람들 사이에서는 지위 후원이 좀 더 미묘한 방식으로 일어난다. 술집이나 고등학교 교정 등 테스토스테론이 왕성하게 분비되는 현장을 제외하고는 후원은 근육에 의해서가 아니라 정보에 의해서 이루어진다. 친구를 후원한다는 것은 말 그대로 친구가 곤란한 처지에 빠졌을 때 그를 방어해 준다는 것을 의미하고, 좀 더 일반적으로는 그의 지위를 높여 주기 위해 어떤 행동을 취한다는 것을 의미한다. 그러나 이것이 사실인지 여부는 그리 중요한 문제가 아니다. 이런 것은 친구들 당사자가 이야기해야 할 것들이다. 친구들은 서로 지위를 높여 주려 한다. 누군가의 진실한 친구가 된다는 것은 그가 소중히 붙들고 있는 거짓을 인정해 준다는 것을 의미한다.

친구의 이익을 위한 이런 편향이 무의식 깊은 곳에서 비롯한 문제인지 여부는 아직 연구되지 않았다. 순수한 무의식적인 문제라고 대답한다면 우정을 깨뜨리는 배신 행위를 설명할 수가 없다. 그래서 우정이 얼마나 견고하고 오래된 것인가 하는 문제는 편향을 얼마나 깊이 나누어 갖고 있느냐 하는 기준으로 판단할 수 있을 것이다. 가장 친한 친구는 서로의 본심을 가장 적게 보는 친구다. 거짓말이 의식적이든 무의식적이든 우정은 사욕에서 비롯되는 친구의 거짓말을 용인해 주고, 이 거짓말을 사회의 총체적인 거짓말에 엮어 준다. 자애심이 서로에 대한 찬양으로 이어지는 것이다.

증오는 두 가지로 서로 경멸하는 사회를 만든다. 여러분의 친구에게 적이 있다면 여러분은 그 적을 여러분의 적으로 간주한다. 그것이 당신 친구의 지위를 지켜 주는 방법이 된다. 똑같은 원리로 그 적과 그 적의 친구들은 여러분의 친구뿐 아니라 여러분도 싫어하게 된다. 꼭 그렇다는 것은 아니지만 그럴 소지가 다분하다. 서로 적대 관계에 있는 두 명과 동시에 친밀한 우정을 유지하려 한다면 낯간지러움을 피할 수 없다.

호혜적 이타주의와 지위 체계 사이에는 악의에 찬 음모가 깊이 스며 있다. 증오 자체가 음모자들이 만들어 낸 것이기 때문이다. 증오는 한편으로 지위를 얻기 위한 경쟁에서 비롯되는 것이면서도 한편으로는 호혜적 이타주의와 궤를 같이한다. 트리버스의 말마따나 호혜적 이타주의자가 된다는 것은 압제자가 된다는 것과 같다. 즉 도움을 받았으면서도 그것을 되갚지 않는 자들을 찾아내 앞으로는 일절 도움을 주지 않거나 그들을 벌준다는 것이다.

이런 증오는 침팬지의 경우처럼 물리적인 힘으로 분명히 표현되는 것이 아니라 말로 표현된다. 그가 우리의 적일 때, 또는 그가 우리의 적을 지지할 때, 또는 우리가 그를 지지했는데도 그가 우리를 지지해 주지 않을 때 우리는 그에 관한 나쁜 점들을 퍼뜨려 사람들이 믿도록 한다. 그가 무능하거나, 어리석거나, 나쁘거나, 도덕감이 결여되어 있거나 사회악이 된다고 믿는 것이다. 다윈은 『사람과 동물의 감정 표현(The Expression of the Emotions in Man and Animals)』에서 증오는 도덕과 관련이 있다고 보았다. "분노를 야기할 만한 표현이나 감정이 없으면 증오는 오래 지속되지 않는다."라는 것이다.[47]

다윈이 사람들을 평가할 때는 때로 앙갚음의 냄새를 풍겼다. 케임브리지 대학 시절 다윈은 자신처럼 딱정벌레를 수집했던 교양 있는 곤충학자 레너드 제닌스(Leonard Jenyns)를 만났다. 두 사람은 경쟁 관계에 있음에도 불구하고 친구가 되었다. 다윈은 '상당수의 곤충들'을 제닌스에게 주었고, 그는 몹시 고마워했다. 그런데 다윈의 말에 따르면, 제닌스는 "일고여덟 개의 견본이 있었지만 이것을 주기를 거절했다." 은혜에 보답을 하지 않은 것이다. 다윈은 이런 사실을 사촌에게 전하면서 제닌스의 이기심과 "소심함"에 대해서도 이야기했다. 그러나 일 년 반이 지나자 다윈은 제닌스를 "최고의 박물학자"라고 평가했다. 그 사이 제닌스는 다윈에게 "멋진 쌍시류 곤충"을 선물했던 것이다.[48]

친구들은 서로의 지위를 지원해 주기 위해 동맹 관계를 맺는데 이 관계망에 불평이 스며들면 자기 기만과 폭력이라는 거대한 망이 형성될 수 있다. 《뉴욕타임스》에서 발췌한 다음의 기사를 보자. "채 한 주도 못 돼 양측은 감정적인 말을 동원해 책임 공방을 벌였다. 양측은 확신에 찬 어조로 일방적인 주장들을 했다. 그런데 여러 면으로 보아 이 양쪽의 주장들은 사건을 면밀히 조사해 보지도 않고 나온 말들이다."[49] 어떤 사건을 두고 쓴 기사. 이스라엘 군인들이 팔레스타인 민간인들을 총으로 쏘았는데 양측은 서로 상대편에게 책임이 있다고 주장했다. 그런데 이 기사는 크건 작건 수세기를 통해 반복된 모든 분쟁에 정확히 적용될 수 있는 문장이다. 이 문장 자체가 인간 역사의 상당 부분을 말해 주는 것이다.

진화론자들은 근대의 전쟁을 낳았던 정신적 기제(열렬한 애국심, 집단적인 자기 정당화, 만연된 분노)들은 종족 간의 갈등을 낳았던 정신적 기제들과 맥을 같이한다고 주장한다. 확실히 거대한 규모의 폭력은 인간의 역사에서 되풀이되어 자행되었다. 그리고 전사들은 종종 적의 여자들을 강간하거나 납치해서 다원주의적인 보상을 받았다.[50] 비록 전쟁심리학이 전쟁 때문에 발전한 분야이긴 해도 여기에는 또 다른 부차적인 중요성이 있다.[51] (집단적이거나 개인적인) 적의, 슬픔, 의로운 분개감은 인류나 선행 인류 집단 사이에 있는 오래된 갈등, 특히 지위가 높은 남성들의 동맹체 사이에 있는 갈등에 그 뿌리를 두고 있는 것이다.

이익 집단

친구의 적을 싫어하는 것이 꼭 호의를 베푸는 것이라고 생각할 필요는 없다. 이것은 단순히 부차적인 것에 지나지 않는 경우가 있다. 공동의 적이 나타나면 친구는 강하게 결속될 수 있고 또 이런 경우에 우정이 형성되고 그 우정은 견고하게 다져진다. (죄수의 딜레마 게임의 두 당사자는 그들이 모두 싫어하는 누군가가 등장했을 때 더 협동해서 게임에 임할 것이다.)[52]

현대 사회에서는 이런 전략이 편리하다는 사실이 잘 드러나지 않는다. 우정은 적이 아니라 영화나 스포츠 등의 취미 때문에 돈독해질 수 있다. 친근함은 순수한 열정을 공유할 때 나온다. 그런데 친근함의 기원은 그리 순수하지 못하다. 이것은 누가 종족을 이끌어야 하는지 또는 고기를 어떻게 분배해야 하는지에 대한 솔직한 정치적인 의견들로부터 발전된 것이다. 다시 말해 공통된 흥미 때문에 형성되는 친근함은 정치적 결속을 공고히 하는 수단으로서 진화했고, 후에 이것이 별로 중요하지 않은 문제들에도 접목되었을 것이다. 어쨌든 이것은 사소한 문제에서 비롯된 논쟁을 부조리할 정도로 심각하게 다루는 이유를 설명하는 데 도움을 줄 수 있을 것이다. 이를테면 이것은 화기애애한 저녁 만찬이 존 휴스턴(John Huston) 영화의 공과(功過)에 대한 의견 불일치 때문에 갑자기 어색해지는 일을 설명할 수가 있다.

게다가 '사소한 문제들'이 얼마 후에는 진정 중요한 문제로 발전할 수 있는 경우가 종종 있다. 다윈주의를 지지하는 사회학자 둘을 예로 들어 보자. 그들은 '순수하게 지적인 흥미' 때문에 유대를 맺게 되었다. 양자가 공히 인간 진화의 뿌리에 매혹된 것이다. 그런데 이 둘은 정치적인 이해 관계 역시 같다. 이 두 학자는 모두 학회에서 무시받거나 공격받는 것에 지쳐 있고, 문화 결정주의의 독단에도 진력이 나 있으며, 인류학과 사회학 내의 고지식한 유행들에 대해서 짜증이 나 있다. 이 두 학자 모두 최고로 저명한 잡지에 이름이 나기를 고대하고 있다. 그들은 일류 대학의 종신 재직을 원한다. 그들은 힘과 지위를 원한다. 그들은 지배 조직을 해체하기를 원한다.

물론 그들이 지배 조직을 해체하고, 유명하게 되고, 베스트셀러를 쓴다고 해서 다윈주의적인 보상을 얻지 못할 수도 있다. 그들은 자신들의 지위를 성으로 전환하지 않을지도 모른다. 또 그렇게 한다고 해도 그들은 피임제를 쓸지 모른다. 그러나 인간이 진화해 오는 환경에서는 (실제로 최근 몇 백 년 전까지) 지위는 다윈주의적인 통화로 쉽게 전환되었다. 이런 사실들이 인간들 사이에서 지적인 이야기 구조에 깊은 영향을 끼쳐왔을 것이다.

다음 장에서는 다윈을 유명하게 만든 특별한 지적 이야기를 하면서 이런 효과가 무엇인지를 살펴보도록 하자. 여기서는 1846년 다윈이 조지프 후커와 과학에 대한 관심사가 같음을 알고 희열에 차서 했던 말을 되짚어 보는 것으로 그치자. 후커는 이로부터 10년 후 다윈이 벌였던 세기적인 전투에 참가해 혼신의 힘을 기울여 다윈의 지위를 높여 준 사람이다. "취향이 같다는 것이 얼마나 좋은 일인지 모르겠네. 난 자네를 이미 50년 전부터 알아 온 듯한 친근감을 느낀다네."[53]

14장

다윈의 승리

저는 제 논제에 대해 깊은 관심을 갖고 있긴 하지만 지금이나 죽은 후나 싸구려 명성 따위에는 별 가치를 두지 않을 수 있다면 좋겠습니다. 사실 제가 그렇게 행동하고 있다기보다는 그렇게 생각하고 있다는 뜻이지요. 그러나 제 자신을 압니다만, 만일 제가 제 책이 영원히 익명으로 남게 될 거라는 사실을 안다면 열심히는 일 하더라도 그 재미는 덜하겠지요.

──「폭스에게 보내는 편지」 중에서(1857)[1]

다원은 우리에게 귀감이 되는 사람이다. 그는 인간이 행위하도록 디자인되어 있는 그 일을 가장 멋들어지게 해냈다. 그는 사회적 지식을 교묘하게도 개인적인 장점으로 만들었다. 문제의 그 지식은 인간과 모든 유기체들이 어떻게 존재하게 되었는가를 설명하는 당시에는 널리 알려져 있는 견해였다. 다원은 자신의 사회적 지위를 단숨에 바꿔 놓을 정도로 그 지식을 근본적으로 바꾸어 놓았다. 1882년 그가 사망하자 전 세계의 신문지상은 그의 위대함을 칭송했다. 그는 제일의 남성만이 묻힌다는 웨스트민스터 사원에, 그것도 아이작 뉴턴의 묘 근처에 묻히는 영광을 누리게 되었다.[2]

요컨대 그는 멋진 남성이었다. 런던의 《타임스》는 "그가 위대했던 것만큼, 그의 지성이 미치는 범위가 광대했던 만큼, 그의 아름다운 성품도, 많은 친구들이 그를 그리워하게 되고 그와 잠시라도 접촉했던 사람이라면 그에게 매혹될 수밖에 없도록 만드는 이유였다."라고 논평했다.[3] 그의 전설적인 정직성은 그의 통제를 벗어나던 마지막 순간까지 지속되었다. 그의 관을 짰던 목수는 이렇게 회상했다. "저는 그가 원하던 바로 그 방식대로 관을 짰습니다. 거칠거칠하고, 광택도 없고, 아무런 장식도 없는 것이었죠." 그러나 다원이 웨스트민스터 사원에 묻힐 것이라는 갑작스런 결정이 있자, 목수는 "그들은 제가 만든 관을 좋아하지 않았죠.

돌려보냈더군요. 당신들이 볼 수 있는 그 관은 새로 깎은 다른 관이죠." 라고 덧붙였다.⁴

이것은 찰스 다윈에 대한 역설로는 가장 유명하고 또 그만큼 빈번히 인용된다. 그는 세계적인 명사가 되었지만 사회적인 지위 상승에 그다지 힘을 썼던 성격은 아닌 듯싶다. 한 전기 작가가 기술한 대로, 그에게는 "불멸의 화형 형틀에서 살아난 생존자답지 않게, 이제는 인간들이 이빨과 손톱을 곧추 세우고 싸우지 않게끔 만든 훌륭한 자질들이 있었던" 것처럼 보인다.⁵

이 역설은 다윈이 인간은 어떻게 존재하게 되었나에 대한 정확한 이론을 저술한 사람이라는 말만 가지고 간단히 해결할 수 있는 문제가 아니다. 그도 그럴 것이 이런 일을 해낸 사람이 다윈만은 아니었기 때문이다. 앨프리드 러셀 월리스(Alfred Russel Wallace)는 독자적으로 자연 선택론에 도달했던 사람으로, 다윈이 이를 발표하기 이전에 자연 선택론에 대한 글을 유포시키기 시작했었다. 그 이론에 대한 두 사람의 견해는 같은 날 같은 포럼에서 공식적으로 발표되었다. 그러나 오늘날 다윈은 그 (위대한) 다윈이 되었지만, 월리스는 별표 달린 참조로 끝나고 말았다. 그렇다면 다윈이 승리한 이유는 무엇 때문일까?

10장에서 우리는 다윈의 고상한 성품과 그의 명성을 부분적으로나마 조화시켜 보려고 해 보았다. 그는 성공하기 위해서는 먼저 선한 사람이 되어야만 했던 그런 사회에서 살고 있었다. 도덕적인 평판이 중요했고, 그 평판으로 모든 것을 성취할 수 있었던 그런 사회였다.

그러나 이야기는 그것보다 훨씬 복잡하다. 다윈이 명성을 얻기까지의 그 길고도 험했던 길을 더 면밀히 살펴보면 그에 대한 몇 가지 일반적인 평가에 이의를 제기하게 된다. 가령 그에게는 야망이라는 것이 거의 없었으며, 마키아벨리주의적인 요소가 전혀 없었다라거나, 그의 진리에 대한 집념은 명성에 대한 갈망으로 인해 혼탁해진 적이 없었다라거나 하는 평가들이다.

새로운 패러다임을 통해 바라보자면 다윈은 성자라기보다는 오히려 수컷 영장류에 더 가까워 보인다.

사회적 신분 상승

애초부터 다윈에게는 사회적으로 성공하기 위한 요건이 있었다. 바로 야망이었다. 그는 지위를 놓고 상대방과 경쟁을 했으며, 그 지위에 수반되는 존경을 갈망했다. 그는 "저는 …… 딱정벌레 연구에서 큰 성공을 거두었습니다. 내가 콜럼비티스의 제닌스를 이긴 것 같아요."라고 케임브리지에서 사촌에게 편지를 썼다. 그가 수집한 곤충 표본이 영국 곤충 화보집에 실리게 되자 그는 이렇게 편지했다. "《스티븐스》 최근 호에서 제 이름을 보게 될 겁니다. 제닌스 씨에게 앙갚음을 하게 된 것만으로도 기쁘기 그지 없어요."[6]

이렇게 정복욕에 빠진 전형적인 청년으로 다윈을 보는 것은 그에 대한 일반적 평가와 대치되는 듯하다. 존 볼비가 기술한 그 다윈("심한 자기 경멸", "자신의 공헌을 얕보는 경향", "자신으로부터와, 타인으로부터의 비판에 대한 두려움", "권위와 타인의 견해에 대한 과장된 존중")은 성장 중에 있는 우두머리 수컷의 모습으로는 보이지 않는다.[7] 하지만 침팬지 사회에서도 종종 그렇고 인간 사회에서는 거의 늘 그렇듯이, 사회 계급이라는 것은 저 혼자서 높아질 수 없다는 사실을 염두에 두자. 계급의 사다리를 오르는 첫 단계는 지위가 높은 영장류와 유대를 맺는 것이다. 이것은 복종의 행동이며 열등함을 공언하는 의미를 담고 있다. 한 전기 작가는 암시적인 용어로 다윈의 병리 증세가 의도적이었다고 기술했다. "그는 자신감과 확신이 다소 결여되었다. 이 때문에 그는 권위자들을 대할 때 자신의 결점을 강조하곤 한 것이다."[8]

다윈은 자서전에서, 그가 10대 시절 한 저명한 학자와 대화를 나눈 끝에 그 학자가 "이 젊은이에게는 내 관심을 끄는 뭔가가 있군."이라고 한 말을 들었을 때 '자존감의 빛'을 느꼈다고 회상했다. 다윈이 또 그 찬사는 "그가 피력한 역사, 정치, 윤리학에 대해 내가 돼지와 같이 무지했던 탓에 흥미롭게 경청한 것을 보고 한 말임에 틀림없다."라고 덧붙였다.[9] 여기서도 마찬가지로 다윈은 너무나도 겸손하지만 그의 말대로 그 겸손 자체가 한몫을 했다고 보는 것이 타당하다. (다윈은 계속해 "저명한 사람으로부터 찬사를 들으면 허영심이 유발될 수 있긴 해도, 내 생각엔 젊은이에겐 좋은 일인 것 같다. 그 젊은이로 하여금 옳은 방향을 택할 수 있도록 도와주기 때문이다.")[10]

다윈의 겸손을 철저히 전략적으로 말한다고 해서 그것이 표리부동하다는 뜻은 아니다. 사람이 노예 신분에 있을 때 의식적인 목적에서가 아니더라도 사회적 사다리의 윗 단계를 존경심으로 올려다 보는 것은 가장 효과적이다. 우리는 슬슬 기어야 할 그런 사람 앞에서 진정한 경외감을 느낀다. 다윈의 동시대 인물인 (그리고 그의 지인이었던) 토머스 칼라일(Thomas Carlyle)이 영웅 숭배는 인간의 기본적인 본성이라고 한 말이 아마도 틀리지 않을 것이다. 또 사람이 사회적 경쟁을 본격적으로 시작하는 시기에 이런 영웅 숭배 경향이 강렬해진다는 것도 우연만은 아닌 것 같다. 한 정신과 의사가 관찰한 바로는 "사춘기는 이상을 추구하는 시기이다. 청소년은 자신이 겨룰 만한 모델, 즉 완벽한 인물을 찾고 있다. 그것은 그들이 부모들의 불완전성을 깨닫기 전의 유년기의 모습과 꼭 같다."[11]

그렇다. 역할 모델들에 대한 경외심은 이전에 지녔던 부모에 대한 경외심과 꼭 같은 것이다. 동일한 신경 화학의 작용으로 나오는 것이리라. 그 기능은 유익한 방향으로 경쟁하도록 이끌고 선후배 동료 간에 연합을 하도록 암묵적으로 계약서를 쓰도록 돕는다. 사회적 지위가 아닌 호혜적 이타주의를 중요시 여기는 후자는 복종을 통해서 그 결점이 보상될 수 있다.

다윈이 케임브리지에 있는 동안 그가 가장 큰 복종을 표시했던 사람이 교수이자 성직자인 존 스티븐스 헨즐로였다. 다윈은 그의 형으로부터 헨즐로 교수는 "과학의 모든 분야를 섭렵하고 있는 사람이며, 나는 응당 그를 숭배할 준비가 되어있다."라는 말을 들었다.[12] 다윈이 그와 친교를 나누면서부터는 "그는 내가 이제까지 만난 사람 중 가장 완벽한 사람이다."라는 말을 하곤 했다.[13]

다윈은 케임브리지에서 '헨즐로와 함께 산책하는 사람'으로 알려졌다. 그들의 관계는 여타 인간들이 나누는 관계들과 같은 것이었다. 다윈은 헨즐로의 본을 받았고 그에게 상담을 청함으로써 그의 사회적 연줄에 접근했다. 그리고 다윈은 약간 비굴해 보이긴 했지만 헨즐로의 강의실에 먼저 가서 교구를 준비해 놓음으로써 은혜에 보답을 했다.[14] 이것은 고블린의 신분 상승에 대해 제인 구돌이 기술했던 내용을 연상시킨다. 고블린은 자신의 후원자인 피간을 매우 '존경'해 마지않았다. 고블린은 피간의 주변을 따라다니며 그의 행동을 지켜보았고, 털 고르기도 해 주곤 했던 것이다.[15]

고블린은 피간의 인정을 받고 그의 지혜를 배우자마자 그를 내쳐버리고 우두머리 자리를 차지했다. 그러나 고블린은 이렇게 자랑스런 자리를 차지하기 전까지는 진심으로 그를 숭배했다. 이런 일들은 지금 우리에게도 일어나고 있다. 우리는 사람들의 가치를 평가한다. 그들의 직업적인 역량, 그들의 도덕성 등과 같은 것들을 말이다. 그런데 이런 가치들은 부분적으로 당시 사회에서 그 사람이 차지하고 있는 사회적 위치를 반영하기 마련이다. 우리는 인정하기 불편한 그러한 자질들에 대해서 애써 외면을 해 버리고 마는 것이다.

그렇다고 다윈이 헨즐로를 맹목적으로 추앙한 것은 아니었다. 당시 헨즐로는 널리 존경받던 사람이었다. 비글 호의 선장 로버트 피츠로이의 경우를 생각해 보자. 다윈이 비글 호의 승선 여부를 결정하기 위해 피츠로이와 면담을 했을 때 그가 처한 상황은 단순했다. 피츠로이가 다윈의 승선을 허락한다면 다윈의 지위는 현저히 높아질 수 있는 것이다. 그러므로 다윈은 기꺼이 굽신거릴 용의가 있었을 것이다. 면접을 마친 후 그는 누이 수전에게 편지를 썼다. "선장님은 정말로 훌륭한 분입니다. 어느 정도인지 아마 믿지 못할 것입니다." 또 그는 일기장에도 피츠로이는 "자연이 만들어 낸 가장 완벽한 남자"라고 써 놓았다. 그는 헨즐로(그는 신분의 사다리 맨 윗 단계에서 다윈이 비글 호에 승선하도록 이끌어 준 사람이었다.)에게도 편지하기를 "피츠로이 선장님은 매사를 즐거워하시는 분입니다."라고 했다.[16]

그러나 몇 년의 세월이 흐르자 다윈은 피츠로이에 대해 "모든 사물과 인간을 왜곡된 방식으로만 보려고 하는 사람"이라고 비난했다. 이렇게 몇 년 후라면 다윈이 이런 말을 할 수 있었겠지만, 지금 첫 면담을 하고 있는 다윈이 피츠로이의 결점을 논하거나, 첫 만남 때 상투적으로 늘어놓는, 예의 뒤에 감추어진 그런 결점을 탐색해 볼 때가 아니었다. 여기서 필요한 것은 예의와 호감이었다. 그리고 그의 작전은 성공을 거두었다. 그날 밤 다윈이 편지를 쓰고 있는 동안 피츠로이는 해군 장교에게 편지를 쓰고 있었다. "이 사람의 언행은 나무랄 데가 없군요."라고. 그는 다윈이 박물학자로 배에 승선하도록 허락했다. 다윈은 한층 침착해진 어투로 수전에게 "피츠로이 선장에 대해서는 편견 없이 이성적으로 보아야겠어요."라고 편지를 썼다.[17] 하지만 그가 장기적으로는 이성에 입각해 자기 이해를 추구했지만 단기적으로는 편견을 갖고 있었다.

비글 호 항해가 막바지에 이르면서 다윈의 연구 성과는 인정을 받기 시작했다. 그는 어센션 섬에 체류하고 있을 때 런던 지질학회가 그의 연구 논문에 관심을 보인다는 수전의 편지를 받았다. 특히 케임브리지 대학의 지질학자 아담 세지윅은 다윈이 언젠가는 "유럽 제일의 박물학자가 될 것"이라고 호언했다. 당시 이런 소식을 들은 다윈의 몸에 어떤 신경 전달 물질이 방출되었는지는 분명치 않으나(아마도 세로토닌이었을 것이다.) 다윈은 그 효과에 대해서 정확히 묘사하고 있다. "이 소식을 듣자 벅차 오르는 흥분을 주체할 수가 없었다. 바야흐로 내 노력이 빛을 보기 시작했음을 알 수 있었다."[18] 다윈은 수전에게 보내는 답장에서 "이제부터는 무가치하게 시간을 낭비하며 보내지 않겠습니다."라고 결의를 다졌다.[19]

누군가의 신분이 상승하게 되면 가치의 재평가가 이루어지기 마련이다. 그 별들의 위치가 바뀌게 되는 것이다. 이제 가운데 서 있던 인물이 주변으로 물러나는 반면, 한때 주변부를 맴돌았지만 지금은 더 밝게 빛을 발하는 인물이 중심을 차지하게 된다. 초점이 그쪽으로 옮겨지는 것이다. 그러나 다윈은 이런 조잡한 책략을 쓰는 그런 인간이 아니었다. 그는 사람을 허투루 여긴 적이 한번도 없었다. 그는 비글 호에 승선 중이었을 때도 자신의 지위가 올라가고 있음을 어렴풋이나마 알고 있었다. 케임브리지 대학 시절 사촌 형인 윌리엄 폭스가 곤충학자들과 헨즐로에게 다윈을 소개한 이후 다윈은 그들과 지속적으로 곤충 표본을 교환하고 의견을 나눔으로써 도움을 받았다. 다윈이 폭스로부터 자료를 구하거나 자문을 부탁할 때는 한껏 자세를 낮춘 채 "부끄럽고 어리석은 일로 보일지 모르지만, 형이 어떻게 지내는지 궁금하기도 하고 또 곤충들에 대해 새로운 정보라도 좀 얻을 수 있을까 해서"라는 식으로 편지를 썼다. 그는 또 "형은 내 스승이나 다름 없습니다. 제발이지 소식 좀 전해 주세요."라든가, "난 형의 제자라는 걸 잊지 마시고."라는 식의 편지를 보내 폭스를 흐뭇하게 했다.[20]

그런데 이로부터 6년이 지나 비글 호에서 행한 다윈의 연구가 주목을 받게 되어 그의 입지를 굳혀 나가자 상황이 바뀌게 되었다. 이제는 폭스가 자세를 낮추게 된 것이다. 그는 다윈에게 "내가 아니었더라면 오늘날의 네가 있었겠니. 네 편지를 받은 지도 퍽이나 오래 되었구나. 정말이지 그 귀중한 시간 좀 쪼개 소식 좀 보내다오. 난 그저 별 볼일 없이 시간만 보내고 있지. 너와 난 이제는 비교조차 할 수 없게 되었구나."라고 소식을 부탁하는 편지를 썼다.[21] 이렇게 신분이 바뀌게 되면 일반적으로 균형도 바뀌게 된다. 동시에 호혜적 이타주의라는 계약도 갱신된다. 그러나 이런 계약 갱신은 우리의 선조 시대, 즉 사춘기 이후의 신분 변화가 지금보다 흔치 않았던 수렵 채집 사회에서는 그다지 일반적이지 않았다.[22]

라이엘과의 친교

다윈이 항해를 하고 있을 동안, 그의 조언자였던 헨즐로가 영국 과학계와 그를 이어주고 있었다. 헨즐로는 다윈으로부터 받은 편지를 발췌해 만든 보고서를 세지윅에게 보여 주었다. 이 지질학 보고서에 깊은 인상을 받은 세지윅은 이를 공식적으로 발표했다. 항해가 막바지에 이르자 다윈은 헨즐로에게 편지를 보내 지질학회의 회원 자리를 주선해 달라고 부탁을 했다. 비글 호 항해를 마친 다윈이 슈루즈베리에서 헨즐로에게 쓴 편지에서도 그에 대한 신뢰감을 표시했다. "헨즐로 선생님, 얼마나 뵙고 싶었는지 모릅니다. 선생님만큼 제게 소중한 벗이 되어 준 분은 아무도 없었습니다."[23]

하지만 헨즐로의 조언 역할도 끝을 맺게 되었다. 다윈은 비글 호에서 헨즐로가 추천한 찰스 라이엘(Charles Lyell)의 『지질학 원론(*Principles of Geology*)』을 읽게 되었다. 그 책에서 라이엘은 논란이 많았던 제임스 허턴(James Hutton)의 이론을 옹호해 이를 발전시켰다. 라이엘은 지질 층이 홍수와 같은 자연재해가 아닌, 주로 점진적이고 지속적인 마멸에 의해 형성된다고 주장했다. (당시 성직자들은 자연재해주의자들의 주장을 옹호하고 있었다. 재해로 인해 지질 층이 형성되었다는 관점은 신이 개입하고 있음을 암시하고 있었기 때문이다.) 다윈이 비글 호에서 한 작업 결과들, 이를테면 칠레 해변이 1822년 이후로 미미하게나마 상승해 왔다는 발견은 점진주의자들의 관점에 부합하는 것이었다. 이윽고 다윈은 스스로를 라이엘의 "열렬한 제자"라고 칭했다.[24]

라이엘이 다윈의 주요 상담자요 역할 모델이 된 것은 어느 면에서는 당연했다. 존 볼비는 "그들이 옹호했던 지질학 이론은 같은 것이었다. 이런 점에서 그들은 서로 협동을 했고 공동의 목적을 공유하게 되었다. 이는 다윈과 헨즐로와의 관계에서는 볼 수가 없었던 면이다."라고 기록했다.[25] 앞에서 보았듯 목표를 공유하는 것은 다윈주의적 이치에 비추어 볼 때 우정을 굳건히 맺어 주는 역할을 한다. 다윈이 라이엘의 이론을 지지한 이상, 이 두 사람의 지위는 그 운명에 따라 함께 상승하거나 추락할 것이다.

게다가 라이엘과 다윈 사이에 맺어진 호혜적 이타주의는 단순히 '목표를 공유'하는 것으로만 그치지 않았다. 그들은 자신들의 지적 자산도 공유했다. 다윈은 라이엘의 연구를 생생히 증거하는 방대한 자료를 가져다 줌으로써 그가 입지를 굳힐 수 있도록 했다. 또 라이엘은 다윈이 체계적으로 연구할 수 있도록 이론적 토대를 제공해 주었고 연구를 지도해 주었으며 후원도 해 주었다. 비글 호가 귀항한 지 몇 주 후, 라이엘은 다윈을 저녁 식사에 초대하여 시간을 소홀히 보내지 말라는 충고와 함께 아테네움 클럽에 공석이 생기면 다윈이 입회할 수 있을 거라는 언질을 해 주었다.[26] 라이엘은 클럽의 한 동료에게, 다윈은 "우리 지질학회의 자랑스러운 한 가족"이 될 것이라는 말을 했다.[27]

다윈은 이해 관계에 초연했고 그것에 냉소적이기까지 했지만 라이엘이 실용적이며 이해를 추구하는 사람이라는 걸 무시했던 것 같다. 그는 귀항 후 한 달이 지나 폭스에게 "라이엘만큼 친절하고 다정한 과학자는 없어요. 그가 내 연구를 얼마나 친절히 도와주는지 아마 상상도 못할 것입니다."라는 편지를 썼다.[28] 다윈은 얼마나 선한 사람인가?

봉사 행위에 의식적인 계산이 필요 없다는 또 다른 연구 결과가 있다. 1950년대 사회심리학자들은 사람들이 자신이 영향을 줄 수 있는 사람을 선호하는 경향이 있음을 밝혔다. 그리고 그 인물이 높은 지위에 있는 사람일수록 이런 경향은 더 강해진다고 했다.[29] 그러나 "그는 나로 인해 더 쓸모 있는 사람이 될 거야. 그러니 이 우정을 더 돈독히 해야겠군."이라고 생각하거나, "지위가 높을수록 고분고분한 태도가 더 필요하지."라고 생각할 필요는 없다. 여기서도 자연 선택이 이런 '사고'를 이미 해 버린 듯하다.

물론 사람들은 자기 자신이 한번 더 사고를 함으로써 자연 선택이 이미 수행한 '사고'를 보충할 수도 있다. 라이엘과 다윈도 서로 간의 유용성에 대해 다소나마 자각을 하고 있었을 것이다. 그러면서 그들은 굳건하고도 순수한 감정적 친교를 느꼈을 것이다. 다윈이 라이엘에게 "선생님과 함께 지질학에 대해 의견을 나누고 글을 쓰는 것은 내게 있어 가장 큰 즐거움"이었다고 한 편지는 진심이었을 것이다. 다윈은 라이엘이

지그문트 프로이트(3)의 무의식적 모델은 현대 다윈주의자들을 통해 수정되고 있다. 그들은 종종 동물들이 유전자의 이해 관계에 따라 존재한다는 단순한 관찰에서 출발한다. 잎모양철써기(1)아, 독사인 산호뱀처럼 생겼지만 독이 없는 뱀(2)을 예로 들 수 있다. 곤충이나 뱀과는 달리 인간이라는 동물은 우선 자신을 속임으로써 (이를테면, 스스로의 의도에 대해) 속임수를 쓴다. 이것은 비록 유일한 것은 아니지만, 무의식적 동기에 대한 다윈주의적 설명 중 하나이다.

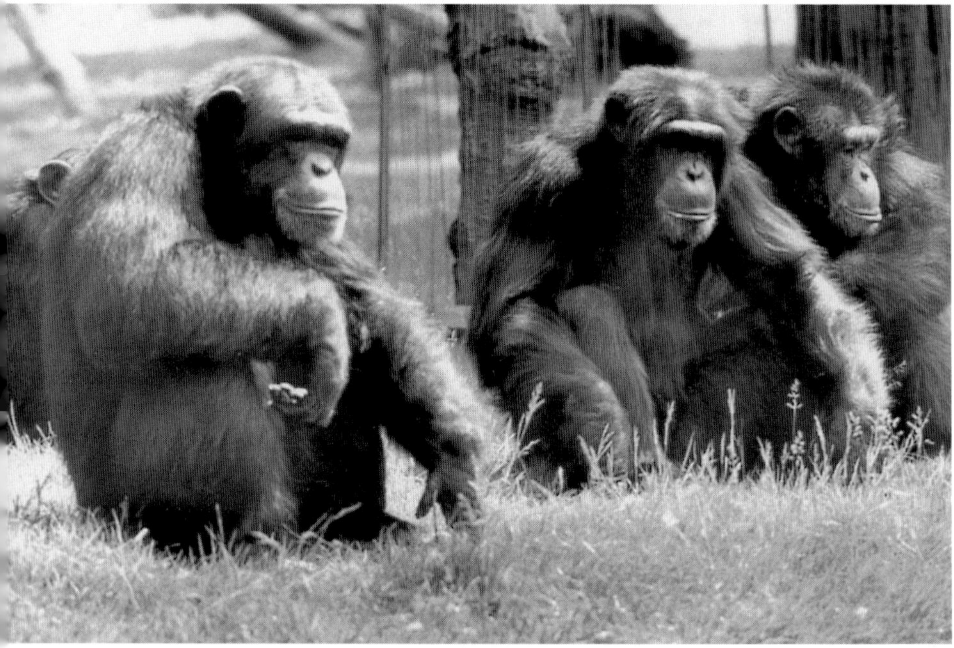

1

2

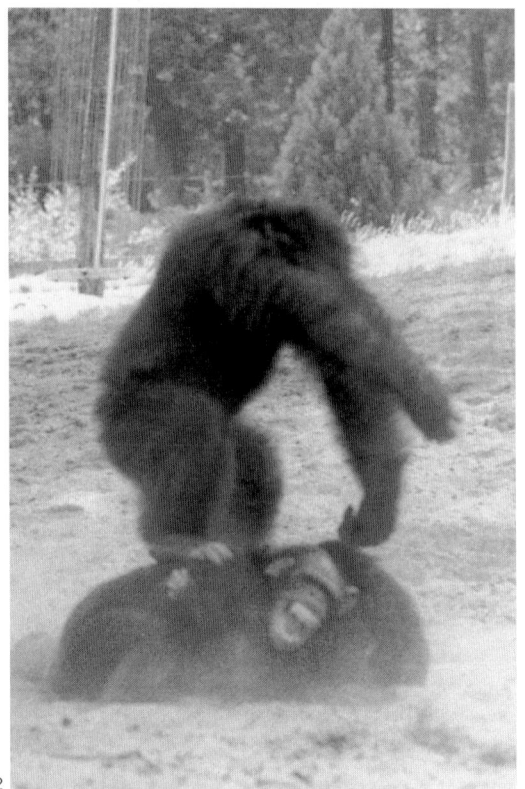

루이트와 니키(오른쪽)는 우두머리 수컷인 예로엔(왼쪽)을 쫓아내기 위해 연합을 결성했다(1). 루이트는 이따금 예로엔과 교류하는 암컷들을 짓밟는다(2).

찰스 라이엘(1), 조지프 후커(2), 앨프리드 러셀 월리스(3). 라이엘과 후커는 다윈과 같은 편이었다. 그래서 그들은 월리스를 희생시키는 대가로 다윈의 지위를 격상시키는 책략을 썼다. 그들의 책략은 루이트의 것보다 더 교활했다.

『종의 기원』을 발표하기 4년 전이자, 앨프리드 러셀 월리스가 따로 자연 선택 이론을 발견했다는 사실을 알기 3년 전인 1855년경의 다윈. 그는 1858년에 찰스 라이엘에게 "나의 모든 독창성은, 그것이 얼마나 큰 가치를 지닌 것이든 간에, 산산이 부서지고 말 것입니다.……"라고 편지를 썼다. 그러한 운명을 피하기 위한 그의 연이은 발버둥은 편의적인 자기기만이었다.

허버트 스펜서(1)는 (일부 편파적인 면에서) 사회다윈주의의 전형적인 지지자로 여겨진다. 사회다윈주의는 시련이 "진보"로 가는 진화의 지름길이라는 기초 위에서 잔인과 억압을 정의한다. 1984년의 포스터(2)에서 보듯, 신다윈주의 패러다임의 초기 지지자들은 도덕적 가치를 자연의 원리로부터 부당하게 추론해 낸다는 (거의 항상 편파적인) 비난을 받았다.

토머스 헨리 헉슬리. "우리가 선 또는 덕이라 부르는, 윤리적으로 최고인 경험은 존재를 위한 질서 정연한 투쟁에서의 성공을 이끄는 데 있어 모든 면에서 대치되는 일련의 행위들을 수반한다. 무절제한 자기 과시 대신에 그것은 자기 절제를 요구한다. 과시적인 언사나 억압이나 모든 경쟁자 대신에, 그것은 개인이 단순히 동료를 존중하는 것뿐만 아니라 돕는 것까지 요구한다. 그것은 적자생존에 영향을 끼친다기보다는, 가능한 한 많이 살아남기 위한 적응에 직접적인 영향을 끼친다."

존 스튜어트 밀. "창조에 있어 모든 특별한 설계에 표지(標識)가 있다면, 가장 확실하게 설계된 것들 중 하나는 모든 동물의 상당 부분이 다른 동물들을 괴롭히거나 먹어 치우는 데 맞춰졌을 것이라는 점이다.…… 자연과 인간 모두가 완벽한 선(善)의 조물주가 만든 작품이라면, 조물주는 자연을 인간에 의해 수정될 수 있는 설계로는 여겼겠지만, 인간이 흉내 내야 할 설계로는 의도하지 않았을 것이다."

조지 윌리엄스(1). "헉슬리는 질서정연한 과정을 싸워야 할 적으로 보았다. 나는 자연 선택이 이기심을 극대화하는 과정이라는 보다 극단적인 동시대적 관점과 이제 적들에게 열거할 더 장황한 부도덕 목록을 바탕으로, 비슷하면서도 보다 극단적인 입장을 수용한다. 이 적들이 헉슬리가 생각한 것보다 더 사악하다면 보다 시급하게 생물학적 이해가 필요할 것이다."

『자조론』(1859)의 저자 새뮤얼 스마일스(2). "최악의 노예는 독재자(그의 사악함이 얼마나 지독하든)의 지배를 받는 자가 아니라, 자신의 도덕적 무지, 이기심, 사악함에 속박된 자이다."

1882년경의 찰스 다윈. "인간이 문명화 과정에서 진보함에 따라, 그리고 작은 부족들이 보다 큰 공동체로 결속함에 따라, 개인은 비록 모르는 상대일지라도 같은 민족의 모든 구성원들에게 자신의 사회적 본능과 포용력을 확장시켜야 했다. 이것이 일단 달성되자, 모든 민족들과 인종들의 구성원들에게 자신의 포용력을 확장시키는 데에는 인위적인 장벽만이 남았다."

"굳이 부탁을 하지 않아도 …… 성의껏" 지도와 조언을 해 준 데 대해 진심으로 매료되었다는 것도 사실이다.[30]

이로부터 수십 년의 세월이 흘러 다윈이 "라이엘은 사교를 좋아한다. 특히 저명한 사람들과 지위 높은 사람들과 사귀기를 좋아한다. 하지만 지위를 과대평가하는 것이 라이엘의 결점이다."[31]라고 불평한 것도 진심이었을 것이다. 그러나 이런 일은 다윈이 세계적인 유명 인사가 되어 소위 관점이라는 것을 갖고 난 이후의 일이다. 그 이전에는 다윈이 라이엘의 지위에 지나치게 현혹되어 있어서 라이엘의 흠을 정확히 볼 수가 없었다.

다시 망설인 다윈

이제까지 우리는 다윈이 영국으로 귀국한 후 20년의 세월을 어떻게 보냈는지 살펴보았다. 그는 자연 선택론을 발견했지만 그 발표를 미루고 다른 작업들을 했다. 앞에서는 또 그가 망설였던 이유에 대한 몇 가지 이론을 살펴보았다. 다윈이 발표를 망설였던 이유에 대해 다윈주의적 관점으로 설명하려는 것은 진정한 대안이 되지 못한다. 우선 진화심리학은 다윈이 갈등하게 만든 두 힘을 그려서 보여 주고 있다. 하나는 그로 하여금 발표하도록 재촉하고, 다른 하나는 발표하지 말도록 만류하는 그림이다.

첫 번째 힘은 존경을 얻으려는 본성적인 애착으로 이미 다윈에게 속해 있던 것이다. 혁명적인 이론을 창시한다면 존경을 받을 수가 있다.

그러나 이것이 혁명적인 이론이 아니라면 어찌할 것인가? 이 이론이 기각된다면, 그것도 사회 조직을 위협한다는 이유로 기각된다면 어찌할 것인가? 이런 경우라면(다윈은 두고두고 이런 경우를 생각할 유형의 사람이었다.) 인류의 진화사를 쉽사리 발표할 수 없게 된다. 모든 이들이 등한시하고 있는 이론을 지지한다고 목청껏 외친다고 해서 유전자가 득을 볼 것은 없다. 특히 반대파들이 권력을 쥐고 있을 때는 말이다.

진화론적인 근거를 대지 않더라도 사람들에게는 남들이 기뻐할 만한 사실들을 말하려는 경향이 있음을 분명히 알 수 있다. 1950년대에 행해진 유명한 실험이 있다. 누가 봐도 그 길이가 분명히 다른 두 선을 가려내는 실험이었는데 한 방에 있던 사람들이 짧은 것을 길다고 말할 경우 피험자 중 상당수가 그 의견에 동조를 했다.[32] 수십 년 전에 행해진 실험에서도 심리학자들은 듣는 상대방이 동의하는 정도를 조절함으로써 피험자의 발표 의지를 조절할 수 있다는 사실을 알아냈다.[33] 1950년대에 행해진 또 다른 실험에서는 청중에 따라 그 사람의 인상이 달라진다는 것을 보여 주었다. 교사의 급여 인상에 대해 찬성하는 사람들의 명단과 반대하는 사람들의 명단을 보여 준다. 그러면 그는 자신이 강연하리라고 기대했던 측의 명단을 더 오래 기억한다는 것이다. 이 실험을 수행했던 심리학자는 "상상 속의 청중을 대상으로 하든, 실제 청중을 대상으로 하든 인간의 정신 활동은 상상된 의사 소통으로 구성되는 것 같다. 아마 이것이 어떤 시점에서 그가 기억하는 것, 믿는 것에 대해 큰 효과를 미치는 것 같다."라는 결론을 내렸다.[34] 이 결론은 인간 정신에 대해 다윈주의가 말하고 있는 바와도 일치한다. 사람들은 자신의 이익(여기서 말하는 이익이란 확고한 의견을 견지하고 있는 청중에게 인기를 얻는 것이다.)에 부합하게끔 언어를 발전시켜 왔다. 그러므로 언어의 원천인 인식 역시 그에 맞추어 왜곡된다.

이런 점들에 비추어 볼 때 다윈이 망설였던 이유가 분명해진다. 다윈은 특히 권위 있는 인물로부터 반발을 살까 봐 스스로를 의심했던 사람으로 유명했지만, 정도의 문제지 비단 다윈뿐 아니라 다른 사람들도 이런 점에서는 대동소이하다. 그가 교리에 어긋나는 그 이론의 발표를 미루고 수년 동안 삿갓조개를 연구했던 것도 어찌 보면 당연한 일이었다. 마찬가지로 다윈이 『종의 기원』을 착상하고 다듬었던 수년 동안 불안해하고 우울해 했다는 사실 역시 당연한 일이었다. 자연 선택은 우리가 대중들의 반감을 살 것으로 예상되는 어떤 행동에 대해 생각해 볼 때 불안감을 느끼기를 원한다.

어느 면으로 보면 다윈이 엄청난 반발을 예상하면서도 진화론을 꾸준히 믿었다는 사실이 놀라운 일이다. 진화론자였던 로버트 체임버스가 1844년에 발표한 『창조의 자연사적 증거들』이란 책을 앞장서서 공격했던 사람이 어센션 섬에 있던 다윈을 칭찬한 지질학자이자 목사였던 아담 세지윅이었다. 다윈이 오싹해 했던 것은 당연했다. 세지윅은 체임버스를 대놓고 비난했다. "세계를 뒤집어 엎는 이따위 행동에는 참을 수 없다. 우리는 온당한 원칙과 예절을 어지럽히는 폭력에 결연히 맞서 싸워야 한다."[35] 다윈이 기가 죽을 수밖에 없는 일이었다.

그러면 이때 다윈은 무엇을 했을까? 다윈은 먹이를 먹기 위해 전기충격을 감수해야 하는 실험쥐와 같이 망설였다는 게 일반적인 견해다. 그러나 소수의 견해가 있다. 그는 진화론에 대한 발표를 망설였던 한편으로 우회적으로 그 유명한 삿갓조개 연구를 수행해 냄으로써 결국 인정을 받기 위한 길을 바쁘게 닦았다는 것이다. 이 전략을 세 가지 측면에서 살펴볼 수 있다.

첫째, 다윈이 자신의 논증을 강화시켰다는 것이다. 그가 삿갓조개 연구에 열중하고 있는 동안, 세계 각지에 흩어져 있는 동물, 식물군의 전문가들과 우편으로 의견을 교환함으로써 자신의 이론을 증명해 줄 증거를 계속 수집했다. 결국 『종의 기원』이 성공을 거둘 수 있었던 이유가 비판에 세심히 대비해 착실히 준비해 나갔기 때문이다. 『종의 기원』이 출판되기 2년 전에 그는 이렇게 쓴 바가 있다. "나는 내 이론이 부딪칠 어려움이 무엇인지를 알기 위해서라면 누구라도 찾아갈 용의가 있는 사람"이라고.[36]

이런 철저함은 자기 의심, 즉 다윈 특유의 겸손과 비판에 대한 두려움에서 비롯되었다. 프로이트와 다윈 연구의 권위자인 프랭크 설로웨이(Frank Sulloway)는 이 두 사람을 비교해 "이 두 사람 모두가 혁명적인 인물이었지만, 다윈은 개인적인 실수에 지나친 관심을 보여 실수하지 않도록 늘 주의를 기울였던 사람으로 그는 시간의 시험을 성공적으로 견뎌 낸 새로운 과학 이론을 세웠다. 반대로 프로이트는 야망이 컸고 자기 확신이 강했던 사람이었다. 그는 과학의 '정복자'로 자처했지만 사실 과학이라는 가면을 쓴, 19세기 심리생물학의 환상들로 가득 찬 인간 본성에 대한 접근법을 개발시켰다."라고 지적했다.[37]

존 볼비는 다윈 전기에서 설로웨이가 간과했던 점을 지적했다. "다윈의 자기 비하는 인내와 근면성으로 이어지고 있는데, 이 점 때문에 다윈은 자신의 이론을 과대평가하지 못했다. 또 이런 태도가 과학의 중요한 공헌 요소가 됨은 분명하다. 그렇다면 끊임없이 자기를 의심하는 것이 정신 건강상으로는 이롭지 못해도 과학을 위해서는 방법론상의 보증 수표가 될 수 있다."[38]

그렇다면 아무리 고통스럽다 해도 이토록 유용한 자기 의심이라는 것이 특정 상황에서 신분을 높여 준다는 요인이 될 수 있다는 이유 때문에 자연 선택이 인간 정신 목록의 일부로 보존해 왔는가 하는 의문이 생겨난다. 그리고 이 질문은 다윈이 자신을 의심하는 성향을 형성하는 과정에서 그의 부친이 했던 역할을 보면 더욱 흥미로워진다. 볼비는 다음과 같이 묻는다. 찰스 다윈은 "과연 아버지가 노여움에 차 말했던 바대로 식구들의 불명예가 되었는가? 아니면 자랑거리가 되었는가? ······

비록 자신이나 남들의 비평에 대한 두려움이나 거듭되는 재확인에서 비롯된 것일지라도 그가 과학에서 이룬 업적은 시종일관 엄청난 것이었다." 볼비는 또 "그가 아버지에게 복종하고 수긍하는 태도는 그의 본성처럼 굳어졌다."라고 지적하면서, 그의 부친은 찰스가 권위에 대해 "과장되게" 존경을 하고 "자신의 공헌을 비하하는 경향"을 가진 것에 대해 일부나마 책임져야 한다고 주장한다.[39]

이런 생각을 부정할 길은 없다. 다윈의 부친은 이렇게 평생토록 지속된 불안감을 부모로서 디자인된 대로 심어 주었던 것 같다. 부모들이란 자각을 하고 있든 하지 않든 간에 자녀들의 영혼을 고통스럽게 하더라도 지위 상승이 보장된 방향으로 조정시켜 나가도록 프로그램된 존재 같다. 그 문제에 대해 어린 다윈 역시 디자인된 대로 고통스럽게 조정을 하고 받아들였을 것이다. 인간은 행복한 동물이 아니라 효율적인 동물로 만들어졌다.[40] (물론 인간은 행복을 추구하도록 디자인되어 있다. 섹스, 지위 등의 다윈주의적 목표들을 획득하게 되면 일시적이나마 행복감을 맛볼 수 있다. 그럼에도 역시 행복이 결핍되어 있다는 사실 때문에 우리는 행복을 추구하고 또 이 때문에 우리는 생산적인 존재가 된다. 비판에 대한 과도한 두려움 때문에 다윈은 만성적인 불안감을 느꼈고, 그래서 평정을 얻기 위해 늘 분주히 일을 했다.)

다윈의 성격에 부친이 심히 영향을 미쳤다는 볼비의 이런 주장은 옳을는지 모른다. 하지만 다윈의 성격을 병리적인 것으로 생각한다면 오산이다. 물론 엄밀히 보아 병리적이지 않은 일들도 후회스러운 일이 될 수 있고, 정신 치료를 요하는 일들이 될 수 있다. 그러나 정신과 의사들이 어떤 류의 고통들이 '자연스럽고' 또 그렇지 않은가에 대해 확실한 판단만 내린다면 치료는 한결 쉬워질 수 있다.

다윈의 두 번째 전략은 신인도를 높이는 일이었다. 사회심리학적으로 보아 신인도와 명성은 불가분의 관계에 있다. 신인도가 크면 명성도 같이 높아지는 것이다.[41] 생물학에 대해 대학 교수가 한 말과 초등학교 교사가 한 말 중에 하나를 택해야 한다면 웬만한 경우라면 대학 교수 쪽을 택하기 마련이다. 대학 교수 쪽이 옳을 가능성이 많기 때문이다. 그러나 다른 의미에서 보면 이런 선택은 그저 진화 과정에서 비롯된 임의적인 것에 불과하다. 즉 지위가 고려된 선택이라는 것이다.

어떤 경우가 됐든 누구의 마음을 바꾸고자 한다면 그 분야의 권위자가 되는 길이 최선이다. 이런 점에서 삿갓조개에 대한 연구는 중요했다. 다윈이 삿갓조개로부터 무엇을 '배웠는가' 하는 문제는 제쳐 두고라도, 그는 만각류 동물의 하위종을 연구한 네 권의 책이 자연 선택론에 힘을 실어 주리라는 사실을 알고 있었다.

이것이 전기 작가, 피터 브렌트(Peter Brent)의 주장이다. "아마도 …… 다윈은 삿갓조개 연구를 통해 뭔가 배우고자 한 것이 아니었을 것이다. 그는 자격을 얻고자 했을 것이다."[42] 브렌트는 다윈과 조지프 후커 사이에 오간 서신을 인용하고 있다. 1845년에 후커는 어떤 프랑스 박물학자의 거창한 견해에 대해 "박물학자가 무엇인지도 모르는 자"라며 노골적으로 비난했다. 성격상 다윈은 이 비난을 "종에 대한 이해도 없이 변종이라는 주제에 대해 가정을 세운" 자신을 빗대고 있는 것으로 받아들였다.[43] 일 년 후 다윈은 삿갓조개류를 연구하러 떠났다.

브렌트의 의견이 옳을 것이다. 『종의 기원』이 출간된 지 몇 년 후에 다윈은 한 젊은 식물학자에게 "관찰은 이론에 부합해야 합니다. 그러나 충분한 명성을 얻을 때까지는 이론 발표를 미루도록 하십시오. 그렇지 않으면 의심을 사게 됩니다."라고 충고했다.[44]

다윈의 세 번째 전략은 사회적으로 힘있는 자들의 도움을 받는 것이었다. 다시 말해 지위가 있거나 언변이 뛰어난 사람들과 연합하는 것이다. 라이엘이 그런 사람이었다. 그는 다윈이 자연 선택론에 관해 쓴 첫 논문을 런던에 있는 린네 학회에 보고했고 권위를 실어 준 사람이었다. (그러나 당시에 라이엘은 자연 선택에 대해 모르고 있었다.) 또 옥스퍼드 대학에서 진화론에 대해 윌버포스 주교와 유명한 논쟁을 벌였던 토머스 헉슬리와 역시 윌버포스 주교와 논쟁을 벌였고 라이엘과 함께 다윈의 이론을 밝혔던 후커가 그런 사람이었다. 또 하버드 대학의 식물학자 에이사 그레이(Asa Gray)는 《애틀랜틱 먼슬리》에 글을 기고함으로써 다윈의 이론을 미국에 소개했다. 다윈은 이런 사람들이 차례대로 자신의 이론을 옹호하게끔 끌어들였다.

다윈은 계산하에서 사람들을 끌어들인 것일까?『종의 기원』을 발표할 무렵 다윈은 진리를 위한 투쟁은 이념 투쟁으로만 그치는 것이 아니라 사람들이 참여하는 투쟁이라는 것을 분명히 자각하고 있었다.『종의 기원』이 출간된 지 며칠 지나지 않아 다윈은 "우리 모임은 젊고 좋은 사람들로 구성되어 있지요. 모두가 의기투합해 있어요. 결국 승리할 겁니다."라며 한 후원자를 안심시켰다.『종의 기원』이 출간된 지 3주 후에 인쇄본을 보여 주었던 젊은 친구 존 러복에게도 편지를 보내 "다 읽어 보셨나요? 그렇다면 전반적 쟁점에 대해 나를 지지하는지 반대하는지에 대해 견해를 밝혀 주시기 바랍니다."라고 요구했다. 그는 추신에서 "내게는 내 의견에 동조하고 계신 훌륭한 분들이 꽤 있답니다. 당신도 그중의 한 분이길 기대합니다."라고 했다.[46] 이 말뜻 뒤에는 그렇게 한다면 당신이 승리를 거둔 수컷의 일원이 될 수 있으리라는 뜻이 담겨져 있다.

다윈은 애처로울 정도로 찰스 라이엘의 지지를 얻기 위해 노력했다. 그만큼 실용적인 방법이기도 했다. 다윈은 회원 수가 아니라 그들의 명성이 여론을 형성한다고 생각했다. 다윈은 1859년 9월 11일 라이엘에게 보내는 편지에서 "제 견해가 받아들여질지의 여부는 내 책보다 선생님의 평가가 더 큰 영향을 미칠 겁니다."라고 썼고, 9월 20일의 편지에서는 "내 의견보다는 선생님의 평가가 더 중요하다고 믿듯, 몇 사람의 눈보다는 세상의 눈을 믿습니다. 절로 걱정이 되는군요."라고 썼다.[47]

라이엘은 지지 표명을 오래도록 망설였는데 이 때문에 다윈은 비통함에 빠져들었을 것이다. 그는 1863년 후커에게 보낸 편지에서 "나는 크게 실망했어요. 라이엘은 소심함 때문에 판단을 주저하는 겁니다. 또 웃기는 것은 그가 오래도록 순교자적 용기로써 행동해 왔다고 생각한다는 점입니다."라고 썼다.[48] 그러나 호혜적 이타주의라고 하는 관점에서 보면 다윈의 요구는 과한 것이다. 이제 예순다섯 살이 된 라이엘은 남의 이론을 지지해 줌으로써 별 이득을 얻을 것이 없을 정도의 자산을 구축해 두고 있었다. 자칫 틀린 것으로 밝혀질 수 있는 급진적 이론을 지지했다가는 쓴 맛을 볼 수도 있는 일이었다. 게다가 라마르크의 진화론을 반대해 왔던 그가 다윈을 지지한다면 자신의 주장을 스스로 부정하는 것으로 보일 수도 있었다. 다윈에게는 자신의 자료를 장식해 줄 진열 상자가 필요했지만 결국 다윈의 이론은 두 사람의 '공동의 목표'가 되지 못했다. 20년 전과는 상황이 사뭇 달랐던 것이다. 그리고 라이엘은 여러 가지 방법으로 다윈에게 보상을 해 주었기 때문에 아직도 깊은 빚이 있다고 보기도 어려웠다. 다윈은 묘하게도 우정에 대한 고전적 개념 때문에 고통을 받았던 것 같다. 그도 아니라면 자기 중심적인 계산 방법 때문에 고통을 받았을 수도 있다.

물론 1859년 당시 다윈이 서둘러 지원자들을 구했다고 해서 그가 수년 동안 전략을 꾸며 왔다고 단언할 수는 없다. 후커와의 친분은 사심없이 시작되었다. 1840년대에 무르익은 그들의 친분 관계는 고전적인 우정에서 비롯되었다. 관심 사항도 같았고 가치관도 같았으니 우정이 일어날 것은 당연했다.[49] 더구나 그들의 공통 관심사가 진화론에 관한 것이었으니 다윈이 후커에게 느끼는 우정이 대단했음은 말할 필요가 없다. 그렇다고 다윈이 후커가 자신의 이론을 굳건히 옹호하길 기대했다고 추측할 필요는 없다. 관심사가 같다는 이유로 애정이 고무될 수 있다는 사실은 이미 자연 선택이 친구가 정치적으로 유용하다는 것을 암묵적으로 인정하고 있음을 말해 주는 것이다.

한편 다윈이 후커의 훌륭한 성품에 반했음도 사실이었다. ("누가 봐도 그는 깊이 존경할 만한 사람이었다.")[50] 그렇다. 후커의 신뢰성이 가장 중요했다고 말할 수 있다. 다윈은 자연 선택론을 발표하기 훨씬 전부터 그를 든든한 발판으로 이용했다. 그렇다고 다윈이 처음부터 후커의 가치를 계산했다는 뜻은 아니다. 자연 선택은 우리에게 호혜적 이타주의를 나눌 파트너를 선호하는 성향을 주었다. 우정에 꼭 필요한 신뢰는 공통의 관심사와 결합을 하고 있음을 모든 문화에서 볼 수 있다.

다윈이 절친한 벗을 만들려는 강박증은, 그리고 그가 이론의 발표를 앞두고 라이엘, 그레이, 헉슬리 등을 비롯해 여러 사람들과 친교를 맺으려 했던 강박증은 의식적으로 계산해서 나온 것만이 아니라 진화의 산물로도 볼 수 있다. 다윈은 『종의 기원』이 출간된 지 며칠 후에 "아무런 지지도 못 받고 혼자서 미움을 견뎌 낼 만큼 난 굳건하지가 못하다."라고 기록했다.[51] 누가 이런 일을 견뎌 낼 수 있을까? 사람이라면, 아니 사람과 비슷한 존재라면 지지 세력이 없는 상황에서 대규모의 공격을 감히 감행할 수가 없다.

유인원이었던 시절, 얼마나 든든하게 연합을 이루어 냈는가에 따라 기존 세력을 이겨 낼 수 있었는지 없었는지의 여부가 달려 있었음을 생각해보자. 성급하게 행동을 개시함으로써 또는 책략을 노골적으로 드러냄으로써 받았을 고통도 생각해 보자. 자식을 낳기 위해 감수했을 위험 부담이 얼마나 컸던가도 생각해 보자. 어떤 문화에서도 예외 없이 모든 폭동들이 속삭임으로 시작된다는 사실이 놀랄 만한 일인가? 이제 유치원에 갓 입학한 어린애조차도 동네 깡패에 도전을 하기 전에 신중하게 여론을 조성하는 직관적인 지혜를 발휘한다는 사실이 놀랄 만한 일인가? 다윈이 그의 특기인 방어적 자세로 선택된 소수에게만 자신의 이론을 털어놓았을 때는(에이사 그레이에게는 "이 때문에 당신이 나를 경멸하리라는 것을 잘 압니다."[52]라고 했다.), 이성만큼이나 감성에도 이끌렸던 것 같다.

월리스와 다윈

1858년에 다윈은 최대의 위기를 맞았다. 연구 발표를 너무 오래도록 미루어 온 것이다. 앨프리드 러셀 월리스는 다윈보다 20년이나 늦은 시기에 자연 선택론을 발견했지만 선점할 태세를 이미 갖추고 있었다. 이에 자극받은 다윈은 자신의 이해를 맹렬히 추구하게 되었다. 그렇지만 도덕적으로 불안감에 빠져 있던 그는 은근한 방식을 취했다. 여기에 얽힌 사건을 목격한 사람들은 그가 초인간적인 품위를 지켰다고 증언해 주었다.

월리스는 젊은 시절의 다윈이 그랬듯 외국으로 항해를 떠나 생명체를 연구했던 젊은 박물학자였다. 얼마 후 다윈은 월리스가 종의 기원과 분포에 관심이 있다는 사실을 알게 되었다. 사실 그 두 사람은 그 문제에 대해 서신을 주고받았는데, 다윈은 그가 이미 그 주제에 대해서 "독특하면서도 분명한 개념"을 갖고 있다는 것에 주목했다. 그는 "정말이지 편지로는 내 견해를 설명할 수가 없다."라고 썼다. 그러나 다윈은 자신의 이론에 대한 짤막한 개요서라도 출간하라는 충동에 끈질기게 저항했다. 다윈은 자신의 견해를 쓰라고 재촉한 라이엘에게 "우선권 때문에 글을 쓴다는 생각이 왠지 탐탁치가 않습니다. 그러나 누군가 나보다 먼저 내 학설을 출간한다면 분명 초조해 하겠지요."라는 편지를 썼다.[53]

1858년 6월 18일, 월리스로부터 한 장의 편지가 날아들자 다윈은 번민에 빠져들었다. 이 편지를 읽은 다윈은 월리스의 진화론이 어떤 것인지를 알게 되었는데, 정신이 멍할 정도로 자신의 이론과 흡사했다. "용어며 장 제목까지 같았다."라는 것이다.[54]

그 날 다윈이 빠져들었을 공황 상태는 자연 선택의 책략 탓으로 돌려야 한다. 공황 상태의 생리 화학적 요소의 기원을 찾자면 파충류 시절까지 거슬러 올라가야 할 것이다. 그렇지만 다윈의 공황 상태는 생명이 위협받거나 팔다리가 잘릴 위협에 처하는 경우와 같이 원초적인 위협에 의해 촉발된 것이 아니라 영장류기에 와서 좀 더 특징적이 된 지위에 대한 위협에 의해 촉발되었다. 그 위협은 영장류 간에 공통적인 육체에 대한 것이 아니었다. 위협은 추상적인 것(불과 지난 몇 백만 년 사이에 뇌 조직이 습득한 단어나 문장 같은 상징이 그것이다.)으로 다가왔다. 이런 식으로 진화는 고대에서 원료를 취하여 현재의 필요에 부단히 적용시켜 왔다.

다윈의 행위에는 좀 찜찜한 구석이 있었다. 그는 월리스의 보고서를 라이엘에게 보내 조언을 구했다. (월리스는 라이엘의 의견이 어떤지를 알아봐 달라고 다윈에게 부탁했다). 여기서 '구했다' 고 표현하는 것은 사실보다 어감이 좀 강한 감이 있다. 나는 지금 행간에 담긴 의미를 읽고 있는 것이다. 다윈의 행동 계획은 훌륭했고 라이엘에게도 그럴 여지를 남겨 놓았다. "그 보고서를 돌려 주십시오. 월리스가 출판을 부탁하지는 않았거든요. 하지만 그에게 편지를 써 학회지에 보내보라고 권해 보겠습니다. 설혹 내 책에도 어떤 가치가 있어 열등한 취급은 받지 않더라도, 그렇게 되면 내 독창성은 이것으로 끝이겠지요. 내 모든 노력들은 그 이론을 적용해 보는 정도로 그치겠지요."[55]

라이엘은 답장을 보내 다윈의 태도가 훌륭했음을 칭찬해 준 것 같다. 그런데 다윈은 모든 편지를 잘 간수해 두었는데도 라이엘의 이 답장은 남아 있지가 않다. 다윈은 라이엘의 편지에 이렇게 답장을 했다. "월리스의 보고서 어느 한 부분도 내 보고서보다 못한 부분이 없습니다. 나는 1844년에 보고서를 작성했는데, 10여 년 전에 후커 씨가 읽어 본 적이 있습니다. 또 작년쯤인가에 짧은 보고서 하나를 에이사 그레이에게 보낸 적이 있습니다. 그 사본 하나가 지금 제게도 있고요. 저는 정말 월리스로부터는 그 어느 한 구석도 취한 바가 없다고 단언할 수 있습니다."

그때 다윈은 라이엘 앞에서 양심과의 힘겨운 싸움을 벌이고 있었다. 냉소적으로 들릴 수도 있겠지만 나는 그 편지에 담긴 숨은 의미를 해석해 괄호 안에 담아 보았다. "내 견해를 10여 쪽에 담아 출간하게 된 것을 몹시 기뻐해야겠지요. 그러나 이것이 명예로운 일인지는 모르겠습니다. (아마도 선생님이라면 저를 설득할 수 있을 겁니다.) 월리스는 출간 문제에 대해서는 별 말이 없습니다. 여기에 그의 편지를 동봉합니다. 그러나 제가 지금까지 아무런 보고서도 출간하려고 하지 않았으면서, 월리스가 그의 학설을 제게 보내 왔다는 이유만으로 출간을 한다면 이것이 명예로운 일일까요? (그렇다고 말해 주십시오. 그렇다고.) …… 선생님은 월리스가 이것을 제게 보낸 것이 제 손을 묶기 위해서 그런 거라고 생각되지 않으십니까? (아니라고 말해 주십시오. 아니라고.) …… 전 월리스에게 에이사 그레이에게 보냈던 편지 사본을 보내서 제가 그의 학설을 훔친 것이 아니라는 것을 보여 주겠습니다. 그러나 지금 제가 출판을 하는 것이 비열하고 무가치한 짓인지 아닌지는 무어라 말을 할 수가 없습니다. (비열하지도 무가치하지도 않다고 말해 주십시오.)" 다음날 다윈은 추신에 덧붙이기를, 자신은 그 일에서 손을 떼겠으니 라이엘이 중재를 해 달라는 부탁을 했다. "전 늘 선생님이 일류의 대법관이 될 수 있다고 생각해 왔

습니다. 이제 저는 선생님께서 대법관이 되어 주시길 부탁드립니다."⁵⁶

설상가상으로 집에 생긴 우환으로 다윈의 고통은 한층 가중되었다. 딸 에티(헨리에타)가 디프테리아에 걸렸고, 정신 장애아 아들인 찰스 워링이 성홍열에 걸렸는데, 이 때문에 워링은 곧 죽고 말았다.

라이엘은 다윈이 처한 위기를 알고 있었던 후커와 상의를 한 끝에 다윈의 이론과 월리스의 이론을 동등하게 다루기로 했다. 그들은 월리스의 보고서와 다윈이 에이사 그레이에게 보냈던 보고서, 그리고 1844년 에마에게 보여 주었던 초고를 린네 학회의 다음 번 회합에 소개하기로 했고 출판도 하기로 했다. (다윈은 월리스에게 자신의 이론을 편지에 요약할 수는 없다고 말한 지 불과 몇 달 뒤에 에이사 그레이에게 1200단어로 된 편지를 보낸 바가 있다. 월리스가 그를 쫓아오고 있다는 것을 감지한 후 그가 우선권을 주장할 만한 확실한 증거를 만들고 싶어서 그랬는지는 알 수가 없다.) 학회 소집이 임박했지만 그 당시 월리스는 말레이 군도에 있었기 때문에 라이엘과 후커는 월리스와 상의하지 않고 회의를 속행하기로 결정했다. 다윈은 방관을 하고 있었다.

월리스는 무슨 일들이 벌어지고 있는지를 알게 되었다. 이때 그는 비글 호 항해 시절 세지윅으로부터 감격적인 추천의 말을 전해 들었을 때의 다윈과 입장이 비슷했다. 젊은 박물학자 월리스는 명성을 원했지만 전문가들의 도움을 받지 못한 채 고립되어 있었으므로 자신이 과학에 공헌할 수 있을지에 대한 확신이 없었다. 그런데 어느 날 문득 자신의 작업물이 위대한 과학 학회의 저명한 학자들이 읽었다는 사실을 알았다. 그는 자랑스런 어조로 어머니에게 편지를 썼다. "저는 다윈 선생님에게 그가 연구하고 있는 주제에 대해 내 논문을 하나 보냈습니다. 다윈 선생님은 제 원고를 후커 박사와 찰스 라이엘 경에게 보냈는데, 그들은 이것을 높이 평가하고는 린네 학회에 보고를 했답니다. 덕분에 귀향을 하게 되면 저는 그 저명한 학자들과 친분을 나누고 도움도 받을 수 있을 겁니다."[57]

다윈의 도덕적 오점

과학사에 있어서 가장 비정한 일이 발생했다. 월리스란 이름이 이내 묻혀 버린 것이다. 처음에 학자들은 그의 이름과 다윈의 이름을 동등하게 다루었지만 결국 월리스란 이름이 다윈이란 이름 밑으로 묻혀 버리고 말았다. 어떤 건방진 녀석이 자신을 진화론자라고 자처하며 진화론적인 메커니즘을 제안했지만 이것은 별 뉴스거리가 못 되었던 것이다. 저명하고 존경받는 찰스 다윈이 이런 제안을 했다는 것이 바로 뉴스거리였다. 그 이론에 누구의 이름을 붙여야 하는지에 대한 문제는 다윈의 책이 해결을 해 줄 것이었고 이제 다윈은 거리낌 없이 책을 쓸 것이었다. 후커와 라이엘은 이 두 사람 간의 상대적 지위를 사람들이 간과하지 못하게끔 주의를 기울였다. 그들은 이 두 사람의 보고서를 린네 학회에 소개하면서 "과학계는 다윈 씨가 연구를 마쳐 그가 완전한 결과물을 내놓기를 고대하고 있습니다. 하지만 그전에 먼저 그의 연구에 대한 몇 가지 초고와 유능한 학자의 초고가 발표되어야 할 것입니다."[58] '유능한 학자'가 최정상의 학자와 같이 놀 수는 없는 일이었다.

이렇게 다윈이 오래전부터 해 온 작업들을 모아 놓음으로써 월리스가 결국 무명으로 남게 된 사실이 정당화되었다.[59] 그러나 1858년 6월 당시 다윈과는 달리 월리스는 자연 선택론에 관한 보고서를 이미 다 마치고 출간 준비를 끝낸 상태였다. 그는 다윈에게 이 보고서를 출간해 달라고 부탁하지는 않았다. 만일 월리스가 그 보고서를 다윈 말고 어떤 학회지나 다른 곳에 보냈더라면 그는 오늘날 자연 선택에 의한 진화론을 가정한 첫 번째 사람으로 기억되고 있을 것이다.[60] 다윈의 위대한 저서는 다른 과학자의 아이디어를 확장하고 대중화시킨 것으로 남게 되었을 것이다. 그러면 그 이론에 누구의 이름을 달아야 할 것인지 이 문제는 영원히 미해결의 문제로 남게 되었을 것이다.

아무리 다윈이 세계적으로 명성 있는 학자가 되었다 할지라도 생애에서 가장 힘겨운 도덕적 시험을 정당하게 거쳤다고 주장하기는 어렵다. 다윈과 라이엘, 후커가 내린 선택의 반대 경우를 생각해 보자. 그들은 월리스의 이론만 출간할 수도 있었다. 다윈에 대해서는 일절 언급도 않고 말이다. 그들은 월리스에게 편지를 써 상황을 설명하고 연합 발표를 제안할 수도 있었다. 아니면 그들이 한 그대로 할 수도 있었다. 그들은 월리스가 연합 발표를 반대하리라는 것을 알고 있었다. 그들의 이런 선택이 자연 선택론을 다윈의 이론으로 무난히 정착하게 할 수 있는 유일한 선택이었다. 그리고 이런 선택 때문에 월리스의 허락없이 그의 보고서를 출간할 수밖에 없었다. 월리스로부터 허락을 받는 일은 다윈처럼 엄청난 양심을 가진 사람이라면 꼭 물어 보아야 하는 그런 예의였다.

이 사건을 기억하는 사람들은 이 음모를 인간의 도덕성에게 보내는 유서라고 오래도록 묘사해 왔다. 토머스 헉슬리의 손자인 줄리언 헉슬리(Julian Huxley)는 그 결과를 두고 "두 위대한 생물학자의 관대함을 기리는 기념비"[61]라고 했다. 로렌 아이즐리(Loren Eiseley)는 "과학사에서 기려야 하는 고귀한 상호 행위"[62]의 예라고 했다. 그러나 그들의 이 말은 절반만 정답이다. 점잖은 월리스는 관대하게도 다윈은 진화에 대해 생각해 온 기간과 그 깊이 때문에 진화론의 선구자라는 간판을 얻게 되었다고 오래도록 주장했다. 월리스는 심지어 자신의 책에조차 다윈주의라는 제목을 달았다.

월리스는 평생토록 자연 선택론을 옹호했지만 후에는 자연 선택의 범위를 좁히게 되었다. 그는 이 이론이 완전한 인간 정신의 능력에도 적용할 수 있는지 의심을 하기 시작했다. 사람들은 단지 살아남기 위해서라고 하기에는 너무나도 영리해 보였던 것이다. 그는 인간의 육체는 자연 선택이 형성한 것이지만, 인간의 정신 능력은 신적인 힘이 부여한 것이라는 결론을 내렸다. 물론 그가 이렇게 입장을 바꿨다고 해서 자연 선택론을 '월리스주의'라고 쉽게 부를 수가 없다고 주장하는 것은 (다윈 쪽 기준에서 보아도) 지나치게 냉소적이라고 할 수 있다. 어쨌든 이론과 자신의 이름이 동의어가 된 그 사람(다윈)은 월리스의 믿음이 약화된 것을 애석하게 여겼다. 다윈은 그에게 "당신이 당신의 자녀와 내 자녀를 완벽히 살해한 것이 아니기를 바란다."라는 편지를 썼다.[63] (이것은 『종의 기원』 머리말에서 월리스의 이름을 언급한 후 다음 장부터는 "내 이론"이라고 써 내려 간 사람으로부터 나온 말이다.)

다윈이 월리스와 벌인 사건 내내 완벽한 신사처럼 행동했다는 일반적인 생각은 위에서 언급한 것들 말고도 다른 몇 가지 사항에 근거를 두고 있다. 다윈은 월리스에 대해 언급조차 않고서도 자신의 이론을 바로 출간할 수 있었다는 것이다. 그러나 월리스가 좀 더 비신사적으로 행동했더라면 이것은 스캔들이 되었을 것이고, 그의 이름에는 오점이 남게 되었을 것이다. 심지어 그 이론에 자신의 이름을 달지 못할 위험에까지 이를 수도 있었을 것이다. 그러므로 이것은 언급할 가치가 없다. 다윈을 존경스러워 했던 한 전기 작가는, 다윈은 "그의 우선권을 잃기를 원치 않았지만, 그보다는 비신사적이거나 정정당당하지 못한 행동을 했다고 의심받는 것을 더욱 싫어했다."[64]라며 존재하지도 않는 차이점을 만들어 내고 있다. 다시 말해 정정당당하지 않다고 생각되는 것이 바로 그의 우선권에 대한 위협이 된다는 것이다. 다윈이 월리스의 보고서를 받은 그 날로 라이엘에게 편지를 보내, "나는 월리스나 혹은 다른 사람이 내가 무가치한 정신으로 행동했다고 생각하게 하느니 차라리 내 모든 책을 태워 버리고 말겠습니다."라고 했다.[65] 그러나 그는 양심적이었던 만큼 꾀에도 밝았다. 그는 사회 환경이라는 테두리 내에서 양심적이었다. 바꿔 말하면 꾀가 밝았다는 것이다. 꾀를 바르게 하는 것이 바로 양심의 기능이다.

또 다른 자료는, 이 문제를 라이엘과 후커의 손에 넘기기로 했던 다윈의 결정이 훌륭했다고 본다. 어떤 전기 작가는 이를 두고 다윈이 "절망했기 때문에 포기했다."라고 묘사했다.[66] 다윈은 도덕적으로 기만하기 위해 이 '포기'라는 말을 쓰곤 했다. 월리스가 결과에 승복하자 다윈은 그에게 편지를 썼다. "라이엘과 후커가 공정하게 처신할 수 있도록 난 뒷전으로 물러나 있었습니다. 하지만 당신이 어떤 인상을 받았을지가 걱정됩니다."[67] 그렇다고 치자. 그가 월리스가 승복할 것인지에 대해 확신이 없었다면 무엇 때문에 그는 확인해 볼 생각을 하지 않았단 말인가? 20여 년이나 이론을 출간하지 않고 지금껏 견뎌 왔는데 몇 달을 더 기다릴 수가 없었단 말인가? 월리스가 자신의 보고서를 라이엘에게 보내 달라고 요청을 했다지만, 그렇다고 라이엘에게 그 보고서의 운명을 결정해 달라고 부탁한 것은 아니었다.

다윈이 후커와 라이엘에게 그 어떤 영향력도 발휘하지 않았다고 말하는 것은 사실을 왜곡한 것이며, 어쨌든 부적절한 말이다. 이들은 다윈의 가장 절친한 벗이었다. 다윈은 자신의 형 이래즈머스를 공정한 재판관이라고 지명할 수는 없었을 것이다. 그러나 인간은 친족들에게 쓰이는 애정, 헌신, 충성을 친구에게도 우정이라는 명목으로 쓸 수 있도록 진화해 왔다.

물론 이런 사실을 다윈이 알지는 못했다. 그러나 그의 친구들이 편파적 경향을 보인다는 사실을 알았다. 친구들의 생각, 적어도 그 생각의 일부분은 자신이 제공한 편견을 나누어 갖는 법이다. 그가 라이엘을 '대법관'이라며 편견을 갖지 않는 인물로 묘사한 것은 놀랄 일이다. 그리고 후에 우정에 호소하면서 라이엘에게 자연 선택론을 개인적인 호의로서 지지해 달라고 요청했음을 생각해 볼 때 더욱 놀랄 일이다.

사건 이후에 대한 분석

도덕적인 분노는 이 정도로 접어 두자. 내가 대관절 무슨 자격으로 판단을 내릴 수 있겠는가? 나는 그보다도 더 큰 죄를 범해 왔다. 사실 이렇게 도덕적으로 분개하고, 도덕적으로 우위에 있다고 폼을 잡는 것은 진화 과정에서 선택적이지만 맹목적으로 부여잡은 능력일 뿐이다. 이제 필자는 생물학에 연연하지 않고 월리스 사건에서 두드러지게 나타나는 다윈주의적 특징들을 평가해 보기로 하겠다.

무엇보다 먼저 다윈이 가치에 대해 보이는 융통성에 주목해 보자. 그는 학문적 텃세를 몹시도 경멸했다. 그가 믿기로 과학자들이 자신의 생각들을 가로챌지도 모르는 라이벌들을 견제하는 것은 "진리를 좇는 연구자로써 할 짓"[68]이 못 되었다. 그리고 정직하고 지각 있었던 그가 명성을 좇았노라고 인정할 수는 없었겠지만 그렇다고 거기로부터 초연할 수도 없었다. 그는 명성을 얻지 못할지라도 종에 대한 연구에 매진할 것이라는 말을 했다.[69] 그러나 자신의 텃밭이 위협받자 그는 이를 지키기 위해 단계를 밟아 나갔다. 그는 진화론이라는 말이 누구의 이름과 동일시될 것인지를 궁금해 하며 『종의 기원』을 완성하기 위해 작업 속도를 높였던 것이다. 다윈은 자신이 모순을 알고 있었다. 월리스 사건이 있고 몇 주 후 그는 후커에게, 자신에게 우선권이 있는 한 "이런 것에 개의치 않을 정도로 마음이 넓다고 착각했습니다. 그러나 이것은 잘못이었고,

지금 그 벌을 받고 있는 중이지요."라는 편지를 보냈다.[70]

그 위기가 과거 속으로 묻히면서 다윈 특유의 신실함이 다시 포장되었다. 그는 자서전에서 "사람들이 그 독창성을 내게 돌리든 월리스에게 돌리든 개의치 않았다."라고 주장했다. 다윈이 라이엘과 후커에게 편지를 보내 마음이 심란하다고 하소연했음을 알고 있는 사람이라면 다윈의 자기 기만 능력에 놀랄 것이다.

이 월리스 사건은 양심 속을 흐르는 기본적인 지류, 즉 친족 선택과 호혜적 이타주의 사이를 흐르는 지류를 분명하게 보여 준다. 우리가 형제에게 해를 입히거나 속이면 죄책감을 느끼는데, 그 이유는 자연 선택이 형제들에게 착하게 굴도록 '원하기' 때문이다. 친족들은 우리와는 유전자를 다수 공유하고 있기 때문이다. 우리가 친구나 보통 안면이 있는 사람에게 해를 입히거나 속이면 죄책감을 느끼는데, 그 이유는 자연 선택이 우리가 착한 것처럼 보이기를 '원하기' 때문이다. 즉 이타주의 그 자체가 아닌 이타주의에 대한 지각이 바로 보상을 가져다 준다는 말이다. 양심은 비친족을 관용과 품위로써 대하도록 해 평판을 높이도록 한다. 여기에 진실이 무엇인가 하는 문제는 상관이 없다.[71] 물론 이런 평판을 얻고 유지하는 것이 때때로 실제적인 관용과 품위를 가져다 줄 수도 있다. 그러나 그렇지 않은 경우도 있다.

이런 면에서 다윈의 양심은 앞의 형태대로 기능했음을 알 수 있다. 양심은 다윈으로 하여금 관용과 품위를 베풀도록 했다. 사회 구성원 사이에 관계가 친밀하다면 관용과 품위는 도덕적 평판을 높이기 위한 기초가 된다. 그러나 다윈의 선함은 절대적으로 변하지 않는 것이 아님이 입증되었다. 그가 자랑하던 양심은 외견상 부패를 막는 방부제였을 뿐이다. 그는 평생토록 지속될 지위를 얻으려면 도덕적으로 타락을 해야 했다. 그는 영리하게도 자신의 양심을 다소나마 완화시켰다. 이렇게 잠시 빛이 꺼진 순간 다윈은 무의식적으로 살며시 사회적 유대라는 끈을 잡아당겨 젊고 힘없는 라이벌을 매장시켰다.

일부 다윈주의자들은 양심이란 것은 도덕적인 평판이 저축되어 있는 예금 창구의 관리자 같다는 말을 해 왔다.[72] 수십 년간 다윈은 착실하게 예금해 왔다. 그리고 그가 지닌 통장은 그가 양심적인 사람임을 입증하는 것이었다. 월리스 사건으로 그는 예금의 일부를 잃을 처지에 놓였다. 그가 약간의 예금을 잃는다고 해도 (이 때문에 월리스의 보고서를 그의 허락 없이 발표하는 것이 옳은 일인지 하는 문제를 야기시킨다고 해도) 다윈이 궁극적으로 이룰 지위 상승을 감안해 보면 이 정도는 감수해 볼 만한 위험이었다. 양심은 이런 식으로 자원 배당을 하도록 디자인되었고 또 월리스 사건 동안 다윈의 양심은 이 일을 무난히 수행해 냈다.

결과적으로 다윈은 아무것도 잃은 게 없었다. 그는 의기양양하게 등장했다. 후커와 라이엘은 다윈이 월리스의 보고서를 받고 난 후 보인 반응을 린네 학회에 보고했다. "다윈 씨는 찰스 라이엘 경에게 보인 편지에서 월리스 씨의 견해를 무척이나 높이 평가했습니다. 그리고 가능한 한 이 보고서를 빨리 출간하도록 월리스 씨의 동의를 얻어내자고 제안했습니다. 우리는 동의를 했지요. 다윈 씨는 이 보고서를 몹시도 발표하고 싶어했습니다. (월리스 씨를 위해서 말입니다.) 다윈 씨가 같은 주제에 대해 쓰고 있던 연구 논문은, 앞서 말한 대로 1844년에 우리 중 한 사람이 정독한 것이었는데, 그 내용에 대해서는 우리 모두가 수년간 비공식적으로나마 이미 알고 있었습니다."[73]

150여 년이 지난 오늘날까지도 이 사건은 소독 처리를 거친 설이 표준으로 남아 있다. 완벽한 양심을 지녔던 다윈이 자신 이름을 월리스의 이름 옆에 강제로 내게 된 것이라는 것이다. 한 전기 작가는, 다윈은 "출판을 강요한 라이엘과 후커 앞에서 자유로운 행동을 못했다."라고

썼다.[74]

 다윈이 의식적으로 월리스를 제거하는 일에 앞장섰다는 결론을 내릴 만한 근거는 없다. 그는 사려 깊게도 라이엘을 '대법관'으로 지명했다. 위기가 닥쳤을 때 자연스레 친구의 조언을 구하려는 충동은 순수해 보인다. 우리는 "난 모르는 사람보다는 친구에게 전화할 거야. 친구라면 내가 받아야 할 것과 경쟁자가 받아야 할 것이 무엇인지 당연히 알고 있을 테니까."라는 생각을 굳이 할 필요가 없다. 다윈의 도덕적 고뇌의 겉모습도 마찬가지다. 다윈은 그것이 겉모습이라는 것을 몰랐기 때문에 그것은 효과가 있었다. (겉모습 때문만이 아니었다. 그는 사실상 고뇌를 했다.)

 그리고 이런 고뇌가 이번만은 아니었다. 다윈이 우선권을 주장한 것(지위를 추구하는 월리스를 지위를 이용해 누른 것)으로 인해 받은 죄책감은 단지 가장 최근에 느낀 죄책감일 뿐이었다. (앞에서 말했듯 존 볼비는 다윈을 다음과 같이 진단했다. 그는 "헛된 삶을 살고 있다는 자기 경멸"로 고통을 받았다. "그의 인생 내내 주목받고 명성을 얻으려는 욕망은 이를 숨기려는 깊은 수치심과 늘 연결되어 있었다.")[75] 사실 다윈의 고뇌가 후커와 라이엘로 하여금 다윈이 명예에 '강하게' 저항했다고 믿도록 해 주었다. 이 때문에 후커와 라이엘은 다윈의 성품이 그렇다고 세상에 알릴 수 있었다. 다윈은 오래도록 쌓아 온 도덕적 자산 때문에 막대한 심리적인 비용을 치렀다. 하지만 결국 그 투자는 이익을 가져다 주었다.

 그렇다고 해서 그가 해 온 투쟁들과, 끝내는 정당화된 고통들 속에서 다윈이 완벽하게 적응을 해서 행동했고, 유전적 증식이란 과업에 맞추어 행동을 했다는 뜻은 아니다. 19세기 영국과 인간의 진화 환경 간에는 차이가 있음을 인정한다고 해도, 이런 종류의 기능적인 완벽성은 우리가 최후의 순간에서나 기대해 볼 법한 것이다. 사실 앞에서 말한 대로 그는 편지에 답신을 못했다고 잠을 못 이루거나, 희생양에 대해 괴로워할 필요가 없을 정도의 도덕적 예금을 풍족히 갖고 있었다. 단지 여기서는 진화심리학의 렌즈를 통해 볼 때, 다윈의 정신과 성격들이 기본적인 감각이 될 수 있다는 것에 대해 여러 가지 논의를 해 볼 수 있음을 말하고 싶을 뿐이다.

사실 다윈이 이룬 업적에는 어떤 일관성이 있다. 그가 변덕스럽게 탐구한 것은 아니었지만 그는 자기 의심과 과도한 복종심 때문에 곤경에 빠지는 일이 종종 있었다. 그는 지위 상승을 추구했지만 양심의 가책과 겸손 속에 그것을 능숙하게 감추었다. 다윈이 받았던 양심의 가책 속에는 도덕이 위치해 있다. 성취를 이룬 사람들에게 그가 복종을 표시했던 그 밑으로는 사회의 공격에 대비한 결연한 방어 의지가 있다. 그가 친구들에 표했던 교감 그 밑으로는 용의주도한 정치적 동맹이 있다. 얼마나 대단한 동물인가!

4부

도덕적 동물

15장

다윈주의자와 프로이트주의자의 냉소주의

일상적인 정신 상태와는 분리된 사고, 감정, 감각 전반을 가진 두뇌의 존재할 수 있다면 아마도 그것은 더욱 활력적인 자아와 관련된 무의식적 행동인 습관이 내포하는 이중 인격과 비슷할 것이다.

──「다윈의 노트」(1938)[1]

여기서 묘사한 인간 본성에 대한 밑그림은 전혀 듣기 좋은 말이 아니다. 우리는 결사적으로 지위를 추구하며 인생을 보낸다. 우리는 문자적 의미에 불과한 사회적 신망에 중독되어 어떻게든 사람들에게 좋은 인상을 심어 주려고 안달한다. 많은 이들이 자신은 도덕적 가치들을 단단히 움켜쥐고 있기에 어떤 일이 닥치더라도 스스로를 충분히 지탱할 수 있다고 주장한다. 그러나 이런 사람도 실제로는 명망 있는 사회적 지위를 얻지 못해 안달하는 것임에 틀림없다. 그리고 다른 한편에서 열렬히 사회적 지위를 추구하는 사람들에게 주어진 통칭들('출세주의자', '성공에 눈이 먼 자')은 단지 우리들의 고질적 무모함을 나타내는 표시일 뿐이다. 우리는 모두 출세주의자이며 성공에 눈이 먼 자들이다. 이런 식으로 알려진 사람들은 부러움을 살 만큼 능력이 있거나 염치없이 노력을 했던가 아니면 능력도 있고 노력도 한 사람들이다.

우리의 친절과 애정 밑에는 아주 인색한 목적이 깔려 있다. 이것들은 피를 나눈 혈족을 향해 있든지 다음 세대로 우리의 유전자를 전달하는 것을 도와줄 이성을 향해 있든지 혹은 내게 친절을 되갚아 줄 것 같은 동성에게로 향해 있다. 더욱이 친절은 흔히 위선이나 악의를 담고 있다. 우리는 친구의 결점을 눈감아 주면서도 적의 약점은 과장하지는 않더라도 예민하게 살핀다. 애정은 적개심의 도구이다. 우리가 유대를 맺음으

로써 균열은 깊어진다.[2]

다른 것과 마찬가지로 우리의 우정 역시 심히 불평등하다. 우리는 높은 지위에 있는 사람들의 호의를 각별히 여겨 더 많이 보답하려고 하며 그들에게는 바라는 바가 별로 없으므로 그들을 관대하게 판단한다. 친구에 대한 헌신은 그의 사회적 지위가 하락하거나 또는 우리만큼의 위치에 오르지 못했다는 사실만으로도 이지러질 수 있다. 관계를 소원하게 함으로써 그것을 정당화하는 것이다. "그와 나는 예전 같은 공통점이 없어졌어."라고 상류층처럼 말한다.

이것을 사회적 행위에 대한 냉소적 관점이라고 말할 수 있을 것이다. 그렇다면 여기에 새로운 그 무엇이 있을까? 냉소주의에 혁명적인 것은 아무것도 없다. 어떤 이는 이것을 우리 시대의 진정한 이야기(빅토리아 시대의 진지함에 대한 당당한 계승자로서)라고 말할 것이다.

19세기의 진지함으로부터 20세기 냉소주의로 전환하는 데 부분적으로는 지그문트 프로이트가 일조했다. 신다윈주의와 마찬가지로 프로이트주의적 사고는 우리의 순수한 행동에서 교활한 무의식적 목적을 찾아낸다. 그리고 신다윈주의와 마찬가지로 프로이트주의적 사고는 무의식 속에서 동물적 정수를 본다.

다윈주의자와 프로이트주의자들 간의 공통점은 이것뿐만이 아니다. 최근 수십 년간 일어난 모든 비판주의를 통틀어 프로이트주의는 우리 시대의 (학문적으로, 도덕적으로, 영적으로) 가장 영향력 있는 행동주의적 패러다임으로 남아 있다. 또 바로 이 점을 신다윈주의자의 패러다임이 열망하고 있다.

이처럼 고립된 영역에서 경쟁하기 때문에 서로 무관해 보이는 프로이트적 심리학과 진화심리학을 비교하는 것은 의미 있는 일이다. 그러나 여기에는 더욱 중요할지도 모르는 또 다른 이유가 있다. 궁극적으로 두 학파의 냉소주의에는 차이점이 있으며 이것들은 문제를 다루는 방법도 서로 다르다는 것이다.

다윈주의자와 프로이트주의자의 냉소주의에는 둘 다 냉소주의 특유의 다채로운 신랄함이 없다. 인간의 동기에 대한 그들의 미심쩍음이 대부분 무의식적 동기에 집중되어 있기 때문에 그들은 인간(적어도 의식적인 인간)을 자신도 모르는 사이에 공범자로 간주한다. 참으로 고통이 내적 속임수의 대가로 치르는 값이라는 점에서 보면 인간은 의심뿐만 아니라 동정도 받을 만하다. 사람은 저마다 희생물처럼 보인다. 어떻게 그리고 무엇 때문에 인간이 희생물이 되었는지를 설명하는 과정에서 두 학파의 견해가 갈라진다.

프로이트는 자신을 다윈주의자라고 생각했다. 그는 인간의 마음을 진화의 산물로 보고자 했는데 적어도 그 의도만으로도 그는 계속 진화심리학자로 남을 것이다. 인간을 성적 내지 여타의 상스러운 충동에 의해 조종되는 동물로 파악하는 사람이 모두 다 나쁜 사람은 아니다. 하지만 프로이트는 진화론을 기본적이고 핵심적인 부분에서부터 잘못 이해했다.[4] 가령 그는 경험을 통해 얻어진 특성이 생물학적으로 유전된다는 라마르크의 생각을 지나치게 강조하고 있다. 이처럼 잘못된 개념들이 그가 살던 시대에는 흔했다. 몇 가지는 다윈이 주장했고 또 몇 가지는 당시 사람들이 조장했다는 사실이 변명이 될지도 모르겠다. 그렇지만 그것들로 인해 프로이트가 오늘날의 다윈주의자들이 보기에 난센스로 여겨지는 말들을 꽤나 하게 된 것은 사실이다.

왜 사람들에게는 죽음의 본능이 있는가?('타나토스'), 왜 소녀들은 남성의 생식기를 원하는가?('남근 동경'), 왜 소년들은 어머니와 성교하기를 원하며 아버지를 살해하고자 하는가?('오이디푸스 콤플렉스'). 이런 충동 가운데 특정한 어느 충동을 조장하는 유전자를 상상해 보자. 또 그 유전자는 날밤을 세워 가며 수렵 채집 사회의 주민으로 확산되는 것은 아니라고 가정해 보자.

프로이트가 심리적 긴장을 예리하게 분석했음을 부정하려는 것은 아니다. 아버지와 아들 사이에는 오이디푸스적 갈등과 유사한 어떤 갈등이 존재할 수 있다. 하지만 정녕 긴장은 어디에서 비롯되는 것일까? 마틴 데일리와 마고 윌슨은 이 점에서 프로이트가 서로 다른 몇 가지 다윈주의적 이론을 융합하였으며 그들 중 일부는 궁극적으로 로버트 트리버스가 묘사한 부모와 자식 간의 갈등 이론에 기반하고 있다고 주장했다.[5] 가령 소년이 청년기에 이르면, 특히 우리 조상의 환경과 같은 일부다처제 사회에서는 한 여자를 놓고 아버지와 경쟁을 하게 된다. 그러나 여자들 중에 그의 어머니는 없다. 흔히 근친상간으로 결함 있는 자손을 낳게 되는데, 어머니에게 임신까지 시켜가면서 생식적으로 가치 없는 형제를 낳도록 하는 것은 아들의 유전적 이해 관계와는 거리가 먼 것이다. (그러므로 어머니를 유혹하는 아들은 극히 드물다.) 젊은 나이에 소년(또는 소녀라도)은 어머니를 차지하기 위해 아버지와 경쟁할 수도 있지만 그것이 성적인 목적에서가 아니다. 오히려 아들과 아버지는 어머니의 귀중한 시간과 관심을 얻기 위해 싸우는 것이다. 만일 이런 투쟁이 성적인 의미만을 함축한다면, 어머니는 오직 아버지의 유전적 이해를 통해서만 임신을 할 것이고, 아들의 투쟁은 또 다른 형제의 탄생을 지연시키는 것이 될 것이다. (일례로 지속적인 수유는 배란을 지연시킨다.)

이런 종류의 다윈주의적 이론들은 공리공론으로 그치는 경우가 많았고, 진화심리학이 성장하던 초창기에는 거의 검증되지 않았다. 그러나 프로이트의 이론과는 달리 이 이론들은 확고한 어떤 것에 구속되어 있었다. 이 이론들은 인간 두뇌를 디자인하는 과정에 대해 이해하고 있던 것이다. 진화심리학은 그 거대한 윤곽이 그대로 드러나 있어서 이 이론이 발전함에 따라 과학적 변증법에 의해 지속적으로 수정을 받아야 했다.

다윈의 계기판과 조율

인간 본성(예컨대 찰스 다윈에게도 있었던 인간의 모든 속성)을 상세화하는 것으로 이야기를 시작하자. 다윈은 제한된 범위 내에서나마 친족을 잘 보살폈으며 사회적 지위와 섹스를 추구했다. 그는 동료들에게 깊은 인상을 남기고자 했으며 그들을 기쁘게 하려고 노력했다. 그는 애써 좋은 사람으로 보이고자 했다. 그는 모임을 만들어 지식을 나누었다. 그는 경쟁자들과 화해하고자 했다. 그는 목적이 합당하다면 기꺼이 자신을 속였다. 또 그는 그러한 목적을 향해 사람들을 몰아대는 온갖 종류의 감정(사랑, 욕망, 동정, 존경, 야망, 분노, 공포, 양심의 가책, 죄의식, 의무감, 수치심 등등)을 느꼈다.

인간 본성상의 근원적 성격(그것이 다윈의 것이든 누구의 것이든 간에)에 한발을 딛고 서서 다윈주의자들은 다시 묻는다. '성격을 조율하는 것이 뭐가 그리 유별나단 말인가? 다윈은 보기 드물게 활동적인 의식의 소유자였다. 그는 동료들을 특히 세심하게 돌봤다. 그는 다른 이의 의견에는 거의 신경쓰지 않았다.' 등등.

이러한 유별난 조율은 어디에서 나왔는가? 좋은 질문이다. 발달심리학자들 태반이 새로운 패러다임을 다뤄 보지 않았기 때문에 대답하기에는 어려운 점이 있다. 그러나 큰 틀에서라면 대답은 간단하다. 우리의 진화 환경 안에서 어떤 행동 전략이 유전자를 가장 잘 퍼뜨릴 것인가를 시사해 주는 계기에 의해 젊고 유연한 정신이 형성된다는 것이다. 이 계기는 대체로 두 가지를 반영한다. 하나는 여러분이 처해 있는 사회적 환경의 종류고 또 다른 하나는 여러분이 그 환경에 가져다 주는 자산 및 부채의 종류다.

몇몇 계기들은 친족이 중재한다. 프로이트가 친족(특히 부모)이 프시케(Psyche, 영혼 혹은 마음의 은유로서 프로이트가 사용한 단어.—옮긴이)라는 새로운 개념의 형성과 상당히 관계가 있다고 생각한 것은 옳다. 부모가 전적으로 인자한 것만은 아니며 부모와 자식 간에 심각한 충돌이 가능하다고 생각한 것 또한 옳다. 트리버스의 부모와 자식 간의 갈등 이론은 심리적 조율 중 어떤 것은 조율되는 자(아이)가 아닌 조율하는 자(부모)에게 유전적으로 이득이 될 수 있다고 주장한다. 가르치고 계발시키려는 친족의 영향에서 벗어나기란 만만한 일이 아니다. 그리고 다윈의 경우에는 사회가 더 클수록 더 유용한 그의 몇몇 대표적 특징들(권위에 대한 엄청난 존경, 짓누르는 양심의 가책)이 가족을 위한 희생에 이바지한다고 보기는 어렵다.

만일 행동주의자들이 정신적, 정서적 발전의 궤적을 추적하는 데 신다윈주의를 사용하고자 한다면 그들은 프로이트와 정신과 의사의 사고 속에 일반적으로 내포되어 있는 (그리고 그 점에서 모든 사람에 대해서도 마찬가지인) 하나의 가정을 포기해야 할 것이다. 고통은 비정상적이고 부자연스러운 증상으로서 뭔가 잘못되어 가고 있다는 표시라는 생각 말이다. 정신과 의사인 랜돌프 네스가 강조한 바와 같이 고통은 자연 선택이 디자인한 일부이다. (물론 그것이 좋다는 것은 결코 아니다.) 다윈을 효율적인 동물이 되도록 해 준 특성들('지나치게 활동적인' 의식, 혹독한 자기 비판, '안정에 대한 갈망', 권위에 대한 지나친 존경)은 엄청난 고통을 낳았다. 소문대로 다윈의 아버지가 정말로 이런 고통의 일부를 배가시키는 데 일조했다면 어떤 몹쓸 악마가 그를 그렇게까지 몰고 갔느냐는 물음은 잘못된 것이다. (아니면 아마도 당신은 이렇게 대답할 것이다. "유전자는 스위스 시계처럼 정확히 작동했다."라고.) 더구나 어떤 면에서는 젊은 다윈 스스로가 이런 고통스러운 효과를 유발한 것은 아니라는 가정도 착오일 수 있다. 사람들은 유전자의 증식에 이바지하는 고통스런 가르침을 받아들이도록 (또는 조상의 환경에 적응하도록) 치밀하게 디자인되어 있는지도 모른다. 부모의 잔인함처럼 보이는 많은 일들이 트리버스의 부모와 자식 간의 갈등 이론에 대한 증거가 되지 않을 수도 있다.

심리학자들이 부자연스럽다고 간주했던 이해하기 힘든 불안전이라는 조건이 다윈을 괴롭혔던 것이다. 무한한 세월에 걸쳐 고전적 방법(야수적인 힘, 잘생긴 외모와 카리스마)만으로는 계급이 상승할 수 없었던 사람들에게는 아마도 다른 원인으로 관심을 돌리는 것이 타당해 보였을 것이다. 호혜적 이타주의에 더 의존하는 것이 한 가지 길이 될 수도 있을 것이다. 즉 고통스러울 정도로 민감하고, 양심적이고, 사랑받지 못하는 데 대한 고질적인 두려움 같은 것들 말이다. 거만하고 경솔한 젊은이들과 알랑거리고 공손한 체하는 겁쟁이들이 많은 것을 지나치게 과장할 필요는 없지만, 통계적으로 볼 때 그들은 명확한 상관관계를 나타낸다. 어쨌든 그들은 다윈의 경험을 훌륭히 보존하고 있는 듯하다. 몸집은 컸으나 동작이 굼뜨고 성격이 내향적이었던 다윈은, 초등학교 시절을 이렇게 회상했다. "도무지 싸울 용기가 나지 않았다."라고[7]. 다윈의 겸손함이 몇몇 아이들에게는 거드름으로 비치기도 했지만 한편으로는 친절한 소년으로도 인정을 받았다. 한 급우는 "친구를 기쁘게 하는 일을 좋아했다."라고 회상했다.[8] 후에 피츠로이 대령은 "사람들을 자신의 친구로 만드는" 다윈의 재주에 놀랄 정도였다.[9]

마찬가지로 예리하고도 지적인 자아 탐구가 초기의 사회적 좌절에서 벗어나게 할 수도 있다. 변변치 못한 가계 출신의 아이들은 능력이 닿는다면 열심히 공부해 풍부한 지식을 쌓고 책을 쓰고자 할 것이다. 다윈은 지적인 자기 회의를 일련의 세련된 과학적 작업들로 전환시켜 지위를 높였고 자신을 가치있는 호혜적 이타주의자로 만들었다.

이런 생각들이 이치에 맞다면 다윈의 근본적인 자기 회의 두 가지(즉 지적인 회의와 도덕적 회의)는 동전의 양면일 것이다. 그에게 이것들은 사회적 불안감의 표징이었고, 다른 방법들로 가능하지 않은 사회적 자산을 마련해 줄 방도였다. 토머스 헉슬리가 말했듯이, 다윈의 '칭찬과 비난에 대한 예리한 감수성'으로 이 두 가지에 대한 그의 까다로움을 설명할 수 있고, 이런 감수성은 정신적인 발달이라는 하나의 원칙에 근거를 두고 있다고 할 수 있다.[10] 그리고 다윈의 암묵적인 동의하에 아버지는 저 예리한 감수성을 키우는 데 지대한 역할을 했을 것이다.

사람들이 '불안' 하다는 것은 그들이 지나치게 걱정이 많음을 의미한다. 그들은 다른 사람들이 자신을 싫어할까 봐 걱정한다. 또 그들은 친구를 잃을까 봐 걱정한다. 그들은 사람들을 기분 나쁘게 하지는 않았는지 또 다른 사람들에게 해로운 정보를 주지는 않았는지 걱정한다. 보통 이런 불안감은 유아 시절로까지 소급된다. 초등 학교 운동장에서 쫓겨난 경험, 청소년기의 실연, 불안한 가정 환경, 가족의 죽음, 친구와 헤어지게끔 한 잦은 이사 등등. 유아 시절의 여러 가지 실패나 동요가 성년의 불안을 야기했을 것이라는 가정은 자주 얘기되지는 않고 또 모호하기도 하다.

사람들은 자연 선택이 초기 경험과 이후의 인성 사이에 있는 이런 관계를 만들어 낸 이유들을 생각해 낼 수 있다. (어머니가 일찍 돌아가셨기 때문에 다윈은 더욱 사색적으로 되어 갔다. 조상의 환경에서 엄마 없는 어린아이는 자기 만족이란 사치를 누릴 수 없다.) 또한 사회심리학적 자료에서 미약하나마 그런 상관성에 대한 증거를 발견할 수 있다. 변증법의 이런 양 측면이 서로 접촉할 때, 즉 어떤 종류의 발달 이론들이 다윈주의를 의미 있는 것으로 만들지에 대해 심리학자들이 구체적으로 사고를 시작하고 이 이론들을 검증하기 위한 연구를 계획할 때, 이 상관성은 더 명료해진다.

성적인 자제나 난교, 사회적 관용과 편협함, 자기 존경이나 자기 비하, 잔인함과 관대함 등 여타의 다양한 경향들이 어떻게 형성되었는지를 이해하게 되는 것도 같은 과정을 통해서다. 이런 것들이 정말로 모순 없이 결합되어, 부모에게 사랑을 받는 정도와 그 사랑의 성격, 부모의 수, 초기의 연인 관계, 형제자매, 친구, 적 사이의 역학 관계 등의 원인들로 인용된다면 그 이유는 아마도 이런 결합이 진화론적으로 일리가 있었기 때문일 것이다. 심리학자들이 인간 정신이 형성되는 과정을 이해하고자 한다면, 그들은 인간 종이 형성된 과정을 이해해야만 한다.[11] 그렇게 할 수만 있다면 쉽게 진보할 수 있을 것이다. 그리고 정확한 이론들이 객관적으로 확증될 정도로 진보를 이루어 낸다면 21세기의 다윈주의를 20세기의 프로이트주의와 구별할 수 있을 것이다.

무의식에 대해 프로이트주의와 다윈주의는 입장 차이를 보이고 있다. 고통의 기능에 대한 입장도 서로 다르다. 이론과 모순이 되는 것처럼 보이는 어떤 관찰이라도 곧바로 기록하라는 다윈의 '황금률'을 떠올려 보자. 다윈은 "그러한 사실들과 생각들은, 좋아하는 사실들과 생각들보다 훨씬 쉽게 잊혀진다는 것을 경험에서 알았다."라고 했다.[12] 프로이트는 이 말을 "불쾌한 기억을 억압하려는" 프로이트주의 경향에 대한 증거로 이용했다.[13] 프로이트에게 이런 경향은 정신적으로 건강하거나 병든 사람을 막론하고 모두에게서 볼 수 있는 광범위하고 일반적인 것이고, 무의식의 역학 관계에 중심이 되는 것이었다. 그런데 이렇게 가정된 일반성에는 문제점이 하나 있다. 때로 고통스러운 기억은 가장 잊기 어렵다는 사실이다. 실제로 프로이트는 다윈의 황금률을 인용한 몇 문장 뒤에서, 사람들은 "불만과 굴욕의 기억"을 잊지 못해 몹시 고통스럽게 자신을 압박하고 있다고 증언했음을 인정했다.

결국 이 말은 불쾌한 일들은 잊으려는 경향이 일반적이지 않다는 말일까? 그렇지는 않다. 프로이트는 또 다른 설명을 시도했다. 어떤 경우에는 고통스러운 기억들을 쉽게 떨쳐버릴 수 있고 어떤 경우에는 그렇지 않다는 것이다. 정신은 "덤블링 장과 같은 하나의 경기장"이고, 그곳에서는 반대되는 경향들이 충돌하므로, 어떤 경향이 이길지 말하기는 쉽지 않다는 것이다.[14]

진화심리학자들은 이 주제를 보다 능숙하게 다룬다. 프로이트와는 대조적으로 그들은 인간 정신에 대해 그처럼 단순하고 체계적으로 설명하지 않는다. 그들은 두뇌가 영겁을 거쳐 무수한 일들을 수행하기 위해 날림으로 지어졌다고 믿는다. 다윈주의자들은 불만과 굴욕과 불편했던 사실들의 기억을 같은 제목으로 총괄하려고 시도하지 않기 때문에, 적합하지 않은 사례들에 대해 특별히 면제할 필요가 없다. 기억과 망각에 대한 세 가지 문제, (1) 왜 우리는 우리의 이론들과 모순되는 사실들을 잊는가, (2) 왜 우리는 불만을 기억하는가, (3) 왜 우리는 굴욕을 기억하는가 등에 직면하여, 그들은 긴장을 풀고 각각에 대한 다른 설명을 제시할 수 있는 것이다.

우리는 이미 세 가지 가능한 설명들을 간략히 언급했다. 불편한 사실들을 망각하면 힘과 신념을 갖고 논할 수 있으며, 그 논변들은 우리의 진화 환경 속에서 유전적인 이해에 종종 도움을 준다. 불만을 기억하는 것은, 빚진 사람들을 상기해 가면서 다른 방식으로 우리의 입씨름을 더욱 격렬하게 할 수도 있다. 또한 잘 보존된 불만은 우리의 착취자를 필히 응징하도록 할 수도 있다. 마음은 편치 못하지만 굴욕을 기억하고 있으면 사회적 지위를 떨어뜨리는 행동들을 억제할 수 있다. 그리고 만약 그 굴욕이 크나큰 것이라면, 그것들을 기억함으로써 자존심을 낮출 수 있다. (적어도 우리의 진화 환경에서 적응할 수 있었던 방식으로 자신에 대한 존경심을 낮춘다.)

이와 같이 인간의 정신에 대한 프로이트의 모델은 (믿건 믿지 않건) 여러모로 불충분하다. 정신은 프로이트가 상상했던 것보다 더 어두운 심연을 갖고 있으며, 우리를 더 자주 속인다.

프로이트의 업적

프로이트의 최고 업적은 인간이 고도의 사회적 동물이 됨으로써 나타난 역설을 알아냈다는 것이다. 육욕적이고 탐욕스러우며 이기적인 채, 다른 인간과 더불어 시민으로 살아가야만 한다는, 협동과 타협과 억제라는 뒤틀린 길을 거쳐야만 우리의 동물적 목표를 달성할 수 있다는 역설 말이다. 인간 정신에 관한 프로이트의 가장 기본적인 생각은 이런 통찰로부터 나온다. 인간 정신이란 동물적인 충동들과 사회적 현실 사이에서 갈등하는 장인 것이다.

이런 종류의 갈등에 관한 생물학적 견해가 폴 맥린(Paul D. Maclean)으로부터 나왔다. 그는 인간의 두뇌를 '삼위 일체'의 뇌라고 부르는데, 두뇌가 기본적으로 세 부분으로 나뉘어 진화의 발달 단계를 반복한다는 것이다. 파충류의 뇌(우리의 기본적 충동들이 위치한 자리)는 '원시 포유류'의 뇌(그것은 우리 조상들에게 특히 자손에 대한 애정을 부여했다.)에 둘러싸여 있고, 다시 '신(新) 포유류'의 뇌에 둘러싸여 있다. 용적이 큰 신 포유류의 뇌는 추상적인 추론, 언어를 가능케 했고 아마도 가족 이외의 사람들에 대한 (선택적인) 애정을 갖게 했을 것이다. 맥린은 다음과 같이 쓰고 있다. 뇌는 보조적으로 "이론적인 사유와 정당화를 가능하게 했고, 우리 뇌의 원시 파충류적이고 변연계의 (원시 포유류적인) 부분들을 언어로 표현할 수 있게 했다."[15] 깔끔한 모델들이 응당 그렇듯, 이 이론도 그 단순함만큼 오류가 있을 수 있다. 그러나 이 이론은 우리 진화 궤도의 어떤 결정적인 특징을 훌륭하게 포착해 내고 있다. 고독한 존재에서 사회적 존재로 진화하면서, 음식과 섹스에 대한 추구는 점점 더 교묘해지고 정교해졌다는 것이다.

프로이트의 '이드'(심층에 있는 짐승)는 추정컨대, 전(前) 사회적 진화 단계의 산물인 파충류의 뇌에서 생겨났다. '슈퍼에고'(느슨하게 말하면 양심)는 보다 최근의 발명품이다. 슈퍼에고는 일반적으로 유익한 방식으로 이드를 억제하기 위해 디자인된 다양한 종류의 금지와 죄의식의 원천이다. 가령 슈퍼에고는 우리로 하여금 형제자매에게 해를 끼치거나 친구를 무시하지 못하도록 한다. '에고'는 그 중간에 자리한다. 만약 에고가 무의식적이라면, 그것의 궁극적인 목적은 이드와 같다. 그러나 신중하게 따져봄으로써 슈퍼에고의 경고와 견책을 잊지 않고 그 목적을 추구한다.

랜돌프 네스와 정신 의학자인 앨런 로이드(Alan T. Lloyd)는 심적인 갈등에 관한 한 프로이트와 다윈이 의견 일치를 보았다고 강조했다. 그들은 그 갈등을 경쟁하는 옹호 집단 사이의 충돌로 보았고, 건전하게 인도받기 위해 진화 과정에서 디자인된 것으로 생각했다. 이것은 마치 훌륭하게 통치하기 위해, 여러 정부들 사이에 긴장이 발생하는 것과 같다. 그 근본적인 갈등(근본적인 대화)은 "이기적 동기와 이타적 동기 사이에, 쾌락 추구와 규범적인 행동 사이에, 그리고 개인과 집단의 이해 관계 사이에 존재한다. 이드의 기능은 이 짝들의 첫 번째 절반에 상응하고, 반면에 에고와 슈퍼에고의 기능은 두 번째 절반에 상응한다." 그리고 그 대화의 두 번째 절반 밑에 숨은 진실은 "사회적 관계에서 비롯된 이익의

유예된 본성"이다.[16]

단기적 이기주의와 장기적 이기주의 사이의 이런 긴장을 묘사할 때면, 다윈주의자들은 흔히 '억압'의 이미지를 사용한다. 정신 분석학자인 맬컴 슬라빈(Malcolm Slavin)은, 이기적 동기들은 부모의 마음에 들도록 행동하려고 하는 어린아이들에게서 억제될 수 있다고 말한다. 그러다가 기쁘게 할 필요가 없어지면 곧바로 이기적 동기가 회복된다.[17] 다른 사람들은 동료들을 향한 이기적 충동들을 억제할 것을 강조해 왔다. 심지어 우리는 친구의 범죄에 대한 기억까지도 억압할 수 있다. 만약 그 친구가 높은 지위에 있거나 다른 것을 지니고 있다면, 고도의 속임수를 쓰기도 한다.[18] 그 기억은 그 친구의 지위가 추락하거나 또 다른 이유들로 그의 가치가 좀 더 솔직하게 평가되는 것을 보게 될 때 다시 떠오를 수 있다. 물론, 섹스의 격전장도 전술적 억압으로 가득 차 있다. 남자가 여자와 성적 결합을 확신하지 못한다면 그는 그녀에게 앞으로 더 헌신하겠다고 기꺼이 확신시킨다. 일단 기반이 마련되면 이런 충동은 꽃을 피울 수 있다.

네스와 로이드는 억압은 프로이트 이론의 일부가 된(자아의 방어 기제들에 관한 책을 저술한 프로이트의 딸 안나가 이에 주도적으로 공헌했다.) 수많은 '자아의 방어 기제' 중 단지 하나에 지나지 않는다는 사실에 주목했다. 그리고 그들은, 몇 가지 다른 자아 방어 기제가 다윈주의자들의 용어에서도 유사하게 드러난다고 덧붙였다. 예컨대 '동일시'와 '동화'(유력한 사람들을 포함하여 다른 사람들의 가치와 특성들을 흡수하는)는 "자신의 신념을 지지하는 사람들에게 지위와 보상을 나눠주는" 높은 지위에 있는 사람의 마음에 들려고 하는 방법이 될 수도 있다.[19] 우리의 진짜 동기를 은폐하려는 위장 설명들의 조합인 '합리화'도 마찬가지다. 자, 더 설명이 필요할까?

프로이트의 채점표는 그리 나쁘지 않다고 모두들 말한다. 프로이트 (그리고 그의 추종자들)는 저 깊은 곳에 진화론적인 뿌리를 갖고 있을지도 모를 많은 정신적 역학 관계들을 밝혀 냈다. 그는 정신이 혼란의 장소이고, 정신의 많은 부분은 은폐되어 있음을 정확히 짚어 냈다. 그리고 일반적인 방법으로 혼란의 근원을 알아냈다. 궁극적으로는 철저하게 잔인한 동물이 복잡하고 불가피한 사회적 망 속에서 태어난 것이다.

그러나 이보다 더 구체적인 것에 적용시키면 프로이트의 진단은 때로 틀리는 경우도 있다. 그는 인간 삶의 중심에 있는 긴장이 본질적으로 자아와 사회뿐만 아니라, 자아와 문명 사이에도 존재한다고 종종 묘사했다. 『문명 속의 불만』에서 그는 이런 방식으로 역설을 그려냈다. 사람들은 다른 사람들과 함께할 것을 강요당하고, 그들의 성적 충동을 억제당한 채 "목적이 금지된 사랑의 관계 속으로 들어가도록", 그리고 비단 그들의 이웃과 협동하여 살아가는 것뿐만 아니라 "너의 이웃을 네 몸처럼 사랑하라."라고 가르침을 받는다는 것이다. 프로이트는 인간이 온화한 피조물만이 아님을 본다. "그들의 이웃은, 그들에게는 잠재적인 조력자일 뿐 아니라 …… 배상 없이 그의 능력을 착취하고, 그의 동의 없이 그를 성적으로 이용하고, 그의 재산을 빼앗고 그를 모욕하고 그에게 고통을 주고 고문하고 죽이는 짓을 하는 등 그들을 유혹해 만족시키는 사람이기도 하다. 인간은 인간에게 늑대인 것이다." 사람들이 그토록 비참한 것은 당연하다. "사실 본능을 억제할 줄 몰랐던 원시인은 훨씬 더 잘 살았다."[20]

이 마지막 문장엔 어떤 신화가 담겨 있는데, 그 신화는 수정되어 진화심리학의 기초가 되었다. 그것은 이 '본능들'을 '무제한' 향유한 우리 조상들 때부터 전해 온 아주 오래고 오랜 것이다. 프로이트의 말마따나 침팬지들조차도 다른 침팬지가 '잠재적인 조력자'가 될 수 있다는 사실에 반하는 자신들의 약탈적 본능을 숙고해야만 했고, 이렇게 해서 제지되고 이익을 얻었을 것이다. 침팬지 수컷(그리고 보노보 수컷)은 암컷들이 성을 교환하는 대가로 음식이나 다른 선물을 요구하는 탓에 성 충동을 충족시킬 수가 없다. 인간들도 이런 요구가 확장된 부양 투자가 증가됨에 따라, 근대의 문화적 규범들이 삶을 암담하게 만들기 훨씬 이전부터 남성의 성 충동이 광범위한 '제한들'에 직면하고 있음을 알았다.

요컨대 억압과 무의식은 수백만 년 동안의 진화의 산물이고, 문명이 정신적인 삶을 더욱 복잡하게 만들기 오래전에 이미 충분히 발전했다는 것이다. 우리는 새로운 패러다임을 통해 어떻게 이런 것들이 수백만 년에 걸쳐 만들어졌는지를 명확히 알 수 있다. 우리는 친족 선택, 부모와 자식 간의 갈등, 부양 투자, 호혜적 이타주의, 사회적 지위의 위계 등과 같은 이론들을 통해 어떤 종류의 자기 기만이 진화적으로 유리하고 불리한 것인지를 알 수 있다. 만약 현 시점에서 프로이트주의자들이 이런 암시를 받아들여 그들의 생각을 알맞게 고치기 시작한다면, 아마도 프로이트의 명성이 실추되는 것을 막을 수 있을 것이다. 만약 그 작업이 다윈주의자들에게로 돌아간다면 무척 고통스럽겠지만 말이다.

포스트모던 정신

무의식에 대한 다윈의 개념이 프로이트의 개념보다 훨씬 급진적이라고 다들 말한다. 자기 기만의 근원들은 그 수가 많고, 다양하며, 뿌리가 깊고, 의식과 무의식 사이의 경계는 불분명하다. 프로이트는 프로이트주의를, "우리는 우리의 '에고'를 통제할 수 없을 뿐만 아니라, 우리 자신의 마음 안에서 무의식적으로 무엇이 일어나고 있는가에 대해 순전히 단편적인 정보에만 만족해야 한다는 것을 증명하려는" 시도라고 했다.[21] 다윈주의자의 입장에서 보면, 이 말은 '자아'를 너무 신용하는 것이다. 그 말은 다양한 방식으로 미혹되고 있는 정신적인 실제를 명확히 보자고 제안하는 것 같다. 진화심리학자에게 그 미혹은 너무 깊이 스며들어서, 정직의 어떤 뚜렷한 핵심을 생각하는 것은 쓸모가 없는 것처럼 보인다.

한편으로 우리의 사고와 감정들 사이의 관계에 대한, 또 목표를 추구하는 우리 자신에 대한 상식적인 사고 방식이 잘못되었을뿐더러 퇴보하고 있는 것도 사실이다. 우리는 스스로 판단을 내리고 그에 따라 행동하는 존재로 생각하는 경향이 있다. '우리'는 누가 좋은 사람인지를 결정한 후 그 사람과 친구가 된다. '우리'는 누가 진술한 사람인지를 결정한 후 그에게 박수갈채를 보낸다. '우리'는 누가 잘못된 사람인지를 알아낸 후 그에게 반대한다. '우리'는 무엇이 진리인지를 이해하고 그것을 고수한다. 이런 견해에 대해 프로이트는 다음과 같이 덧붙일 것이다. 종종 우리는 의식하지 못하는 목표들을 세우며, 목표들을 간접적으로, 심지어 의도에 반하는 방식으로까지 추구할 수 있다. 더 나아가 세계에 대한 우리의 지각은 그 과정 속에서 뒤틀려질 것이라고.

그러나 진화심리학자들이 이를 따른다면, 그림은 완전히 뒤집힐 것이다. 우리는 도덕성, 개인적 가치 심지어 객관적인 진리 같은 것들이 우리의 유전자를 다음 세대로 이어 줄 행동들로 우리를 이끈다고 믿는다. (즉 적어도 우리는 이런 것들이 우리의 진화 환경 속에서 우리의 유전자를 다음 세대로 전해 왔다고 믿는다.) 실제에 대한 우리의 견해가 이런 항구성을 수용하는 데 순응하는 동안 시종일관 남아 있는 것은 바로 행동적인 목표들(지위, 섹스, 효과적인 제휴, 부양 투자 등등)이다. 우리 유전자의 이해와 관계가 있는 것은 '옳게' 보이는 것이다. 즉 도덕적으로도 옳고 객관적으로도 옳으며 어떤 면으로 보아도 옳다.

요컨대 프로이트가 사람들은 자신들의 진실을 보는 데 어려움이 있다고 강조했다면, 신다원주의는 진실을 보는 데 어려움이 있다고 강조한다. 사실 다원주의는 진실이라는 단어의 의미에 대해 의문을 제기한다. 다원주의자의 견해에 따르면 진리로 이끄는 사회적 담화들(도덕적 담화, 정치적 담화, 심지어는 학문적 담화까지)은 생생한 권력 투쟁에 다름 아니다. 승자는 있기 마련이지만, 그 승자가 옳을 것이라고 기대할 이유는 없다. 프로이트주의자의 냉소주의보다 더 깊은 냉소주의를 상상하기는 어렵지만 다원주의자의 냉소가 바로 그렇다.

이런 다원주의자의 냉소가 문화적 공백을 빈틈없이 메우고 있는 것은 아니다. 이미 여러 전위적인 학자들('해체주의' 문학 이론가들과 인류학자들, '비판법 학회' 회원들)은 인간의 의사 소통을 '권력의 담화'로 보고 있다. 이미 많은 사람들이 신다원주의자들이 강조하고 있는 바를 믿고 있다. 인간사에서 모든 것(적어도 대부분)은 책략 즉 자기 잇속만 차리는 이미지의 조작이라는 것이다. 그리고 이미 이런 믿음은 포스트모던한 조건의 중심 경향을 조성하는 데 일조하고 있다. 사물을 진지하게 받아들일 수 없는 견고한 무능함 말이다.[22]

반어적인 자기 의식이 유행하고 있다. 내용 없는 토크 쇼들은 대개 자기 지칭적이어서, 큐 카드 위에 쓰인 큐 카드, 카메라 쇼트, 스스로를 폄하하는 구성에 대한 일반적인 경향에 관한 농담들을 하고 있다. 지금은 건축도 건축 자체에 관한 것이고, 건축가들은 장난스럽게 그리고 때로는 무례하게 서로 다른 시대들의 모티프들을 우리가 함께 웃도록 만드는 구조 속으로 결합시키고 있다. 포스트모던 시대에는 어떤 수단을 써서라도 피해야 할 것이 있다. 바로 성실성이다. 성실성은 난처하게도 순진성을 드러내기 때문이다.

현대의 냉소주의가 인간은 건전한 이상을 깨달을 수 있는 능력이 있다는 믿음을 타파했던 반면에 포스트모던 냉소주의는 그렇지 않다. 그것은 포스트모던 냉소주의가 낙관적이어서가 아니라, 무엇보다도 이상이라는 것을 진지하게 받아들이지 못하기 때문이다. 부조리주의가 유행하고 있다. 포스트모던 잡지는 불손하지만, 그렇다고 그것이 과한 정도는 아니다. 의도한 바가 아니기 때문이다. 이 잡지의 목적이 무엇인지 종잡을 수가 없다. 사람들은 하나같이 우스꽝스럽다. 어쨌든 판단을 내릴 만한 도덕적 토대가 없는 것이다. 단지 팔짱을 끼고 앉아 쇼를 즐기기만 하면 된다.

이미 포스트모던한 태도가 신다원주의의 패러다임으로부터 모종의 힘을 끌어 왔음을 짐작할 수 있다. 학계에서 승인받기는 어려웠지만 사회생물학은 20년 전부터 대중 문화 속으로 침투하기 시작했다. 아무튼 다원주의가 진보함에 따라 포스트모던한 분위기도 더욱 강화될 것이다. 물론 학계의 해체주의자들과 비판법 학회 학자들도 새로운 패러다임 속에서 좋아할 만한 점들을 다수 찾아낼 것이다. 또 진화심리학에 대한 학계 밖의 반응이 정당하다고 해도 그것은 지나치게 자기 의식적이고 냉소적이어서 인류의 전반적인 기획으로부터 단지 기분 전환 거리만을 떼어 내 제공할지도 모른다.

이처럼 인간이라는 동물이 도덕적인 동물인지 아닌지 하는 난해한 문제(근대 냉소주의가 절망해 하는 그 문제)는 점점 더 흥미를 자아내는 것 같다. 신다원주의가 뿌리를 내려도 그 문제는 도덕적이라는 단어가 농담 이외의 무엇이 될 수 있는지에 대한 문제가 될 것이다.

16장

진화윤리학

그러므로 우리의 사악한 열정은 우리의 가계에서 비롯된다! 비비의 형상을 하고 있는 악마가 우리의 할아버지다!

———「다윈의 노트」(1838)

또 다른 문제는 무엇을 배우는 것이 바람직하냐 하는 것이다. 누구나가 일반적인 유용성에 동의를 했다.

———「오래되고 쓸모 없는 기록들」(연대 미상)[1]

『**종**의 기원』이 발간된 지 12년 후인 1871년에 다윈은 『인류의 기원과 성 선택』을 출판했는데, 거기에서 그는 '도덕 감성'에 대한 이론을 제시했다. 그는 애초에 이 이론으로 어떤 혼란을 일으키려는 의도는 없었다. 그는 마치 하늘이 내려준 것 같은 그리고 그로부터 정당함을 끌어내는 옳고 그름에 대한 바로 그 감각이, 과거의 진화에서 비롯된 임의적 산물임을 강조하지는 않은 것이다. 그러나 그 책 여기저기에는 도덕이 절대적인 것이 아니라는 분위기가 있었다. 만약 인간 사회가 벌의 사회를 본떠서 만들어졌다면 "미혼 여성들은 일벌처럼 오빠나 남동생을 죽이는 것이 신성한 의무라고 생각하고, 어머니들은 번식력 있는 딸들을 죽이려고 할 것임이 거의 분명하다. 누구도 이런 행위에 간섭하려고 하지 않을 것이다."라고 다윈은 썼다.[2]

사태를 이해한 사람들도 있었다. 《에든버러 리뷰》는, 만일 다윈의 이론이 옳다면 "성실한 사람들은 고상하고 덕 있는 삶을 살려는 노력을 포기할 것이다. 그렇게 살려는 동기가 잘못된 것이고, 우리의 도덕 관념이 단순히 본능이 발전한 것임이 밝혀질 것이기 때문이다 …… 이런 견해가 옳다면 급히 사고를 바꾸어야 한다. 그것은 양심과 종교적 관념의 신성함을 파괴함으로써 사회를 밑뿌리까지 흔들 것이다."라고 평했다.[3]

이 예언이 호들갑스러워 보이긴 해도 전혀 엉뚱한 것만은 아니었다.

실제로 종교적 관념이 쇠퇴해 온 것이다. 오늘날 《에든버러 리뷰》의 논조와 유사한 글들을 읽고 있는 지식인들에게는 특히 이런 경향이 더 심하다. 양심은 빅토리아 시대만큼 중요해 보이지 않는다. 윤리철학자들은 기본적인 도덕적 가치들을 어디에서 찾아야 할지에 대해 서로 의견이 분분하다. 그들은 여기에 대해 비관적으로 생각하고 있는 것 같다. 도덕 철학에 허무주의가 팽배해 있다는 말도 그리 과장된 말이 아니다. 비록 의식하지는 못할지라도 이 원인을 다윈이 가한 두어 방의 펀치에 돌릴 수 있다. 『종의 기원』은 성서의 창조론에 맹공을 퍼부었고, 뒤이어 나온 『인류의 기원과 성 선택』이 도덕 관념의 위상에 손상을 입힌 것이다. 낡고 평범한 다윈주의가 서구 문명의 도덕적 힘을 약화시킨 것이 사실이라면, 새로운 형태의 다윈주의가 완전히 침투하면 과연 어떤 일이 일어날까? '사회적 본능'에 대한 다윈의 사고는 때로 산만한 경우가 있어서 논리와 사실에 확고하게 입각해 있는 이론들, 즉 호혜적 이타주의와 친족 선택의 이론만큼 평가를 받지는 못했다. 아무튼 이 이론들은 과거와 달리 인간의 도덕 감성을 하늘이 내려준 것으로 보지 않는다. 오늘날에는 공감, 감정 이입, 동정, 양심, 죄책감, 자책, 신상필벌이라는 정의감을 비롯한 모든 감정들을 지구라는 별난 행성에서 유기체들이 밟아 온 역사의 흔적으로 볼 수 있다.

그나마 다윈은 이런 감정들이 '집단선'이라는 더 고상한 선을 위해 진화했다는 잘못된 믿음 때문에 위안을 받을 수 있었다. 하지만 우리는 이런 위안조차 받을 수 없다. 무엇이 옳은 것인지 또는 그른 것인지를 판단하는 실체 없는 직관은 매일같이 반복되는 백병전에 쓸 무기로 디자인되었다.

비단 도덕적 감정들만이 의혹을 받고 있는 것이 아니다. 도덕적 담화들도 하나같이 의혹을 받고 있다. 신다윈주의의 패러다임으로 보면, 도덕 규범은 정치적 타협의 산물이다. 도덕 규범은 경쟁하고 있는 이해 집단들이 만들고, 각 집단은 온 힘을 여기에 집중한다. 바로 이런 이유 때문에 도덕적 가치들이 위로부터 아래로 내려오며, 권력을 쥔 사회 계층에 따라 불균등하게 형성된다.

이런 주장이 사실이라면 우리는 어떤 상태에 처하게 될까? 도덕적 기준도 없이, 그것을 찾으리라는 희망도 없이, 차가운 우주에서 홀로 절망해야만 할까? 포스트 다윈주의의 세계에서는 생각하는 인간에게 도덕성은 아무런 의미도 없는 것일까? 이렇게 음울하고 심오한 문제에 대해서 꼬치꼬치 따져 묻지는 않겠다. 다만 다윈이 도덕적 의미라는 문제를 어떻게 다루었는지를 알아보는 정도로 그치기로 하자. 다윈은 몇 가지 절망적인 요소가 있는 새로운 패러다임에는 이르지 못했다. 그러나 그는 《에든버러 리뷰》가 그랬듯, 다윈주의가 도덕적으로 방향을 잘못 잡아 표류하고 있음은 정확히 알고 있었다. 그리고 그는 계속해서 '선'과 '악', '옳음'과 '그름'이라는 단어를 진지하게 사용했다. 어떻게 해서 그가 도덕을 그토록 진지하게 다룰 수 있었을까?

운명적인 경쟁자들

다윈이 인기를 얻어 가자 수많은 사상가들이 도덕적 토대가 붕괴되는 것을 막으려고 필사적인 노력을 했다. 한편으로《에든버러 리뷰》의 공포도 가라앉고 있었다 그들 중 많은 사람들이 종교적, 두덕적 전통에 대한 진화론의 위협을 교묘한 방법으로 비켜가려 했다. 그들은 종교적인 경외심의 방향을 진화로 돌리면서 이를 옳고 그름의 시금석으로 삼으려고 했다. 도덕적 절대자를 보려면 우리가 창조된 그 과정을 보기만 하면 된다는 것이었다. '옳은' 행동을 하려면 진화의 기본 방향을 고수하고 그 흐름을 타야만 한다는 것이다.

하지만 이 흐름이 무엇인지에 대해서는 견해들이 서로 달랐다. 후에 사회적 다윈주의라고 불리게 된 한 학파는, 자연 선택은 무자비하지만 궁극적으로는 부적격자에 대한 건설적인 처리라고 생각했다. 진화사에서도 그렇지만 인간사에서도 고통은 진보의 보조물이라는 것이다. 존 바틀릿(John Bartlett)은 『명언집(Bartlett's Familiar Quotations)』에서 사회적 다윈주의가 허버트 스펜서(Herbert Spencer)에서 비롯되었다고 평하며 다음과 같은 말을 인용했다. "무능한 자들의 가난, 경솔한 자들의 비애, 게으른 자들의 굶주림, 강자에 패한 약자의 비참함은 위대하고 선견지명 있는 자비의 섭리이다."

실제로 스펜서는 『종의 기원』이 나오기 8년 전인 1851년에 이 글을 썼다. 그리고 많은 사람들이 고통을 통해 무엇인가를 얻는 것이 자연의 섭리라고 오랫동안 믿어 왔다. 이런 믿음은 영국에 그토록이나 급속히 물질적 진보를 가져다주었던 자유방임 경제에 대한 신념이기도 했다. 그런데 자본가가 보기에 자연 선택설은 이런 견해를 정연하게 확인시켜 준 조치였다. 존 록펠러(John D. Rockefeller)는 자유방임 경제에서 허약한 공장들이 무너지는 것은 "자연 법칙과 신의 법칙이 작용"하고 있기 때문이라고 했다.[4]

다윈은 그의 이론에 대해 어설픈 도덕으로 비방하는 것이 우스꽝스러운 짓임을 알았다. 그는 라이엘에게 "나는 맨체스터 신문에서 꽤나 풍자적인 글을 읽었소. '힘이 옳고', 따라서 나폴레옹은 옳으며, 속임수를 쓰는 장사치들도 옳다는 것을 내가 증명했다는 것이오."라는 편지를 써 보냈다.[5] 스펜서라면 이런 풍자를 부인했을 것이다. 스펜서는 우리가 그의 책에서 느끼는 것만큼 그렇게 냉혹한 사람이 아니었다. 그는 이타주의와 공감이라는 선을 강조한 평화주의자였다.

어떻게 스펜서는 진화의 '흐름'을 밝혀 낼 두 번째 접근법을 보여 줄 더 친절하고 온화한 가치들에 도달했을까? 그것은 진화의 역학 관계만이 아니라 진화의 '방향'을 보아야 지침을 찾을 수 있다는 생각이었다. 인간이 어떻게 행동해야 하는가를 알기 위해서는 먼저 진화가 어디로 향하고 있는지를 물어야 한다는 것이다.

이 문제에 답하는 방법은 여러 가지가 있다. 오늘날 생물학자들은 한결같이 진화의 목적이 무엇인지를 알 수 없다고 한다. 어쨌든 스펜서는 진화는 종들을 더 길고 더 편안한 삶으로 그리고 자손들을 더 안전하게 키울 수 있는 방향으로 인도한다고 믿었다. 그러므로 인류의 사명은 이러한 가치들을 키워 나가는 것이다. 그리고 서로서로 협동하는 것이 그렇게 하는 방법이었다. 더 멋지게 즉 '영구적으로 평화로운 사회'[6]에서 살기 위해서 말이다.

이제는 이 모든 것들이 지성사의 쓰레기통 속에 들어가 있다. 1903년 철학자 무어(G. E. Moore)는 진화로부터 혹은 관찰된 자연의 어떤 양상으로부터 가치들을 끌어오자는 견해에 결정적인 일격을 가했다. 그는 이런 잘못을 '자연주의의 오류'[7]라고 불렀다. 그 이래로 줄곧 철학자들은 그러한 오류를 범하지 않으려는 필사적인 노력을 해야만 했다.

'존재'로부터 '당위'를 추론해 내는 것에 대해 문제를 제기한 사람은 무어가 처음은 아니었다.[8] 존 스튜어트 밀이 무어보다 수십 년 전에 이런 문제를 제기했다. 이 점에 대한 밀의 입장은 무어의 입장보다 전문성과 논리성이 좀 더 떨어졌지만 호소력은 더 컸다. 이를 위한 방법은, 올바른 행위에 대한 길잡이로써 자연을 이용하려는 시도, 곧 자연은 신에 의해 창조되었으므로 신의 가치가 구현되어 있다는 주장을 밑에 깔고 있는, 대개는 언표되지 않은 가정을 명료하게 밝히는 것이었다. 밀은 신만을 문제삼은 것이 아니었다. 예컨대 신이 자비롭지 않다면, 왜 신의 가치들을 존중해야 하는가? 그리고 만약 신이 자비롭지만 전능하지 않다면, 왜 신이 자연 속에 자신의 가치들을 정확히 새겨 놓았으리라고 생각해야만 하는가? 그러므로 자연이 맹목적으로 따를 만한 가치가 있는가 하는 문제는 결국 자연을 자비롭고 전능한 신의 수공품으로 볼 수 있는지 그렇지 않은지에 대한 문제가 되어 버린다.

밀은 "웃기는 소리 좀 하지 마라."라고 대답한다. 「자연(Nature)」이라는 논고에서 그는 자연은 "바퀴로 뭉개듯 인간을 파멸시킨다. 자연은 인간을 야생 동물의 먹이로 내던지고, 불에 태워 죽이며, 저 최초의 기독교 순교자에게 했듯 바위로 뭉개며, 기아로 굶겨 죽이고, 추위로 얼어 죽이고, 자연이 내놓은 독물로 순식간에 혹은 서서히 독살시킨다. 거기다 또 다른 수백 가지의 소름끼치는 죽음이 예비되어 있다."라고 썼다. 더군다나 자연은 이러한 모든 것을 "자신의 자루에 담긴 가장 고귀한 것을 비워 가장 비열한 것으로 채워 놓으며, 자비와 정의를 건방지게 무시하면서" 행한다. 밀은 또 "만약 창조를 위한 특별한 디자인의 어떤 흔적들이 있다면, 가장 분명하게 디자인된 것들 중 하나는 다른 동물들을 괴롭히고 잡아먹는 동물들은 대부분 사라져야 한다."라는 점을 간파해 냈다. "어떤 종교적 경구를 사용하든지 간에" 모든 사람들은 "만일 자연과 인간이 모두 완전히 선한 존재의 작품이라면, 그 존재는 자연을 인간이 모방해야 할 것으로가 아니라 수정할 수 있는 것으로 설계하고자 했을 것"[9]이라는 점을 인정해야만 한다는 것이다. 밀은 우리의 도덕적 직관에 대한 지침이나, "뿌리 깊은 모든 편견들을 정화시키기 위한"[10] 방책을 찾아서는 안 된다고 믿었다.

밀은 『종의 기원』이 나오기 전에 「자연」을 썼다. (그러나 출판 시기는 더 늦었다.) 그리고 그는 고통이 조직적인 창조에 지불된 대가라는 생각을 하지 않았다. 하지만 신이 진정 자비롭고 전능한 존재라면 무엇 때문에 창조의 과정에 고통이 수반되도록 했을까라는 문제는 그 당시에도 제기되어 있었다. 아무튼 다윈은 공통된 종교적 신념과는 다르게 작용하고 있는 세계 안의 온갖 고통을 보았다. 『종의 기원』이 출판된 후이고 머지않아 밀의 「자연」이 나오게 될 1860년에 다윈은 에이사 그레이에게 보내는 편지에서 다음과 같이 썼다. "나는 남들이 보는 만큼, 그리고 내가 원하는 만큼 디자인의 증거와 우리 주위의 은혜를 명확히 볼 수가 없습니다. 내게는 너무도 많은 고통이 세계 안에 있는 것 같습니다. 나로서는 자비심 많고 전능한 신이 살아 있는 쐐기벌레의 몸에서 먹이를 구하도록 기생하는 말벌들을 고의로 창조했다거나, 고양이가 쥐를 가지고 놀게 만들었다고는 도저히 믿을 수가 없습니다."[11]

다윈과 밀의 윤리학

다윈과 밀은 그 문제를 거의 같은 관점에서 보았고, 해결책도 거의 같은 관점에서 찾았다. 우리가 알고 있는 바와는 달리 두 사람은 모두 신이 없는 우주에서 도덕적인 지침을 찾아낼 합당한 장소는 공리주의라고 믿었다. 물론 밀이 공리주의에 더 많은 기여를 했다. 밀은 공리주의의 최고봉으로 우뚝 섰다. 『자유론』과 『종의 기원』이 나온 지 2년 후인 1861년에 밀은 지금 우리에게 「공리주의(Utilitatirnism)」라고 알려진 일련의 기사들을 《프레이저》에 발표했다.

공리주의의 이념은 단순명료하다. 도덕적 담화에 대한 근본적인 지침들은 쾌락과 고통이라는 것이다. 행복의 양을 증대시킬 수 있으면 선한 것이고 고통의 양을 증대시키면 나쁜 것이다. 도덕 규범의 목적은 세계 전체의 행복을 극대화하는 것이다. 다윈은 이 공식에 대해 애매한 태도를 취했다. 그는 '공동체의 일반적인 선과 복지'와 '일반적인 행복'

을 구분한 후 전자를 받아들였다. 그러나 그러고 나서 "행복은 일반선의 본질이기 때문에, 최대 행복의 원칙은 옳고 그름에 대한 표준을 간접적으로 제공한다."라는 것을 인정했다.[12] 다윈은 실제적인 목적을 지닌 공리주의자였다.[13] 또 그는 밀의 도덕 철학과 정치적 자유주의를 숭배했다.

포스트 다윈주의 세계에서 밀의 공리주의가 가진 미덕 중 하나가 미니멀리즘이다. 이제 기본적인 도덕 가치들을 주장할 근거를 찾기가 더 어려워졌다면, 기본적인 주장들이 더 적고 더 단순할수록 좋을 것이다. 공리주의의 토대는, 다른 조건들이 같다면 행복이 불행보다 더 낫다는 주장으로 간단히 구성되어 있다. 누가 감히 이 주장에 맞설 수 있을까?

여러분은 아마 놀랄 것이다. 어떤 사람들은 이 겉보기에는 온당한 도덕적 주장이 '존재'(사람들이 행복을 좋아한다는 현실 세계의 사실)로부터 부당하게도 '당위'를 추론해 낸 것이라고 믿는다. 무어도 그렇게 주장했다. (비록 이후 철학자들이 무어의 불평은 밀을 오해한 데서 비롯되었다는 사실을 밝혀냈지만 말이다.)[14]

사실 밀의 주장에는 이런 비판을 초래할 만한 요소가 있었다.[15] 그러나 그는 쾌락이 좋고 고통이 나쁘다는 것을 완전히 '증명'했다고 공언한 적이 없다. 그는 '제1원리'란 증명을 넘어서 있는 것이라고 생각했다. 그의 주장은 좀 더 온건하고 실용주의적인 노선을 따랐다. 그것들 중 하나는 기본적으로 다음과 같은 말로 구성되어 있다. "우리가 적어도 부분적으로는 공리주의에 기여하고 있다는 사실을 직시해 보자. 그러나 우리 중 어떤 사람은 그 용어를 사용조차 하지 않는다."

먼저 우리는 행복이 인생이라는 게임의 목표인 것처럼 우리 자신의 삶을 이끌어가고 있다. (심지어 고도의 극기를 수행하고 있는 사람들마저도 그것이 현세가 됐건 내세가 됐건, 미래의 행복이라는 이름으로 그렇게 하고 있다.) 자, 그렇다면 우리들 각자가 자신의 행복을 다소 근본적인 의미에서 선(善), 즉 이유 없이는 짓밟음이 정당화될 수 없는 어떤 것에서 찾는다는 것을 일단 인정한다면, 다른 사람들의 동일한 주장을 부정하기는 어려울 것이다. 이를 부정하기 위해서는 주제넘은 짓을 해야만 한다.

사실 이 점에는 대부분 동의한다. 모든 사람들(도덕적 기반이 허약하다고 인정된 반사회적 이상 성격자들을 제외하고)은 자신들의 행동이 타인들의 행복에 어떤 영향을 미치는가 하는 문제가 도덕적 평가의 중요한 요소라는 데에 동의한다. 여러분은 절대적 권리들(예컨대 자유), 또는 의무들('속이지 마라')을 믿고 있을 것이다. 그리고 이런 것들을 신이 정했다거나, 오류 없이 직관적으로 알 수 있다고 생각할 수도 있다. 여러분은 그것들이 공리주의적인 주장들을 간과하고 있다(어떤 철학자들이 말하듯이 '승리')고 믿을 수도 있다. 그러나 여러분들은 공리주의적 주장들이 잘못됐다고는 생각지 않는다. 카드 패를 쥐지 못한 여러분은 그것들이 이기리라고 암묵적으로 동의하고 있는 것이다.

게다가 여러분은 다급하다면 여러분의 카드 패를 공리주의적인 용어로 정당화시키려고 한다. 예컨대 여러분은 어쩌다 한번씩 속이는 행위가 단기적으로는 그럭저럭 전체의 복지를 증대시킨다고 해도, 이런 속임이 되풀이되면 성실성을 좀먹을 것이므로 결국 도덕적인 혼돈이 뒤따를 것이고, 모든 사람에게 손해를 끼치게 될 것이라고 주장할 수도 있다. 비슷한 경우로, 일단 소규모 집단의 자유가 부정되면 누구도 안전하다고 느낄 수 없을 것이다. 이런 종류의 근본적인 논리(은밀한 공리주의)는, 기본적인 '권리들' 배후에 있는 논리가 조롱을 당할 때 그 모습을 드러낸다. "최대 행복의 원리"는 "그 권위를 경멸해 이를 거부하는 사람들의 도덕적 교의들을 형성하는 데 있어서조차 큰 몫을 담당해 왔다. 아무리 이것을 기본적인 도덕의 원리와 도덕적 의무의 원천으로 인정하고 싶지 않더라도 도덕들의 많은 세부 항목에서 행복에 대한 행동들의 영향이 가장 중요하고 심지어는 지배적인 고려 대상이라는 것을 인정하지 않는 학파는 어디에도 없다."라고 밀은 쓰고 있다.[16]

위의 '카드 패'에 대한 논변이 바로 이 인정된 사실을 예증한다. 공리주의는 절대적인 권리와 의무에 대한 토대가 될 수 있다는 것이다. 공리주의자는 '침해받을 수 없는' 가치들을 강력하게 옹호할 수도 있다. 그것들을 위반하면 결국 큰 문제가 야기되리라는 것이 그럴듯하기만 하면 말이다. 그러한 공리주의자는 '행위' 공리주의자라기보다는 '규칙' 공리주의자(밀이 그랬던 것으로 보이는데)이다.[17] 그런 사람은 오늘 자신의 이러저러한 행동이 전체적인 인간 행복에 어떤 영향을 미치는가라는 질문을 던지지 않는다. 대신 그는 다음과 같이 묻는다. 사람들이 유사한 상황에서 늘 이러저러한 일을 한다면 대개 어떤 결과가 나타날까 하고.

행복은 선이고 고통은 악이라는 믿음은, 우리 모두가 공유하고 있는 도덕적 담화의 근본적인 한 부분에 불과한 것이 아니다. 그것은 갈수록 더 우리가 공유하고 있는 유일한 부분인 것처럼 보인다. 이 때문에 사람들이 저마다 신으로부터 부여받았거나 자명하게 보이는 각기 다른 진리들을 추구한다면 분열이 생기게 된다. 그러므로 만일 도덕 규범이 정말로 전체 공동체를 위한 규범이라면, 행복은 선이고 고통은 악이라는 공리주의의 지령은 (유일한 토대는 아닐지라도) 가장 실용적인 것이고, 도덕적 담화를 위한 가장 실제적인 토대가 될 것이다. 그것은 모든 사람이 의거하고 있는, 토론을 위한 유일한 공통 분모다. 그것은 단지 우리가 남겨 놓은 모든 것에 관한 것이다.

물론 그 정도까지도 나아가려 하지 않는 사람들이 있다. 아마도 그들은 자연주의의 오류를 언급하면서, 행복에는 좋은 점이 전혀 없다고 주장할 것이다. (나는 행복이 선하다는 것은 사실 자연주의의 오류로 손상되지 않는 도덕적 가치라고 믿고 있다. 하지만 지면 관계상 이런 주장을 구체적으로 논하지는 않겠다.) 또 다른 사람들은 비록 행복이 멋진 것이기는 해도 합의되어 받아들여진 도덕 규범 같은 것이 있어야 한다고는 생각지 않는다고 할 것이다. 그것은 그들의 특권이다. 그들은 도덕적 담화와 어떤 의무들, 그리고 결과적으로 남는 규범이 가져올 이익들로부터 벗어날 자유가 있다. 그러나 만약 여러분이 공공의 도덕 규범이라는 관념이 의미가 있고, 그것이 광범위하게 받아들여지기를 원한다면, 공리주의적인 전제들을 하나의 논리적 출발점으로 여길 것이다.

그럼에도 불구하고 다음의 문제는 흥미롭다. 왜 우리에게는 도덕 규범이 있어야 하는가라는 문제다. 행복은 선하다는 공리주의의 토대를 받아들일 때조차 여러분은 물을 것이다. 왜 우리는 다른 사람의 행복을 걱정해야 하는가? 왜 그들로 하여금 자신의 행복이나 걱정하도록 놓아두지 않는가? 이것이 그들이 할 수 있는 유일한 일일 텐데 말이다.

실용적인 답이 이 문제에 가장 적절한 답이 될 것이다. 우리의 오랜 친구인 논제로섬 규칙 덕분에 누구나가 다른 사람을 선하게 대한다면, 원칙상 행복이 증가할 수 있다고 답하는 것이다. 누가 나를 속이거나 학대하지 않는다면, 나도 그를 속이거나 학대하지 않는다. 우리는 모두가 도덕이 없는 세계에서보다는 더 나은 삶을 살 것이다. 그러한 세계에서는 상호 학대가 어떻게든 대체로 상쇄될 것이기 때문이다. (우리 중 어느 누구도 다른 사람들보다 더 큰 악한이 아니라고 가정하면 말이다.) 그리고 그러는 동안에 우리들 각자는 두려움과 경계라는 부가된 대가를 치르게 될 것이다.

다른 식으로 요점을 말해 보자. 삶은 어떤 사람의 편에서는 작은 손실인 것이 다른 사람의 편에서는 큰 이득이 되는 경우들로 가득 차 있다. 여러분 뒤에 따라오는 사람을 위해 문을 열어 둔다고 해 보자. 모든 사람이 뒤에 있는 사람들을 위하여 문을 열어 놓는 사회는 모두가 잘 사는 사회이다. (우리 중 누구도 사람들 앞에서 문을 통과하는 이상한 버릇을 갖고 있지 않다고 가정하면) 만약 여러분이 이런 종류의 상호 존중의 체계 (도덕 체계)를 만들어 낼 수 있다면, 수고스럽지만 모든 사람의 견해는 들어볼 만한 값어치가 있다.

이런 견지에서 공리주의자의 도덕에 대한 논변을 간결하게 말할 수 있다. 즉 공리주의가 폭넓게 실행되면 모든 사람들이 더 잘 살게 된다는 것이다. 그리고 이것이 모두가 원하는 바이다.

밀은 논제로섬의 논리(그 말을 사용하거나 그 개념을 명시적으로 드러내지 않은 채)를 끝까지 따랐다. 그는 전체의 행복을 극대화하고자 했다. 그런데 그 방법은 철저하게 자기 희생적인 것이다. 여러분은 다른 사람들의 수고를 크게 덜어줄 수 있을 때만 문을 열어 두어서는 안 된다. 여러분이 한 수고보다 그들이 덜 수 있는 수고가 조금이라도 많다면 여러분은 문을 열어 두어야 한다. 요컨대 여러분은 자신의 복지와 다른 사람의 복지를 정확히 저울질하면서 인생을 살아나가야 한다.

이것은 과격한 주장이다. 이것을 설파했던 사람들은 십자가 형을 받았다. 밀은 다음과 같이 쓴 바 있다. "예수의 황금률에서 우리는 철저한 공리주의 윤리학의 정신을 본다. 남에게 대접받기를 바라는 대로 남을 대접하고, 이웃을 내 몸같이 사랑하라는 것이 공리주의 도덕의 이상적인 완성이다."[18]

다윈과 우애

우애라는 그처럼 따뜻하고 감상적인 개념이 '공리주의'와 같은 차갑고 냉정한 말에서 나왔다는 것이 놀라울 따름이다. 그러나 사실은 그렇지 않다. 최대 다수를 위한 최대 행복이라는 공리주의의 공식 속에 우애가 암시되어 있다. 즉 모든 사람의 행복을 똑같이 생각하라는 것이다. 여러분만 특권을 받은 것이 아니다. 그러므로 특권을 받은 것처럼 행동해서는 안 된다. 이것이 밀의 논증의 두 번째 기본적인 가정이다. 처음부터 그는 행복은 선이지만 누구의 행복도 특별한 것은 아니라고 주장했다.

자연 속에 내재된 가치들을 더 직접적으로 공격하고 있는 주장을 상상하기는 어렵다. 자연 선택이 우리가 믿기를 바라는 것이 하나 있다면, 그것은 바로 우리의 개인적인 행복은 모두 특별하다는 것이다. 이것이 자연 선택이 우리 안에 설치해 놓은 자이로스코프이다. 우리는 우리를 행복하게 해 줄 목표를 추구함으로써 우리의 유전자가 최대한 확산되도록 할 것이다. (적어도 조상의 환경에서라면 그럴 가능성이 많았을 것이다.) 우리는 행복을 추구하지만 결국 그렇게 되지 못하는 수가 많다는 사실을 잠시 제쳐 두자. 또 결국 자연 선택은 우리의 행복에 '관심'이 없으며, 우리의 유전자가 다음 세대에 전달된다면 우리의 고통을 기꺼이 묵인하리라는 사실도 잠시 제쳐 두자. 지금 말하고자 하는 요점은, 우리의 유전자가 우리를 지배하는 근본적인 메커니즘은 우리 행복이 특별하다는 깊은 확신이라는 것이다. 이런 사실을 말하거나 생각하는 사람은 별로 없다. 진화하는 동안에 우리는 남들의 행복을 걱정하도록 디자인되지 않았다. 다만 우리 유전자에 이득이 될 때만 남의 행복을 걱정할 뿐이다.

그런데 그것은 우리에게 공정하지 않다. 자기 도취는 이 지구상에 있는 생명체의 특성이다. 유기체란 존재는 자신의 복지가 다른 유기체의 복지보다 더 중요한 듯 행동한다. (거듭 말하지만 다른 유기체가 자신의 유기체의 확산에 도움이 될 때를 제외하고 말이다.) 여러분의 행복은 다른 사람의 행복을 방해하지 않는 한에 있어서만 정당한 목표가 된다는 밀의 말은 무해한 것처럼 들릴 수 있다. 그러나 이 말은 진화론적으로 보면 이단이다. 여러분의 행복은 다른 사람의 행복을 방해하도록 디자인되었다. 여러분의 행복이 존재하는 바로 그 이유가 행복을 이기적으로 선점하도록 고무하는 것이다.[19]

다윈이 자연 선택과 그 '가치들'을 이해하기 훨씬 전에 다윈에게는 자연 선택과는 반대되는 가치들이 형성되었다. 밀이 채택한 윤리학이 다윈 집안의 전통이었다. 할아버지 이래즈머스는 '최대 행복의 원리'에 대해 책을 썼다. 친가나 외가 모두 보편적인 공감을 오래도록 이상으로 삼아 왔다. 다윈의 외할아버지 조사이어 웨지우드는 1788년, "나는 인간도, 형제도 아닌가?"라는 글귀 밑에 사슬에 묶인 흑인이 새겨진, 노예제에 반대하는 메달을 수백 개나 만들었다.[20] 다윈도 이런 전통을 이어받아 "영국의 젠체하는 야만인들이 좀처럼 형제로 인정하지 않으려 하는 그리고 신조차도 내친" 흑인의 고통에 깊이 공감했다.[21]

이렇게 단순하고 깊은 동정이 궁극적으로 다윈의 공리주의가 기대고 있는 것이다. 그도 밀처럼 자신의 윤리학에 대한 이론적 근거(밀보다 더 공공연하게 자연주의의 오류에 빠져 있는 이론적 근거)를 글로 썼다.[22] 하지만 다윈은 끝없이 감정에 공감하는 단순한 남자였다. 그리고 이런 끝없는 감정 이입이 바로 공리주의 그 자체인 것이다.

일단 다윈이 자연 선택에 대해 통찰을 하자 그는 자신의 윤리학이 자연 선택이 함축하는 가치들과 얼마나 심하게 충돌하는지를 보았다. 기생성 말벌의 음험한 살해 행위나, 생쥐를 가지고 장난하는 고양이의 잔인함은 단지 빙산의 일각에 지나지 않는다. 자연 선택을 생각해 보면 유기체의 설계상의 사소한 진보를 위해 그토록 커다란 고통을 겪어야 하고 그리도 많은 죽음을 치러야 한다는 생각에 망연자실해진다. 게다가 이런 '진보'(가령 수컷 침팬지의 이빨들이 더 길고 더 날카로워진 것과 같은) 때문에 다른 동물들이 더 고통스럽게 되거나 죽게 된다. 유기체의 디자인은 고통을 통해 더 번성하고, 고통은 유기체의 디자인 안에서 더 확산되어 나간다.

다윈은 자연 선택의 '도덕'과 자신의 도덕 사이에 있는 갈등에 대해 오래도록 고민했던 것 같지는 않다. 만약 쥐를 가지고 노는 고양이나 기생성 말벌이 자연의 가치들을 구현하고 있다면, 그렇다면 자연의 가치들이란 그만큼 더 나쁜 것이리라. 이기주의에 몰두하는 창조적 과정이 마침내는 이 창조자를 식별해 내고, 이 중심 가치를 숙고해서는 그것을 거부해 버리는 유기체를 만들어 낼 수 있었다는 것은 주목할 만하다. 훨씬 더 주목할 만한 점은, 이것이 기록적인 시간에 발생했다는 것이다. 바로 최초의 유기체는 창조자가 이런 일을 했음을 정확히 알아냈다. 다윈의 도덕 감성은 궁극적으로는 이기주의에 봉사하도록 설계되었지만, 그 사실이 밝혀지자마자 설계의 이런 표준을 포기했던 것이다.[23]

다윈주의와 우애

아이러니컬하게도 다윈은 자연 선택을 숙고한 그 지점에서 도덕 가치를 끌어 왔다. 수많은 유기체들이 각기 어떤 하나의 진리에 최면이 걸린 채로 뛰어 돌아다니고, 이런 모든 진리들은 동등하면서도 한편으로 서로서로 논리적으로 모순된다고 생각해 보자. "내 유전 물질이 지구상에서 가장 중요하다. 이것의 생존이 당신의 좌절, 고통, 심지어는 죽음까지도 정당화시킨다." 그리고 여러분도 이 유기체들 중의 하나이고, 논리적 불합리 속에서 살아가고 있다. 이 때문에 여러분은 소외감을 느낄 것이다. 그렇지 않다면 철저하게 반항적으로 될 것이다.

이기주의에 대항하는 다윈주의의 생각에는 또 다른 의미가 있는데, 다윈 자신도 완전히 이해하지 못한 것이었다. 바로 신다윈주의 패러나

임에는 밀과 다윈과 예수의 가치로 사람들을 이끌 수 있는 그런 의미가 있다는 것이다.

이것은 비공식적으로 드러난다. 도덕적으로 절대적인 어떤 것이 다윈주의에서 나온다고 주장하는 것은 아니다. 우리가 보았듯이 도덕적 절대라는 바로 그 관념은 다윈의 손에서 어느 정도 손상을 입었다. 그러나 내자가 믿기로는 신다윈주의 패러다임을 명확히 이해하고 그것에 대해 진지하게 고민하는 사람들이라면, 동료 인간에 대한 더 큰 동정과 관심 쪽으로 인도될 것이다. 적어도 공평해지는 순간만큼은 더 큰 동정과 관심이 바람직하다고 인정할 것이다.

새로운 패러다임은 자기 도취라는 고상한 옷을 벗겨 버린다. 이기주의는 벌거벗은 채로는 우리 앞에 자신을 좀체 드러내지 않는다. 우리는 자신의 행동을 도덕적으로 정당화하는 종이므로 스스로를 선하다고 생각하며, 우리의 행동을 옹호할 수 있다고 생각하도록 디자인되었다. 이런 주장들이 객관적으로 애매해도 마찬가지다. 새로운 패러다임은 이 환상의 배후에 있는 생물학적 장치를 폭로함으로써 이 환상을 받아들이기 더욱 어려운 것으로 만든다.

이를테면 웬만한 사람들은 다른 사람을 이유 없이 싫어하지는 않는다고 말하고 또 그렇게 믿고 있다. 만약 우리가 어떤 사람에게 분노하거나 그를 냉랭하게 대한다면 (만약 우리가 그의 고통을 즐길 수 있거나 혹은 쉽게 묵인한다면) 그 이유는 그가 그런 대접을 받을 만한 행동을 했기 때문이라고 말한다.

이제 처음으로 우리는 인간들이 어떻게 자신들의 응보 행위가 정당하다는 이런 느낌을 갖게 되었는지를 이해하게 되었다. 그러나 이런 느낌을 주는 원인이 더 큰 도덕적 자신감을 고취하지는 않는다.

호혜적 이타주의를 지배하는 것들 중 하나인 인과응보의 충동이 이 느낌의 근저에 있다. 그것은 종이나 국가 혹은 종족의 선을 위해 진화하는 것이 아니라 개인의 선을 위해 진화한다. 진정 이것이 그릇된 경우일 때조차도 말이다. 그 충동의 궁극적인 기능은 그 개체의 유전 정보가 복사되도록 하는 것이다.

그렇다고 해서 인과응보의 충동이 꼭 나쁘다는 말은 아니다. 하지만 이것은 우리가 그것을 선하다고 생각하는 이유들 중 어떤 것은 현재 미해결 상태에 있음을 의미한다. 특히 그 충동을 둘러싸고 있는 위엄의 영기(靈氣, 인과응보가 어떤 더 높은 윤리적 진리를 구현하고 있다는 영묘한 의미)는 일단 그 영기가 천상으로부터의 자비로운 메시지가 아니라 우리의 유전자로부터 나온 이기적인 메시지라는 것이 밝혀진 후에는 더욱 신용하기 어려워졌다. 그것의 기원은 기아나 증오, 욕망 또는 세대를 거치며 유전자들을 밀치고 나온 덕분으로 존재하는 그 외의 것들처럼 천상의 것이 아니다.

실제로 도덕적 견지(공리주의적 견지나 그 목적이 사람들로 하여금 서로 사려 깊게 행동하도록 하는 어떤 다른 도덕적 견지)에서 인과응보를 옹호할 수 있다. 인과응보는 모든 도덕 체계가 직면하는 '사기꾼' 문제를 해결하는 데 도움을 준다. 베푼 것보다 더 많이 받는 듯 보이는 사람들은 그후에 처벌을 받게 되고, 항상 남이 문을 열어 주기만을 기다리고 자신은 남을 위해 문을 열어 두지 않는 사람들의 행동을 억제하도록 한다. 비록 인과응보의 충동이 밀의 도덕 체계와 같이 집단의 선을 위해 디자인되지는 않았다 하더라도, 사회적 복지의 총계를 늘릴 수 있고, 실제로 그런 경우도 흔하다. 그 기원이 아무리 천박하다 할지라도 그것은 고상한 목표를 제시하게 된 것이다. 감사할 만한 일이다.

한 가지 사실(인과응보에 의해 제거된 불만이 밀이 처방하고자 했던 것과 같은 신성한 객관성과 부합하지 않는다는 사실)을 제외하면 인과응보의 충동이 결백하다는 것이 충분히 밝혀질 수 있다. 우리는 우리를 정말로 속이거나 학대한 사람들만을 처벌하려고 하지 않는다. 우리의 도덕적 회계 체계는 자아에 대한 깊은 편견으로 채워져 있으므로 변덕스럽고 주관적이다.

우리가 빚지고 있는 것을 계산할 때 나타나는 이런 편견은 도덕적 판단이 명확하지 않음으로써 나오는 여러 가지 중 단지 하나에 지나지 않는다. 우리는 적들에게서는 도덕적 결함을 발견하려고 하며 동맹자들로부터는 동정할 만한 점을 발견하려고 한다. 그리고 그 동정을 동맹자의 사회적 지위에 맞추고 사회적 한계를 전적으로 무시하려고 한다. 누가 이런 것들을 보고, 우애로부터의 온갖 이탈들이 고결하다고 솔직하게 부정할 수 있겠는가?

자신은 결코 이유 없이 사람을 싫어하지는 않는다고 말하는 것은 옳다. 그러나 그 이유라는 것이 그들을 좋아해 봤자 이로울 것이 없다는 식이다. 그들을 좋아해 보았자 자신의 사회적 지위를 높여 주지도 않고, 물질적, 성적 자산을 얻는 데도 도움을 주지 않을뿐더러 친족을 돕거나 진화 기간 동안에 유전자를 많이 번식시키도록 해 준 일들을 해 줄 것 같지가 않은 것이다. 우리의 혐오가 깔린 '정의'라는 감정은 단지 눈속임일 뿐이다. 일단 이런 점을 보면 감정의 힘이 줄어들 수도 있다.*

그러나 잠시 이 점을 생각해 보자. 우리는 동정과 연민과 사랑을 동반한 정의의 의미도 비슷하게 평가절하할 수 있지 않았던가? 결국 증오처럼 사랑도 유전자의 확산에 대한 과거의 기여 덕분으로 존재하고 있는 것이다. 유전자의 기준에서 형제자매나 자손, 혹은 배우자를 사랑하는 것은, 적을 증오하는 것이 이기적인 것과 마찬가지로 지독히 이기적이다. 만약 인과응보의 근본적인 기원들이 그에 대해 의심을 품는 근거라면 사랑도 역시 의심받아야 하지 않을까?

물론 사랑도 의심을 해 보아야 한다. 하지만 사랑은 꽤나 온전한 모습으로 혐의를 벗어난다. 적어도 공리주의적 관점에 의거하거나, 정말로 행복이 도덕적으로 선하다고 생각하는 사람들은 사랑을 의심하지 않는다. 결국 우리는 사랑 때문에 타인들이 더 행복하기를 바란다. 우리는 사랑 때문에 다른 사람들(사랑받는 사람들)이 더 많은 것을 갖도록 작은 것을 포기한다. 아니 그 이상이다. 사랑은 실제로 이런 희생이 선한 것이라고 느끼도록 함으로써 전체의 행복을 증대시킨다. 물론 사랑이 해가 되는 경우도 있다. 텍사스의 어떤 여인은 치어리더 자리를 원하는 딸 때문에 경쟁자의 어머니를 살인하려는 계획을 세웠다. 그녀의 모성애가 강한 것은 분명하나 도덕의 발판을 굳게 딛고 있질 못했다. 사랑이 선한 일보다 해로운 일로 마감할 때는 늘 그렇다. 그러나 사랑의 최종 결과가 좋든 나쁘든 사랑에 대한 도덕적 평가는 응보에 대한 평가와 같다. 우리는 먼저 눈속임, 즉 '정의'에 대한 직관적인 느낌을 제거하고 전체 행복에 대한 영향을 냉정하게 평가해 보아야 한다.

엄밀히 말해 이처럼 새로운 패러다임의 목적이 우리 도덕 감성의 비

* 여기서의 논변은 이 책에서 해 온 도덕에 관한 다른 논변들과는 결정적으로 다르다. 여기서의 논점은 신다원주의 패러다임이, 어떤 도덕적 가치들이건 우리가 그것을 우연하게 선택한다는 것을 깨닫도록 도와준다는 것에 그치는 것이 아니다. 신다원주의 패러다임이 실제로 (합법적으로) 근본적인 가치들에 대한 우리의 선택에 처음부터 영향을 미치고 있다는 것이다. 어떤 다원주의자들은 그런 영향이 결코 합법적일 수 없다고 주장한다. 그들의 마음속에는 과거 그것에 대한 위반이 그들의 작업 노선에 많은 해독을 끼친 자연주의의 오류가 자리 잡고 있다. 그러나 이런 작업을 하고 있는 우리는 그 자연주의의 오류를 위반하고 있지 않다. 그것과는 정반대이다. 우리는 자연을 공부함으로써(인과응보 충동의 기원들을 봄으로써) 우리가 어떻게 거기에 대해 모르는 채로 속에서 자연주의의 오류를 범하게 되었는지를 알게 된다. 인과응보를 둘러싸고 있는 신적 진리의 영기란 것이, 자연(자연 선택)이 우리로 하여금 그것의 '가치들'을 무비판적으로 받아들이게 한 도구에 지나지 않음을 우리는 알게 된 것이다. 일단 이 폭로가 적중하게 되면, 우리는 이 영기에 덜 순응하게 되고 그러한 오류 역시 덜 범하게 될 것이다.

열함을 폭로하려는 것은 아니다. 그리고 그 비열함은 그 자체로 도덕 감성에 찬성도 반대도 하지 않는다. 오히려 이런 패러다임은 우리 행위들을 둘러싼 정의라는 영기가 미혹일 수도 있다는 것을 우리에게 보여 주기 때문에 쓸모가 있는 것이다. 바로 이런 이유에서 나는 인간으로 하여금 증오보다는 사랑을 생각하도록 이끄는 그 새로운 패러다임을 강력히 주장하는 것이다. 새로운 패러다임은 우리로 하여금 사랑의 장점, 즉 사랑이 이기기 마련이라는 그 장점의 근거에 대해 판단할 수 있도록 돕는다.

물론 여러분이 공리주의자가 아니라면 이런 문제들을 해결하는 일이 쉽지 않을지도 모르겠다. 비록 근대 과학의 도덕적 도전에 대한 다윈과 밀의 해결책은 공리주의였지만 모든 사람이 이를 따랐던 것은 아니었다. 그리고 여기에서도 공리주의가 모든 사람들의 해결책이 된다고 주장하려는 것은 아니다. (비록 내 해결책은 공리주의이지만 말이다). 오히려 다윈주의적 세계가 도덕과 무관한 세계일 필요는 없다는 것을 보여 주려는 것이 요지다. 여러분이 행복은 불행보다 더 낫다(다른 모든 것들이 동등할 때)는 단순한 주장이라도 받아들인다면 절대적인 법칙들과 권리들 그리고 그 밖의 여러 가지 것으로 제대로 자격을 갖춘 도덕을 건설하는 데로 나아갈 수 있을 것이다. 여러분도 우리가 늘 찾아왔던 미덕들(사랑, 희생, 정직 등등) 중에서 몇 가지 미덕을 찾을 수 있다. 인간의 행복에는 좋은 점이 아무것도 없다고 주장하는 가장 완고한 허무주의자만이 포스트 다윈주의 세계에서 도덕이라는 단어가 무의미하다고 말할 것이다.

적과의 교전

다윈만이 진화의 '가치'들을 비판적으로 본 빅토리아 시대의 유일한 진화론자는 아니었다. 다윈의 친구로 그를 옹호했던 토머스 헉슬리도 그런 사람이었다. 1893년 옥스퍼드 대학에서 행한 「진화와 윤리학」이라는 제목의 강의에서, 헉슬리는 진화로부터 가치들을 끌어내자고 주장하는 사회적 다윈주의의 모든 전제를 비판했다. 그는 밀의 논문 「자연」의 논리를 답습해 "우주적 진화는 인간의 선하거나 악한 경향들이 어떻게 생겨날 수 있는지를 가르쳐 준다. 그러나 그것은 그 자체로 우리가 선이라고 하는 것이 우리가 악이라고 하는 것보다 왜 더 바람직한지에 대해 과거의 다른 이론들보다 더 설득력 있는 이유를 밝혀 내지 못한다."라고 했다. 사실 헉슬리는 죽음과 고통이라는 큰 대가를 치른 진화를 면밀히 관찰해 봄으로써 우리가 선이라고 하는 것과 진화가 일치하지 않음을 알아냈다. 그의 다음과 같은 말을 보자. "사회의 윤리적인 진보는 우주의 과정을 모방하는 데 있는 것이 아니다. 그렇다고 이를 회피해서 얻을 수 있는 것도 아니다. 사회의 윤리적인 진보는 그것과 투쟁함으로써 얻을 수 있다."[24]

신다윈주의를 심각하게 받아들인 최초의 철학자들 중 한 명인 피터 싱어(Peter Singer)는 이런 맥락에서 "적에 대해 더 많이 알면 알수록 승산이 더 높다."라는 사실에 주목했다.[25] 이런 새로운 패러다임을 정의 내리기 위해 많은 노력을 하였던 조지 윌리엄스는 헉슬리와 싱어의 주장들을 모두 수용하고, 새로운 패러다임이 얼마나 강력하게 그 주장들을 뒷받침하고 있는지를 강조했다. 자연 선택의 가치들에 대한 그의 반감은 헉슬리보다 훨씬 더 심했다. 그는 헉슬리의 입장은 "자연 선택을 이기주의를 극대화하기 위한 하나의 과정으로 보는 현대의 극단적인 견해와, 이제는 적에게 돌려야 할 악덕의 긴 목록에 토대를 두고 있다."라고 평했다. 그리고 만약, 그 적이 정말로 "헉슬리가 생각했던 것보다 더 지독하다면 생물학적 이해가 더 시급히 요구된다."라고 덧붙였다.[26]

지금까지의 생물학적 이해는 적과의 교전을 위한 몇 가지 기본적인 규칙들을 시사한다. (내가 그것들을 일일이 나열한다고 해서 그것들을 잘 따르고 있다는 말은 아니다.) 출발이 좋다면 도덕적 분노를 반으로 줄일 수 있고, 그것이 편견에 기초하고 있음을 염두에 둔 채, 고통에 대한 도덕적 무관심 역시 똑같이 의심해 볼 것이다. 특히 우리는 특정한 상황에서 경계를 늦춰서는 안 된다. 이를테면 우리는 우리가 속해 있는 특정 집단과 이해 관계가 충돌하는 특정 집단들(예컨대 국가)의 구성원의 행동에 대해 쉽게 분노한다. 또 우리는 지위가 낮은 사람들에게는 무심하고, 지위가 높은 사람들에게는 지나치도록 관대하다. 적어도 공리주의적 견지나 평등주의적 도덕들의 견지에서 보면 후자를 희생시켜 전자의 삶을 다소나마 편안하게 해 주는 것이 바람직하다.

그렇다고 공리주의가 분별없이 평등주의적이라는 말은 아니다. 자신의 지위를 인도적으로 사용하는 권력가는 귀중한 사회적 자산이므로 특별한 대접을 받을 자격이 있다. 이렇게 대접해서 그런 행위를 조장할 수만 있다면 말이다. 공리주의자의 글 모음에는 유명한 사례가 하나 있다. 불타는 건물에 대주교와 가정부가 갇혀 있다면 과연 누구를 먼저 구해야 하느냐는 문제다. 대주교가 앞으로 선한 일을 더 많이 할 것이기 때문에 대주교를 먼저 구해야 한다는 것이 모범 답안이다. 비록 그 가정부가 당신의 어머니라 할지라도 말이다.[27]

글쎄, 지위가 높은 그 사람이 대주교라면 그래야 할지도 모르겠다. (그리고 그 대주교가 실제로 어떤 사람이냐에 따라 상황이 달라진다 하더라도 말이다.) 그러나 지위가 높은 사람들이라고 해서 꼭 그럴 필요는 없다.

지위가 높은 사람들이 양심과 희생에 대해 어떤 독특한 성향을 갖고 있다는 증거는 없다. 사실 새로운 패러다임은 지위가 높은 사람들이 '집단의 선'을 위해서가 아니라 자신을 위해서 지위를 획득했음을 강조한다. 그들이 지위를 집단을 위해 쓸 수도 있지만 마찬가지로 자신들을 위해 쓸 수도 있는 것이다.[28] 지위란 특권이 아님에도 불구하고 특권으로 받아들여진다. 데레사 수녀(Mother Teresa)와 도널드 트럼프(Donald Trump)에게 존경을 표하는 것은 인간의 본성일 뿐이다. 두 번째 경우에 있어서 이 인간 본성이라는 부분은 아마도 불운한 경우일 것이다.

물론 이 규정들은 다른 사람들의 행복이 도덕 체계의 목표라는 공리주의적 전제를 취하고 있다. 허무주의자들은 어떤가? 행복은 선한 것이 아니라고 주장하는 사람들은 어떤가? 또 어떤 다른 이유 때문에 다른 사람들의 복지가 자신들과 관련을 가져서는 안 된다고 주장하는 사람들은 어떤가? 글쎄, 무엇보다 그들은 자신들의 생각을 사실로 여길 것이다. 이기주의는 인간 본성의 일부이기 때문이다. 우리는 근본적인 동기들은 외면하고 적어도 더 큰 선을 고려하고 있다고 강조하면서, 사치스러운 도덕의 언어로 치장하고 있다. 그리고는 다른 사람들의 이기주의에 대해서는 맹렬하게 그리고 독선적으로 비난한다. 공리주의와 우애라는 물건을 사지 않는 사람들에게라도 신다윈주의적 입장에서 적어도 작으나마 하나의 조정을 하도록 부탁해 보는 것도 괜찮은 생각일 듯하다. 그런 식의 도덕적인 태도들을 비판적으로 조사해 본다든지 또는 그런 식의 태도를 버리라고 말이다.

전자를 선택하는 사람들에게 지침이 되는 가장 간단한 하나의 근거는 도덕적 '정의'라는 감정이란 사람들이 그것을 이기적으로 사용하도록 자연 선택이 창조한 어떤 것이라는 사실을 명심하는 것이다. 도덕은 자체의 정의 때문에 오용되도록 디자인되었다고 말해도 무방할 것이다.

우리와 근연 관계에 있는 침팬지들이 자신들이 협의한 사항을 정의로운 분노로써 추구하는 것을 보면서 우리는 무엇이 이기적인 도덕의 기초가 될 수 있는지를 보았다. 침팬지들과 달리 우리는 이런 경향을 볼 수 있을 정도로 자신들과 거리를 충분히 둘 수 있다. 본질적으로 그것을 공격할 수 있는 온전한 도덕 체계를 구성할 수 있을 만큼 충분히 멀리 말이다.

이와 같은 이유에서 다윈은 인간 종이 도덕적인 종이고, 인간은 도덕적인 동물이라고 믿었다. "도덕적인 존재란 자신의 과거 행동들과 동기들을 미래의 것들과 비교할 수 있고, 그것들을 승인하거나 승인하지 않거나 할 수 있는 존재이다." 그리고 "다른 하등 동물들이 이 능력을 갖고 있으리라고 가정할 어떤 이유도 없다."라고 썼다.[29]

그렇다. 이런 의미에서 우리는 도덕적이다. 적어도 우리에게는 진실되고 반성된 삶을 살 수 있는 기술적 능력이 있다. 우리에게는 자기 인식, 기억, 통찰력, 판단력이 있다. 그러나 최근 수십 년 동안 진화론적 사상은 우리로 하여금 '기술적'이라는 단어를 강조하도록 이끌었다. 오랜 기간에 걸쳐 우리가 진실하고 긴장되는 도덕적인 정밀 조사를 받고, 우리의 행동을 적절하게 조정하는 것은 디자인의 목적에 부합하지 않는다. 우리는 잠재적으로 도덕적 동물이지만 (어떤 다른 동물이 말할 수 있는 것보다 더) 자연적으로 도덕적 동물인 것은 아니다. 도덕적인 동물이 되기 위해서 우리는 얼마나 철저하게 도덕적 동물이 아닌지를 깨달아야만 한다.

17장

도덕과 유전자

사람들은 모두 저마다의 행복을 원하기 때문에 행복해지려는 행위나 동기에 따라 칭찬이나 비난을 받는다.
———『인류의 기원과 성 선택』(1871)

우리는 추상 작용이나 추론 없이 무의식적으로 여러 관념들을 얻는다. (정의처럼.)
———「다윈의 노트」(1838)[1]

19 70년대 중반 『사회생물학』은 처음으로 신다윈주의적 패러다임을 대중 앞에 내놓았다. 또 이 책으로 저자 윌슨은 대중적 비난을 받아 인종 차별주의자, 성 차별주의자, 자본주의자, 제국주의자라는 오명을 썼다. 그의 책은 우익의 음모, 억압받는 자를 억압하는 청사진으로 보였던 것이다.

'자연주의의 오류'라는 베일이 벗겨지고 사회적 다윈주의의 지적 토대가 붕괴된 지 수십 년이 지나도 위와 같은 불안이 끈질기게 남아 있다는 사실이 이상해 보일 정도이다. 그러나 '자연스러운'이라는 단어가 도덕의 문제에 관계하는 한 그 용법이 하나에 그치는 것이 아니다. 어떤 남자가 아내 몰래 바람을 피운다거나 약자를 착취해 놓고, 그것이 '단지 자연스러운' 일이라고 변명한다고 해서 그가 그런 행동이 신이 정한 것이었다고 말하고 있는 것은 아니다. 그의 말은 다만 그 충동이 너무 강해 사실상 억누를 수 없는 지경에 이르렀다는 것을 뜻할 뿐이다. 즉 자신의 행동이 옳지 않은 것일 수는 있지만 딱히 어쩔 수 없었다는 것이다.

수년간 이 '사회생물학 논쟁'은 대개 이런 하나의 논점을 중심으로 전개되었다. 다윈주의자들은 '자유 의지'의 여지를 남겨두지 않는 '유전적 결정론자' 혹은 '생물학적 결정론자'라는 비난을 받았다. 이에 대해 진화론자들은 그들은 뭔가 혼동을 하고 있다고 반박했다. 다윈주의는 고상한 정치나 도덕적 이상에 위협을 가하는 것이 아니라는 것이다.

다윈주의자를 비난한 사람들이 종종 착각을 했던 것은 사실이었다. (윌슨에 대한 비난도 근거가 명확하지 않는 것이었다.) 그러나 혼란이 해소되었어도 좌익에 대해 우려할 만한 명백한 이유가 있었다. 진화심리학의 관점에서 보면 도덕적 책임에 관한 문제는 중요한 만큼 어떤 위험이 내포된 것이었다. 사실 바르게만 이해한다면 좌익이나 우익 모두에게 경종을 울려줄 만큼 중요한 것이었다. 거기에는 대체로 알려지지 않은 심각하고 중요한 사안들이 있다.[2]

공교롭게도 다윈은 그 사안 중 가장 심오한 부분을 예리하지만 고상한 방식으로 언급한 적이 있다. 하지만 이에 대해 단언한 바는 없다. 도덕적 책임을 공정하게 분석하는 일이 얼마만큼의 폭발력을 지니고 있었는지를 현대의 어떤 진화론자만큼이나 잘 알고 있었으므로 자신의 소신을 발표하지 않았던 것이다. 이것들은 그의 사적 기록(그가 겸손하게 "도덕적 관념과 형이상학적 관점에 관한 낡고 무용한 비망록"이라고 이름 붙인 논문집)의 한쪽 구석에서 잠을 자고 있었다. 이제는 행동에 대한 생물학적 근거가 빠르게 밝혀지고 있으므로 다윈의 보물을 발굴할 호기를 맞게 되었다.

실체가 그 추한 고개를 들다

다윈이 분석을 하게 된 계기는 이상과 현실 사이에 있는 갈등 때문이었다. 이론적으로 보면 우애는 고결한 것이다. 그런데 현실에서는 문제가 있다. 여러분이 어찌어찌해서 많은 사람들을 납득시켜 우애를 추구하도록 만든다 하더라도 (현실 문제가 우선이다.) 두 번째의 현실 문제에 부딪히게 될 것이다. 즉 우애는 사회를 분열시키는 경향이 있다는 것이다.

결국 진정한 우애라는 것은 무조건적인 연민인데, 거기에는 누군가의 행동이 아무리 불쾌하더라도 그에게 해를 입히는 것이 타당한가에 대한 강한 의심이 깔려 있다. 그리고 자기가 한 일에 대해 처벌을 받지 않는 사회에서는 불쾌한 행동들이 만연할 것이다.

이런 역설이 공리주의 밑에, 특히 밀의 해석에 깔려 있다. 밀이라면 진정한 공리주의자란 무조건적으로 사랑을 베푸는 사람이라고 할지 모른다. 그러나 모든 사람들이 무조건적으로 사랑을 베푸는 그 날이 올 때 비로소 공리주의의 목적(최대 다수의 최대 행복)은 고상한 조건부 사랑으로 나타날 것이다. 이를 납득하지 못하는 사람들에게는 바르게 처신하도록 독려해 줘야 한다. 살인죄는 반드시 처벌을 받아야 하며 이타주의는 칭찬을 받아야 한다. 사람들은 책임을 져야 한다.[3]

확실히 밀은 이 주제를 다룬 책 『공리주의』에서 이런 긴장과 맞서지는 않았다. 그는 이 책에서 예수의 보편적 사랑을 설파한 후 불과 몇 십 쪽 지나지 않아 "그들에게는 받은 대로 줄지어다. 선에는 선으로 답하고 악에는 악으로 답하도록 하라."[4]라는 원칙에 찬성했다. "너희는 남에게 받기를 바라는 대로 남에게 할지니라."라는 말과 "너희가 받은 대로 남에게 할지니라."라는 말 사이에는 조화할 수 없는 차이가 있고, "원수를 사랑하라." 또는 "누구든지 네 오른쪽 뺨을 치거든 왼쪽 뺨도 내밀어라."라는 말과 "눈에는 눈으로 이에는 이."[5]라는 말 사이에도 그런 차이가 있다.

아마도 밀이 호혜적 이타주의를 통제하는 정의감이라는 관점을 취했다는 점에서 그를 너그럽게 봐줄 수 있을 것이다.[6] 이미 보았듯이 공리주의자에게 호혜적 이타주의라는 도구는 정말로 하늘이 내려준 진화였다. 호혜적 이타주의는 받은 대로 되돌려 줌으로써 사람이 다른 사람과 관계를 유지하도록 하는 채찍과 당근 역할을 한다. 인간의 본성이 공동체의 행복을 향상시키도록 진화하지 않았다고 가정하면 그것이 하는 일을 과소평가할 수가 없다. 논제로섬은 풍성한 결실을 맺는 것이다.

그래도 받은 은혜에 대해 되갚겠다는 충동에 감사하는 것과 그 영향에 대해 감사하는 것과는 다르다. 그것의 현실적 가치가 무엇이건 간에 사람들이 처벌받아 마땅하고, 그들의 고통이 본래 좋은 것이라는 선천적 정의감이 고결한 진실을 반영한다고 믿을 이유는 없다. 사실 신다윈주의의 패러다임은 앙갚음을 둘러싼 공정성이라는 것이 유전자의 편의에 지나지 않으며 따라서 왜곡된 것임을 드러낸다. 이런 정체를 드러내는 것은 앞 장에서 밝힌 대로 새로운 패러다임이 사람들을 연민으로 몰아간다고 했던 내 주장의 근간이다.

현대의 다윈주의적 견지에서 볼 때 앙갚음을 한다는 생각이 미심쩍어 보이는 두 번째 강력한 이유가 있다. 진화심리학은 인간의 행동, 선, 악, 사랑, 증오, 탐욕을 비롯한 내적 심리 상태를 완벽하게 설명할 수 있는 가장 확실한 방법임을 자처한다. 모든 것을 알게 된다면 모든 것을 용서하게 되는 법이다. 일단 행동을 지배하는 힘이 무엇인지를 알게 된다면 행동의 주체를 비난하기가 더욱 어려워진다.

이것은 필경 '유전적 결정론'이라는 우익의 교설과는 아무 관련이 없다. 무엇보다도 도덕적 책임에 관한 논의에는 배타적인 이념적 속성이 없다. 극우적인 입장을 가진 누군가가 경영자는 노동자를 착취할 수밖에 없다는 말을 들으면 희열을 느낄지 몰라도, 범죄자는 당연히 범행을 저지를 수밖에 없다는 말을 들으면 불쾌감을 느낄 것이다. 또 '도덕적 주류'인 복음 전도사나 페미니스트들은 난봉꾼이 자신들의 호르몬에 충실할 뿐이라는 말을 듣고 싶어 하지 않는다.

좀 더 요점을 짚어 보자. '유전적 결정론'이라는 어구는 신다윈주의

만큼이나 무지함을 내비치고 있다. 이미 보았던 바와 같이 (다윈을 포함한) 모든 사람들은 유전자의 희생자가 아니다. 유전자와 환경 모두의 영향을 받고 있으므로 그 성격들을 조율할 수 있다.

그렇더라도 희생자는 희생자이다. 음을 조율할 수 있는 제어 장치가 없는 오디오처럼 타고나서 조율할 수 없는 특성들이 있다. 여러분이 가지고 있는 그 두 가지 요소가 중요하더라도 흘러나오는 음악 때문에 오디오를 비난할 수는 없다. 다시 말해서 1970년대에 유행한 '유전적 결정론'에 대한 불안이 이유가 없는 것이라고 해도, '결정론'에 대한 불안에는 이유가 있다. 그런데도 비난과 책망의 충동을 의심할 이유가 있고, 가족과 친구에게 국한하지 않고 우리의 동정심을 확장시킬 수 있는 이유가 있다는 것은 좋은 소식이다. 그렇다면 나쁜 면을 보자. 철학적으로 가치 있는 이런 노력이 현실 세계에 다소간 유해한 영향을 미친다는 것이다. 요컨대 상황을 혼란스럽게 만든다는 것이다.

물론 여러분은 우리의 성격과 조율에 관한 명제, 우리 모두는 유전자이자 환경이라는 명제에 대해 논박할 수 있을 것이다. 여러분은 뭔가, 그 무엇인가 다른 것이 더 있다고 주장할 수 있다. 하지만 여러분은 이런 뭔가가 취하고 있는 형식을 보여 주려 하거나 그것을 분명히 드러내고자 할 때 그것이 불가능한 일임을 알게 될 것이다. 유전자나 환경 밖의 어떤 힘은, 우리가 느끼듯이 물리적 현실 밖에 있기 때문이다. 그것은 과학적인 담화를 벗어나는 일이다.

물론 그렇다고 그것이 존재하지 않는다는 말은 아니다. 과학이 모든 것을 설명할 수는 없다. 그러나 1970년대의 사회생물학 논쟁에 끼어든 사람들은 한결같이 자신들이 과학적이라고 주장했다. 또 이 점이 사회생물학의 '유전적 결정론'에 대해 불평한 모든 인류학자와 심리학자들이 그토록 아니러니컬한 이유였다. 당시 지배적인 사회 과학의 이념은

(인류학자들이 표현한 대로) '문화적 결정주의' 혹은 (심리학자들이 표현한 대로) '환경적 결정주의'였다. 그리고 자유 의지에 관해서도 이렇게 비난을 하고 신뢰를 했다. 결정주의는 결정주의이고 이 결정주의도 결정주의라는 것이다. 도킨스가 지적한 대로 "결정주의의 문제에 대해 어떤 견해를 갖든지 간에 '유전적'이라는 단어를 사용한다고 해서 어떤 차이가 있을 리 없다."[7]

다윈의 진단

다윈은 이것을 모두 이해했다. 그는 유전자에 대해서는 아는 바가 없지만 유전 형질의 기본 개념에 대해서는 분명히 알고 있었다. 그는 과학적 유물론자였다. 그는 인간 행동이나 자연계의 어떤 것들을 설명하는 데 있어 비물질적인 힘이 필요하다고는 생각지 않았다.[8] 그는 따라서 모든 행동은 유전 형질과 환경으로 요약될 수 있다고 보았다. 그는 자신의 노트에 "인간의 자유 의지가 있음을 의심한다." 왜냐하면 "모든 행동은 유전적 성향, 타인이 보인 모범이나 가르침으로 결정되기 때문이다."[9]라고 적었다.

게다가 다윈은 이런 힘들이 사상, 감정, 행동을 결정하는 신체 '기관'을 정함으로써 어떻게 복합적 효과를 내는지를 알았다. 그는 자신의 노트에 "나의 기질을 향상시키고자 하는 바람은 신체 기관에서 비롯되는 것이다."라고 기록한 후 이어서 "그 기관은 환경과 교육, 기관이 내게 부여한 선택에 의해 영향을 받아 왔을 것이다."라고 덧붙였다.[10]

이 점에 대해 다윈은 오늘날에도 난해한 문제로 남아 있는 어떤 요지를 짚었다. 인간 행동에 영향을 주는 환경이나 유전자는 모두 생물학적으로 조절된다는 것이다. 여러분의 두뇌가 어떤 식으로 결합되든 이 순간의 신체 기관(유전자, 초기 환경, 이 문장의 첫 절반 부분에 대한 이해 능력을 포함해서)은 정확하며 그 신체 기관은 여러분이 이 문장의 나머지 절반에 대해 어떻게 반응할지를 결정한다. 그래서 유전적 결정론이라는 용어는 혼란스럽지가 않다. 적어도 사람들이 생물학적 결정론은 단순히 유전적 결정론의 동의어로만 생각하지 않는다면 혼동은 하지 않을 것이다. 그래서 이 점을 이해했다면 '생물학적'이라는 단어를 사용하지 않는다고 해서 잃을 것이 없음을 깨달을 수 있을 것이다. 이런 의미에서 윌슨이 '생물학적 결정론자'라면 스키너 역시 '생물학적 결정론자'였다. 말하자면 그는 결정론자였던 것이다.[11] 진화심리학자가 '생물학적 결정론자'라는 의미는 모든 심리학자가 '생물학적 결정론자'라는 의미다.

모든 행동이 결정되어 있다면 무엇 때문에 사람은 선택할 자유가 있다고 느끼는지에 대해 놀랍게도 다윈이 20세기 식의 설명을 했다. 즉 우리의 의식적인 마음이 동기가 되는 모든 힘에 내밀히 관여하고 있지는 않다는 것이다. "분명 자유 의지에 관해 일반적으로 망상을 지니고 있다. 사람들에게는 행동력이 있지만 그 동기(원래 본능적이어서 그것을 발견하기 위해서는 이성의 대단한 노력이 필요하다. 이 점은 중요하다.)를 좀처럼 분석할 수 없기 때문에 동기가 없다고 생각한다."[12]

신다윈주의는 우리의 어떤 동기는 우연이 아니라 디자인된 대로 은폐되어 왔기 때문에 우리가 마음먹은 대로 행동하는 것은 아니라고 주장해 왔다. 다윈이 '자유 의지에 대한 망상'이 적응일지도 모른다는 이런 주장을 의심한 것 같지는 않다. 그러나 그는 자유 의지가 진화에서 비롯된 환상이라는 기본적인 생각을 했다. 살인에서 도둑질, 빅토리아풍의 다윈의 공손함에 이르기까지, 우리가 비난을 받고 칭찬을 받는 모든 행위들이 어떤 영적인 '내'가 선택한 결과가 아니라 육체적 필요 때문에 선택한 결과라는 것이다. 다윈은 "이런 견해를 갖고 있으면 진정으로 겸손해질 수 있다. 사람은 우쭐해서는 안 되는 법이다."라며 "또 타인을 비난할 권리도 없다."라고 노트에 썼다.[13] 이 점에서 다윈은 가장 고상하고 과학적이면서도 한편으로 가장 위험한 식견을 지녔다.

다윈은 이해함으로써 용서한다는 것이 위험하다는 것을 알았다. 그는 결정론이 그 비난 때문에 사회의 도덕을 위협한다고 보았다. 하지만 그는 이런 교설이 퍼지는 것에 대해서는 크게 걱정하지 않았다. 사려 깊은 과학적 유물론자에게 이 논리가 아무리 강력하더라도 사람들 대부분은 사려 깊은 과학적 유물론자가 아니다. "이 견해가 해가 되지는 않을 것이다. 생각이 많고, 자신의 행복이 선행에 있음을 알게 되고, 또 자신이 하는 행동이 해가 되지 않는다는 사실을 앎으로써 유혹에 넘어가지 않는 사람을 제외하고는 누구도 그런 진실을 완전히 믿지 않기 때문이다."[14] 다시 말해 이 지식이 몇몇 영국 신사에 국한되어 있고, 대중을 감화시키지 않는 한 아무 문제가 없으리라는 것이다.

지금은 대중들이 감화를 받아가고 있다. 다윈은 결국 과학·기술이 결정론을 활기 있게 만들 것이라고는 생각지 못했다. 그는 "아무리 비지성적이라 해도 사고는 간의 쓸개즙처럼 기관의 기능을 한다."라고 보았다. 그러나 그는 아마도 기관과 사고가 구체적으로 연결되리라고는 꿈에도 생각지 못했다.[15]

오늘날 이런 관계들이 정기적으로 뉴스의 머리기사를 장식한다. 과학자들은 범죄를 세로토닌의 저하와 연관시킨다. 분자생물학자들은 정신병의 원인 유전자를 분리하기 위해 노력하는데, 미약하나마 성공을 거두고 있는 중이다. 옥시토신이라는 화학 물질은 사랑의 기초가 되는 물질임이 밝혀졌다. 엑스터시라는 약품을 처방하면 마음이 안정된다. 오늘날에 누구라도 하루쯤은 간디가 될 수 있다. 유전학, 분자생물학, 약리학, 신경학, 내분비학에서 얻은 지식을 통해서 사람은 예외 없이 우리는 알지 못하지만 과학이라면 알 수 있는 힘에 의해 좌지우지되는 기계임을 알아가고 있다.

전적으로 생물학적인 이 그림은 진화생물학과는 별다른 관련이 없다. 유전자, 신경 전달 물질, 마음을 통제하는 다양한 요소들은 다윈주의로부터 별다른 영감을 받지 않은 채 연구되고 있다.

하지만 다윈주의는 이 그림의 뼈대를 만들고 설득력도 줄 것이다. 가령 우리는 세로토닌의 저하가 범죄를 유발한다는 사실뿐만 아니라 그 이유도 알게 될 것이다. (범죄는 물질적 성공에 이를 경로를 방해받았다는 인식을 반영하는 것 같다.) 자연 선택은 이런 사람들이 대체 경로를 택하도록 바라고 있을 것이다. 이렇게 세로토닌과 다윈주의는 어째서 범죄자들이 '사회의 희생자'가 될 수 있는지에 대한 막연한 불안에 신념을 심어 주었다. 누구나가 그렇듯 도심 빈민가의 어린 흉악범도 저항이 적은 경로를 따라 지위를 추구한다. 그는 여러분을 지금의 여러분으로 만든 그런 강하고 민감한 힘의 강요를 받은 것이다. 그가 개를 차거나 지갑을 나꿔 챌 당시에는 이런 생각이 안 들겠지만 나중에 곰곰이 생각해 보면 여러분도 이런 생각에 이를 수 있다. 그러면 그의 처지에 있다면 여러분도 그처럼 행동했을지도 모른다는 생각을 하게 될지 모른다.

행동학에 관한 엄청난 정보가 쏟아져 나오고 있다. 사람들은 대체로 거기에 압도되지 않고 모두가 기계에 지나지 않을 뿐이라는 결론에도 이르지 않는다. 그래서 자유 의지에 대한 개념은 존속할 것이다. 그러나 이런 신념이 움츠러들 기미를 보이고 있다. 행위는 화학 물질의 작용에 의지하고 있음이 밝혀졌고, 어떤 사람은 폭력을 유발하는 구역에서 그것을 제거하려고 노력한다.

그 '어떤 사람'은 보통 피고측 변호인이다. 이에 대한 가장 유명한 예가 '트윈키 변호'이다. (트윈키(twinkie)는 겉은 노랗고 속은 하얀 빵 종류의 정크 식품이다.—옮긴이) 어떤 변호사가 캘리포니아 배심원에게 정크 (junk) 식품 때문에 피고의 '지적 능력이 저하' 되어 명료한 사고를 할 수 없었으며 그래서 그가 살인을 미리 계획하지 못했으리라는 점을 납득시켰다. 그 외의 예들도 많다. 영국과 미국의 법정에서는 '여성의 월경 전 증후군' 이 준 영향을 인정해 범죄 책임에 대해 부분적으로 정상을 참작해 왔다. 마틴 데일리와 마고 윌슨이 자신들의 저서 『살인(Homicide)』에서 웅변적인 어조로, "살인자가 '높은 남성 호르몬 수치' 때문에 범죄를 저질렀다는 변호가 과연 터무니없는 것일까."라는 의문을 제기했다.[16]

물론 심리학은 생물학이 힘을 실어 주기 이전부터 유죄를 완화시켜 왔다. '외상 후 스트레스 장애' 는 피고측 변호인이 가장 즐겨 이용하는 질환인데, 그것은 '매 맞는 아내 증후군' 에서부터 '우울로 인한 자살 증후군' 까지 두루 포함하고 있다. (이 증상은 잡혀야겠다는 의도를 무의식으로 갖고서 의도적으로 범죄나 실수를 저지르게 한다.) 이런 질환은 원래 생물학과는 거의 관련이 없이 순전히 심리학적인 용어와 관련해 나타났다. 그런데 이 질환을 생화학과 연관시키려는 작업이 진행 중이다. 실제로 배심원의 관심을 끌 수 있는 것은 물리적 증거이기 때문이다. 한 법률 자문 의사는 이미 '행동 중독 증후군' (위험에서 느껴지는 스릴에 의존하는 경향)에 속하는 외상 후 스트레스 장애를 면밀히 조사하다가 엔도르핀의 문제를 추적하게 되었다. 엔도르핀은 범죄자들이 필사적으로 갈망하는 것으로 범죄를 저지르면 그 수치가 높아진다.[17] 그리고 상습적인 도박꾼들이 도박을 할 때는 혈중 엔도르핀 수치가 비정상적으로 높아지는 것으로 밝혀졌다. 그래서 도박은 일종의 질병인 것이다.

자, 우리는 모두 엔도르핀을 좋아하며, 엔도르핀을 얻으려고 조깅을 하고 섹스를 한다. 이런 일을 할 때면 엔도르핀의 수치가 비정상적으로 높아진다. 분명 강간범들은 강간을 할 때나 그 이후에 쾌감을 느끼며,

이런 생화학적 근거는 분명 앞으로 밝혀질 것이다. 만약 피고 측 변호인들이 자신들의 뜻을 관철하고, 우리가 자유 의지의 영역으로부터 생화학적으로 조정되는 행위를 제거하자고 고집스레 주장한다면 수십 년 안에 자유 의지의 영역은 거의 남아 있지 않게 될 것이다. 엄밀하게 지적인 근거에서 말하자면 그래야 한다.

생화학이 매사를 좌지우지한다는 증거가 점점 늘어나고 있는 사실에 대해 반응하는 방법은 적어도 두 가지가 있다. 하나는 결단력의 증거로 데이터를 부당하게 이용하는 것이다. 이런 논증은 다음과 같이 진행된다. 물론 이런 범죄자들은 엔도르핀의 수치, 혈당량 따위에 관계없이 자유 의지를 지니고 있다. 생화학이 자유 의지를 부정한다면, 우리는 누구도 자유 의지를 갖고 있지 못할 것이기 때문이다. 그러나 우리는 그것이 사실이 아님을 안다. 그렇지 않은가? (잠깐 멈추고) 그렇지 않은가? 하는 식으로 말이다.

이런 식의 배짱은, 비난을 퍼부을 만한 행위가 줄어드는 것을 애처롭게 여기는 저서나 논문에서 종종 볼 수 있다. 이것은 또 캘리포니아 법에서 '한정 책임 능력' 이라는 변호를 없앴던 그 투표 안에도 함축돼 있다. 아마도 투표자들은 설탕처럼 자연적인 어떤 것이 사실상 그들을 로봇으로 변하게 할 수 있다면, 모든 사람이 로봇이며 그래서 누구도 비난받을 이유가 없다고 느꼈을 것이다. 틀림없이 그랬을 것이다.

비인간화된 생화학적 데이터에 반응하는 두 번째 방식은 다윈처럼 완전히 굴복하는 것이다. 즉 자유 의지를 포기하는 것이다. 그 누구도 어떤 행위로 인해 비난을 받거나 칭찬을 받을 이유가 없다. 우리 모두는 생물학의 노예이기 때문이다. 다윈이 쓴 바대로 우리는 악인을 "병자처럼" 보아야 한다. "증오하거나 미워하기보다는 동정하는 것이 더 타당하다."라는 것이다.[18]

간단히 말해 우애를 주장하는 것은 건전하다. 사람을 감옥이나 교수대로 보내고, 또 한편으로 논쟁이나 싸움, 전쟁으로 이끄는 증오와 반감에는 이성적 근거가 없다. 물론 이것에는 현실적인 근거가 있을지는 모른다. 사실 문제는 이런 것이다. 비난과 처벌은 이성적으로 무의미한 만큼 현실적으로도 필요하다는 것이다. 그리고 이것 때문에 다윈은 자신의 식견이 널리 퍼지지 않으리라고 스스로 위안을 삼을 수 있었다.

다윈의 처방

그렇다면 무엇을 해야 할 것인가? 슬프게도 비밀이 새 나가 행동의 물리적 근거가 대중 앞에 드러났음을 다윈이 알았다면 그는 무어라 말했을 것인가? 우리의 본성이 로봇과 다름없다는 사실이 점차 알려지는 것에 대해 사회는 어떻게 반응해야 하는가? 그의 글에서 여기에 대한 암시를 볼 수 있다. 우선 우리는 처벌로 이끄는 본능적 충동으로부터 처벌을 해결하도록 노력해야 한다. 이것은 때로는 처벌을 사실상 필요한 경우로 제한하는 것을 의미한다. "범죄자를 처벌하는 것은 옳다. 다만 그 처벌이 다른 범죄를 억제할 수 있을 때로 국한되어야 한다."라고 다윈은 썼다.

이것은 상당 부분 유서 깊은 공리주의적 처방의 정신과 상통한다. 우리는 전체적인 행복을 증진시킬 수 있을 때에만 사람들을 처벌해야 한다. 보복 자체에는 좋을 것이 하나도 없다. 죄인에게 가해진 고통은 다른 사람이 받는 고통만큼 슬픈 일이며 거시적인 공리주의적 관점에서 보면 다른 점이 없다. 앞으로 초래될 범죄를 예방함으로써 타인의 복지가 증진될 때에만 처벌은 정당화된다.[19]

사람들은 이런 생각을 합리적이며 그다지 급진적이지 않은 견해로 받아들였다. 하지만 이것을 진지하게 받아들이려면 적법한 원칙을 정밀하게 조사해 보아야 한다. 미국 법에서 형벌은 몇 가지 분명한 기능을 갖고 있다. 이 기능들은 몹시도 실제적인 것들이다. 범죄자를 격리시키고, 석방 후에는 다시 죄를 짓지 못하도록 하며, 그의 파멸을 기대한 사람들에게는 실망스럽지만 그를 갱생시키려는 것이다. 공리주의자에게는 환영할 만한 조치다. 그러나 형벌의 기능 중 하나는 엄밀히 말해 '도덕적'이다. 즉 순수하고도 단순한 응보다. 형벌이 가시적인 성과를 거두지 못한다 하더라도 그것은 선하다고 가정된다. 어떤 황량한 무인도에서 이제는 누구도 기억하지 못하는 일흔다섯 살의 탈옥수를 우연히 만났다고 가정해 보자. 여러분은 어떻게든 그를 괴롭혀 정의의 대의 명분에 공헌하고자 할 것이다. 비록 여러분이 형벌을 좋아하지 않고 육지의 어느 누구도 그 사실을 알지 못한다 해도 여러분은 하늘 어디선가 정의로운 신이 웃고 있으리라는 확신에 기댈 수 있을 것이다.

인과응보라는 정의의 법칙은 법정에서 한번 발효되고 나면 더 이상 두드러진 역할을 하지 않는다. 그런데 요즈음 보수주의자들은 유달리 그것을 다시 강조하고 있다. 그래서 사람들이 '정신 착란'이나 '일시적 정신 착란' 또는 '책임 능력의 결함' 때문에 범죄를 저지르는 것이 아니라 '계획적으로' 범죄를 저질렀는지 여부를 결정하는 데 법원은 많은 시간을 낭비한다. 만일 공리주의자들이 세상을 관장했다면 '의지력'과 같은 귀찮은 단어를 염두에 두지도 않았을 것이다. 법원에서는 다음과 같은 두 가지 질문을 할 것이다. (1) 피고인은 범죄를 저질렀습니까?, (2) 형벌이 범죄자 자신의 앞으로의 행동과 앞으로 범죄를 저지르게 될 사람들의 행동에 미칠 현실적 효과는 무엇입니까 하고.

이처럼 남편에게 얻어 맞거나 강간을 당한 여성이 남편을 죽이거나 불구로 만들었을 때 그녀가 '매 맞는 아내 증후군'이라 불리는 '질환'

을 갖고 있느냐 하는 질문을 해서는 안 된다. 그리고 어떤 남성이 아내의 정부를 죽였을 때 그의 질투가 '일시적 정신 착란' 때문이었는지 하는 질문을 해서도 안 된다. 이 경우에는 이런 사람들이나 이와 유사한 환경에 처한 사람들을 처벌함으로써 앞으로 범죄를 막을 수 있느냐 하는 질문을 해야 한다. 이 문제에 대해 정확히 답할 수는 없다. 그러나 그것은 결단력의 문제만큼이나 번거로운 문제이며 새로운 세계관에 근거한 미덕에 일조해 왔다.

물론 이런 질문에는 어느 정도 공통점이 있다. 법정은 '자유 의지'를 의식하는 경향이 있고 형벌을 예상함으로써 그런 행위를 억제할 '비난'이 정당화된다. 이렇게 해서 공리주의자나 고루한 재판관도 정신병자를 감옥에 보내려고 하지 않는다. (그가 범행을 되풀이할 것으로 보이면 그를 수용 시설로 보내기는 하겠지만.) 데일리와 윌슨이 쓴 바와 같이 "속죄, 참회, 신의 따위에 관한 무수한 신비주의적 종교풍의 말투는 이것들을 고귀하고 초월적인 권위에 원인을 돌린다. 그러나 사실 그 권위는 이윤을 무로 만듦으로써 자기 중심적 경쟁 행위를 단념시키는 세속적이고 독단적인 것이다."[20]

그래서 사람들은 한결같이 '자유 의지'는 꽤나 유용한 픽션이었고 공리주의자의 정의를 대략적으로나마 대변해 왔다고 말한다. 그러나 오늘날 진행되고 있는, 단지 시간 낭비에 불과한 논쟁들(알코올 중독은 질병인가? 성범죄는 중독성인가? '월경 전 증후군'은 의지를 무력화시키는가?)을 보면 이것들의 쓸모가 다되었음을 알 수 있다. 생물학적 연구가 10년이나 20년 정도 더 진행이 된다면 이것들은 골칫거리로 등장할 수도 있다. 그리고 그동안 '자유 의지'의 범위는 크게 위축되어 있을 것이다. 그러면 우리는 적어도 두 가지 선택을 해야 한다. 즉 (1) 자유 의지를 재정의함으로써 그것에 다시 힘을 실어 줄 것인가. (예를 들어 생화학적 상관물의 존재는 어떤 행위가 의지적인가 하는 문제와는 관련이 없다는 선언.) 그리고 (2) 전혀 의지력에 근거하지 않고 형벌에 관한 공리주의적 규범을 분명히 채택해야 하는가 하는 문제다. 대체로 보면 이런 선택은 모두 같은 것이다. 행위에 관한 생물학적 (즉 환경 유전적) 근거가 드러나면서 로봇으로 하여금 그 기능 장애에 대해 책임을 지게 하겠다는 생각에 익숙해져야 한다. 적어도 그 책임이 어떤 순기능을 할 동안에는 말이다.

의지력이란 개념을 배제하려면 법률 제도에서 몇 가지 감정적인 요인을 제거해야 할 것이다. 배심원들은 처벌이 원래 선한 것이라고 막연히 생각하는 바가 있기 때문에 형을 선고한다. 그러나 이런 막연한 생각은 완고해서 법적 원칙이 변했다고 사라질 것 같지는 않다. 그리고 이 생각이 약해지더라도 형벌의 현실적 효용성이 여전히 남아 있어 배심원들은 계속해 형을 선고할 것이다.

철저하게 포스트모던한 도덕성

과학적 계몽이 불러일으킨 정말 만만찮은 위협은 법의 영역이 아니라 도덕의 영역에서 일어난다. 여기서 문제가 되는 것은 정의감이 아니라 호혜적 이타주의를 지배하는 것이 완전히 불가능하게 될 것이라는 점이다. 극히 공평하고 인도적인 사람이라도 사기나 속임수 또는 혹사를 당했다고 느낀다면 공리주의적 목적을 위해서라도 분개하게 된다. 다윈은 결국 어떤 누구도 꾸짖을 수는 없다고 믿었다. 그러나 그 역시 화를 억누르지 못할 때가 있었다. 그는 리처드 오언의 반박에 대해 "화가 치밀어 오른다."라고 느꼈다. 다윈은 헉슬리에게 "자네보다 아마 내가 더 그를 증오하고 있다네."라는 편지를 써 보낸 적이 있다.[21]

근대 과학이 제시했던 계몽이 주장한 보편적 연민과 관용이라는 이상을 향해 인간 모두가 경주한다면 미약하나마 우리가 이룩한 진보 때문에 운명이 붕괴하는 일은 없을 것이다. 우애가 지나쳐서 문제가 되는 사람은 거의 없다. 그리고 근대 생물학의 계몽적 논리가 그런 정도로까지 사람을 몰고 갈 것 같지도 않다. 팃포탯의 동물적인 핵심은 진실이 손상되더라도 안전하다.

진정으로 도덕적인 위험은 좀 더 간접적인 것이다. 도덕 체계는 범죄자를 처벌한다는 팃포탯의 원칙에서뿐 아니라 범죄자를 처벌한다는 사회 전반의 원칙에서도 나온다. 찰스 디킨스는 공공연히 정부와 사귀기를 두려워했는데 아내의 보복이 두려워서가 아니었다. (그는 이미 아내를 떠났다. 어쨌든 아내는 그에게 힘을 행사할 수가 없었다.) 그보다 그는 사회적인 비난을 두려워했다.

그래서 도덕 규범 때문에 동물적 충동이 방해를 받을 때도 마찬가지다. 폭력은 평판을 나쁘게 할 것이다. 이것을 피하고자 하는 것 또한 강력한 동물적 충동이다. 효율적인 도덕 규범은 받은 대로 되갚아 주기 마련이다.

사실 그들은 정교한 점화 기계를 들고 맞붙어 싸우는 것이다. 컴퓨터 경주를 이용해 호혜적 이타주의 이론을 멋지게 증명한 로버트 액설로드는 규범의 성쇠를 연구해 왔다. 그는 굳건한 도덕 규범들은 단지 규범에만 의존하는 것이 아니라 '메타 규범'에도 의존하고 있음을 알아냈다. 다시 말해 사회는 그 규범을 위반하는 자들만 비난하는 것이 아니라 위반하는 자를 비난하지 못하고 참고 있는 자들도 비난한다는 것이다.[22] 디킨스가 강간 때문에 대중의 비난에 직면했다면 그의 친구들은 그와의 관계를 끊거나 그를 처벌하지 못하는 데 대해서 고통스러워 했을 것이다.

근대 과학은 규범과 메타 규범의 영역 안에서 도덕성에 대한 그 모호하고 산만한 보복을 한다. 우리는 희생자의 분노를 잠재우는 결정론이 스며든다고 해서 우려하지는 않는다. 그러나 남성의 난봉이 '자연스러운' 생화학적 충동이며, 어쨌든 아내의 진노가 진화의 임의적인 산물이라는 것을 믿게 된다면 목격자의 분노도 가라앉을 것이다. 삶을, 적어도 우리가 아닌 다른 사람, 친족, 가까운 친구들의 삶을 부조리자의 몽롱한 초연함으로 바라본다면 한편의 영화처럼 보일 것이다. 이것은 철저하게 포스트모던한 도덕의 망령이다. 다윈주의가 그것의 유일한 이유는 아니며, 좀 더 넓게 말해서 생물학도 그 원인이 될 수 없다. 그러나 이 둘이 함께 작용해 이런 일을 할 수 있었다.

여기에서 근본적인 역설(이성적 근거가 없는 비난 행위 그리고 그것에 대한 실제적인 요구)을 사람들은 인정하지 않으려는 것 같다. 어떤 인류학자가 이혼에 관해서 다음과 같은 두 가지 진술을 했다. (1) "나는 사람들로 하여금 '그래요, 그렇게 짜여졌지요. 하지만 나도 어쩔 수 없답니다.' 라고 말하도록 조장하고 싶지는 않다. 우리는 무슨 일을 할 수가 있다. 이러한 행위가 유력해 보일지 몰라도 사실 많은 사람들이 꽤나 성공적으로 그것에 저항한다." (2) "'나는 실패자야! 나는 결혼을 두 번이나 했지만 어느 것도 제대로 되지 않았어!' 오늘날 이렇게 중얼거리며 거리를 걸어가는 남자들과 여자들이 있다. 그렇다. 그것이 인간의 자연스런 행동 패턴일 것이다. 그리고 내가 해야하는 말을 들으면 그들의 기분이 조금은 나아질 것이다. 이혼으로 결말이 난다고 해서 실패한 것처럼 느낄 필요는 없다고 말이다."[23]

이 진술들을 각기 하나씩 옹호할 수는 있다. 하지만 동시에 옹호할 수는 없다. 한편으로는, 어떤 이혼도 유전적이고 환경적인 영향의 기다란 사슬에 의한 것으로 모두가 생화학적으로 조정된 것이므로 어떤 이혼도 불가피했다고 말하는 것이 정확하다. 그러나 그 필연성을 강조하는 것은 대중의 담화에 영향을 미치고, 앞으로 환경적 힘과 신경 화학에 영향을 미쳐, 필연적이지 않을 수 있던 이혼을 초래할 수도 있다. 이제까지 불가피했던 일들을 환기시키면 앞으로는 더 많은 것들을 불가피하게 한다. 과거의 잘못에 대해 비난을 해서는 안 된다고 말하는 것은 앞으로도 잘못된 일이 일어날 가능성을 높이는 일이다. 진실이 우리를 해방시킨다고 보장할 수 없는 것이다.

좀 더 낙관적인 방식으로 요점을 보면, 진실은 우리가 진실이라 말하는 것에 따라 결정된다. 남자에게 난봉이 '자연스러운' 것이라고, 본질적으로 억누를 수 없는 것이라고 말한다면, 적어도 이 말을 들은 남자는 그런 충동을 지닐 것이다. 그러나 다윈의 시대는 동물적인 충동이 강력한 것이기는 해도 꾸준하고 성실한 노력을 통해 억제할 수 있는 것이라는 말을 들었다. 당시에는 많은 남자들이 이 말을 진실로 받아들였다. 자유 의지는 사람들이 그것을 믿음으로써 생겨났다는 것은 중요한 사실이다.

같은 의미로 자유 의지에 대한 '성공적인' 믿음이 그것에 대한 우리 자신의 믿음을 정당화할 것이라고 주장할 수도 있다. 그러나 자유 의지에 대한 형이상학적 원칙에 대한 믿음을 정당화하는 것은 아니다. 자기 훈련이 된 빅토리아 시대 사람들의 행동에는 결정론적 원칙에 위배되는 것이 없다. 그들은 단지 자기 통제의 가능성에 대한 믿음이 퍼져 있던 시대와 환경의 산물이었다. 그래서 그런 과업에 실패한 사람들을 도덕적으로 강력히 제재했다. 이들은 어떤 의미에서는 우리의 태도에도 같은 영향을 주고자 하는 논쟁을 대변한다. 적어도 이들은 그러한 영향이 효과가 있음을 보여 주는 모범이다. 순전히 실용주의적 의미에서 보면 그들은 자유 의지의 원칙을 '사실'이라고 여길 수 있는 근거가 된다.[24] 그러나 이러한 실용주의가 진정한 사실보다 중요한가 그렇지 않은가, 자유 의지에 대한 자기 만족적인 '믿음'이 형이상학적 원칙으로서 자유 의지에 대한 명백한 의심을 타개할 수 있는가 없는가는 전적으로 다른 문제다.

어쨌든 이런 기만이 성공을 거두고 '비난'이란 개념이 편리하게도 굳건히 남아 있다 해도, 우리는 그것을 유용한 균형으로 한정하려는 도전으로 되돌아온다. 즉 비난함으로써 독선에 빠지지 않고 오직 나은 결과를 가져올 때만 사람들은 비난하는 것이다. 그리고 동시에 우리는 필요한 도덕적 제재와 무한한 연민을 조화시켜야 하는 도전에 여전히 직면할 것이다.

청교도인으로서 밀

이혼에 반대해 분쟁을 시작하고, 난봉꾼에 반대해 더 가혹한 제재를 완비하고, 희롱이 '자연스럽다'는 주장을 용인하지 않기 위해 잡다한 비용을 지출하는 것은 가치가 있을 수도 있고 없을 수도 있다. 이런 문제에 이성적인 사람들이 동의하지 않을지도 모른다. 그러나 어떤 경우에도 서서히 퍼지고 있는 결정론이 문제가 된다. 왜냐하면 어떤 종류의 도덕 규범들은 확실히 바람직한 것이기 때문이다. 결국 도덕성은 논제로섬이 다양한 열매를 맺을 수 있는 유일한 방법이기 때문이다. 특히 이런 열매는 친족 선택의 이타주의나 호혜적 이타주의에 의해 거둘 수 없는 것들이다. 도덕성은 우리로 하여금 우리의 가족이나 친구 이외의 타인의 복지에 마음을 쓰게 하고 따라서 사회 전체의 복지를 증진시키도록 한다. 공리주의자만이 그것을 선이라고 생각하는 것은 아니다.

사실 도덕성이 이 특별한 열매를 거둘 수 있는 유일한 방법은 아니다. 그러나 공리주의는 가장 경제적인 방법이고 효과가 빠른 방법이다. 누구나가 음주 운전을 금한다면 사회는 더 살기 좋은 곳이 될 것이다.

그리고 우리들 대다수는 협동을 도처에 널려 있는 경찰력에 의해서가 아니라 우리 안에 있는 도덕 규범에 의해 이끌어진 것으로 간주할 것이다. 도덕성이나 가치 같은 용어를 무엇 때문에 진지하게 받아들여야 하느냐고 묻는 이들에게 이것은 엄격한 답이 될 수 있다. 전통 자체가 좋은 것이어서가 아니라 굳건한 도덕 규범만이 경찰의 힘에 의거하지 않고도 논제로섬적 이익을 가져다 주기 때문이다.

밀은 경찰들만큼이나 도덕 규범이 불쾌한 것일 수 있다고 느꼈다. 그는 『자유론』에서 "적대적이고 무시무시한 검열의 눈초리 아래"[25]의 삶에 대해 불평을 했다. 밀이 공리주의라는 윤리철학에 송가를 쓴 직후에 도덕적 경직성에 대해 이런 송가를 썼다는 사실이 아이러니컬하게 보일 수도 있다.

그러나 사실 밀은 굳건한 도덕 규범에 대해서가 아니라 무분별한 도덕 규범에 대해 불만을 토로했다. 특히 누구에게도 해를 끼치지 않을 행동을 금하는 규범, 다시 말해 공리주의적 견지에서 볼 때 건전하지 못한 규범에 불만을 표시했다. 당시 동성애처럼 통계학적으로 보아 상도를 벗어난 다양한 생활 양식은 비록 사람에게는 해가 되는 것이 아니었지만 인간성에 대한 심각한 범죄로 간주됐다. 그리고 부부가 모두 원하고 아이도 없다 해도 이혼은 꽤나 불명예스러운 일이었다.

그러나 밀이 이 모든 규율을 불합리하게 본 것은 아니었다. 사실 그는 결혼 생활을 포기하는 것을 옳다고 보지 않았다.[26] 그는 결혼 생활에 대한 책임을 모호하고 이해하기 어렵지만 다음과 같이 적고 있다. "사람이 약속을 하고 처신함으로써 누군가를 특정한 방법(기대를 하고 참작을 하게끔 하며 그러한 가정에 세워진 인생의 계획을 요구하는 방법)으로 그에게 의지하도록 할 때, 그 사람에 대한 도덕적 의무감이 새로이 움터 나오는데 이것은 반복될 수는 있을지언정 무시될 수는 없다." 그리고 아이가 있음에도 불구하고 결혼 생활을 포기하는 것은 "결혼에서처럼, 두 계약 당사자 간의 관계가 실제로 제3자를 낳았을 때 두 계약 당사자는 3자에 대한 의무를 지니게 된다. 의무의 수행 혹은 수행 방식은 본래의 당사자 간의 관계가 끝나느냐 지속되느냐에 따라 크게 영향을 받을 것이다."[27] 요컨대 가족을 저버리는 것은 나쁘다는 것이다.

『자유론』에 나타난 밀의 불만은 빅토리아 시대의 도덕적 엄숙함에 관한 것이었지 도덕적 엄숙함 자체에 관한 것은 아니었다. 먼 과거에 "자발성과 개성의 요소가 무절제에 있었고 사회적 원칙이 그것과 힘든 싸움을 했던" 시절이 있었다. 그때에는 "심신이 튼실한 사람을 규칙에 순종하도록 이끄는 것이 난제였는데, 그들의 충동을 자제시킬 필요"가 있었다. 그러나 "지금의 사회는 개성을 압도하고 있다. 그리고 인간 본성을 위협하는 것은 무절제가 아니라 개인적 충동과 선호의 결여이다."라고 밀은 썼다.[28] 밀이 지금 시대에 태어났어도 같은 말을 할지가 의심스럽다.

확실히 밀은 동성애 혐오증 같은 무분별한 빅토리아 식의 개념 없는 잔재를 비난했다. 그러나 그는 1960년대 후반에 좌파가 탐닉했던 환각성 약물이나 섹스, 그리고 1980년대에 우파가 탐닉했던 비환각성 약물이나 BMW 같은 쾌락주의에는 분명 반대했을 것이다.

사실 밀은 쾌락주의에 대해 쾌락주의자를 제외하고는 어느 누구에게도 해를 입히지 않을 때조차도 도덕적 판단을 내릴 수 있다고 생각했다. 사람들이 그들의 장기간에 걸친 행복을 동물적 내면에 할애한다고 해서 그들을 처벌해서는 안 된다고 그는 쓰고 있다. 그러나 그들은 경쟁의 위험스런 본보기이기 때문에 우리가 그들과 사귀지 않을 것이고 나아가 친구들에게도 사귀지 말도록 경고할 것이라고 덧붙였다. "경솔함, 고집, 허영심을 드러내고, 온건한 방식으로는 살지 못하고, 해로운 탐닉을 억제할 수 없으며, 감정과 지성을 지닌 사람들에게 폐를 끼치고 동물적 쾌락을 추구하는 사람은, 다른 사람들로부터 무시당하고 호의를 받지 못할 것을 각오해야 한다."[29]라는 것이다.

자유주의자인 밀은 이 점에서 청교도인 새뮤얼 스마일스의 의견과 일맥상통한다. 비록 밀은 정신의 향상이라는 명분으로 억압돼야 할 '철저하게 타락한' 인간 본성에 관한 견해를 비웃기는 했지만 한편으로 그는 도덕성을 보일 고등의 감정이 배양도 되지 않고서 꽃을 피우리라는 사실을 믿지 않았다. 그는 "진실로 인간 본성에 속한 탁월함에 대한 유일한 견해는 없다. 이런 탁월함은 인간 본성에 대한 소박한 감정과 결정적으로 모순되는 것은 아니다."[30]라는 것이다. 이보다 더 멋지게 표현한 것은 아니지만 스마일스는 『자조론』에서 고된 극기를 강조하면서 인간 본성에 대해 전적으로 낙관적이지만은 않은 견해를 피력했다.

사실 1859년에 나온 스마일스와 밀의 저서는 대립되는 견해가 있었지만 넓게 보면 이 두 사람의 의견은 일치했다. 다윈과 마찬가지로 이 두 사람은 당시 중도 좌파의 철학적 구조뿐만 아니라 정치 개혁도 받아들였다. 스마일스는 당시 '철학적 급진주의'로 알려진 공리주의를 열렬히 지지했다.

인간 본성에 관한 밀의 입장은 근대적 다윈주의와 잘 조화된다. 우리가 선천적으로 사악하므로(밀은 칼뱅주의가 그런 입장을 취했다고 풍자했다.) 인간인 한 선하게 될 수 없다고 하는 말은 분명 과장된 말이다. 사실 공감에서 죄책감에 이르기까지 도덕성의 요소는 인간 본성에 깊이 근거하고 있다. 동시에 이 요소들은 자발적으로는 진정 자비로운 마음과 연합을 할 수 없다. 이것들은 더 숭고한 선을 위해 디자인된 것이 아니다. 또 이 요소들이 우리 자신의 행복을 증진시키도록 보장하는 것도 아니다. 우리의 행복은 자연 선택의 우선 순위에서 앞쪽에 있지 않았다.

비록 그랬더라도 행복이라는 것이 진화의 맥락과는 그리도 다른 환경에서 자연적으로 발생한 것은 아니었다.

다원주의와 이데올로기

어떤 의미로 보면 이렇게 새로운 패러다임은 그 자체로 도덕적이다. '도덕 감성'이 저절로 도덕적으로 전개되지는 않는다는 것을 보임으로써 사람들이 더 숭고한 선을 존중하기 위해서 굳건한 도덕 규범이 필요하다고 주장하는 것이다. 서로 이기심을 추구하는 것이 한두 사람에게는 이익이 되는 경우가 흔하지만, 도덕성을 진지하게 여기지 않는다면 공동의 이익을 찾을 수는 없을 것이다.

이런 종류의 도덕적 보수주의가 정치적 보수주의와 긴밀한 관련을 맺고 있을까? 그렇지 않다. 사실 정치적 보수주의는 도덕적 엄격성을 옹호하느라 반대 진영보다 더 많은 시간을 낭비한다. 그러나 그들은 우리 모두 준수해야만 하는 강력한 도덕 규범이, 그들이 권위로 채택한, 적어도 '전통'의 축복을 받은 것이라고 생각하는 경향이 있다. 반대로 다원주의자는 전통적인 도덕 규범을 몹시도 양면적인 것으로 본다.

한편, 오랫동안 지속되어 왔던 규범들은 인간 본성에 대해 일종의 적합성을 지니며 적어도 누군가에게는 이익을 준다. 그러나 누구의 이익인가? 도덕 규범을 만드는 것은 권력 투쟁이고, 인간 사회의 권력은 대개 복잡하고 불평등하게 분배된다. 어떤 문제가 여기에 개입되었는지를 밝히는 일은 그리 쉬운 일이 아니다.

새로운 패러다임의 도구를 이용하면 도덕 규범을 잘 분석(누가 그 대가를 치르고 누가 이익을 보았는지 그리고 대안 규범들로부터 오는 이득과 손실이 무엇인지를 결정하는 일)할 수 있다. 그리고 조심스럽게 이 일을 수

행해야만 한다. 결국 우리는 현실적으로 이치에 맞지 않는 그런 규범을 제거해야 한다. 그러나 한편으로는 그 규범들이 때로는 실제적인 의미가 있음을 알아야 한다. 비록 순수하게 민주적이지는 않지만 때로 그것들은 비공식적으로 여러 가지를 주고받음으로써 발생해 왔다. 게다가 이런 은연중의 협상이, 애초에는 분명하지 않던 인간 본성에 대한 (아마도 혹독한) 진실을 준비해 놓는 것 같다. 우리는 탐광자가 빛나는 바위를 바라보는 방식으로 커다란 존경과 의심, 건전한 유동성, 절박하고 긴급한 조사를 통해 도덕 원리를 보아야 한다.

이런 평가 결과는 너무 다양해서 간단한 딱지를 붙이는 것으로 그 특성을 나타낼 수가 없다. 그것이 전통을 영원히가 아니라 임시로 존중하는 것이라면 보수적인 것이 될 것이다.

한편 자유주의가 쾌락주의 또는 도덕적 자유 방임과 동일시되지 않는 한 그 분석의 결과를 자유주의라고 할 수 있을 것이다. 만일 자유주의의 도덕 철학이 (그의 시대에) '급진적'이었던 밀이『자유론』에서 그 토대를 다진 것이라면, 그것은 인간 본성의 어두운 면에 대한 건전한 인식과 자기 억제, 도덕적 책망의 필요성까지 포함할 것이다.

생물학적 결정론(말하자면 결정론)이 스며듦으로 해서 그들은 관념적인 분류에도 도전을 했다. 그들은 현실적으로 필요하다 할지라도 범죄자를 감금하는 것은 항상 도덕적 비극으로 귀결된다고 강조했다. 결국 그들은 사회적 처벌로 귀결될 가난과 같은 사회적 조건을 시급히 제거해야 한다고 강조한다. 다윈은 이 점을 알았다. 결정론을 언급하면서 다윈은 보복이 철학적으로 공허하다고 쓰고 있다. "이런 견해를 믿는 사람이라면 교육에 대단한 관심을 쏟을 것이다." 동물들은 "우리가 범죄자에게 그러하듯이 약하고 병약한 것들을 공격한다. 우리는 동력을 제공하는 것과 같은 방식으로 가능성을 열어 두고 불쌍히 여기고 돕고 또 교육해야 한다."[31]

한편 다윈은 범죄자가 "손을 쓸 수 없을 정도로 나쁘다면 무엇으로도 그를 치유할 수 없을 것"이라고 썼다.[32] 비록 새로운 패러다임이 자유주의자들이 오랫동안 강조해 온 정신의 유연성을 강조한다 하더라도 이 유연성은 무한하지도 않으며 영원하지도 않다. 단순한 관찰로도 이것을 알 수 있다. 정신 발달의 여러 기제들은 인생의 처음 이삼십 년 동안에 주로 영향을 미치는 것 같다. 그런데 그 특성의 다양한 양상이 얼마나 구체적인지에 대해서는 아직 분명하지 않다. (사람이 거의 구제 불능의 강간범일 수 있는가? 혹은 적어도 중년쯤 돼서 남성 호르몬 수치가 떨어질 때까지는 어쩔 수 없는 것일까?) 이것들을 자물쇠로 채우고 열쇠를 내던짐으로써 답을 한다면 정치적인 우파는 반가워 할 것이다.

진화심리학에서 말하는 진보는 앞으로 수십 년간 도덕적, 정치적 담화에 영향을 미칠 것이다. 그러나 어떤 관념적 꼬리표로도 그 영향들을 간단히 요약할 수는 없다. 일단 이 점을 누구나가 이해한다면 좌파나 우파의 어떤 비평도 다윈주의는 수용할 것이다. 그러면 계몽은 빠르게 진행될 수 있다.

18장

다윈, 종교를 갖다

브라질 밀림의 웅대함에 도취되어 나는 일지에 이렇게 적었다. "영혼을 충만케 하고 고양시키는 경이로움, 탄복, 심취 같은 고귀한 정서를 뭐라 딱히 표현할 수는 없다."라고. 사람 안에는 단순한 호흡이 아닌 그 무언가가 있으리라고 확신했음을 나는 잘 기억한다. 그런데 지금 이 웅장한 광경은 내게 어떤 신념이나 느낌도 떠오르도록 하지 않는다. 마치 내가 색맹이라도 된 듯이 느껴졌다.

──『자서전』(1876)[1]

비글 호가 영국을 떠났을 때 다윈은 정통적인 독실한 기독교 신자였다. 그는 훗날 "도덕의 핵심에 관한 의문의 여지가 없는 근거로 성경을 들었는데 몇몇 간부 선원들(그들 역시 정통파였다.)로부터 비웃음을 샀다."라고 회상하기도 했다. 그런데 그의 마음에도 의심이 깃들기 시작했다. 그는 구약 성서에 나타난 '세계가 분명 틀렸다는 사실'과 신이 '복수심에 불타는 압제자'로 묘사되어 있다는 사실에 곤혹스러워 했다. 그는 신약 성서에 대해서도 의구심을 품었다. 비록 예수의 도덕적 가르침은 더할 나위 없이 훌륭하다고 생각했지만 그것의 "탁월함은 오늘날 우리가 비유와 은유를 덧붙이는 해석에 의지한다."라고 보았다.

다윈은 믿음을 되찾기를 간절히 바랐다. 그는 복음서를 뒷받침할 고대의 문서를 발굴하겠다는 공상을 하기도 했지만 별 도움이 안 되었다. "불신이 서서히 내게 스며들었다."[2]

신앙심을 잃어버린 다윈은 수년 동안 모호한 유신론에 집착했다. 그는 내심 어떤 목적을 갖고서 자연 선택을 시작한 신적 지성, 즉 제1원인을 믿었다. 그러나 의구심만은 어쩔 수 없었다. "내가 믿고 있는 바대로 사람의 마음이 가장 저급한 동물의 마음에서부터 발달해 왔다면 마음이 그러한 장대한 결말을 끌어낸다는 사실을 믿을 수 있겠는가?"[3] 다윈은 마침내 다소 견고한 불가지론에 도달했다. 그는 유신론적 시나리오를 낙천적인 국면에서 생각했다. 하지만 그의 인생에서 낙천적인 순간은 흔치 않았다.

그러나 어떤 의미에서 다윈은 늘 기독교도였다. 당대의 서양인과 마찬가지로 그 역시 도덕적으로 엄격한 복음주의에 빠져들었다. 그는 영국 교회에 울려 퍼지는 교의에 따라 살았으며, 새뮤얼 스마일스의 『자조론』에서 속세의 귀감으로 삼을 만한 표현을 찾아냈다. 사람은 그의 "행동력과 자제력"을 발휘함으로써 "천한 방탕의 유혹에 대해 무장"할 수 있다는 것이다. 앞에서 본 바대로 이런 마음가짐은 "사람은 자신의 사고를 통제해야 하며 '자신의 과거를 그토록 유쾌하게 만든 죄악에 대해 티끌만큼의 생각도 해서는 안 된다.'"[4]라는 것을 인식한 다윈에게는 "도덕 문화의 가장 높은 단계"였다.

그러나 만일 다윈이 이런 의미에서 (복음주의적) 기독교인이었다면, 그는 마찬가지로 힌두교도나 불교도 혹은 이슬람교도라고 해도 거의 무방했다. 엄격한 자기 통제, 즉 동물적 욕망의 통제라는 기치는 세계의 위대한 종교에서 되풀이해 나타난다. 또 다윈이 그토록 고귀하다고 여긴 우애라는 원리도 정도는 덜할지 몰라도 널리 퍼져 있다. 예수보다도 600년이나 일찍 활동했던 노자는 "무례함을 호의로 갚는 것이 …… 도에 이르는 길이다."[5]라고 했다. 불경은 "그 안의 증오로 인해 훼손되지 않고, 반목을 일으키지 않는, 우주 만물을 감싸 안을 자비"[6]를 요구한다. 힌두교는 '불살생'의 원칙, 즉 그 모든 악한 의도의 부재에 대해 말한다.

다윈이 이런 주제들이 거듭 되풀이되는 것을 보고 무슨 생각을 했겠는가? 다양한 시대를 살았던 수많은 사람들이 몇 가지 보편적 진리에 관한 신의 계시에 내밀히 관여해 왔다고 생각했을까? 꼭 그렇지만은 않다.

영적 담화에 관한 다윈주의의 방침은 도덕적 담화에 관한 방침과 몹시도 유사하다. 사람들은 진화적으로 깊이 각인된 관심사에 대해 말하고 믿는 경향이 있다. 그런 생각들을 마음속에 품는 것이 늘상 그들의 유전자를 퍼뜨린다는 것을 의미하지는 않는다. 이를테면 금욕 같은 종교적 원칙 때문에 유전자가 퍼져나가지 못할 수도 있다. 오히려 사람들이 집착하는 원칙이 자연 선택이 디자인한 정신 기관과 일종의 조화를 이루리라고 단순하게 기대할 수 있다. 사람들은 '조화'라는 말이 꽤나 포괄적인 용어임을 인정하고 있다. 한편 이런 원칙들은 다소 심오한 심리적 갈등을 해소해 줄 수 있고 (사후 세계에 대한 믿음은 삶의 의지를 만족시킨다.) 또 한편으로는 정욕처럼 억누를 수 없어 짐이 되는 갈망을 억제해 줄 수 있다. 그러나 다른 면에서는 사람들이 동의하는 믿음들은 진화된 사람의 마음에 근거를 두고 설명할 수 있어야만 한다. 그래야만 여러 현인들이 같은 주제들을 설파할 때, 그 주제들이 그런 마음의 형세나 인간의 본성에 대해 뭔가를 말해 줄 것이다.

이 말은 종교에 공통된 가르침들이 삶의 지침으로 삼을 만한 원칙으로서 어떤 불변의 가치를 지니고 있음을 의미할까? 근대 다원주의를 열렬히 추종한 심리학자 중 한 명인 도널드 캠벨(Donald T. Campbell)은 그렇다고 대답한다. 미국 심리학 협회에서 행한 연설에서 그는 "삶의 묘안에 대한 타당성을 도출한 출처들은 인간사의 수백 세대에 걸쳐 발전되어 왔고 검증되어 왔으며 꼼꼼하게 선별되어 왔다. 순전히 과학적인 견지에서 보아도 이 삶의 묘안들은 삶을 어떻게 살아야 할 것인가에 대한 심리학과 정신 의학적인 어떤 최고의 견해보다 더 훌륭히 검증되어 왔다고 보아도 좋다."[7]라고 언급했다.

캠벨이 연설을 한 때는 윌슨이 『사회생물학』을 출간한 직후이자 다원주의적 냉소가 완전히 구체화되기 직전인 1975년이었다. 오늘날의 다원주의자들 중에는 좀 비관적인 사람들이 많다. 어떤 사람들은 개념이란 정의에 따라 개념이 자리 잡고 있는 뇌와 일종의 조화를 이루어야 하지만 그렇다고 개념이 궁극적으로 뇌에 도움을 준다는 의미가 아니라는 사실에 주목했다. 사실 어떤 개념들은 뇌에 기생하는 것 같다. 리처드 도킨스의 말마따나 이 개념은 '밈(meme)'들이다.[8] 헤로인을 맞으면 기분이 좋아진다는 생각은 주사를 맞는 사람을 궁극적으로 이롭게 함으로써가 아니라 그들의 근시안적인 갈망에 호소함으로써 사람들을 중독으로 몰아넣는다.

설령 어떤 생각이 장기간으로 사람들에게 이익을 줌으로써 퍼져 간다 하더라도 그 이익은 구매자의 것이 아닌 판매자의 것일 수도 있다. 종교 지도자들은 대체로 지위가 높다. 그리고 그 지위는 그들의 설교가 착취의 형태를 띠게 하고, 청중의 의지를 설교자의 목적에 맞게 미묘하게 변형시킨다. 예수, 부처, 노자의 가르침은 늘어나는 추종자 안에 그들의 위상을 높임으로써 세력이 확장하도록 영향을 미쳤다.

하지만 교리가 사람들에게 늘 강요된 것만은 아닌 듯하다. 십계명에 어떤 전체주의적 권위가 있었고, 정치적 지도력 때문에 이것이 전해질 수 있었지만, 한편으로는 신이 몸소 계시한 것이었다. 예수 역시 정치적인 권위는 없었지만 매사에 신이 허락하시기를 간원했다. 그러나 적어도 부처는 초자연적 권위를 강조하지는 않았다. 부처는 고귀한 집안 태생이었지만 그 지위에서 얻을 수 있는 특권을 포기하고 세상을 떠돌며 가르침을 전했다고 한다. 그의 행적과 가르침은 분명 무에서부터 시작되었다.

다양한 시대를 살았던 수많은 사람들이 혹독한 외압을 받지도 않았는데 여러 종교적 원칙들을 받아들였다. 아마도 어떤 심리적인 보상이 있었을 것이다. 위대한 종교들은 어떤 면에서 보면 자기 계발의 이데올로기이다. 캠벨의 말마따나 종교적 전통이 지배했던 그리고 긴 세월을 살펴보지 않고 내팽개친 것은 진정 파괴적인 것이었다. 우리 모두가 하나같이 그렇듯 현인들도 이기적이었을 것이다. 그럼에도 불구하고 그들은 현인들이었다.

악마

위대한 종교들이 한결같이 내거는 주제가 악마의 유혹이다. 사람들은 순진한 척 하면서 자신들을 꼬드겨, 보기에는 별것 아니지만 결국에는 커다란 부정을 저지르게 하는 악마의 존재를 보아 왔다. 성경과 코란에는 사탄이 나온다. 불경에는 교활한 악마 마라가 나오는데 마라는 음험하게도 자신의 딸 라티(욕망)와 라가(쾌락)를 이용한다.

악마의 유혹이란 말은 특히나 과학적 교설로는 들리지 않는다. 그러나 그것은 습관으로 이끄는 원동력을 더디지만 확실하게 포착한다. 가령 자연 선택은 남자들이 무수한 여자들과 섹스하기를 '원한다'. 그리고는 일련의 미묘한 매력을 지닌 이 목표, 애초에는 혼외정사에 대한 단순한 기대감에 지나지 않았던 것이 점점 더 강해져서 결국에는 거부할 수 없는 목표가 되리라는 것을 깨닫는다. 도널드 시먼스는 "예수께서는 '누구든지 여자를 보고 음욕을 품은 자는 이미 마음으로 간음을 한 것이다.'라고 말씀하셨다. 예수는 마음의 기능이 행위를 초래할 것임을 알고 있었던 것이다."라고 평했다.⁹

악마와 마약 중개상이 "한번 해 봐. 기분이 좋아질걸."이라는 말로 똑같이 서두를 꺼내거나, 신앙이 깊은 자들이 마약에서 악마의 존재를 보는 것은 우연의 일치가 아니다. 섹스든 권력이든 어떤 목적에 타성이 생기면 이것은 사실상 중독이 되는 과정으로, 이런 것들을 기분 좋은 것으로 만드는 생물학적 화학 약품에 점점 더 의지하게끔 한다. 권력은 더 많이 가질수록 더 필요해지는 법이다. 조금만 그 정도가 줄어들어도 기분이 나빠진다. 물론 예전에는 그 정도로도 희열을 느꼈지만 말이다. (자연 선택이 결코 장려할 '의도'가 없었던 한 가지 습관이 바로 약물 중독이다. 과학·기술이 낳은 이 기적은 예상치 못하게 생화학이 개입한 것으로 보상 제도를 파괴했다. 우리는 고된 일상사, 즉 먹고 성교하고 적을 몰래 공격하는 등등 낡은 방식으로 스릴을 느끼도록 돼 있다.)

악마의 유혹은 악에 대한 좀 더 근본적인 개념과 자연스럽게 연결된다. 악의 있는 존재와 악의 세력이라는 두 개념은 영적인 계획에 감정적인 힘을 실어 준다. 부처가 우리에게 "갈망의 근원"을 알아내서 "유혹자 마라가 너를 되풀이해서 능욕하지 못하게 하라."라고 설파할 때, 그것은 우리가 다가올 전쟁에 대비해 마음을 굳게 먹어야 한다는 말이다. 바로 전의를 북돋는 말이다.[10] 마약, 섹스, 호전적인 절대 권력자가 '악'하다는 경고도 거의 같은 효과를 거둔다.

'악'에 대한 개념은 '악마'보다는 형이상학적으로 더 세련된 것이기는 해도 근대 과학의 세계관에는 쉽게 조화되지 않는다. 그러나 사람들은 그것이 형이상학적으로 적절하다는 이유로 그 유용성을 인식하고 있는 것 같다. 사실 우리를 온갖 쾌락으로 유인하는 데 전념하는 힘이 있다. 그 쾌락은 우리 유전자의 이해에 관계되어 있고 (혹은 한때 있었고) 장기적으로 우리에게 행복을 가져다 주지 않으며 타인에게 커다란 고통을 안겨 줄 수도 있다. 여러분은 그 힘을 자연 선택의 망령이라 칭할 수도 있다. 좀 더 구체적으로 말하면 우리 유전자(적어도 그 일부)라고 칭할 수 있다. 사실 악이라는 단어를 사용하는 것이 도움이 된다면 그렇게 하지 않을 이유가 없다.

부처가 '갈망의 근원'을 알아내라고 설파했다고 해서 그가 반드시 금욕을 원한 것은 아니었다. 물론 많은 것을 절제하라는 이야기는 여러 종교에서 나타난다. 그리고 분명 그것은 악이 습관화되는 것을 막는 하나의 방법이기는 하다. 그러나 부처는 금기시해야 할 것의 목록을 시시콜 콜 들어 이를 강요한 것이 아니었다. 그는 대체로 물질적 보상과 감각적 쾌락에 무관심하도록 수련하고 금욕적인 마음가짐을 지닐 것을 역설했 다. "나무 한 그루가 아니라 욕망의 숲 전체를 베어 내라!"[11]라는 것이다.

다른 종교들도 인간 본성에 대한 이런 근본적인 도전을 어느 정도 장 려한다. 산상수훈에서 예수는 "너희를 위하여 보물을 쌓아 두지 마라.", "목숨을 위하여 무엇을 먹을까 무엇을 마실까 몸을 위하여 무엇을 입을 까 염려하지 마라."[12]라고 했다. 불경처럼 힌두 경전도 좀 더 상세하고 뚜렷하게 쾌락을 금하고 있다. 영적으로 성숙한 사람이란 "욕망을 포기 한 자"이며, "즐거움에 대한 열망을 버린 자"[13]이고, "사지를 집어넣은 거북이처럼 감각의 대상으로부터 감정을 거두어들인 자"이다. 고로 『바 가바드 기타(The Bhagavad Gita)』에서 제시하고 있는 이상적인 사람은 수 양된 사람으로, 그는 자신의 행동이 어떤 결과를 낳을까 염려하지 않고 행동을 하며 환호와 비난에도 동요를 하지 않는다. 간디는 이런 이미지 에 고취되어 "성공을 간구하거나 실패를 두려워하지 않고" 견뎌 낼 수 있었다.

이렇게 힌두교와 불교가 비슷해 보인다고 해서 놀랄 필요는 없다. 부 처는 힌두교도로 태어났다. 그러나 부처는 감각적 무관심이라는 기치를 한껏 펼쳐 삶은 고행이라는 엄격한 격률로 압축해 그것을 자신의 철학 의 중심으로 삼았다. 여러분이 삶의 타고난 고통을 받아들이고 부처의 가르침에 따른다면, 묘한 말로 들릴지 모르지만 행복을 찾을 수 있다.

감각을 경계하라는 이런 가르침에는 커다란 지혜가 담겨 있다. 쾌락 을 탐닉하지 말라는 가르침뿐 아니라 쾌락은 덧없는 것이라는 지혜가 담겨 있는 것이다. 중독의 본질은 결국 쾌락인데, 쾌락은 마음을 뒤흔들 고 동요시켜 더 많은 것을 갈망하게끔 한다는 것이다. 돈이 많고 연애를 더 즐기고 지위가 높다면 만족해질 수 있다는 생각은 인간 본성에 대한 오해를 반영하고 있다. 그런데 그 오해는 사람의 본성 안에 구축된 것이다. 사람은 다음 단계의 목표를 달성하면 큰 기쁨을 느끼도록, 그리고 우리가 그 곳에 도달하자마자 그 기쁨은 사라져 버리도록 디자인됐다. 자연 선택의 유머에는 악의가 있다. 자연 선택은 사람에게 몇 가지 약속을 한 후 "농담이었어."라고 말한다. 성경은 "사람의 수고는 다 그 입을 위함이나 그 식욕은 차지 아니하느니라."[14]라고 말한다. 사람은 정말로 자신의 인생을 제대로 이해하지 못한다.

이런 게임을 거부하라는 현인들의 충고는 창조자에게 반란을 일으키라는 선동에 다름 아니다. 감각적 쾌락은 자연 선택이 우리를 지배하려고, 즉 그것의 왜곡된 가치 체계 안에 우리를 속박하려고 사용하는 채찍이다. 세속적 쾌락에 무관심하도록 뭔가를 계발한다면 그럴듯한 해방의 길을 찾을 수 있다. 우리 가운데 이런 길을 걸어 왔노라고 주장할 수 있는 자는 거의 없지만, 이런 성경의 경구가 확산되었다는 사실은 어느 정도의 여정이나마 다소간 성공적으로 걸어 왔음을 암시하고 있다.

그러나 한편 이런 확산을 좀 더 냉소적으로 설명하는 자들이 있다. 가난한 사람들로 하여금 자신들의 처지에 만족하게끔 하는 방법은, 어쨌든 물질적 쾌락은 유쾌한 것이 아님을 확신시키는 것이다. 탐닉에 빠지지 말도록 충고하는 것이 사회의 지배 수단이나 억압의 수단이 될 수 있다. "먼저 된 자로서 나중되고 나중 된 자로서 먼저 될 자가 많으니라."[15]라는 내세에 대한 예수의 확답을 너무 강조하는 것은 비천한 자들을 군대에 징집시키는 수단처럼 들린다. 그리고 이 징집은 자신의 세속적 승리를 위해 싸우기를 포기하고 자신을 희생하도록 할 것이다. 이런 면에서 보면 종교는 늘 대중의 아편이었다.

아마도 그럴 것이다. 그러나 쾌락이 공허하다는 말은 진실이다. 스마일스와 밀이 주목했듯 끊임없이 쾌락을 추구하는 것이 행복의 신뢰할 만한 원천은 아니다. 우리는 이 사실을 쉽게 이해하지 못하도록 되어 있다. 이 모든 것의 원인은 신다윈주의적 패러다임의 견지에서 보면 더 분명히 드러난다.

고대 경전에는 쾌락, 부, 지위를 추구하는 인간은 자기 기만이란 멍에를 지게 된다는 암시가 산재해 있다. 『바가바드 기타』는 "쾌락과 권력에 몰두한" 사람은 "식견을 빼앗긴다."라고 가르친다. 행동의 열매를 좇는 자는 "기만의 정글"[16]에서 살게 된다. 부처는 말했다. "최상의 미덕은 무념이다. 최상의 인간은 볼 수 있는 눈을 가진 자이다."[17]라고. 구약 성서 중 한 권인 「전도서」는 "눈으로 보는 것이 심령의 공상보다 나으니라."[18]라고 가르친다.

이 경구들 중 몇몇은 문맥적으로 모호하나 분명 현자들은 이것에서 자아를 향한 기본적인 도덕적 편견, 즉 인간의 기만을 보았다. 예수의 가르침에서 이 점이 잘 나타나 있다. "너희 중에 죄 없는 자가 먼저 돌로 치라.", "의심하는 자여 먼저 제 눈 속에서 들보를 빼어라. 그 후에야 밝히 보고 형제의 눈 속에서 티를 빼리라."[19] 부처는 좀 더 평이한 말로 표현한다. "남의 과실은 쉽게 알아낼 수 있으나 스스로의 과실은 알아내기 어렵다."[20]라고.

특히 부처는 그토록 많은 기만이 한발 앞서 가려는 인간의 경향에서 나온다고 보았다. 부처는 제자들이 교리를 두고 언쟁을 벌이는 데 다음과 같이 힐난했다.

> 그토록 남을 경멸하도록 자극하고
> 스스로를 옳다고 확신시키는
> 그래서 자신의 경쟁자를

'생각없는 바보들'의
위치로 격하시키는
감각의 증거들.[21]

원래부터 왜곡되어 있는 우리의 인식을 이런 식으로 파악하는 것은 우애에 대한 권고와 단단하게 연결되어 있다. 이런 권고를 하려면 우선 우리는 친족이나 자신에게 하는 만큼의 깊은 사랑을 타인에게는 보이지 않는다는 사실을 알아야 한다. 사실 우리에게 이런 성향이 크지 않고, 고집스레 도덕이나 지적 신념을 마음내키는 대로 발산하지 않았다면 그 부조화를 바로 잡기 위해 구태여 종교가 필요하지는 않았을 것이다.

감각적 쾌락을 거부하는 것은 우애와 연결된다. 에고를 만족시키는 데 몰두하는 한 관대함과 이해심을 갖고 행동하는 것은 요원한 일이다. 전체적으로 종교적 사고 체계를 받아들이는 것은 논제로섬을 최대화하는 일관된 프로그램이다.

우애의 원리

그러나 의문은 해소되지 않는다. 이런 사고 체계는 어떻게 해서 시작이 되었을까? 우애라는 이론이 그리도 번창해 온 이유는 무엇일까? 우애가 주로 그 불이행 때문에 존중을 받아 왔고, 우애를 열성적으로 추구하는 사람일지라도 자애심을 거의 누그러뜨리지 못하며, 체계적으로 조직된 종교도 그 원칙을 심히 어기는 경우가 많다는 사실은 잠시 제쳐두기로 하자. 그 개념이 인간 내면에 여전히 살아 꿈틀대고 있다는 사실이 묘할 뿐이다. 다윈주의의 견지에서 볼 때 우애의 개념에 대한 모든 것은 '형제다운(brotherly)'이라는 단어가 주는 수사학적인 힘을 제외하고는 역설적으로 보인다. 그리고 이런 수사학적인 힘만으로는 그 개념을 선전하기에 부족하다.

이런 불가해함을 풀기 위해 몹시도 냉소적인 설명에서부터 감동적인 주장을 비롯한 수많은 시도가 있었다. 철학자 피터 싱어는 여기에 대해 감동적인 설명을 했다. 피터 싱어는 자신의 저서 『영역 확장(The Expanding Circle)』에서 인간의 동정심이 원래의 한계인 가족이나 집단을 넘어서 어떻게 확대될 수 있었는지를 물었다. 그는 인간의 본성과 인간 사회 생활의 구조 때문에 사람들이 오래전부터 객관적인 어투로 자신들의 행위를 공공연히 정당화하는 습성을 지녔음에 주목했다. 우리가 스스로의 이익을 중시할 때는 마치 우리와 같은 입장에서 다른 이들에게 줄 수 있을 만큼만 요구하는 것인 양 말한다. 싱어는 무엇보다 호혜적 이타주의가 진화함으로써 이 습성이 확립되기만 하면 "추론의 자율성"이 우세해진다고 믿었다. "누군가의 행위를 사심 없이 옹호한다는 생각"은 이기주의를 넘어선 것이다. 그러나 "이성을 지닌 존재의 사고에는 집단의 한계를 넘어서서 확장하게 하는 고유의 논리가 나타난다."

이런 확장 속도는 인상적이었다. 싱어는 플라톤이 어떻게 아테네의 동료들에게 당시로서는 중대한 도덕적 진보를 받아들이도록 설득했는지를 자세히 서술했다. "플라톤은 그리스 인들이 전쟁 중에 다른 그리스 인들을 노예로 삼거나, 그들의 땅을 황폐화시키거나, 집을 부수어서는 안 된다고 주장했다. 이런 짓은 이방인들에게나 해야 하는 것이었다."[22] 민족 국가에 한정되는 도덕적 관심의 성장은 이미 오래전부터 규명이 되어 왔다. 싱어는 결국 그것이 전체적으로 균형에 도달해 미국인들에게 아프리카의 기아가 미국의 기아만큼 수치스럽게 여겨지게 되리라고 믿었다. 순수한 논리를 따라가다 보면 우리는 위대한 종교의 가르침(모든 이에 대한 근본적인 도덕적 평등)에 접할 것이다. 우리의 연민은 인류를 가로질러 공평하게 퍼져나갈 것이고 또 그래야만 한다. 다윈은 이런 희망을 품었다. 그는 『인류의 기원과 성 선택』에서 "사람이 문명을 발달시킴에 따라 작은 부족들은 더 큰 공동체로 합쳐졌고, 개인들은 자신들의 사회적 본능과 교감을, 친분이 없더라도 국가의 모든 구성원들에게 확대해야 한다는 가장 단순한 이유를 알게 될 것이다. 일단 이 사실을 알면 그의 공감은 모든 국가, 모든 인종으로 확대될 것이다. 이를 막을 수 있는 것은 인위적인 장벽밖에는 없다."[23]라고 썼다.

싱어는 어떤 의미에서 우리 유전자가 너무도 영악했다고 이야기한다. 그것들은 오래전에 도덕이라는 고상한 언어로 자연 선택이 만들어낸 다양한 도덕적 충동을 활용하면서 노골적인 이기심을 감추기 시작했다. 이제 순수한 논리를 이용하게 된 그 언어는 두뇌로 하여금 유전자가 사심 없이 행동하도록 되어 있다는 생각을 하도록 했다. 자연 선택은 편협한 이기심을 위해 차가운 이성과 따뜻한 도덕 충동을 디자인했다. 이 둘이 어떻게든 결합하면 자신만의 고유한 생기를 띠게 된다.

영감은 충분하다. 그렇게도 많은 현인들이 무엇 때문에 도덕의 범위를 넓히도록 강권했는가에 대해 가장 냉소적인 설명이 이 장의 서두에서 제시되었다. 즉 도덕의 범위가 넓어질수록 그것을 강권하는 현인들의 세력은 커진다. 거짓말, 도둑질, 살인을 금하고 있는 십계명은 모세의 무리들을 다루기 쉽게끔 해주었다. 그리고 교리를 두고 다투는 제자들에 대한 부처의 힐난은 자신의 세력 기반이 분열되는 것을 막았다.

여러 경전에서 신봉되는 그 보편적 사랑이라는 것이 자세히 들여다보면 그리 보편적이지는 않다는 사실은 이 냉소주의를 뒷받침한다. 무욕(無慾)에 대한 송가는 『바가바드 기타』에서 다소 아니러니컬한 문맥으로 나타난다. 크리슈나 왕이 전사 아르쥬나로 하여금 좀 더 효율적으로 적의 군대를 완패시키도록 자기 수양을 장려했을 때, 그 적군에는 다름 아닌 그 자신의 친족도 포함돼 있었다.[24] 그리고 갈라디아 인들에게 보내는 서신에서 바울은 사랑, 평화, 친절, 선행을 찬양한 후에 이렇게 말한다. "모든 이에게 착한 일을 하되 더욱 믿음의 가정들에게 할지니라."[25] 이 지혜의 말이 사실은 가정의 우두머리로부터 나온 것이다. 예수조차도 보편적인 사랑을 진정으로 설교하지 않은 경우가 있었다. 주의 깊게 살펴보면 '적'을 사랑하라는 그의 권면은 오직 유태인인 적에게만 적용된다는 것을 알 수 있다.[26]

이런 견지에서 싱어의 '영역 확장'은 도덕적 논리의 확대라기보다는 정치적 범위의 확대로 보인다. 사회 조직이 수렵 채집 집단을 넘어 종족, 도시 국가, 민족 국가로 확대되면서 종교 조직도 커지게 된다. 그래서 현인들이 자신들의 세력을 확장시킬 기회(즉 적당히 관대한 인내심을 설법하는 것)를 맞게 되는 것이다. 따라서 우애를 호소하는 것은 정치인들이 이기적으로 애국심을 호소하는 것에 비교될 수 있다. 사실 애국심에 호소하는 것은 어떤 면에서는 분명 국가적 규모로 우애를 호소하는 것이다.[27]

냉소적인 의견의 중간쯤 속하는 세 번째 이론이 있다. 이 이론은 십계명이 모세의 무리들을 좀 더 다루기 쉽게 만들었다고 생각할 것이다. 그런데 생각해 보면 십계명으로 인해 이익을 본 신도들도 많았을 것이다. 상호 간의 자제와 배려는 뭔가 성과를 가져다 주기 때문이다. 다시 말해서 종교적 지도자들이 이기적이었긴 해도 대중을 속여 이익만을 챙기지는 않았을 것이다. 그들은 자신들의 이익과 대중의 이익이 겹치는 부분을 보았고 그 부분은 사회, 경제적 조직의 범위가 커져감에 따라 커졌다. 그리고 사회, 경제적 조직이 커짐에 따라 논제로섬 영역과 사람의 이기심은 점점 늘어가는 사람들에게 최소한의 예의를 갖고 행동하게끔 했다. 종교 지도자들은 이에 상응해 자신들의 수준이 높아지는 것을 크게 기꺼워한다.

사회 조직의 범위뿐만 아니라 그 본성에도 변화가 있었다. 도덕 감성은 특정한 환경(좀 더 정확하게는 수렵 채집 부락과 그 이전 선사 시대의 안개 속에 없어진 사회들을 포함하는 일련의 특정한 환경)을 위해 디자인되었다. 이런 사회들에는 정교한 사법 제도나 강력한 경찰력이 없었을 것이다. 사실 인과응보라는 충동의 크기는 자신의 이익을 스스로 옹호하지 않는다면 다른 사람들도 옹호하지 않았을 시절을 입증하는 것이다.

어떤 시점에서 사물은 변하기 시작했고, 이런 충동들의 가치는 옅어지기 시작했다. 오늘날 우리 대부분은 분노를 표출하는 데에 엄청난 시간과 에너지를 낭비한다. 우리는 부주의한 운전자를 쓸데없이 욕하고, 경찰과 함께 지갑을 날치기해 간 사람을 찾느라 하루를 보낸다. 그 속에 있던 돈은 단지 세 시간이면 벌어들일 돈인 데다가 앞으로 또 날치기를 당할 확률에는 아무런 변화가 없는데도 말이다. 또 직업상의 경쟁자가 얻은 행운에 부아가 끓는다. 그들을 불행에 빠뜨릴 수도 없고 그들을 성심껏 대하는 것이 이익이 될 텐데도 말이다.

인간사 어느 때에 도덕 감성의 일부가 퇴화되기 시작했는지를 말하기는 어렵다. 그러나 "중국, 인도, 메소포타미아, 이집트, 멕시코, 페루에서 독립적으로 발전된" 고대 도시 문명의 종교들이 바로 근대 종교들의 친숙한 요소들("이기심, 교만, 탐욕 …… 갈망 …… 정욕, 격노"를 포함한 "인간 본성의 많은 부분"을 억제하는 것)을 만들었다는 도널드 캠벨의 통찰은 곰곰이 생각해 볼 가치가 있다.

캠벨은 이러한 억제가 '최선의 사회적 조화'[28]를 위해 필요하다고 믿었다. 그는 이것이 통치자에게 최선이 되는지 혹은 피통치자에게 최선이 되는지는 언급하지 않았다. 그러나 그 둘은 때로는 반목하지만 서로 배타적인 것은 아니라는 사실을 마음으로 받아들일 수는 있다.

게다가 문제가 되는 그 '사회적 조화'는 어떤 하나의 국가의 범위를 넘어서 확장될 수도 있다. 세상 사람들이 어느 때보다 더 서로에게 의존하게 됐다고 말하는 것이 이제는 진부한 일일지 모른다. 그러나 진부하더라도 사실이다. 물질적 진보로 인해 경제적 통합이 크게 심화되었고, 다양한 과학의 발전으로 인해 환경 파괴나 핵 확산같이 인류가 오직 협동해야만 미연에 방지할 수 있는 위협이 나타났다. 국제적인 분쟁이 있을 때 사람들의 불관용과 편협함에 불을 지피는 것이 정치가들에게 이익을 주던 시절이 있었을지 모른다. 하지만 그 시기는 막을 내렸다.

하나의 우주 정신이 모든 이들에게 깃들어 있다고 힌두교의 경전은 가르친다. 현명한 자는 "모든 것에서 그를 보고 그 안에서 모든 것을 본다."[29]는 것이다. 위대한 철학적 진실을 나타내는 은유로서 이 가르침은 심원하다. 그리고 삶의 현실적 규칙을 위한 토대(현자는 남에게 해를 입히기를 삼가며 그래서 "그 자신도 해를 입지 않는다.")[30]로서 이 가르침에는 선견지명이 있다. 비록 모호하고 자기 본위지만 고대의 현자들은 단지 타당하고 가치가 있는 진리만이 아니라 역사가 발전하면서 가치가 높아지게 되어 있는 진리를 역설했다.

오늘날의 짧은 설교

월터 호턴은 빅토리아 시대 영국의 "청교도적 의식"을 설명하면서 자신이 모든 "죄와 잘못"을 적어 내려가고, "모든 노력과 결심에 있는 이기심"[31]을 습관적으로 감지하는 사람을 묘사했다. 이런 생각은 마틴 루터(Martin Luther)로까지 거슬러 가는데, 루터는 성자란 그가 행하는 모든 행동이 이기적이라는 것을 이해한 사람이라고 말했다.

성인에 대한 이런 정의를 다윈은 호의적으로 받아들였다. 그의 서신을 하나 보자. "그런데 내 편지는 얼마나 이기적인 말로 채워져 있는지요. 난 너무도 지쳤습니다. 그래서 무엇으로도 허영심이 주는 유쾌함을 줄이지 못해 나에 대해서 사랑스럽게 쓰는 것만으로도 족합니다."[32] (말할 필요도 없이 이 문장 다음에 이어지는 단락을 이기적이라고 느낄 사람은 거의 없을 것이다. 그는 우려의 목소리를 높여 왔으며 비글 호에서 행한 자신의 연구가 어떻게 받아들여질지 확신을 갖지 못했다.)

루터의 기준으로 보아 다윈이 성인으로서 자격을 충분히 갖추었는지의 여부에 관계없이 이런 기준으로 보면 다윈주의가 사람을 성인답게 만드는 데 도움을 줄 수 있음은 분명한 사실이다. 어떤 교설도 신다윈주의의 패러다임만큼 은폐된 이기심의 의식을 구체적으로 고양시키지 않는다. 여러분이 이 교설을 이해하고 받아들이고 활용한다면, 여러분은 자신의 동기를 심히 의심하면서 생을 보낼 것이다.

축하할 만한 일이다. 그것이 자연 선택이 우리 안에 구축한 도덕적 편견을 바로잡는 첫걸음이다. 두 번째 단계는 이 새로 배운 냉소주의가 다른 모든 이들에 대한 여러분의 시각을 오염시키지 못하도록 하는 것이다. 자기 자신에게는 엄격하고 타인에게는 관대하도록 그리고 우리가 타인들의 복지에 적대적이지는 않더라도 무심하게끔 하는 무자비한 판단을 완화시키기 위해 또 진화가 그렇게도 고통스럽게 할당한 동정을 자유롭게 적용하도록 하기 위해서 말이다. 이런 작용이 터무니없는 성공을 거두었다면, 다른 사람들의 복지를 담당하지만 그 자신의 복지만큼 중요시 여기지 않는 개인에게 귀결되었을 것이다.

이 점에 대해 다윈은 이치에 맞는 역할을 했다. 비록 그는 다른 사람들의 허영에 동조하기도 하고 무시도 했지만 다른 사람들을 대하는 그의 일반적인 태도에는 도덕적 진지함이 있었다. 그는 대체로 자신만을 비웃었을 뿐이다. 어쩔 수 없이 사람을 혐오할 때에도 자신의 증오를 곱씹어 보았다. 리처드 오언을 유달리 혐오했던 그는 친구 후커에게 다음과 같이 편지를 썼다. "오언에게라면 나는 악마와 다름이 없이 되어가는 것 같네." 하지만 "나는 좀 더 부드러운 감정을 가지려 노력하려고 하네."[33] 그가 그 노력에 성공했는지의 여부가 중요한 것이 아니다. (종내 성공하지는 못했다.). 중요한 것은 반은 농담으로 다른 사람에 대한 증오에 "악마와 다름이 없다."라는 말을 쓰는 것은 그가 도덕적으로 자기를 불신하고 자부심이 남달리 크지 않았음을 보여 준다. (이것은 다윈의 감정이 묘하지 않았다는 것보다 더 인상적이다. 오언은 자연 선택을 믿지 않는다는 점에서 다윈에게 큰 위협이었지만, 심술궂었고 사람을 경멸했다.)[34] 다윈은 거의 불가능할 정도로 훌륭한 경지에 도달했다. 그는 사심이 없었으며 자아에 대한 근대적 (비록 탈근대적은 아니지만) 냉소주의를 채득했고 다른 사람들에게는 빅토리아 식의 진지함으로 대했다.

루터는 또 도덕적 고뇌는 신의 자비가 드러난 것이라는 말을 했다. 그렇다면 다윈은 걸어다니는 자비 저장소였다. 여기에 다소 귀찮은 팬레터에 아직 답을 못했다고 해서 밤중에 양심의 가책을 느끼며 깨어 있는 사람이 있었다.[35]

누군가를 고뇌에 빠뜨리는 것이 뭐가 그리도 자비로운 짓인가 하고 물을지 모른다. 그러나 다른 사람들은 그것으로 인해 이익을 볼 수 있다. 아마도 루터는 도덕적으로 고뇌하는 자는 신의 자비를 보여 주는 '매체'라는 말을 하고 싶었는지 모른다. 적어도 은유적으로 표현하자면 때로는 다윈이 그런 사람이었다. 그는 공리주의의 돋보기였다. 논제로섬이란 마법을 통해 그는 자신의 사소한 희생을 다른 사람의 커다란 이익으로 바꿔 놓았다. 그는 편지를 쓰는 데 고작 몇 분을 들임으로써 누군가 알지 못하는 사람의 하루 혹은 일주일을 즐겁게 만들었다. 이것은 의식이 의도한 것은 아니었다. 보통 그 사람들은 그에게 답례를 할 처지가 아니었거나 다윈의 도덕적 평판에 도움을 주기에는 너무도 멀리 떨어져 있었다. 우리가 이미 본 바와 같이 가장 도덕적인 의미에서 바람직한 의식이란 자연 선택이 '의도한 대로'만 작용하지는 않는다.

어떤 사람들은 신다윈주의 패러다임이 그들의 삶에서 고귀함을 없앨 것이라는 우려를 한다. 아이들에 대한 사랑이 단지 우리의 DNA에 대한 방어에 지나지 않는다면 또 친구를 돕는 것이 다만 주어진 혜택에 대한 보답이라면, 학대를 받는 자에 대한 연민이 단지 염가품을 찾는 것에 지나지 않는다면 도대체 자랑스럽게 여겨야 할 것은 무엇인가? 다윈이 모범을 보였던 행동이 한 가지 답이 될 수 있다. 거침없이 기능하는 의식의 요구를 뛰어넘어 보답해 줄 것 같지 않는 사람을 돕되 왼손이 하는 일을 오른손이 모르게 하라는 것이다. 바로 이것이 진정으로 도덕적인 동물이 되는 길이다. 이제 새로운 패러다임의 견지에서 우리는 이 일이 얼마나 어려운지, 스마일스가 바람직한 삶이란 "도덕적 무지, 이기심, 악"과의 전쟁이며, 그 적은 원래 끈질기다고 말한 바가 얼마나 옳은 말이었는지를 알 수 있다.

궁극적으로 천한 인간의 동기에 대한 절망을 넘어설 또 다른 교정 수단은, 이상하게 들릴지 몰라도 감사하는 마음이다. 만약 여러분이 다소 비뚤어진 인간의 도덕적 기반 때문에 감사히 여기지 않는다면 대안을 고려해 보도록 하라. 자연 선택이 작용하는 방식에서 보면 진화의 발단에는 두 가지 가능성만이 있을 뿐이다. (1) 의식, 연민, 사랑에 이르기까지 모든 것을 궁극적으로 유전적인 이기심에 근거를 둔 종이 하나 있었을 것이다. (2) 애초에 이러한 것들을 지닌 종은 존재하지 않았을 것이다. 그러다가 어떤 종이 이런 자질을 우연히 지니게 되었을 것이다. 우리에게는 분명 우리가 의지할 수 있는 고상한 토대가 있다. 다윈과 같은 동물이라면 그의 아내나 자녀, 지체 높은 친구들만이 아니라 처지가 다른 노예, 알지 못하는 팬, 심지어는 말과 양들에 이르기까지 다른 동물들에 대한 근심으로 많은 시간을 보낼 수 있다. 이기심이 우리 디자인의 가장 두드러진 특징이라고 해도 우리는 꽤나 사려 깊은 유기체 집단이다. 사실 진화 이론의 철저한 비정함에 대해 오래도록 숙고해 본다면 기적처럼 우리의 도덕성을 볼 수 있을 것이다.

다윈의 말년

다윈은 고뇌에서 신의 자비를 찾으려고 했다. 그는 삶의 막바지에 이르러서야 전형적인 마음의 틀은 알 수 없는 것이라고 했다. 죽기 며칠 전에 그가 "나는 죽음을 조금도 두려워하지 않는다."라고 말했던 것은 더 좋은 어떤 것이 올 것이라는 기대에서가 아니라 현세의 고통을 덜 수 있다는 기대에서였다.[36]

다윈은 "신의 존재에 대한 현재의 믿음이나 징벌과 보상에 대한 미래의 확신이 없는 사람"의 삶의 의미에 대해 깊이 생각했다. 다윈은 그런 사람도 "가장 고상한 만족은 이른바 사회적 본능인 어떤 충동들을 따르는 것으로부터 나온다는 현인들의 가르침을 알 수 있게 될 것"이라고 믿었다. "그가 다른 사람의 이익을 위해 행동한다면 그는 주위 사람들의 인정을 받게 되고 그와 함께 살아가는 사람들의 사랑을 얻게 될 것이다. 그리고 이 후자의 것이야말로 의심할 바 없이 이 세상에서 누릴 수 있는 최상의 즐거움"이라는 것이다. 그러나 "그의 이성은 때때로 다른 사람들의 의견과는 반대로 행동하라고 말한다. 하지만 그는 자신이 여전히 가장 깊숙한 곳에서 우러나는 안내를 받고 의식을 따라왔다는 것에 대해 인식할 때 확고한 만족을 얻을 것이다."라고 했다.[37]

아마도 이 마지막 문장에는 어떤 허점, 그를 따르는 사람이라고 해서 한결같이 인정하지는 않았던 이론 즉 진실이기는 하지만 '다른 사람들의 선'을 겨냥하지 않는 이론을 세우는 데 자신의 인생을 보낸 사람을 위해 디자인된 허점이 있을지도 모른다. 확실히 우리 종이 만들어 낸 이론은 아직도 평화를 완결짓지 못했다.

도덕을 측정하는 세밀한 잣대를 가지고 다윈은 자신의 삶에 합격점을 주었다. "나는 정직하게 평생을 과학에 전념했고 헌신해 왔다고 믿는다." 그러나 "어떤 큰 죄도 짓지 않았다는 안도감"에도 불구하고 그는 "종종 내 주위 사람들에게 좀 더 직접적으로 이익을 주지 못한 것을 후회했다. 굳이 변명하자면 나는 건강이 좋지 않았고, 어떤 주제나 분야에서 다른 분야로 옮기기 어려운 정신 구조를 지니고 있었기 때문이다. 나는 평생을 봉사에 헌신하면서 살아도 큰 만족을 얻을 수 있다고 생각한다. 그리고 이것이 더 훌륭한 행위였는지도 모른다."[38]

다윈이 최선을 다해 공리주의자의 삶을 살지는 않았음은 사실이다. 누구도 그런 삶을 산 사람은 없다. 그러나 그는 죽음을 맞이하면서 친절하고 너그럽게 살아온 삶과, 성실히 수행한 의무들과 다는 아니었어도 그가 그 근원을 처음 발견한 이기심에 대한 고통스러운 투쟁에 대해 올바르게 숙고할 수 있었다. 그 삶은 완벽한 삶은 아니었다. 그러나 인간은 그보다 더 추악해질 수 있다.

감사의 말

바쁜 와중에도 이 책 원고의 일부를 읽고 조언해 준 레다 코스미데스(Leda Cosmides), 마틴 데일리(Martin Daly), 메리앤 아이스만(Marianne Eismann), 윌리엄 해밀턴(William Hamilton), 존 하텅(John Hartung), 필립 헤프너(Philip Hefner), 앤 헐버트(Ann Hulbert), 캐런 레만(Karen Lehrman), 피터 싱어(Peter Singer), 도널드 시먼스(Donald Symons), 프란스 드 발(Frans de Waal), 글렌 바이스펠드(Glenn Weisfeld)에게 감사한다.

로라 벳지그(Laura Betzig), 제인 엡스타인(Jane Epstein), 존 피어스(John Pearce), 수년간 나의 다른 저작들까지도 손봐 준 마이키 카우스(Mickey Kaus), 《뉴리퍼블릭(The New Republic)》의 편집자가 된 이후 내 저작들을 더욱 개선시켜 준 마이크 킨슬리(Mike Kinsley), 자신의 사진 기록을 제공하는 등 다양한 도움을 준 프랭크 설로웨이(Frank Sulloway)는 실제로 책 원고 전체를 읽느라 많은 인내력을 발휘했다. 게리 크리스트(Gary Krist)는 훨씬 이전에 두서없는 원고 전체에 대해 믿을 만한 조언을 해 주었고, 실전에서 든든한 충고와 중대한 윤리적 충고를 했다 이분들은 모두 상을 받을 만하다.

마티 페레츠(Marty Peretz)는 개인적 관심사를 좇아 여행하도록 하는 귀한 정책을 유지하여 내가 《뉴리퍼블릭》을 벗어나 있는 시간을 연장해 주었다. 내가 아이디어를 진심으로 존중하는 사람들과 함께 일하게 되어 행운이다. 내가 없는 동안 헨리(Henry)와 엘리너 오닐(Eleanor O'Neill)은 겨울의 낸터케트 하숙을 무료로 제공해 가장 아름다운 환경에서 책의 일부를 집필하도록 해 주었다.

에드워드 윌슨(Edward O. Wilson)은 『사회생물학(Sociobiology)』과 『인간 본성에 대하여(On Human Nature)』를 집필하여 내가 이 분야에 관심을 갖도록 하고 이후에도 도움을 주었다. 존 타일러 보너(John Tyler Bonner), 제임스 베니거(James Beniger), 헨리 혼(Henry Horn)은 대학 시절에 사회생물학 세미나를 공동 강의하고 내 관심을 길러 주었다. 1980년 중순 《사이언스》 편집자 시절에는 멜 코너(Mel Konner)의 칼럼 「인간 본성에 대하여」를 편집하는 특권을 누렸다. 나는 그 칼럼과 멜과의 대화로부터 생명에 대한 관점을 배웠다.

내가 책을 쓰도록 격려해 준 빌 스트로브리지(Bill Strobridge)와 고등학교 시절 스키너(B. F. Skinner)의 저서로 나를 안내해 준 릭 에일러(Ric Aylor), 집필 초기에 조언한 준 빌 뉼린(Bill Newlin), 집필 후기에 조언한 존 와이너(Jon Weiner), 스티브 라거펠드(Steve Lagerfeld)와 제이 톨슨(Jay Tolson), 여러 '이타적 행동'을 해 준 세라 오닐(Sarah O'Neill), 자신도 모르게 이 책의 주제에 대한 매력을 북돋워 주고 스스로가 도덕적 동물인형 마이크 라이트(Mike Wright)에게 감사드린다. 앞에 언급한 《뉴리퍼블릭》의 동료 앤 헐버트(Ann Hulbert), 미키 카우스(Mickey Kaus), 마이크 킨슬리(Mike Kinsley)는 일상의 충고와 동정에 다시 한번 감사드린다. 지난 수년간 그들을 만나 함께 일할 수 있었던 것은 내게 특권이었다. 존 맥피(John McPhee)는 대학 은사이며 내 삶의 방향을 정해 주었고 이번 작업에서 귀한 조언을 해 주었다. 나는 이익의 극대화를 염두에 두고 이 주제를 고르지 않았고 이 책은 맥피 스타일은 아니지만 내가 아는 한 항상 옳았던 그의 가치가 길잡이가 되었다.

나는 특히 첫 문단을 포함해서 앞에 언급한 다양한 학자들과 마이클 베일리(Michael Bailey), 잭 벡스트롬(Kack Beckstrom), 데이비드 버스(David Buss), 밀드레드 디커먼(Mildred Dickemann), 브루스 엘리스(Bruce Ellis), 윌리엄 아이언스(William Irons), 엘리자베스 로이드(Elizabeth Lloyd), 케빈 맥도널드(Kevin MacDonald), 마이클 맥과이어(Michael McGuire), 랜돌프 네스(Randolph Nesse), 매트 리들리(Matt Ridley), 피터 스트랄랜도르프(Peter Strahlendorf), 라이오넬 타이거(Lionel Tiger), 로버트 트리버스(Robert Trivers), 폴 터크(Paul Turke), 조지 윌리엄스(George Williams), 데이비드 슬론 윌슨(David Sloan Wilson)과 마고 윌슨(Margo Wilson)에게 공식적으로 혹은 비공식적으로 문의했다. 킴 부엘만(Kim Buehlman), 엘리자베스 캐시던(Elizabeth Cashdan), 스티브 갠지스태드(Steve Gangestad), 마트 그로스(Mart Gross), 엘리자베스 힐(Elizabeth Hill), 킴 힐(Kim Hill), 게리 존슨(Gary Johnson), 데브라 저지(Debra Judge), 보비 로(Bobbi Low), 리처드 마리우스(Richard Marius), 마이클 랠리(Michael Raleigh) 등 많은 분들이 자신의 논문 복사본을 제공하고 성가신 질문에 답변해 주었다. 인간 행동과 진화 학회에서 내게 붙들려 긴 이야기를 나눈 이름이 기억나지 않는 많은 분들도 있다.

편집자인 댄 프랭크(Dan Frank)는 동시대 편집자 중에서 원고에 바치는 관심의 양과 질적인 면에서 매우 보기 드문 분이다. 마지 앤더슨(Marge Anderson), 알티 카퍼(Altie Karper), 진 모튼(Jeanne Morton)과 클라우딘 오헌(Claudine O' Hearn) 등 판테온 사의 많은 분들도 큰 도움이 되었다. 에이전트인 라프 사갈린(Rafe Sagalyn)은 너그럽게도 시간을 내주고 든든한 충고도 해 줬다.

마지막으로 가장 큰 빚을 진 나의 아내 리사(Lisa)에게 감사한다. 아내가 첫 장의 원고를 처음 읽고 얼마나 나쁜지 말없이 설명하던 때가 아직도 기억난다. 아내는 그 후로 다양한 단계의 원고를 읽었고 자주 완곡한 표현으로 전과 같이 날카로운 판단을 해 주었다. 상충되는 충고에 직면할 때나 어리둥절할 때 아내의 의견은 내게 등불의 역할을 했다. 게다가 아내는 내가 무사히 집필을 마치도록 모든 종류의 일을 했다. 비록 회상하면, 몇 번 강요한 적은 있지만 더 이상은 요구할 수 없을 정도였다.

리사는 이 책의 일부 내용에 동의하지 않는다. 앞에 언급한 모든 분들도 마찬가지라고 확신한다. 새로운 과학에서는 윤리적, 정치적으로 논쟁의 여지가 있는 법이다.

FAQ

1859년 다윈이 그의 형 이래즈머스에게 『종의 기원』의 사본을 보내자, 이래즈머스는 칭찬의 답장을 보냈다. 그 답장에서 이래즈머스는 자연 선택론이 논리적으로 아주 탄탄한 것에 반해 점진적인 진화상의 변화가 화석 기록으로 남아 있지 않아 걱정스러워했다. "실제로 이 추론은 아주 만족스럽다. 만약 사실과 일치하지 않으면 왜 사실이 그토록 이상한가라고 느낄 정도이다."

이러한 느낌은 진화론자들 사이에 폭넓게 퍼져 있다. 자연 선택론은 생명의 많은 부분을 설명하는 증명된 힘 덕분에 맹목적이지 않은 하나의 신념을 불어넣을 만큼 훌륭하고 강력하다. 그러나 신념 역시 이론 전체에 이의를 제기하는 몇 가지 사실의 등장 가능성을 받아들이기 어려운 시점이 있다.

나는 그 시점에 도달했음을 인정하지 않을 수 없다. 자연 선택은 일반적으로 생명과, 특히 인간의 마음에 대한 많은 것을 그럴듯하게 설명한다고 알려져 있고 나는 나머지도 설명할 수 있음을 믿어 의심치 않는다. 물론 그 나머지가 영역의 하찮은 무더기는 아니다. 다윈주의 신봉자도 여전히 쩔쩔매며 도전하고 있는 인간의 사고, 감정, 행동에 대해 아마추어들도 쩔쩔매는 또 다른 많은 것들이 있다. 다윈주의에서 몇 가지 중요한 예를 언급한다. 다윈은 그의 객관적이고 명백한 결점들에 정신이 팔려 있었고 결점들에 맞서는 그의 고집 덕분에 『종의 기원』은 설득력을 가지게 되었다. 이래즈머스가 언급한 결점은 다윈이 이론의 난점이라고 이름 붙인 장에서 나타난다. 개정판에서 다윈은 자연 선택론의 다양한 결함이라는 또 다른 장을 추가했다.

다음은 몹시 소모적인 수수께끼의 목록인데, 신다윈주의 패러다임을 인간의 마음에 적용할 때 마주치는 분명한 난제들이다. 그러나 여기서 그 본질을 전달하고 해결의 가능성을 제시한다. 진화심리학에서 가장 일반적인 질문을 다루었고 몇 가지 흔한 오해를 푸는 데 도움이 되길 바란다.

동성애자에 관하여

보통 자연 법칙이 다음 세대로 유전자를 전달하도록 하는 이성 간 성교를 거부하는 사람을 만들어 낸다고 생각하지는 않는다. 사회생물학 초기에 몇몇 진화론자들은 친족 선택 이론이 이 모순을 해결할지 모른다고 생각했다. 어쩌면 동성애자들은 유전자를 직접 다음 세대에 전하기 위해 에너지를 소비하기보다 간접적인 경로로 사용하거나, 자신의 아이에게 돈을 쓰기보다 형제, 조카들에게 투자한다는 점에서 일개미와 닮았다.

원칙적으로 이러한 설명은 도움이 되지만 현실은 호의적인 것 같지 않다. 우선 첫째로 얼마나 많은 동성애자들이 형제와 조카들을 돌보는 데 과도한 시간을 소비하는가? 둘째로 많은 동성애자들이 무엇에 시간을 소비하는지 보라. 이성애자들이 이성 모임을 찾아다니는 것만큼 열심히 동성애자들은 동성 모임을 찾아다닌다. 그것의 진화론적 이치는 무엇인가. 일개미는 다른 일개미를 애무하는 데 많은 시간을 소비하지 않으며, 만약 그렇다면 그 또한 수수께끼다.

우리의 가까운 친척인 보노보는 분명 배타적인 동성애가 아니기는 해도 양성애를 나타내는 것은 주목할 만하다. 보노보는 가령 친근함의 표시이자 긴장을 푸는 방법으로 성기 마찰을 이용한다. 이는 자연 선택이 외음부 마찰과 같은 만족의 형태를 만들기만 하면 그 형태는 다른 역할을 만족시킬 수 있다는 일반적인 원리를 가리킨다. 그 형태는 유전적 진화를 통해 이처럼 다른 역할에 적응하거나 혹은 완전한 문화적 변화를 통해 다른 역할을 만족시킬 수 있다. 그 한 예로 고대 그리스에서는 소년들이 가끔 성적 자극으로 남성들을 만족시키는 문화적 관습이 성행했다. 또한 완전한 다윈주의 관점에서는 누가 누구를 이용했는지는 논쟁의 여지가 있다. 소년들이 이 기술을 이용해 상대방과 친분을 유지하는 동안에는 신분이 상승되었다. 다윈주의 관점에서 남성들은 시간을 낭비한 것처럼 보인다.

이 관점에서 어떤 사람들의 성적 충동이 전형적인 경로로부터 이탈한다는 사실은 인간 정신의 유연성에 대한 또 다른 찬사일 뿐이다. 특정한 환경적 영향하에서 어떤 행동이든 할 수 있다. 감옥이 그런 환경적 영향의 극단적 예이다. 이성 간의 만족이 불가능한 곳에서 특히 강하고 무차별적인 수컷의 성적 충동은 가장 유사한 대체물을 찾게 된다.

동성애를 유발하는 유전자가 있을까? 동성애와 연관이 깊은 몇 개의 유전자가 있음을 시사하는 증거는 있다. 그러나 그것이 냉혹하게도 환경에 무관하게 동성애로 몰아가는 동성애 유전자라는 의미는 아니며 문제의 유전자가 동성애에 도움이 된 덕분으로 자연 선택에 의해 선택되었다는 의미도 절대 아니다. 당연히 어떤 유전자는 다른 유전자보다 사람으로 말하자면 은행원이나 축구 선수가 되기 쉽게 만들지만 은행 업무나 축구에 도움이 된 덕분에 선택되는 은행가 유전자나 축구 선수 유전자는 없다. 말하자면 수학적 재능이나 신체적 능력에 이바지하는 유전자일 뿐이다. 실제로 동성애적 경향의 친족 선택 이론을 배제하면 배타적 동성애에 이르게 한 덕분에 선택된 유전자를 상상하기는 매우 어렵다. 만약 동성애 유전자가 인구의 꽤 많은 부분에 퍼졌다면 그것이 퍼뜨려진 환경에서의 동성애적 경향 외에 어떤 효과가 나타났을 것이다.

어떤 사람들이 동성애 유전자 문제에 대해 그처럼 걱정하는 이유는 그들이 동성애가 자연적인 것인지 아닌지 알고 싶어 하기 때문이다. 적어도 그들에게는 도덕적 중요성을 가진 질문이다. 그들은 실제로 (1) 그 효과 덕분에 선택된 동성애 유발 유전자 혹은 유전자 조합이 있는지와, (2) 어떤 환경에서 동성애를 촉진하는 효과 이외의 다른 어떤 이유로 선택되는 동성애 유발 유전자 혹은 유전자 조합이 있는지, 혹은 (3) 아주 최근에 인류에게 나타나서 아직 자연 선택의 격심한 승인 절차를 거치지 않은 동성애 유발 유전자가 있는지가 매우 중요하다고 생각한다.

그러나 알게 뭔가. 왜 동성애가 자연적인가가 우리의 도덕적 판단에 영향을 미치는가? 남자가 아내와 잠자리를 한 타인을 죽이는 것은 자연 선택이 승인한 점에서는 자연적인 것이다. 같은 점에서 강간도 자연적인 것이다. 그리고 당신의 아이들을 먹이고 입히는 것도 분명 자연적인 것이다. 그러나 대부분의 사람들은 이런 일들을 원인에 의해서가 아니라 결과에 의해서 바르게 판단한다. 동성애에 관해 분명히 진실인 것은 다음과 같다. 첫째 어떤 사람은 동성애적 삶으로 강하게 몰아가는 유전적·환경적 여건의 조합을 가지고 태어난다. 둘째로 동성애자들 간의 동성애와 타인의 복지 사이에 고유의 모순은 없다. 도덕적 논점은 논의에서 배제한다.

왜 형제들은 서로 그토록 다른가?

만약 유전자가 중요하다면 왜 동일한 유전자를 그리도 많이 갖고 있는 사람들끼리 서로 그토록 다른가? 어떤 점에서 이 질문은 진화심리학자에게 논리적이지 않다. 결국 주류 진화생물학은 다른 유전자가 다른 행위를 일으키는 방식을 연구하지 않는다. 대신 인류에 공통된 유전자가 가끔은 다르고 가끔은 유사한 다양한 행위를 일으키는 방식을 연구한다. 다시 말하면 진화심리학자들은 대체로 개인의 독특한 유전적 구성에 관계없이 행위를 분석한다. 여전히 형제에 관한 문제의 해답은 진화심리학의 주요한 난제를 조명해 준다. 만약 인간 행위에 대한 주요 유전적 작용이 모든 사람이 공유한 유전자에서 나온다면 왜 사람들은 일반적으로 서로 다르게 행동하는가? 우리는 이 책에서 다양한 각도로 이 문제를 다루었으나 형제의 문제는 새로운 견해를 제시한다.

다윈을 생각해 보라. 그는 여섯 자녀 중 다섯째였다. 그 자체로 다윈은 최근에 와서야 밝혀진 인상적인 패턴을 따른다. 과학적 혁명을 일으키거나 지지하는 사람은 장남이 아닐 가능성이 대단히 높다. 프랭크 설로웨이는 이 패턴을 풍부한 자료로 문서화했고 정치적 혁명을 이끌거나 지지한 사람 또한 장남이 아닐 가능성이 매우 높다는 것을 발견했다.

이 패턴을 어떻게 설명할까? 설로웨이가 언급한 바에 의하면 예측컨대 손아래 아이는 자주 권위의 상징인 손위 형제들과 자원을 위해 경쟁해야 한다. 실제로 손아래 아이는 이 특정한 권위뿐 아니라 체제 전체와도 대립한다. 결국 동생들보다 번식에 더 높은 가치를 둔 장남(7장 참조)은 다른 조건이 동일하다면 이론적으로 부모의 편애를 받는 경향이 있다. 그래서 부모와 장남이 자주 이익의 자연적 공유를 통한 동맹을 이루고 손아래 형제는 이에 대항해 싸운다. 체제는 법을 정하고 손아래 형제는 이에 도전한다. 아이는 받아들여진 규칙에 이의를 제기하기 수월하도록 적응할 수 있다. 즉 종 특유의 발달 과정 속에서 손위 형제를 둔 아이들은 과격한 사상을 택하는 경향이 있다.

여기서 보다 큰 문제는 유전학자들이 지난 10여 년 전에서야 비로소 이해한 비공유 환경에 관한 것이다(Plomin and Daniels(1987) 참조). 환경적 결정주의에 의혹은 품은 사람들은 나란히 키운 두 형제를 지적하고 왜 그중 하나는 가령 범죄자가 되고 다른 하나는 검사가 되는지 질문하기를 좋아한다. 그들은 만약 환경이 그토록 중요하다면 왜 두 사람이 그토록 다르게 성장하느냐고 묻는다. 그런 질문은 환경의 의미를 잘못 해석한 것이다. 비록 두 형제가 같은 부모와 학교 등 환경의 일부를 공유하기는 했으나 1학년 때 담임이나 친구 등 많은 부분을 공유하지 않았다.

역설적으로 설로웨이가 지적한 대로 형제는 형제가 된 덕분에 특히 전혀 다른 비공유 환경을 가진다. 예를 들어 당신과 옆집 이웃 모두 장남이고 그래서 같은 환경적 영향을 공유하지만 당신과 당신의 형제는 그렇지 못하다. 더욱이 설로웨이는 가족 사회 생태 내에서 어떤 전략적 적소를 점유한 덕분에 한 형제는 자원을 위해 전력으로 경쟁한 다른 형제를 다른 적소로 밀어낼 수 있다고 믿는다. 이리하여 손아래 형제는 다른 형제가 부모에 대한 성실한 희생을 통해 사랑을 받는다는 것을 깨달으면 그 응답으로 자신은 이미 붐비는 희생 시장에서 경쟁하기보다 가령 학업 성취 등 또 다른 적소를 찾게 된다.

왜 사람들은 아이를 적게 낳거나 아예 낳지 않는가

이 문제는 주요한 진화적 불가사의로 언급되곤 한다. 학계는 산업 사회에서 출생률이 감소하는 인구학의 변천을 다윈주의 관점에서 설명하는 데 애를 먹고 있다. 어떤 학자들은 가령 현대적 환경에서 한때 평균적 규모로 여겨지던 가족이 당신의 유전적 유산에 나쁠 수 있다는 가정을 세웠다. 당신은 싸구려 학교를 나와 스스로 부양 능력이 없는 다섯 아이를 낳기보다는 유명한 사립 학교에 보낼 수 있는 두 명의 아이를 낳아야 보다 많은 손자들을 얻을 수 있다. 이와 같이 아이를 적게 낳음으로써 사람들은 적응하고 있다.

간단한 해답이 있다. 우리가 번식하게끔 유도하는 자연 선택의 주요 수단은 우리에게 아이를 갖고자 하는 저항할 수 없고 의식적인 욕망을 주입하는 것이 아니다. 우리는 섹스를 사랑하고 그 다음으로 9개월 뒤 실현되는 결과를 물론 예측할 순 없으나 사랑하도록 되어 있다. 말리노스키에 따르면 트로브리안드 섬 사람들은 섹스와 출생의 상관성을 이해하지 못함에도 불구하고 그럭저럭 번식을 지속했다. 낙태 기술이 태동하자 이 구조는 흔들렸다.

우리가 의식적 반성을 통해서 자연 선택을 이긴 대표적 경우가 가족 규모의 선택이다. 가령 사랑스러운 아이들은 어떤 숫자에 이르면 매우 부담이 된다. 우리는 자연 선택이 따르도록 지시하는 궁극적 목표를 회피하는 쪽을 택할 수 있다.

사람들은 왜 자살하는가

다시 이런 행위가 적응성이 있다는 가정을 세워 볼 수 있다. 아마 조상들의 환경에서 가족에게 짐이 된 사람은 실제로 자신을 제거함으로써 총체적 적응성을 극대화했을 것이다. 가령 그가 부족한 음식을 계속 축내면 보다 생식적 가치가 높은 친족의 영양분이 고갈되어 그들의 삶이 위험에 처할 수 있다.

이 설명은 전적으로 믿기 어렵지는 않지만 몇 가지 문제점이 있다. 적어도 현대 환경에서 자살하는 사람들은 굶주리는 가정에 속해 있는 경우는 거의 없다. 그리고 정말로 굶주림만이 자살이 다윈주의 이치에 들어맞는 거의 유일한 상황이다. 대체로 음식이 풍부할 경우 심한 장애가 있거나 극도로 노쇠하거나 허약한 경우가 아니면 살아남아서 생식적으로 유익한 혈육을 위해 열매를 모으고 아이들을 가르치는 등 충분히 도움을 줄 수 있다. 그리고 어쨌든 가족에게 변명의 여지없는 부담이 되었다고 하더라도 자살이 유전적으로 최선의 길인가? 가령 마을을 벗어나 헤매다가 딴 곳에서 우연히 한 낯선 여자를 만나 강간이 아니라 유혹을 할 수 있는 더 좋은 행운을 기대하는 의기소침한 남자의 유전자인 편이 더 낫지 않은가?

자연 선택이 의도한 행동의 적응은 행동 그 자체가 아니라 그 아래 놓인 정신 기관임을 기억하는 것이 자살 패러독스의 그럴듯한 해답이다. 그리고 충분히 적응된 정신 기관은 어떤 환경에서는 인간 본성의 일부가 되고 또 다른 환경에서는 적응성이 없는 행위를 이끌어 내기도 한다. 예를 들어 우리는 자신에 대한 나쁜 감정에 간혹 적응성이 있다는 것을 13장에서 알아보았다. 그러나 정신 기관이 망가져서 스스로를 나쁘게 느끼는 감정이 쉴 새 없이 오래 지속되면 자살에 이르게 된다. 현대 환경에서는 과거의 환경에서보다 이런 종류의 기능 이상이 더 잘 일어나는 것 같다. 예를 들어 현대 환경에서는 과거 조상들이 몰랐던 사회적 고립의 여지가 있다.

왜 사람들은 자기 자식을 죽이는가

자식 살해는 단지 현대 환경의 산물은 아니다. 수렵 채집 문화와 농경 문화에서도 많이 발생했다. 신생아를 언제 죽일지 은연중에 계산하는 정신 기관이 유전적 적합성을 극대화시키는가? 아마 그럴 것이다. 허약하고 장애를 가진 아기가 살해당할 가능성이 높고, 남편이 없는 경우 등 다양한 종류의 불운한 상황의 아기들도 마찬가지이다.

물론 현대 환경에서는 자식 살해를 확실한 유전적 전략으로 설명하기는 더욱 어렵다. 그러나 4장에서 다룬 것처럼 자식 살해로 여겨지는 많은 경우가 사실상 의붓자식 살해이다. 나머지 많은 경우는 사실상 친부임에도 의식적으로나 무의적으로 의붓자식임을 의심한 남편에 의해 자행되었을 것으로 짐작된다. 그리고 비교적 드물게 어머니가 자신의 신생아를 죽이는 경우에 대해서는 조상들의 환경에서 아버지의 부양이 없는 데서 기인한 상대적 빈곤 등 유아 살해가 유전적으로 유리한 환경적 단서가 있다.

왜 군인은 조국을 위해 죽는가

수류탄에 맞서거나 조상의 환경에서는 곤봉을 휘두르는 침략자를 자멸적으로 방어한 것은 가까운 혈육이 있는 경우에 다윈주의 이치에 맞는다. 그러나 왜 단지 친구 사이인 한패의 사람들을 위해 죽는가? 그것은 결코 보답의 즐거움을 얻지 못할 호의이다.

먼저 조상의 환경에서는 수렵 채집을 하는 작은 마을에 군대 동료 간의 혈연 관계가 평균적으로 무시할 만큼 낮지 않았고 게다가 결혼의 형태로 따지면 꽤 높았을 수 있다(Chagnon(1988) 참조). 7장의 친족 선택 이론을 논할 때 우리는 가까운 혈연을 구분하고 특히 너그럽게 그들을 대하는 정신 기관에 주목했다. 그리고 그런 차별을 유발하는 유전자가 이타주의를 보다 널리 퍼뜨리는 유전자를 희생시켜 번창하는 경향이 있다고 시사했다. 그러나 그런 우수한 인식을 허락하지 않는 몇 가지 상황이 있다. 그중 하나는 집단적 위협이다. 만약 자신의 직계 가족과 많은 친인척을 포함한 전체 수렵 채집 사회가 무시무시한 공격하에 있다면 과도한 용기가 친족 선택에 의하여 분명한 유전적 중요성을 가질 수 있다. 현대 전쟁터의 남자들은 전쟁과 흡사한 상황에서 그런 무차별적 이타주의를 베푸는 경향성의 영향을 받기도 한다.

현대 전쟁과 조상들의 전쟁 간의 또 다른 차이는 현대에서 승리의 유전적 보상이 더 낮다는 것이다. 문자 사용 이전 사회의 관찰을 기초로 여성에 대한 강간이나 납치가 한때 전쟁의 공통적 특징이었다고 추측하는 것은 정당하다. 다윈주의 관점에서 이렇게 보상은 명백한 자멸 행위가 아닐지라도 실제적인 위험을 정당화할 만큼 충분히 컸다. 그리고 전쟁 중 가장 용맹했던 남자들이 가장 값진 보상을 받았을 것이다.

요컨대 전시의 용맹에 대한 가장 좋은 추측은 한때 총체적인 적합성을 극대화하는 역할을 한 정신 기관의 산물이라는 것이다. 그러나 전쟁으로부터 이득을 얻는 정치 지도자들이 그 정신 기관의 사용을 계속한다(Johnson(1987) 참조).

인간 행위는 많은 다른 다윈주의 수수께끼를 내놓는다. 유머와 웃음의 기능은 무엇인가? 왜 사람들은 유언을 남기는가? 왜 사람들은 빈곤과 금욕을 맹세하고 때때로 이를 지키는가? 슬픔의 정확한 기능은 무엇인가? 확실히 7장에서 추정한 대로 죽은 이에 대한 감정적 투자의 정도는 중요하고, 감정적 투자 그 자체는 사람이 살아 있는 동안에는 유전적 의미가 있다. 그러나 사람이 죽은 후에 애도하는 것이 유전자에 무슨 소용이 있는가?

그러한 수수께끼에 대한 해답은 현대 과학에 대한 큰 도전이다. 해답을 찾는 과정은 (1) 행위와 이를 관장하는 정신 기관을 구분하고, (2)

자연 선택에 의해 실제로 만들어진 것은 행위가 아닌 정신 기관이라는 점을 제시하고, (3) 비록 자연 선택이 정신 기관을 설계했다는 전제하에서 이런 기관이 주어진 환경에서 적응적인 행위로 이끌었음에 틀림없지만 더 이상 그렇지 않을지 모른다는 사실을 제시하고, (4) 인간의 정신은 놀라울 정도로 복잡해서 온갖 종류의 세부적 상황에 따라 넓은 배열의 행위를 나타나고, 그 행위의 배열이 현대 사회 환경의 전에 없던 다양한 상황에 의해 확장된다는 사실을 제시하는 주제들을 포함한다.

주(註)

일러두기

Autobiography: Nora Barlow, ed.(1959) *The Autobiography of Charles Darwin*, New York: Harcourt Brace and Co.

CCD: Frederick Burkhardt and Sydney Smith, eds.(1985~1991) *The Correspondence of Charles Darwin*, 8 vols., Cambridge: Cambridge University Press.

Descent: Charles Darwin(1871) *The Descent of Man, and Selection in Relation to Sex*, Princeton, N.J.: Princeton University Press, 1981.

ED: Henrietta Litchfield, ed.(1915) *Emma Darwin: A century of Family Letters, 1792~1896*, 2 vols., New York: D. Appleton and Co.

Expression: Charles Darwin(1872) *The Expression of The Emotions in Man and Animals*, Chicago: University of Chicago Press, 1965.

LLCD: Francis Darwin, ed.(1888) *Life and Letters of Charles Darwin*, 3 vols., New York: Johnson Reprint Corp., 1969.

Notebooks: Paul H. Barrett et al., eds.(1987) *Charles Darwin's Notebooks, 1836~1844*, Ithaca, N.Y.: Cornell University press.

Origin: Charles Darwin(1859) *The Origin of Species*, New York: Penguin Books, 1968.

Papers: Paul H. Barrett, ed.(1977) *The Collected papers of Charles Darwin*, Chicago: University of Chicago Press.

Voyage: Janet Browne and Michael Neve, eds.(1989) Charles Darwin's *Voyage of the Beagle*, New York: Penguin Books.

머리말 ✢ 다윈은 우리에게 어떤 의미를 갖는가?

1. *Origin*, 458쪽.
2. Greene(1963), 114~115쪽.
3. Tooby and Cosmides(1992), 22~25, 43쪽.
4. Tooby and Cosmides(1992)를 참조.
5. 그 명칭을 피하는 일부 사람들은 윌슨의 공식과 자신들의 공식 간에 깊은 의미적 차이가 있다고 주장한다. 실제로 차이가 있고 그 분야의 개념적 궤변은 1975년부터 확실히 늘어났다. 그러나 학계에서 불온한 정치적 색채를 띠지 않았다면 이러한 차이 때문에 사람들이 윌슨의 용어를 사용하지 않는 일은 거의 없었을 것이다.
6. Brown(1991)과 Pinker(1994)의 마지막 장 참조.
7. Smiles(1859), 16, 332~333쪽.
8. Mill(1859), 50, 62쪽.
9. *Autobiography*, 21쪽.
10. LLCD, vol. 3, 200쪽; *Autobiography*, 73~74쪽.
11. Clark(1984), 148쪽.
12. Bowlby(1991), 74~75쪽; Smiles(1859), 17쪽.

1장 ✢ 다윈 시대의 도래

1. CCD, vol. 1, 460쪽.
2. Marcus(1974), 16~17쪽.
3. Stone(1977), 422쪽을 참조; Himmelfarb(1968), 278쪽; Young(1936), 1~5쪽; Houghton(1957).
4. Young(1936), 1~2쪽.
5. Houghton(1957), 233~234쪽.
6. Houghton(1957), 62, 238쪽; Young(1936), 1~4쪽.
7. *Descent*, vol. 1, 101쪽.
8. *Autobiography*, 46~56쪽.
9. Gruber(1981), 52~59쪽을 참조.; 페일리에 대한 현대적 답변은 Dawkins(1986)를 참조.
10. *Autobiography*, 56~57, 59쪽.
11. *Autobiography*, 85쪽. 다윈이 자연 선택설을 수립하고 진화론으로 전환하게 된 과정과

경위에 대해서는 Sulloway(1982)과 Sulloway(1984)를 참조.
12. Clark(1984), 6쪽.
13. *Autobiography*, 27~28, 58, 67쪽.
14. Clark(1984), 3쪽.
15. Himmelfarb(1959), 8쪽.
16. Clark(1984), 137쪽.
17. *Origin*, 263쪽.
18. 진화심리학의 이론적 토대에 대한 논의는 Cosmides and Tooby(1987), Tooby and Cosmides(1992), Symons(1989) 및 Symons(1990)를 참조.
19. Humphrey(1976)와 Alexander(1974), 335쪽, Ridley(1994)를 참조.
20. 다윈주의자들 중 일부는 '작위적(random)'이라는 용어의 사용에 반대한다. 그들에 따르면, 발생 과정은 엄밀한 의미에서 작위적인 과정이 창출하는 것보다 유용할 가능성이 더 큰 특질들을 창출한다. 그래서 어떤 이는 특질의 발생 과정 자체가 자연 선택에 의해 진화되었다고 주장한다. 즉 이 과정을 지배하는 유전자가 유용한 유전자를 발생시키도록 선택되었을 것이라는 주장이다. 예를 들어, Wills(1989)를 참조. 이 문제는 중요한 이슈 중 하나이며 현재 활발히 논의되고 있다. 그러나 우리가 다루고 있는 주제에 대해서는 별다른 영향을 주지 않는다. 그것은 이러한 논의의 결과가 진화가 일어나는 속도를 이해하는 데 도움을 줄 수는 있어도, 우리가 관심을 가지고 있는 '어떤 종류의 특질이 진화에 의해서 만들어지는가'라는 문제에 대해서는 같은 결론을 내놓기 때문이다.
21. ED, vol. 1, 226~222쪽.
22. Desmond and Moore(1991), 51, 54, 89쪽.
23. 그러나 대단히 간접적으로나마 그가 혼전에 성적인 경험을 했다는 증거도 있다. Brent(1983), 319~320쪽을 참조.
24. Marcus(1974), 31쪽.

2장 ✤ 수컷과 암컷

1. *Descent*, vol. 2, 396~397쪽.
2. *Descent*, vol. 1, 273쪽
3. *Descent*, vol. 1, 342쪽, vol. 2, 240~241쪽; Wilson(1975), 318~324쪽.
4. *Descent*, vol. 2, 32~37, 97, 252~255쪽.

5. 한 이론에 따르면, 처음에는 암컷이 수컷의 강건함을 나타내는 징표에 호감을 느끼도록 진화했다. 예컨대, 보통보다 약간 더 밝은 색조는 새끼의 강건함을 대변하는 징표로 여겨져 암컷의 호감을 살 수 있다. 그러나 일단 이와 같은 선호 경향이 몸에 배게 되면 약간 밝은 색조를 띤 수컷은 그것이 실제로 강건함을 나타내는 것과 상관없이 암컷과의 짝짓기에서 유리한 고지를 차지할 수 있다. 결국 밝은 색조를 갖게 하는 유전자가 득세하게 된 것이다. 그리고 수컷의 색조가 성공을 거둠에 따라 밝은 색조에 대한 암컷의 선호 역시 심화될 수밖에 없다. 왜냐하면 밝은 색조를 지닌 수컷을 선호한 암컷은 그와 같이 밝은 색조를 가져 번식에 있어 성공 가능성이 큰 수컷 새끼를 낳을 확률이 높기 때문이다. 말하자면, 이러한 '악순환'은 계속된다. 즉 더 많은 암컷이 밝은 색조를 선호함에 따라 더 많은 수컷이 그러한 색조를 갖게 되며, 또 역으로 더 많은 수컷이 밝은 색조를 갖게 됨에 따라 더 많은 암컷이 밝은 색조를 선호하게 되는 것이다. 이런 과정이 반복되면서 결국 필요 이상으로 밝은 색조를 지닌 수컷으로 진화하는 것이다. 그러나 이 이론도 최근에는 여러 각도에서 도전을 받고 있다. 반면 대안으로 제시된 이론들이 항상 이 이론과 양립 불가능한 것은 아니다. 아직 논란이 계속되고 있는 이 문제에 대해서는 Ridley(1994)와 Cronin(1991)을 참조.

6. *Descent*, vol. 1, 274쪽을 참조. 그러나 다윈은 그때에도 대체로 올바르게 추측하고 있었다. 그는 수컷이 적극적인 이유가 궁극적으로는 암컷의 생식 세포가 상대적으로 크다는 사실에 있다고 보았다. 암컷의 생식 세포가 크다는 사실은 곧 수컷의 생식 세포가 암컷의 생식 세포로 접근하는 것이 비교적 용이하다는 것을 함축한다. 예컨대, 거의 이동 능력이 없는 해양 동물의 경우 정자가 난자로 갈 가능성이 그 반대 경우보다 크다. 그러나 마냥 떠다닌다는 것은 기약할 수 없는 일이기에 진화의 관점에서 보면 수컷이 암컷을 찾아 정자를 뿌리는 것이 현명하다. 암컷을 찾아 헤매는 수컷의 성향은 뭍에서 사는 동물의 경우에는 더욱 강하게 나타난다. 육지에 사는 수컷이 암컷에 대해 보다 '강한 열정'을 가지게 된 것도 이 때문이다. 이 이론이 가지고 있는 몇 가지 문제 중 하나는 자식에 대한 부모의 투자가 일반적인 경우에 반하는 경우 나타나게 되는 수컷의 소극적 태도와 암컷의 적극적 태도를 설명할 수 없다는 것이다. 이 점에 대해서는 이 장의 후반부에서 더 자세히 설명할 것이다.

7. Hardy(1981), 132쪽에서 인용.

8. 이 용어는 다윈의 전기 작가이자 저명한 정신분석학자인 존 볼비에 의해 최초로 사용되었다. Bowlby(1991)를 참조.

9. EEA와 근대 혹은 더 최근의 환경에 적응하기 위한 특징을 연구하는 것에 대해서는 최근 열띤 논쟁이 있었다. 또 EEA 자체를 어떻게 정의해야 할 것인지에 대해서도 논란이

있었다. 학술지 《행동학과 사회생물학(*Ethology and Sociobiology*)》은 1990년에 한 권 전체를 EEA의 중요성에 대한 논증을 다루는 데 할애했다. *Ethology and Sociobiology*, vol. 11, no. 4/5, 1990.

10. Tooby and Cosmides(1992)를 참조.
11. Bateman(1948), 365쪽.
12. 약간은 무모하지만 비전문적이어서 많은 사람이 알고 있는 리처드 도킨스의 『이기적 유전자』는 전적으로 윌리엄스의 세계관을 답습하고 있다. 도킨스 스스로도 그 책의 첫 장에서 그 자신이 "윌리엄스의 위대한 저서로부터 크게 영향을 받았다."라고 적었다.
13. Williams(1966), 183~184쪽.
14. Williams(1966), 184쪽.
15. Trivers(1972), 139쪽.
16. 과연 트리버스가 이론적으로 완결된 형태를 내놓았는지는 논쟁거리다. 1991년 티머시 클러턴브록(Timothy Clutton-Brock)과 빈센트(A.C.J. Vincent)는 계량화하기 어려운 '부양 투자'보다 오히려 각 성의 번식 가능도(the potential rate of reproduction)에 초점을 맞추어야 한다고 제안했다. 그들은 어떤 성이 더 높은 번식 가능도를 가졌는가가 종에 상관없이 어떤 성이 배우자를 차지하기 위해 더 치열하게 경쟁할 것인지를 예측하는 데 매우 유효함을 입증했다. 사실 많은 사람들이 '부양 투자'보다 번식 가능도가 암컷의 수줍음을 보다 쉽게 이해할 수 있도록 해 준다고 말한다. 나도 이 장의 도입부에서 이 주제를 소개할 때 클러턴브록과 빈센트가 했던 것과 같은 방식으로 얘기를 전개했다. Clutton-Brock and Vincent(1991)를 참조.
17. Buss and Schmitt(1993), 227쪽을 참조. 물론 이 경우 많은 여성이 자신의 신변에 대한 두려움 때문에 모르는 남자와 관계를 가지는 것을 거부했을 가능성도 있다.
18. Cavalli-Sforza et al.(1988)
19. Malinowski(1929), 193~194쪽.
20. 트로브리안드 인의 질투에 대해서는 Symons(1979), 24쪽을 참조.
21. Malinowski(1929), 313~314, 319쪽.
22. Malinowski(1929), 488쪽.
23. 종에 고유한 심리적 적응 방식이 '보편적으로' 나타난다는 말의 정확한 의미에 대해서는 Tooby and Cosmides(1989)를 참조.
24. Trivers(1985), 214쪽.
25. *Descent*, vol. 2, 30쪽.
26. Trivers(1985), 214쪽.

27. *Notebooks*, 370쪽. (다윈은 나중에 위의 문구를 "종종 사용해 온 일련의 논증"이라는 말로 대체했다.)
28. Williams(1966), 185~186쪽; Trivers(1972)를 참조.
29. V. C. Wynne-Edwards, West-Eberhard(1991), 162쪽에서 인용.
30. Trivers(1985), 216~218쪽; Daly and Wilson(1983), 156쪽; Wilson(1975), 326쪽. 실고기에 대한 연구에서 Gronell(1984)은 "구애 행위는 단지 부분적으로만 부양 투자 이론을 입증하는 것처럼 보인다. 왜냐하면 비록 구애 행위에서 암컷이 하는 역할이 상당하기는 해도 수컷을 능가한다고 보기는 어렵기 때문이다."라고 지적했다. 그러나 그로넬의 주장은 암컷의 수태 기간을 고려하지 않아 문제의 소지를 안고 있다. 왜냐하면 암컷의 수태 기간이 어느 정도인가에 따라 암수간의 투자비가 결정되기 때문이다.
31. De Waal(1989), 173쪽.
32. 그러나 과연 직립 원인이 우리의 직계 조상인지는 여전히 논란 거리로 남아 있다.
33. 아프리카의 유인원에만 기초한, 즉 오랑우탄을 제외한, 유인원 원형의 재구성에 대해서는 Wrangham(1987)을 참조.
34. Rodman and Mitani(1987).
35. Stewart and Harcourt(1987).
36. De Waal(1982); Nishida and Hiraiwa-Hasegawa(1987).
37. Badrian and Bardrian(1984), Susman(1987), de Waal(1989), Nishida and HiraiwaHasegawa(1987), and Kano(1990).
38. Wolfe(1991), 136~137쪽. Stewart and Harcourt(1987).
39. De Waal(1982), 168쪽.
40. Goodall(1986), 453~466쪽.
41. Wolfe(1991), 130쪽.
42. Leighton(1987).

3장 ÷ 남성과 여성

1. *Descent*, vol. 2, 362쪽.
2. Moris(1967), 64쪽.
3. Murdock(1949), 1~3쪽. 어떤 사회에서는 외삼촌이 아버지보다 자녀 양육에 더 크게 기여한다. 리처드 알렉산더는 이러한 경향이 특이한 성 풍습으로 인해 남편이 아내가 낳은 자식의 친부인지 여부가 매우 불확실한 사회에서 나타난다고 주장한다. 이 같은

상황에서는, (7장에서 다룰 이론인) 친족 선택 이론에 따르면 남자의 입장에서는 아내보다는 누이나 여동생의 자식에 투자하는 것이 더 현명하다. Alexander(1979), 169~175쪽을 참조.
4. Trivers(1972), 153쪽.
5. Benshoof and Thornhill(1979), Tooby and Devore(1987).
6. 예를 들어, 폴리네시아의 망가이아 인은 낭만적인 사랑을 하지 않는 것으로 유명했다. Symons(1979), 110쪽도 이 같은 견해를 답습했다. 그러나 그는 이제 자신의 견해가 잘못되었음을 시인한다. 미국 캘리포니아 주립 대학 산타 바버라 캠퍼스의 요니 해리스(Yonie Harris) 박사는 대학원생과 함께 망가이아 인에 대해 광범위한 연구를 수행했고 그 결과 낭만적인 사랑은 인류 보편적이라고 결론을 내렸다. Jankowiak and Fisher(1992)를 참조.
7. 그렇다고 암컷 입장에서 고려해야 할 것들이 간단한 것은 아니다. 암컷은 수컷에게서 다양한 것을 얻어 내려고 노력한다. 따라서 암컷에게 무엇이 얼마나 중요한지를 판단하는 것은 어려운 일이다. 예를 들어, '유전자의 우수성'은 매우 중요하다. 성별에 상관없이 새끼의 적응도를 증진시키는 데 도움이 되기 때문이다. 하지만 긴 뿔과 같이 수컷 새끼의 짝짓기 가능성을 증진시키는 유전자 역시 무시할 수 없다. 병원균을 보유하지 않았는지도 중요한 고려 대상이다. 병원균이 있으면 교미할 때 감염될 수 있을 뿐만 아니라 새끼 역시 병원균에 약할 가능성이 크다. 끝으로 이 절에서 소개되는 초파리처럼 어떤 형태로든 투자를 마다하지 않는 수컷도 나쁘지 않다. 암컷이 고려해야 하는 복잡한 요소들에 대한 개관은 Cronin(1991)과 Ridley(1994)를 참조.
8. Thornhill(1976).
9. Buss(1989) and Bus(1994), 2장.
10. 28~29개 문화권에서는 성별간 통계적으로 유의한 차이로 여성이 야망과 근면성을 더 중요하게 생각한다. 어떻게 특정한 행위 혹은 선호도가 보편성이 떨어짐에도 불구하고 여전히 종 특유의 정신 기관이 존재함을 강력하게 시사하는지에 대한 논의는 Tooby and Cosmides(1989)를 참조.
11. Trivers(1972), 145쪽.
12. Tooke and Camire(1990). Tooke and Camire는 비언어적인 단서에 대한 여성의 현저한 민감성은 군비 경쟁에서 생긴다고 추정한다.
13. Trivers의 1976년 관찰과 그 논리의 상술은 13장을 참조. 이 논리를 최초로 교미의 맥락에 적용한 사람은 Joan Lockard(1980)였다. Tooke and Camire(1990)는 수컷의 자기 기만의 시험적 증거를 제시한다.

14. 나는 여성을 속인 것을 인정한 남성들은 가령 "나는 거의 확실히 안 그럴 거야."라고 말하는 만큼 가령 "너와 영원히 함께 할 거야."라고 하는 데에는 기만이 없다고 말한다. 마치 가는 줄 위를 걷고 있는 것처럼 이어지는 보복을 정당화하기 쉽게 하는 일종의 공공연한 거짓말을 제외한 모든 기만을 범하는 것이다. 그런 경우 되돌아보면 기만자가 기만에 매우 의식적이라 해도 얼마나 의식적으로 기만을 행하는지에 대한 질문은 극도로 모호하다.

15. Kenrick et al.(1990). 다른 측면에서도 수컷들이 암컷들보다 단기 배우자에 대해 덜 선택적이라는 증거는 Buss and Schmitt(1993)를 참조.

16. Trivers(1972), 145~146쪽.

17. Malinowski(1929), 524쪽.

18. Buss(1989)와 《뉴욕타임스》, 1989년 6월 13일자, C1면을 참조.

19. Buss(1994), 59쪽을 참조. 물론 남자들은 그들이 부양할 여자를 선택할 때 번식력은 제쳐두고 정절을 지킬 수 있을지에 대해 걱정한다. 그러나 이런 고려는 여성이 남성에 대해 그가 자기 곁을 떠나지 않고 아이들을 부양할 가능성을 염려하는 것과 다소 일치하는 듯하다.

20. Trivers(1972), 149쪽.

21. Symons(1979)는 남자들이 여자들보다 배우자의 간통을 더 염려한다고 기록했으나, 특정 여성이 감정적 간통을 자원 유용의 신호로 염려한다는 것은 기록하지 않았다.

22. 이 연구들의 요약을 위해 Daly, Wilson, and Weghorst(1982)를 참조. 남성의 질투는 성에, 여성의 질투는 시간과 관심의 손해에 더 초점을 둔다고 Teismann and Mosher(1978)는 언급했다. 모든 사회 계층의 아내들은 남편들보다 배우자의 성적 간통에 더 너그럽다고 《킨지 리포트》에 언급되었고 Symons(1979), 241쪽에 인용되었다.

23. Buss et al.(1992).

24. Symons(1979), 138~141쪽; Badcock(1990), 142~160쪽을 참조.

25. Shostak(1981), 271쪽.

26. 고릴라에 관하여 Stewart and Harcourt(1987), 158~159쪽을 참조. 랑구르원숭이에 관하여 Hrdy(1981) 참조.

27. Daly and Wilson(1988), 47쪽

28. Hill and Kaplan(1988), 298쪽; Hill과 개인적인 만남을 통해 확인했다.

29. Hrdy(1981), 153~154쪽 189쪽.

30. Symons(1979), 138~141쪽, 매우 비슷한 이론이 Benshoof and Thornhill(1979)에 의해 개별적으로 진보됐다.

31. Hill(1988)과 Daly and Wilson(1983), 318쪽의 예를 참조. 이 이슈는 여전히 해결되지 못한 채 남아 있다.
32. Hill and Wenzl(1981); Grammer, Dittami, and Fischmann(1993).
33. Baker and Bellis(1993). 여성이 무의식적으로 합법적 배우자를 냉대하는 다른 방식들이 있다. 베이커와 벨리스에 따르면 사정 전에 오르가슴에 잘 도달하지 못하면 정자 보유량을 증가시켜 임신 가능성을 높인다. 그래서 여성을 황홀경의 수준까지 흥분시키는 부류의 남자들은 자연 선택적으로 그 여자의 아이들의 아버지가 되길 원하는 부류의 남자들이다. 그리고 베이커와 벨리스는 부정한 여성들이 그들의 합법적 배우자보다 정부에게서 그와 같은 오르가슴을 느끼는 다소 높은 경향성을 발견했다. 그러나 이 점에서 자료가 불확실하고 방법론이 바르지 않다. 임신을 제어하는 두 가지 전술인 교미의 시기와 오르가슴은 이론적으로 다양한 종류의 여성 인식을 제공할 수 있다. 초기 관계에서는 오르가슴을 통해 남성의 책임 가능성을 측정할 수 있다. 만약 여성에 대한 그의 자라나는 친밀감이 때를 잘 맞춰 오르가슴을 갖게 하면 그녀는 덜 친밀하고 의무를 지지 않는 남성의 아이를 임신할 가능성이 낮아진다. 그러나 만약 남자가 야성적 힘이나 다른 좋은 유전자의 신호를 가져 충분히 성적으로 매력적이라면 오르가슴은 고의로 실험했을 때보다 먼저 일어날 것이다. 베이커와 벨리스는 또한 5일 이내에 두 명의 이성과 성교하는 '이중 교미'가 배란기에 보다 흔하게 나타난다는 것을 발견했다. 베이커와 벨리스는 이 두 번째 발견을 '정자 경쟁' 이론의 근거로 본다. 아마도 간통에 대한 다윈주의적 성과는 다양한 남자들의 정자가 자궁 안에서 형제 대 형제로 싸움을 벌이도록 한 것이다. 그러면 난자는 원기왕성하고 투쟁적인 정자를 받아들일 가능성이 높고 만약 결과적으로 자손이 아들이라면 보통 이상으로 원기왕성하고 보다 경쟁적인 정자를 가진 아들이 될 것이다.
34. Betzig(1993a)를 참조.
35. Daly and Wilson(1983), 320쪽을 참조.
36. Harcourt et al.(1981). Wilson and Daly(1992)를 참조.
37. Baker and bellis(1989). 오랫동안 일부일처제로 여겨진 인간이 아닌 많은 종들, 특히 조류 중에는 암컷들의 호색적인 특징이 드러나고 있으며 분자생물학을 통해 자손의 생부를 찾아 줄 수 있다. Montgomerie(1991) 참조.
38. Wilson and Daly(1992), 289~290쪽.
39. Symons(1979), 241쪽.
40. 비스(Buss)가 37개 문회권을 연구한 결과에 따르면 23개 문화권에서는 남성이 여성보다 순결한 배우자에게 더 강한 선호를 보이는 성적 차이가 통계적 유사성을 보인 반면,

14개 문화권에서는 유사성이 나타나지 않았다. 그것들은 두 성 모두 배우자를 구하는 데 처녀성이 드문 현대 유럽 문화권이 대부분이었다. 여전히 우리는 스웨덴과 같은 몇 군데의 문화권에서 극도로 난잡한 성행위로 평판이 난 여성들은 바람직한 아내로 여기지 않는다. Buss(1994), 4장 참조.

41. Mead(1928), 105쪽.
42. Mead(1928), 98, 100쪽.
43. Freeman(1983), 232~236쪽. 내가 '음탕한 여자'로 서술한 용어는 프리먼이 '창녀'로 바꾸었다. 그러나 그는 나의 용어가 자신의 용어보다 더 강한 수치심을 내포한다고 했다.
44. Mead(1928), 98쪽; Freeman(1983), 237쪽.
45. Mead(1928), 107쪽.
46. Mangaia에서 Yonie Harris(개인적인 접촉)는 난잡한 여성들을 '매춘부'라고 부른다고 말한다. 영어 단어가 사용된다는 사실 때문에 그녀는 그 개념이 서구의 영향 이전 것인지 불확실하다. Ache는 Hill and Kaplan(1988) 299쪽 참조.
47. William Jankowiak와 개인적인 만남을 통해 확인했다.
48. Buss and Schmitt(1993), 213쪽의 표.
49. Tooby and Cosmides(1990a)를 참조.
50. Maynard Smith(1982), 89~90쪽.
51. 빈도 의존 선택의 기본적 개념은 1930년 영국 생물학자 Ronald Fisher에 의해 대충 논의되었는데, 그는 신생아 남아와 여아의 비율이 50 대 50을 유지하는 이유를 설명한 바 있다. 사람들이 생각하는 것처럼 그러한 비율이 종에게 좋기 때문은 아니다. 그보다는 만약 특정 성의 탄생을 편애하는 유전자가 우세하면 또 다른 성의 탄생을 편애하는 유전자는 번식에서의 가치가 증가할 것이고 이후 균형이 회복되기 전까지 숫자가 증가한다. Maynard Smith(1982), 11~19쪽과 Fisher(1930), 141~143쪽 참조.
52. Dawkins(1976), 162~165쪽.
53. 토론토 대학의 마트 그로스(Mart Gross)는 출판되지 않은 원고를 개인적으로 참고할 수 있도록 배려해 주었다.
54. Dugatkin(1992).
55. '성적인 아들' 가설은 Gangestad and Simpson(1990)이 제안했다. 저자들은 성적으로 억제되지 않은 여성들이 만약 그들의 전략이 성적인 아들을 얻기 위한 것이라면, 거기에 부합하는 불균형적인 숫자의 남성 자손을 가진다는 것을 간접적으로 시사하는 흥미로운 자료를 갖고 있었다. 비록 난자 세포가 아닌 정자 세포가 자식의 성을 결정하긴 하

지만 왜 성비의 변화가 환경에 의해 결정되는지에 대한 답은 여전히 없다. 불리한 환경 조건에 처한 어떤 포유류들이 수컷보다 암컷을 더 많이 출산하는 경향에 대한 증거는 있다. 유사한 설명은 7장을 참조하라.

56. Tooby and Cosmides(1990a)는 '잡음' 해석을 강조했다. 특히 그들은 유전적 다양성이 공진화하는 병원균을 방해하는 방법으로 선택되며 우연히 성격에 영향을 준다고 했다. 유전적으로 특이한 타입의 성격에 대한 가능성 열어 둔 다윈주의 관점의 유전학과 성격에 관해서는 Buss(1991)를 참조.
57. Trivers(1972), 146쪽.
58. Walsh(1993)는 여성 스스로의 매력에 대한 평가와 섹스 파트너의 숫자 간에 역상관성이 있음을 발견했다. Stere Gangestad는 상관성이 없는 데이터를 얻었다(개인적인 접촉). 이 경우 의미심장하게도 여성의 매력도는 여성 자신이 아닌 관찰자에 의해 평가되었다.
59. Chagnon(1968)의 예를 참조.
60. Cashdan(1993). 물론 인과 관계는 어떤 쪽으로든 나타날 수 있다. 성적인 복장을 하고 자주 성교를 즐기는 여성들은 이러한 습관 때문에 아버지로서 처자식을 부양하기를 즐기지 않는 남성과 교제하는 경향이 있다. 인과 관계는 상호간에 성립될 것이다.
61. Gangestad와 개인적인 만남을 통해 확인했다. Simpson et al.(1993)을 참조.
62. Buss and Schmitt(1993), 214, 229쪽을 참조.
63. Thornhill and Thornhill(1983), 154쪽에서 인용. 이 보고서는 신다윈주의 패러다임 안에 속한 인간 강간의 광범위한 첫 번째 분석 자료였다.
64. Barret-Ducrocq(1989)를 참조.
65. 인류학자 Patricia Draper와 Henry Harpending은 사춘기 소녀 혹은 소년의 성에 대한 접근이 집에 아버지가 있는지 여부에 달려 있다고 제안했다. 그들은 진화하는 동안 아버지의 존재 여부가 유전적으로 남성들에 의해 단련되는 일종의 전략과 서로 연관 있고 그것이 여성에게 일종의 구애 환경을 제공한다고 주장한다. 결론적으로 아버지가 없는 집에서 자라난 아이들은 무엇보다 단기적인 성적 전략을 따를 가능성이 높다. 그러나 소녀 시절에 남성과 사귀는 습성을 관찰해 보면 아버지의 존재 여부에 대한 이 이론은 신뢰성이 떨어져 보인다. Draper and Harpending(1982), Draper and Harpending(1988) 참조.
66. Buehlman, Gottman, and Katz(1992). 이 연구는 이혼 가능성에 대한 강력한 두 가지 예측 자료를 발견했다. 즉 결혼에 대한 실망을 표시하는 남성의 언급과, 어떻게 두 사람이 만났는지를 묻는 질문에 활발하게 대답하지 못하는 등의 결혼에 대한 논의 기피를 발견했다. 그러나 이런 기피는 결혼 불만에 대한 다소 간접적인 징후일 뿐이었다. 게다가 두 지표는 서로 상관성이 높다. 두 지표의 어떤 경우든 남편의 심리는 아내의 것보

다 더 뚜렷한 이혼의 예측 지표였다.

67. Charmie and Nsuly(1981), 226~240쪽을 참조.
68. Symons(1979)는 암수 관계 이론에 의문을 제기하고 인간과 원숭이 비교의 문제점을 언급한 최초의 사람이다. Daly and Wilson(1983)을 참조. 원숭이 행동에 관해서는 Leighton(1987)을 참조.
69. Alexander et al.(1979).
70. 보다 추론적으로 어떤 인간의 성적 이형성은 남성 간의 투쟁보다는 인간 진화에서 수렵의 중요성을 반영한다고 주장하는 것 또한 가능하다.
71. 이 수치는 G. P. Murdock의 민족학 지도에서 Steve J. C. Gaulin의 호의로 취합된 전산 데이터베이스에서 나왔다. 1,154개의 사회 중 6개인 0.5퍼센트 가량이 여성이 복수의 배우자를 가지는 일처다부제이다. 이 사회가 물론 일처다부제이나 두 성 모두 1명 이상의 배우자를 가질 수 있다. 그리고 일처다부제 결혼 중에 엄밀히 말하면 일처다부제라 할 수 없는 경우가 자주 생긴다. 한 집에 1명 이상의 남편이 있고 남편들이 아버지로서 확신을 가진 일종의 연쇄적 일부일처제이다. 일처다부제 논의는 Daly and Wilson(1983), 286~288쪽 참조.
72. Morris(1967), 10, 51, 83쪽.

4장 ÷ 결혼 시장

1. *Descent*, vol. 1, 182쪽.
2. Gaulin and Boster(1990).
3. Alexander(1975), Alexander et al.(1979).
4. 조류의 일부다처에서 '일부다처 역치' 모델은 Orians(1969)에 의해 완성되었다. Daly and Wilson(1983), 118~123쪽과 Wilson(1975), 328쪽을 참조하라. Gaulin and Boster(1990)는 일부다처 역치 모델과 알렉산더의 용어를 연결한다.
5. Gaulin and Boster(1990). 나는 이들이 일부다처제 대 일부일처제가 아니라 일부다처제 대 비일부다처제로 자료를 나누어 비일부다처제 안에 몇몇 일처다부제 사회가 포함되어 있기 때문에 비일부다처제라는 단어를 사용한다.
6. 만약 법률가의 과거 약혼녀가 그를 공유하기를 원하지 않는다면 그는 아마 공유하기를 원하는 다른 여자를 찾을 것이다. 그리고 보다 높은 신분의 남성들은 기꺼이 아내가 되고자 하는 두세 명의 여성들을 찾기 때문에, 높은 신분의 여성이 그들의 선택을 포기하지 않고 일부일처제를 고집하기는 더욱더 어려울 것이다. 그런데 남자들은 왜 높은 신

분의 아내를 공유하는 데 동의하지 않는가? 그것은 남자들이 이제 명백해진 여러 이유로 인해 일반적으로 여성들보다 배우자를 공유를 더 혐오하기 때문이다. 진짜 일처다부제는 단지 소수의 문화권에서 항상 일부다처제와 함께 발견되었다. Daly and Wilson(1983), 286~288쪽 참조.

7. 두 번째 아내를 결코 얻지 못하게 하는 법적 구속하에서 여성이 남성과의 결혼에 동의할 수 있다고 가정하자. 그러나 남자는 그런 조건하의 결혼을 자유로이 거부할 것이고, 이는 여성들이 그런 조건을 요구하지 않는 이유이기도 하다.

8. 비교적 평등한 사회에서 남자들 사이에 암묵적 타협으로 일부일처를 제도화한다는 이 이론은 다양한 학자들의 연구로 성장했다. Richard Alexander(1975), 95쪽은 특히 Betzig(1982), 217쪽에서 부연한 대로 이 방향으로 지적했다. 여기 언급한 대로 내가 이 이론을 처음 접한 것은 1990년에 이 이론과 다른 Kevin McDonald와의 대화에서였다. 일부일처제와 민주적 가치와의 연관성을 강조한 Tucker(1993)를 참조하라.

9. Zulu: Betzig(1982); Inca: Betzig(1986).

10. Stone(1985), 32쪽.

11. MacDonald(1990)를 참조.

12. Daly and Wilson(1988), Daly and Wilson(1990a)을 참조.

13. Daly and Wilson(1990a), Daly and Wilson(1990a). 그 차이는 35세 이상의 남자들에게 존속한다. 그러나 신기하게도 24세 이하의 남성들과 큰 차이가 없다. Daly and Wilson와 어린 나이에 신체적으로 성숙한 남자들이 실수하기 쉽고 성적으로 활발할 가능성이 높아서 결혼 가능성도 높아진다는 해석을 제시한다. 이 자료는 Detroit(1972)와 Canada(1974~1983)에서 나왔다.

14. 위험과 범죄 등에 관하여 Daly and Wilson(1988), 특히 178~179쪽 참조. Thornhill and Thornhill(1983); Buss(1994); Pederson(1991). 버스와 패더슨은 이러한 것을 높은 성비, 즉 결혼 적령기 남성 대 여성 비율의 산물이라고 주장했다. 그러나 연쇄적 일부일처와 같은 사실상의 일처다부제는 대개 높은 성비와 거의 동일한 효과를 만들어 낸다.

15. 이 논점은 Tucker(1993)에 따른 것이다. 그는 연쇄적 일부일처제가 남성의 폭력을 조장한다고 언급한다.

16. Saluter(1990), 2쪽. 남성과 여성 모두 결혼 경력이 없는 인구 비율은 1960과 1990년 사이에 실제로 떨어졌다. 이는 연쇄적 일부일처제에서 불리한 남성이 짝을 찾지 못한다는 개념과 모순되는 것 같다. 그러나 꼭 그렇지는 않다. 이혼율이 증가할수록 결혼하는 사람의 숫자도 증가하는 경향이 있다. 그러나 평균 결혼 기간이, 특히 불리한 남성의 결혼 기간이 급격히 짧아진다. 이와 같은 인구 조사 자료는 문제를 명확히 하지는 않는

다. 여기서 중요한 것은 과거보다 현재 여성들이 남성들에게 덜 평등하게 나누어짐을 시사한다는 것이다. 1960년 40세 이상 여성의 7.5퍼센트와 40세 이상 남성의 7.6퍼센트가 미혼이었다. 1990년에는 여성의 5.3퍼센트와 남성의 6.4퍼센트로 숫자가 달라졌다. 1960년과 1990년 사이에 39세와 45세 사이의 남녀 모두 미혼 비율이 증가한 것은 흥미롭다. 현재 수치는 각각 8.0퍼센트와 10.5퍼센트이다. 30세부터 34세까지의 그룹도 마찬가지다. 여성은 6.9퍼센트에서 16.4퍼센트로 늘어났고, 남성은 11.9퍼센트에서 27퍼센트로 늘어났다. 확실히 많은 미혼들, 특히 나이 어린 층이 결혼 대신 동거를 하기 때문에 이 숫자들은 다소 모호하다. 성 관계를 갖지 않는 동거와 결혼 절차 없는 동거를 포함하는 통계가 없기 때문에 보다 분명한 정량 분석은 불가능하다.

17. Symons(1982)를 참조.
18. Daly and Wilson(1988), 83쪽.
19. Daly and Wilson(1988), 8991쪽. 양부모 가족이 이전부터 문제가 있었을 수 있기 때문에 그런 패턴은 그릇된 것일 수 있다. 그러나 Daly and Wilson, 87쪽에 언급한 대로 양부모 가족은 편부모 가족과 달리, 특히 가난하게 살 가능성은 높지 않다.
20. Laura Betzig와 개인적인 만남을 통해 확인했다.
21. 이 책의 12장을 참조.
22. Wiederman and Allgeier(1992).
23. Tooby and Cosmides(1992), 54쪽.
24. Tooby and Cosmides(1992), 54쪽.

5장 ⊹ 다윈의 결혼

1. CCD, vol. 2, 117118쪽; *Notebooks*, 574쪽.
2. Stone(1990), 18, 20, 325, 385, 424쪽과 7, 10, 11장 참조. 사적 합의에 의한 별거 외에도 '법적 별거권'도 있었으나 이 방법은 거의 쓰이지 않았다. Stone(1990), 184쪽 참조.
3. Whitehead(1993)의 예를 참조.
4. ED, vol. 2, 45쪽.
5. LLCD, vol. 1, 132쪽.
6. CCD, vol. 1, 40, 209쪽.
7. CCD, vol. 1, 425, 429, 439쪽. 훨씬 적은 나이 차도 비판의 이유였다. Emma Darwin은 결혼 전에 약혼자가 21세였던 데 반해, '놀랍게도 그녀가 24세'에 맞은 약혼에 대하여 어머니에게 편지를 썼다. ED vol. 1, 194쪽 참조.

8. CCD, vol. 1, 72쪽.
9. 사촌 간 결혼은 19세기 영국에서 드물지 않았다. 형제자매 혹은 부모와 자식 등 인척 간의 성교는 자손에 유전적 병리학상 큰 위험을 초래한다. 유전적 영향을 고려하면 전 세계에서 사람들이 근친상간을 거부하는 것은 놀라운 일이 아니다. 특히 이 거부는 누가 인척인가를 판별해 내는 선천적인 본능에서 오는 듯하다. 그 본능은 잘 작동하지 않을 때 가장 두드러진다. 이스라엘 키부츠에서처럼 혈연이 아니지만 형제자매같이 자라는 아이들은 비록 그에 대한 문화적 제재가 없어도 서로 간의 연애가 내키지 않는 것 같다. Brown(1991), 5장 참조.
10. CCD, vol. 1, 190쪽.
11. CCD, vol. 1, 196~197쪽.
12. CCD, vol. 1, 211쪽.
13. CCD, vol. 1, 220쪽.
14. CCD, vol. 1, 254쪽.
15. CCD, vol. 1, 229쪽.
16. ED, vol. 1, 255쪽; Desmond and Moore(1991), 235쪽; Wedgwood(1980), 219~221쪽. 이래즈머스에 대해서는 CCD, vol. 1, 318쪽을 참조.
17. ED, vol. 1, 272쪽.
18. CCD, vol. 2, 67, 79, 86쪽.
19. *Papers*, vol. 1, 49~53쪽.
20. CCD, vol. 2, 443~445쪽.
21. CCD, vol. 2, 443~444쪽.
22. *Notebooks*, 157, 237쪽을 참조.
23. Sulloway(1979b), 27쪽과 Sulloway(1984), 46쪽.
24. *Antobiography*, 120쪽.
25. *Notebooks*, 375쪽.
26. Buss(1994)를 참조.
27. ED, vol. 2, 44쪽.
28. CCD, vol. 2, 439쪽; ED, vol. 2, 1쪽.
29. ED, vol. 2, 1, 7쪽.
30. ED, vol. 2, 6쪽.
31. CCD, vol. 2, 126쪽.
32. 나는 다윈의 결혼 각서가 어떤 특정한 여성을 염두에 두지 않고 쓰여졌다는 일반적 견

해를 전제로 삼았다. 그러나 이러한 견해가 틀린 것일지 모른다. 이는 아내가 누군지에 대해서 개의치 않는 "아내가 없이 천사보다 더 낫고 돈을 가진 "과 같은 구절에 근거를 둔다. 그러나 다윈이 약간 수줍어한 것일지도 모른다. 그는 습관적으로 불필요한 위험은 피했다. 어떤 경우든 에마가 정말 돈을 가진 천사라는 놀라운 우연의 일치는 제쳐놓더라도 전통적 관점에서 다른 하나의 복잡함이 있다. 11월에 에마에게 청혼한 뒤 다윈은 7월 말 Lyell을 방문하는 동안 이를 결정했다고 Lyell에게 썼다. 어떤 사람들에게는 그 비망록이 배우자를 선택하기 겨우 몇 주 전에 쓰여졌고 그에 대한 암시도 없었다는 것이 상상하기 힘들다.

33. CCD, vol. 2, 119쪽; Himmelfarb(1959), 134쪽.
34. CCD, vol. 2, 133쪽.
35. CCD, vol. 2, 132, 150, 147쪽.
36. Daly and Wilson(1988), 163쪽. 그들은 특히 짝짓기에 완전히 실패한 수컷의 위험에 대해 말하고 있다. 그러나 그 논리는 평이하고 오랜 열정을 포함하는 강화된 성 추구의 다른 징후들에도 똑같이 적용된다.
37. 혼전 성교의 아주 상세한 증거는 Brent(1983), 319~320쪽 참조.
38. Bowlby(1991), 166쪽.
39. *Notebooks*, 579쪽.
40. Brent(1983), 251쪽.
41. CCD, vol. 2, 120, 169쪽.
42. ED, vol. 2, 47쪽을 참조.
43. CCD, vol. 2, 172쪽. 그녀는 실제로 여기서 장난스럽게도 다윈을 제3자로 지칭하면서 언급하고 있다. 서신의 날짜는 불확실하나 다윈에 따르면 그녀는 결혼 직후에 썼다. 다윈 서신의 편집자는 그 편지가 2월경에 쓰여졌다고 본다. 다윈 부부는 1839년 1월 29일에 결혼했다.
44. *Notebooks*, 619쪽.
45. Houghton(1957), 일반적으로 13장을 참고한다.
46. Houghton(1957), 354~355쪽.
47. Houghton(1957), 380~381쪽에서 인용.
48. Rasmussen(1981)을 참조.
49. Betzig(1989)의 예를 참조.
50. Desmond and Moore(1991), 628쪽.
51. Thomson and Collela(1992) and Kahn and London(1991) 참조. Kahn과 London은 처녀성

을 잃은 채 결혼하는 여성이 이혼에 처할 위험성이 더 높은 것은 결혼 전에 두 유형의 여성 간에 이미 존재한 차이점 때문이라고 주장하고, 이혼이 혼전 성교와 인과적으로 연관되어 있지 않다고 단정한다. Thomson and Colella는 혼전 동거와 이혼 가능성 간의 정비례 관계에 주목한다. Kahn and London처럼 그들도 그 연관성이 인과적이 아닐 수 있는 증거를 보여 주지만 증가 자체가 모호함을 인정한다(266쪽 참조).

52. Laura Betzig(개인적인 접촉), Short(1979) 참조. 빅토리아 시대의 많은 여성들이 유모를 두었으나, 이는 하층 계급의 여성들에게 매우 드물었고 대체로 빅토리아 시대 이전보다 드문 일이었다.
53. Symons(1979), 275~276쪽. 그는 이것과 다른 요인들 때문에 종종 남성들이 '감정적인 투자를 덜 하는 파트너'가 된다고 설명했다.
54. CCD, vol. 2, 140~141쪽.
53. Irvine(1995), 60쪽.
54. Rose(1983), 149, 181, 169쪽.

6장 ✧ 축복된 결혼 생활을 위한 다윈의 계획

1. *Autobiography*, 96~97쪽.
2. CCD, vol. 4, 147쪽.
3. Himmelfarb(1959), 133쪽.
4. *Autobiography*, 97쪽.
5. Ellis and Symons(1990)를 참조.
6. Kenrick, Gutierres, and Goldberg(1989).
7. 어떤 연구에서 자녀 수와 결혼 만족도 간의 반비례 관계가 나왔다. 그러나 자녀 수가 적거나 아예 없는 결혼은 그 때문에 불행해져 일찍 파경에 이르는 경향을 반영하며, 따라서 연구 대상에 포함되지 않는다. 혹은 바꾸어 말하면 자녀 수가 적거나 아예 없이 함께 사는 부부는 놀라울 만큼 화목한 경향이 있다. 따라서 많은 자녀를 둔 부부와 비교해서 그들의 행복이 꼭 아이가 적거나 없기 때문은 아니다.
8. 미국의 부부 중 약 절반이 이혼한다. 그리고 이혼율은 자녀가 없는 경우에 특히 더 높다. 가령 Essock-Vitale and McGuire(1988), 230쪽 and Rasmussen(1981) 참조.
9. Brent(1983), 249쪽.
10. 1985년 실문에서는 결혼한 전체 남성의 26퍼센트가 별거 중이거나 이혼했다. 재혼한 남성의 25퍼센트가 별거 중이거나 이혼했다. (이는 나머지 75퍼센트의 남성이 결혼에

성공했다는 의미는 아니다. 설문에는 모든 연령의 남성이 포함되었고 일부 젊은 남성들은 결국 이혼하여 결혼 성공률이 낮아질 것이다.) 물론 재혼자가 초혼자보다 연령이 높기 때문에 남편의 죽음으로 재혼이 초혼보다 성공률이 더 높아 보인다. 그러나 매년 재혼 성공률이 더 낮다는 의미는 아니다. 이 수치들은 미국 통계청에서 시행한 설문 자료를 바탕으로 가공한 것이다.

11. Rose(1983), 108쪽. Randolf는 Mill에 동의할 것이다. Randolf는 부부간 조화가 정상인 것으로 잘못 생각되기 쉽기 때문에 많은 사람들이 사실상 평균 이상으로 좋은 결혼에 불만을 가진다(28쪽).
12. Mill(1863), 278쪽, 280~281쪽.
13. *Los Angeles Times*, 1991년 1월 5일자.
14. Saluter(1990), 2쪽.
15. 통계청 리포트, 1985년 6월. 설문 시행일 기준으로 15세 이상의 미국인에 대해 결혼 여부, 결혼 회수, 초혼과 재혼의 파경 사유, 인종, 스페인 태생 여부, 성에 따른 연령.
16. 그리고 물론 결혼 경력이 없는 어떤 남자들은 스스로가 연쇄적 일부일처주의자이다. 법적으로 결혼하지 않은 남성도 배우자 없고 불운한 남성에게 위협이 될 수 있다.
17. *Washington Post*, 1991년 1월 1일자, Z15면; *Washington Post*, 1991년 10월 20일자, W12면.
18. Rose(1983), 107~109쪽.
19. Stone(1991), 384쪽.
20. *New York Times Book Review*, 1990년 11월 4일자, 12면.
21. 이 수치들은 로퍼 서베이스에 나오며 Crispell(1992)이 요약했다.
22. 과실이 없는 이혼이 여성에게 미치는 영향에 관하여 Levinsohn(1990) 참조.
23. 생물학적 결정론에 관하여 Fausto-Sterling(1985) 참조. 성적 차이에 관하여 Gilligan(1982) 참조.
24. Shostak(1981), 238쪽.
25. '남성 간의 단결'(반여성 해방에 일치된 생각을 가진 남성 간의 동료 의식 — 옮긴이)은 Lionel Tiger(1969)가 만들었다.
26. *New York Times*, 1992년 2월 12일자, C10면.
27. Lehrman(1994)dml 예를 참조.
28. Cashdan(1993).
29. Kendrick, Gutierres and Golldberg(1989)는 여기서 어느 정도 관련이 있다.
30. 예를 들어 출생률 감소로 20년 후에는 21세가 18세보다 많아진다. 남성들은 어린 여성

과 결혼하는 경향이 있기 때문에 결혼 시장에 남성들이 넘쳐나게 된다. 배우자 부족에 대해 남자들은 일부일처제에 보다 헌신하고 방랑벽을 억제함으로써 대응할 것이다. 여성은 시장 가치가 높아졌음을 실감하면서 헌신도가 낮은 성에 대한 인내심이 낮아질 것이다. 이러한 변화는 1980년대 중반 이혼율의 증가를 막는 데 도움이 되었던 시험적 증거가 있다. Pederson(1991) and Buss(1994), 9장 참조.

31. Stone(1977), 427쪽.
32. Colp(1981).
33. Colp(1981), 207쪽.
34. CCD, vol. 1, 524쪽.
35. Marcus(1974), 18쪽.
36. Alexander(1987) 참조. Alexander는 윤리학에 대해 생각하는 현대 다윈주의를 형성하는 데 누구보다 많은 기여를 했다.
37. Kitcher(1985), 5, 9쪽.

7장 ✢ 가족

1. *Origin*, 258쪽; CCD, vol. 4, 422쪽.
2. Trivers(1985), 172~173쪽과 Wilson(1975), 5장, 20장.
3. *Origin*, 257쪽; '곤충의 불임 문제'가 다윈의 망설임에 미친 역할에 대하여 Richards(1987), 140~56쪽 참조.
4. *Origin*, 258쪽.
5. Hamilton(1963), 354~355쪽. 이 이론과 곤충 사회에 대한 적용을 보다 방대하고 일반적으로 서술하였다.
6. Haldane(1955) 44쪽. Trivers(1985), 3장 참조. 친족 선택은 해밀턴이 1964년 그의 논문에서 언급한 대로 Fisher(1930)에서 예시되었다.
7. Trivers(1985), 110쪽.
8. 다른 가능한 메커니즘으로는 사회적 곤충들의 것과 유사하게 타고나는 화학적 신호 인식, 개체가 혈연 조직을 식별하는 '형질 일치'에 대한 시각적 혹은 후각적 모방, 과거 혈연으로 식별되던 다른 기관에 대한 모방이 있다. Wilson(1987), Wells(1987), Dawkins(1982) 8장, and Alexander(1979) 참조.
9. Hamilton(1963), 354~355쪽.
10. CCD, vol.4, 424쪽. 예측컨대 그녀는 다윈의 말을 옮겨 적었다. 특히 그가 병상에 있을

때 가끔 필기했다.
11. 다윈은 어떤 측면에서 친족 선택이 인간에게 적용될 수 있다고 생각했다. Desent vol.1, 161쪽 참조. 성공한 발명가들에 대하여 "그들이 자녀를 남기지 않았더라도 종족 중에는 여전히 그들의 혈연이 있다."라고 했다.
12. Trivers(1974), 250쪽.
13. Trivers(1985), 145~146쪽.
14. CCD, vol. 4, 422, 425쪽.
15. CCD, vol. 4, 426, 428쪽.
16. Robert M. Yerkes, Trivers(1985), 158쪽에서 인용.
17. LLCD, vol. 1, 137쪽 ; CCD, vol. 4, 430쪽.
18. Trivers(1974), 260쪽.
19. CCD, vol. 2, 439쪽.
20. Trivers(1985), 163쪽. Trivers는 여기에서 아이들이 자신의 관심과 부모가 표현하는 관심을 기억하고 이 둘을 조화시키는 심리적 작용이 프로이트의 이드(id), 슈퍼에고(superego), 에고(ego)의 구분과 유사하다고 말했다.
21. Trivers(1974), 260쪽.
22. *The Communist Manifesto*에서 인용.
23. 어떤 상황에서 부모들은 비교적 불리해도 자녀에게 더 많이 투자함으로써 더 큰 만족을 얻는다. 가령 한 자녀는 성공할 준비는 되어 있지 않지만 적당한 투자로 더 잘 성장할 수 있는 반면, 다른 자녀는 생식적으로 성공할 것이 확실하여 거기에 분명히 성공의 상한선이 있다. 이 논리는 아들에 투자하는 것에 전체 부모들이 편견을 가지도록 한다. 결국 남성이 배우자를 열심히 찾도록 하는 야망과 자원 축적의 기술은 대부분의 여성에게 가치 있는 젊음과 아름다움 등의 자산보다 더 고취되어 있다. 이는 교사가 남학생들에게 특별히 관심을 갖는 일반적인 경향을 설명한다. 물론 그 경향이 의식적 노력으로 바로 잡힐 수 없다는 의미는 아니다.
24. Trivers and Willard(1973)를 참조.
25. Trivers and Willard(1973).
26. 다양한 성비의 명백한 예는 붉은 사슴에서 발견된다. 어미의 신체적 적합성 자체가 아니라 계급 내의 지위가 주요한 변수이다. 높은 계급의 어미는 대부분 수컷 자손을 갖고 있고 낮은 계급의 어미는 대부분 암컷 자손을 갖고 있다. Trivers(1985), 293쪽 참조. 북미산 쥐에 관하여 Daly and Wilson(1983), 228쪽 참조.
27. Desmond and Moore(1991), 449쪽. Huxley는 실제로 자연 선택이 아니라 특정 동물 중

에서 발견한 어떤 열성에 대해 서술한다.
28. Dickemann(1979).
29. Hrdy and Judge(1993). 부유한 가족이 부잣집 가문의 아들을 선호하는 경향에 관하여. Hartung은 일부다처제 사회일수록 상속의 형태가 Trivers-Willard 논리에 더 잘 부합함을 발견했다.
30. Betzig and Turke(1986).
31. Boone(1988)는 14~16세기 포르투갈의 귀족에 대한 연구에서 부유한 남성 자손이 부유한 여성 자손을 능가한다고 언급했다. (조상의 환경과 매우 다른, 특히 낙태가 보다 일반적으로 시행되는 환경에서 이 형태가 유지될 강력한 이유는 없다.)
32. Gaulin and Robbins(1991). 데이터가 그래프에서 얻어졌기 때문에 유의성은 없지만 약간의 오차가 있을 수 있다.
33. 한편으로 Trivers-Willard 가정을 입증하는 몇 가지 발견에 의도적 가공이 배제될 수 없다. 부유한 부모는 가령 딸보다 아들이 가능한 배우자 선택 영역을 넓히는 데 돈을 쓸 수 있도록 해 줄 수 있다. 기존 데이터의 이와 같은 연관성을 언급한 Trivers-Willard 증거의 검토를 위해서 Hrdy 참조. 인류에서는 Trivers-Willard 효과가 발견되지 않는다는 몇 가지 연구가 있으나 반대의 결과를 보인 논문 또한 없음을 알았다. 그래서 Trivers-Willard 효과를 발견한 많은 연구들을 부정하기로 했다. Trivers-Willard 효과를 발견한 논문은 Ridley(1994) 참조.
34. Hamilton(1964), 21쪽.
35. Freeman(1978), 118쪽.
36. Daly and Wilson(1988), 73~77쪽. 생식 가치와 그 이용에 대한 분석.
37. Crawford, Saler, and Lang(1989). 일차 상관성은 0.64였고 이차 상관성은 이보다 높은 0.92이다.
38. Bowlby(1991), 247쪽 ; ED, vol. 2, 78쪽. Emma는 "우리 둘 중 하나가 그 불쌍한 작은 얼굴을 잊기까지 아주 오래 걸릴 것이다."라고 부연했다.
39. New York Times, 1993년 10월 7일자, A21면. 어미가 체중이 적은 쌍둥이보다는 건강한 아이 하나를 더 신호하는 경향에 내해 Mann(1992) 참소.
40. CCD, vol. 7, 521쪽.
41. Bowlby(1991), 330쪽.
42. CCD, vol. 4, 209, 227쪽. Bowlby(1991) 272, 283, 287쪽은 아버지의 병과 죽음 때문에 다윈이 많이 흔들리고 그의 병이 심해졌다고 주장한다. 다윈이 아버지가 죽자 혼절한 것은 확실하다. 그는 신체적, 정신적 상태 때문에 아버지의 장례식에 참석하지 못했을

것이다. Bowlby는 그가 애도의 글에 감사하는 서신이 늦어진 데 대한 사과의 글 뒤에 아버지의 죽음에 대해 마지못해 썼다고 언급했다. 그러나 Bowlby는 아버지가 죽은 후 몇 달 뒤 쓰여진 다윈의 편지에 '적극적 애도의 증거······ 슬프거나 아버지를 그리워하거나 회상하는 말'이 없고 한다고 한다. 그러므로 Bowlby는 다윈의 애도가 억제되었고 생리적 질병의 조짐이 나타났다고 무리하게 주장했다.

43. LLCD, vol. 1, 133~134쪽.
44. CCD, vol. 4, 143쪽. Freeman(1983), 70쪽과 Desmond and Moore(1991), 375쪽을 참조.
45. CCD, vol. 4, 225쪽.
46. CCD, vol. 5, 32쪽(각주); *Autobiography*, 97~98쪽.
47. LLCD, vol. 3, 228쪽. 다윈은 후에 Annie 때문에 흘린 눈물로 "지난날의 형언 못할 비통을 잊었다."라고 썼다. Desmond and Moore(1991), 518쪽. 딸의 죽음 뒤에 친한 친구를 위로하는 과정에서 나온 말이다.

8장 ✣ 다윈과 야만인들

1. *Descent*, vol. 1, 71쪽.
2. CCD, vol. 1, 306~307쪽; *Voyage*, 173, 178쪽.
3. CCD, vol. 1, 303~304쪽; 306쪽 각주 5번을 보면, 식인 풍습에 대한 이야기의 출처가 의심스럽다는 것을 알 수 있다.
4. *Descent*, vol. 2, 404~405쪽.
5. *Voyage*, 172쪽.
6. *Voyage*, 172~173쪽.
7. CCD, vol. 1, 380쪽.
8. Alland(1985), 17쪽을 참조.
9. *Dscent*, vol. 1, 93쪽.
10. Malinowski(1929), 501쪽.
11. *Descent*, vol. 1, 99쪽.
12. *Descent*, vol. 1, 109쪽에서 다윈은 "같은 인종의 정신 구조 역시 다양하거나 동일하지 않을 수 있다. 다른 인종의 정신 구조의 큰 차이는 언급할 필요도 없다."라고 쓰고 있다. 또 *Descent*, vol. 2, 327쪽에서 그는 "더 열등한 인종"이란 표현을 사용한다.
13. *Descent*, vol. 1, 99, 164쪽.
14. *Descent*, vol. 1, 96~99쪽.

15. *Descent*, vol. 1, 88, 94~95쪽.
16. *Descent*, vol. 1, 94쪽.
17. Anchor/Doubleday에서 1962년에 출간된 *Voyage of the Beagle*의 무삭제 본의 277쪽을 참조.
18. *Descent*, vol. 1, 75~78쪽.
19. *Expression*, 213쪽.
20. *Descent*, vol. 1, 72, 88쪽.
21. *Descent*, vol. 1, 80쪽.
22. *Descent*, vol. 1, 166쪽. 집단 선택주의와 도덕성에 대한 다윈의 생각을 더 알고 싶다면 Cronin(1991)을 참조.
23. *Descent*, vol. 1, 163쪽.
24. D. S. Wilson(1989), Wilson and Sober(1989), Wilson and Sober(in press)를 참조.
25. Williams(1966), 262쪽. Williams의 주장이 너무 독단적이라는 견해를 보기 위해서는 Wilson(1975)을 참조.

9장 ÷ 친구들

1. *Expression*, 216쪽.
2. *Descent*, vol. 1, 163~164쪽.
3. Williams(1966), 94쪽.
4. 예를 들어, *Descent*, vol. 1, 80쪽을 참조.
5. 게임 이론은 1920년대 요한 폰 노이만에 의해 처음으로 사용되었고, 공식적으로는 노이만과 오스카어 모르겐슈테른이 쓴 *Theory of Games and Economic Behavior*(Princeton University Press, 1953)에서 확립된 것으로 알려져 있다.
6. Maynard Smith(1982)는 약간 다른 데 중점을 두었다. 그는 "게임의 해결책을 찾는 데 있어 인간 합리성의 개념이 진화적 안정성의 개념으로 대체된다."고 언급했다. 이것의 장점은 집단이 안정적인 단계로 진화하기를 기대하는 데 대한 타당한 이론적 근거가 있다는 것이다. 하지만 인간이 항상 이성적으로 행동하는지를 의심하게 된다.
7. 죄수의 딜레마의 명확하고 완전한 분석을 보기 위해서는 Rapoport(1960), 173쪽을 참조.
8. Rothstein and Pierotti(1988). 게임 이론에 대한 그들의 비판은 내가 보기엔 썩 훌륭하지 않다.
9. '협동'과 '호혜적 이타주의' 사이의 기술적 차이를 잘 해명할 수도 있다. 하지만 그것이

우리의 목적은 아니다. 나는 여기서 그 둘을 서로 구별하지 않고 사용할 것이다.

10. *Voyage*, 183쪽.
11. Cosmides and Tooby(1989), 70쪽. 또한 Barkow(1992)를 참조.
12. Cosmides and Tooby(1989)를 참조.
13. Bowlby(1991), 321쪽.
14. TIT FOR TAT은 집단에 퍼질 기회가 전혀 없다. 이 세계는 진화론적 관점에서 눈 깜짝할 사이에 1000세대로 끝이 났다. 그러나 TIT FOR TAT은 2세대 만에 가장 개체수가 많은 종이 되었고 1000세대 만에 증가 속도가 가장 빨라졌다.
15. Williams(1966), 94쪽.
16. 몇 년 뒤 Axelrod가 이에 대해 틀렸음이 밝혀졌다. TIT FOR TAT 집단은 사실상 성공적으로 정복될 수 있다. 그러나 TIT FOR TAT에 대항해 침입할 수 있는 전략이 TIT FOR TAT보다 훨씬 더 훌륭했기 때문에 협동이 협동을 낳는다는 이야기의 교훈은 변하지 않는다. TIT FOR TAT처럼 때때로 용서한다. 다음 만남에서의 협조로 파악된 사기에 대응함으로써 자주 악에 대해 선으로 되갚는다. 이러한 전력은 실제 삶처럼 '요란한' 환경에서 가장 성공적이다. 선수는 가끔 다른 사람의 행동을 잘못 인식하거나 잘못 기억한다. Lomborg(1993) and *New York Times*, 1992년 4월 15일, C1면 참조.
17. Axelrod(1984), 99쪽.
18. 실제로 이런 호혜적 이타주의 유전자는 재차 증대된다. 이것은 많은 경우 스스로를 직접 복제하는 데 도움이 되고, 따라서 친족 선택을 통해 퍼지는 것과는 구별된다. Rothstein and Pierotti(1988) 참조.
19. Singer(1984), 146쪽을 참조. 사회 교환 이론의 예를 보기 위해서는 Gergen, Greenberg, and Willis(1980)를 참조.
20. Trivers의 1971년 논문은 이론을 적용하는 동물들의 범위에서 대담했다. 그리고 새들과 몇몇 어류 종보다 극단적인 적용은 신빙성이 별로 없었다. 그러나 우리의 목적에 중요한 포유류, 특히 영장류와 인간에 적용하는 것은 유효하다. William은 1966년 개체를 인지하고 과거 행위에 대한 정신적 기록을 유지할 수 있는 포유류에서 호례적 이타주의가 가장 잘 진화할 것으로 기대된다고 강조했다. 두 가지에 대한 참고 문헌은 Tylor and McGuire(1988) 참조.
21. 참돌고래보다 돌고래의 호혜적 이타주의가 문서로 더 완벽하게 기록된 것으로 보인다. Taylor and McGuire(1988)을 참조.
22. Wilkinson(1990). 또한 Trivers(1985), 363~366쪽을 참조.
23. de Waal(1982), de Waal and Luttrell(1988), Goodall(1986).

24. 호혜적 이타주의와 관계된 감정의 하부 구조에 대해서는 Nesse(1990a)를 참조.
25. Cosmides and Tooby(1992)와 Cosmides and Tooby(1989)를 참조. '사기꾼 감지' 모듈과 관계된 실험의 훌륭한 요약은 Cronin(1991), 335~340쪽과 Ridley(1994), 10장을 참조.
26. Trivers(1971), 49쪽.
27. Wilson and Daly(1990). 이와 같은 살인은 대부분 분명 직·간접적으로 성적 경쟁 때문에 발생한다. 그러나 동일한 원리가 적용된다. 그런 싸움의 격렬함은 부분적으로, 조상들의 환경에서 격렬한 싸움에 대한 평판이 빠르게 퍼졌던 사실로 설명된다.
28. Trivers(1971), 50쪽을 참조.
29. 내 관점에서는 그들이 불필요하게 복잡한 경향이 있긴 하지만 Frank(1990)에서처럼 이타주의에 대한 또 다른 다윈주의적 설명이 가능하다. 그들 중 몇몇은 타인에게 자신의 선함을 확신시킨 후에 이타주의자에게 자신의 선함을 확신시키기 위해 관용을 베풀기도 한다.
30. 보다 솔직한 집단 선택주의자의 시나리오에 관해서는, 집단 선택에 대한 혐오가 무차별적으로 증가하여 인간 동기에 대한 냉소적인 관점이 길러졌다고 느끼는 생물학자 David Sloan Wilson의 연구를 참조하라.
31. Daly and Wilson(1988), 254쪽. 또한 Wilson and Daly(1992)를 참조.

10장 ÷ 다윈의 양심

1. *Descent*, vol. 1, 165~166쪽.
2. Bowlby(1991), 74~76쪽.
3. Bowlby(1991), 60쪽.
4. CCD, vol. 1, 39, 507쪽; CCD, vol. 3, 289쪽.
5. LLCD, vol. 1, 119, 124쪽.
6. LLCD, vol. 3, 220쪽; Desmond and Moore(1991), 329쪽. 동물권 운동과 관련해서 다윈주의가 갖는 함의를 분석한 것은 James Rachels(1990)를 참조.
7. 정신직 고동이 적응일 수 있다는 주제에 관한 일반적인 설명은 Nesse(1991b)를 참조.
8. 특히 MacDonald(1988b), 158쪽을 참조. 또한 Schweder, Mahapatra, Miller(1987), 10~14쪽을 참조.
9. Loehlin(1992). 인성심리학자는 이 장에서 내가 사용한 것처럼 의식을 폭넓게 정의하지 않는다. 그러나 중복되는 부분이 많다. 가령 사회적 의무와 자기 연구의 세부적 측면들에 대한 다윈의 강박적 관심이 다루어진다. 예측컨대 진화심리학자들은 언젠가 우리가

'양심'이라고 부르는 무정형의 것이 실제로 다양한 역할을 위해 설계된 다양한 적응성(부적응성)들로 구성되어 있음을 보여 줄 것이다. 이 장에서 나는 그 용어를 다소 부정확하고 비공식적으로 사용했다.

10. *Autobiography*, 26, 45쪽.
11. *Autobiography*, 22쪽.
12. Brent(1983), 11쪽. 브렌트는 이런 성격 묘사에 대해서 이의를 제기한다.
13. *Autobiography*, 22쪽.
14. *Autobiography*, 28쪽; ED, vol. 2, 169쪽.
15. LLCD, vol. 1, 11쪽.
16. Trivers(1971), 53쪽.
17. Cosmides and Tooby(1992)를 참조.
18. Piaget(1932), 139쪽.
19. New York Times, 1988년 5월 17일, C1면. Vasek(1986) 참조. 자녀들이 지위와 관심을 얻기 위해 자주 거짓말을 한다는 것을 강조하는 유아 거짓말에 대한 매우 통찰력 있는 분석은 Krouts(1931) 참조. Krouts는 또한 다윈의 어린 시절 거짓말에 주목하면서 어떤 아이들은 타고난 거짓말쟁이라는 견해에 대해 비난했다.
20. *Autobiography*, 23쪽; CCD, vol. 2, 439쪽.
21. *New York Times*, 1988년 5월 17일자, C1면.
22. Vasek(1986), 288쪽.
23. CCD, vol. 2. 439쪽.
24. Smiles(1859), 372쪽.
25. ED, vol. 2, 145쪽.
26. Smiles(1859), 399, 401쪽.
27. *Washington Post*, 1986년 1월 5일자 참조. '인성'과 '성격'의 대조는 Reisman(1950)이 만든 유명한 '내향적'과 '외향적' 구분과 관련이 있다.
28. Smiles(1859), 397~400쪽.
29. Smiles(1859), 401~402쪽.
30. Brent(1983), 253쪽.
31. Cosmides and Tooby(1989)를 참조.
32. Smiles(1859), 407쪽.
33. 따분하게도 도시에서 살거나 적어도 사춘기를 도시에서 보낸 사람들은 사회적 상호작용에서 특히 '마키아벨리주의적' 접근을 한다. Singer(1993), 141쪽 참조.

34. Daly and Wilson(1988), 168쪽.
35. Smiles(1859), 415쪽, 409쪽.
36. 조상의 환경에서 사람들의 특징이 어떻게 형성되었는지에 대한 다윈주의적 설명의 다른 예들은 Draper and Belsky(1990)를 참조.
37. Wilson(1975), 565쪽을 참조.
38. 이것은 1970년대 '사회생물학 논쟁'에서 윌슨이 격렬한 비난에 대해서 방어하고자 했던 주장들 중 하나이다. Wilson(1975), 553쪽을 참조.
39. Houghton(1957), 404쪽. 또 Himmelfarb(1968), 277~278쪽을 참조.
40. James Lincoln Collier, *The Rise of Selfishness in America*, New York Times, 1991년 10월 15일자, C17면에서 인용.
41. Desmond and Moore(1991), 333, 398쪽.
42. ED, vol. 2, 168쪽.

II장 ÷ 다윈의 망설임

1. CCD, vol. 2, 298쪽.
2. 다윈의 여러 가지 병의 증상과 치료에 대한 요약은 Bowlby(1991)의 서문을 참조.
3. CCD, vol. 3, 397쪽.
4. CCD, vol. 3, 43~46, 345쪽. 다윈의 일정표는 Bowlby(1991), 409~411쪽을 참조.
5. Bowler(1990).
6. Gruber(1981), 68쪽.
7. Himmelfarb(1959), 210쪽.
8. Himmelfarb(1959), 212쪽.
9. 자연 선택의 역동성이 더 복잡하고 고도로 지성적인 생명체가 발생할 가능성을 높이거나 그것이 필연적이게 하는 역할을 하는지에 대한 논쟁은 계속되고 있다. William(1966), 2장, Boner(1988), Wright(1990). 여기서는 자연 선택이 이러한 경향을 사실상 필연적으로 만드는 신비한 힘을 가지고 있지 않다는 것이 요점이다.
10. *Notebooks*, 276쪽. Gruber(1981)는 다윈의 망설임을 설명하면서 이런 기록을 특히 강조한다.
11. CCD, vol. 3, 2쪽.
12. CCD, vol. 2, 47, 430~435쪽.
13. CCD, vol. 2, 150쪽.

14. Clark(1984), 65~66쪽. Bowlby는 다윈의 건강에 해를 끼친 아내의 이른 죽음 등의 감정적 부담은 다윈 자신이 진단한 '호흡기 항진 증후군'을 야기했다고 본다.
15. CCD, vol. 3, 346쪽.
16. LLCD, vol. 1, 347쪽 또는 CCD, vol. 4, 388~409쪽을 참조.
17. Richards(1987), 149쪽을 참조.
18. Gruber(1981), 105~106쪽을 참조.
19. 성적 재조합에 관하여. 유전학 이전의 성은 어떤 면에서 다윈 이론의 장애물처럼 보였다. 생식에 대한 기존의 사고 방식은 아버지와 어머니의 기질 '혼합'이었다. 그리고 간단한 기질 '혼합'은 다양성이 크지 않았을 것이다. 뜨거운 물과 차가운 물을 섞으면 중간 온도의 물이 된다. 물론 우리는 자녀의 키에 대한 환경적 영향이 대체로 크지 않다는 것을 안다. 그래서 키가 큰 부모에게서 훨씬 더 큰 자녀가 태어나는 것을 보고 이런 비유가 유효하지 않음을 알게 된다. 그러나 다윈은 부모의 인생 경험이 자녀의 유전 물질에 영향을 주지 않는다는 것을 몰랐다.
20. LLCD, vol. 2, 54쪽.

12장 ✢ 사회적 지위

1. *Notebooks*, 541~542쪽.
2. *Voyage*, 183~184쪽.
3. 특히 Freeman(1983), Brown(1991), 3장과 Degler(1991)를 참조.
4. 특히 Hill and Kaplan(1988), 282~283쪽을 참조.
5. Hewlett(1988). 단지 9명의 표본을 연구했기 때문에 Kombeti 족과 다른 남성들 간의 수정률의 차이(7.89자손 vs. 6.34자손)은 통계적으로 무의미했다. 그러나 만약 더 많은 표본이 있었다면 그 차이가 유효할 확률이 더 높다. 지위와 생식 성공 간의 연관성이 발견되는 다른 문화권은 자이레의 Efe와 케냐의 Mukogodo가 있다. 이들 문화권과 다른 참고 문헌에 관해서는 Betzig(1993) 참조. Napoleon은 '평등주의' 사회의 불균등한 생식적 성공을 최초로 지적한 사람이다.
6. Murdock(1945), 89쪽.
7. Ardrey(1970), 121쪽. 다윈은 '공동체의 지도자에 대한 복종'의 유전적 특성을 논할 때 인간 사회 계급의 진화론적 뿌리를 깊이 생각하지 않았다. 그는 가끔 '집단선' 논리에 의지한 것 같다. *Drescent*, vol. 1, 85쪽 참조.
8. Ardrey(1970), 107쪽. 또한 Wilson(1975) 281쪽을 참조.

9. Williams(1966), 218쪽. 어떻게 지위 체계가 진화해 왔는지를 단계적으로 잘 보기 위해서는 Stone(1989)를 참조.
10. Maynard Smith(1982), 2장 혹은 메이너드 스미스의 논리에 대한 요약을 알기 위해서는 Dawkins(1976), 5장을 참조.
11. 더 어둡고 우세한 색깔을 입힌 종속적인 참새들은 무자비하게 괴롭힘을 당했다. 그러나 높은 테스토스테론(testosteron) 수치의 새들이 우세한 색깔로 칠해지면 새들은 실제로 성공적인 지배자가 될 것이다. 약간 많은 멜라닌(melanin)과 테스토스테론이 종속적인 새를 지배적으로 바꿀 수 있다는 발견을 전제로 만약 뚜렷한 생식적 장점을 주면 모든 새들이 지배적 전략을 선택할 것을 기대할 수 있다고 Maynard Smith는 말했다. Maynard Smith(1982), 82~84쪽.
12. Betzig(1993a)를 참조. 종의 지위와 생식 성공 여부의 관계에 대해서는 Clutton-Brock(1988)을 참조.
13. Lippitt et al.(1958)을 참조. 더 최근의 연구는 Jones(1984)를 참조.
14. Strayer and Trudel(1984)과 Russon and Waite(1991)를 참조.
15. Atzwanger(1993).
16. Mitchell and Maple(1985). 지위 체계의 형성 과정에 대한 인간과 영장류 등을 비교하는 실험은 Barchas and Fisek(1984)를 참조.
17. *Expression*, 261쪽, 263쪽.
18. Weisfeld and Beresford(1982).
19. Weisfeld and Beresford(1982), 117쪽에서 인용.
20. 지위 경쟁을 주관하는 감정에 관해서는 Weisfeld(1980) 참조. 일반적으로 인간과 다른 영장류의 계급에 관해서는 Ellison and Dovidio(1985) 참조. 구별하기 어렵지만 보편적인 계급 표현은 대화와 여러 사회적 상호 작용에서 누가 누구를 어떤 환경에서 많이 감시하느냐와 관련이 있다. 영장류에서의 이러한 지위 표시에 중점을 둔 유명한 논문은 Chance(1967)이다.
21. 암컷 버빗(남아프리카 긴꼬리원숭이의 일종──옮긴이)에 관하여 McGure, Raleigh, and Brammer(1984), Raleigh and McGuire(1989)는 가끔 지배적인 수컷의 선택에서 미세하지만 중요한 역할을 하는 것을 보여 준다. 《뉴욕타임스》도 McGuire의 단체 간부에 대한 발표되지 않은 데이터(개인적인 접촉)를 언급했다.
22. McGuire는 간부들이 선출되기 전 그들의 세로토닌(serotonin) 수치를 측정하지 않았기 때문에 그들의 지위가 상승하기 이전부터 세로토닌 수치가 높았을 가능성을 전적으로 배제하지 못했다. 그러나 지위의 상승 전과 후의 세로토닌 수치를 모두 측정한 영장류

와 비인간의 다양하고 정확한 증거 때문에 그는 지위의 상승이 세로토닌 수치를 상당히 높인다는 것을 믿게 되었다.

23. Raleigh et al.(출판되지 않은 원고).
24. 세로토닌에 대한 일반적인 설명은 Kramer(1993)과 Masters and McGuire(1994)를 참조.
25. 속임수에 대하여 Aronson and Mettee(1968)를 참조. 충동적인 범죄에 대하여 Masters and McGuire(1994), 6장, Linnoila et al. 논문 참조.
26. 호혜적 이타주의처럼 우리는 여기서 집단 선택주의에 반하는 사례를 과장해선 안 된다. 만약 세 영장류가 사냥을 나갔는데 그중 하나가 복종을 촉진하는 새로운 만들어진 유전자를 갖고 있어서 팀 활동이 더 향상되면 그들의 집단적 성공은 개인에게 상대적으로 낮은 지위에서 비롯되는 비용(예, 포획물의 더 적은 분배)을 초과하는 많은 이득을 줄 수 있다. 고기 450파운드의 5분의 1이 250파운드의 3분의 1보다 많다. 이런 종류의 역학(어떤 생물학자들은 집단 선택이라고 부른다.)은 확실히 상상할 수 있다. 이 시나리오에서는 종속도 지배도 하지 않지만 환경에 따라서 각각의 능력도 발휘하는 유전자가 가장 가치가 높다.
27. De Waal(1982), 87쪽.
28. 수컷과 암컷 침팬지에서 지위 탐색과 지분의 세부 설명에 관해서는 de Waal(1984) and Goodall(1986) 참조.
29. Tannen(1990), 77쪽.
30. Daly and Wilson(1983), 79쪽.
31. 여러분은 모순을 깨달았을지 모른다. 앞에서 우리는 지위가 대체로 환경에 의해 결정된다고 말했다. 지금 우리는 남자들의 지위 다양성에서 유전자의 역할을 강조한다. 그러나 우리는 지위에 이바지하는 기질들의 온갖 다양성이 환경적 차이에 기인한다고 말하지 않았다. 정말 자연 선택이 선호해 온 유전적 기질은 집단 내에서 어떤 유전적 다양성이 있었음이 틀림없다. 그렇지 않다면 어떻게 자연 선택이 다른 것도 아닌 기질을 선호할 수 있겠는가? 이러한 선호는 다양성의 영역을 축소하는 효과가 있다. 이 경우 가령 자연 선택은 성공적 지위 경쟁에 기여하지 않는 유전자를 도태시킬 것이다. 돌연변이와 성적 재조합은 지속적으로 다양성을 창조하는 일반적 형태이다. 그리고 자연 선택은 대체로 좁은 영역으로 제한함으로써 지속적으로 그 다양성을 축소한다.
32. CCD, vol. 2, 29쪽.
33. *Descent*, vol. 2, 326쪽.
34. *Descent*, vol. 2, 368~369쪽.
35. Perusse(1993).

36. Symons(1979), 162쪽에서 인용.

37. Low(1989).

38. 침팬지에 관하여 de Waal(1982), 56~58쪽; de Waal(1989), 212쪽; Kano(1990), 68쪽. 인간 여성이 침팬지 암컷보다 다소 의욕적인지는 흥미로운 질문이다. 확실히 인간 여성이 더 경쟁적이다. 우리가 본 바와 같이 아버지 쪽의 많은 투자는 경쟁할 만한 것을 제공한다. (이 경쟁은 여성에 대한 남성의 경쟁보다 자연 선택에 의해 덜 격렬하게 야기되는 것 같다.) 한편 정해진 배우자가 없는 침팬지 암컷은 신체적 공격성과 사회적 지위 추구 모두에 우선 순위를 둘 의무를 지고 자손의 보호와 사회적 출세에 일차적 책임을 떠맡아야 한다.

39. Stone(1989).

40. Goodall(1986), 426~427쪽.

41. De Waal(1989), 69쪽.

42. De Waal(1982), 98쪽.

43. De Waal(1982), 196쪽.

44. De Waal(1982), 114쪽. 영장류의 화해 의식에 대한 폭넓은 논의에 관하여 de Waal(1989) 참조.

45. De Waal(1982), 117쪽.

46. Goodall(1986), 431쪽.

47. De Waal(1982), 207쪽.

48. '관심 구조'와 지배 계급 간의 상관관계에 대하여 Abramovitch(1980) and Chance(1967) 참조.

49. 왜 이것이 사다리 오르기 기술로 뜻이 통하는지에 관하여 Weisfeld(1980), 277쪽을 참조.

50. De Waal(1982), 211~212쪽.

51. De Waal(1982), 56쪽, 136쪽, 150~151쪽.

52. Freedman(1980), 336쪽.

53. Benedict(1934), 15쪽.

54. Benedict(1934), 99쪽.

55. Glen Weisfeld(개인적인 접촉)는 지위와 가치 간의 이러한 연관성을 강조했다.

56. Chagnon(1968), 1장과 5장을 참조.

13장 ✤ 기만과 자기 기만

1. CCD, vol. 4, 140쪽.
2. 나방에 관하여 Lloyd(1986) 참조. 난초와 뱀과 나비에 관하여 Trivers(1985), 16장 참조.
3. Goffman(1959), 17쪽.
4. Dawkins(1976), vi쪽. Alexander(1974), 377쪽은 "정직은 자신의 행위가 생식적으로 이 기적인 원인과 효과를 인지하는 데 실패했을 때조차 가치 있는 사회적 자산이다. 선택은 무엇을 하고 왜 하는지 모르는 인간의 경향을 지속적으로 선호한다."라고 언급했다.
5. Donald Symons and Leda Cosmides(개인적인 접촉)는 자기 기만을 연구함으로써 이 문제들 중 일부를 개략했다. 자기 기만의 가능한 형태와 어떤 형태가 가장 발생하기 쉬운가에 대한 더 명확한 논의에 관하여 Greenwald(1988) 참조.
6. CCD, vol. 2, 438~439쪽.
7. *Papers*, vol. 2, 198쪽.
8. Glantz and Pearce(1989), Glantz and Pearce(1990).
9. *Descent*, vol. 1, 99쪽.
10. Lancaster(1986)를 참조.
11. *Descent*, vol. 1, 164쪽.
12. *New York Times*, 1988년 5월 17일자, C1면, C6면.
13. *Autobiography*, 139쪽.
14. *Barlett's Book of Familiar Quotations*, 15판
15. Loftus(1992).
16. Fitch(1970) and Streufert and Streufert(1969). Miller and M. Ross(1975), Nisbett and Ross(1980)는 이 분야 논문에 비판을 가했다. Miller는 자기가 가진 편견에 의해서가 아니라 인간의 정보 처리 역학에 의해 데이터가 해석될 수 있다고 언급했다. 이는 사실이지만 보다 치밀한 실험의 필요성을 지적할 뿐이다. 그리고 Miller 자신이 나중에 그런 실험을 할 때 자기가 가진 편견에 따라 해석했다. Miller(1976) 참조. Niebett은 사람들이 실패보다 성공에 더 큰 책임감을 부여한다고 언급한다. 이 또한 사실이고 진화심리학의 전망을 잘 예시한다. 이것은 자존심의 기능에 대한 더 확실한 이해를 제공하기 때문에, 어떤 사람은 스스로를 너무 많이 신뢰하고 어떤 사람은 너무 적게 신뢰하는지와 어떤 종류의 여건과 발전적 환경이 각 경향에 기여하는지를 설명하는 데 도움이 된다. 이 장의 뒷부분에서 몇 가지 단서를 들고 있다.
17. LLCD, vol. 1, 137쪽.

18. Krebs, Denton, and Higgins(1988), 115~116쪽을 참조.
19. 예를 들어, Buss and Dedden(1990)을 참조.
20. Desmond and Moore(1991), 491쪽.
21. Stone(1989)을 참조.
22. Hartung(1988), 173쪽.
23. Trivers(1985), 417쪽.
24. Nesse(1990a), 273쪽.
25. CCD, vol. 6, 429쪽.
26. CCD, vol. 6, 430쪽.
27. Dawikins and Krebs(1978).
28. Alexander(1987), 128쪽.
29. 인용문에 관하여 Aronson(1980), 138~139쪽 참조. 명예 훼손을 당하거나, 심한 충격의 보복 때문에 피실험자가 비이성적으로 두려워했다는 것이 이 결과에 대한 대체적인 해석이다.
30. McDonald(1988b)에 인용된 대로 이 기술들은 S. H. Schwartz에 의해 정리되었다.
31. Hilgard, Atkinson, and Atkinson(1975), 52쪽을 참조.
32. Krebs, Denton, and Higgins(1988), 109쪽; Gazzaniga(1992), 6장을 참조.
33. Timothy Ferris, *The Mind's Sky*(Bantam Books, 1992), 80쪽에서 인용.
34. Barkow(1989), 104쪽.
35. CCD, vol. 1, 412쪽.
36. Bowlby(1991), 107쪽.
37. Bowlby(1991), 363쪽; *Origin*, 54~55쪽; *Autobiography*, 49쪽을 참조. 이래즈머스는 Grube(1981)에 인용되어 있다.
38. Bowlby(1991), 363쪽.
39. Malinowski(1929), 91쪽.
40. Cosmides and Tooby(1989), 77쪽을 참조.
41. *Autobiography*, 123쪽.
42. Trivers(1985), 420쪽.
43. Aronson(1980), 109쪽을 참조. 또한 Levine and Murphy(1943)를 참조.
44. Greenwald(1980)와 Trivers(1985), 418쪽을 참조.
45. Miller and Ross(1975), 217쪽에서 인용. 거의 비슷한 효과가 Ross and Sicoly(1979), 실험2에서 발견된다.

46. 이 일화는 Desmond과 Moore(1991)에 열거되어 있다.
47. *Expression*, 237쪽.
48. CCD, vol. 1, 96, 98, 124, 126쪽. 확실하지 않지만 Jenyns의 선물이 감사보다 앞섰을 가능성이 매우 높다. 다윈은 Fox에게 찬사를 보내고 이틀 후에 '놀라운 선물'에 대한 감사의 인사를 Jenyns에게 전해 줄 것을 Henslow에게 부탁했다. 이는 Henslow로부터 몇 달 만에 온 편지였기 때문에 Henslow를 통해서는 처음으로 그의 감사를 전하는 기회였을 것이다. 선물을 지난 48시간 이내에 부쳤을 확률은 적었다. 어떤 경우든 다윈과 Jenyns는 만날수록 좋아지는 만족스러운 관계를 유지했고 다윈은 그의 '약한 마음'을 다시는 언급하지 않았다.
49. *New York Times*, 10월 14일자, A1면.
50. 예를 들어, Chagnon(1968)을 참조.
51. 이런 종류의 현성이 집단 선택과 관련 있느냐는 부분적으로 전쟁심리학에 달려 있다. 만약 사람들이 정말 사심 없이 행동한다면 동료를 구하려고 수류탄에 맞서는 것은 우리 종만의 특징적 행동이고 이는 집단 선택으로 설명된다. 그러나 만약 전자가 그의 동료가 죽을 위험을 무릅쓰게 한 채 자신은 강간과 약탈의 기쁨을 누리려고 한다면 집단 선택은 더 모호해진다. 부대 간 분쟁이 집단 선택 없이 협동 공격을 위한 다양한 형태의 적응성에 도움을 줄 수 있다는 관점에 관해서는 Tooby와 Cosmides(1988) 참조. 이 책의 부록 6번 참조.
52. Trivers(1971), 51쪽.
53. CCD, vol. 3, 366쪽.

14장 ✢ 다윈의 승리

1. CCD, vol. 6, 346쪽.
2. LLCD, vol. 3, 361쪽.
3. Brent(1983), 517~518쪽.
4. Clark(1984), 214쪽.
5. Clark(1984), 3쪽.
6. CCD, vol. 1, 85쪽, 89쪽; *Autobiography*, 63쪽.
7. Bowlby(1991), 71~74쪽.
8. Brent(1983), 85쪽.
9. *Autobiography*, 55쪽.

10. *Autobiography*, 55쪽.
11. *New York Times*, 1988년 5월 17일 C1쪽.
12. *Autobiography*, 64쪽.
13. CCD, vol. 1, 110쪽.
14. Desmond and Moore(1991), 81쪽.
15. Goodall(1986), 431쪽.
16. CCD, vol. 1, 140쪽, 142쪽; "자연이 그를 만들 수 있는 만큼 완벽하게"; Bowlby(1991) 124쪽.
17. CCD, vol. 1, 143쪽, 141쪽; '변태적 방식'; CCD vol. 2, 80쪽.
18. CCD, vol. 1, 469쪽, 503쪽; '지질학적 망치'; *Autobiography*, 82쪽.
19. CCD, vol. 1, 57쪽, 62쪽; Brent(1983), 81쪽; Desmond and Moore(1991), 76쪽.
20. CCD, vol. 1, 416~417쪽.
21. Laura Betzig(개인적 접촉).
22. CCD, vol. 1, 369쪽, 508쪽.
23. CCD, vol. 1, 460쪽; *Papers*, 41~43쪽.
24. Bowlby(1991), 210쪽.
25. CCD, vol. 1, 524쪽, 532~533쪽.
26. Gruber(1981), 90쪽.
27. CCD, vol. 1, 517쪽.
28. Thibaut and Riecken(1955) 참조. 피실험자가 '높은 지위'의 개인보다 '낮은 지위'의 개인을 보는 드문 경우(피실험자의 사회적 압력하에서라기보다) '내부적 이유'의 영향에 따른다. 그 효과는 역행적이다. 피실험자는 '낮은 지위'의 개인을 점점 더 선호한다. 저자는 이러한 인과 관계 인지가 사회적 지위 변수가 아닌 실제 독립 변수일 수 있다고 말한다. 저자가 '낮은 지위'로 정한 피실험자가 '내부적 이유'를 가진 것으로 인지된 경우 그는 (자신을 학력이 낮다고 소개했지만) 사실상 피실험자에게 '높은 지위'의 단서를 나타내는 것처럼 보였다. 사실상 '사회적 압력'에 대한 저항과 '내부적 이유'로 일하는 성향은 '높은 지위'를 성의한다.
29. CCD, vol. 2, 284쪽; CCD, vol. 1, 512쪽.
30. *Autobiography*, 101쪽. 자서전에서 Lyell에 대한 다윈의 전반적인 평가는 매우 긍정적이다.
31. Asch(1955)
32. Verplanck(1955).

33. Zimmerman and Bauer(1956).
34. Himmelfarb(1959), 210쪽.
35. CCD, vol. 6, 445쪽.
36. Sulloway(1991), 32쪽.
37. Sulloway(1991), 32쪽. 어떤 사람들은 Sulloway의 '자존심'이라는 용어를 애매하게 사용한다. 지속적이거나 산발적인 자기 의심은 낮은 자존심과 반드시 동일하지는 않다. 물론 낮은 자존심을 가진 남자는 인간 창조론의 공인된 견해에 도전하기 위해 결코 무모한 용기를 불러일으키지 않았을 것이다. 진화심리학자들은 (만성적인 자기 의심을 동반한) '낮은 자존심'과 (주기적 자기 의심을 동반한) '불안정성'을 해소했음을 암시한다. 특히 초기 사회 환경을 통해 조율되었다. 그러나 어떤 경우든 Sulloway는 아버지를 포함해서 그의 초기 환경이 다윈에게 주입한 고통스러운 자기 의심은 그의 경력에 도움이 되었다고 말한다.
38. Bowlby(1991) 70~73쪽. Sulloway(1991)는 비록 아버지가 어떤 의도를 가지고 정신적 적응성의 영향하에서 행동했다고 말하지는 않았지만, Bowlby의 말처럼 만약 다윈의 아버지가 다윈의 자기 의심을 키워 주었다면 다윈의 과학적 업적의 일부는 그의 아버지에게 돌아갈 수 있다고 말한다.
39. Bowlby는 권위에 대한 다윈의 복종이 가져다 준 실용성을 인정한다. 그는 다윈이 연장자의 견해를 '존중'하고 '건방진 젊은이답지 않게' 중요한 조력자들을 이길 준비가 되어 있었다고 말한다. 그러나 그는 "그런 태도의 젊은이는 몇 년 뒤에나 환영받을 수 있었다. 그들의 지위가 너무 높고 그들의 견해가 과도하게 중요했을 뿐 아니라 그 자신의 가치와 견해가 저평가되어 있었다."(72쪽) 아마 아닐지도 모른다. Bowlby는 그 시대에 다윈 이론을 강력하게 비판한 위대한 과학자 Lord Kelvin과 같은 권위적 인물에게 복종했다. 다윈은 그런 비판에 맞게 이론을 수정했고 결과적으로 『종의 기원』 재판본들은 초판보다 점점 더 약해졌다. 지금 이해되기로는 6판과 최종판은 초판보다 부실하다. 그러나 다윈 이론에 대한 사회적 양보조차도 다윈주의 관점에서는 아주 불운하지 않았다. 그런 유연성은 다윈 시대에 이론의 진보를 도왔고 다윈의 사회적 지위를 보존했고 그의 직계 자손들이 다윈이라는 성을 자산으로 갖도록 했다.
40. Aronson(1980), 64~67쪽을 참조.
41. Brent(1983), 376쪽.
42. CCD, vol. 6, 250쪽, 256쪽. 다른 저자들은 이 대화를 Brent가 한 것처럼 해석했다. Bowlby(1991) 270-271, 279쪽 참조.
43. *Autobiography*, 162쪽.

44. 다윈의 조력자가 된 Lynell과 Hooker의 영향력에 대한 증거는 LLCD, vol. 2, 156쪽 참조.
45. LLCD, vol. 2, 238쪽, 241쪽.
46. LLCD, vol. 2, 165~166쪽.
47. LLCD, vol. 3, 8~9쪽.
48. Bowlby(1991), 254쪽을 참조.
49. *Autobiography*, 105쪽.
50. LLCD, vol. 2, 237쪽.
51. CCD, vol. 6, 432쪽.
52. CCD, vol. 6, 100쪽, 387쪽, 514쪽, 521쪽.
53. LLCD, vol. 2, 116쪽.
54. LLCD, vol. 2, 116~117쪽.
55. LLCD, vol. 2, 117~119. 다른 사람들은 이 내용과 유사한 견해를 가졌다.
56. Rachels(1990), 34쪽에서 인용.
57. *Papers*, vol. 2, 4쪽.
58. 특히 과학의 규칙이 계속 변화하는 것을 전제로 이 견해는 방어적이다. 다윈 이전 세기에 이 이론과 처음 소통한 과학자들은 다윈이 그의 이론을 Gary에게 보냈을 때처럼 그가 그의 이론을 출판하지 않았더라도 우선권에 따랐을 것이다. 이 전통은 19세기 중반에 크게 쇠퇴했으나 완전히 없어지진 않았다(Sulloway)(개인적 접촉).
59. Rachels(1990)은 이 논점을 만들었다. Wallace에 대한 다윈의 대우를 비판하는 몇 안 되는 관찰자인 Rachels은 이 일화를 나처럼 자주 언급한다. the triumph of a powerful clique over a naïf.
60. Clark(1984), 119쪽에서 인용.
61. Eiseley(1958), 292쪽.
62. Desmond and Moore(1991), 569쪽.
63. Clark(1984), 115쪽.
64. LLCD, vol. 2, 117쪽.
65. Brent(1983), 415쪽.
66. LLCD, vol. 2, 145쪽.
67. Bowlby(1991), 88~89쪽.
68. 이 장의 표어를 보라.
69. LLCD, vol. 2, 128쪽.
70. *Autobiography*, 124쪽.

71. 그러나 극도로 낮은 비용으로 동료를 돕는 것은 동료를 더 나은 위치에 놔두고 나중에 자신을 돌보게 하는 관점에서 의미가 있을 수 있다.
72. Alexander(1987)를 참조.
73. *Papers*, vol. 2, 4쪽.
74. Clark(1984), 119쪽.
75. Bowlby(1991), 60, 73쪽.

15장 ❖ 다윈주의자와 프로이트주의자의 냉소주의

1. *Notebooks*, 538쪽.
2. Richard and Alexander는 '집단 내 우호'은 '집단간 적의'를 의미한다고 말했다.
3. 이 변화의 이정표는 1918년 책 *Eminent Victorians*. 여기서 Lytton Strachey는 빅토리아 인의 허위를 기분 좋게 벗어버리고 가령 Florence Nightingale의 자유분방한 자기 본위를 발견한다.
4. 다윈주의와 프로이드주의의 다른 생물학적 측면을 권위적으로 논한 책은 Sulloway(1979a), 특히 7장 참조.
5. Daly and Wilson(1990b).
6. Nesse(1991b).
7. CCD, vol. 2, 439쪽.
8. Brent(1983), 24쪽.
9. Desmond and Moore(1991), 138쪽.
10. Bowlby(1991), 350쪽에서 인용.
11. Buss(1991), 473~477, 그리고 Tooby and Cosmides(1990a)를 참조.
12. *Autobiography*, 123쪽.
13. Freud(1922), 79~80쪽.
14. Freud(1922), 80쪽. Freud는 고통스러운 기억을 물리치기 위한 일반적 경향의 예외를 설명하기 위한 시도에서 견고한 규칙을 만들었다.
15. MacLean(1983), 88쪽. 뇌의 진화에 대한 개괄은 Jastrow(1981)을 참조.
16. Nesse and Lloyd(1992), 614쪽.
17. Slavin(1990).
18. Nesse and Lloyd(1992), 608쪽을 참조.
19. Nesse and Lloyd(1992), 611쪽.

20. Freud(1930), 58, 62쪽.
21. Freud(1922), 296쪽.
22. Connor(1989), 1장과 6장; Graham, Doherty, and Malek(1992); Wyschogrod(1990), 13~27쪽.

16장 ✦ 진화윤리학

1. *Notebooks*, 550, 629쪽.
2. *Descent*, 73쪽.
3. Clark(1984), 197쪽.
4. Hofstadter(1944), 45쪽.
5. Rachels(1990), 62쪽.
6. Rachels(1990), 65쪽. 스펜서의 윤리학과 진화론으로부터 가치들을 도출해 내려는 시도들에 대한 명확한 요약은 2장의 첫 부분을 참조.
7. Rachels(1990), 66~70쪽을 참조.
8. 자연주의적인 오류가 논쟁거리임을 처음으로 주장한 사람은 데이비드 흄으로 알려져 있다. Glossop(1967), 553쪽을 참조.
9. Mill(1874), 385, 391, 398~399쪽.
10. *Encyclopedia of Philosophy*, Macmillan, vol. 5, 319쪽.
11. LLCD, vol. 2, 312쪽.
12. *Descent*, vol. 2, 393쪽.
13. 어떤 저자(Richards(1987), 234~241쪽)는 다윈의 윤리학과 고전적인 공리주의 간의 차이를 강조했다. 다윈 자신이 언급한 대로 확실한 차이가 존재한다. 그러나 그 실질적 적용에서보다는 이론적 유래에서 더욱 그러하다(아래 주 22 참조). 다윈은 적어도 "매우 일반적 개념"에서 "공리주의 윤리를 받아들였다." 그는 "무한하고 미리 운명이 결정된 윤리 지침의 관점에서가 아니라 생명체로서의 실질적인 관점에서 행위를 평가했나. 이러한 윤리석 평가에 대한 접근은 많은 윤리석 강의가 그런 관점에서 명백하게 수행되는 오늘날에도 예외는 아닐지 모른다. 그러나 19세기에는 다윈 윤리학과 Mill의 윤리학을 구분했다. 두 사상 사이에는 중요한 또 다른 공통점이 있었다. Mill이 '행복'을 사용한 곳에 다윈은 '복지'라는 용어를 사용하여, 두 사람 모두 모든 인류의 복지와 행복에 도덕적 계산을 적용했다. 이 장에서 나중에 논의되는 바와 같이 '평등주의'는 공리주의의 요지에 가깝다. 공리주의가 빅토리아 시대 영국의 좌익이 된 이유가 여기에

있다. 다윈이 Mill의 윤리적, 정치적 철학에 대한 존경을 표시한 것에 관하여 ED, vol. 2, 169쪽 참조.

14. MacIntyre(1966), 251쪽을 참조.
15. Mill(1863), 307~308쪽, 그리고 Alan Ryan's introduction, 49쪽을 참조.
16. Mill(1863), 274~275쪽.
17. Mill이 '규칙에 기반한' 공리주의자였다는 것은 논란의 여지가 없다. 그러나 그가 그러했다는 증거는 Mill(1863), 291, 295쪽 참조. 일반적 행위/규칙에 기반한 공리주의에 관하여 Smart(1973) 참조.
18. Mill(1863), 288쪽.
19. 실제로 주관적 경험의 기쁨과 고통이 존재하는 것은 (비록 John Maynard Smith가 이를 언급했지만) 많은 진화론자를 포함한 인간이 깨닫는 것보다 더 깊은 수수께끼이다. Wright(1992).
20. Gruber(1981), 64, 66쪽.
21. Desmond and Moore(1991), 120쪽.
22. 무엇이 일반적으로 집단의 최선 혹은 복지의 우선인지에 대한 다윈의 원리로 받아들여지는지는 의심의 여지가 있다. 특히 Descent, vol. 1, 98쪽의 단락은 사실상의 원리이다. 공리주의에 관한 많은 논쟁과 같이 이 문장은 규범적인 것과 기술적인 것 간의 경계를 다소 모호하게 한다. 적어도 내게는 다윈이 사람들이 집단의 '행복' 보다 '선' 혹은 '복지'를 걱정해야 한다고 말했는지 혹은 사람이 본성적으로 '행복' 보다는 '선' 혹은 '복지'를 걱정하게끔 되어 있다고 했는지 명백하지 않다. 물론 이런 종류의 모호성은 should와 do의 해석에서 자주 나타나는 자연주의 오류이다. 또한 일반적 선이란 가능한 많은 수의 개인이 그들이 처한 환경에서 완벽한 능력을 가지고 활력 있고 건강하게 양육되는 수단이라는 다윈의 정의는 자연주의 오류를 암시한다. 그들이 '집단선'을 향해 진화한다는 다윈의 도덕 감성에 대한 믿음은 자연주의 오류를 낳았다. 즉 진화가 도덕적 충동과 더 나아가 도덕적 가치를 설계했기 때문에 적어도 이 맥락에서는 자연을 옳은 길잡이로 불신할 이유가 없다. 이 장에서 본 바와 같이 다윈은 다른 맥락에서 자연의 도덕적 권위에 반하는 주장에 단호했다.
23. 일종의 집단 선택주의자인 다윈은 얼마나 철저하게 개인의 이기심이 자연의 설계에 침투하는지 몰랐다. 따라서 그는 한편으로 고양이가 쥐와 노는 것에 혐오를 느끼면서 다른 한편으로는 인간의 도덕 감성을 현대의 진화론자보다 더 낙천적으로 본다.
24. Huxley(1984), 80, 83쪽.
25. Singer(1981), 168쪽.

26. Williams(1989), 208쪽.
27. Alan Ryan's introduction to Mill(1863).
28. Betzig(1988)를 참조.
29. *Descent*, vol. 1, 88~89쪽.

17장 + 도덕과 유전자

1. *Descent*, vol. 2, 393쪽; *Notebooks*, 571쪽.
2. 결정론과 그 문제에 대한 명확한 언급은 Daly and Wilson(1988), 11장을 참조.
3. Ruse(1986), 242~243쪽은 이런 역설에 대해서 언급한다.
4. Mill(1863), 334쪽.
5. Matthew 5:44, 5:39, Exodus 21:24.
6. 바로 Mill이 실질적 가치에 대한 비판과 학대를 인정하고 죽으려 했으나 그는 단호히 그 경로를 따르지 않았다. 그는 선에는 선으로, 악에는 악으로 갚는 것이 "정의의 개념에 맞을뿐더러, 인간적 평가에 있어 간단한 편법보다 정당함을 우선하는 심리에도 적절하다."
7. Dawkins(1982), 11쪽.
8. 다윈의 유물론과 결정론에 대해서는 Gruber(1981)과 Richards(1987)를 참조.
9. 물론 '다른 사람들의 본보기'와 '다른 사람들 가르치기'가 환경의 영향을 과소평가하는 것은 아니다. 그러나 일반적으로 모든 것이 유전과 환경에 녹아든다는 게 그의 요점이다(Mill(1863), 334쪽).
10. *Notebooks*, 536쪽.
11. 전형적인 환경론자인 Skinner는 *Beyond Freedom and Dignity*에서 자유 의지의 신화를 깨고자 노력했고 비판과 신임의 개념은 그것들이 철학적으로 의미가 있기 때문이 아니라 순전히 그것들의 실질적 가치에 따라 존재한다고 주장했다. 그가 몰랐던 것은 자연선택에 의해 창조된 이 개념들이 절대적으로 그 실질적 가치를 인식했다는 것이다.
12. *Notebooks*, 608쪽.
13. *Notebooks*, 608쪽.
14. *Notebooks*, 608쪽.
15. *Notebooks*, 614쪽.
16. Daly and Wilson(1988), 269쪽
17. Saletan and Watzman(1989)을 참조.

18. *Notebooks*, 608쪽. 편집자가 쓴 전체 문장은 "우리는 아픈 사람처럼 약에 취한 사람을 본다. 우리는 병에 걸린 공격적 대상에서 사악함을 본다. 그러나 미워하거나 혐오하기보다 동정하는 게 적절하다. 나는 '취한' 사람이 '사악한' 사람의 잘못된 표현이라고 생각한다. 내가 '사악한 사람'으로 말을 바꾸어 쓴 이유가 바로 이것이다. 그러나 어떤 경우든 '사악함'의 향후 사용은 이를 일부 정당화한다.
19. 비록 Mill 자신은 이런 관점의 학대를 옹호하지 않았지만, 그의 아버지와 18세기 이탈리아 법률 이론가인 Cesare Beccaria를 포함한 공리주의 계파의 초기 사상가들을 좋아했다.
20. Daly and Wilson(1988), 256쪽.
21. Bowlby(1991), 352쪽.
22. Axelrod(1987).
23. Franklin(1987), 246~247쪽에서 인용.
24. 나는 찰스가 사용한 보다 엄밀한 의미가 아닌, 실용주의 철학 학교의 설립자인 윌리엄 제임스가 사용한 부도덕한 의미로 '실용주의'를 사용했다.
25. Mill(1859), 61쪽.
26. Himmelfarb(1974), 273~75쪽 참조. Himmelfarb는 Mill을 급진적인 아내의 영향으로 몇 가지 연구(예를 들어 『자유론』)에서 아주 과묵하고 윤리적으로 보수적인 사람으로 간주한다.
27. Mill(1859), 104쪽.
28. Mill(1859), 61쪽. 『자유론』이 영국 사회가 역사적으로 매우 자유로왔던 시기에 나왔다는 점과 Mill 자신이 가끔 그것을 인정했다는 증거는 Himmelfarb(1974), 6장 and Himmelfarb(1968), 143쪽 참조.
29. Mill(1859), 78쪽.
30. Mill(1874), 393쪽. 밀의 저술 안에 있는 이런 종류의 긴장에 대해서는 Himmelfarb(1974)와 Himmelfarb(1968), 4장을 참조.
31. *Notebooks*, 608쪽.
32. *Notebooks*, 608쪽.

18장 ÷ 다윈, 종교를 갖다

1. *Autobiography*, 91쪽.
2. *Autobiography*, 85~87쪽.

3. *Autobiography*, 93쪽.
4. Smiles(1859), 16, 333쪽; *Descent*, vol. 1, 101쪽.
5. Singer(1989), 631쪽.
6. "Buddha's Farewell Address," Burtt(1982), 47쪽.
7. Campbell(1975), 1103쪽.
8. Dawkins(1976), 207쪽을 참조. 밈에 대한 장 전체에 걸친 더 일반적인 논의는 같은 책의 6장을 참조.
9. Symons(1979), 207쪽.
10. "The Way of Truth," Burtt(1982), 68쪽.
11. "The Way of Truth," Burtt(1982), 66쪽.
12. Matthew 6:19, 6:27.
13. *Bhagavad Gita* II:55~58쪽(Edgerton(1944), 15쪽).
14. Ecclesiastes 6:7.
15. Matthew 19:30.
16. *Bhagavad Gita* II:44, 52쪽(Edgerton(1944), 13, 14쪽).
17. "The Way of Truth," Burtt(1982), 65쪽.
18. Ecclesiastes, 6:9.
19. John 8:7, Matthew 7:5.
20. "The Way of Truth," Burtt(1982), 65쪽.
21. "Truth Is Above Sectarian Dogmatism," Burtt(1982), 37쪽.
22. Singer(1981), 112~114쪽.
23. *Descent*, vol. 1, 100~101쪽.
24. 한 현대적인 해석은 이 '적'을 자기 안의 갈등에 대한 은유로 간주한다.
25. Galatians 6:10.
26. Hartung(1993).
27. Johnson(1987)을 참조.
28. Campbell(1975), 1103~1104쪽.
29. *Bhagavad Gita* II:55(Easwaran(1975), vol. 1, 105쪽).
30. *Bhagavad Gita* XIII:28(Edgerton(1944), 68쪽).
31. Houghton(1957), 62쪽.
32. CCD, vol. 1, 496쪽.
33. Bowlby(1991), 352쪽.

34. Bowlby(1991), 450쪽.
35. LCCD, vol. 1, 124쪽.
36. ED, vol. 2, 253쪽. LLCD에서 프랜시스 다윈은 "나는 죽는 것을(to die) 조금도 두려워하지 않는다."라고 기록해 놓았다.
37. *Autobiography*, 94~95쪽.
38. *Autobiography*, 95쪽.

참고 문헌

Abramovitch, Rona (1980) "Attention Structures in Hierarchically Organized Groups," in Omark, Strayer, and Freedman. (1980).

Alexander, Richard D. (1974) "The Evolution of Social Behavior," *Annual Review of Ecology and Systemmatics* 5:325-83.

―― (1975) "The Search for a General Theory of Behavior," *Behavioral Science* 10:77-100.

―― (1979) *Darwinism and Human Affairs*, Seattle: University of Washington Press.

―― (1987) *The Biology of Moral Systems*, Hawthorne, N.Y.: Aldine de Gruyter.

Alexander, Richard D., and Katherine M. Noonan (1979) "Concealment of Ovulation, Parental Care, and Human Social Evolution," in Chagonon and Irons (1979).

Alexander, Richard D., et al. (1979) "Sexual Dimorphisms and Breeding Systems in Pinnipeds, Ungulates, Primates and Humans," in Chagnon and Irons (1979).

Alland, Alexander, ed. (1985) *Human Nature: Darwin's View*, New York: Columbia University Press.

Ardrey, Robert (1970) *The Social Contract*, New York: Atheneum.

Aronson, Elliot, ed. (1973) *Readings About the Social Animal*, San Francisco: W. H. Freeman.

Aronson, Elliot (1980) *The Social Animal*, San Francisco: W. H. Freeman.

Aronson Elliot, and David R. Mettee (1968) "Dishonest Behavior as a Function of Differential Levels of Induced Self-Esteem," *Journal of Personality and Social Psychology* 9:121-27. Reprinted in Aronson (1973).

Asch, Solomon E. (1955) "Opinions and Social Pressure," *Scientific American*, November. Reprinted in Aronson (1973).

Atzwanger, Klaus (1993) "Social Reciprocity and Success," paper presented at meeting of the Human Behavior and Evolution Society, Binghamton, N.Y.

Axelrod, Robert (1984) *The Evolution of Cooperation*, New York: Basic Books.

—— (1987) "Laws of Life," *The Sciences* 27:44-51.

Badcock, Christopher (1990) *Oedipus in Evolution: A New Theory of Sex*, Oxford: Basil Blackwell.

Badrian, Alison, and Noel Badrian (1984) "Social Organization of Pan paniscus in the Lomako Forest, Zaire," in Randall L. Susman, ed., *The Pygmy Chimpanzee: Evolutionary Biology and Behavior*, New York: Plenum.

Bailey, Michael (1993) "Can Behavior Genetics Contribute to Evolutionary Explanations of Behavior?" paper presented at meeting of the Human Behavior and Evolution Society, Binghamton, N.Y.

Baker, R. Robin, and Mark A. Bellis (1989) "Number of Sperm in Human Ejaculates Varies in Accordance with Sperm Competition Theory," *Animal Behaviour* 37:867-69.

—— (1993) "Human Sperm Competition: Ejaculate Adjustment by Males and the Function of Masturbation"; and "Human Sperm Competition: Ejaculate Manipulation by Females and a Fuction for the Female Orgasm," *Animal Behaviour* 46:861-909.

Barchas, Patricia R., and M. Hamit Fisek (1984) "Hierarchical Differentiation in Newly Formed Groups of Rhesus and Humans," in Patricia R. Barchas, ed., *Social Hierarchies*, Westport, Conn.: Greenwood Press.

Barkow, Jerome (1973) "Darwinian Psychological Anthropology: A Biosocial Approach," *Current Anthropology* 14:373-88.

—— (1980) "Prestige and Self-Esteem: A Biosocial Interpretation," in Omark, Strayer, and Freedman (1980).

—— (1989) *Darwin, Sex, and Status*, Toronto: University of Toronto Press.

—— (1992) "Beneath New Culture Is Old Psychology: Gossip and Social Stratification," in Barkow, Cosmides, and Tooby (1992).

Barkow, Jerome H., Leda Cosmides, and John Tooby (1992) *The Adapted Mind: Evolutionary Psychology and the Generation of Culture*, New York: Oxford University Press.

Barlow, Nora, ed. (1959) *The Autobiography of Charles Darwin*, New York: Harcourt Brace.

Barrett, Paul H., ed. (1977) *The Collected Papers of Charles Darwin*, Chicago: University of Chicago Press.

Barrett, Paul H., et al., eds. (1987) *Charles Darwin's Notebooks, 1836-1844*, Ithaca, N.Y.: Cornell University Press.

Barret-Ducrocq, Françoise (1989) *Love in the Time of Victoria: Sexuality and Desire Among*

Working-Class Men and Women in Nineteenth-Century London, translated by John Howe, New York: Penguin, 1992.

Bateman, A. J. (1948) "Intra-sexual Selection in Drosophila," Heredity 2:349-68.

Benedict, Ruth (1934) Patterns of Culture, Boston: Houghton-Mifflin Sentry edition, 1959.

Benshoof, Lee, and Randy Thornhill (1979) "The Evolution of Monogamy and Concealed Ovulation in Humans," Journal of Social and Biological Structures 2:95-106.

Betzig, Laura L. (1982) "Despotism and Differential Reproduction: A Cross-Cultural Correlation of Conflict Asymmetry, Hierarchy, and Degree of Polygyny," Ethology and Sociobiology 3:209-21.

—— (1986) Despotism and Differential Reproduction: A Darwinian View of History, New York: Aldine de Gruyter.

—— (1988) "Redistribution: Equity of Exploitation?" in Betzig, Borgerhoff Mulder, and Turke (1988).

—— (1989) "Causes of Conjugal Dissolution: A Cross-Cultural Study," Current Anthropology 30:654-76.

—— (1993a) "Where Are the Bastards' Daddies?" Behavioral and Brain Sciences 16:285-95.

—— (1993b) "Sex, Succession, and Stratification in the First Six Civilizations," in Lee Ellis, ed. Social Stratification and Socioeconomic Inequality, New York: Praeger.

Betzig, Laura, Monique Borgerhoff Mulder, and Paul Turke, eds. (1988) Human Reproductive Behaviour: A Darwinian perspective, New York: Cambridge University Press.

Betzig, Laura, and Paul Turke (1986) "Parental Investment by Sex on Ifaluk," Ethology and Sociobilogy 7:29-37.

Bonner, John Tyler (1980) The Evolution of Culture in Animals, Princeton, N.J.: Princeton University Press.

—— (1988) The Evolution of Complexity by Means of Natural Selection, Princeton, N.J.: Princeton University Press.

Bonner, John Tyler, and Robert M. May (1981) "Introduction," in Darwin (1871).

Boone, James L. III (1988) "Parental Investment, Social Subordination, and Population Processes Among the 15th and 16th Century Portuguese Nobility," in Betzig, Borgerhoff Muler, and Turke (1988).

Bowlby, John (1991) Charles Darwin: A New Life, New York: Norton.

Bowler, Peter J. (1990) Charles Darwin: The Man and His Influence, Oxford: Basil Blackwell.

Brent, Peter (1981) *Charles Darwin: A Man of Enlarged Curiosity*, New York: Norton, 1983.

Briggs, Asa (1955) *Victorian People: A Reassessment of Persons and Themes, 1851-67*, Chicago: University of Chicago Press, 1972.

Brown, Donald E. (1991) *Human Universals*, New York: McGraw-Hill.

Browne, Janet, and Michael Neve, eds. (1989) Charles Darwin's *Voyage of the Beagle*, New York: Penguin Books.

Buehlman, Kim Therese, J. M. Gottman, and L. F. Katz (1992) "How a Couple View Their Past Predicts Their Future: Predicting Divorce from an Oral History Interview," *Journal of Family Psychology* 5:295-318.

Burkhardt, Frederick, and Sydney Smith, eds. (1985-91) *The Correspondence of Charles Darwin*, 8 vols., Cambridge: Cambridge University Press.

Burtt, E. A., ed. (1982) *The Teachings of the Compassionate Buddha*, New York: New American Library.

Buss, David (1989) "Sex Differences in Human Mate Preferences: Evolutionary Hypotheses Tested in 37 Cultures," *Behavioral and Brain Sciences* 12:1-49.

—— (1991) "Evolutionary Personality Psychology," *Annual Review of Psychology* 42:459-91.

—— (1994) *The Evolution of Desire: Strategies of Human Mating*, New York: Basic Books.

Buss, David, and Lisa A. Dedden (1990) "Derogation of Competitors," *Journal of Social and Personal Relationships* 7:395-422.

Buss, David, and D. P. Schmitt (1993) "Sexual Strategies Theory: An Evolutionary Perspective on Human Mating," *Psychological Review* 100:204-32.

Buss, David, et al. (1992) "Sex Differences in Jealousy: Evolution, Physiology, and Psychology," *Psychological Science* 3:251-55.

Cambell, Donald T. (1975) "On the Conflicts Between Biological and Social Evolution and Between Psychology and Moral Tradition," *American Psychologist* 30:1103-26.

Cashdan, Elizabeth (1993) "Attracting Mates: Effects of Paternal Investment on Mate Attraction," *Ethology and Sociobiology* 14:1-24.

Cavalli-Sforza, Luigi, et al. (1988) "Reconstruction of Human Evolution: Bringing Together Genetic, Archaeological, and Linguistic Data," *Proceedings of the National Academy of Science* 85:6002-6.

Chagnon, Napoleon (1968) *Yanomamö: The Fierce People*, New York: Holt, Rinehart and Winston.

—— (1979) "Is Reproductive Success Equal in Egalitarian Societies?" in Chagnon and Irons (1979).

―― (1988) "Life Histories, Blood Revenge, and Warfare in a Tribal Population," *Science* 239:985-92.

Chagnon, Napoleon, and William Irons, eds. (1979) *Evolutionary Biology and Human Social Behavior: An Anthropological Perspective*, North Scituate, Mass.: Duxbury Press.

Chance, Michael (1967) "Attention Strucutre as the Basis of Primate Rank Orders," *Man* 2:503-18.

Charmie, Joseph, and Samar Nsuly (1981) "Sex Differences in Remarriage and Spouse Selection," *Demography* 18:335-48.

Clark, Ronald W. (1984) *The Survival of Charles Darwin*, New York: Avon Books, 1986.

Clutton-Brock, Timothy, ed. (1988) *Reproductive Success: Studies of Individual Variation in Contrasting Breeding Systems*, Chicago: University of Chicago Press.

Clutton-Brock, T. H., and A.C.J. Vincent (1991) "Sexual Selection and the Potential Reproductive Rates of Males and Females," *Nature*, 351:58-60.

Colp, Ralph, Jr. (1981) "Charles Darwin, Dr. Edward Lane, and the 'Singular Trial' of *Robinson v. Robinson and Lane*," *Journal of the History of Medicine and Allied Sciences*, 36:205-13.

Connor, Steven (1989) *Postmodernist Culture: An Introduction to Theories of the Contemporary*, Oxford: Basil Blackwell.

Cosmides, Leda, and John Tooby (1987) "From Evolution to Behavior: Evolutionary Psychology as the Missing Link," in John Dupre, ed., *The Latest on the Best: Essays on Evolution and Optimality*, Cambridge, Mass.: MIT Press.

―― (1989) "Evolutionary Psychology and the Generation of Culture" (part 2), *Ethology and Sociobiology* 10:51-97.

―― (1992) "Cognitive Adaptations for Social Exchange," in Barkow et al. (1992).

Crawford, Charles B., B. E. Salter, and K. L. Lang (1989) "Human Grief: Is Its Intensity Related to the Reproductive Value of the Deceased?" *Ethology and Sociobiology* 10:297-307.

Crispell, Diane (1992) "The Brave New World of Men," *American Demographics*, January.

Cronin, Helena (1991) *The Ant and the Peacock: Altruism and Sexual Selection from Darwin to Today*, New York: Cambridge University Press.

Daly, Martin, Margo Wilson, and S. J. Weghorst (1982) "Male Sexual Jealousy," *Ethology and Sociobiology* 3:11-27.

Daly, Martin, and Margo Wilson (1980) "Discriminative Parental Solicitude: A Biological Perspective," *Journal of Marriage and the Family* 42:277-88.

―― (1983) *Sex, Evolution, and Behavior*, Boston: Willard Grant.

—— (1988) *Homicide*, Hawthorne, N.Y.: Aldine de Gruyter.

—— (1990a) "Killing the Competition: Female/Female and Male/Male Homicide," *Human Nature* 1:81-107.

—— (1990b) "Is Parent-Offspring Conflict Sex-Linked? Freudian and Darwinian Models," *Journal of Personality* 58:163-89.

Darwin, Charles (1859) *The Origin of Species*, New York: Penguin Books, 1968.

—— (1871) *The Descent of Man, and Selection in Relation to Sex*, Princeton, N.J.: Princeton University Press, 1981 (facsimile edition).

—— (1872) *The Expression of the Emotions in Man and Animals*, Chicago: University of Chicago Press edition, 1965.

Darwin, Francis, ed. (1888) *Life and Letters of Charles Darwin*, 3 vols., New York: Johnson Reprint Corp., 1969.

Dawkins, Richard (1976) *The Selfish Gene*, New York: Oxford University Press.

—— (1982) *The Extended Phenotype*, New York: Oxford University Press, 1989.

—— (1986) *The Blind Watchmaker*, New York: W. W. Norton and Co.

Dawkins, Richard, and John R. Krebs (1978) "Animal Signals: Information or Manipulation?" in J. R. Krebs and N. B. Davies, eds., *Behavioural Ecology*, Oxford: Basil Blackwell.

Degler, Carl N. (1991) *In Search of Human Nature: The Decline and Revival of Darwinism in American Social Thought*, New York: Oxford University Press.

Desmond, Adrian, and James Moore (1991) *Darwin: The Life of a Tormented Evolutionist*, New York: Warner Books.

Devore, Irven (1969) "The Evolution of Human Society," in J. F. Eisenberg and Wilton S. Dillon, eds., *Man and Beast: Comparative Social Behavior*, Washington, D.C.: Smithsonian Institution Press.

de Waal, Frans (1982) *Chimpanzee Politics*, Baltimore: Johns Hopkins University Press, 1989.

—— (1984) "Sex Differences in the Formation of Coalitions Among Chimpanzees," *Ethology and Sociobiology* 5:239-55.

—— (1989) *Peacemaking Among Primates*, Cambridge, Mass.: Harvard University Press.

de Waal, Frans, and Lesleigh Luttrell (1988) "Mechanisms of Social Reciprocity in Three Primate Species: Symmetrical Relationship Characteristics of Cognition?" *Ethology and Sociobiology* 9:101-18.

Dickemann, Mildred (1979) "Female Infanticide, Reproductive Strategies," and "Social

Stratification: A Preliminary Model," in Chagnon and Irons (1979).

Dobzhansky, Theodosius (1962) *Mankind Evolbing: The Evolution of the Human Species*, New Haven: Yale University Press.

Draper, Patricia, and Jay Belsky (1990) "Personality Development in Evolutionary Perspective," *Journal of Personality* 58:141-61.

Draper, Patricia, and Henry Harpending (1982) "Father Absence and Reproductive Strategy: An Evolutionary Perspective," *Journal of Anthropological Research* 38:255-73.

—— (1988) "A Sociobiological Perspective on the Development of Human Reproductive Strategies," in MacDonald (1988a).

Dugatkin, Lee Alan (1992) "The Evolution of the 'Con Artist,'" *Ethology and Sociobiology* 13:3-18.

Durant, John R. (1985) "The Ascent of Nature in Darwin's *Descent of Man*," in David Kohn, ed., *The Darwinian Heritage*, Princeton, N.J.: Princeton University Press.

Easwaran, Eknath (1975) *The Bhagavad Gita for Daily Living*, 3 vols., Berkeley, Cal.: Blue Mountain Center of Meditation.

Edgerton, Franklin (1944), translation of *The Bhagavad Gita*, Cambridge, Mass.: Harvard University Press, 1972.

Eiseley, Loren (1958) *Darwin's Century*, New York: Anchor Books, 1961.

Ellis, Bruce, and Donald Symons (1990) "Sex Differences in Sexual Fantasy: an Evolutionary Psychological Approach," *Journal of Sex Research* 27:527-55.

Ellyson, S. L., and J. F. Dovidio, eds. (1985) *Power, Dominance, and Nonverbal Behavior*, New York: Springer-Verlag.

Essock Vitale, Susan M., and Michael T. McGuire (1988) "What 70 million Years Hath Wrought: Sexual Histories and Reproductive Success of a Random Sample of American Women," in Betzig, Borgerhoff Mulder, and Turke (1988).

Fausto-Sterling, Anne (1985) *Myths of Gender*, New York: Basic Books.

Fisher, Ronald A. (1930) *The Genetical Theory of Natural Selection*, Oxford: Clarendon Press.

Fitch, Gordon(1970) "Effects of Self-Esteem, Perceived Performance, and Choice on Causal Attributions," *Journal of Personality and Social Psychology* 16:311-15.

Fletcher, David J. C., and Charles D. Michener, eds. (1987) *Kin Recognition in Animals*, New York: John Wiley & Sons.

Frank, Robert (1985) *Choosing the Right Pond: Human Behavior and the Quest for Status*, New

York: Oxford University Press.

—— (1990) "A Theory of Moral Sentiments," paper presented at meeting of the Human Behavior and Evolution Society, Los Angeles.

Franklin, Jon (1987) *Molecules of the Mind*, New York: Atheneum.

Freeman, Derek (1983) *Margaret Mead and Samoa: The Making and Unmaking of an Anthropological Myth*, Cambridge, Mass.: Harvard University Press.

Freedman, Daniel G. (1980) "Cross-Cultural Notes on Status Hierarchies," in Omark, Strayer, and Freedman (1980).

Freeman, R. B. (1978) *Charles Darwin: A Companion*, Kent (England): Wm. Dawson and Sons.

Freud, Sigmund (1922) *A General Introduction to Psychoanalysis*, translated by Joan Riviere, New York: Washington Square Press, 1960.

—— (1930) *Civilization and Its Discontents*, translated by James Strachey, New York: Norton, 1961.

Gangestad, Steven W., and Jeffrey A. Simpson (1990) "Toward an Evolutionary History of Female sociosexual Variation," *Journal of Personality* 58:69-95.

Gaulin, Steven J. C., and James S. Boster (1990) "Dowry as Female Competition," *American Anthropologist* 92:994-1005.

Gaulin, Steven J. C., and Randall W. FitzGerald (1986) "Sex Differences in Spatial Ability: An Evolutionary Hypothesis and Test," *American Naturalist* 127:74-88.

Gaulin, Steven J. C., and Carole J. Robbins (1991) "Trivers-Willard Effect in Contemporary North American Society," *American Journal of Physical Anthropology*, 85:61-69.

Gazzaniga, Michael (1992) *Nature's Mind: The Impact of Darwinian Selection on Thinking, Emotions, Sexuality, Language, and Intelligence*, New York: Basic Books.

Gergen, Kenneth J., M. S. Greenberg, and R. H. Willis, eds. (1980) *Social Exchange: Advances in Theory and Research*, New York: Plenum Press.

Ghiselin, Michael T. (1973) "Darwin and Evolutionary Psychology," *Science* 179:964-68.

Gilligan, Carol (1982) *In a Diffenent Voice: Psychological Theory and Women's Development*, Cambridge, Mass.: Harvard University Press.

Glantz, Kalman, and John K. Pearce (1989) *Exiles from Eden: Psychotherapy from an Evolutionary Perspective*, New York: Norton.

—— (1990) "Towards an Evolution-Based Classification of Psychological Disorders," paper presented at meeting of the Human Behavior and Evolution Society, Los Angeles.

Glossop, Ronald J. (1967) "The Nature of Hume's Ethics," *Philosophy and Phenomenological*

Research 27:527-36.

Goffman, Erving (1959) *The Presentation of Self in Everyday Life*, New York: Anchor/Doubleday.

Goodall, Jane (1986) *The Chimpanzees of Gombe: Patterns of Behavior*, Cambridge, Mass.: Harvard University Press.

Gould, Stephen Jay (1980) *The Panda's Thumb*, New York: Norton.

Graham, Elspeth, J. Doherty, and M. Malek (1992) "The Context and Language of Postmodernism," in Doherty, Graham, and Malek, eds., *Postmodernism and the Social Sciences*, London: MacMillan.

Grammer, Karl, J. Dittami, and B. Fischmann (1993) "Changes in Female Sexual Advertisement According to Menstrual Cycle," paper presented at meeting of the Human Behavior and Evolution Society, Syracuse, N.Y.

Greene, John C. (1961) *Darwin and the Modern World View*, New York: New American Library, 1963.

Greenwald, Anthony G. (1980) "The Totalitarian Ego: Fabrication and Revision of Personal History," *American Psychologist*, 357:603-18.

—— (1988) "Self-Knowledge and Self-Deception," in Lockard and Paulhus, eds. (1988).

Gronell, Ann M., (1984) "Courtship, Spawning and Social Organization of the Pipefish, *Corythoichthys intestinalis* (Pisces: Syngnathidae), with Notes on two Congeneric Species," *Zeitschrift für Tierpsychologie* 65:1-24.

Grote, John (1870) *An Examination of the Utilitarian Philosophy*, Cambridge: Deighton, Bell and Co.

Gruber, Howard E. (1981) *Darwin on Man: A Psychological Study of Scientific Creativity*, Chicago: University of Chicago Press.

Gruter, Margaret, and Roger D. Master, eds. (1986) *Ostracism: A Social and Biological Phenomenon*, New York: Elsevier.

Haldane, J.B.S. (1955) "Population Genetics," *New Biology* 18:34-51.

Hamilton, William D. (1963) "The Evolution of Altruistic Behavior," *American Naturalist* 97:354-56.

—— (1964) "The Genetical Evolution of Social Behaviour," parts 1 and 2, *Journal of Theoretical Biology* 7:1-52.

Harcourt, A. H., et al. (1981) "Testis Weight, Body Weight and Breedign System in Primates," *Nature*, 293:55-57.

Harpending, Henry C., and Jay Sobus (1987) "Sociopathy as an Adaptation," *Ethology and Sociobiology*, 8:63S-72S.

Hartung, John (1982) "Polygyny and the Inheritance of Wealth," *Current Anthropology*, 23:1-12.

—— (1988) "Deceiving Down: Conjectures on the Management of Subordinate Status," in Lockard and Paulhus (1988).

—— (1993) "Love Thy Neighbor: Prospects for Morality," unpublished manuscript.

Hewlett, Barry S. (1988) "Sexual Selection and Paternal Investment Among Aka Pygmies," in Betzig, Borgerhoff Mulder, and Turke (1988).

Hilgard, Ernest R., R. C. Atkinson, and Rita L. Atkinson (1975) *Introduction to Psychology*, New York: Harcourt Brace Jovanovich.

Hill, Elizabeth (1988) "The Menstrual Cycle and Components of Human Femald Sexual Behaviour," *Journal of Social and Biological Structures* 11:443-55.

Hill, Elizabeth, and P. A. Wenzl (1981) "Variation in Ornamentation and Behavior in a Discotheque for Females Observed at Different Menstrual Phases," paper presented at meeting of the Animal Behavior Society, Knoxville, Tenn.

Hill, Kim, and Hillard Kaplan (1988) "Trade-offs in Male and Female Reproductive Strategies Among the Ache," parts 1 and 2, in Betzig, Borgerhoff Mulder, and Turke (1988).

Himmelfarb, Gertrude (1959) *Darwin and the Darwinian Revolution*, Garden City, N.Y.: Doubleday.

—— (1968) *Victorian Minds*, New York: Knopf.

—— (1974) *On Liberty & Liberalism: The Case of John Stuart Mill*, San Francisco: ICS Press, 1990.

—— (1987) *Marriage and Morals among the Victorians and Other Essays*, New York: Vintage.

Hofstadter, Richard (1944) *Social Darwinism in American Thought*, Boston: Beacon Press, 1955.

Houghton, Walter E. (1957) *The Victorian Frame of Mind, 1830-1870*, New Haven, Conn.: Yale University Press.

Howard, Jonathan (1982) *Darwin*, Oxford: Oxford University Press.

Hrdy, Sarah Blaffer (1981) *The Women That Never Evolved*, Cambridge, Mass.: Harvard University Press.

—— (1987) "Sex-biased Parental Investment Among Primates and Other Mammals: A Critical Evaluation of the Trivers-Willard Hypothesis," in Richard J. Gelles and Jane B. Lancaster, eds., *Child Abuse and Neglect: Biosocial Dimensions*, Hawthorne, N.Y.: Aldine de Gruyter.

Hrdy, Sarah Blaffer, and Debra S. Judge (1993) "Darwin and the Puzzle of Primogeniture," *Human

Nature 4:1-45.

Humphrey, Nicholas K. (1976) "The Social Function of Intellect," in P.P.G. Bateson and R. A. Hinde, eds., *Growing Points in Ethology*, Cambridge: Cambridge University Press. Reprinted in Richard Byrne and Andrew Whiten, eds., *Machiavellian Intelligence*, Oxford: Oxford University Press, 1988.

Huxley, Thomas H. (1894) *Evolution and Ethics*, Princeton, N.J.: Princeton University Press, 1989.

Irons, William (1991) "How Did Morality Evolve?" *Zygon* 26:49-89.

Irvine, William (1955) *Apes, Angels, and Victorians: The Story of Darwin, Huxley, and Evolution*, New York: McGraw-Hill.

Jankowiak, William, and Ted Fisher (1992) "A Cross-Cultural Perspective on Romantic Love," *Ethnology* 31:149-55.

Jastrow, Robert (1981) *The Enchanted Loom: Mind in the Universe*, New York: Simon and Schuster.

Johnson, Gary R. (1987) "In the Name of the Fatherland: An Analysis of Kin Term Usage in Patriotic Speech and Literature," *International Political Science Review* 8:165-74.

Jones, Diane Carlson (1984) "Dominance and Affiliation as Factors in the Social Organization of Same-Sex Groups of Elementary School Children," *Ethology and Sociobiology* 5:193-202.

Kagan, Jerome, and Sharon Lamb, eds. (1987) *The Emergence of Morality in Young Children*, Chicago: University of Chicago Press.

Kahn, Joan R., and Kathryn A. London (1991) "Premarital Sex and the Risk of Divorce," *Journal of Marriage and the Family* 53:845-55.

Kano, Takayoshi (1990) "The Bonobos' Peaceable Kingdom," *Natural History*, November.

Kenrick, Douglas T., Sara E. Gutierres, and Laurie L. Goldberg (1989) "Influence of Popular Erotica on Judgments of Strangers and Mates," *Journal of Experimental Social Psychology* 25:159-67.

Kenrick, Douglas T., et al. (1990) "Evolution, Traits, and the Stages of Human Courtship: Qualifying the parental Investment Model," *Journal of Personality* 58:97-115.

Kinzey, Warren G., ed. (1987) *The Evolution of Human Behavior: Primate Models*, Albany, N.Y.: State University of New York Press.

Kitcher, Philip (1985) *Vaulting Ambition: Sociobiology and the Quest for Human Nature*, Cambridge, Mass.: MIT Press.

Konner, Melvin (1982) *The Tangled Wing: Biological Constraints on the Human Spirit*, New York: Harper Colophon Books, 1983.

—— (1990) *Why the Reckless Survive ... and Other Secrets of Human Nature*, New York: Viking.

Krebs, Dennis, K. Denton, and N. C. Higgins (1988) "On the Evolution of Self-Knowledge and Self-Deception," in MacDonald (1988a).

Krout, Maurice H. (1931) "The Psychology of Children's Lies," *Journal of Abnormal and Social Psychology* 26:1-27.

Lancaster, Jane G. (1986) "Primate Social Behavior and Ostracism," *Ethology and Sociobiology* 7:215-25. Reprinted in Gruter and Masters, eds. (1986).

Lehrman, Karen (1994) "Flirting with Courtship," in Eric Liu, ed., *Next: Young American Writers on the New Generation*, New York: Norton, 1994.

Leighton, Donna Robbins (1987) "Gibbons: Territoriality and Monogamy," in Smuts et al., eds. (1987).

Levine, Jerome M., and Gardner Murphy (1943) "The Learning and Forgetting of Controversial Material," *Journal of Abnormal and Social Psychology*, vol. 38. Reprinted in Maccoby, Newcomb, and Hartley (1958).

Levinsohn, Florence Hamlish (1990) "Breaking Up Is Still Hard to Do," *Chicago Tribune Sunday Magazine*, October 21.

Lippitt, Ronald, et al. (1958) "The Dynamics of Power: A Field Study of Social Influence in Groups of Children," in Maccoby, Newcomb, and Hartley (1958).

Litchfield, Henrietta, ed. (1915) *Emma Darwin: A Century of Family Letters, 1792-1896*, 2 vols., New York: Appleton and Co.

Lloyd, Elizabeth (1988) *The Structure and Confirmation of Evolutionary Theory*, Westport, Conn.: Greenwood Press.

Lloyd, James E. (1986) "Firefly Communication and Deception: 'Oh, What a Tangled Web,' " in Mitchell and Thompson (1986).

Lockard, Joan S. (1980) "Speculations on the Adaptive Significance of Self-Deception," in Lockard, ed., *The Evolution of Human Social Behavior*, New York: Elsevier, 1980.

Lockard, Joan S., and Delroy L. Paulhus, eds. (1988) *Self-Deception: An Adaptive Mechanism*, Englewood Cliffs, N.J.: Prentice Hall.

Loehlin, John C. (1992) *Genes and Environment in Personality Development*, Newbury Park, Cal.: Sage.

Loftus, Elizabeth (1992) "The Evolution of Memory," paper presented at Gruter Institute Conference on the Uses of Biology in the Study of Law, Squaw Valley, Cal.

Lomborg, Bjorn (1993) "The Structure of Solutions in the Iterated Prisoner's Dilemma," paper presented at Gruter Institute Conference on the Uses of Biology in the Study of Law, Squaw Valley, Cal.

Low, Bobbi S. (1989) "Cross-Cultural Patterns in the Training of Children: An Evolutionary Perspective," *Journal of Comparative Psychology* 103:311-19.

Maccoby, Eleanor E., T. M. Newcomb, and E. L. Hartley, eds. (1958) *Readings in Social Psychology*, New York: Holt, Rinehart and Winston.

MacDonald, Kevin, ed. (1988a) *Sociobiological Perspectives on Human Development*, New York: Springer-Verlag.

MacDonald, Kevin (1988b) "Sociobiology and the Cognitive-Developmental Tradition in Moral Development," in MacDonald (1988a).

—— (1990) "Mechanisms of Sexual Egalitarianism in Western Europe," *Ethology and Sociobiology* 11:195-238.

McGuire, M. T., M. J. Raleigh, and G. L. Brammer (1984) "Adaptation, Selection, and Benefit-Cost Balances: Implications of Behavioral-Physiological Studies of Social Dominance in Male Vervet Monkeys," *Ethology and Sociobiology* 5:269-77.

MacIntyre, Alasdair (1966) *A Short History of Ethics*, New York: Macmillan.

MacLean, Paul D. (1983) "A Triangular Brief on the Evolution of Brain and Law," in Margaret Gruter and Paul Bohannan, *Law, Biology, and Culture*, Santa Barbara, Cal.: Ross-Erikson, Inc.

Malinowski, Bronislaw (1929) *The Sexual Life of Savages in North-Western Melanesia: An Ethnographic Account of Courtship, Marriage and Family Life Among the Natives of the Trobriand Islands, British New Guinea*, New York: Harcourt, Brace.

Mann, Janet (1992) "Nurturance of Negligence: Maternal Psychology and Behavioral Preference Among Preterm Twins," in Barkow, Cosmides, and Tooby (1992).

Marcus, Steven (1974) *The Other Victorians: A Study of Sexuality and Pornography in Mid-Nineteenth-Century England*, New York: Basic Books.

Masters, Roger D., and Michael T. McGuire, eds. (1994) *The Neurotransmitter Revolution: Serotonin, Social Behavior, and the Law*, Carbondale, Ill.: Southern Illinois University Press.

Maynard Smith, John (1974) "The Theory of Games and the Evolution of Animal Conlfict," *Journal of Theoretical Biology* 47:209-21.

—— (1982) *Evolution and the Theory of Games*, Cambridge: Cambridge University Press.

Mead, Margaret (1928) *Coming of Age in Samoa: A Psychological Study of Primitive Youth for Western Civilisation*, New York: Morrow, 1961.

Mealey, Linda, and Wade Mackey (1990) "Variation in Offspring Sex Ratio in Women of Differing Social Status," *Ethology and Sociobiology* 11:83-95.

Mill, John Stuart (1859) *On Liberty*, in Mill, *On Liberty and Other Writings*, New York: Cambridge University Press, 1989.

—— (1863) "Utilitarianism," in Mill and Jeremy Bentham, *Utilitarianism and Other Essays*, New York: Penguin, 1987.

—— (1874) "Nature," reprinted in vol. 10 of J. M. Robson, ed., *Collected Works of John Stuart Mill*, Toronto: University of Toronto Press, 1969.

Miller, Dale T. (1976) "Ego Involvement and Attributions for Success and Failure," *Journal of Personality and Social psychology* 34:901-6.

Miller, Dale T., and Michael Ross (1975) "Self-Serving Biases in the Attribution of Causality: Fact or Fiction?" *Psychological Bulletin* 82:213-25.

Mitchell, G., and Terry L. Maple (1985) "Dominance in Nonhuman primates," in Ellyson and Dovidio (1985).

Mitchell, Robert W., and Nicholas S. Thompson, eds. (1986) *Deception: Perspectives on Human and Nonhuman Deceit*, Albany, N.Y.: State University of New York Press.

Montgomerie, Robert (1991) "Mating Systems and the Fingerprinting Revolution," paper delivered at meeting of the Human Behavior and Evolution Society, Hamilton, Ontario.

Morris, Desmond (1967) *The Naked Ape*, New York: McGraw-Hill.

Murdock, George P. (1934) *Our Primitive Contemporaries*, Toronto: Macmillan.

—— (1945) "The Common Denominator of Cultures," in George P. Murdock, *Culture and Society*, Pittsburgh: Pittsburgh University Press, 1965.

—— (1949) *Social Structure*, New York: Macmillan.

Nesse, Randolph M. (1990a) "Evolutionary Explanations of Emotions," *Human Nature* 1:261-89.

—— (1990b) "The Evolutionary Functions of Repression and the Ego Defenses," *Journal of the American Academy of Psychoanalysis* 18:260-85.

—— (1991a) "Psychiatry," in Mary Maxwell, ed., *The Sociobiological Imagination*, Albany: State University of New York Press, 1991.

—— (1991b) "What Good Is Feeling Bad?" *The Sciences*, 31:30-37.

Nesse, Randolph, and Alan Lloyd (1992) "The Evolution of Psychodynamic Mechanisms," in

Barkow, Cosmides, and Tooby (1992).

Nesse, Randolph, and George Williams (1995) *Why We Get Sick: The New Science of Darwinian Medicine*, New York: Times Books.

Nisbett, Richard, and Lee Ross (1980) *Human Inference: Strategies and Shortcomings of Social Judgment*, Englewood Cliffs, N.J.: Prentice Hall.

Nishida, Toshisada, and Mariko Hiraiwa-Hasegawa (1987) "Chimpanzees and Bonobos: Cooperative Relationships Among Males," in Smuts et al. (1987).

Omark, Donald R., F. F. Strayer, and D. G. Freedman, eds. (1980) *Dominance Relations: An Ethological View of Human Conflict and Social Interaction*, New York: Garland.

Orians, Gordon H. (1969) "On the Evolution of Mating Systems in Birds and Mammals," *American Naturalist* 103:589-603.

Palmer, Craig (1989) "Is Rape a Cultural Universal? A Reexamination of the Ethnographic Data," *Ethnology* 28:1-16.

Pedersen, F. A. (1991) "Secular Trends in Human Sex Rations: Their Influence on Individual and Family Behavior," *Human Nature* 3:271-91.

Perusse, Daniel (1993) "Cultural and Reproductive Success in Industrial Societies: Testing the Relationship at the Proximate and Ultimate Levels," *Behavioral and Brain Sciences* 16:267-322.

Piaget, Jean (1932) *The Moral Judgment of the Child*, New York: Free Press, 1965.

Pinker, Steven (1994) *The Language Instinct*, New York: Morrow.

Plomin, R., and D. Daniels (1987) "Why Are Children in the Same Family So Different from Each Other?" *Behavioral and Brain Sciences* 10:1-6.

Price, J. S. (1967) "The Dominance Hierarchy and the Evolution of Mental Illness," *Lancet* 2:243.

Rachels, James (1990) *Created from Animals: The Moral Implications of Darwinism*, New York: Oxford University Press.

Raleigh, Michael J., and Michael T. McGuire (1989) "Female Influences on Male Dominance Acquisition in Captive Vervet Monkeys, *Cercopithecus aethiops sabaeus*," *Animal Behaviour* 38:59-67.

Raleigh, Michael J., M. T. McGuire, G. L. Brammer, D. B. Pollack, and Arthur Yuwiler "Serotonergic Mechanisms Promote Dominance Acquisition in Adult Male Vervet Monkeys" (unpublished paper).

Rapoport, Anatol (1960) *Fights, Games, and Debates*, Ann Arbor: University of Michigan Press.

Rasmussen, Dennis (1981) "Pair-bond Strength and Stability and Reproductive Success," *Psychological Review* 88:274-90.

Richards, Robert J. (1987) *Darwin and the Emergence of Evolutionary Theories of Mind and Behavior*, Chicago: University of Chicago Press.

Ridley, Matt (1994) *The Red Queen: Sex and the Evolution of Human Nature*, New York: Macmillan.

Riesman, David (1950) *The Lonely Crowd*, New Haven, Conn.: Yale University Press.

Rodman, Peter S., and John C. Mitani (1987) "Orangutans: Sexual Dimorphism in a Solitary Species," in Smuts et al. (1987).

Rose, Phyllis (1983) *Parallel Lives: Five Victorian Marriages*, New York: Vintage, 1984.

Ross, Michael, and Fiore Sicoly (1979) "Egocentric Biases in Availability and Attribution," *Journal of Personality and Social Psychology* 37:322-36.

Rothstein, Stephen I., and Raymond Pierotti (1988) "Distinctions Among Reciprocal Altruism, Kin Selection, and Cooperation and a Model for Initial Evolution of Beneficent Behavior," *Ethology and Sociobiology* 9:189-209.

Ruse, Michael (1986) *Taking Darwin Seriously: A Naturalistic Approach to Philosophy*, Oxford: Basil Blackwell.

Russeon, A. E., and B. E. Waite (1991) "patterns of Dominance and Imitation in an Infant Peer Group," *Ethology and Sociobiology* 13:55-73.

Saletan, William, and Nancy Watzman (1989) "Marcus Welby, J. D.," *The New Republic*, April 17.

Saluter, Arlene F. (1990) "Marital Status and Living Arrangements," Current Population Reports Series P-20, No. 450, Bureau of the Census, U. S. Dept. of Commerce.

Schelling, Thomas (1960) *The Strategy of Conflict*, Cambridge, Mass.: Harvard University Press.

Schweder, Richard A., M. Mahapatra, and J. G. Miller (1987) "Culture and Moral Development," in Kagan and Lamb (1987).

Short, R. V. (1976) "The Evolution of Human Reproduction," in *Proceedings of the Royal Society B* 195:3-24.

Shostak, Marjorie (1981) *Nisa: The Life and Words of a !Kung Woman*, New York: Vintage, 1983.

Simpson, George Gaylord (1974) "The Search for an Ethic," in Simpson, *The Meaning of Evolution*, New Haven, Conn.: Yale University Press.

Simpson, Jeffry A., S. W. Gangestad, and M. Bick (1993) "Personality and Nonverbal Social Behavior: An Ethological Perspective on Relationship Initiation," *Journal of Experimental*

Social Psychology 29:434-61.

Singer, Peter (1981) *The Expanding Circle*, New York: Farrar, Straus and Giroux.

—— (1984) "Ethics and Sociobiology," *Zygon* 19:139-51.

—— (1989) "Ethics," *Encyclopedia Britannica* 18:627-48.

—— (1993) *How Are We to Live? Ethics in an Age of Self-Interest*, Melbourne: Text Publishing Company.

Skinner, B. F. (1948) *Walden II*, New York: Macmillan.

—— (1972) *Beyond Freedom and Dignity*, New York: Knopf.

Slavin, Malcolm O. (1990) "The Dual Meaning of Repression and the Adaptive Design of the Human Psyche," *Journal of the American Academy of Psychoanalysis* 18:307-41.

Smart, J.J.C. (1973) "An Outline of a System of Utilitarian Ethics," in Smart and Bernard Williams, *Utilitarianism, For and Against*, Cambridge: Cambridge University Press.

Smiles, Samuel (1859) *Self-Help*. London: John Murray. Revised and enlarged edition, New York Publishing Company.

Smith Martin S., Bradley J. Kish, and Charles B. Crawford (1987) "Inheritance of Wealth as Human Kin Investment," *Ethology and Sociobiology* 8:171-82.

Smuts, Barbara, et al., eds. (1987) *Primate Societies*, Chicago: University of Chicago Press.

Stewart, Kelly J., and Alexander H. Harcourt (1987) "Gorillas: Variation in Female Relationships," in Smuts et al. (1987).

Stone, Lawrence (1977) *The Family, Sex and Marriage in England 1500-1800*, New York: Harper Torchbook, 1979.

—— (1985) "Sex in the West," *The New Republic*, July 8.

—— (1990) *Road to Divorce: England, 1530-1987*, Oxford: Oxford University Press.

Stone, Valerie E. (1989) *Perception of Status: An Evolutionary Analysis of Nonverbal Status Cues*, Ph.D. dissertation, Department of Psychology, Stanford University.

Strachey, Lytton (1918) *Eminent Victorians*, New York: Harcourt Brace.

Strahlendorf, Peter W. (1991) *Evolutionary Jurisprudence: Darwinian Theory in Juridical Science*, S.J.D. thesis, Toronto, Ontario.

Strayer, F. F., and M. Trudel (1984) "Developmental Changes in the Nature and Function of Social Domination Among Young Children," *Ethology and Sociobiology* 5:279-95.

Streufert, Siegfried, and Susan C. Streufert (1969) "Effects of Conceptual Structure, Failure, and Success on Attribution of Causality and Interpersonal Attitudes," *Journal of Personality and*

Social Psychology 11:138-47.

Sulloway, Frank J. (1979a) *Freud, Biologist of the Mind: Behind the Psychoanalytic Legend*, New York: Basic Books.

—— (1979b) "Geographic Isolation in Darwin's Thinking: The Vicissitudes of a Crucial Idea," *Studies in History of Biology* 3:23-65.

—— (1982) "Darwin's Converstion: The Beagle Voyage and Its Aftermath," *Journal of the History of Biology* 15:325-96.

—— (1984) "Darwin and the Galapagos," *Biological Journal of the Linnean Society* 21:29-59.

—— (1991) "Darwinian Psychobiography," *New York Review of Books*, Oct. 10.

—— (in preparation) *Born to Rebel: Radical Thinking in Science and Social Thought*, Massachusetts Institute of Technology, Cambridge, Mass.

—— (in press) "Birth Order and Evolutionary Psychology: A Meta-Analytic Overview," *Psychological Inquiry*.

Susman, Randall L. (1987) "Pygmy Chimpanzees and Common Chimpanzees: Models for the Behavioral Ecology of the Earliest Hominids," in Kinzey (1987).

Symons, Donald (1979) *The Evolution of Human Sexuality*, New York: Oxford University Press.

—— (1982) "Another Woman That Never Existed," *Quarterly Review of Biology* 57:297-300.

—— (1985) "Darwinism and Contemporary Marriage," in Kingsley Davis, ed., *Contemporary Marriage*, New York: Russell Sage Foundation, 1985.

—— (1989) "A Critique of Darwinian Anthropology," *Ethology and Sociobiology* 10:131-44.

—— (1990) "Adaptiveness and Adaptation," *Ethology and Sociobiology* 11:427-44.

Tannen, Deborah (1990) *You Just Don't Understand: Women and Men in Conversation*, New York: Morrow.

Taylor, Charles E., and Michael T. McGuire (1988) "Reciprocal Altruism: Fifteen Years Later," *Ethology and Sociobiology* 9:67-72.

Teismann, Mark W., and Donald L. Mosher (1978) "Jealous Conflict in Dating Couples," *Psychological Reports* 42:1211-16.

Thibaut, John W., and Henry W. Riecken (1955) "Some Determinants and Consequences of the Perception of Social Causality," *Journal of Personality* 24:113-33. Reprinted in Maccoby, Newcomb, and Hartley (1958).

Thomson, Elizabeth, and Ugo Colella (1992) "Cohabitation and Marital Stability: Quality of Commitment?" *Journal of Marriage and the Family* 54:259-67.

Thornhill, Randy (1976) "Sexual Selection and Paternal Investment in Insects," *American Naturalist* 110:153-63.

Thornhill, Randy, and Nancy Thornhill (1983) "Human Rape: An Evolutionary Analysis," *Ethology and Sociobiology* 4:137-73.

Tiger, Lionel (1969) *Men in Groups*, New York: Random House.

Tooby, John(1987) "The Emergence of Evolutionary Psychology," in D. Pines, ed., *Emerging Syntheses in Science*, Santa Fe, N.M.: Santa Fe Institute.

Tooby, John, and Leda Cosmides(1988) "The Evolution of War and Its Cognitive Foundations," Institute for Evolutionary Studies Technical Report, 88-91.

—— (1989) "The Innate versus the Manifest: How Universal Does Universal Have to Be?" *Behavioral and Brain Sciences* 12:36-37.

—— (1990a) "On the Universality of Human Nature and the Uniqueness fo the Individual: The Role of Genetics and Adaptation," *Journal of Personality* 58:1:17-67.

—— (1990b) "The Past Explains the Present: Emotional Adaptations and the Structure of Ancestral Enviromments," *Ethology and Sociobiology* 11:375-421.

—— (1992) "The Psychological Foundations of Culture," in Barkow, Cosmides, and Tooby (1992).

Tooby, John, and Irven DeVore(1987) "The Reconstruction fo Hominid Behavioral Evolution," in Kinzey (1987).

Tooke, William, and Lori Camire (1990) "Patterns of Deception in Intersexual and Intrasexual Mating Strategies," *Ethology and Sociobiology* 12:345-64.

Trivers, Robert(1971) "The Evolution of Reciprocal Altruism," *Quarterly Review of Biology* 46:35-56.

—— (1972) "Parental Investment and Sexual Selection," in Bernard Campbell, ed., *Sexual Selection and the Descent of Man*, Chicago: Aldine de Gruyter.

—— (1974) "Parent-Offspring Conflict," *American Zoologist* 14:249-64.

—— (1985) *Social Evolution*, Menlo Park, Cal.: Benjamin/Cummings.

Trivers, Robert L., and Dan E. Willard (1973) "Natural Selection of Parental Ability to Vary the Sex Ratio of Offspring," *Secience* 179:90-91.

Tucker, William (1993) "Monogamy and Its Discontents," *National Review*, October 4.

Vasek, Marie E. (1986) "Lying as a Skill: The Development of Deception in Children," in Mitchell and Thompson (1986).

Verplanck, William S. (1955) "The Control of the Content of Conversation: Reinforcement of

Statements of Opinion," *Journal of Abnormal and Social Psychology* 51:668-76. Reprinted in Maccoby, Newcomb, and Hartley (1958).

Wallace, Bruce (1973) "Misinformation, Fitness, and Selection," *American Naturalist* 107:1-7.

Walsh, Anthony (1993) "Love Styles, Masculinity/Femininity, Physical Attractiveness and Sexual Behavior: A Test of Evolutionary Theory," *Ethology and Sociobiology* 14:25-38.

Wedgwood, Barbara, and Hensleigh Wedgwood (1980) *The Wedgwood Circle, 1730-1897: Four Generations of a Family and Their Friends*, Westfield, N.Y.: Eastview Editions.

Weisfeld, Glenn E. (1980) "Social Dominance and Human Motivation," in Omark, Strayer, and Freedman (1980).

Weisfeld, Glenn E., and Jody M. Beresford (1982) "Erectness of Posture as an Indicator of Dominance or Success in Humans," *Motivation and Emotion* 6:113-29.

Wells, P.A. (1987) "Kin Recognition in Humans," in Fletcher and Michener (1987).

West-Eberhard, Mary Jane (1991) "Sexual Selection and Social Behavior," in Michael H. Robinson and Lionel Tiger, eds., *Man and Beast Revisited*, Washington, D. C.: Smithsonian Institution Press.

Whitehead, Barbara Dafoe (1993) "Dan Quayle Was Right," *The Atlantic Monthly*, April.

Whyte, Lancelot Law (1967) "Unconscious," in *The Encyclopedia of Philosophy* (New York: Macmillan) 8;185-88.

Wiederman, Michael W., and Elizabeth Rice Allgeier (1992) "Gender Differences in Mate Selection Criteria: Sociobiological or Socioeconomic Explanation?" *Ethology and Sociobiology* 13:115-24.

Wilkinson, Gerald S. (1990) "Food Sharing in Vampire Bats," *Scientific American* February.

Williams, George C. (1966) *Adaptation and Natural Selection: A Critique of Some Current Evolutionary Thought*, Princeton, N.J.: Princeton University Press, 1974.

—— (1975) *Sex and Evolution*, Princeton, N.J.: Princeton University Press.

—— (1989) "A Sociobiological Expansion of *Evolution and Ethics*," a preface in Huxley (1894).

Williams, George C., and Randolph Nesse (1991) "The Dawn of Darwinian Medicine," *Quarterly Review of Biology* 66:1-22.

Wills, Christoher (1989) *The Wisdom of the Genes: New Pathways in Evolution*, New York: Basic Books.

Wilson, David S. (1989) "Levels of Selection: An Alternative to Individualism in Biology and the Social Sciences," *Social Networks* 11:257-72.

Wilson, David S., and Elliott Sober (1989) "Reviving the Superorganism," *Journal of Theoretical Biology* 136:337-56.

—— (in press) "Reintroducing Group Selection to the Human Behavioral Sciences," *Behavioral and Brain Sciences*.

Wilson, Edward O. (1975) *Sociobiology: The New Synthesis*, Cambridge, Mass.: Harvard University Press.

—— (1978) *On Human Nature*, Cambridge, Mass.: Harvard University Press.

—— (1987) "Kin Recognition: An Introductory Synopsis," in Fletcher and Michener (1987).

Wilson, James Q. (1993) *The Moral Sense*, New York: Free Press.

Wilson, Margo, and Martin Daly (1990) "The Age-Crime Relationship and the False Dichotomy of Biological versus Sociological Explanations," paper presented at meeting of Human Behavior and Evolution Society, Los Angeles.

—— (1992) "The Man Who Mistook His Wife for a Chattel," in Barkow, Cosmides, and Tooby (1992).

Wolfe, Linda D. (1991) "Human Evolution and the Sexual Behavior of Female Primates," in James D. Loy and Calvin B. Peters, eds., *Understanding Behavior*, New York: Oxford University Press, 1991.

Wrangham, Richard (1987) "The Significance of African Apes for Reconstructing Human Social Evolution," in Kinzey (1987).

Wright, Robert (1987) "Alcohol and Free Will," *The New Republic*, December 14.

—— (1990) "The Intelligence Test," *The New Republic*, January 29.

—— (1992) "Why Is It Like Something to Be Alive?" in William Shore, ed., *Mysteries of Life and the Universe*, New York: Harcourt Brace Jovanovich, 1992.

Wyschogrod, Edith (1990) *Saints and Postmodernism*, Chicago: University of Chicago Press.

Young, G. M. (1936) *Portrait of and Age: Victorian England*, Oxford: Oxford University Press, 1989.

Zimmerman, Claire, and Raymond A. Bauer (1956) "The Effect of an Audience upon What Is Remembered," *Public Opinion Quarterly* 20:238-48. Reprinted in Maccoby, Newcomb, and Hartley (1958).

찾아보기

ㄱ

가족적 가치 164
간통 114, 166, 198, 227
강간 88, 161, 211, 226, 384, 514
개미 14, 239
개복치 129
개저니가, 마이클 403
거지 276
게임 이론 289
결혼 시장 156, 176
결혼 풍습 151
경제적 계층화 168
계급 체계 352
계통수 358
고릴라 87, 115
고블린 376, 427
고착 상태 47
고프먼, 어빙 389
고환 118, 144
곤충의 불임 240, 275, 347
골린, 스티븐 154
골턴, 루시 177
공공 정책 378
공동선 280
공리주의 485, 507, 517, 549
『공리주의』 507

과학 230
『과학 혁명의 구조』 18
과학적 유물론자 512
관능주의자 211
구돌, 제인 369
구애 72, 120
국교도 40
균형주의 213
그랜트, 로버트 42
그레이, 에이사 439
그린, 존 13
그린왈드, 앤서니 412
근친상간 462
글래드스턴, 윌리엄 211
『기네스북』 365
기독교 160
기린 46, 347
긴꼬리원숭이 359
긴부리굴뚝새 153
긴팔원숭이 91, 98, 143, 204

ㄴ

나바호 족 380
난교 195
나봉꾼 131, 188, 508
남근 동경 461

『남미에 대한 지질학적 관찰』 341
냉소주의 461, 548
네스, 랜돌프 398, 464
노동 분화 293
논제로섬 292, 368, 407, 489, 508, 524
뉴턴, 아이작 423
뉴턴, 휴이 71
니키 370

ㄷ

다윈, 레너드 254
다윈, 로버트 40
다윈, 메리 엘리너 266
다윈, 메리앤 262
다윈, 수전 177, 428
다윈, 애니 252
다윈, 에마 169, 217
다윈, 윌리엄 252
다윈, 이래즈머스 42, 179, 224, 262, 449
다윈, 이래즈머스 1세 343
다윈, 찰스 239
다윈, 캐럴라인 178, 273, 319, 405
다윈, 캐서린 177
다윈, 프랜시스 176, 315
다윈, 헨리에타 176, 239, 445
다윈주의 인류학자 21, 404
다윈주의자 460
단것 112
『당신이 이해하지 못하는 것』 364
데레사 수녀 501
데일리, 마틴 65, 111, 119
도덕 감성 275, 283, 287, 310, 479, 493
도덕 유전자 276
『도덕 체계의 생물학』 401
도덕적 동물 502
도덕철학 229

도미노 효과 162
도요새 83, 161
도킨스, 리처드 14, 74, 130, 390
『동물생리학』 343, 405
동정심 307
동호회 310
뒤르켐, 에밀 17
드 발, 프란스 370
디커먼, 밀드러드 260
디킨스, 찰스 199, 222, 520
디킨스, 캐서린 200
디프테리아 445
땅다람쥐 241

ㄹ

라마르크, 장바티스트 드 287, 344, 405, 440
라이엘, 찰스 431, 439, 445
라이트, 수얼 249
랑구르원숭이 114
래포포트, 애너톨 296
러복, 존 399
레인, 에드워드 223
로위, 로버트 17
로이드, 앨런 470
록펠러, 존 482
루이트 370
루터, 마틴 547

ㅁ

『마거릿 미드와 사모아』 124
마르크스, 카를 30, 257
마이크 369
마티노, 해리엇 224
만각류 343
말리노프스키, 브로니슬라프 76, 109, 115, 276, 406

말불버섯 348
매 맞는 아내 증후군 514
매와 비둘기 356
매춘부 53
맥린, 폴 469
맬서스, 토머스 185
머독, 조지 피터 353
메타 규범 520
『명언집』 482
모르몬귀뚜라미
모리스, 데즈먼드 95, 143
모유 261
몰리에트 177
무기 경쟁 104
무어(G. E. Moore) 483
문명화 275
『문명 속의 불만』 69, 472
문화 적응 257
「문화의 공통 분모」 353
문화적 결정주의 124, 510
미드, 마거릿 123, 366
미인 109
밀, 존 스튜어트 27, 207, 483
밀, 해리엇 테일러 210
밈 536

ㅂ

『바가바드 기타』 539
바코, 제롬 404
바틀릿, 존 482
박물학자 43
박쥐 305
방탕 유전자 97
배비지, 찰스 181
배우자 방출 모듈 196
버빗 359

버스, 데이비드 102, 109, 220
버틀러, 새뮤얼 394
번식력 109
범종적 발달 프로그램 23
범죄 330
베네딕트, 루스 352, 382
베이커, 로빈 117
베이트먼 70
벨리스, 마크 117
벳지그, 로라 159
변연계 470
변증법 466
보노보 83, 116, 358, 367, 473
보복 311, 407, 520
보스터, 제임스 154
보애스, 프란츠 352
복종 397
본질주의 56
볼비, 존 32, 315, 425, 431
부모와 자식 간의 갈등 이론 464
부시먼 족 68, 117, 264
부양 투자 73, 98, 246, 261, 364
분자생물학 15, 512
불륜 117, 222
불만 311
불임 세포 251
불임 유전자 247
브라질 316
브렌트, 피터 438
블랙 팬서 71
비글 호 43, 176, 273, 316, 428, 533
『비글 호 항해기』 181, 279
『비글 호 항해의 동물학』 341
비밀스러운 배란 113
미미 253
빅토리아 시대 27, 39, 54, 58, 75, 122, 139,

169, 175, 194, 203, 221, 325
『빅토리아 시대의 마음의 구조』 195
빈도 의존성 133
빈맥 증상 345

ㅅ
「사기꾼의 진화」 132
『사람과 동물의 감정 표현』 416
사랑 104, 152, 206, 251
사마리아 인 276
사모아 124
『사모아의 사춘기』 124
사슴벌레 61
사춘기 187, 264, 430
사회 계약 311
사회 교환 이론 304
사회다윈주의 19, 30
『사회생물학』 14, 74, 505, 535
사회생물학 논쟁 505
사회생태학 322
사회적 본능 280, 480
사회적 진화 301
「사회적 행동의 유전적 진화」 249
사회화 257
『산호초의 구조와 분포』 341
『살인』 514
삼위 일체 469
삿갓조개 343, 435
상호 배반 292
색정광 55
생물학적 결정론 214, 505
『생식 기관의 기능과 이상』 39
생식력 171, 199, 259
생존력 171
선택 압력 50
설로웨이, 프랭크 436

성 선택 62, 86, 160
성녀 54, 119, 125, 194, 204, 220, 222
성도덕 54, 219, 225
성심리학 56
성적 균형 56, 214
성적 기만 130
성적 문란함 134
성행위 39, 53, 75, 78, 113, 364
세로토닌 359, 400, 429, 512
세지윅, 애덤 189, 429, 445
세포성 점균 250
섹스 파트너 113
섹스의 대가 113
셰익스피어, 윌리엄 47
셸링, 토머스 408
속임수 323, 362, 390, 407, 411
쇼스탁, 마저리 215
수렵 채집 102, 122, 141, 151, 168, 188, 215, 308
수유 114
슈루즈베리 42, 178, 327, 430
슈퍼에고 470
스마일스, 새뮤얼 27, 40, 226, 326, 331, 526
스미스, 존 메이너드 14, 130, 356
스키너 17, 22, 383, 511
스톤, 로렌스 159, 221
스티븐, 레슬리 32
스펜서, 허버트 482
슬라빈, 맬컴 471
『시대의 초상』 40
시먼스, 도널드 76, 105, 120
시엘데릅에베, 톨레이프 355
신경 전달 물질 359
신다윈주의 15, 20, 30, 76, 138, 230, 241, 548
신분 상승 157

신인도 437
실고기 82
『실낙원』 44
심리학 17
싱어, 피터 499, 543
쌍시류 곤충 416

ㅇ

아드리, 로버트 95, 354
아른햄 동물원 379
아메리카타조 181
아우렐리우스, 마르쿠스 41
아이블아이버스펠트, 이레네우스 359
아이즐리, 로렌 447
아즈텍 족 366
아체 족 68, 114, 127, 352, 366
악마 537
알렉산더, 리처드 153, 391, 401
암컷의 음란성 116, 123
암탉 355
애정 표현 104
액설로드, 로버트 296, 321, 407
액턴, 윌리엄 39, 55, 195
야노마모 족 384
양성 생식 106
양심 319, 325, 480
양자역학 15
에고 470
에든버러 42
에스키모 68
엔도르핀 514
엥겔스, 프리드리히 257
여성 해방론자 160
여아 살해 260
영(G. M. Young) 40
『영역 본능의 의미』 95

『영역 확장』 543
영혼의 구제 203
예로엔 370
오랑우탄 83, 88
오스트랄로피테시네 84
오스트랄로피테쿠스 49
오언, 리처드 396, 519, 549
오언, 패니 53
오이디푸스 콤플렉스 461
오타헤이트 351
와이너, 조너선 13
외상 후 스트레스 장애 514
우울로 인한 자살 증후군 514
우울증 361
워링, 찰스 267, 445
원숭이 47
월경 전 증후군 518
『월든 Ⅱ』 17
월리스, 앨프리드 러셀 424, 442
웨스터마크, 에드워드 303
웨스트민스터 사원 423
웨지우드, 조사이어 2세 178
웨지우드, 로버트 177
웨지우드, 샬럿 178
웨지우드, 세라 178
웨지우드, 패니 178
위계 서열 363, 367
윌러드, 댄 259
윌리엄스, 조지 14, 71, 83, 97, 217, 283,
　　288, 304, 356
윌버포스, 새뮤얼 412
윌슨, 마고 65, 111, 119
윌슨, 에드워드 14, 74, 505, 535
유아 사망 262
유일신교도 40
유전자 226, 232, 242

유전자 기계 65
유전적 결정론 362, 505
유전적 돌연변이 46, 348
이기적 유전자 242
『이기적 유전자』 14, 74, 248, 390
이드 470
이스마일, 물레이 365
이슬람교 277
이타적 유전자 97, 242, 244
이타주의 250, 257, 263, 279, 321, 430
이혼 147, 175, 197, 207, 523
이혼율 209
『인간 성의 진화』 76
인과응보 494, 517
『인구론』 186
『인류의 기원과 성 선택』 274, 281, 287, 365, 480, 544
인류의 심적 일체성 49
일부다처제 106, 118, 141, 145, 151, 207, 259
일부일처제 16, 68, 95, 128, 151, 204, 216, 222, 225
『일상 생활에서 자기 드러내기』 389
잉카 159, 366

ㅈ

자기 비하 396
자아의 방어 기제 471
「자연」 484
『자연 신학』 43
자연주의의 오류 25, 483, 488, 505
자원의 추출 113
자유 의지 505, 518
『자유론』 27, 207, 485, 524
자이로스코프 491
『자조론』 27, 32, 40, 325, 534

자존심 397
작위성 51
잔인 유전자 97
적응 기제 170
적응 수행자 170
『적응과 자연 선택』 71, 282, 288, 356
적합성 46, 52, 79, 249, 364
전쟁심리학 417
정신 기관 49
정신분석학 21, 24
정조 유전자 97
제닉스, 레너드 416, 425
존슨, 새뮤얼 207
존중 212
『종의 기원』 13, 24, 82, 240, 347, 405, 435, 438, 479
종의 변이 185
종의 전형 48
죄수의 딜레마 290, 295, 308, 417
『죄수의 딜레마』 296
죄의식 23
주니 족 380
주루 족 159
중년의 위기 175
중혼죄 153
지위 분화 353
『지질학 원론』 431
지참금 154
직립 보행 49, 99
진화론적 안정 상태 130
진화심리학 21, 26, 28, 133, 139, 176, 219, 276, 281, 308, 433, 454, 460
「진화와 윤리학」 499
진화의 계통도 84
진화적 적응 환경(EEA) 67
질투 110, 117

집단 선택 281, 299, 310, 354, 362
집단선 310, 480
짝짓기 87, 125, 146
쪼기 서열 355

ㅊ

차돌박이 240, 246
차이의 페미니즘 56
창녀 54, 120, 222
『창조의 자연사적 증거들』 344, 435
처녀성 125
첫날밤 194
체내 수정 130
체면 161
체임버스, 로버트 344
초파리 70, 101, 113
총체적 적합성 249, 253
최대 다수의 최대 행복 507
최대 행복의 원리 487
친족 선택 240, 275, 302, 317
칠레 279
칠면조 80, 89
침팬지 61, 113, 279, 292, 359, 367, 414, 425, 472
『침팬지 정치학』 370

ㅋ

카스트 277
카슨, 조니 162
칼라일, 토머스 426
칼뱅주의자 28
캐닝, 조지 327
캐시던, 엘리자베스 136, 220
캠벨, 도널드 535
캥거루 82
케임브리지 53, 184, 427

코스미데스, 레다 49
코페르니쿠스 81
콜버그, 로렌스 318
콤베티 353
쾌락주의 525
쿤, 토머스 18
키처, 필립 230

ㅌ

타나토스 461
타협 356
태넌, 데버러 364
태엽을 감는 존재 344
터크, 폴 261
『털 없는 원숭이』 95, 145
테니슨, 앨프리드 41
테스토스테론 414
통신사 403
투비, 존 49
투자 73, 121, 166
『투쟁 전략』 408
트럼프, 도널드 501
트로브리안드 섬 76, 109, 115, 276, 406
트리버스, 로버트 14, 71, 74, 81, 98, 108, 134, 217, 253, 288, 304, 376, 390, 411
트윈키 변호 513
티에라 델 푸에고 273, 334, 351
팃포탯 296, 308, 321, 329, 377, 407, 520

ㅍ

파나마산독화살개구리 83
파충류의 뇌 469
페로몬 245
페미니스트 56, 212, 508
페일리, 윌리엄 43
평등주의 500

평판 122, 227, 289, 334, 451, 520
포스트 다윈주의 486
포스트모던 473
포클랜드 341
폭력 161
폭스, 윌리엄 365, 429
푸이스트 377
프로이트, 지그문트 24, 320, 460
프로이트주의자 460
프로작 361
프리먼, 데렉 124
프시케 464
플라톤 543
《플레이걸》 204
《플레이보이》 204, 220
피간 376, 427
피그미 족 353
피그미침팬지 83
피드백 137, 220, 300, 321, 324
피아제, 장 323
피임 112, 197, 366
피츠로이, 로버트 274, 342, 428

ㅎ

하디, 세라 블래퍼 115
하팅, 존 398
해리스산참새 357
해마 82
해밀턴, 윌리엄 14, 240, 283
『해부학』 49
해제 신호 80
해체주의 475
행동 중독 증후군 514
행동주의 17, 22, 320, 383
허턴, 제임스 431
헉슬리, 줄리언 447

헉슬리, 토머스 45, 412, 441, 447, 466, 499
헤일스, 피터 392
헨즐로, 존 스티븐스 181, 198, 427
협동 295, 328
『협동의 진화』 301
호르몬의 통제 359
호턴, 월터 195
호혜적 이타주의 289, 302, 322, 368, 391, 412, 507, 519
「호혜적 이타주의의 진화」 288
혼외정사 195, 224
혼전 성교 192, 194, 197
홀데인 243
『화산섬에 대한 지질학적 관찰』 341
환경적 결정주의 510
후커, 조지프 269, 294, 345, 399, 412, 418, 438
휴스턴, 존 418
「흥정에 관한 논고」 408
희생 72
히틀러 20

Illustration Credits

Illustrations between pages 224 and 225:

Emma Darwin around the time of her wedding: Darwin Museum, Down House

Charles Darwin around the time of his wedding: Cambridge University Library

George Williams in the early 1960s: Doris Williams

Male phalarope giving birth: Animals Animals, New York

Robert Trivers and John Maynard Smith: Courtesy of Rebert Trivers

!Kung San father and daughter: Richard Lee, Anthro-Photo, Cambridge, Mass.

!Kung San women collecting food: Marjorie Shostak, Anthro-Photo, Cambridge, Mass.

Honeypot ants: Thomas Eisner, Cornell University

Charles Darwin and his son Willie: American Museum of Natural History

Emma Darwin and her son Leonard: Darwin Museum, Down House

Annie Darwin: Cambridge University Library

William Hamilton and Robert Trivers: Sarah Blaffer Hrdy, Anthro-Photo, Cambridge, Mass.

Vampire bat: Bat Conservation International, Austin, Texas

Chimpanzees grooming: Frans de Waal, Emory University, from *Chimpanzee Politics*

Illustrations between pages 432 and 433:

Sigmund Freud: Mary Evans Picture Gallery, London; Sigmund Freud Copyrights, Ltd.

Leaf-mimicking katydid: Animals Animals, New York

False coral snake: Animals Animals, New York

Yeroen, Luit, and Nikkie: Frans de Waal, Emory Universigy, from *Chimpanzee Politics*

Luit jumping on female chimpanzee: Frans de Waal, Emory University, from *Chimpanzee Politics*

Charles Lyell: National Portrait Gallery, London

Joseph Hooker: National Portrait Gallery, London

Alfred Russel Wallace: National Portrait Gallery, London

Charles Darwin around 1855: Cambridge University Library

Anti-sociobiology poster: Library of Congress

Herbert Spencer: National Portrait Gallery, London

John Stuart Mill: National Portrait Gallery, London

Thomas Henry Huxley: From *Life and Letters of Thomas Henry Huxley*, edited by Leonard Huxley

George Williams in 1994: Barry Munger

Samuel Smiles: National Portrait Gallery, London

Charles Darwin around 1882: Cambridge University Library

옮긴이 **박영준**

서강대학교 철학과를 졸업하고 출판 관련 일을 계속하다가,
현재는 과학책과 인문서를 우리말로 옮기는 일에 전념하고 있다.
번역한 책으로 『과학으로 가는 길』, 『자라파 이야기』, 『소금과 문명』,
『악마가 준 선물 감자이야기』, 『지구가 지글지글』 등이 있다.

사이언스 클래식 1

도덕적 동물

1판 1쇄 펴냄 | 2003년 10월 27일
1판 14쇄 펴냄 | 2023년 2월 15일

지은이 | 로버트 라이트
옮긴이 | 박영준
펴낸이 | 박상준
펴낸곳 | (주)사이언스북스

출판등록 1997. 3. 24. (제 16-1444호)
(06027) 서울특별시 강남구 도산대로1길 62
대표전화 515-2000 | 팩시밀리 515-2007
편집부 517-4263 | 팩시밀리 514-2329
www.sciencebooks.co.kr

한국어판 ⓒ (주)사이언스북스 2003. Printed in Seoul, Korea.

ISBN 978-89-8371-124-3   03470